英国和德国战列巡洋舰

技术发展与作战运用

[意]米凯莱·科森蒂诺　[意]鲁杰洛·斯坦格里尼 著

贾雷 译

台海出版社

BRITISH AND GERMAN BATTLECRUISERS: THEIR DEVELOPMENT AND OPERATIONS
by MICHELE COSENTINO & RUGGERO STANLINI
Copyright: © 2015 BY MICHELE COSENTINO & RUGGERO STANLINI
This edition arranged with Seaforth Publishing
through BIG APPLE AGENCY, INC., LABUAN, MALAYSIA.
Simplified Chinese edition copyright:
2019 ChongQing Zven Culture communication Co., Ltd
All rights reserved.

版权所有，侵权必究
版贸核渝字（2018）第 099 号

图书在版编目（CIP）数据

英国和德国战列巡洋舰：技术发展与作战运用 /（意）米凯莱·科森蒂诺,（意）鲁杰洛·斯坦格里尼著；贾雷译 . -- 北京：台海出版社，2019.2

书名原文：British And German Battlecruisers：Their Development And Operations

ISBN 978-7-5168-2250-0

Ⅰ. ①英… Ⅱ. ①米… ②鲁… ③贾… Ⅲ. ①第一次世界大战－战列舰－巡洋舰－介绍－英国②第一次世界大战－战列舰－巡洋舰－介绍－德国 Ⅳ. ① E925.62

中国版本图书馆 CIP 数据核字（2019）第 033761 号

英国和德国战列巡洋舰：技术发展与作战运用

著　者：[意]米凯莱·科森蒂诺　[意]鲁杰洛·斯坦格里尼		译　者：贾雷	

责任编辑：俞艳荣		策划制作：指文文化	
视觉设计：王　涛		责任印制：蔡　旭	

出版发行：台海出版社
地　　址：北京市东城区景山东街 20 号　　邮政编码：100009
电　　话：010 - 64041652（发行，邮购）
传　　真：010 - 84045799（总编室）
网　　址：www.taimeng.org.cn/thcbs/default.htm
E － mail：thcbs@126.com

经　　销：全国各地新华书店
印　　刷：重庆长虹印务有限公司
本书如有破损、缺页、装订错误，请与本社联系调换

开　本：889mm×1194mm　　1/16
字　数：550 千　　印　张：24
版　次：2019 年 4 月第 1 版　　印　次：2019 年 4 月第 1 次印刷
书　号：ISBN 978-7-5168-2250-0

定　价：189.80 元

版权所有　翻印必究

公制—英制单位对照换算表

长度和距离

1 千米 =0.54 海里 =0.621 英里

1 米 =1.09 码 =3 英尺又 3/8 英寸

1 厘米 =0.329 英尺

1 毫米 =0.0329 英尺

1 海里 =1.852 千米

1 英里 =1.609 千米

1 码 =0.914 米

1 英尺 =0.3048 米 =30.48 厘米

1 英寸 =2.54 厘米 =25.4 毫米

压力

1 标准大气压 =14.69 磅 / 平方英寸

面积

1 平方米 =10.76 平方英尺

1 平方千米 =0.386 平方英里

1 平方英尺 =0.092 平方米

1 平方英里 =2.59 平方千米

容积

1 立方米 =35.31 立方英尺

重量

1 公吨 =0.984 长吨

1 千克 =2 磅 3.27 盎司

1 长吨 =1.016 公吨

1 磅 =0.453 千克

前言

战列巡洋舰（Battlecruiser）是有史以来最令人着迷的海军作战舰艇种类之一。它们那雄伟的身姿、出众的航速和强大的武备所传达给观者的力量感、现代感、快速反应力和战斗力，铸就了其在人类海战史上的迷人风采。无论是安静地停泊在锚地，还是以满旗的盛装姿态出现在阅舰式上，或笼罩在浓郁的硝烟中，在巨炮的炮口焰下时隐时现，抑或冲破惊涛骇浪全速冲向敌舰，都体现着战列巡洋舰这一舰种自1905年至第一次世界大战结束这一发展与辉煌期内在海军军事技术上取得的最高水平与创新成果。

战列巡洋舰是传统学科（造舰与冶金）和新兴学科（电力、蒸汽轮机、燃油锅炉、火控与无线电技术）的优良结合体，它们在第一次世界大战期间所进行的各种海上战斗——包括突袭、追击、正面交锋等——无一不彰显着这些新型战舰在技术与工程方面的出众品质。此外，指挥战列巡洋舰作战的海军将领们的领导能力、舰上官兵们的训练水平和战斗勇气也增强了这一品质。不过，随着第一次世界大战的硝烟散尽，以及海军技术的进一步发展，加之新式海战兵器（潜艇与海军航空兵）的崭露头角，使得战列巡洋舰这一舰种在海上战争中的作用不断被削弱，并导致其逐渐被新问世的另一种新型主力舰——快速战列舰所取代，从而慢慢走向了消亡。

战列巡洋舰甫一问世，就成为当时发展势头最为迅猛的明星主角舰种，并且在第一次世界大战最著名的几场海战中有着让人瞩目的表现，而英国和德国各自设计建造的多级战列巡洋舰则是其中最为醒目的两面旗帜。战列巡洋舰的缔造者是曾于1904—1910年担任英国第一海务大臣（First Sea Lord）的皇家海军上将约翰·费舍尔爵士（Sir John Fisher）。费舍尔在任期间，为英国皇家海军一手打造了划时代的"无畏"号（HMS Dreadnought）战列舰，为战列舰这一古老舰种的发展带来了革命性的变化，并借此开发出了一款新型战舰——战列巡洋舰。战列巡洋舰的开山之作"无敌"级（Invincible Class）配备了类似于"无畏"号战列舰火力强大的单一口径主炮，其航速也远超当时的其他主力舰和担负舰队侦察与护航任务的装甲巡洋舰，可谓是强火力和高航速的完美结合体。

凭借着出众的性能，战列巡洋舰成了消灭敌巡洋舰——包括那些在敌舰队中担任前卫任务的舰艇和专事破交的商船袭击舰——的理想武器，同时还能充当己方舰队的急先锋，前出对敌舰队实施侦察，并及时将敌舰队的航向、航速等动态信息向本舰队的高级指挥官实时通报。面对英国人的创新之作，德国海军以动工兴建自己的战列巡洋舰作为回应，1908年"冯·德·坦恩"号（SMS Von der Tann）开工，德国海军也走上了发展战列巡洋舰的道路。英德两国在战列巡洋舰的建造上都投入了巨量的资源。1906—1914 年，英国皇家海军有 10 艘战列巡洋舰入役，其中 9 艘于一战爆发前即已加入皇家海军序列；德国海军在这一时期有 5 艘入役，其中 4 艘是在战前。第一次世界大战期间，英国海军又得到了另外 4 艘新建战列巡洋舰的补充，而德国海军只新增了 2 艘。在英德两国战列巡洋舰的设计偏好方面，至少在日德兰海战之前，英国战列巡洋舰一直更看重航速和武备，而非装甲防护，尽管有证据表明这并不是英国战列巡洋舰的主要命门所在。德国的设计师们则选择了另一种方式，放弃了对武备（特别是主炮）的过分偏重，而更多地将关注点放在加强装甲防护和其他能够提高全舰生存能力的因素上，如更加合理的舰体隔舱划分和更为有效的水下部位防护等，从而设计出了性能更为均衡的战舰。德国设计师们还迅速地查明了火炮弹药在储存、搬运和使用等环节存在的安全隐患，建立了确保全舰安全的相关弹药使用操作规程。

战列巡洋舰这一舰种在海军技术发展、舰队战术的进化和海军史上所体现出的重要性，一直吸引着众多专家和海军军事作家的关注。长久以来，海军军事作家们专注于战列巡洋舰这一素材，创作了大量与之相关的作品，包括书籍、文章，以及分析介绍某艘战舰的起源、研发、造价、技术特点、作战行动、战斗表现和缺陷弱点等的专著。一般来说，尽管有时这些作品也较多地注重其中的插图，如随附图纸和照片等，但基本都还是以文字描述的形式示人。

那么，既然同类作品已经汗牛充栋，读者们为什么还要打开这本关于战列巡洋舰的新书呢？首先无疑是战列巡洋舰的设计过程、技术沿革和作战史所散发的独特魅力，使我们对这一舰种产生了格外的关注；其次是因为本书通过引入在此前其他相同题材书籍中普遍缺乏的完整、原创的内容，为读者们提供了高附加值。我们在写作本书时，遵循了与其他作家不同的方法。为实现我们将英德战列巡洋舰全面翔实地介绍给读者这一目标，我们在写作时所采用的标准，是将通常被孤立看待的一个个独立的元素和内容结合在一起，从历史、政治、战略、经济、工业生产，以及技术与实战使用等多个角度和层面，对这种独特类型的战舰进行整体的分析、评估与描述，从而向读者们提供一幅关于战列巡洋舰的"全景画面"。这是本书的写作基础，也是对本书内容范围的定义。而本书内容的焦点，则放在英国与德国的战列巡洋舰从问世到第一次世界大战结束这段时间内的发展脉络、技术特点与作战使用情况等内容上。

在我们看来，用本书所选择的"地域"（英国和德国）和时代背景〔20 世纪初至 1918 年，以英国的"费舍尔革命"和德国的冯·提尔皮茨（Alfred von Tirpitz）上将主政德国海军为标志〕诠释战列巡洋舰发展史中那些最具代表性的诸方面最为合适。这就意味着本书将侧重于介绍战列巡洋舰的起源，分析其技术特点和与之相关的政治因素（国内和国际），以及还原它们所参与的作战行动（主要是在北海海域）。这种方式的一个直接好处是能够对英德两国海军的决策者和设计师们为各自的战列巡洋舰所做的技术选择和战术运用进行全面和深入的对比，从而明晰这种武器与政治、经济、战略、工业和技术因素之间的密切联系。

在我们看来，这正是这类介绍武器装备的书籍的一个创新之处。据我们所知，实际上目前还没有其他同题材书籍能在一个统一的大背景下，向读者呈现所有这些关于战列巡洋舰的内容。这一选择也确立了本书的内容结构。本书共分为六章。第一章介绍了战列巡洋舰诞生的历史背景。这一时期以资本主义工商业在世界范围内的蓬勃发展、殖民帝国的不断扩张和欧洲各国结盟策略的脆弱善变为特点，这不仅是造就欧洲大陆剑拔弩张的紧张局势和此起彼伏的地区性冲突的根源所在，也为英德之间日益加剧的对抗创造了条件。两国间这种敌对的情绪不断滋生壮大，尤其是在性格冲动而野心勃勃的威廉二世（Wilhelm II）登上德意志帝国的皇帝宝座之后，更是愈演愈烈，年甚一年，而战列巡洋舰这种新式战舰也就不可避免地卷入了由此产生的英德海军军备竞赛的漩涡之中。

第二章介绍的是战列巡洋舰的技术性问题与其技术发展演化的过程。这一章节回顾了可称为战列巡洋舰前身的两种军舰——防护巡洋舰和装甲巡洋舰，并讲解了"无畏"舰的起源和德国对此的应对。据此读者们可以了解到，英德两国战列巡洋舰的发展均是严格遵照两国各自的政治、战略、技术和财政等事务的时间表进行的，并且双方都对更为重要的技术层面给予了特别的关注：从将石油燃料作为海军舰艇的动力，到各种与火炮、装甲、通信和火控系统有关的新材料与新装备。

第三章和第四章分别介绍了英德两国自1906年"无敌"号开工到一般被认为是"末代战巡"的"胡德"号（HMS Hood）入役的1920年这段时间内所建造的战列巡洋舰。其中对两国建造的每一级/艘战列巡洋舰都进行了深入分析，包括其设计过程、建造周期与造价成本，以及技术特征（舰体、推进系统、装甲防护和武备等）。这两个章节中还包括对英德两国的一些未建成的战列巡洋舰方案的介绍。

第五章讲述的是第一次世界大战期间英德双方的战列巡洋舰所参加的主要作战行动：从德国战列巡洋舰"戈本"号（Goeben）穿越地中海（Mediterranean）的一路奔逃，到德国冯·斯佩（von Spee）舰队在福克兰群岛（Falklands Falklands，即马尔维纳斯群岛）的覆灭；从德国海军对英国海岸的突袭，到多格尔沙洲（Dogger Bank）和日德兰（Jutland）的鏖战；一直讲到战后被协约国扣押的德国战列巡洋舰在苏格兰斯卡帕湾（Scapa Flow）的悲壮自沉。在每一次作战行动的讲述之后，还简要地总结了此次作战中双方各自在战列巡洋舰的技术发挥与战术运用方面所吸取和没有吸取的经验教训。

最后，在本书的第六章，对英德两国的战列巡洋舰进行了一番横向对比，对英国皇家海军和德意志帝国海军在这一舰种身上所做的一些技术和设计方面的选择进行了探讨，另外还包括英德两国的经济情况与工业生产效率对战列巡洋舰建设的影响，以及各舰在海战中的作战表现。

本书的结尾有一个附录章节，附录的内容是关于同一时期除英德两国之外其他国家所进行的战列巡洋舰的研发与建造计划。其中有沙皇俄国的"博罗季诺"（Borodino）级和日本的"金刚"（Kongo）级。此外还收录介绍了美国、法国和奥匈帝国未完成的战列巡洋舰设计方案，以使读者们能够全面完整地了解其他海军强国在同一领域和历史时期内所主动采取的海军建设活动。

作为作者，我们认为插图是这本书的另一个重要亮点。书中附有英德两国海军所有级别战列巡洋舰的大比例侧视与俯视图，以及许多标注有双方主要海军基地和参与建造这些战舰的造船厂所在位置的地图。另外，为呼应第五章中关于战列巡洋舰所参与的海上战斗的内容，并帮助读者更好地理解和评价其中每一场海战的情况，本书中还附有为数不少的海战示意图。

我们确实认为，战列巡洋舰，这一经常被批判的舰种，以其在历史上对海战的战略、理论和技术发展的塑造所起到的非常重要的推动作用，理应得到其应得的正确评价。因此我们确信我们建立在整体分析法的基础上完成的这本著作，将得到世界范围内的读者的赞赏。

在此我们衷心向许多在我们的研究过程中帮助过我们的人致以谢意，尤其感谢他们的耐心和承诺。首先，我们要感谢美国陆军中校（已退役）拉斐尔·里乔（Raphael Riccio）对我们的鼎力支持，并协助对全书文本进行了校对，并感谢马修·林奇（Matthew Lynch）先生对本书部分文本所做的修改。约翰·罗伯茨（John Roberts）先生是世界知名的战列舰和战列巡洋舰研究领域的顶尖专家型撰稿人和历史学家，我们特别感谢他在海军专用术语上所给予的非凡的专业建议。彼得·申克（Peter Schenk）先生是一位著名的德国历史学家，他从德国海军的视角为我们提供了大量关于德国战列巡洋舰和在北海海域进行的作战行动的细节信息。英国牛津大学的伊丽莎白·布鲁顿（Elizabeth Bruton）博士慷慨地向我们分享了她的博士论文《超越马可尼》（Beyond Marconi），这篇论文使我们获得了关于英国皇家海军对无线电通信技术的引入及其发展历史非常有价值的信息，对我们帮助巨大。最后，向来自英国格林威治国家海事博物馆的安德鲁·钟（Andrew Choong）先生致谢，他帮助我们仔细查阅了英国官方汇总存档的关于战列巡洋舰的"舰船档案"（Ship's Covers）[①]，以发掘出这些令人着迷的战舰的一些鲜为人知的特性。

作为本书的作者，在此还要向莫里齐奥·布雷西亚（Maurizio Brescia）和马里奥·皮奥瓦诺（Mario Piovano）二位先生致谢，是他们向我们提供了英国和德国战列巡洋舰的图片。此外还要感谢苏格兰国家档案馆（National Records of Scotland）允许我们使用了一些约翰·布朗（John Brown）船厂的老照片。

米凯莱·科森蒂诺，鲁杰洛·斯坦格里尼
2015 年 5 月　于罗马、佛罗伦萨

[①] 即关于每一艘或每一级战舰的全套官方资料文档的汇总。

目录 CONTENT

公制—英制单位对照换算表 I

前言 II

第一章 迎头碰撞的航线：1870年至第一次世界大战期间的英德国策 1

第二章 战列巡洋舰的诞生：战略、经济与技术上的挑战 27

第三章 英国皇家海军的战列巡洋舰 91

第四章 德意志帝国海军的战列巡洋舰 183

第五章 英德战列巡洋舰的作战使用 247

第六章 英德战列巡洋舰：技术与作战使用上的对比 323

附录 其他国家的战列巡洋舰 349

参考资料 370

第一章
迎头碰撞的航线：1870 年至第一次世界大战期间的英德国策

自 1882 年至今，每年 6 月都会有数以百计的船艇齐聚在波罗的海（Baltic Sea）港口城市基尔（Kiel），参加一项重要的海上盛会。1894 年，德意志帝国皇帝威廉二世（Kaiser Wilhelm II）开始定期御驾亲临，使这项被称为"基尔周"（Kieler Woche）的盛大船会热烈隆重的气氛达到了高潮。许多国家，特别是北欧国家的海军，每年都派遣他们的舰船来参加这一活动。各国官兵借此良机相互交流访问，参观基尔港，举行各种体育竞赛，使基尔港洋溢着一片敦睦亲善的氛围。

1914 年 5 月，英国海军部（British Admiralty）宣布，两支皇家海军舰艇编队将于当年 6 月抵达波罗的海。两支编队之一是由皇家海军少将戴维·贝蒂（David Beatty）率领的皇家海军第一战列巡洋舰分舰队，计划造访毗邻俄国圣彼得堡（St.Petersburg）的喀琅施塔得（Kronstadt）海军基地；另一支是由皇家海军中将乔治·瓦伦德（George Warrender）率领的包括 4 艘超无畏舰在内的第二战列舰分舰队，他们将参加基尔周船会。除了皇帝照例驾临，1914 年 6 月的基尔周还将因为另一个原因而显得格外特殊而重要：1907 年开工的基尔运河（Kiel Canal）〔又名威廉皇帝运河（Kaiser Wilhelm Kanal）〕扩建工程此时已基本完工。在此次基尔周船会期间，将举行运河扩建工程落成典礼。[1]

"今日为友，永世为友"

当时，人们都以为英国时任海军大臣温斯顿·丘吉尔（Winston Churchill）会随皇家海军的战舰同抵基尔。丘吉尔原计划与德国的阿尔弗雷德·冯·提尔皮茨海军上将会见，以促成英德两国关于限制海军军备的谈判。德皇威廉二世并不反对丘吉尔来访，但英国外交大臣爱德华·格雷（Edward Grey）爵士则唯恐丘吉尔与提尔皮茨之间的针锋相对（或者说激烈冲突）对谈判弊大于利，从而反对丘吉尔成行。因此，瓦伦德海军中将于 1914 年 6 月 23 日只身率舰队抵达基尔。

瓦伦德中将与麾下各舰舰长登上了德意志帝国海军"腓特烈大帝"号（SMS Friedrich der Grosse）战列舰，受到德国海军公海舰队（Hochseeflotte；英文：High Seas Fleet）总司令冯·英格诺尔（Von Ingenhol）海军上将的隆重欢迎。6 月 24 日，冯·提尔皮茨来到基尔，会见了英国贵宾，并向客人们介绍了德国海军的发展规划。当天下午，威廉二世皇帝乘坐"霍亨索伦"号（Hohenzollern）皇家游艇抵达了基尔。"霍亨索伦"号穿过扩建后的基尔运河，从瓦伦德中将的旗舰前缓缓驶过，一路伴随着英国水兵的夹道欢呼。龙颜大悦的皇帝陛下立即邀请英舰舰长登上"霍亨索伦"号同行。第二天，威

---

[1] 基尔运河于 1887 年动工开凿，1895 年 6 月 21 日建成通航。共耗资 1.56 亿帝国马克。为满足无畏舰的通行要求，基尔运河自 1907 年至 1914 年进行了扩建，在基尔（波罗的海一侧）和布伦斯比特尔（Brunsbüttel）（北海一侧）两地各新增设一道大型船闸（310 米长，42 米宽），运河水深也从 9 米增至 11 米。扩建工程耗资 2.42 亿帝国马克。威廉二世于 1914 年基尔周期间亲自主持了基尔运河扩建工程完工典礼。

廉二世身着英国海军元帅〔这是1889年由英国维多利亚女王（Queen Victoria）授予的荣誉军衔〕礼服，回访了英舰"英王乔治五世"号（HMS King George V）。

船会第二天，即6月26日，威廉二世邀请了英国驻柏林大使、瓦伦德中将和冯·提尔皮茨同乘自己的"流星"号（Meteor）游艇参加了海上竞赛活动。与此同时，英国官兵们参观了基尔港，享受着民众的欢呼与德国同行们的热情款待，还受邀参加了各种球类和体育友谊赛。尽管气氛一片友好亲善，但不和谐的音符仍然存在。德国驻伦敦海军武官冯·缪勒（von Müller）中校不断地提醒他的同僚们不要对英国人过分坦诚地敞开大门。他警告说，此番来基尔的英国军官有搜集德国海军战备情报的目的。瓦伦德中将也曾邀请冯·英格诺尔和冯·提尔皮茨在英舰上随意参观（除无线电室和司令塔外），但这两位却因为不希望英国军官在德国战舰上也享受到同等的优待而婉言谢绝了邀请。

6月28日，正当威廉二世在"流星"号上劈波斩浪意气风发之时，奥地利皇储在萨拉热窝（Sarajevo）遇刺的消息传来了。基尔周的热烈氛围顿时冷却下来，旗杆纷纷下了半旗，欢庆活动即刻取消。第二天，威廉二世就返回了柏林。6月30日晨，瓦伦德中将和他的舰队起锚准备归国。临别的时刻在充满敬意与友谊的氛围中到来了，至少形式上如此。锚位上的德国舰船都向他们的英国同行打出了"旅途愉快"的旗语。瓦伦德中将也热情地回复道："今日为友，来日为友，永世为友。"然而仅仅35天后，即1914年8月4日，当英国对德国发出的最后通牒在当日深夜23时到期之时，英国海军部向所有的皇家海军战舰发出了一条语义截然不同的电讯："对德国的敌对行动开始。"大英帝国与德意志帝国进入了战争状态。

1903年在基尔港参加"基尔周"的德国皇家游艇"霍亨索伦"号。画面右侧为美国海军"奇尔沙治"号战列舰（USS Kearsarge, BB-5）。"基尔周"船会期间，德皇威廉二世按例都会到场出席。（图片来源：美国海军历史与遗迹档案馆）

邻居，对手，劲敌

自拿破仑战争结束之后，大不列颠与德意志之间始终没有大的摩擦。这种状态延续日久，两国倒也各安其位。英国是一个强大的海权国家，商业利益遍及帝国内部和全球。而德国作为一支正在崛起的欧洲主要陆权力量，先是在普鲁士王国的主导下实现了德意志的统一，随后于1871年在法国凡尔赛宫正式宣布建立德意志帝国，使得这个新兴欧洲国家的地位进一步得到了巩固。德意志帝国的建立，使英国相信普鲁士的扩张愿望得到——至少是暂时得到——满足，以至于伦敦方面已经准备接受1862年的普鲁士王国首相——同时也是1871—1890年的德意志帝国宰相——俾斯麦（Bismarck）对此的一再保证。

英德之间在意识形态和政治主张上存在着很深的分歧，这与两国各自对宪法自由的接受度和议会对内阁的控制度方面的差异有关。这些政治原则在英国早已完全确立，而在德国，却遭到了特别是以俾斯麦为代表的保守派的强烈反对。帝国首相是一位英国文化和生活方式的崇拜者，曾表示"我所有的生活习惯和品味都是英国式的"。然而，俾斯麦也是一个现实主义和极端保守的人，他居中运作，使在军政界地位举足轻重的容克贵族地主与新兴的实业家这两股当时德国最强势的精英势力在政见上达成了一致。这两股势力都支持俾斯麦对工人和德国社会民主党的镇压政策，阻挠有利于新闻、集会和结社自由的法律出台。

不过，英德两国之间在一些存在共性的重要领域，尤其是宗教、文化，以及经济与工商业发展方面，则表现出明显的趋同融合之势。两国王室间的政治关联本就由来已久，加之1858年1月25日英国维多利亚女王的大女儿与普鲁士王储弗雷德里希亲王（Prince Frederick）的联姻更加促进了两国在这些问题上的紧密结合。但是，两国间这种密切的政治纽带，在英国享受到联姻带来的期望收益之前，就被随后发生的一些大事件给突然切断了。

英国与法国在攫取殖民地和商业利益上是一对多年的死对头，沙皇俄国对英国在亚洲的利益也是个威胁。因此，伦敦方面最初是期望普鲁士和后来的德意志帝国能够在那些可能暗中对大不列颠构成威胁的欧洲列强之间起到一种有效的"壁垒"作用的。[1] 英国在国家层面有两条最为优先的需要：其一，防止敌人自海上入侵。凭借纳尔逊在特拉法尔加的胜利，这个危险已经在可预见的未来被消除了。其二，保证航运安全。这是大英帝国输入原料、食品、纺织品和其他商品的生命线，也是英国工业能够繁荣发展，人民得以安居乐业的先决条件。只要自身的基本安全要求能够得到保障，英国就可以以一种悲悯、超然的态度旁观欧洲发生的各种事情，着重运用自身的外交影响，将本国战略定位在保持欧洲大陆的均势平衡方面，这样就足以防范和阻止任何霸权势力企图改变现状、称霸欧陆的野心。1859—1865年任首相的巴麦尊勋爵（Lord Palmerston）曾在一份声明中对这一构想有着精辟的概括："英国没有永远的友谊，也没有永远的仇敌，只有永远的利益。"

[1] 然而，1852—1867年间担任英国驻法国大使的"考利勋爵"·亨利·韦尔斯利（"Lord Cowley"·Henry Wellesley）却提前预判到了德国国策的潜在变化对英国的威胁，尤其是在海军建设方面。他曾写道："我对我们与普鲁士的友谊长青不抱希望。如果他们将来成了一个海上强国，那我们可就麻烦了。"

奥托·冯·俾斯麦（Otto von Bismarck,1815—1898年），1871—1890年任德意志帝国首相。俾斯麦在19世纪下半叶主导设计了以联盟体系为特征的欧洲政治形制。（图片来源：布劳恩图片社）

① 值得注意的是，恰是1914年8月德国对比利时的入侵，导致了英国向德国发出最后通牒，随即卷入了第一次世界大战。

英国十分清楚，始终保持其毋庸置疑的海上霸权和一支足以应对任何敌对力量群起而攻之的强大舰队，才能满足第一项国家需求。这一需要最初被概括为"两强标准"（Two Power Standard）原则，后来由于不断攀升的财政预算支出，以及自由党与保守党内阁对预算支出优先级的不同主张而被重新修订为一个相对不那么野心毕露的概念。此外，另外几个国家——包括德国、俄国和美国——在19世纪末着手实施的庞大的海军扩充计划也使得"两强标准"在财政上变得无法负担。

英国的另一个长期利益点是比利时与荷兰的独立地位。这种地位可以确保两国海岸不被英国的敌国——无论是法国还是德国——所攫取①，从而用以控制英吉利海峡航道。第三个利益点就是前文所提到过的在欧洲几大列强（法、德、俄）之间保持平衡，使它们的实力都达不到能够征服对手，实现欧陆霸权，令英伦三岛再次面临入侵危险的地步。

工业的发展

在关注和探究英国自19世纪后半叶，直至一战前夜这一时期所实施的政治活动的根本目标，以及德国出于自身目的，在同一时期的所作所为之前，还应当对其他一些在两国海军力量发展过程中产生巨大影响的因素——双方的人口、经济和工业发展情况——进行分析。

在工业化进程、制造业和出口贸易发展上，1880年之前，英国在欧洲乃至全世界都居于主导地位。统计数字表明，英国在1860年时人口为2900万，1870年为3100万，1880年时则变成了3500万。同样在1860年，普鲁士王国的人口数量为1850万。而到了1871年，随着一帮前德意志王国、公国的加入，崭新的德意志帝国的人口达到了4100万，

这幅德国画家安东·冯·维尔纳（Anton von Werner）的著名画作描绘的是1871年1月18日，德意志帝国在法国巴黎凡尔赛宫（Palace of Versailles）的镜厅（Hall of Mirrors）宣告建国时的情景。图中皇威廉一世（Kaiser Wilhelm I）对面居中站立者即为德国首相奥托·冯·俾斯麦。

1880 年更是达到了 4500 万。得益于强劲的人口增长趋势，在随后数年里，德国的生育率稳定在 40‰ 的高水平。城市人口数量直接关系到工业化进程的推进。1871 年，英国的城市人口明显多于德国的城市人口（约多出 50%），尽管二者之间的差距在逐渐减少，但这一情况一直延续到了一战前夕。

1871 年，英国在工业生产上的电力消耗量约为 400 万马力（约合 300 万千瓦），同期德国是 250 万马力（约 186 万千瓦）。英国贡献了全球工业总量的 32%，德国为 13.2%。在对军备计划的实现极其重要的煤炭、铸铁和钢的产量方面，英国分别是 1.12 亿吨、600 万吨和 70 万吨，德国的对应数据是 3200 万吨、130 万吨和 30 万吨。交通运输业方面，1870 年英国拥有 2.45 万英里里程的铁路，德国为 1.9 万英里。航运业方面，英德两国分别为 560 万总注册吨和 90 万总注册吨。

1883 年的汉堡港。英德两国工业发展的一大特点就是海外贸易规模和货物运输所必需的商船队规模也伴随着工业的发展而相应地大为扩张。[图片来源：格奥尔格·库普曼（Georg Koppman）]

德国实现统一后，其工业水平在短时期内得到了发展，但却在 19 世纪 70 年代后期发生的严重经济衰退中横遭打击，特别是在采矿和钢铁行业。不过随后几年的全球经济增长趋势又使英德两国的工业差距迅速缩小，至 1900 年，德国在全球制造业中所占份额仍为 13.2%，但英国的贡献却跌落至 18.5%。英国对世界经济的低贡献和德国"错失的"工业增长量都应"归咎"于美国工业的巨大发展。美国的工业生产能力在 1880—1890 年的十年间翻了一番，坐上了全世界的头把交椅。而在 1910 年，德国超过英国，拿到了欧洲头名。到 1913 年，德国的工业产值占到了世界总量的 14.8%，而英国则停留在 13.6%。[1]

1880—1910 年间，德国在所有领域都实现了迅速增长。1890 年，德国总人口为 4900 万，1900 年时为 5600 万，1910 年达到 6500 万。而英国的人口仅在 1900 年超过了 4100 万，直到 1910 年还没有达到 4500 万。工业原料方面，德国的煤炭产量在 1890 年时仅为英国的一半，但 1913 年的产量达到了 2.8 亿吨，基本可以与英国的 2.92 亿吨平分秋色。

---

[1] 美国以 32% 的占有率排名世界第一。

1912年3月，英国战列巡洋舰"玛丽女王"号（HMS Queen Mary）在英国贾罗的帕尔默船厂举行下水仪式。在这一时期，英国的造船工业在舰船建造的总吨位上居世界首位。（图片来源：《贝恩图片集》，美国国会图书馆）

钢和铸铁的生产领域也出现了类似的趋势。1890年，英国以800万吨稳坐世界铸铁产量头名宝座，而德国当时的铸铁产量是410万吨。但短短十年后，形势就来了一个大逆转。1913年，德国产出了1470万吨铸铁，英国同期却只有1100万吨。从1890年到1914年，英国的钢产量从360万吨增加到650万吨，但远不足以与德国同期从230万吨到1400万吨的井喷式增长相提并论。

工业用电的主要来源是燃煤，因此衡量国家工业发展的一个重要指标就是煤炭消耗量。1890年，英国共计消耗煤炭1.45亿吨，德国为7100万吨。1900年，英国的煤炭消耗量居世界第一，1.71亿吨；德国是1.12亿吨。1910年，德国大幅缩小了和英国的这一差距，煤炭消耗量为1.58亿吨对英国的1.85亿吨。1913年，英国的煤炭消耗量为1.95亿吨，德国为1.87亿吨，两国几近持平。[①]

伴随着国内工业发展的强劲势头，德国的机电、光学与化工行业也蓬勃兴起。结果使得1910年德国的出口额在1890—1913年间增长了3倍，在诸如化工、机械和五金等几个关键领域超过了英国，并限制了英国在纺织品和煤炭产品上的霸主地位。得益于意大利人伽利尔摩·马可尼（Guglielmo Marconi）于1897年创立的"无线电报与信号公司"（Wireless Telegraph and Signal Company），英国一直是通讯技术领域的佼佼者。隶属英国商业组织和私人的无线电发射台遍布全球（一战爆发前在全世界约有500家，包括欧洲的94家），与庞大的海底电报电缆网一起并肩工作。1913年时，作为全球总长51.6万千米的海底电报电缆的一部分，英国敷设的海底电报电缆有2457条线路，绝大部分（84%）为国有或部分国有。世界上最重要的8家电信公司中的5家是英国公司，只有2家是德国公司；5家英国公司共拥有总长21万千米的通信电缆，而德国公司总共不到3万千米。

1910—1914年间，德国两家主要的电气公司，德国通用电气（AEG）和西门子（Siemens），雇用了超过14万名工人。在德国的上市公司中，人力规模名列前茅的是2家银行和3家矿业公司，另外还有家族企业克虏伯（Krupp）（其雇工人数从1902年的4.5万人猛增至1909年的10万人）、德国通用电气，以及两家船运公司——北德意志·劳埃德（Nord-Deutscher Lloyd）和哈帕格（HAPAG），也都是当时德国规模较大的企业。

---

① 1900—1910年，煤炭总消耗量的一半主要用于制造业，15%用于交通运输系统，13%用于家庭采暖，剩余部分用以满足其他需求。

德国的造船业从一个相当低的起点开始发展，乘着1898年《海军法》的颁行和海上贸易不断发展的东风，逐渐发展到了一个可观的规模，然后又反作用于工业产值的增长。1913年，德国造船业共有9.3万名从业工人，其中2.6万人在基尔、威廉港（Wilhelmshaven）和但泽（Danzig）的帝国国有造船厂工作，6.6万人在民营船厂。包括布洛姆 & 福斯（Blohm & Voss）和伏尔铿（Vulkan）在内的6家大型造船厂雇用了5.5万名工人，其余的则分布在若干个较小的船厂。帝国国有造船厂只管专心建造和维护军舰，民营船厂主要参与建造商用船只，特别是货轮和客轮（1912年总吨位达到42.5万吨）。

1900年，德国北莱茵—威斯特法伦州（North Rhine-Westphalia）艾瑟菲尔德（Eiserfeld）的马里恩（Marienhütte）钢铁厂的高炉。1890—1914年，德国的钢铁产量从230万吨激增到1400万吨。[图片来源：皮特·韦勒（Peter Weller）]

1871年，英国造船工人总数为6.1万人，1900年为8.5万人，建造总量为130万吨（人均15.2吨）。而德国在1900年的造船工人为3.1万人，建造总量20万吨，人均建造6.3吨，只相当于英国人40%的产能。在1890年到1900年期间，英国造船业承担了世界总商船吨位的75%，但到了1914年，这一比例下降到60%。英国的造船实力包括对高度发达的钢铁工业、工程技术以及熟练劳动力的有效利用，代表着英国在这一领域的专业化和竞争力。这些因素帮助英国在1913年建造了250万吨船舶，其中25%用以出口。

1905—1906年，皇家德文波特船厂（HM Devonport Dockyards）雇用了9300名工人，皇家朴次茅斯船厂（HM Portsmouth Dockyards）雇用了7492名工人，7年后，这个数字上升到1.14万人和9886人。这些数字可以和德国主要的帝国国有船厂（基尔和威廉港）的相应指标相媲美。[①] 在1907年关于英国各造船厂的劳动力分级统计中，皇家造船厂以总共2.558万名雇工数量排名第一，随后是私营的阿姆斯特朗·惠特沃斯（Armstrong Whitworth）造船厂的2.5万、维克斯（Vickers）船厂的2.25万人以及约翰 & 布朗（John & Brown）船厂的2万人。当然，这些关于民营公司的劳动力统计数字中还包括其他一些产品生产拥有的雇工人数，如舰用装甲、主机、火炮和其他部件等，但仍然与军用舰船的建造息息相关。

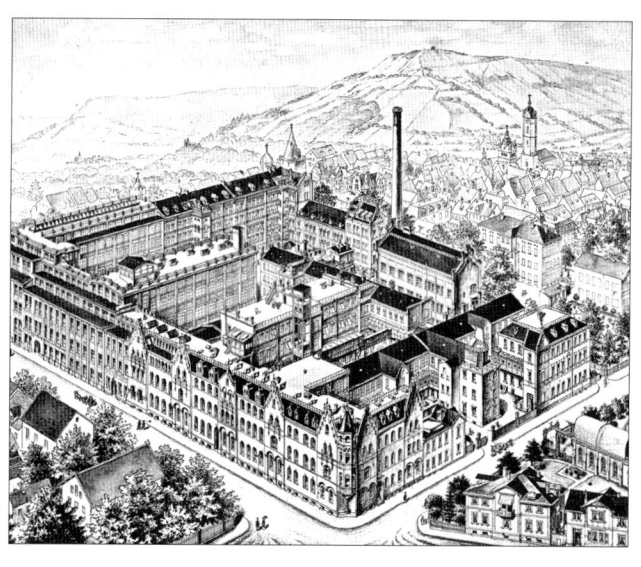

1908年德国光学仪器巨头卡尔·蔡司（Carl Zeiss）公司在耶拿的总部和主要生产中心。在第一次世界大战前，德国工业在化学、光学、机械和电气系统等领域都达到了极高的水平。（图片来源：卡尔·蔡司公司）

就陆地运输而言，1910年德国铁路网总里程为6.1万英里，在很大程度上超过了英国的3.8万英里。另一方面，德国的商船队虽然几经扩充，仍比英国小得多：1901年德国商船总吨位190万吨，英国960万吨；1913年德国商船总吨位310万吨（2000艘轮船和400艘帆船），英国1210万吨（8500艘轮船和750艘帆船）。

德国的海运业务由7家大公司把控，其任务是出口国内生产的剩余产品。它们的业务活动受德国政府的监督和协调，以达到优化协同的目的。这样，德国就能垄断美国和南美的海上航线。与之相比，英国的海上贸易由300家各自为政、互不协调的航运公司

---

① 英国和德国的国有造船厂通常被认为比民营造船厂生产力水平更高。然而这一说法缺乏可供比较的因素。本书第六章将对英德双方的一些战列巡洋舰进行比较。

相互竞争，这就使得英国在与德国的竞争中遇到了越来越多的问题。

进出口贸易主要通过海运实现，因此商船队伍的扩充自然而然地反映在了对外贸易的扩张上。在1890年，英国的商品进口额为3.56亿英镑，出口额为2.64亿英镑，而德国相应的数据是2.08亿和1.66亿。在商品进出口额的比率方面，1900年，英国的进出口比率为459∶291，德国为283∶226；1913年，英国为659∶525，德国为505∶537，这表明德国在出口贸易业务上已经超过了英国。在这种背景下，英德间的贸易情况显示出一派有利于德国的态势，这就很值得认真审视了。1870年，英国向德国出口了价值2040万英镑的货物，进口1540万英镑，十年后，这一比例逆转，英国自德国进口货物2430万英镑，出口1690万英镑。随后几年，英国对德国的贸易逆差进一步加剧。1913年，英国自德国的进口货物总额达到了8040万英镑，而出口额只有4060万英镑。

但英国在商船队数量和吨位上仍居全球霸主地位，这种海上优势也充分地体现在其海军实力上。1880年，英国皇家海军的总吨位为65万吨，1900年为106万吨，1910年为217万吨，至第一次世界大战前夕为271万吨。在同一时期，德国海军总吨位从1880年的8.8万吨上升到1890年的19万吨，1900年为28.5万吨，1910年增至96.4万吨，1914年达到了130万吨。这些数据显示了德国海军"下饺子"的迅猛程度，但由于英国皇家海军在关键的北海（North Sea）海域集中兵力的强大能力，此时的德国海军依然不足以挑战英国人的海上霸权。

1910—1911年左右，北爱尔兰贝尔法斯特（Belfast）的哈兰德＆沃尔夫（Harland & Wolff）船厂下班时的情景。背景中的大船即为著名的"泰坦尼克"号（Titanic），该船于1911年5月31日下水。

在人员方面，1912年英国皇家海军拥有13.4万名现役军官和士兵（另有预备役9.5万人），1913年德国海军有7.9万名现役军官和士兵。就财政预算而言，英国海军预算将从1901—1902财年的3100万英镑增加到1903—1904财年的4050万英镑，1912—1913财年再增至4490万英镑；而1904年的德国海军预算为2.06亿帝国马克（相当于1010万英镑），1910年为4.26亿帝国马克（2090万英镑），1912年为4.62亿帝国马克（2250万英镑）。

对德国来说，这些数字应该被看作是维持一支当时欧洲最强军队必要的巨额开支。德国陆军在数量上不如俄法两国，但在组织、训练、装备和战斗力上更胜一筹。1910—1914年，德国陆军的预算从4.2亿帝国马克猛增至9.2亿帝国马克，翻了一番还多，但同期海军的军费开支增速却放缓了。

殖民扩张

除了引人注目的工业发展成就，1815—1914年也是人们见证殖民帝国进一步扩张的时期。1897年，大英帝国的疆域共计1100万平方英里，人口超过3.7亿，占据了地球表面的四分之一。其中既有地广人稀的领土如加拿大、澳大利亚，也有印度这般人口稠密的地区，中等大小的领地和保护国如南非开普殖民地（Cape Colony）、埃及、新西兰，以及散布在各大洋中的小岛——圣海伦娜（Saint Helena）、南乔治亚（South Georgia）和斐济（Fiji）等。

所有这些地方合而为一，成就了一个庞大的海洋帝国。这样一个帝国的生存、防御和经济发展的基础就是制海权。制海权确保了大不列颠不仅可以在世界范围内行使直接统治，还能够间接地通过全球贸易，把控那些重要国家的经济命脉，特别是在亚洲和南美洲地区。相应地，英国的殖民地，尤其是那些拥有最多财富和人口的殖民地，能够提供士兵、原料、物资补给和财政资源，来共同保卫大英帝国。串联和保护这些战略资源的关键，就是建成一个由海军基地、加煤站、在帝国本土与各殖民地间延伸的海运航线、强大的海军和商船队，以及后来广泛分布在海底的电报电缆网络所组成的全球体系。①

大英帝国最重要的海外领土——"王冠上的宝石"——印度，自1858年英国东印度公司（East India Company）解散后便直接由英国政府控制。这片被称之为"英属印度"的土地由一位总督管辖。维多利亚女王亦于1876年5月1日加冕为印度女皇。

从1820年以来，沙皇俄国开始向中亚扩张。1839年，英国为阻止俄国对英属印度领土的潜在威胁，入侵了阿富汗，但起初却遭到了挫败。在1878年的柏林和会（Congress of Berlin）上就各自在该地区的势力范围达成协议之前，英俄关系一直处于紧张状态。而直到1905年在日俄战争中战败后，俄国对英国的威胁才大大缓解。

19世纪末与20世纪初的头条大事是英国在非洲的殖民扩张。在这一时期，英国接连入侵并占领了非洲的埃及（形式上的独立国家，由埃及总督管辖，但实际上是英国的保护国）、苏丹，以及由德兰士瓦（Transvaal）和奥兰治自由邦（The Orange Free State）组成的布尔共和国（Boer Republics）。1869年苏伊士运河（Suez Canal）开通后，英国对埃及的兴趣大增。最初伦敦对运河开凿表示反对，但很快认识到了它的战略重要性。苏伊士运河大大缩短了欧洲至印度的航程，很快就被视作"帝国的颈静脉"。1875年，英国政府从已经财政破产的埃及伊斯梅尔·帕夏（Ismail Pasha）政府手中购买了44%的运河股份。同时法国政府也为解决埃及的公共债务出力良多。这些举措确立了英法两国对

① 在特拉法尔加海战胜利后的很长一段时间内，英国皇家海军一直是海洋上无可匹敌的霸主，这也是大英帝国得以延续，无外敌入侵之虞的原因所在。英国没有强大的陆军，却能够控制一个像印度这样的相距万里之遥，且人口十倍于己的国家，这始终让欧洲的一众陆权强国们耿耿于怀。

埃及的联合控制。1882年，英国利用当地民族主义者煽动动乱之机，派军在亚历山大港（Alexandria）和运河地区登陆①，击败了艾哈迈德·阿拉比·帕夏（Ahmed Arabi Pasha）的起义军，完全占领了埃及，结束了与埃及政府艰难的合作。

自1877年以来，苏丹一直处于埃及的控制之下，英国人查尔斯·戈登（Charles Gordon）被任命为苏丹总督。1881年，苏丹人穆罕默德·艾哈迈德（Muhammad Ahmad）自称"马赫迪"（Mahdi，意为"蒙受真主引导的人"），领导了反英大起义，同时发起了一场针对埃及的圣战。1885年，马赫迪起义军对喀土穆（Khartoum）展开围困并最终将其攻占，戈登与喀土穆守军悉数战死。1896年，英国决定再次进行干预，命令基钦纳（Kitchener）将军占领苏丹。基钦纳将军的目标是控制对埃及安全至关重要的上尼罗河地区，并阻止一支由法军上尉马尔尚（Jean-Baptiste Marchand）带队，前往苏丹和尼罗河上游寻机占领该地的160人的小型法国探险队。

经过周密计划，基钦纳将军率领一支由2.6万名英埃士兵组成的部队，于1898年9月2日在乌姆杜尔曼（Omdurman）击败了马赫迪义军，并于两天后进入喀土穆。9月18日，基钦纳在法绍达（Fashoda）撞上了马尔尚上尉的探险队，发现法国人已经在一个废弃的埃及堡垒上挂起了国旗。基钦纳要求马尔尚把队伍撤走，马尔尚断然拒绝，于是这两个国家走向了战争的边缘。只是由于法国认为还没有做好和英国开仗的准备，才最终接受了英国的撤军要求。1899年，法绍达危机最终以英法两国的一纸协议而告结束，协议约定两国在非洲的殖民势力范围以尼罗河流域为界。

英国在南非建立开普殖民地的历程可以追溯到1814年，这也是英国人于1806年开始在南非开普敦（Cape Town）地区定居的结果。于是许多原本在该地区居住的布尔人迁移到了内陆，并于1852年和1854年先后建立了德兰士瓦共和国（The Republic of Transvaal）和奥兰治自由邦，而且都得到了英国的承认。第一次布尔战争（1880—1881年）是英国人为吞并该地区所做的第一次尝试，但却遭到了失败。随着开普敦北部的地区发现了大量的矿产资源，特别是黄金，英国人对这片土地又重新打起了主意。

1895年年底，利恩德·詹姆森（Leander Jameson）在南非开普殖民地总理塞西尔·罗德斯（Cecil Rhodes）②的秘密支持下，拉起了一支队伍，煽动主要来自英国的外侨和移民们起来造反。这些外侨和移民是德兰士瓦共和国由于采矿业紧缺熟练工人，万般无奈才引进的。詹姆森的突袭遭到了德兰士瓦的阻击并很快瓦解了。这是德兰士瓦和英国的关系日趋紧张的一个时期。终于，在1898年10月9日，德兰士瓦总统保罗·克鲁格（Paul Kruger）发布了最后通牒：如果英国在48小时内不将其部署在德兰士瓦和奥兰治自由邦边界的军队撤走的话，将即刻对英国宣战。

在战事的第一阶段，布尔人取得了重要的战术胜利。但在1900年，英国增派了一支强大的远征部队，由陆军元帅罗伯茨勋爵（Lord Roberts）率领，开赴开普殖民地。罗伯茨勋爵打破了布尔人对英属殖民地主要城市的围困，并于当年6月占领了德兰士瓦共和国首都比勒托利亚（Pretoria）。布尔人并没有投降，而是对在德兰士瓦实行了"焦土政策"的英将基钦纳发动了一场旷日持久的血腥游击战。1902年5月31日，德兰士瓦共和国和奥兰治自由邦的代表签署了投降协议，以换取英国对两国未来自治权的保证。英布战争始告结束。

在英国眼中，东地中海岛国塞浦路斯（Cyprus）既可以对苏伊士运河起到屏障作用，

---

① 1888年缔结的《君士坦丁堡公约》保证了任何国家的船只在苏伊士运河的通行自由，包括战争时期。
② 塞西尔·罗德斯（1853—1902年），英国商人、政治家，他在英国对非洲的殖民统治中发挥了关键作用。

法国陆军上尉让－巴提斯特·马尔尚（1863—1934 年），"刚果—尼罗"探险任务的指挥官。其所率领的法国探险队于 1896 年 7 月从非洲大陆大西洋海岸的刚果出发，1898 年 7 月 10 日到达苏丹的法绍达。[图片来源：P. 菲利波托（P. Philippoteaux），法国军事博物馆]

塞西尔·罗德斯（1853—1902 年），作为殖民主义的忠实信徒，他从 1890 年到 1896 年一直担任南非开普殖民地的总理，詹姆森突袭失败后被迫辞职。[图片来源：E. 米尔斯（E. Mills）供图]

保卢斯·"保罗"·克鲁格（1825—1904 年），1883—1900 年任南非共和国（德兰士瓦自由邦）总统。当布尔战争的形势开始对布尔人不利时，克鲁格逃往了欧洲。1904 年在瑞士流亡期间去世。（图片来源：《穆勒图片集》，自由邦档案馆）

又可以作为一个经黎凡特（Levant，即东地中海地区）通往印度的"替代航线"上的跳板，实在是一个大有可为的前进基地。于是英国在入侵埃及并站稳脚跟的几年前，就已经通过对塞浦路斯的控制，巩固了其在东地中海的优势地位。1877 年俄土战争在巴尔干地区燃起的战火为英国提供了获得塞浦路斯控制权的机会。俄国在停火前曾兵临君士坦丁堡（Constantinople），但 1878 年 3 月签订的和平条约却阻止了俄国人的继续推进。英国向土耳其苏丹施加压力，以俄国在亚洲发动新的扩张战争时向土耳其提供军事援助为条件，换取对塞浦路斯的控制权。在 1878 年 6 月柏林会议开幕前几天，君士坦丁堡方面与英国签订了一份秘密协议，认可了英国对塞浦路斯岛的占领，并将塞浦路斯的治权也拱手交与英国。

1880 年以前，德国几乎称不上是一个殖民帝国。德国仅有的海外定居点是那些由传教士和商人在亚洲、非洲的一些港口和其他地方所建造的。德国殖民帝国的建立，来自几个主要的殖民大国间积极主动的商业活动和协商谈判，而非军事行动的结果。没有英国的公开支持、赞同或至少是心照不宣的网开一面，德国就无法拥有能够支持其进行殖民活动的海外基地。没有这些海外基地，德国的殖民地将会在战争中被迅速地一扫而光。[1] 另一个有关的事实是，当德国开始对殖民地表现出兴趣时，世界上大多数"能拿到"的领土，特别是那些具备发展潜力和在资源方面最具吸引力的领土，早已被其他国家瓜分殆尽。

---

[1] 这一切都随着第一次世界大战的爆发而变成了现实。

俾斯麦起初并没有过多地关注殖民地问题，他重点关注的还是如何在欧洲实现力量平衡。在他看来，最好还是把殖民地问题这团乱麻留给法国、英国和俄国去纠结。这样既可以"分散"英国和俄国对欧洲事务的注意力，更能使英国和俄国像德国所希望的那样，在海外殖民的浩荡征途上彼此加剧对抗。但形势在1882年12月6日发生了变化，一众德国实业家、政治家、商人和银行家在德国法兰克福（Frankurt）成立了一个旨在向政府和公众施加影响的团体——"殖民地协会"（Kolonialverein）。这一团体利用媒体向政府和国会施压，试图刺激德国政府加快对海外殖民地的掠夺步伐。俾斯麦对这股发自民间的殖民愿望表达了关注，但这并不是因为他对殖民政策的思路有所改变，而是因为他看到了一个一石二鸟的机会：从英国人那里得到一些殖民利益，作为德国在埃及危机中支持伦敦的"奖赏"；同时在德国的公众舆论中鼓动起一股反英情绪。后者的另一个目的也是为了削弱腓特烈皇储（Crown Prince, Frederick）这个公认的亲英派、反对党和自由主义大佬在国会中的影响力。

于是，德国在1883—1885年间迅速行动起来，在非洲和亚洲吞并了面积超过帝国自身5倍的大片领土：西非的多哥兰（Togoland）和喀麦隆（Cameroon）；南接英属开普殖民地的西南非洲，即今天的纳米比亚（Namibia）；非洲大陆东海岸的东非地区，即今天的乌干达（Uganda）和坦桑尼亚（Tanzania）；新几内亚（New Guinea）的一部分；以及太平洋上的所罗门群岛（Solomon）、加罗林群岛（Caroline）和马绍尔群岛（Marshall）。东非、西南非洲和喀麦隆是德国最大的海外殖民地（面积介于28.5万到38.5万平方英里之间），然而这片殖民地却资源匮乏，运营昂贵，极难开发。对这些蛮荒之地的占领，更多地体现的是德国作为世界强国的野心，而不意味着能够获得真正的经济利益或战略优势。

19世纪80年代，德国吞并了非洲和亚洲的大片领土，这些领土的面积是德意志帝国自身的5倍。最大的殖民地是东非、西南非洲和喀麦隆。但这些殖民地资源贫乏，不适合定居，且维护费用高昂。

图例：
1. 德国
2. 喀麦隆
3. 西南非洲
4. 多哥
5. 萨摩亚
6. 东非

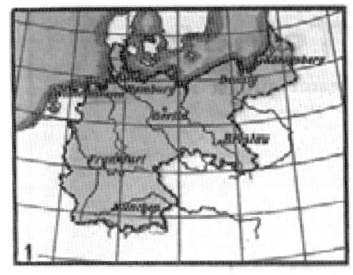
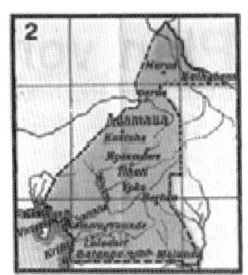
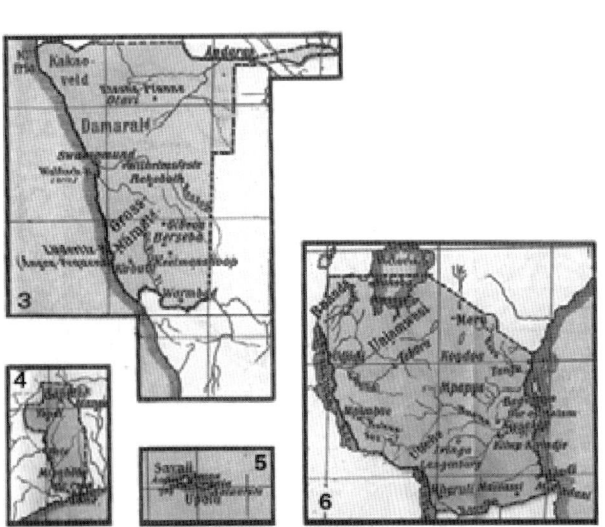

1890年，英德双方签订了后来被称作"殖民地与赫尔戈兰协定"（Vertrag über Kolonien und Helgoland；英文：Treaty of the Colonies and Helgoland）的协议文件。依据协议，德国得到了赫尔戈兰岛（Heligoland）（北海中的一座小岛，于1807年被英国控制。该岛扼守着通往德国主要港口的北海航道，战略地位极为重要）、卡普里维地带（Caprivi Strip）〔一片从西南非洲边界延伸至赞比西河（Zambezi River）的方圆7000平方英里的狭长地带〕以及东非达累斯萨拉姆（Dar-es-Salaam）周边海岸的控制权。作为交换，德国放弃东非海岸的维图苏丹国（Sultanate of Witu），承诺不干涉伦敦与桑给巴尔（Zanzibar）的关系，承认英国在东非的利益。

1898年，以两名传教士在中国山东胶州地区被杀为借口，德皇威廉二世下令占领了胶州湾及周边地区。第二年，胶州主权易手，被德国据为保护地，为期99年。由于其重要的战略地位，在德国的海外殖民地中，只有胶州是由帝国海军部（Reichsmarineamt,

R.M.A）来管理的，而非通常的殖民事务部（Kolonialamt）。尽管德国在内心期望将胶州作为打开中国市场的大门，但德国并未从这个殖民地获得任何真正的收益。1897—1907年，德国占领与管理胶州的总费用达到了1亿帝国马克，而收益还不到1000万马克。

欧洲的联盟与战争

1877—1878年的俄土战争影响深远。这场战争使巴尔干国家的范围进一步扩大，尤其是在土耳其的欧洲部分土地上诞生了亲俄的保加利亚（Bulgaria），标志着泛斯拉夫主义在政治上第一次取得了成功。这令英国和奥地利忧心忡忡。它们担心过于强大的俄罗斯帝国会威胁到各自在亚洲和巴尔干的利益。面对俄国可能与奥匈帝国、英国和土耳其三国集团爆发一场新的大规模冲突的可怕前景，俾斯麦抛出了他的斡旋方案。他提议各方在柏林召开和会，由德国居中扮演"和事佬"的角色。最终，根据在柏林和会（1877年7月13日闭幕）上达成的协议，沙皇俄国被迫放弃了一部分领土主张；塞尔维亚（Serbia）、黑山（Montenegro）和罗马尼亚（Romania）的独立地位获得承认；保加利亚维持自治，但被迫放弃了马其顿（Macedonia）；此外波斯尼亚-黑塞哥维那（Bosnia-herzegovina）沦为了奥匈帝国的保护国。如前文提到的那样，英国通过这一协议得到了塞浦路斯。

沙俄在巴尔干问题上的愤愤不平，加上俄奥之间各种龌龊争端的不断升级，导致了1879年《德奥条约》的签订。根据条约，德国将为奥匈帝国提供安全保证，以防后者遭到俄国进攻。到了1882年，又在《德奥条约》的基础上建立了一个双重联盟关系，将被德奥结盟所吸引，且与法国素有分歧的意大利〔法国于1881年占领了意大利觊觎的突尼斯（Tunisia）〕纳入其中。三国同盟由此诞生。《三国同盟条约》连续数次在最后期限前续订，最后一次是1912年。1914年，意大利在第一次世界大战爆发时宣布中立，三国同盟遂告结束。

尽管与奥意两国签约建立了双重联盟关系，俾斯麦却无意与俄国发生冲突。他的主要目标是确保德国在西线和法国开战时东线不会后院起火，因此，俾斯麦于1881年6月邀请俄国一同续签曾于1873年缔结，但两年后即中止的《三皇盟约》（Pact of the Three Emperors）[1]。新的盟约于1881年6月签署，德国、奥匈帝国和俄国承诺在法国或英国对盟约国之一进行侵略时保持中立。盟约于1884年续订，1887年到期。同年，为应对俄奥之间日益紧张的态势，德俄两国又签订了一个防御性的反担保协定。协定保证当奥匈帝国进攻俄国时，德国将保持中立，从而换取德国在遭到法国进攻时俄国的中立。[2] 通过这一协定，俾斯麦所打造的联盟体系达到了巅峰。但纵是铁血宰相，一代英杰，却无法让英国也参与其宏伟的设计。英国首相迪斯雷利（Disraeli）倒是愿意花些时间对柏林和会上德国的提议进行评估考虑，但他在1880年下台了，继任的格莱斯顿（Gladstone）自由党内阁政府在此后相当长一段时间内将此事束之高阁。

1888年，野心勃勃的新皇威廉二世继承了其父腓特烈三世还没来得及坐热的皇位，随即于1890年将老臣俾斯麦解职。在此之后，德国的外交政策发生了重大的转变。这种转变突出地表现出威廉二世对自己成为世界舞台上的杰出人物的强烈渴望，以及自我力量的展示。而这一切都应归咎于威廉二世本人的冲动性格和他对德国外交与军事能力的过度自信。这导致了1890年俄德反担保密约到期后双方没有续约，而法国此时却不失时

---

[1] 这种"盟约"并非真正的联盟，而更像是俄国、德国和奥匈帝国的保守派君主之间基于相近的意识形态而设立的一种磋商机制。

[2] 如果某一缔约方开始敌对行动，该协定就会赋予另一方行动自由。例如，如果攻击方是德国，俄国就可以加入法国阵营。德俄两国都同意将此协定秘而不宣：一是因为它基本上让德国背叛了与奥匈帝国的联盟，其二是因为俄国沙皇亚历山大三世担心协定会激起泛斯拉夫主义分子的激烈反应。

机地表示愿意为俄国提供军事装备和俄国工业与铁路发展所需的财政资源。这就为圣彼得堡和巴黎之间的友好关系铺平了道路，也鼓舞了两国携手抗德的决心。1892年法俄签署军事协定，拉开了1894年建立两国协约的序幕。法俄两国在协定中承诺，在一方缔约国受到德国单独或伙同三国同盟的其他成员攻击的情况下，另一方将立即展开军事行动，使德国陷入两线作战的不利境地。

与此同时，由于德国的野心越来越大，越来越多地执行扩张主义和专制独裁的政策，英德关系也逐渐降温。威廉二世及其朋党们决心使德国成为一个"世界强国"，一个不光在工业和商业领域独领风骚，而且在殖民和军事方面也难逢敌手的世界强国。更糟的是，在1896年1月，英布战争一触即发之时，威廉二世皇帝陛下竟然给南非的保罗·克鲁格发去贺电，祝贺这位德兰士瓦共和国总统击败了詹姆森乱党的突袭行动。此外，在海军上将提尔皮茨①的坚定支持与不懈努力下，德国第一部《海军法》于1898年得以颁行，德国海军舰队的第一次扩军计划也随之于同年获得通过。

约瑟夫·张伯伦（1836—1914年），1895—1903年在索尔兹伯里勋爵和鲍尔弗勋爵的先后领导下，担任英国殖民地事务大臣。他认为英国和德国有着共同的利益，并且直到1902年依然声称两国之间应该建立防御联盟。（图片来源：《贝恩图片集》，美国国会图书馆）

奇怪的是，就在对面的德国海军准备开始磨刀的同年（1898年），英国颇具影响力的殖民大臣约瑟夫·张伯伦（Joseph Chamberlain）却由于担心俄国威胁到英国在亚洲的利益，初步表达了他对与德国结盟的兴趣。尽管张伯伦一再尝试，德国政府还是搁置了他的提议。德国政府此时对培养公众的反英情绪更有热情，借以推动德国国会批准《海军法》。德国深信，在对英国的提议做出积极回应之前，观望政策会给德国带来更好的结果，而给正在被布尔战争和与法俄的紧张关系所困扰的英国带来难题，但事实证明这一想法纯属误判。

1898年这一年，以法绍达事件为标志，英法两国的关系降到了冰点。但从1899年开始，在法国外交部部长泰奥菲勒·德尔卡塞（Théophile Delcassé）和法国驻伦敦大使保罗·康邦（Paul Cambon）耐心而不懈的努力下，两国逐渐走向和解。但张伯伦先生依旧倾向于与德国结盟，1901年之前他始终反对与法国和解。再看法国和意大利，两国之间的分歧源于其各自在北非地区的利益之争。1902年，这种分歧在达到高潮的时候得到了解决。两国签署的秘密协定保证了意大利将在由德国挑起的法国对德战争中保持中立。1902年，英国与日本确立同盟关系②，为伦敦与巴黎间的关系改善做了铺垫；第二年5月，英王爱德华七世（King Edward VII）访问了巴黎；几个月后，法国总统埃米勒·卢贝（Émile Loubet）对英国进行了回访。两国元首的互访更加促进了英法关系的迅速回暖。

1904年4月，英法两国关于北非的殖民争端得到解决，法国承认英国在埃及的利益，以换取英国认可摩洛哥属于法国势力范围；两国随之签订了相关协定，内容包括两国承诺在适用与埃及和摩洛哥有关的协约条款时，应当在外交上给予相互支持。德国总

---

① 阿尔弗雷德·冯·提尔皮茨（1849—1930年），德国海军上将，1897—1916年任德意志帝国海军大臣。1900年被授予贵族封号。
② 英国一贯奉行"光荣孤立"政策，不与任何国家签署正式的同盟条约。这一国策随着英日同盟的建立而告终结。

理冯·比洛（Bernhard Vvon Bülow）起先低估了英法协定的效力范围，认为它不过是一个在缔约方之间达成的纯粹关于殖民地划分问题的谅解书，然而，这一协定的真正含义在1905—1906年发生的第一次摩洛哥危机中显现了出来。法国决心将摩洛哥变成自己的保护国，要求摩洛哥苏丹交出警察和海关的控制权。摩洛哥苏丹对法国的无理要求提出抗议，德国则援引1880年的《马德里条约》（条约规定当摩洛哥的现状发生变化时，有关国家应进行共同协商），决意打破法国人的如意算盘。

1905年3月31日，不请自来的威廉二世访问了摩洛哥北部城市丹吉尔（Tangier），并公开宣布德国决心保护其"在摩洛哥巨大和日趋增长的利益"。法国此时意识到自己缺乏军事准备，而军力相对德国也不占优，于是不顾英国的百般怂恿，最后还是选择了妥协，法国外交部部长德尔卡塞因此于1905年6月被迫辞职。法国也同意1906年1月在西班牙阿尔赫西拉斯（Algeciras）举行国际会议，商讨摩洛哥危机的解决方案。在这次会议上，德国那

尼古拉二世（1868—1918年）于1894年加冕为俄国沙皇，1917年被迫退位。尼古拉二世极力推动沙俄在中国东北的扩张，因此导致了1904年日俄战争的爆发。

粗鲁、孤立、缺乏奥地利方面支持的外交遭受了严重挫折。尽管英国提出的条件不如巴黎一开始的提议那么明确，但英国还是坚定地承认法国对摩洛哥的统治权。德国最不希望看到的结果成了现实："协约国"势力非但没有在德国的打压下摇摇欲坠，反而做大做强了。

英俄关系也不可避免地发生了变化。日俄战争中，俄国陆军在中国奉天（今辽宁省沈阳市）的原野上一败涂地，海军在对马海峡的波涛中更是全军覆没，不得不在1905年9月5日与日本签订《朴次茅斯和约》（Treaty of Portsmouth）。而战败后的俄国在经济和军事上所面临的灾难性形势，实际上几乎已使俄国不可能再对英国构成威胁。全新的政治形势为两国1907年8月31日在圣彼得堡签订英俄协定打开了大门。乘英俄协定签署的东风，英王爱德华七世于1908年6月在俄国塔林（Tallinn）与俄国沙皇尼古拉二世（Tsar Nicholas II）举行了亲切友好的会晤，进一步巩固了两国的协约关系。至此，《英俄协定》吸收了早先的法俄联盟和《英法协议》，正式合并成为《三国协约》。

1911年，摩洛哥国内局势发生混乱与动荡，导致了一场新的摩洛哥危机。4月，在该国菲斯（Fez）爆发了部落起义，起义产生的新苏丹请求法国介入以恢复国家秩序。德国担心法国的介入会颠覆5年前各方在阿尔赫西拉斯达成的协议，于是坚决反对。为保护德国在摩洛哥南部的工商产业，柏林于1911年7月1日派遣"黑豹"号（SMS Panther）炮舰前往该国港口城市阿加迪尔（Agadir）。德国的主动介入在英国眼中无异于战争挑衅。然而战争的车轮最终还是停了下来。在英国的大力推动下，各方达成了一个

1906年,德意志帝国皇帝威廉二世和温斯顿·丘吉尔出席在西里西亚的布雷斯劳附近举行的秋季军事演习。(图片来源:S. 里格尔,美国国会图书馆)

1908年英王爱德华七世(左边敬礼者)与俄国沙皇尼古拉二世在雷瓦尔(今爱沙尼亚首都塔林)登上俄国皇家游艇"标准"号(Standart)。在和法国于1904年达成谅解后,英国于1908年也与俄国达成了正式的政治谅解。

实际有利于法国的妥协:各国承认摩洛哥大部事实上是法国的保护地;① 德国得到法属刚果(French Congo)10万平方英里土地作为补偿(这些土地随后被德国并入喀麦隆)。

另一件导致英德关系进一步倒退的事件是1912年春关于限制海军军备谈判的破产。限制海军军备是英国在1907年的海牙会议(conference in The Hague)——正是在本次会议上诞生了著名的《海牙公约》(the Hague Convention)——上提出的一项动议,但德国坚决反对将其列入会议议程。德国国会于1906年和1908年两度通过关于德国《海军法》的修正案,更给两国本已紧张的关系火上浇油。英国对此反应激烈,决定出台新的海军扩军方案作为回应。为摆脱这种僵局,1912年2月英国内阁决定派遣陆军大臣理查德·霍尔丹(Richard Haldane)前往柏林,与德国方面就达成可能的协议进行非正式磋商。但两国对话给予人们的希望之光转瞬即逝,谈判终于还是破裂了。

德国《海军法》1912年修正案的严重程度则令英国感到了恐慌。这一修正案为德国变本加厉地加强海军提供了政策空间。德国要求英国做出无条件中立的保证,这恰恰是英国所不愿意的,于是谈判终止。英国人的拂袖而去令威廉二世怒火中烧。9月,英国海军大臣温斯顿·丘吉尔决定召回地中海舰队的战列舰,以加强北海方向的军事力量。而为填补皇家海军战舰调防后在地中海留下的力量空白,法国海军——尽管和英国尚无正式的军事协议——同意从布列斯特(Brest)的大西洋舰队抽调6艘战列舰前往地中海地区的土伦港(Toulon)。

在20世纪的头十年,巴尔干半岛的局势时刻影响着欧洲列强之间的关系,也为这一地区带来了潜在的动荡。1903年,亲奥的塞尔维亚国王亚历山大·奥布雷诺维奇一世(Alexander I Obrenović)被刺,亲俄的彼得·卡拉格奥尔基维奇一世(Peter I Karageorgević)国王重新归政掌权。这不仅加剧了俄奥斗争,更点燃了那些试图建立一个包括整个南斯拉夫地区在内的"大塞尔维亚国"(Greater Serbia)的政治势力的行动热

---

① 摩洛哥小部分地区沦为西班牙保护地。

情。另一个重要事件是 1908 年 7 月，土耳其的青年土耳其党人（Young Turk）在君士坦丁堡发动的革命。这场革命的目的是推动奥斯曼帝国（Ottoman Empire）实现现代化和民主宪政。由于担心弥漫着崭新的民族主义气氛的土耳其会要求收回波斯尼亚 - 黑塞哥维那（Bosnia-Herzegovina）这片过去 30 年来一直由奥匈帝国统治的土地，维也纳于 10 月 5 日单方面宣布吞并这一地区，令土耳其和塞尔维亚的觊觎野心化为了泡影。

保加利亚和塞尔维亚的领土主张，以及 1911 年意大利对的黎波里的占领，为地方民族主义的复兴创造了条件，也标志着奥斯曼帝国被进一步削弱。1912 年 3 月，在俄国的支持下，保加利亚与塞尔维亚建立了反土耳其的巴尔干同盟（the Balkan League），后来希腊（Greece）和黑山（Montenegro）也加入了这个同盟。4 个盟国联手发动了第一次巴尔干战争（the First Balkan War）（1912 年 10 月—1913 年 3 月），在战场上打得土耳其损兵折将，节节败退，最终迫使君士坦丁堡接受了英德两国的调停，于 1913 年 5 月 30 日在伦敦艰难地签署了和平协议。

但在对新占领土进行分赃的时候，这些从前的盟友之间却开始横生龃龉。奥匈帝国与沙皇俄国在巴尔干地区的未来政治版图规划上针锋相对，导致保加利亚凭借奥地利的支持，站在了反俄立场上，与得到一票前盟友和土耳其支持的塞尔维亚爆发了冲突，史称"第二次巴尔干战争"（the Second Balkan War）（1913 年 6—8 月）。第二次巴尔干战争最终以保加利亚的战败宣告结束。1913 年 8 月 10 日双方签订《布加勒斯特条约》（The Treaty of Bucharest），条约有利于塞尔维亚、罗马尼亚和希腊，剥夺了保加利亚通过 1913 年《伦敦条约》所获得的大多数收益。条约承认希腊对克里特（Crete）岛拥有主权，该岛自 1897 年爆发争取自治权的武装起义以来，一直为土耳其所垂涎。

第二次巴尔干战争的结束并未使这片土地上的纷争稍有平息。奥匈帝国认为自己在这一系列事件中吃了大亏，开始谋划如何反攻倒算。而拥有自治权的阿尔巴尼亚（Albania）公国的成立，使塞尔维亚没能得到期望中的亚得里亚海（Adriatic）出海口，让塞尔维亚感觉自己受到了无端惩罚。奥匈帝国和塞尔维亚之间的仇恨随着 1914 年 6 月 28 日奥国皇储弗朗茨·费迪南大公（Archduke Franz Ferdinand）在萨拉热窝（Sarajevo）的遇刺，终于恶化到了极点。萨拉热窝事件也成了第一次世界大战爆发的一个主要原因。

7 月 23 日，奥匈帝国向贝尔格莱德（Belgrade）发出了杀气腾腾的最后通牒，通牒中的 10 点要求对塞尔维亚的主权构成了严重危害。两天后，贝尔格莱德接受了所有的条款，除了最后一项：奥匈帝国要求派官员参加费迪南大公遇刺案件涉案人员的审判。在最后通牒到期前两分钟，塞尔维亚人在贝尔格莱德向奥匈帝国大使递交了答复。但奥地

弗朗茨·费迪南大公于 1910 年成为奥匈帝国皇储。1914 年 6 月 28 日，他在萨拉热窝的遇刺身亡点燃了第一次世界大战的战火。

利方面对答复根本不满意。作为回应,奥匈帝国与塞尔维亚断绝了外交关系,同时宣布开始部分动员。7月28日,尽管国际社会做出了最后的外交努力,维也纳还是向塞尔维亚宣战了。

此时此刻,各国之间的各种结盟与互助关系由此而不可阻挡地自动生效了。7月30日,俄国宣布进行总动员,奥匈紧随其后,于7月31日宣布总动员。同一天,德国向圣彼得堡发出了限时12小时的最后通牒,要求俄国暂停其战争动员。在没有接到俄国任何回应的情况下,8月1日,柏林完成了兵力调动并正式向俄国宣战。柏林方面同时敦促巴黎在当天发表中立声明,并要求法国向德国交出两个边境要塞作为严守中立的抵押物。法国的回应是"我国将遵从自身利益行事"。

8月2日,德国入侵卢森堡,并命令比利时让开道路,让德军部队从其领土上自由通行。8月3日,德国对法国宣战。英国之前已经向皇家海军舰队下达了动员令,并向法国保证将负责英吉利海峡的沿岸防卫。英国政府本来还对冲突可能不致扩大抱有一丝残存的幻想,对参战稍显犹豫,但德国对比利时中立地位的野蛮侵犯彻底打消了这一念头。8月3日,英国向德国发出最后通牒,要求德国必须尊重比利时的中立。8月4日23时(柏林时间24时),英国在没有接到德国任何回应的情况下对德宣战。世界大战的战火开始熊熊燃烧。

海军军备竞赛

阿尔弗雷德·冯·提尔皮茨(1849—1930年)海军上将,自1897年至1916年一直担任德意志帝国海军部部长。归功于他的坚决支持,德国国会通过了《海军法》,使德意志帝国海军从一支中等规模的近海作战力量变成了一支全球海军。

德国的海军在俾斯麦乃至他相位的继任者列奥·冯·卡普里维将军(General Leo von Caprivi)的政策中都从未占据过重要地位。俾斯麦认为,其他列强的注意力都集中在殖民地问题上,而德国则应该致力于加强自己在欧洲大陆上的地位。达到这一目标的基础是陆军,而在海军方面,只要建设一支基本上仅限于防御任务的近海海军就已经足够了。但在1888年6月威廉二世即位后,这一情况开始发生变化。威廉二世对关于战舰和海军的一切都醉心不已,而且还是海权理论的奠基人与倡导者——美国人阿尔弗雷德·赛耶·马汉(Alfred Thayer Mahan)的忠实读者与粉丝。最重要的是,他是德国称雄世界的勃勃野心的坚定支持者。对一个未来的世界强国而言,一支与这种雄心壮志相匹配的舰队是不可或缺的。

1897年,威廉二世皇帝告诉伯恩哈德·冯·比洛,由他来担任下一任帝国外交部部长。他的主要任务是在不至于过早地引发对英战争的前提下,为德国完成一支强大的海军舰队的建设在外交上争取空间和时间。而早在一年以前,帝国海军办公厅[1]主任格奥尔格·冯·穆勒上将（Admiral Georg von Müller）就承认，一场将决定两个世界帝国在殖民扩张的争斗中谁执牛耳的战争实际上已经无可避免。那个能够满足皇帝陛下的海军野心的人，就是海军少将阿尔弗雷德·提尔皮茨。提尔皮茨于1897年6月被任命为帝国海军大臣，掌管帝国海军部。他走马上任仅几天后，就向威廉二世呈上了一份秘密备忘录，其中详细描绘了德国的海军战略。他认为，德国最危险的敌手是英国，从赫尔戈兰岛至泰晤士河（Thames）河口之间的北海地区在未来的战争中将会是德国海军集中主力舰与敌人在海上决一死战的决定性战场。

在准确地预判到《海军法》的约束范围后，德国人精准地确定了加强海军舰队力量所需的资金投入，以及落实海军建设计划的时间安排。德国国会也众望所归地在1898年4月10日通过了这一法案。德国海军将利用4.08亿帝国马克的拨款，在未来7年内完成一波造舰狂潮。德国计划在1905年时建成两个各由8艘战列舰组成的战列舰分舰队，另有1艘旗舰、2艘作为预备兵力的战列舰和相当数量的巡洋舰。[2]这将是一支令人生畏的艨艟战阵，它将使德国能够在海上从容面对法国或俄国海军的挑战，但还不足以撼动英国海军的霸主地位。

德国1898年的《海军法》和由此而产生的相关举措并不是德英之间唯一的症结，更主要地表现在德国大力扩充海军的过程中上下所弥漫的一种恐英仇英情绪。克鲁格电报事件是第一个信号，加上德国国内右翼团体"海军协会"（Flottenverein；英文：Naval League）[3]对殖民扩张和海军竞赛的鼓动宣传，以及在布尔战争期间，德皇本人与德国公众舆论对英国海军拦截涉嫌向布尔人载运武器和走私货物的德国货轮（1900年1月）的强烈反应，使得德意志帝国与大不列颠一决高下的欲望更加强烈。

外部事件的压力——例如中国的义和团运动和第二次布尔战争——在1900年6月促成了德国第二部《海军法》的出台。这一法案的目标在于将帝国海军最重要的组成部分——战列舰的数量——在1920年前翻上一番，并取消对海军扩军计划的费用开支限制。阿尔赫西拉斯会议上遭受的挫折，直接导致德国在1906年通过了对《海军法》的第一修正案，该修正案对包括6艘"大型巡洋舰"（即后来的战列巡洋舰）和一批相对小型的舰只在内的建造计划进行了升级。

在提尔皮茨的愿景中，一支集结在北海的强大德国舰队将把英国人的进攻御之于国门之外。英国皇家海军将面临在进攻中遭受惨重损失的巨大风险，甚至可能动摇其海上霸权地位。因此，当德国克服了所谓的"危险区间"[4]之后，将获得更大的行动自由，并从中受益，从而实现其扩张主义的殖民和商业政策。然而提尔皮茨的如意算盘却完全落了空。德国舰队的扩充非但没有对英国形成威慑力，使其屈服于柏林的外交政策主张，反而加深了英国对德国的戒心和敌意，使德国在国际舞台上日渐孤立。这种孤立首先成全了英国和日本的结盟（1902年），随后促成了英国与法国的两国协约（1904年），最后助力英俄达成了结盟协定（1907年）。

至于英国，从1889年海军防卫法案的通过直到20世纪初，其海军政策的官方目标——诚如第一海务大臣乔治·汉密尔顿（George Hamilton）在1889年3月7日所表达的那样——是实现前文所述的所谓"两强标准"，即皇家海军的实力必须强大到无论何时都能达到两个最强对手的海军力量之和的程度。当时的两个最强对手指的是法国和俄国。

正是出于这个目的，英国于1889年批准了包括10艘战列舰、42艘巡洋舰和18艘驱

---

[1] 威廉二世于1889年设立海军办公厅（Marine-Kabiett），作为帝国当局和海军首脑之间的一个对接机构，并将一部分原本属于帝国军务内阁的事务交与其办理。

[2] 关于1898年和1900年德国海军法的约束范围及其修正案的更多内容，将在本书第二章加以详述。

[3] "海军协会"组织由一群德国实业家、银行家和政界人士发起，并在提尔皮茨的鼎力支持下，于1898年4月在德国柏林成立。这一民间组织在鼓吹和传播海洋事务意识、推动舆论支持通过《海军法》等方面发挥了积极作用。1908年，该协会会员人数达到了100万。

[4] "危险区间"是指德国舰队虽然正在得到加强，但还远未达到足够强大的程度这一时间区间。这段时间内，德国舰队面临着英国皇家海军发动先发制人的歼灭性突袭的危险。这一令人恐惧的假设实际上也正是英国海军上将费舍尔的构想。

逐舰在内的造舰计划。在1880—1890年这十年里，俄国和法国共计新建了23.3万吨军舰，而英国则增加了19.6万吨。在接下来的十年里，情况发生了逆转，英国新建造了超过70万吨的战舰，而法国和俄国的新舰数量为49.5万吨。

1904年，在英国亲自撸袖子下场，卷入日俄战争的风险面前，英国首相阿瑟·贝尔福（Arthur Balfour）声明，为避免卷入一场被拥有完备而强大的舰队的第三方肆意操控摆布，从而可能导致国家衰落的战争，有必要给海军的建设额外上一道保险措施。这道保险措施由海军上将——巴腾堡亲王路易斯（Louis of Battenberg）于1904年11月提出，即在海军力量方面对"最有可能联合起来对抗我们"的两个强国的海军军力之和保持10%的优势。这一目标直至1907年年底才达成。而可能的对手组合有：1.德国和俄国；2.法国和俄国。

在两强标准实现前，发生了一件在海军历史和海军技术发展中开启新纪元，堪称划时代的大事。1905年10月2日，战列舰"无畏"号在朴次茅斯港下水。之后不到一年，该舰完全竣工。"无畏"号战列舰的航速达到了21节（比世界各国的现役战列舰快两节），主要武备包括10门12英寸主炮（单位时间内能够向舷侧投射比其他英国最新锐的战列舰多30%—65%的弹丸重量）。"无畏"号的问世使得世界上所有的军舰一下子都统统过时。

无畏舰因其极具创新性的设计和强大的攻击力而备受赞誉，但同时由于这一型战舰的建造可能抵消皇家海军在无畏舰问世前所确立的优势地位，也招来了严厉的批评，尤其是在英国本国。现在各国海军都可以通过建造无畏舰使自己和英国海军处于同一起跑线上。这可能会让英国皇家海军过去为保持优势而付出的所有心血与努力一夜之间付诸东流。另一个严重的问题是，这种必将引发军备竞赛和军费飙升的新型战列舰的发展前

1904年，停泊在喀琅施塔得军港的俄国海军"博罗季诺"号前无畏舰。"博罗季诺"号于1901年下水，1904年竣工，1905年5月27日在对马海战中沉没。沙皇俄国在日俄战争中的失败促成了英、法、俄三国协约的建立。

"无畏"号战列舰上的一座12英寸双联装主炮塔。通过建造第一艘"全重炮"型战列舰,英国开启了海军军备竞赛的新时代。(图片来源:《贝恩图片集》,美国国会图书馆)

景却还不甚明朗。被誉为"无畏舰之父"的海军上将约翰·费舍尔爵士意识到了这种风险,但他同样坚信,发展无畏舰是一种必然的选择,这是一场事关大英帝国生死存亡,绝对不能落后的竞赛。[1]

1900年年底,英国内阁批准了海军部在《考德备忘录》(Cawdor Memorandum)[2]中所阐述的海军造舰计划,即每年新开建4艘无畏舰。但继任的自由党政府在首相亨利·坎贝尔·班纳曼爵士(Sir Henry Campbell-Bannerman)(1905—1908年在任)的领导下,优先考虑了社会性支出,加之对1907年海牙和平会议可能会在各国间达成控制军备竞赛的共识的期望[3],使得考德方案最终被放弃。1906年和1907年,英国仅开工了3艘无畏舰,而海军预算也从3680万英镑(1904—1905年)削减至3140万英镑(1907—1908年)。

形势在1908年发生了转折,德国海军的强军步伐又加快了,这令英国的担忧与日俱增。[4] 3月27日,德国国会通过了《海军法第二修正案》(《1908年修正案》),将原来规定的战舰退役舰龄从25年减少到20年。这将大大加快德国新造舰只的速度,同时保持舰队的总体战斗力不变。英国海军情报部门搜集到的情报和工业界人士那里流出的信息显示,德国工业在海军用火炮和炮塔方面的产能急剧上升,尤以克虏伯为甚。总而言之,英国保持海军优势的实际能力已经受到了现实的、严重的威胁。

在德国官方的声明中,这些关于海军建设的增补与修正案都是人畜无害的,并否认正在加速扩充舰队,而英国对这套说辞根本不买账。[5] 英国认为德国人隐瞒了自己的真实企图。按照保守党提呈议会的海军政策提案中的可靠预测,德国在无畏舰方面超越英国只是个时间问题。如果不对现有的海军建设方案动大手术,英国想要维持"两强标准"纯属痴人说梦。对此,保守党议员乔治·温德姆(George Wyndham)提出了"要8艘,不要等待!"(We want eight, and we won't wait!)的口号。这一颇具煽动性的响亮口号反映的正是1909—1910年英国海军造舰计划中关于无畏舰的数量,也成为"爱国人士"反击"和平主义分子"的战斗呐喊。最后以至于首相大人赫伯特·阿斯奎斯(Herbert Asquith)不得不亲临议会发声,以平息公众舆论对政府的强烈质疑:"……(政府)不仅能(为海军)提供足够数量的舰船,而且还能建造这个时代最出众的舰只……使德国(在

---

[1] 实际上,当时世界上其他主要海军强国——俄国、德国、法国、美国和日本——对本国未来战列舰的发展思路和无畏舰不谋而合。无畏舰的问世只是个时间问题,无论最先会诞生在哪个国家。

[2] 弗雷德里克·坎贝尔,第三代考德伯爵,1905年4—12月任英国海军大臣。在他的任期内,皇家海军开工建造了"无畏"号战列舰和"无敌"号(HMS Invincible)战列巡洋舰。

[3] 英国试图说服欧洲各国一起对军事开支进行限制,故而建议将此议题列入第二次海牙和平会议(Second Hague Peace Conference)(1907年6—9月)的议程,但被德国断然拒绝了。

[4] 一部分政界人士和保守派媒体担心英国海军的优势被对手终结,于是在海军部和军工系统的一些圈子里滋生了这种所谓的"海军恐慌"。当时英国社会各界,包括很大一部分公众舆论,以一种集体歇斯底里的表达方式对此争论不休。

[5] 英国海军部认为德国驻伦敦大使梅特涅伯爵(Count Metternich)所做的保证都是在睁眼说瞎话。海军上将费舍尔曾声称:"我们对谎言的容忍必须得有个限度!"

在克莱德班克的约翰·布朗船厂的滑道上准备下水的"不屈"号战列巡洋舰,该舰于1907年6月29日下水。注意其圆形的舰艉下部。(图片来源:苏格兰国家档案馆,档案号 UCS1/118/374/11)

无畏舰上)不能取得优势。"结果内阁被迫放弃削减海军开支的计划,从而使得1909—1910年度的海军预算剧增。

德国当然也感受到了海军耗饷日糜对国家财政预算的巨大压力。1909年,德国首相冯·比洛由于开征旨在减少赤字的新税的尝试失败而引咎辞职。当年10月中旬,比洛的继任者贝特曼·霍尔韦格(Bethmann Hollweg)试图恢复与英国的双边谈判,以求达成协议,让海军竞赛的速度能够放缓一些,但由于德国要求将海军协议与一项由英国提供中立保证的政治协议挂钩,让谈判还未开始就泡了汤。

但不管怎样,由于德国借《海军法》颁布的政策东风开工建造了大批主力舰,在事实上宣告了英国所追求的"两强标准"原则的落空。1908年11月,阿斯奎斯首相还重申了这一原则的有效性。但仅几个月后,1909年5月,首相就在下议院演讲时改了口:"不能把'两强标准'看作是至高无上的教条,它只是参考政治和战略条件而采取的一个相对合适的经验法则。"事实上,英国新的海军军力原则标准——由杰利科(John Rushworth Jellicoe)将军在1909年4月提出,3年后由丘吉尔公开承认——已经由"两强标准"变成了"在所有级别的舰船上"拥有强于德国海军六成的优势即可。

1910年7月,德国政府抛出了一项可能放缓主力舰建造的新提议,要求在不影响国会海军立法特权的前提下,由德国政府来主持实施。这一举措促使英国内阁开始与德国进行新的谈判。在技术上,英国强调双方应同意在各自的海军建设计划方案方面互通信息,并附带适当的核查过程(即对对方船坞和船厂的检查)。德国则坚持资料交换的同时原则,还要求双方在向对方提供海军建设计划资料后,在对应的财政年度内不得更改计划,以免任何一方根据对方提供给自己的资料而做出相应调整,以从中获益。

但实际上,真正让谈判触礁搁浅的并不是那些技术层面的细枝末节,而是由德国炮舰"黑豹"号开赴阿加迪尔海面进行武力威胁所引发的第二次摩洛哥危机。于是,尽管英国政府开始准备认真评估一项可能有利于推进谈判的德方提案,但至少在交换海军资料这一动议上,两国关系的急剧降温使得双方的讨论协商戛然而止。

在法国和德国就摩洛哥问题达成协议后,英德两国的竞争又再次焕发出活力。看到摩洛哥危机的最终结果,德国的公众舆论感到德国被欺骗了。他们认为,如果不是英国的横加干涉,法国定会做出更多的让步。威廉二世和提尔皮茨得出了同样的结论:进一步加强海军舰队的力量,才是制约英国的唯一办法,才能确保德国"在阳光下的合法地位不被质疑"[①]。此时的英德两国都一样,都被越来越沉重的海军军费支出压得喘不过气来。下表显示的是两国各年度海军预算的走势情况。

1904—1913年英德海军军费开支对比

年份	英国海军预算（千英镑）	德国海军预算（千马克）	德国海军预算金额折合（千英镑）
1904—1905	36860	206555	10125
1905—1906	33152	231483	11347
1906—1907	31472	245753	12033
1907—1908	31251	290833	14259
1908—1909	32181	337708	16554
1909—1910	35734	410701	20132
1910—1911	40419	426204	20892
1911—1912	42414	444153	21772
1912—1913	44933	461983	22646
1913—1914	48733	467364	22910

英国海军军费支出的强劲增长始于1909—1910年,而德国比英国要稍微早几年,在1898年和1900年的《海军法》颁布后即开始快速增长。如上表所示,在1904—1905财年,德国的海军预算仅为英国的27.47%,这一比例在1907—1908财年上升到45.62%,在1909—1910财年达到了56.33%的峰值,随后在1913—1914财年下降至47%。根据这些数据,可知英国海军部在1909年制定的对德六成的优势战略从未真正受到过挑战。

具有讽刺意味的是,德国的海军预算反而在海军军备竞赛开始后的1910—1911财年明显放缓了增速。由于对欧洲爆发全面战争日甚一日的担忧,促使德国决定将注意力暂时从海军的扩军上转移出来,先以陆军为建设重点。因此,海军军费开支在德国军费总开支中所占的比例从1911年的35%下降到次年的33%,并在1913年进一步下降到25%。虽然德国海军预算的绝对数字继续保持攀升,但其曾在1906—1909年期间强劲上扬的走势曲线正在逐渐趋平。

在高昂军费的巨大压力下,两国在1912年2—3月间开始了新的一轮限制军备谈判,此时恰逢德国正在起草《海军法1912年修正案》。当两位民间人士——德国实业家阿尔伯特·巴林(Albert Ballin)和英国银行家厄内斯特·卡塞尔爵士(Sir Ernest Cassel)代表

[①] 语出1911年8月27日威廉二世在汉堡的讲话。于是,1912年版德国《海军法修正案》于5月21日由国会通过,新鲜出炉了。根据该修正案的规划,德国的主力舰实力将上升到41艘战列舰和18艘战列巡洋舰,战列巡洋舰的数量中包括配属海外派遣舰队的8艘。

1912年，德国海军决定将"戈本"号战列巡洋舰和"布雷斯劳"号轻巡洋舰一同部署到地中海，以求在该地区发挥更大的影响。（图片来源：意大利海军历史研究室）

各自政府^①分别在两国进行过先期接洽后，2月8日，英国陆军大臣理查德·霍尔丹被派往柏林，与德国首相贝特曼·霍尔韦格、德皇威廉二世和海军上将提尔皮茨会面，并就达成两国协议的可能性展开非正式的磋商。会谈持续了3天，为裁军与和平带来了一线希望。贝特曼·霍尔韦格首相在会谈中表现得十分友善，也愿意做出让步；提尔皮茨上将迫于皇帝的压力，同意暂缓3艘新战列舰的开建；而威廉二世本人却做出了一个十分代表其冲动个性的举动，将当时连德国国会都还未曾审阅过的德国《海军法1912年修正案》的草案送给了霍尔丹本人。

正是这份要命的文件导致了谈判的失败。霍尔丹一回到伦敦，就将这份草案交给英国海军部进行彻底的研究评估，结果发现德国海军的现代化计划比英国原来担心的要宏伟得多，对英国的威胁也大得多。^②威廉二世对霍尔丹公开草案的做法大为光火，而霍尔丹在2月22日却向德国驻伦敦大使抱怨说，他在柏林逗留期间，没人告诉他这份《海军法1912年修正案》所包含的内容。同样令德国皇帝恼火的事情发生在3月初，当时霍尔丹请柏林注意一个事实，即为了应对德国《海军法1912年修正案》中德国海军的战备计划，英国正在评估是否要把地中海舰队的战列舰调回本国海域驻防。

气恼的威廉二世电告他的驻英大使，说他已将英国人的行为看作是战争挑衅。当贝

理查德·伯登·霍尔丹（1856—1928年），第一霍尔丹子爵，1905—1912年担任英国陆军大臣。1912年2月，霍尔丹前往柏林，就英德两国可能达成的削减海军军备协议的条款与德方进行非正式讨论。（图片来源：美国国会图书馆）

① 巴林是德国哈帕格（HAPAG）船运公司的董事长，而卡塞尔先生则带有德国血统。
② 除已经提到的增加主力舰外，1912年修正案还包括新造72艘潜艇和50艘驱逐舰，以及现役海军人员扩编20%的计划。

特曼·霍尔韦格得知皇帝正在直接指令驻英大使时，他感到他被宪法赋予的首相权力已经被架空了，于是提出辞呈。皇帝拒绝接受辞呈，首相遂试图利用这一时机恢复谈判，并许诺如果英国在中立问题上给德国提供一个政治上可以接受的方案，那么德国就将大幅削减《海军法1912年修正案》中的扩军计划。参考德方的建议，霍尔丹和英国外交大臣格雷起草了一份相关草案，并由内阁于3月14日通过。然而，德国对这一草案却并不满意，因为它没有明确言及英国将在第三国对德国发动攻击时采取"善意中立"。格雷在3月18日拒绝了德国的要求，谈判告吹。

1913年，另一个谈判的契机似乎又出现了。提尔皮茨声称接受丘吉尔在前一年3月28日公布的新标准，即英国海军要保持对德六成优势。丘吉尔重新抛出了"海军假日"的提议，但遭到了提尔皮茨的拒绝，称德国负担不起造船厂长年闲置的经济损失。丘吉尔于当年10月18日再次提出了他的提案，但还是没有成功。最终，即使是霍尔丹这位可能是英国内阁中最令德国人欣赏的人，也认为"无论德国付出怎样的努力，她都必须依仗我们付出更大的努力才能成事。因为海上力量就是英国的生命所系，我们要在海上保持霸权"。此后不到一年的工夫，大战即告爆发。

第二章
战列巡洋舰的诞生：战略、经济与技术上的挑战

本章讲述的是战列巡洋舰这一概念的诞生，以及这一舰种从1875年到第一次世界大战结束的这一时期内的发展情况。这是一个精彩纷呈的时期，因为几乎当时所有的海军强国——特别是英国和德国——都在大力建造一种被一些军事作家誉为"舰队的战略骑兵"的新型战舰——战列巡洋舰。英国皇家海军在第一次世界大战爆发前的几年，尤其是在1911年11月24日的海军部《第351号周训令》（Admiralty Week Order N.351）中首次正式使用了"战列巡洋舰"一词。此外，海军部在1913年1月31日宣布将所有巡洋舰分为三类，即"战列巡洋舰""巡洋舰"和"轻巡洋舰"。这是第一次在战术使用和协调指挥的层面上对巡洋舰这一舰种进行正式分类，各艘战列巡洋舰从而也被编入了单独的战列巡洋舰分舰队。德意志帝国海军从来没有采用过"战列巡洋舰"这一名称：像"冯·德·坦恩"级（Von der Tann Class）和其他同级别的战舰依旧被归入"大型巡洋舰"（Grosser Kreuzer）一类，这一名称在1918年被改为"大型战斗舰"（Grosskampfschiff）。

不过，由于人们普遍认为战列巡洋舰这一新型舰种的真正祖先是装甲巡洋舰，所以本章将主要研究以下三个主题：

装甲巡洋舰在19世纪晚期的发展历程；

英国与德国海军中的装甲巡洋舰是如何发展演变为战列巡洋舰的，包括各国列装的无畏舰是怎样对战列巡洋舰的问世产生影响的；

海军设计人员在这一发展演变过程中都遇到了哪些方面的挑战。

值得注意的是，装甲巡洋舰是作为一种独特的新型主力舰出现的，同时海军技术的发展也在战舰的设计与建造领域表现出了许多令人惊叹的新特性。因此，在19世纪的最后二十余年，世界上的主要海军强国都改变了策略，不再一味追求建造一型能够完全压制对手的战舰。正如本书第一章所讲过的那样，对于正在政治和军事上对抗不断壮大的德国的英、法、俄等欧洲列强，更是如此。

面对着设计开发出一款新型主力舰的任务，海军的设计师们必须搞定三大难题。第一个难题是有关舰队编成和各类舰只的角色定位所带来的海军战略或战术问题。在英国和德国还未开始建造战列巡洋舰的时候，丹麦舰船设计师威廉·赫夫加德（William Hovgaard）就正确地指出了战列巡洋舰四种可能的运用方式：在舰队的作战行动中进行快速集结，实施侧翼迂回战术，包括追击从炮战中败退的敌方舰船、较大规模的侦察行动、独立的作战行动、支援小型巡洋舰的行动。然而，真正对第一次世界大战前英国与德国的海军计划产

1906年4月开工建造的"无敌"号战列巡洋舰是同级3艘舰中的首舰。英国皇家海军在第一次世界大战爆发前几年才正式使用"战列巡洋舰"这一称谓。[图片来源：特里·迪肯斯（Terry Dickens），世界海军舰艇论坛（World Naval Ship Forum）]

生影响的推动因素，主要还是从19世纪末和20世纪初发生的多场海上战役与战斗中所总结出的经验教训。

第二个难题源于经济因素。战列巡洋舰的规划与建造总会引发涉及经济层面的激烈争论。无论在英国还是德国，经济方面的问题通常总是比其他国内外政策享有更高的关注优先级。此外，海军建设计划的制定者们必须对建造一艘战列巡洋舰将对整个建军计划中其他类型战舰的设计建造工作产生怎样的影响进行评估，特别是在战时。

第三个问题可能是最复杂的。19世纪末和20世纪初，世界上的各种新兴科技蓬勃发展，让各国如获至宝，趋之若鹜。于是，享受着新技术的战舰设计师们就不得不与几乎已经扎根在各国海军将领与舰队司令心中的传统保守主义做斗争。另外，还应该考虑到战列巡洋舰和战列舰在设计上共享了很多新技术。所以这个终极问题主要包括三个方面：

第一，1904 年英德两国海军建设的技术水平；第二，当时新兴的海军技术（舰体/防护、推进、燃料、造船、火炮与火控、通信等）；第三，英德两国的造舰能力（造船厂、火炮、主机、装甲等）。

最后，关于英德两国如何发展建设海军基地，升级改造港口设施，以实现其战略需要，为即将到来的第一次世界大战做好准备，也是一个值得关注的要点。

战列巡洋舰的前身

虽然在 19 世纪晚期，新技术在海军建设中的应用并未明显改变当时主要海军强国的舰队基本构成，但却为战列巡洋舰的诞生埋下了种子。1875 年时，舰队的主要海上作战力量基本由两类作战舰艇组成，一类是传统的"战列线式战舰"（ships-of-the-line，即通常所称的装甲舰、铁甲舰或"战列舰"），另一类是侦察搜索舰只。前者是进行常规海战的主力装甲舰种，后者则小得多，专门负责搜侦、哨戒等辅助任务。主力舰的武备分类集中布置在舰体舯部周围的炮廓或炮塔里，舰艏和舰艉则安装有更大的火炮。有趣的是，海军战略家们此时发现了一个问题，即战列线式战舰能够与同类的敌军战舰在海上杀得天昏地暗，但在执行那些并不需要强大的进攻能力的任务时，就显得很不经济了。因此，这些目前由主力战舰一肩挑的诸如海上侦察、巡逻、监视任务，以及保护国家的海上贸易免受敌人攻击，保卫国家的海上疆界，包括袭击敌方海岸的任务，十分需要由另外一种不同类型的军舰来完成。这就意味着需要设计一种同时具备高机动性和强大火力的新型战舰，来执行护航、防御等不同形式的海上任务，由此催生了巡洋舰这一新型舰种。早期的巡洋舰问世于 19 世纪 70 年代。巡洋舰的航速比战列舰稍快，比以往的搜侦、哨戒舰拥有更大的续航力和更强的防护，还配备了通常安装 8 英寸口径主炮的炮塔。巡洋舰原则上根据其吨位大小和火力强弱的区别，分为一级、二级和三级巡洋舰。

巡洋舰这一全新舰种在诞生之初也被称为"装甲巡洋舰"。世界海军史上第一艘真正意义上的装甲巡洋舰是沙皇俄国海军的"海军上将"号（General-Admiral），该舰于 1870 年开工建造，1875 年竣工，虽为蒸汽铁甲舰，但仍保留了全套帆具。该舰的主要任务就是威胁大英帝国赖以生存的海上贸易，以支援策应俄国当时正在推行的海洋扩张政策。"海军上将"号的确让英国海军头痛，于是立即建造了皇家海军的第一艘装甲巡洋舰"香农"号（HMS Shannon）作为回应。"香农"号的航速和续航力都比较差，不算是一艘成功的军舰，但与之前的军舰相比，"香农"号在水线以下敷设了一条装甲带，使得水平防护力大为提高。这一设计后来被 1876 年服役的"纳尔逊"号（HMS Nelson）和 1878 年服役的"北安普顿"号（HMS Northampton）装甲巡洋舰所照搬采用：两舰都保留了风帆，且舰体内部设置有一种装甲盒结构，操舵室也设于装甲甲板之下。

19 世纪 80 年代初，法国开始建造"沃邦"号（Vauban）和"迪盖斯克林"号（Duguesclin）装甲巡洋舰。两舰排水量均为 6100 吨，最大航速 14 节。俄国海军也不甘人后，建造了排水量 5800 吨，最大航速 15 节的"弗拉基米尔·莫诺马赫"号（Vladimir Monomach）和"德米特里·顿斯科伊"号（Dmitri Donskoj）装甲巡洋舰。两舰武备包括 4 门 8 英寸炮和 12 门 6 英寸炮，并敷设了最大厚度为 9 英寸的复合装甲带，以保证防护效果。

英国人马上建造了"蛮横"号（HMS Imperieuse）（1886 年服役）和"厌战"号（HMS

低速航行中的法国海军"让·巴尔"号（Jean Bart）防护巡洋舰。该舰与其姊妹舰是风靡法国海军界的"青年学派"理论的具体产物之一，该理论旨在用装甲巡洋舰取代战列舰。（图片来源：美国国会图书馆）

Warspite）（1888年服役）以为回应。这一级风帆装甲巡洋舰排水量为8500吨，最大航速达到16节，并在有设防护的露天炮台中安装有4门9.2英寸火炮。但是，这些战舰却受到了强烈的批评。海军上将约翰·康米利尔爵士（Sir John Commerell）在下议院说："它们是现代战舰中最大的失败之作。糟糕的设计，糟糕的结构，完全是个危险品。"虽然这两艘舰可能并不像这位批评家所描述的那样不堪，但它们基本上更像是二流战列舰，而非一流巡洋舰。确实，它们的航速根本就不比战列舰快到哪儿去。

航速问题不光让英国皇家海军一家头痛不已，这也是当时所有装甲巡洋舰的通病。这是由于在同时赋予战舰合适的航速和有效的防护之间设计师与建造者们很难寻找到一个恰当的平衡点。尽管如此，装甲巡洋舰仍然被大量建造，因为它们比战列舰更便宜，财政上更容易负担，特别是对那些财力和技术资源都有限的国家的海军而言。

1885—1889年，皇家海军以"奥兰多"级（Orlando Class）装甲巡洋舰为试验对象，尝试寻找提高航速的办法。该级巡洋舰的排水量为5600吨，最高航速增加到了18节，武备由2门安装在有防护的露天炮台的9.2英寸炮和10门6英寸炮廓炮组成。然而，同"香农"号一样，"奥兰多"级也非成功之作，在满载时，其干舷过低，因此在海况不好时相当危险。于是，在1887年，英国皇家造船师学会（The Royal Institute of Naval Architects）对"奥兰多"级装甲巡洋舰与其他国家装备的装甲巡洋舰进行了仔细的研究对比，结果"奥兰多"级糟糕的性能让皇家海军在随后近十年里再未继续建造装甲巡洋舰，转而专心发展"防护巡洋舰"（protected cruisers）。防护巡洋舰的舰体被分为若干个不同的水密舱，并由装甲甲板来为至关重要的轮机与设备舱室提供防护，使其免受在其上方爆炸的炮弹碎片破坏。

防护巡洋舰的设计和建造方面的一个重大突破来自威廉·阿姆斯特朗爵士（Sir William Armstrong）和他在埃尔斯维克〔Elswick，位于纽卡斯尔（Newcastle）〕的造船厂，这座船厂后来发展成为英国最大的私营海军船厂。除了取消帆索具和防护能力有限之外，由阿姆斯特朗设计的第一种防护巡洋舰展示出了强火力与高航速的有效组合。该型舰尺寸合理，排水量也不超标，使其更具成本效益。在大约20年的时间里，阿姆斯特朗的船厂为来自意大利、中国、阿根廷、日本、智利、巴西、美国、葡萄牙和土耳其的海军客户总共建造了19艘所谓"埃尔斯维克型"防护巡洋舰。此外，1885—1905年间，皇家海军共有7级35艘战舰服役。

但矛盾的是，埃尔斯维克型防护巡洋舰最广受赞誉的品质——航速——同时也成了其最广受诟病的缺点，尤其是在英国。大名鼎鼎的舰船设计师爱德华·里德爵士（Sir Edward Reed）就曾抨击说，埃尔斯维克型防护巡洋舰的所谓高航速只是在海试中取得的，而且还要得益于各种对其有利的技术条件。无论这种抨击是否属实，这一问题在当时和随后几年里对全世界的海军建设都产生了一定的影响。而产生这一问题的根本原因，可能是军舰的初始设计要求和舾装服役后的实际状态之间的差距所造成的。这就需要海军人员在具体建造过程中进行许多修改。另一个积极的因素是科技的发展。19世纪末，科技进步给人类在武器装备领域的革新带来了累累硕果。最引人注目的就是关于舰用装甲和火炮的新技术在舰艇上的成功运用。这些海中猛兽们在船台上等这一天已经等得太久了。

欧洲各国对海军技术方面的争论一般都离不开战舰的航速、防护和武备这几点。大西洋彼岸的美国对此也是一样。19世纪90年代，美国海军开始着手打造自己全新的海上雄师。美国海军的新舰队的建造时间表受到了美国海上扩张政策的重要影响，而这一政策在很大程度上又受到那位前美国海军舰长——阿尔弗雷德·塞耶·马汉所构想的战略原则的影响。马汉的理论旨在确保美国即使在战争时期也能够自由驰骋于五洲四洋，同时应对敌国对美国海岸任何可能的封锁。

为达成这一战略目标，包括破坏敌方的海上航路，美国建起了一支强大的、现代化的战列舰舰队。马汉所发展的这一"海权主义"学说不仅对美国，而且对欧洲和远东地区都产生了巨大的思想冲击。理论伴随着技术的不断进步，还将极大地影响全世界对海军的认知。

法国人一直将巡洋舰看作是舰队中最重要的舰种，因此其享有很高的设计优先级。1893年，这种优先级催生出了世界上第一艘真正的装甲巡洋舰——"杜普伊·德·洛梅"号（Dupuy de Lôme）。该舰有别于以往的防护巡洋舰，并深刻影响了19世纪末叶的海军建设理念。然而"杜普伊·德·洛梅"号更应被视作是一艘试验舰而非战斗舰，因此该舰并未达到预期的完善度，从而难堪大用。但该舰在1890年开始"试验性"服役时，却超越了同时代的所有战舰。"杜普伊·德·洛梅"号满载排水量6820吨，其推进系统能够提供19.5节的最大航速。该舰舰长约394英尺，舰宽约30.5英尺，线条流畅优美，以求能带来更高的航速。其舰艏装有一个很长的冲角，不同厚度的装甲分布于整个舰体。舰上武备包括2门7.6英寸炮和6门6.4英寸炮，全部安装在沿主甲板布置的封闭式炮位上。

锚泊中的美国海军"田纳西"号装甲巡洋舰（ACR-10），摄于1907年。在海军分析家们看来，4艘"田纳西"级可能是世界上最好的装甲巡洋舰。（图片来源：美国海军历史与遗迹档案馆）

尽管性能上还有些不尽如人意之处，但"杜普伊·德·洛姆"号确实令许多国家的海军眼前一亮，印象深刻。该舰几乎做到了全方位防护，能有效防御速射炮射出的高爆弹，而且其航速比当时的战列舰快，使得如何平衡高航速和强武装这个一直以来困扰着早期装甲巡洋舰的老大难问题开始得到解决。因此，"杜普伊·德·洛姆"号在当时被认为是最好的商船袭击舰。

法国首先将这一设计理念用在了"沙内海军上将"级（Amiral Charner Class）装甲巡洋舰上。该级包括1892—1894年间建造的4艘舰，它们比"杜普伊·德·洛姆"号要小一些、慢一些，但所有四艘都一直服役到了第一次世界大战前。"沙内海军上将"级在设计上的成功促使法国动了用装甲巡洋舰取代战列舰的念头，而相关的提议主要是由当时法国风靡一时的"青年学派"（Jeune Ecole）理论的支持者和财政部的官僚们推动的。这一提议所强调的核心是"破交战"（guerre de course）的概念，包括使用快速灵活的巡洋舰和鱼雷艇来袭击英国的商船队，从而对英国的贸易垄断产生严重威胁。在此之后，法国海军从1888年到1908年之间总共服役了8级18艘装甲巡洋舰。

欧洲与欧洲以外的其他国家在自己的装甲巡洋舰上也采用了类似的设计思路。美国海军于1891年到1895年间建造了"纽约"级（New York Class）和"布鲁克林"级（Brooklyn Class）装甲巡洋舰，但在1898年的美西战争后，却陷入了一段短暂的装甲巡洋舰建造停滞期。直到20世纪初，美国海军才重新开始建造这一舰种。在1901—1906年，美国海军总共建造了6艘"宾夕法尼亚"级（Pennsylvania Class）（13700吨，22节）、3艘"查尔斯顿"级（Charleston Class）（9700吨，22节），以及4艘"田纳西"级（Tennessee Class）（14500吨，22节）。海军业内人士分析认为，"田纳西"级是美国所建造的最好的，甚至可能是世界上最好的装甲巡洋舰。这些巡洋舰的共同特点是相对较高的 22 节航速和由于武备和防护升级而越来越大的排水量。

在远东，日本帝国海军（Imperial Japanese Navy，IJN）第一个认识到装甲巡洋舰的全部潜力。日本海军的"六·六舰队"建军计划就设想其舰队的一半都由新型巡洋舰编成。日本海军的装甲巡洋舰分"浅间"（Asama）、"八云"（Yakumo）和"磐手"（Iwate）三级，每级 2 艘，共计 6 艘，均为欧洲制造。这些装甲巡洋舰的满载排水量约为 1 万吨，航速可达 20 节以上，防护性良好，并配备有 8 英寸和 6 英寸火炮。

在 19 世纪 80 年代与 90 年代，英法两国的海上竞争就是欧洲政治风云的风向标和晴雨表。从 1889 年开始，英国开始执行"两强标准"，紧盯着法国和俄国海上力量的发展情况。另一边的法国则很有自知之明地认识到在战列舰方面无法超过英国，于是决定建造一些火力强、航速快的轻装甲商船袭击舰。这样一旦英法开战，这些袭击舰将威胁英国的全球贸易航线，迫使英国皇家海军不得不劳师远征，分兵寻歼敌方袭击舰，从而为法国提供在欧洲海域与英国海军"平等对话"的机会。

相比之下，在沙皇俄国的海军中，装甲巡洋舰不仅可以用来袭击敌人的海上贸易航线，而且是支持俄国在远东地区扩张大业的主力舰种。1900 年之前，俄国海军服役了"纳西莫夫海军上将"号（Admiral Nachimov）、"亚速纪念"号（Pamyat Azova）、"俄罗斯"号（Rossija）和"霹雳"号（Gromoboi）4 艘装甲巡洋舰，满载排水量从 7900 吨到 12000 吨不等。虽然这几艘舰在设计上有一定前瞻性，但其使用情况却不如期望中的那般成功。

停泊在英国普利茅斯港的日本海军"磐手"号装甲巡洋舰，摄于 1900 年。日本是世界上最先意识到装甲巡洋舰的全部技战术潜力的国家之一，日本帝国海军总共入役了 6 艘此类战舰。（图片来源：美国国会图书馆）

英国海军"阿基里斯"号（Achilles）装甲巡洋舰。该舰属"勇士"级（共4艘），排水量14500吨，装备6门9.2英寸主炮。（图片来源：美国国会图书馆）

1914年12月，停泊在加拿大不列颠哥伦比亚省埃斯奎莫尔特（Esquimalt）的英国海军"康沃尔"号（Cornwall）装甲巡洋舰。英国装甲巡洋舰的建造一直因财政问题而陷于停顿，直至19世纪90年代俄国和法国海军在这一舰种上取得的发展才促使英国海军重新开建装甲巡洋舰。（图片来源：皇家加拿大海军）

意大利皇家海军也为装甲巡洋舰的概念所吸引，建造了几艘这种类型的军舰，包括"马可·波罗"号（Marco Polo）和两艘"维托·皮萨尼"级（Vettor Pisani Class）。相比其他国家的同类舰，意大利装甲巡洋舰更小。不过意大利也有拿得出手的优秀作品，"加里波第"级（Garibaldi Class）在国际上就很吸引眼球。"加里波第"级装甲巡洋舰排水量7500吨，配备多门不同口径的火炮，最高航速能达到20节，在意大利海军中共有3艘在役。在停建之前，该级舰还向国外出口了7艘。

如上所述，英国在财政压力下，曾一度决定停建装甲巡洋舰。但俄国和法国在这一领域所取得的长足进步促使英国海军部重新考虑这一决定。皇家海军需要对来自法俄两国鱼雷艇与装甲巡洋舰的威胁做出回应。回应分两种方式：建造所谓的"鱼雷艇歼击舰"（torpedo-boat destroyer），后来改称"驱逐舰"（destroyer）；建造比对手俄国和法国航速更快、防护更好、火力更猛的新一代装甲巡洋舰。

英国在19世纪90年代对"克虏伯钢"（Krupp Steel）的技术引进也为真正的装甲巡洋舰在英国的重生提供了助力。克虏伯钢能为新战舰提供更好的防护，还不会大幅增加排水量。在1899年到1901年期间，全新设计的英国装甲巡洋舰共35艘，分为若干不同的舰级，扮演着诸如商船护航、侦察警戒和舰队快速打击力量等多样任务角色。

另一个可与英国竞争的国家就是德国。在19世纪后期，德国成为欧洲一支新崛起的政治和军事力量。德国的扩张主义抱负和工业潜力使德意志帝国海军在相对较短的时间内建起了一支强大的舰队，而装甲巡洋舰就是这支舰队战斗序列中的核心。

英国和德国在战略理念和工业发展上付出的不懈努力颇值得进行更为细致的分析：表A和表B显示了第一次世界大战前英国皇家海军和德意志帝国海军建造的装甲巡洋舰的主要参数指标情况。

"克雷西"级（Cressy Class）装甲巡洋舰代表着战列巡洋舰最终进入英国皇家海军序列的过程中所迈出的第一步。"克雷西"级与之前的"王冠"级（Diadem Class）类似，但有两点改进。第一，在武备上恢复了9.2英寸炮的配备；第二，也是更重要的一点，"克雷西"级在舰体中部敷设了一圈6英寸厚的装甲带，在装甲带的两端各设置有5英寸厚的装甲隔舱壁，在舰体内部形成了一个装甲盒结构。

"德雷克"级（Drake Class）装甲巡洋舰是"克雷西"级的放大版，其商船护航舰的角色定位也与"克雷西"级类似。其设计重点主要是追求更高的航速和安装更多6英寸火炮。多年以来，"德雷克"级凭借其23节的航速，一直是世界上最快的巡洋舰。然而，由于部分炮位的安装位置过低，使其只能在良好的海况下才能不受限制地发挥优势。

火炮的问题后来在"蒙默斯"级（Monmouth Class），即通常所说的"郡"级（Counties Class）巡洋舰身上得到了部分矫正，因为该级没有配备重型主炮，所以尺寸上比前级舰要小，这也意味着防护水平的减弱。但是"郡"级在造价上更为低廉，因此可以大量建造以保护海上贸易线，特别是在欧洲海域。像"德雷克"级一样，"郡"级装备了新型螺旋桨，使得航速有所提升。

"德文郡"级（Devonshire Class）装甲巡洋舰是对"蒙默斯"级所进行的一次升级尝试。其尺寸比"蒙默斯"级适当增加，并以单装7.5英寸主炮取代了以往装甲巡洋舰上普遍采用的双联6英寸炮塔，更重型的主炮也成为"德文郡"级的突出特征。该级在建造过程中又增设了2门7.5英寸炮，取代了安装在炮廓中的前向6英寸炮。

然而海军部也承认，"蒙默斯"级和"德文郡"级还不够强，还不能编入主力作战舰队遂行任务，因此英国人又回到了发展大型装甲巡洋舰的路子上，即"爱丁堡公爵"级（Duke of Edinburgh Class）。该级舰在单装炮塔中配备的是9.2英寸主炮，火力大大加强。但其6英寸副炮在船体上的安装位置仍旧过低，使得这些副炮只有在风平浪静的好天气时才能使用。

"勇士"级（Warrior Class）装甲巡洋舰是为取代"爱丁堡公爵"级而建造的。该级与前辈们最显著的不同之处在于取代 6 英寸炮的 7.5 英寸炮单装炮塔与烟囱并排布置。这些 7.5 英寸炮的位置比水线高出不少，因此在比较恶劣的海况下也能正常使用。"勇士"级的防护能力与"爱丁堡公爵"级差不多，只是甲板厚度略有降低。

"米诺陶"级（Minotaur Class）是英国的海军建设转向战列巡洋舰之前所建造的最后一级传统装甲巡洋舰。"米诺陶"级比"勇士"级放大了许多，武备也强得多，但并未赢得多少口碑和关注。"米诺陶"级的武器配备被认为过强过重，由此额外增加的排水量也许用于加强装甲防护会更好。下表 A 显示了 1898—1909 年英国建造的装甲巡洋舰的概况。

表 A 英国装甲巡洋舰主要性能数据一览

舰级 （建成数量和建造起止年份）	满载排水量 （吨）	全长 （英尺）	最高航速 （节）	武备	单舰平均造价 （英镑）
"克雷西" 6 1898—1904	12000	472	21	2 门 9.2 英寸炮 12 门 6 英寸速射炮 12 门 12 磅速射炮 3 门 3 磅速射炮 2 具 18 英寸鱼雷发射管	800000
"德雷克" 4 1899—1903	14150	533.5	23	2 门 9.2 英寸炮 16 门 6 英寸速射炮 12 门 12 磅速射炮 3 门 3 磅速射炮 4 具 18 英寸鱼雷发射管	1000000
"蒙默斯" 10 1899—1904	9800	463.5	约 24	14 门 6 英寸炮 14 门 6 英寸炮 10 门 12 磅速射炮 3 门 3 磅速射炮 2 具 18 英寸鱼雷发射管	775000
"德文郡" 6 1902—1905	10850	450	22	4 门 7.5 英寸炮 6 门 6 英寸炮 18 门 3 磅速射炮 2 具 18 英寸鱼雷发射管	850000
"爱丁堡公爵" 2 1903—1906	13965	480	23	6 门 9.2 英寸炮 10 门 6 英寸炮 20 门 3 磅速射炮 3 具 18 英寸鱼雷发射管	1150000
"勇士" 4 1903—1907	14500	505.5	23	6 门 9.2 英寸炮 4 门 7.5 英寸炮 26 门 3 磅速射炮 3 具 18 英寸鱼雷发射管	1180000
"米诺陶" 3 1905—1909	14600	490	23	2 门 9.2 英寸炮 10 门 7.5 英寸炮 16 门 16 磅速射炮 5 具 18 英寸鱼雷发射管	1380000

德国于 1896 年开始了装甲巡洋舰的建造计划。此时的德国正确地认识到一支强大的舰队是实现对外政策的有效工具。但和英国不同，德国建造的数个舰级都只有单舰。这是因为在 20 世纪初，德国在装甲巡洋舰的设计方面的思路和风格还不固定，另外，此时装甲巡洋舰在德意志帝国海军中的优先度也不如战列舰。

一般认为"俾斯麦亲王"号（SMS Fürst Bismarck）是德国第一艘现代化装甲巡洋舰。该舰是旧式设计的放大版，拥有更好的武备和防护，并且因为该舰安装有更大的炮塔，所以很容易被识别。"俾斯麦亲王"号适航性较好，但由于推进装置过大过重，导致高速航行时舰体震动剧烈。

随后建造的"海因里希亲王"号（SMS Prinz Heinrich）装甲巡洋舰在设计上减少了装甲和火炮的配置，使其成为一款吨位较小、成本较低但航速更快的舰型。"海因里希亲王"号和它的前辈们还有些不同：它配备的是单装式主炮，而非双联装炮塔；前部上层结构较轻，且副炮都集中布置在舰体中部。

"阿德尔伯特亲王"级（Prinz Adalbert Class）装甲巡洋舰（2艘）在设计布局上与"海因里希亲王"号基本类似，但烟囱数目增加到3个。该级的装甲带面积比之前的设计更大一些，单装主炮也换成了双联炮塔，但火炮口径稍小。而该级的一大问题是副炮炮廓位置较低，容易上浪，这也是当时许多战舰普遍存在的缺陷。

之后的2艘"卢恩"级（Roon Class）装甲巡洋舰则延续了德国战舰从前的常规设计。主要的区别在于"卢恩"级由于引擎功率和航速的些许增加而不得不采用了四烟囱。德国最后一级"传统的"装甲巡洋舰是2艘"沙恩霍斯特"级（Scharnhorst Class）。由于主炮的升级，该级尺寸比"卢恩"级更大。全舰共装有8门210毫米主炮，但安装在两舷副炮炮廓之上的4座舷侧单装炮塔中的4门主炮射界十分有限。

"布吕歇尔"号（SMS Blücher）是这一时期德国所设计的最后一艘装甲巡洋舰。它由"沙恩霍斯特"级发展而来，但在"沙恩霍斯特"级的基础上进行了很大改进。"布吕歇尔"号装备的火炮更大，航速更快，防护更强。德意志帝国海军部（Reichsmarineamt,

1907年访美期间的德国海军"卢恩"号装甲巡洋舰。（图片来源：美国国会图书馆）

R. M. A）在1905年开始这艘新型巡洋舰的设计，两年后，1907年2月，"布吕歇尔"号在基尔港的帝国海军船厂（Imperial Dockyard）开工建造。1908年4月，"布吕歇尔"号下水，1909年10月服役。该舰设计排水量15592吨，满载排水量17224吨；全长489英尺，宽80.3英尺；主机设计输出功率32000轴马力，使得该舰的最高航速达到了24.5节。全舰安装有18台锅炉，3台直立式四缸三胀往复式蒸汽机（fourcylinder vertical triple expansion engine）与3根主轴连接。续航力为6600英里/12节，全舰官兵853人。

"布吕歇尔"号装甲巡洋舰上的一座210毫米双联装主炮塔。这艘德国人称为"Grosse Kreuzer"（大型巡洋舰）的战舰于1907年服役，是德国装甲巡洋舰和战列巡洋舰之间的分水岭。（图片来源：《奥基尼图片集》，A少儿图书馆，M. 皮奥瓦诺）

为增强"布吕歇尔"号的火力，并解决由于采用了体积硕大的三胀式蒸汽机而带来的空间紧张，帝国海军部决定在其6座双联炮塔中安装12门45倍径210毫米主炮。2座主炮塔沿舰体中线分别布置在前后甲板，其余4座主炮塔分列两舷。有限的舰体空间将每门炮的备弹量限制在85发这一早期装甲巡洋舰的备弹水平上。舷侧的210毫米主炮炮塔都尽可能远离舰桥布置，尽量使司令塔不被主炮射击时的硝烟和炮口爆风所影响，因此舷侧炮塔都安装在锅炉舱之上，弹药库则位于前甲板之下，前主炮炮塔旁。主炮弹药通过装甲甲板上沿舰体中线设置的一条特别通道进行传送。两部扬弹机为4座舷侧炮塔运送发射药包和弹丸。"布吕歇尔"号装备的副炮为8门150毫米炮廓炮，还有16门88毫米反鱼雷艇单装炮；另外还配备了4具450毫米水下鱼雷发射管，舰艏一具，舰艉一具，两舷"A"炮塔下方各一具。该舰的垂直防护主要由一条3—7英寸厚的装甲带构成，炮塔装甲最厚处为7英寸。前司令塔的最大装甲厚度为9.8英寸，后司令塔为5.5英寸。下表B显示了1896—1909年间德国建造的装甲巡洋舰的概况。

德国装甲巡洋舰造价金额单位原为帝国金马克，为便于对比，此表中按当时20.4帝国马克兑换1英镑的汇率换算为英镑金额。

表B 德国装甲巡洋舰主要性能数据一览

舰级 （建成数量和建造起止年份）	满载排水量 （吨）	全长 （英尺）	最高航速 （节）	武备	单舰平均造价 （英镑）
"俾斯麦亲王" 1 1896—1900	11460	417	18.7	4门240毫米炮 12门150毫米炮 10门88毫米速射炮 6具450毫米鱼雷发射管	947250
"海因里希亲王" 1 1898—1900	9806	415	20	2门240毫米炮 10门150毫米炮 10门88毫米速射炮 4具450毫米鱼雷发射管	829,400
"阿德尔伯特亲王" 2 1900—1903	9875	415①	20	4门210毫米炮 10门150毫米炮 12门88毫米速射炮 4具450毫米鱼雷发射管	783250
"卢恩" 2 1902—1906	10266	420	21	4门210毫米炮 10门150毫米炮 14门88毫米速射炮 4具450毫米鱼雷发射管	767250
"沙恩霍斯特" 2 1905—1908	12985	475	22.5	8门210毫米炮 6门150毫米炮 18门88毫米速射炮 4具450毫米鱼雷发射管	1015950
"布吕歇尔" 1 1907—1909	15590	530	24.5	12门210毫米炮 8门150毫米炮 16门88毫米速射炮 4具450毫米鱼雷发射管	1426600

当德国海军了解到对手英国海军的"无敌"级（Invincibles Class）的强悍性能时，帝国海军部已经没有足够的时间和财力来修改"布吕歇尔"号的设计了。由于在性能上已经被英国新式装甲巡洋舰完虐（特别是在火力方面），因此"布吕歇尔"号在1911年被指定为炮术训练舰。随着英国皇家海军在其新锐的无畏型战列舰和装甲巡洋舰上引入了火控技术，德国海军部决定在"布吕歇尔"号上装备德国海军第一种射击指挥仪，与原有的蔡司（Zeiss）体视式测距仪配合使用。在战争即将爆发的1914年，"布吕歇尔"号编入了德国公海舰队（Hochseeflotte）的第一侦察分舰队（1. Aufklärungsgruppe）。

原则上，装甲巡洋舰是一种随着战舰设计和技术演进而诞生的新型一线作战舰艇。这一过程主要发生在19世纪90年代，当时世界各海军强国都真切地感受到了对战舰设计进行革新的迫切需要，因此急于建造一种新型的水面战斗舰只，以满足国家为实现海上战略的变化而对海上力量的需求，同时超越自己的对手。

在世界上几个主要的海军强国所设计建造的各种装甲巡洋舰中，有一些常见的共通的设计要素，包括更高的航速、更强的火炮、明显增大的舰体尺寸、比较均衡的防护性（当然与战列舰相比仍然是轻量级的），以及各国还能负担得起的造价成本。

对比英德两国在这一时期建造的装甲巡洋舰，可以发现一些有趣的趋势，这些趋势直接影响了后来的战列巡洋舰的设计建造。首先，英国装甲巡洋舰尺寸上普遍要比德国同行更长一些，吨位略大一些；其次，德舰的航速一般要比英舰稍慢；第三，两国在装

① 译注：原书为9875，明显错误，此处据资料更正。

甲巡洋舰的主炮口径选择上也形成了各自的趋势习惯，英舰的主炮口径通常为9.2英寸，德舰则是210毫米（8.2英寸）；最后，尽管建造成本一直在波动，但英德两国最后一批入役的装甲巡洋舰的造价都比它们各自的前辈要高。不过德国海军的"布吕歇尔"号则是一个另类和例外，它的特征与性能指标表明，该舰在设计上明显与德国之前的各级装甲巡洋舰截然不同，这一点确立了该舰作为德国海军迈向未来战列巡洋舰时代的"桥梁"的地位。

在"无敌"级的建造计划开始后，英德两国建造了它们最后一批装甲巡洋舰，然而"无敌"级及其姊妹舰还未被冠以"战列巡洋舰"这一名号，其设计正在不断修改中，越来越接近我们现在所熟悉的战列巡洋舰。在这一背景下，发生在当时世界范围内在役的主力战列舰身上的另一项重要技术发展颇为值得一提。1880年，英国建造了一艘新型战列舰"科林伍德"号（HMS Collingwood），为当时皇家海军和其他各国海军提供了一个关于战列舰的新设计思路和方法的良好样本。结果直到1905年，世界上大部分战列舰都采用了与"科林伍德"号相似的设计。"科林伍德"号在性能上有许多过人之处，包括经过改进的防护、火炮布局、航速和续航力等。不过，过低的干舷还是影响了该舰的适航性和舰上火炮的有效使用。

在对"科林伍德"号的设计进行改进之后，英国启动了三级新战列舰的建造计划，分别是1892年的"君权"级（Royal Sovereign Class）、1895年的"庄严"级（Majestic Class）和1899年的"老人星"级（Canopus Class），共计22艘。"庄严"级战列舰的设计建造迫使其他国家的海军对其设计特点和性能水平进行了详细分析，以求赶上海军建设的潮流。跟随着英国人的设计思路与步伐，美国建造了2艘"齐尔沙治"级（Kearsarge Class）战列舰，德国建造了5艘"威切尔斯巴赫"级（Wittelsbach Class）战列舰，法国建造了4艘"自由"级（Liberté Class）。所有这些战列舰都集中建造于1898—1907年间。

以上战列舰的建造计划都始于1905年之前，但技术进步与新出现的海军战术思想的整合为一个海军建设的新时代的来临铺平了道路，这主要是对英德两国而言。这个全新的时代在包含一线作战舰艇本身的技术发展的同时，更重要的是带来了从装甲巡洋舰向战列巡洋舰的决定性转变。

战略与经济的挑战

在19世纪晚期，英国仍然以海军战略为立国之本。设想中皇家海军的主要任务是在一场大规模的海战中与敌人的舰队交战并将其消灭。这一设想是英国在欧洲和地中海方向始终保持着庞大的海上力量的关键原因之所在。如果英国在大型战舰的质量和数量上都保持合理的优势，那么就能够保证皇家海军在海上克敌制胜。此外，英国的海上力量对欧洲大陆事务的影响将有助于整个欧洲的稳定。当时，能够对英国在海上构成威胁的主要力量仍然是法俄两国，英国与它们发生冲突的可能性是很大的。特别令人担忧的是，由于英国皇家海军没有在海外长年部署大量的军舰，因此敌人可以在那些遥远的海域针对英国的海上商路发动破交袭击。

与此同时，德国开始制定一项宏大的政治和军事扩张战略。这一战略旨在巩固欧洲大陆的联盟，以抵御法俄这两个被德国认为是主要威胁的国家，同时影响英国的外交政策。因此，德国与奥匈帝国、意大利都建立了更为密切的关系，以便使德国与地中海、巴尔干、中东和其他地区建立牢固的联系。当然这些举措并不意味着排除德国在非洲中部或南部、远东和太平洋地区殖民地和特许权的获得。

当时人们普遍认为，德国这种扩张主义的观念和态度终将会导致英国和德国之间的对抗，从而导致柏林对军事战略重新予以调整，使其更侧重于海洋问题。德皇威廉二世有力地推动了这一新的德国大战略的发展，而德国工商业的空前繁荣以及煤炭与钢铁产量的不断增长也促进了这一进程。德国的工业革命与之前英国的工业革命进程类似，工业革命与工商业的爆发促进了德国商船队的发展，商船队的发展又反过来助力了新的大型港口的建造，如不莱梅港（Bremerhaven）和汉堡（Hamburg），并且在基尔、不莱梅港、威廉港和但泽新建了一批造船厂。

俄国海军"乌沙科夫海军上将"号（Admiral Ushakov）装甲巡洋舰。该舰在对马海战中被日本海军击沉。对马海战使世界各国普遍接受了关于战舰的防护、大口径火炮、适航性和鱼雷带来的威胁等相关结论，并对随后的造舰理论与技术产生了重大影响。（图片来源：tsushima.ru 网站）

在19世纪与20世纪之交，欧洲严峻的政治和军事形势有所改善，总体上处于比较稳定的态势。这是欧洲陆权国家和海权国家之间的一种战略平衡的表现。譬如1897年在希腊和土耳其之间爆发的克里特岛危机，就在国际外交斡旋和海军力量威慑的共同作用下被成功化解。另外，当时的主要战事都发生在远离欧洲中心的地方。[①] 然而两个因素的出现迅速改变了几个欧洲大国对海战的认识。其一是海军技术发展所带来的关于海战本质的理论学说；其二则来自远东的一场意义重大的战争，即发生在欧洲大国俄国和亚洲国家日本之间的日俄战争。有意思的是，这两个因素都强烈地与之前各国海军在战舰武备配置上的观念相背离。

"全重炮"主力舰

在20世纪初，海军火炮和火控方面的技术进步促使英国皇家海军成立了两个委员会，分别负责对火炮和火控进行技术分析，以及研究制定可行的新型舰队战术。与此同时，意大利海军上校维托里奥·库尼贝蒂（Vittorio Cuniberti）在欧洲海军界发起了一场关于主力舰概念的大讨论。库尼贝蒂在一篇关于英国皇家海军的论文[②]中写道：

---

① 美国在其扩张政策的驱使下，在加勒比海和远东地区与西班牙爆发了战争；在东亚，爆发了日本侵略中国的战争。

② 这篇题为《英国舰队的理想战列舰》的文章发表于1903年版的《世界战舰》，该书由弗雷德·T.筒（Fred T. Jane）编撰，此君后来因成为《简氏战舰》期刊的出版商而闻名于世。维托里奥·库尼贝蒂上校隶属于意大利皇家海军下属的海军工兵团，负责海军所需的设计与建造工作。

> 让我们想象一下，一艘装甲质量上乘且分布合理的军舰……能够防御除了 12 英寸炮弹以外的所有敌方火力……

在对舰队的航速与战术一番深思熟虑之后，库尼贝蒂写道：

> 由此看来，为了造出我们理想中强大而威猛的战舰，必须增加 12 英寸炮的数量。这样，在海战中，在敌舰有可能用现在普遍配备的 4 门 12 英寸主炮中的一门给我们致命一击之前，我们至少也能有机会先给敌舰的水线装甲带狠狠来上这么一炮……因此我们概括出了……我们最为重要的战舰的主要特征——中口径舰炮被取消——有效的装甲防护……只装备了 12 门 12 英寸主炮……

意大利海军工程兵部队的维托里奥·库尼贝蒂上校所构想的"全重炮"型主力舰草图。这一设计方案在欧洲海军界引发了一场关于全新的主力舰设计理念的争论。（图片来源：《世界战舰》，1903 年版）

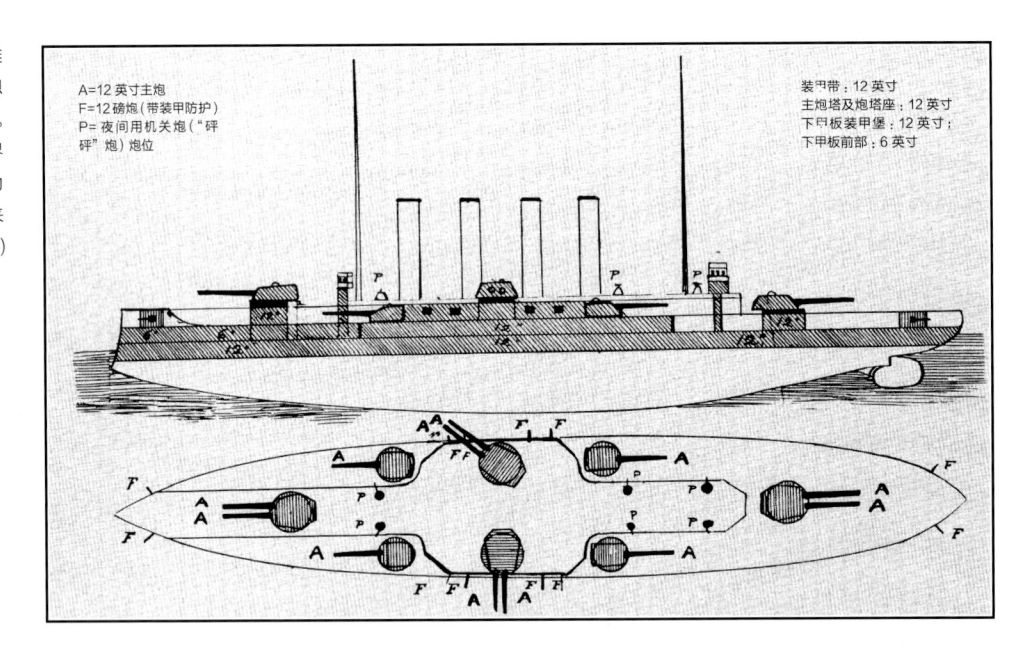

库尼贝蒂还预测说，这样一艘理想的战列舰将会有 24 节的最高航速和 17000 吨的排水量。简而言之，库尼贝蒂的理论核心，就是一艘防护良好、在战斗中能够摆脱同级别敌舰攻击的"全重炮战列舰"。一些海军相关组织和团体对此颇感兴趣。然而，这一理论也因有夸大其词之嫌而招致不少批评。[1]

但"全重炮战列舰"的概念和思路并没有消失。1904 年 10 月，海军上将约翰·费舍尔爵士（Admiral Sir John Fisher）就任英国皇家海军第一海务大臣[2]，推动了"全重炮战列舰"的飞速发展。还在其上任之前，费舍尔就对埃尔斯维克船厂的威廉·阿姆斯特朗爵士和海军部的设计人员们提出的关于大口径海军炮的意见和建议印象深刻。费舍尔任职第一海务大臣时，英国仍然将法国和俄国视为主要的海上威胁。然而在不到一年的时间里，英国面临的整体政治形势和海军力量消长都发生了变化。[3] 费舍尔到任后，即刻着手对英国海军原有的"两强标准"战略原则进行修正，即在两强的总量基础上再增加一成的余量。这意味着英国要对抗法俄或者德俄这两对可能联合反英的对手，就必须在战列舰上对任意两强的海军力量之和始终保持 10% 的优势。另外，英国还得对美国和它在扩充海军力量的基础上奉行的新帝国主义政策保持警惕。

---

[1] 如果库尼贝蒂设想的这艘战舰的排水量达到他所描述的级别，那么该舰航速就达不到 24 节。达到这一速度所需的推进力意味着要在舰上配备庞大的重型主机，这种大型主机的尺寸重量将使该舰的排水量铁定超过 17000 吨。

[2] 约翰·阿巴斯诺特·费舍尔于 1854 年加入英国皇家海军，并参与了入侵中国和埃及的战争。1890 年，费舍尔晋升为海军少将，随后担任地中海舰队司令。1902 年，费舍尔被任命为第二海务大臣。一年后就任朴次茅斯（Portsmouth）基地司令。

[3] 英法两国于 1904 年订约成为"协约国"，而俄国海军，如后文将要讲到的，实际上已经在日俄战争中覆灭了。

费舍尔的改革举措对皇家海军未来的编制结构产生了重大冲击。一方面要废弃老旧过时的战舰，以减少操作和维护费用；另一方面要大力发展新型的装甲巡洋舰，以确保对遍布世界的英国利益的关键核心——全球贸易的保护。同时，费舍尔也是这一时期日新月异的海军新技术的坚定拥护者。

自1902年以来，英国皇家海军一直在制定新型战舰的建造方略，进行着各种理论研究和实践工作。这些工作的重点集中在与敌舰队交战时所应当使用的火炮数量和战术问题方面。在火控技术方面的进步也促进了研究与实践工作的推进，显示了用12英寸主炮取代10英寸主炮所能带来的火力优势。事实上，12英寸主炮能够发射破坏力更大、精度更高、射程更远的弹丸。但10英寸主炮更便宜，还能在战舰排水量被限定的前提下安装数量更多的炮。此外，更持久的续航力和更高的航速是所有舰艇都渴望拥有的技术优势，有了这种优势，就可能在海战中压倒敌人。这种对技术优势的渴求促使费舍尔进行了大量研究工作。然而技术方面的争论很快便得到了为应对日益崛起的德国海军力量而开展的战略研讨的推波助澜。

英国海军元帅约翰·阿布斯诺特·费舍尔（1841—1920年），爵士，曾任第一海务大臣（1904—1910年）。此人大刀阔斧地推行了英国皇家海军的改革，尤其是其组织和装备方面，并因此而闻名。费舍尔还成立了一个"设计委员会"，负责对未来海军战舰的技术需求进行审查和汇报。（图片来源：美国国会图书馆）

德国的海军梦：提尔皮茨与《海军法》

德意志帝国国会在1898年4月通过了第一部《海军法》，从而使德国海军在形式上跻身于欧洲海军列强行列。德皇威廉二世从小就对海军醉心不已，更是英国皇家海军赫赫军威的铁杆粉丝。在频繁的访英之旅中，他花了相当多的时间参观朴次茅斯皇家船厂（HM Dockyard Portsmouth）和登舰视察英国战舰。这些早年的经历与印象深刻影响了威廉二世，他立志将德国海军重新打造成英国海军那般规模的海上雄师。此外，威廉皇帝早年对海军事务的兴趣恰与后来世界列强所追求的帝国主义不谋而合。

在欧洲，德国的扩张机会是极其有限的，因此皇帝陛下认为德国的未来在于海外殖民，即寻求"阳光下的土地"。而德国建立世界帝国的愿景必须得到海军的支持。威廉二世心知肚明，德国凭借自己本土的资源和生产力，已远不能满足其对经济必需品、增加人口和扩大商业利益的需求。当然这些理由和英国为自己的殖民扩张辩护时所用的说辞很相似。这种相似性十分重要，它表明海军的扩充——尤其对德国而言——并不是什么新鲜事物，而是反映出当时的一种普遍趋势。一个欧洲国家，特别是像德国这样一个殷实富足的国家，有权拥有自己的海外殖民地，并由一支海军力量来保护它们，这种想法在欧洲是被广泛接受的。

1896年1月发生的克鲁格电报事件推动了德国海军的扩张步伐。事件的结果是英德关系恶化，德国在布尔战争期间也无法对南非的局势施加影响。德国人认为这是凸显海上力量重要性的一次重大教训。于是，在1896年之后，德国政府就将对抗英国作为其推动海军系统化建设的政策支点。德国海军扩张的另一个重要因素是1897年英国政府直到1916年被迫辞职，德国海军元帅阿尔弗雷德·冯·提尔皮茨始终是德意志帝国海军中最具影响力的人物。他通过颁布推行海军法案，将一支人畜无害的近海海军打造成了一支能够威胁英国海上霸权的海上头等劲旅。（图片来源：美国国会图书馆）

未能就1862年和1865年的《英德商业协定》进行续约。德国皇帝清楚地认识到了英国的不续约对德国商贸业的潜在损害，因此得出结论：德国必须建立一支强大的舰队。威廉二世对海军事务的热情预示着德国海军将驶入一个伟大的新时代，"皇帝的海军"（Kaiserliche Marine）的扩充与现代化也是提尔皮茨上将的首要目标[1]。1897年，提尔皮茨被任命为帝国海军总长，掌管德意志帝国海军的主要行政部门——帝国海军部。

同时，德国的海军机构也进行了改革。德皇解散了德国海军最高司令部，并将其重组为几个组织，每个组织都扮演一个向政府施压、影响政策方向的压力集团的角色。最重要的是，提尔皮茨治下的帝国海军部覆盖行政、技术及训练事务等工作范畴，在隶属上是向德国首相直接汇报，但却从皇帝那里接受命令。而作为行使海军规划与顾问职能的海军参谋本部（Admiralstab）又将德国海军的战舰分为了第一分舰队、巡洋舰分舰队和其他以基地和海外部署地区分的分舰队。这些舰队的指挥官都直接隶属于皇帝陛下本人[2]。

在这样一个四分五裂的碎块化指挥架构之下，提尔皮茨成了德国海军中最具影响力的人物。在他被任命为海军大臣之后，德国海军的扩张进入了一个新阶段。提尔皮茨不仅对德国自身的局限性了如指掌，而且有能力将他对一支战斗舰队的观点与支撑该观点的论据清晰有力地展示在世人面前。此外，他还证明了他在处理国会、皇帝陛下和皇帝陛下的海军之间的关系时的游刃有余。帝国海军之所以能够成军，大部分功劳实在应该归功于此君。

提尔皮茨相信，海上力量是保证国家繁荣和强权地位的关键因素。他喜欢用1890年出版了那本传世之作《海权对历史的影响》（The Influence of Sea Power upon History）的美国海军军官阿尔弗雷德·赛耶·马汉（Alfred Thayer Mahan）在书中描绘的宏伟愿景来与人共勉。英国之所以能够建立起一个世界帝国，是因为它本就已经是一个无人能够挑战的海上强国，因此提尔皮茨认为，只有建立起一支由现代化的战列舰和装甲巡洋舰组成的强大的海军，才可能使德国也成为英国那样的世界强国，但当他成为海军大臣时，根据他的评判，皇帝陛下的海军只是"一个世界造船界的试验品收容站，在充满异国情调方面仅次于俄国海军"。

但是在德国国内，造舰是一个政治上的敏感问题。在提尔皮茨成为海军大臣之前，政府和它的顾问们曾试图让国会通过预算案以建造尽可能多的军舰，但这些提案统统都没有提出明晰的战略目标，也都没有超出近岸防御的范畴。实际上，由于陆军一向被认为是德国军事力量的支柱，所以国会手中掌握的海军年度预算额是固定不变的，而德国陆军的预算却能够每五年重新核算一次。

[1] 阿尔弗雷德·提尔皮茨1865年加入前普鲁士王国海军，在装甲护卫舰"威廉国王"（König Wilhelm）号上服役。他曾在英国普利茅斯（Plymouth）待过一段时间，因此成了英国皇家海军的仰慕者。后来提尔皮茨指挥过几艘普鲁士和德国的军舰，成为一名鱼雷战专家，并最终被调往柏林的帝国海军参谋部供职。

[2] 其他直接听命于威廉二世的组织是由一位海军上将挂帅的帝国海军办公厅（Marine-Kabinett），海军办公厅主要负责与海军高级军官相关的事务，海军基地的最高长官则负责海岸防卫、港口与防御设施，海军的日常训练与教育工作由另一位海军上将主管。

1908 年服役的德国海军"沙恩霍斯特"号装甲巡洋舰。一支由战列舰和战列巡洋舰组成的舰队，是提尔皮茨在 1896 年德国国会通过的海军法中所描述的强大海军的核心作战力量。（图片来源：《D. 菲永图片集》）

然而提尔皮茨却有一个立足于建造重型战列舰的长期战略。由于煤炭仍然是当时军舰的主要燃料，因此德国海军有两个选择：建造配备大号煤舱但重炮较少、续航力强大、不需要时常返回加煤站加煤的巡洋舰，这种军舰能够快速机动，但在大规模的海战中不堪一击；集中力量建造煤舱较小，但配备着最强大的火力的重型战列舰，这些战列舰可以碾压巡洋舰，但由于其航程有限，必须靠近本土附近水域或海外加煤站进行部署。提尔皮茨声称，既然德国在海外基本没有海军基地，那么就不得不将战列舰集中在北海和波罗的海。

尽管提尔皮茨不愿意公开承认，但他私下里曾明确表示，强大的德国舰队应该起到让英国在殖民问题上让步的杠杆作用，同时也可以威慑英国，使其不敢贸然对德国用兵。对那些认为这样一支舰队既不能保卫德国的海外商业贸易，也不能保卫殖民地的批评家们，提尔皮茨回应说，虽然这些战列舰的续航力不够，但一支强大的作战舰队的存在本身就能对德国的殖民地和全球贸易起到间接的保护作用。

1898 年 4 月 10 日，德国国会通过了第一部海军法案。该法案反映了 1897 年 6 月由提尔皮茨起草的一份秘密备忘录的内容，即英国海军被认为是"最危险的威胁"。德国的舰队如果能够应对这一威胁，再转而面对法国和俄国海军，自然就不在话下。1898 年的《海军法》计划建造 19 艘战列舰（两个分舰队各编入 8 艘，外加一艘旗舰和 2 艘后备舰）、8 艘装甲巡洋舰、12 艘大型巡洋舰和 30 艘轻巡洋舰，预计于 1905 年全部建成。

这项法案的重要意义在于结束了德国在海军发展战略规划上的不确定性与不稳定性。整个计划除了严格确定了德国海军建设的周期和成本[①]，还对不同类型舰只的服役年限做出了明确规定：战列舰 25 年，大型巡洋舰 20 年，轻巡洋舰 15 年；年限一到即代之以新

① 根据第一部《海军法》的规定，在 1898—1903 年期间，帝国海军得到了 4.08 亿帝国马克的拨款用于建造新战舰。设想中整支舰队的总造价实际上将略高于 7 亿帝国马克，但必须考虑到这一舰队规模目标中还包括若干现有舰艇，这些舰艇必须在 1905 年以后才能更换。在这段时间内，每艘战列舰的平均造价估计为 2000—2200 万马克，而每艘装甲巡洋舰的造价为 1600—1800 万马克，一艘巡洋舰 550 万马克，轻巡洋舰 400 万马克。

造舰只。仅供沿岸防御的舰艇也已经建造完毕。而对于战列舰和装甲巡洋舰孰先孰后的争议，德国决定效仿英国，先专心建造战列舰。1898年的《海军法》体现了提尔皮茨的三个原则：战舰服役年限期满即自动退役并予以更换；制定一定时期内军舰和官兵须达到并保持的规模的明确规划要求；提尔皮茨的所谓"风险理论"，这一理论在1900年《海军法提案》的附加备忘录中是这样描述的：

> 为保护德国的海上贸易和殖民地，在目前的情况下只有一个办法：德国必须拥有一支强大的战斗舰队，即使面前的对手是世界上最强大的海上霸权，一场与它的殊死之战也会动摇其在世界上的优势地位。
>
> 要实现这一目的，德国舰队并不一定要达到世界最强海军那样的力量水平。因为一般来说一个强大的海军力量不会集中所有兵力来对付我们。即便它以相当大的优势战胜了我们，但要击败一支强大的德国舰队也会令敌人杀敌一千自损八百。虽然它可能取得了胜利，但它那损失惨重的舰队就再也无力维护其在世界上的地位了。

在实践中，提尔皮茨强调了舰队将给德国带来与对手在政治上讨价还价的资本。他坚持认为，英国将对德国做出让步，而不是冒险投入一场可能大大削弱自身，以致无法再应付法俄同盟的战争。在英、俄、法三国混战的情况下，一支得到扩充的海军将使德国在欧洲的海权争夺上取得平衡。

1900年6月14日，提尔皮茨向国会提交了一项新的海军发展方案，即德国第二部《海军法》。根据此法案，到1920年，德国舰队的实力将会是1918年的两倍，共包括38艘战列舰（4个战列舰分舰队，各编8艘；外加2艘旗舰和4艘后备舰）、14艘装甲巡洋舰、

英国海军情报部门绘制的德国海军"拿骚"号（Nassau）战列舰。该级的4艘舰是德国海军第一代无畏型战列舰。"拿骚"号于1907年7月22日开工建造，全部4艘舰于1909年到1910年间先后服役。

38艘轻巡洋舰和96艘驱逐舰。这些战舰分为两个作战体系：一支是以本土水域为基地，编入所有战列舰的主力作战舰队；另一支为3艘大型巡洋舰和10艘轻型巡洋舰构成的海外舰队。此外还有一支预备舰队，编有4艘战列舰、3艘装甲巡洋舰和4艘轻巡洋舰。第二部《海军法》也规定了战列舰和装甲巡洋舰的服役年限，分别为25年和20年，年限一到即行退役更换。提尔皮茨成功地使海军法在国会获得了通过，这一了不起的成就令威廉二世龙心大悦，于是封赏提尔皮茨为海军大臣，并授予普鲁士世袭爵位。从此，提尔皮茨就成了德意志帝国海军部的掌门人。

在海试中全速航行的德国海军"戈本"号战列巡洋舰。这张照片显示出了德国海军第一代战列巡洋舰的标准设计布局。（图片来源：《奥基尼图片集》，A 少儿图书馆，M. 皮奥瓦诺）

通向"无畏"与"无敌"之路

起初，德国《海军法》并未让英国感受到什么威胁，英国海军部对皇家海军在质量和数量上的优势信心满满，认为足以应付未来的任何挑战。然而在费舍尔担任第一海务大臣之前，英国皇家海军正处于发展低潮期。由于跟不上日新月异的技术变革速度，以及缺乏一个清晰明确、客观实际的战略发展方向，英国的海军政策显得磕磕绊绊，步履蹒跚。虽然费舍尔始终专注于战舰的速度与火力的结合，但对应该优先投入的主力舰类型有些举棋不定。[1] 此外，海军部的其他成员也对费舍尔关于战舰航速和火力的观点并不感冒。费舍尔此时可能已经意识到了两件事：第一，英国的海军建设政策一旦突然彻底地改变，将会使他在海军部成为全民公敌，众矢之的；第二，在孤立无援的情况下，他是不可能推行，更不可能实施他的海军技战术理念的。当他成为第一海务大臣时，他能够找到的最好的盟友是巴腾堡亲王、路易斯海军少将（Rear-Admiral Prince Louis of

[1] 由于确定由一种新型战舰——驱逐舰来克制海战中来自雷击舰和鱼雷艇的威胁，因此在关于轻型作战舰艇的发展方向方面的分歧较小。

Battenberg)、一位毕生服役于皇家海军、与英国王室沾亲带故的德裔血统的亲王。但是这二人的结盟还是不足以与保守的海军部反对势力相抗衡。为了克服这一障碍且不至于过于冒犯那些反对派们,费舍尔决定成立一个"设计委员会"①,并正式授权该委员会对未来军舰的技术需求进行审查和汇报,审查对象包括未来的战列舰、装甲巡洋舰和驱逐舰。设计委员会的建立反映出费舍尔在克服对立意见上的高明策略。事实上,在费舍尔担任第一海务大臣之前,他就已经为委员会精心挑选了成员并透露给了时任海军大臣塞尔伯恩勋爵(Lord Selborne)②。这些成员中的大多数都和费舍尔一样具有远见卓识,其中一些人已经在和他密切合作了。值得注意的是,在通常情况下,新的战舰设计方案应当由第三海务大臣提出③,然后由海军部讨论并通过,最后由英国政府批准实施。虽然海军部掌握着海军新方案的生杀大权,但费舍尔建立的设计委员会将改变这一流程。

设计委员会于1904年12月22日正式运行,委员包括来自政府机构和民营公司的海军与民间人士。第一委员组成员有海军情报总监巴腾堡亲王路易斯,舰队工程主管、舰船推进系统专家、海军工程少将约翰·德斯顿爵士(Sir John Durston),雷击舰与潜艇部队指挥官、海军少将阿尔弗雷德·L. 温斯洛(Alfred L Winsloe),候任第三海务大臣与海军审计官、海军上校亨利·B. 杰克逊(Henry B Jackson),候任海军军械总监、海军上校约翰·R. 杰利科,第一海务大臣助理、海军上校雷金纳德·H. S. 贝肯(Reginald H S Bacon),候任第三海务大臣助理,海军上校查尔斯·E. 马登(Charles E Madden)。民间委员由海军造舰总监菲利普·瓦茨爵士(Sir Philip Watts),皇家朴次茅斯船厂总师W. H. 加德(W H Gard),海军部设在哈斯拉尔(Haslar)的舰艇模型测试池主管艾德蒙·弗鲁德(Edmund Froude),物理学家、数学家凯尔文勋爵(Lord Kelvin),格拉斯哥大学法学教授J. H. 拜尔斯(J H Biles),以及桑尼克罗夫特造船联合体所有人约翰·桑尼克罗夫特爵士(Sir John Thornycroft)。费舍尔自任委员会主席④,海军中校威尔弗雷德·亨德森(Wilfred Henderson)为委员会秘书长,助理造舰师E. H. 米切尔(E H Mitchell)为副秘书长。助理造舰师J. H. 纳尔贝特(J H Narbeth)担任菲利普·瓦茨爵士的秘书,负责提供各种舰船设计的细节。

身着英国皇家海军中将制服的巴腾堡路易斯亲王(1854—1921年)。路易斯亲王于1912年12月—1914年10月担任第一海务大臣,并作为英国海军设计委员会的高级官员,在其中发挥了重要作用。(图片来源:《伦敦新闻》)

① 由来自军方和民间的专家来组成专门委员会一直是皇家海军的习惯做法。
② 塞尔伯恩勋爵曾任英国海军大臣。这一职位相当于"海军部长",是英国内阁中的一个政治任命,直接对首相负责,同时,海军部委员会主席角色也由该职位担任。
③ 第三海务大臣是专门负责海军新项目的职位。有关内容将在第三章中加以详述。
④ 当费舍尔还在朴次茅斯基地司令任上的时候,就曾建立过一个非正式的"委员会",由7名军官和民间人士组成,这些人后来都被吸纳进了设计委员会。"七人委员会"的作用是对费舍尔提出的新型战舰构思进行深入的专业技术分析。
⑤ 海军部于1905年2月通过了"无畏"号的设计方案,1905年10月2日在朴次茅斯开工建造。该舰于一年零一天后完成了海试。

走向战列巡洋舰:战略需求与经济需要

费舍尔热情运作的第一个结果就是设计委员会通过了"无畏"号的建造计划。⑤一些历史学家认为,无畏舰的诞生是英德海军对抗的起点。其他一些历史学家对此说法提出质疑,认为提尔皮茨的第一部《海军法》才是一切的源头。英国与德国的海军竞赛是否是第一次世界大战爆发的一个主要诱因,直到今天学术界依然争论不休。一种普遍的观点是,无畏舰是后来新型海军主力舰的建造和海战应用理论发生根本变革的缩影。

尽管如此，不论英国持何种海洋政策，费舍尔和英国海军部需要解决的问题有二：英国能否负担得起一支全部由无畏舰组成的主力舰舰队；不断发展的海军技术能够为海军提供多少作战与战术潜力。

就负担能力而言，英国在20世纪初面临着迫在眉睫的财政危机，导致海军军费开支受到了限制。这促使英国对自身的海洋活动与任务的资金来源问题进行了彻底的重新考量。必须指出的是，除了在1899—1902年的布尔战争期间英国陆军的军费较高以外，皇家海军一直是英国政府最大的吞金巨兽之一。每年春天，海军大臣[①]都会向议会提交海军预算案。该预算案在政府总预算出炉之前大约一个月提出，要为下一财年的海军预估开支提供详细的分解细目，而且要与内阁和财政大臣就其内容进行协商。从1900年到1905年，皇家海军建成或开工了包括"无畏"号在内的16艘战列舰，平均每艘舰的建造成本为133.94万英镑。此后海军军费支出从1899到1900财年的2388万英镑急速飙升到1904—1905财年的3685.9万英镑。海军军费的激增令财政部倍感压力，不得不采取一些财政上的新举措来应付皇家海军的胃口。例如1896年颁布的《海军工作法》规定，国家税收的盈余将用于新式大型战舰的建造和国营造船厂的现代化升级改造。

不过，支出的增加总是意味着更高的税收，而内阁又决定了英国军费开支的限额。由于海军预算是政府支出的大头之一，而且特别容易影响到国家整体预算的超支与否，所以海军提出的预算案被抨击为造成预算失衡的罪魁。因此，尽管皇家海军在英国是民众的骄傲，但它的军费开销却不招人待见。其中一个原因就是社会支出与海军和军事需要支出二者对政府财政预算的争夺所带来的政治压力。根据英国的财政状况，为保护大不列颠所有的海外利益而继续建造现代化战舰，特别是战列舰，无论在数量上还是种类上，即使可能做到，也将是十分困难的。所以，在海军建设上必须冒一些风险，做到有所取舍。

费舍尔是一个极富远见和想象力的人，他处在一个最有利的位置上，以改革和创新的方法来满足英国保持海上霸权的全部战略需求，包括对以战列舰作为衡量海上力量强弱水准的标尺这一观念的质疑。因此，新型战舰的建造，包括后来的战列巡洋舰，是一项关乎国家战略与经济层面的双重挑战。

费舍尔对鱼雷艇和潜艇钟爱有加。1904年8月，他确信快速鱼雷艇将胜过传统的"战斗舰队"，战列舰的功能可以由快速装甲巡洋舰来实现。在他还在朴次茅斯任职时，他的"海军必需品"理论[②]就已被广为传播。在这一理论中，费舍尔强调，"新型海军，除了少数特殊的近海舰船外，战舰类型（应该）绝对限制在四种，这四类战舰就是现代海战

从舰艏方向看去的"无畏"号战列舰，可见其舷宽很大。该舰的设计方案于1905年2月得到了英国海军部批准，并于当年10月2日在朴次茅斯的皇家造船厂开工建造。（图片来源：美国海军历史与遗迹档案馆）

[①] 在无畏舰时代，海军大臣仍然是塞尔伯恩勋爵，他在1905年3月28日被考德勋爵取代。后来在海军部干了6个月，然后在1905年12月被威特茅斯勋爵 (Lord Tweedmouth) 取代。
[②] 这些是费舍尔在担任第一海务大臣之前，在其著述中所提出的一些问题的归纳整合。

的必需品"。

这四类"海军必需品"分别是：航速 21 节的战列舰，航速 25 节的装甲巡洋舰，航速 36 节、装备 4 英寸炮的驱逐舰以及现代化的远洋潜艇。然而，当费舍尔当上第一海务大臣时，他对战列舰的兴趣似乎有所动摇。他认为英国应当停建新的战列舰，这样就可以用快速的装甲巡洋舰取而代之。为了弥补装甲巡洋舰防护薄弱的缺陷，它们将主要依靠速度和火力来给敌人当头一棒。只要航速够快机动性够好，就很难被敌人的炮弹命中，更谈不上穿透装甲巡洋舰的装甲，因而它们的装甲就可以更薄一些。另一方面，费舍尔也意识到英国还是不能停止建造战列舰，因为欧洲和世界上的其他国家都在大肆建造战列舰。所以他考虑必须研发出一种和装甲巡洋舰一样快，但装备大口径火炮的新型战列舰。

从全局战略的角度着眼，英国仍然面临着三个要务与挑战，分别是保卫英伦三岛、保卫整个帝国和保卫纵横交错的全球贸易航线网。费舍尔意识到，要按照常规的方式，使用三种专业作战平台——战列舰、留守巡洋舰[①]和装甲巡洋舰——来实现这些目标，在成本上已经不堪重负，甚至在战术上也不可行。战列舰队现在容易受到来自本土周围浅海区的雷击舰艇攻击；而现代化重型战舰的航速快、航程远，这就使得分散在世界各地执行炮舰外交任务的羸弱的留守巡洋舰在其面前不堪一击；只有行动迅捷的装甲巡洋舰分舰队才可能对敌方舰只构成真正的威胁，敌舰会发现自己突然陷入了打也打不过跑又跑不掉的绝望境地。于是费舍尔又一次尝试用新的技术来解决问题：如果潜艇和雷击舰艇使得浅海区对战列舰队来说风险过大，那么就把它们从危险的浅海区转移出来，保持其作战力量的完整，在英国领海范围内阻止任何潜在的入侵者。同时，英国需要发展号称"飞行舰队"的强大而快速的装甲巡洋舰，以便能够对世界各地的事件快速反应。包括在需要时在英国领海部署行动，或是消灭敌方的留守巡洋舰。简而言之，潜艇和新型快速装甲巡洋舰将完全取代前述的三种"专业作战平台"，并能大幅减少开支。

从"无畏"到"无敌"

在对"无敌"级战列巡洋舰设计出笼的过程进行研究之前，不能不提到日俄战争对当时欧洲盛行的海军技战术观念所带来的经验教训和产生的影响。

这场俄国和日本之间的战争随着对马海战（Battle of Tsushima）的硝烟散去，于 1905 年 5 月 27 日而告终结。俄国和日本的海军都已经在海军火炮和机械技术方面实现了相当的进步。通过分析对马海战的过程与结果，人们首先得出了四点一度被广泛接受的结论：1. 军舰的装甲能够有效抵御每一种舰炮炮弹；2. 大口径舰炮的精度优于小口径舰炮；3. 战列舰仍然是海战中的关键角色；4. 驱逐舰与鱼雷艇的实战表现完全取决于乘员的战斗素养。但进一步的分析表明，如果忽视了其他因素的作用，例如由军舰更高的航速和机动性所带来的战术创新，而对上述结论照单全收，则是大大的谬误。事实上对马海战证明了海上交战在比通常认为的交战距离更远的时候就可以发起。另外，鱼雷雷击所造成的威胁也在对马海战中第一次出现，雷击战术的应用使得海战将在更大的距离范围内进行，而对火炮火控的改进也证实了这一结论。简单来说，日俄对马海战给了费舍尔和英国海军部一个确定无疑的实例，以建造无畏舰和武备强大、速度更快的战列巡洋舰的方式实现皇家海军现代化的决定在战术上是完全正确的。

[①] 指一些长年驻扎在海外基地的老旧巡洋舰，用来执行对英国殖民地的警戒任务。

虽然"无敌"级战列巡洋舰的官方记录显示其诞生于设计委员会，但费舍尔和皇家朴次茅斯船厂的总师 W. H. 加德在他们还在地中海任职的时候就已经着手进行了一些初步的相关工作。最早的概念性方案始于 1902 年初，当时加德开始设计构思费舍尔称之为"完美型巡洋舰"的新一代装甲巡洋舰的初步轮廓。这一型装甲巡洋舰的设计特点是：航速 25 节，排水量 15000 吨，配备 4 门 9.2 英寸主炮、12 门 7.5 英寸速射副炮。这种"完美型巡洋舰"的一些特征反映了费舍尔的"梦想"：如果可能的话，烟囱将被取消；取消不了就改为伸缩式的；① 不设舰桥、起重机、锚具，除一根无线电天线桅杆外不设其他桅杆；弹药库设在炮位之下；取消弹药输送通道，减少弹药输送人员；无论向前向或后向都能够集中起 10 门主炮的火力。费舍尔向海军部提交了这种巡洋舰的设计提案，但这对皇家海军的建设方略基本毫无作用。当费舍尔于 1902 年 6 月去伦敦赴任第二海务大臣时，他才发现海军主力舰的设计与他提议的完全不同。正在实行中的建造方案是在建的主力舰必须要在单舰性能上压倒别国海军的同类舰。这一政策导致了这些主力舰的尺寸越来越大。

费舍尔在朴次茅斯基地司令任上的时候，进一步发展了他先前提出的关于在战列舰和装甲巡洋舰上采用一些新设计的提案。他得到了加德的鼎力支持，二人合作为两个不同的设计方案进行了细节完善。得益于远程火力控制技术的进步，这两种设计方案都装备统一口径的主炮。提案中的战列舰装备 16 门 10 英寸主炮，装甲巡洋舰装备同样数量的 9.2 英寸主炮。两种设计中，战列舰和装甲巡洋舰的排水量均为 15900 吨，战列舰的最大航速为 21 节，装甲巡洋舰为 25.5 节。虽然这种设计可以称为思路创新，但很难想象一座为 25.5 节航速设计的推进装置该如何艰难局促地挤进为航速 21 节的军舰设计的舰体空间内。

回到伦敦任第一海务大臣后，费舍尔抓紧时间对他的方案进行了升级。1904 年 10 月，在加德的提议下，25.5 节航速的装甲巡洋舰的设计火力增强为 16 门 9.2 英寸主炮，进一步演变为"敌人难以接近的"巡洋舰。这些关于装甲巡洋舰的想法和计划引发了设计委员会中就更大口径火炮是否可能安装在比战列舰小的军舰上的争论，但一直没有什么进展。经过一番讨论，委员会同意让 12 英寸的火炮上舰，可由装备 12 英寸炮的舰只组成一支快速的轻型分舰队，支援战列舰舰队作战，担任舰队的前卫警戒或后卫掩护部队。12 英寸炮将在与敌舰厮杀的战斗中证明自己的价值。

另一个可能影响委员会的最终决定的因素是，当时意大利海军建造的"埃琳娜女王"级（Regina Elena Class）战列舰和日本海军的"筑波"级（Tsukuba Class）装甲巡洋舰都装备了 12 英寸的主炮，那么让装备 12 英寸主炮的"无畏"号战列舰和计划建造的新式装甲巡洋舰同时在皇家海军中服役的决定，可能也是为了使这两种主力舰型保持主炮级别一致。此外还有一个原因，费舍尔本人可能希望新设计能最终演变为一个针对那些耗费巨大的战列舰潜在的、成本较低的替代方案。不管怎么说，选择在未来的装甲巡洋舰上配备 12 英寸主炮至关重要，它为一款最终成为战列巡洋舰新型主力舰的诞生与发展铺平了道路。

在决定继续建造新一代装甲巡洋舰的同时，设计委员会也试图对这种新舰的作战使用原则与方式做出界定。② 如果是新式战列舰，这倒是很容易，毕竟战列舰可称得上是海军中的元老级舰种。但对于装甲巡洋舰来说，问题的关键在于如何将费舍尔对它的种种

---

① 这一另类的设计提议目的是为了削弱敌舰在远距离侦察到己方战舰的能力，但它并未解决推进系统的排烟问题。
② 设计委员会于 1905 年 1 月 3 日举行了第一次会议，10 天之后就确定了"无畏"号的初始设计方案。

想法与提议，尤其是高航速特点体现在这种新锐战舰的角色与任务定位之中去。为了做到这一点，委员会必须得将各方面考虑周全，比如装甲巡洋舰目前的角色作用、对高航速和强火力应该如何利用、新型装甲巡洋舰在海战中应当对付哪一类敌舰等等。在1904年年末至1905年年初的地缘战略环境中，由于建立了三国协约和法俄同盟关系的缘故，皇家海军最初将注意力集中在德国身上，但英国海军部也注意到了欧洲其他国家海军的发展情况。总而言之，这就意味着英国海军可能会在诸如英吉利海峡、北海、波罗的海和地中海等封闭海域与敌人进行交战。此外，英国海军还可能在遥远的海域面对一些海上突发偶发事件，而这正适合快速的装甲巡洋舰舰队大显身手。

从战略的角度看，德国海军的迅速崛起正在改变着列强海军力量之间的平衡，而英国海军部也没有预见到德国海军将对英国的海上贸易线构成严重威胁。确切地说，德国舰队将集中于北海方向，以威慑英国皇家海军，从而全面实践提尔皮茨所建立的"风险理论"的概念。这种情况持续的时间越长，对德国扩充舰队实力就越有利。再从战术的角度看，现有的慢速装甲巡洋舰是无法成为作战舰队的有效侦察力量的，因为它们的航速、防护和火力水平根本比不上现有的老式战列舰，更不用说新锐的无畏舰了。

因此，未来英国装甲巡洋舰将主要承担舰队的侦察警戒任务。凭借强大的武装，新型装甲巡洋舰可以在海战中撕开任何由现役巡洋舰和驱逐舰组成的屏障，近距离观察并向主力舰队报告敌舰队的组成与部署情况，事后利用高航速迅速撤退。如果它们的航速和火力能够确保其战胜敌人的巡洋舰和驱逐舰，并在敌战列舰来援之前全身而退，溜之大吉，那么就可以假设它们的装甲不需要达到能够防御敌主力舰重炮直接命中的水平。此外，新型装甲巡洋舰的火力和高航速将使它们有能力跟踪并追击撤退中的敌舰队，并有可能摧毁或重创敌方的慢速战列舰。

另一项由新型装甲巡洋舰执行起来得心应手的任务是在海上交战时迅速地进行兵力的集中与机动。它们会被部署在舰队战列线的前方或后方，游弋警戒，以保护己方战列舰不会受到敌方战舰尤其是驱逐舰的突然袭击。同时，如果觅得良机，它们也可能会对敌方的战列舰形成威胁，但只有在有利的态势下才会与之交战。新型装甲巡洋舰将依仗更高的航速，分割包围敌舰队战列线的前卫或后卫，从而占据对孤立敌舰的上佳射击位置。

新型装甲巡洋舰保护海上贸易的任务将不会改变。[①] 相对于敌方的袭击舰和武装商船，新型装甲巡洋舰的速度更快，火力更强，完全可以将来犯者歼灭。对于像英国这样的岛国来说，对海上贸易的保护可能是它最重要的优先事项，因此最初问世的几级英国战列巡洋舰就很适合。与之相反，封锁英国的海上贸易也将是德国战列巡洋舰的目标。但是考虑到还需顾及其他一些战略与战术要求，最终德意志帝国海军的战列巡洋舰选择了更加平衡的设计方案。

关于新型巡洋舰可以用作对岸炮击任务这一点，当时并未被人们所认识到。但是在第一次世界大战期间，英德两国的战列巡洋舰都多次执行了此类任务。事实上它们配备的火炮很适合对敌方的沿海目标，诸如军事和工业设施、港口、要塞以及其他基础设施等实施打击。行动中如果发现敌主力舰队突然出现在岸轰任务海域，也可以凭借速度确保迅速撤离。新型巡洋舰的另一项任务是实现全球范围内的海军力量投放，就像海军的传统做法那样，在海外港口与驻泊地挂出自己的旗帜，来展示力量或表示占领。一艘战

---

① 1902年，塞尔伯恩勋爵向内阁提呈了一份备忘录。备忘录中说，他认为如果要对付威胁英国海上航线的德国武装邮轮，有两种办法：建造巡洋舰来应对威胁，保护商船；或是由政府补贴建造和德国武装邮轮速度一样或者更快的轮船。

列巡洋舰能够覆盖远大于几艘小型巡洋舰的海上活动范围，较之小型舰只，会给观者留下更加难以磨灭的印象。最后一点，英国皇家海军对新型装甲巡洋舰还有一个隐含的任务设定，就是与相对较小的"威切尔斯巴赫"级或类似级别的德国战列舰作战。

一些后世的海军专著作者声称，英国海军部从未正式定义过战列巡洋舰的这些功能与运用模式。但这些功能任务后来都随着第一次世界大战海上战场的第一声炮响而展示无遗。事实上，在1913年英国皇家海军大演习中统率红方舰队（扮演德国公海舰队）的海军中将约翰·杰利科爵士撰写的演习总结报告中，首先就提到了这一点：

> a 拥有最高航速的战列巡洋舰的巨大价值。
>
> 在最近和先前的演习中，战列巡洋舰一次又一次地显示出对战局的绝对控制力。它们可以轻松击退任何来犯的敌巡洋舰；它们也能同样轻松地对敌主力舰队进行如影随形的跟踪监视，即使在昼间也几乎无法被摆脱；主力舰队对付盯梢的战列巡洋舰的唯一办法，就是挨到夜间再组织驱逐舰对其发起攻击。
>
> 一位舰队司令，一定愿意付出相当的代价来摧毁敌方的战列巡洋舰的。不搞定敌方的战列巡洋舰，舰队就没有安全可言。
>
> 所有的战列巡洋舰，或至少其中的一部分，必须要有和假想敌的战列巡洋舰同等的航速。强大的武备和良好的防护在一艘高速战舰的身上有着无比巨大的价值。但如果敌舰的航速更快，即使其攻击力稍弱，我方也很难摆脱。

几个月后（1913年12月），当时的皇家海军本土舰队总司令，海军上将乔治·A. 卡拉汉（George A. Callaghan）爵士，在他的《舰队作战行动指导评述》（Remarks on the Conduct of a Fleet in Action）中描述了战列巡洋舰在作战行动中的"基本职能"：

> 战列巡洋舰——其基本职能一定是与敌战列巡洋舰交战。这样界定的原因很多，最重要的是，由于强大的战斗力和高航速，独立于战列线作战的战列巡洋舰能够胜过所有的次级军舰。这样一来，如果不把敌战列巡洋舰"限制住"，那么它们就会凭借强大的战斗力随心所欲地打垮我方较弱的舰艇。战列巡洋舰还能在海战中轻松占据有利战位，达成对敌方作战编队的集火或纵射，掩护舰队免受敌方轻巡洋舰和雷击舰的攻击等任务。
>
> 如果敌舰队无战列巡洋舰伴随，则我方战列巡洋舰的战术作用同样是明确无疑的。它们将被设置为主力舰队的快速机动集群，或是被赋予相对自由的行动权，以舰队司令所判断的最佳战机和方式（如上所述）向敌人展开攻击。

值得注意的是，最初费舍尔并没有表示要将新型装甲巡洋舰部署在主力舰编队中，与战列舰并肩作战。然而有意思的是，正当设计委员会研究讨论英国新型装甲巡洋舰的角色和任务定位时，对马海战却为将装甲巡洋舰编入主力舰编队这一战术运用理念提供了试验场。委员会的研究进度报告确认了费舍尔关于新型快速装甲巡洋舰应当作为高速战列舰使用的理念。他在报告中说，因为新型装甲巡洋舰的航速更快，所以现有的任何军舰都不能与之匹敌。

现在让我们对英国战列巡洋舰设计建造最终决策过程中的几个重要节点按其时间先后顺序简单梳理一下：1905年2月22日，海军部设计委员会举行最后一次设计方案论证会；1905年3月17日，海军部通过了"无畏"号和新型装甲巡洋舰的总体设计方案（此时对马海战尚未发生）；1905年7月7日，海军部通过了后续的"无敌"级战列巡洋舰的详细设计（此时已是对马海战之后6周）。为了给新的造舰计划提供资金，英国皇家海军在向内阁承诺将在第二年大幅削减支出后，终于在1904—1905财年得到了大量军费预算。

然而，一幅消极的前景将对塞尔伯恩勋爵几年前制定的海军军备计划产生影响。他原本计划每年开工建造3艘战列舰和4艘装甲巡洋舰，以适应战略上的需求，但此时出现了另外一些关于未来主力舰的发展思路。1905年12月，费舍尔成立了一个实际上可称为第二设计委员会的新委员会，来研究讨论费舍尔提出的将战列舰和装甲巡洋舰的特点合而为一，成为一个装备10门12英寸主炮、航速25节、排水量22500吨的所谓"融合设计"。然而，该委员会并没有完全支持费舍尔的新思路，因为此时由于与法国的协约关系和俄国舰队在日俄战争中的惨败已经使海军对战斗力更强的快速巡洋舰的需求大为降低。而无畏型战列舰不仅在性能上可以对抗德国日益增长的威胁，而且成本上也比"融合设计"更经济。

而财政部这时也跑来落井下石。由于严峻的财政形势，英国财政部曾承诺将采取严格的经济紧缩政策，而将高速、重炮与厚甲结合在一起的"融合设计"必将导致单舰成本的增加，这就几乎等于给新型战舰的建造判了死刑。最终两边不得不达成妥协，可以保留这两种类型的主力舰，但装甲巡洋舰的采购数量从4艘减至3艘。

因此，1905年2月13日提交给国会的1905—1906财年海军预算金额总计3315.18万英镑，比上一财年减少了超过350万英镑。其中包含了建造"无畏"号和3艘新型装甲巡洋舰[①]的费用。简而言之，这一结果有利于偏好新型战舰的费舍尔，因为他现在可以在不增加海军预算的情况下建造"他的"战列巡洋舰了。"装甲巡洋舰"这一旧名称将继续沿用，这样新型的"无敌"号就可以披着旧名称的马甲，作为海军预算案允许建造的舰种上船台了。在1905年11月海军预算委员会的报告中，战列舰和装甲巡洋舰被统称为"大型装甲舰"，后来也曾用"主力舰"一词来同时指代两者。

德国的反应和英国的回应

3艘"无敌"级[②]的建造工作被严格保密。按照费舍尔的指示，英国人故意放出了一些烟雾，这样英国的新战舰就被认为仅仅是旧式的"米诺陶"级装甲巡洋舰的一种改型。"无畏"号的建造也是秘而不宣，使得那些对英国战舰的发展感兴趣的国家感到既疑惑又好奇。德国对费舍尔瞒天过海的计谋的第一反应是建造了最后一艘装甲巡洋舰"布吕歇尔"号，但该舰的战斗力不如"无敌"级。

英国人的疑兵之计收到了良好的效果。"无畏"号的出现让德国海军陷入了进退两难的境地：要么放弃与英国皇家海军的造舰竞赛，要么投入更多资金来建造更大的主力舰。在帝国海军部内部的一场辩论后，冯·提尔皮茨和他部下们决定接受英国海军的新挑战。1906年5月，他带着第二部《海军法》的补充修正案去国会进行游说。5月19日，修正案获得国会通过，德国海军将追加建造6艘大型巡洋舰（5艘将部署在海外，1艘为备用舰）

[①] 海军部向英王爱德华七世（King Edward VII）提议以"无敌"作为第一艘装甲巡洋舰的舰名。
[②] 该级的另两艘舰分别被命名为"不朽"号（HMS Immortality）和"罗利"号（HMS Raleigh），但随后更名为"不挠"号（HMS Indomitable）和"不屈"号（HMS Inflexible），以契合其舰级的命名形式。

和 48 艘驱逐舰。于是德国海军的预算也就从 1904 年的 2065.55 亿帝国马克增加到 1907 年的 2908.83 亿帝国马克。

但是，尽管 1906 年的《海军法修正案》允许开工建造 4 艘"拿骚"级（Nassau Class）战列舰，但德国海军此时还是对付不了英国的"无敌"级。"无敌"级的真实性能指标在 1906 年夏才公之于世，这时德国已经来不及修改"布吕歇尔"号的武备布置方式，更不用说火炮的口径和其他性能指标了。事实上，当"无敌"级于 1906 年夏被公开的时候，其 25 节航速和 12 英寸主炮明显胜过"布吕歇尔"号的 8.2 英寸主炮和 23 节航速一筹。

1907 年 6—10 月召开的海牙和平会议（The Hague Conference）试图对英德之间的海军军备竞赛加以限制，但这种一厢情愿根本就没有实现的可能，因为德国坚决反对所谓"单边裁军"。于是，德国海军再次决定和新锐的英国战舰死磕到底。在 1908 年的海军法

通过索伦特海峡的"无敌"号、"不屈"号和"不挠"号战列巡洋舰，摄于 1909 年。英国海军对"无敌"级三舰的建造工作一直严格保密，并且故意泄漏出一些关于该级性能指标的虚假情报。（图片来源：T. 迪肯斯；世界海军舰艇论坛）

锚泊中的德国战列巡洋舰"冯·德·坦恩"号。该舰依据 1906 年提尔皮茨为进一步加强德国海军力量而提出的第二部海军法案补充案的计划框架建造，是德国海军第一艘真正意义上的战列巡洋舰。（图片来源：美国国会图书馆）

从舰艏方向拍摄的锚泊在新西兰惠灵顿港的"新西兰"号战列巡洋舰,摄于1913年。该舰和它不那么纯粹的姊妹舰——"不倦"号(HMS Indefatigable)和"澳大利亚"号实际上只是"无敌"级的简单复制。(图片来源:新西兰国家图书馆)

1913年6月在朴次茅斯港靠岸中的"澳大利亚"号战列巡洋舰。该舰由澳大利亚全国募集资金所建造,属皇家澳大利亚海军序列,但宗主国大不列颠在战时可随时调用。(图片来源:皇家澳大利亚海军)

修正案①中，提尔皮茨宣布，新的造舰计划中将包括一艘可与英国的"无敌"级相媲美的"全重炮"装甲巡洋舰。这艘战舰就是"冯·德·坦恩"号（SMS Von der Tann），德国第一艘真正意义上的战列巡洋舰。

此时英国海军部内部关于是否继续执行"无敌"级战列巡洋舰建造计划的争论正陷入僵局，因为英国人认为已建的3艘新锐战舰已经足够搞定来自"布吕歇尔"号和其他德国旧式装甲巡洋舰的威胁。费舍尔想方设法要在1907—1908财年的海军预算中塞进一条改进型的"无敌"级战舰，他解释说这款最新的战列巡洋舰将比"无畏"号战列舰火力更强，比"无敌"级战列巡洋舰速度更快。然而，由于造价太过高昂且对主炮的口径选取意见不一，最终海军部否定了这一提案，海军部决定在1908—1909财年的海军预算案②中，将只包括战列舰和战列巡洋舰各一艘，而其中战列巡洋舰的设计方案也仅仅是对"无敌"级的重复。与此同时，德国海军已经开始建造"毛奇"号（SMS Moltke）和"戈本"（SMS Goeben）号战列巡洋舰。"毛奇"号是德国海军依据1908—1909年度建设计划而订购的，"戈本"号则是在第二年订购的。1908年夏，英国海军情报总监向费舍尔报告了关于德国海军的新型战列舰与战列巡洋舰发展计划正在不断膨胀的情况。于是费舍尔立刻针锋相对地下令扩展"无敌"级战列巡洋舰的原始设计，并开始进行严格保密的设计与建造工作，这个大秘密就是后来的"不倦"级（Indefatigable Class）战列巡洋舰。此外，在一场旨在加强澳大利亚和新西兰自治领在英联邦中地位的政治运动的促进下，两国决定为两艘同级舰的建造提供资金。这一决定为"澳大利亚"号（HMS Australia）（隶属皇家澳大利亚海军司令部指挥，但在战争中可供英国使用）和"新西兰"号（HMS New Zealand）（隶属英国皇家海军指挥）战列巡洋舰的建造铺平了道路。

英国首相阿斯奎斯在1908年重申了英国海军的"两强标准"原则，但此时曾位列世界海军实力榜第二和第三位的法国与俄国海军已经被新崛起的德国和美国海军所取代。于是，在1909年英国抛出了一个新的所谓"对德六成优势"海军军力原则提案，即皇家海军不再追求两强标准，只要比其头号对手——德国海军的实力高出60%即可，但这一提案只在1912年3月向下议院宣布过。1909年夏，英国海军部开始疑心德意志帝国海军已经开始了一项增建战列舰和战列巡洋舰的计划，该计划将使德国海军的主力舰在数量上超过英国海军。而时任英国外交大臣的爱德华·格雷爵士（Sir Edward Grey）与德国驻伦敦大使之间的会晤让这种担忧彻底坐实。

于是，著名的"海军恐慌"（Naval Scare）在英国出现了。德国海军计划的横空出世震惊了议会里的诸位先生，他们感到德国舰队已经成了一把直指大英帝国的心脏的利剑。为应对这一威胁，1908年4月开始担任英国海军大臣的雷金纳德·麦肯纳（Reginald McKenna）提出了一项海军造舰计划的扩充案，包括在1909—1910财政年度新建6艘主力舰，然后在随后

① 1908年3月27日获得德国国会通过的1908年海军法修正案，看上去似乎不是一部大部头法典，其全称为《关于修改1900年6月14日通过的德国海军法第二节的法案》。修正案中写道："除已被摧毁的舰只外，战列舰和巡洋舰须在服役满20年后进行替换。其有效服役期从拟被替换的舰只得到首期拨款的年份起算，到替换舰只得到首期拨款的年份为止。"在1908—1917年这段时间里，一批达到年限的战舰相继被替换，但舰队的整体实力保持不变。最重要的变化就是战列舰的服役年限从25年减少到了20年。
② 1908—1909财年的海军预算案总额为3218.13万英镑，比上一财年增加了90万英镑。

赫伯特·阿斯奎斯（1852—1928年），1908—1916年任英国首相。阿斯奎斯重申了英国海军的"两强标准"原则，并以新兴的德国与美国海军取代了法国和俄国海军这两个曾经的"两强"，作为确定英国皇家海军实力的参照。（图片来源：美国国会图书馆）

麦肯纳（1863—1943 年），1908 年 4 月—1911 年 10 月任英国海军大臣。为了反击德国海军的急剧扩张，他建议对英国的海军建设计划进行扩展，其中包括在 1909—1912 财年的海军预算中列入 18 艘主力舰的建造计划。（图片来源：美国国会图书馆）

两个财政年度内再造 12 艘。对此，议会中的自由党和保守党之间展开了激烈的辩论，不过两党成员所争论的都是增加海军军费的好处，而不是社会事业的需要。

当争论尘埃落定时，两党终于达成了一致意见，同意在 1909 年为 4 艘主力舰的建造拨款，同时又拨专款再建造 4 艘。英国将竭尽所能，来直面德国海军的不断膨胀。对于战列巡洋舰而言，这就意味着议会批准了"狮"级（Lion Class）的建造计划，并落实了"皇家公主"号（HMS Princess Royal）的专项建造资金。而另一艘战列巡洋舰"玛丽女王"号（HMS Queen Mary）将在 1910—1922 财年内建造。这些战列巡洋舰与"无敌"级和"不倦"级有很大的不同，较之从前的设计是一次重大的飞跃。它们最明显的改进之处就是配备了 13.5 英寸口径的主炮。英国在第一次世界大战爆发前开工建造的最后一艘战列巡洋舰是 1911—1912 年海军预算案中的"虎"号（HMS Tiger）。[①]

德国对此的反应体现在以当前现有预算拨款额为基础的新海军建设计划上，以及对 1900 年《海军法》的进一步补充，即《海军法 1912 年修正案》。该修正案于 1912 年 5 月 21 日获国会通过，要求在今后 5 年内再追加建造 3 艘主力舰，具体来说就是在 1912 年、1914 年和 1916 年这三年中每年建造一艘。提尔皮茨还想增加海军兵员员额，并重新予以组织调配，这样更多的舰只将随时做好投入现役的准备。1910—1914 年间，帝国海军建造并入役了"毛奇"级战列巡洋舰的改进型"塞德利茨"号（SMS Seydlitz），紧接着是"德弗林格尔"号（SMS Derfflinger）。两舰均为全新设计，它们将在即将到来的海上厮杀中显示出自己的价值。总之，从"无敌"号铺下第一根龙骨，到第一次世界大战爆发，在英德海军军备竞赛中双方总共入役了 14 艘战列巡洋舰，其中英国皇家海军 9 艘、德意志帝国海军 5 艘。这些艨艟巨舰将注定成为下一场海上战争中的关键角色。

战列巡洋舰的诞生：技术上的挑战

当研究 20 世纪初装甲巡洋舰的设计发展及其向战列巡洋舰的演变过程的时候，要记住一个重要因素，那就是欧洲大陆已经有近 30 年没有发生过大规模的冲突了。在对马海战之前的少数几场区域性战争并未对战舰设计产生什么影响，但仍涉及一些相对较小却很关键的方面，如后勤支援和登陆作战行动等。但在新设计的武器装备投入实战检验时，小规模战争在了解某种技术解决方案的有效性方面提供不了什么专业的军事认知。

装甲巡洋舰在设计上往往遵循着大型主力战舰通常执行的设计理念和原则，同时也被某些关键性技术需求所左右。首先，一艘战舰需要保护它的重要系统不被敌人的炮弹和鱼雷所摧毁；其次，它的战斗力至少应当与敌方的同类舰只相当，航速也应该与敌舰相当或尽可能更快，这样它就可以在与敌舰接战时自主选择是战是走；第三，其续航力必须能够满足本国海军战略与政治环境所赋予的战术要求。如果能在以上这些需求中实现最优的折中平衡，则意味着这艘大型战舰的设计是成功的，无论是战列舰、装甲巡洋舰还是真正的战列巡洋舰。

[①] 英国的海军预算从 1908—1909 财年的 321813 万英镑飙升到 1912—1913 财年的 449931 万英镑。这种增长明显反映出了"海军恐慌"的影响。

第二章 战列巡洋舰的诞生：战略、经济与技术上的挑战 59

航行中的"狮"号（Lion）战列巡洋舰。3 艘"狮"级战列巡洋舰在 1909—1913 年期间竣工，该级舰在航速、主炮和装甲防护方面都比"不倦"级战列巡洋舰有了长足的进步。[图片来源：R. A. 伯特（R A Burt）]

鸟瞰德国海军"德弗林格尔"号战列巡洋舰。该舰采用了全新的设计，其性能优势将在第一次世界大战中得到充分展示。（图片来源：《奥基尼图片集》，A 少儿图书馆，M. 皮奥瓦诺）

1903年10月30日德国海军前无畏舰"普鲁士"号下水时的情景。从19世纪90年代末开始，船体建造与舰用装甲技术的发展使得英德两国所有的新造主力舰都从中受益匪浅。（图片来源：迪林根钢铁公司）

位于英国托基的舰船模型测试水池。艾德蒙·弗鲁德在此进行了第一次船形测试，进一步促进了从使用钢材开始的船体结构的进化。

舰体和防护

自从用铁取代木料来建造军舰的舰体以来，人类的造船技术获得了巨大的发展。[1] 但在19世纪70年代中期第一次以钢取代铁作为舰体材质为标志，造船技术才迎来了真正的创新。在海军火炮技术取得进步的同时，能够保护舰体两侧和火炮炮位而不增加战舰全重的新技术也开发了出来。第一种解决办法是采用复合装甲，但这一方式不久就被低碳钢所取代，并为后来的新造战舰所广泛采用。技术人员通过对各种造船材料的技术研究与试验，最终得出结论，镍钢才是最佳的解决方案，因为其抗冲击性能比任何其他类型的钢材都好，于是几乎所有的海军强国都在它们的新造军舰上使用了镍钢。英国皇家海军更偏爱使用经过渗碳硬化处理的渗碳钢板。渗碳钢装甲一经问世，便立即确立了对其他类型装甲的优势，这种先进的钢装甲的抗弹能力提高了18%，13英寸的渗碳硬化钢装甲的防护力相当于约15.5英寸的镍钢装甲，而且最直接的好处是重量较轻。而在英吉利海峡的对岸，归功于弗里德里希·克虏伯（Friedrich Krupp）在钢材处理工艺方面所取得的技术进步，舰用装甲领域中最重要的技术发展在德国产生了。

19世纪80年代初，德国克虏伯公司对其舰用装甲板的生产工艺进行了改进，以增加钢板的硬度。该工艺用于制造专供德国海军使用的克虏伯非渗碳（KNC）钢板[2]。随后在20世纪初，技术的持续进步催生了克虏伯渗碳硬化钢（KC）装甲[3]。欧洲发达的工业水平有利于这些工艺传播扩散到德国之外，因此克虏伯非渗碳和渗碳钢板被包括英国在内的许多欧洲国家安装在了自己的军舰上。除此之外，英国还将高张力钢（HT）和镍钢装甲板专用于军舰的水平装甲防护。

装甲和舰炮方面的技术飞跃极大地影响着军舰的设计思想。尽管直到19世纪80年代末，机械推进技术也没有完全让世界主要海军强国放心地在军舰上取消帆索具，但锅炉舱和轮机舱已经在各种军舰的舰体中后段占据了不可动摇的位置。另一个重要的技术成果是水密隔舱的采用，这种设计可以在增强舰船的被动防护力的同时，更好地利用船

[1] 参见戴维·K. 布朗（David K Brown）所著《前装甲舰时代，1815—1860年的军舰设计与发展史》（Before the Ironclad-Warship Design and Development 1815-1860）（锡福斯出版社，巴恩斯利，2015年）。
[2] 实弹射击试验显示，厚度为10.2英寸的克虏伯非渗碳装甲板能够提供与12英寸厚的哈维钢（一种采用美式工艺制造的渗碳硬化钢）装甲相同水平的防护。
[3] 克虏伯渗碳钢装甲板在诸如碳、锰、镍、铬等合金成分的配比上与克虏伯非渗碳钢装甲板存在一定的差异。这一差异增加了装甲板背面的韧性，使其在被命中时有更好的防护效果。

位于德国萨尔州迪林根的迪林根钢铁公司（Dillinger Hütte）的装甲试验场，摄于1904年。德国海军的舰用装甲板在安装上舰之前将在这里接受性能测试。（图片来源：迪林根钢铁公司）

体的内部空间容积。最大强度的火力也是对战舰的一项关键要求，为新型舰炮提供更优的布局和更有效的防护成为几十年来推动舰船设计不断发展前行的主要驱动力之一。

1880年，在英国发生的一场旷日持久的争论催生了全新设计的"科林伍德"号。"科林伍德"号是一艘排水量9500吨的战列舰，主炮设置在两座分别位于舰体装甲盒结构两端的双联12英寸炮炮塔中，同时舰体装甲盒为副炮组提供遮蔽和保护。在"无畏"号出现之前，大多数英国与德国的战列舰和装甲巡洋舰也都采用这种火炮布局方式，唯一的区别是装甲巡洋舰通常装备9.2英寸主炮。新设计方案的装甲防护则主要集中在全舰的一些关键部位，对舰体进行重点防护，这样舰体中段就由主装甲带提供保护。主装甲带从水线下垂直向上延伸至水线上一段距离，并大致从前主炮塔向后主炮塔延展。主装甲带在沿舰身一侧向舰艏和舰艉方向延伸的过程中厚度通常会逐渐变薄，沿舰体中部装甲盒向上层建筑延伸的主装甲带一般也是这样设计。

当时战舰的水平防护通常比垂直防护要更薄更有限，这主要是出于两点原因：第一，弹道平直的敌方炮弹往往击中的是舰体两侧和其他垂直部分；第二，较薄的水平装甲能够避免舰船因上部重量过大而造成的稳性不足的问题，特别是当战列舰和装甲巡洋舰的干舷比以前类似的设计更高时。

几乎与整个舰体等长的双层船底为军舰提供了一些水下防护措施。水雷和鱼雷在海战中的广泛使用，迫使各国绞尽脑汁加强军舰的水下防御力：双层船底结构一直向上延伸到舰体两侧的下部；舰体两侧安装防鱼雷网[1]，并在主甲板之下设置纵向的防鱼雷隔舱。最终，1867年由威廉·弗劳德（William Froude）首创的模型测试法随后也被德国与其他欧洲国家所引入，进一步加快了随全钢制舰船的问世而开始的军舰舰体形制的演变。

[1] 防鱼雷网成为当时的战列舰和战列巡洋舰的一个个性十足的特征。当军舰下锚驻泊或系泊在浮标上时，就在舷外支架或吊杆上悬挂防鱼雷网。然而这种防御设施的有效性却颇受质疑，于是在第一次世界大战期间就被取消了。

温斯顿·丘吉尔（1874—1965年）是建设一支强大的英国皇家海军的坚定支持者，1911年任海军大臣。费舍尔在第一次世界大战爆发后成为海军大臣丘吉尔的座上常客，丘吉尔本人也与费舍尔建立起了紧密而牢固的关系，并在1914年10月，时年74岁的费舍尔上将再次担任第一海务大臣的决策过程中起了决定性作用。（图片来源：美国国会图书馆）

一些欧洲国家的海军很快便效仿英国建造了自己的舰船模型试验水池。这张照片显示的是德国海军于1899年在不莱梅港"1号帝国造船厂"旁建造的模型试验池。（图片来源：汉堡舰船模型试验站）

推进与主机系统

19世纪末叶，军舰的机械推进技术已经发展成熟并得以巩固。舰用锅炉的技术日益精进，它们首先产生高压蒸汽，并将高压蒸汽送往多台往复式蒸汽机，这些蒸汽机直接连接在一个或多个装有2—3片螺旋桨叶的主推进轴上，蒸汽机驱动主轴转动，然后主轴带动螺旋桨叶片驱动军舰行驶。英国等国家通过大量技术研究，最终确定了对军舰动力系统的要求：整个动力推进系统（包括锅炉、蒸汽机、冷凝器和其他辅助设备等）必须完全布置在舰体水线以下部位；蒸汽主机必须结构简单，才能达到最佳效果；推进系统的所有零部件都必须易于获得，以便于进行必要的维护或拆除。1900年，材料和工业生产流程的发展进一步巩固了舰船设计的三个重要趋势：降低轮机舱体积与主机重量，增加推进系统功率，以及最重要的——减少对优质海军用煤的消耗。就锅炉来说，英国军舰上长期以来使用的是法国制造的贝尔维尔式（Belleville）锅炉，这种锅炉性能良好，很受皇家海军欢迎，纵然使用这种锅炉会让法国而非英国制造商大赚其钱也没人在乎。尽管英国的几艘大型战舰已经配备了贝尔维尔式锅炉，但一个锅炉问题委员会在1900年9月召开会议，试图解决这种肥水尽流外人田的怪象。经过对几种不同样式的锅炉历时4年的测试和试验，1904年6月，委员会建议已经装备贝尔维尔式锅炉的军舰维持现状，但在新造战舰上采用英制的锅炉。英国海军部最初选定的是用于主力舰的巴布科克&威尔考克斯式（Babcock & Wilcox）锅炉，和用于较小型的舰船的亚罗式（Yarrow）锅炉。

由查尔斯·帕森斯爵士于1894年建造的蒸汽涡轮机动力试验船"透平尼亚"号。蒸汽轮机很快就取代了大大小小的军舰上的往复式蒸汽机。

1884年，查尔斯·帕森斯爵士（Sir Charles Parsons）发明了蒸汽轮机，这是一场伟大的技术革命。[1]但直到1892年，看到几种汽轮驱动装置在陆上试验中的良好表现，证明其优于多台往复式蒸汽机后，人们才想到将这种新型机器用于舰船。当1894年建造的一艘蒸汽轮机试验船"透平尼亚"号（Turbinia）以超过30节的航速在斯比特黑德（Spithead）的维多利亚女王钻石婚庆阅舰式上惊艳亮相后，海军部于1899年订购了一艘安装蒸汽轮机的鱼雷艇驱逐舰"蝰蛇"号（HMS Viper）。"蝰蛇"号在第一次海试中的平均航速就达到了35.4节，显示出了远远优于配备往复式蒸汽机的同类舰的卓越性能。[2]于是，海军部在1902年又订购了一艘安装蒸汽轮机的3000吨级巡洋舰"紫石英"号（HMS Amethyst），"紫石英"号也证明了它相对于那些依然安装往复式蒸汽机的姊妹舰的优势。最终，设计委员会决定在战列舰和战列巡洋舰上全面采用蒸汽轮机，并建议今后所有级别的军舰的主机都应该采用且只采用蒸汽轮机。

按照塞尔伯恩勋爵的说法，之所以选择蒸汽轮机，"是因为它的重量更轻，工作部件更少和故障率更低；蒸汽轮机工作平稳，操作方便，在大功率运转时更节煤，因此节省了锅炉舱的空间，轮机舱的设备也更少；而且由于蒸汽轮机在船体内的安装位置更低，使得整个动力系统的安全性更好"。

高效与经济，是蒸汽轮机优于往复式活塞蒸汽机的两个主要因素。在输出功率一定的任何情况下，蒸汽轮机所需的蒸汽量都比活塞蒸汽机要少。因此，安装蒸汽轮机的船只只需要较少的锅炉就可以达到和活塞蒸汽机船同样的速度。而整个主机系统的长度减少将导致船体的整体长度相应缩短，这就意味着可以将节省下来的吨位用于推进装置、船体结构和防护方面。另外，由于蒸汽轮机比活塞式蒸汽机长度短[3]，因此它们可以安装在船体中低于水线的位置，从而得到更好的保护。在可靠性上，蒸汽轮机是一种以旋转作为主要工作形态的机器，其运动部件比活塞式蒸汽机少，因此比后者更不易发生故障，在维护保养投入上也更为节约。

另一项技术挑战来自推进装置如何承受越来越强劲的涡轮输出的强大动力，后来通过将蒸汽轮机的全部功率分解到4根主驱动轴上的方法来加以解决。这样在主机满功率输出时，每根驱动轴和它的螺旋桨都可以正常工作，而不至于过分受力。"无畏"号和"无敌"级战列巡洋舰都是4根驱动轴，这一特征也将在随后所有英国主力舰上体现。

此后，随着柯蒂斯式（Curtis）、德拉伐尔式（De Laval）和布朗式（Brown）等几种新型的出现，蒸汽轮机得到了进一步改良。这些改良型蒸汽轮机的发明者所做的所有实验和研究都有一个共同的目标，那就是追求将热能最大限度地转化为机械能。美国首先着手对蒸汽轮机进行改良，然后欧洲也不甘示弱，研发了包括高压、中压和低压涡轮机，以及用于舰船倒车的主机反转装置。

然而，各种测试和试航表明，蒸汽轮机在低速运行时效率低下，低速运行时的煤耗高于高速状态。于是人们在蒸汽轮机中设置了巡航涡轮，它可以优化主机在较低的蒸汽压力下的运行状态，从而解决低速省煤的难题。但实践证明，有了巡航涡轮也并非就可以高枕无忧，因为巡航涡轮并非总是处于连续运转的状态。因此在后续各级安装直驱涡轮的战列巡洋舰上便没有再安装这一装置。[4]当"透平尼亚"号在第一次海试中并未达到预计速度时，帕森斯发现了一块妨碍蒸汽轮机作为船用动力的技术绊脚石。通过研究螺旋桨在高速旋转时的工作情况，他很快发现了后来所说的"空泡效应"[5]。对螺旋桨进

---

[1] 第一款蒸汽轮机用于为一台7.5千瓦功率的岸上发电机提供动力。
[2] 1901年8月，"蝰蛇"号参加了英吉利海峡群岛的演习，在高速穿过浓雾时触礁。礁石撕裂了舰底并损伤了舰体后部。尽管"蝰蛇"号的生命短暂，但其出色的表现令海军部以继续发展蒸汽轮机的信心。
[3] 采用带卧式活塞的往复式蒸汽机意味着船体将变得更宽且更重。
[4] 最终，巡航涡轮段还是配备在了高压涡轮机上，巡航涡轮段可在主机倒车时输入蒸汽，或在主机正车时分流蒸汽。
[5] 在转速达到2000转/分时，螺旋桨的外侧尖端部位转得很快，于是产生了真空泡。在极端情况下，整个螺旋桨此时只会产生气泡，根本不能产生推进力。

在汉堡布洛姆＆福斯公司的工厂内等待安装的蒸汽轮机。使用蒸汽轮机可节省舰用主机的重量和所占舰体空间，节省下来的重量和空间可用于其他方面的提升，比如装甲和武备。（图片来源：布洛姆＆福斯公司）

行设计修改将有助于提升其效率，比如使用尺寸较小的螺旋桨。但在实际使用中，唯一的办法是在使用小尺寸螺旋桨的同时，让汽轮机以效率较低的慢速运行，解决问题的关键是令汽轮机减速，但涡轮减速器在1911年时只在一些英国驱逐舰上小范围试用，而第一艘正式设计有涡轮减速器的是"勇敢"级（Courageous Class）战列巡洋舰。

但对德意志帝国海军而言，情况则有所不同。尽管德国的工业化程度已经基本与英国相当，甚至在某些领域更为领先，但冯·提尔皮茨和他的幕僚们在引进新型舰船动力系统方面却表现得非常谨慎。因此，德国海军在其第一级全重炮战列舰"拿骚"级上仍然选择安装的是由三胀往复式蒸汽机构成的常规推进系统。在同为1908年开工建造的4艘"赫尔戈兰"级（Helgoland Class）无畏舰和末代装甲巡洋舰"布吕歇尔"号组成的第二批主力舰上，安装的也都是往复式蒸汽机。"冯·德·坦恩"号是第一艘配备蒸汽轮机的德国战列巡洋舰，在此之后，蒸汽轮机才成为德国主力舰的标配。不过德国海军在引进小型水管锅炉上走在了英国海军前面，从而利用节省下来的动力系统的重量和体积来加强舰体防护。与德国海军相反，英国海军部却反对在"狮"号战列巡洋舰的设计中尝试采用小型水管锅炉，认为此时采用这种过于激进的设计方案还为时过早。[①] 技术上的迟到会对战术和作战环境产生不利影响。为了走出这种不利局面，德国海军急切地在军舰上安装了现代化的，但远远超过英国海军通常所认为的安全限度的动力系统。这反映出德国人对己方军舰战斗力的高度重视，急切地要求它们能够与英国军舰匹敌或优于英舰，但这样一来就造成了德国军舰的主机舱空间十分局促狭窄。

燃料之争

用液体燃料取代煤作为船用推进系统的燃料，是一个将对推进系统总体效率产生重大影响，进而影响到军舰总体作战效能的技术挑战。由于这一技术涉及液体燃料供应来

[①] 由于德国军舰安装的是基于英国设计的较老式的"桑尼克罗夫特-舒尔茨"式（Thornycroft-Schultz）燃煤锅炉，因此英国皇家海军和德意志帝国海军在舰用锅炉的最大工作压力方面倒是十分一致，均为240磅/平方英寸，16.5个标准大气压。

① 不过德国海军很快就在舰用燃油锅炉的研究领域跟上了英国海军的步伐。
② 1890 年之后，在海军上校库尼贝蒂（Cuniberti）的主持下，意大利海军进行了石油燃料的试验。1913 年，意大利海军入役了一艘同时装有煤—油混烧锅炉和燃油锅炉的战列舰"但丁"号（Dante Alighieri）。法国海军在这方面的发展要慢得多，直到第一次世界大战爆发很久之后才在军舰上使用燃油锅炉。日本的军舰设计则深受英国影响，在燃油动力的使用上遵循了英国皇家海军的模式。而在大西洋的对岸，美国海军于 1914 年决定在所有级别的军舰上使用燃油锅炉。

源的问题，因此也对欧洲各国的对外战略产生了深远影响。英国是第一个也是唯一一个于 19 世纪 60 年代中期在船用锅炉上进行燃油试验的国家。① 之所以当时无人热心于船用燃油锅炉的研究，原因之一是英国和德国都拥有大量足堪其海军所用的煤矿资源；其二是担心一旦发生油料泄漏，就可能在舰船上引发自机械推进技术诞生以来所有水手的噩梦——火灾。此外，舰上煤舱的位置也可以为军舰提供额外的防护。这也许就是为什么使用燃油作为军舰燃料的问题直到 1901 年才被人们重新提及。当时，英国借着克虏伯渗碳钢（KC）装甲板的应用所带来的技术发展，在德文波特（Devonport）和哈斯拉尔进行了新型锅炉试验，试验中通过不断向煤喷淋燃油的方式来提高煤炭的燃烧效率。

燃油较之煤炭的第一个优势是前者的发热值更大；其次，燃油可以储存在舰上的任何舱室，无论其形状和位置如何，从油舱将燃油输送到锅炉也很容易；第三，从补给舰向战舰的煤舱加煤是一项非常漫长而又令人厌烦的工作，它不仅需要占用大量人手，还在军舰上扬起漫天煤粉，让舰员的健康大受其害。

燃油相对于煤炭的技术优势如果转化为作战优势，则主要表现为燃油动力战舰在速度和续航力上的提高。此外，一艘大型燃油动力战舰，比如战列巡洋舰，能够大大节省轮机舱的人员编制。举例来说，安装有燃油喷淋式燃煤锅炉的"虎"号战列巡洋舰，其轮机舱人员编制为 600 人，而"胡德"号战列巡洋舰配备的是燃油单烧锅炉，轮机舱人员编制则减少到了 300 人。

就军舰的设计而言，采用燃油动力可以提高单位机械重量下的功率和速度，或者减少单位功率下的设备重量和空间，这对较大型的军舰来说意义尤为重大。节约下来的重量和空间可用于其他方面，比如装甲防护和武器配置。最后，应该说有两个因素推动了燃油的普及使用：第一，世界原油产量从 1880 年的 420 万吨增加到 1900 年的 2130 万吨；其次，大英帝国广阔疆域的四邻之地就分布着许多触手可及的油井。

欧洲内外的其他国家的海军也在积极开发液体燃料的应用技术，最初采用煤—油混烧形式，后来则用燃油这种更高效的燃料完全取代了煤炭。② 而德国海军的国产煤炭供应本就充足，加之万一国际形势有变，紧急情况下石油供应充满不确定性，因此就没有决定进行燃料升级。1898 年的"巴巴罗萨大帝"级（Kaiser Barbarossa Class）战列舰是德

战列巡洋舰"澳大利亚"号上的司炉兵。英德两国的军舰均广泛使用煤炭燃料，而且舰上设置的煤舱也为战舰提供了额外的防护。（图片来源：皇家澳大利亚海军）

20 世纪初，罗马尼亚境内的油井。燃油锅炉上舰大大节省了轮机舱的人力。然而英国皇家海军可以自由进入世界上大部分的石油产区，而德国却不得不依赖相对有限的煤炭资源。

国第一级少量使用燃油的军舰。但直到1908—1909年间，在煤炭上进行燃油喷淋助燃才成为德国舰用锅炉的标准操作，而完全由燃油锅炉组成的推进系统还需要很久以后才能出现在德国军舰上。因此，在第一次世界大战之前设计的所有战列舰和战列巡洋舰都同时配备了燃煤和燃油两种锅炉。①

火炮与火控

在20世纪头十年的后期，几个世界海军强国把技术发展的主要力量放在了强力舰炮的配备上。当时大多数技术革新的目标是如何提高舰炮的精度，以及如何增强其在较远射程上的威力。在这一背景下，英德两国舰炮之间的比拼就成了阿姆斯特朗炮和克虏伯炮之间的比拼，前者使用多层身管复合工艺制造，后者则为单管结构。复合式身管较之单管结构更适于承受拉伸和压缩应力，但后来克虏伯炮通过生产镍—钢合金身管缩小了与阿姆斯特朗炮的技术差距。这些新型舰炮具有较高的炮口初速，提高了毁伤目标所需的动能；材质上也可以用改良后的合金钢制造，这样就能在不显著增重的前提下提高膛压。

火炮技术的发展也促使舰炮炮塔在设计中提高了火炮的射击仰角，并且引入了全新的炮手训练机制，以使炮塔中的炮手能够在战斗中做到对目标的持续瞄准，这也是当战斗中舰身处于横摇和纵摇状态时对射击的要求。装弹步骤和弹药供应方面的进步提高了战舰火炮的持续射击能力，这使得以更强火力投送为基础的新式海战战术在各种情况下都能够得以发挥。另外，要将几座巨大且沉重的炮塔安装上舰，就需要对炮塔座进行结构加固，而对炮塔座的加固可使船体结构很容易地承受更高的负荷。

火炮技术的发展也影响到了弹药的改进，包括弹丸②和发射药。弹丸的外壳逐渐从铁演变为铬钢合金，而后者则发展为发射推力更大的改进型缓燃无烟火药，能够沿火炮身管均匀地提供膛压。在弹药的储存和使用上，所有国家的海军都制定了相关的安全规范和操作规程，以尽量避免发生意外。但为了追求更高的射击效率，这些规则在实战中往往被忽视了。

① 德国所需的石油绝大部分是通过陆路，自罗马尼亚的油田运来。
② 英国皇家海军和德意志帝国海军所装备的主要弹种有：AP弹，即穿甲弹，用于对付带有厚重装甲的目标；APC弹，即被帽穿甲弹，此弹种在穿甲弹的弹头上装有一个硬质金属帽，以求在命中时能够在目标身上施加一个很大的初始力，借此穿透其装甲；CPC弹，即被帽普通弹，用来对付轻装甲目标；HE弹，即高爆弹，较之穿甲弹装填有更多的炸药，用来杀伤轻装甲目标；此外还有用于在夜间战斗时对目标进行照明的照明弹。

"不挠"号战列巡洋舰上的舯部"P""Q"两座12英寸主炮塔。在舰体舯部安装大口径火炮带来的一个主要问题是其炮口爆风对舱面设施和舰体结构的影响。（图片来源：美国国会图书馆）

配备了维克斯火炮的炮塔准备安装上舰。20世纪早期的火炮在设计上最大的创新目标是取得更高的精度和更强的远距离打击能力。（图片来源：美国国会图书馆）

各种对舰炮的测试和试验在不断进行，以找出与敌舰交战时最能发挥火炮效力的理想交战距离，并确定哪款巨炮才是最合适的战斗利器。主力舰的火力配置从各种口径混搭向统一口径全重炮的转变，意味着传统主义者和创新主义者之间进入了新一轮旷日持久的争论，因此甚至在"无畏"号战列舰设计建造完成之后，"无敌"级战列巡洋舰的设计过程中，对各类舰炮的测试和试验仍在继续。[1] 虽然英国海军部选择了12英寸炮作为战列舰和战列巡洋舰的主炮，但大口径火炮应当如何布局才能使舷侧火力投放效果达到最大化又成为另一个争论的焦点。在设计委员会敲定装甲巡洋舰的设计方案的时候，就已经确定12英寸主炮须按理论上每一舷侧或正前/正后方均可以同时集中6门主炮火力的要求来布置。这将使它们能够在侧舷炮战和追击战中击败常规的多口径火炮混搭式炮战列舰。这一认识对"无敌"级之后设计的战列巡洋舰的大口径火炮布局是至关重要的。

大口径火炮上舰所面临的另一个主要难题是其开火时的炮口爆风对上层甲板的各种设备设施和结构的影响，这对于舯部主炮塔来说尤其是个麻烦。为了追求主炮侧舷齐射时的理想射界，英德两国在主力舰炮塔设计上都决定将主炮炮塔按"阶梯状"的方式错开布置，并在各炮塔之间留出适当的空间。如此一来，为了同时满足锅炉舱和弹药库的布置要求，这种炮塔布局方式将对舰体内部的空间安排产生很大影响。

火炮和弹药技术在19世纪的最后十年所取得的进步，如果没有适当的火控技术予以辅助，就不可能在更大的范围内得到充分利用。军舰的运动姿态，主要是横摇和纵摇，

---

[1] 当时主力舰装备的副炮的主要目的是与敌驱逐舰进行远程交战，使其无法靠近目标并发射鱼雷。

极大地影响着射击精度。而由于目标的位置随着航向和航速的不断调整而迅速改变，其相对距离和方位也在不断改变。[1] 所有这些因素使如何正确地进行炮术训练，提升炮术水平成了一个大难题——至少在 1899 年，能够更准确地估算目标距离的测距仪为几个主要海军强国所装备之前是如此。

德国海军和英国海军的舰炮测距仪的发展遵循了不同的技术模式。德意志帝国海军的战列巡洋舰最初安装的是卡尔·蔡司 3 米基线体视式测距仪[2]，这种测距仪必须将目镜中的测距光标对准目标的舯部区域以实现测距。自 1906 年以来，英国皇家海军的战列巡洋舰主要使用巴尔 & 斯特劳德（B&S）FQ2 型 9 英尺基线合象式测距仪（coincidence rangefinders）。这种测距设备会在目镜中生成两幅目标影像，两幅影像必须完全合并成一个完整的图像，才能完成测距。在目标距离稳定的情况下，英国测距仪在对较近的目标进行测距时的表现比对较远的目标进行测距的精度更高。然而，测距仪在使用中的表现往往不太可靠，特别是在能见度较低的情况下。德国的体视式测距仪在测定目标的初始距离时表现非常优异，而且受振动和烟雾的影响相比英国测距仪更小，但它们必须由训练有素的人员来操作，才能在战斗中对目标进行持续跟踪。[3]

对数门火炮进行射击协调，然后观测齐射的落点，最后校正火炮的方向角和高低角，这就是集中火控要完成的任务。1902 年，英国皇家海军引进了一种由德梅里克（Dumaresq）上尉发明的原始的火控装置。这种原始装置是一种具有 3 个输入参数（本舰航速、敌舰航速、敌舰航向）的机械式计算器，能够提供目标的距离变化率和偏差量。[4] 德梅里克计算器安装在最现代化的英国主力舰上，从德梅里克计算器输出的信息会被显示在另一种叫作"维克斯钟"的计算装置上，"维克斯钟"可以随着两舰的位置变化不断显示最新的目标估算距离数据。

这些设备和测距仪都安装在"射击观测台"上。这些观测台固定于前桅和主桅顶部，与设置在下层甲板上的一个或多个信号传输站以及各炮塔都有通信连接。甲板上的信号传输站负责处理观测台通过目视接触和机械设备收集到的目标动态数据信息，以求达到最高的射击效率。对火控装置的进一步改进是 1911 年皇家海军投入试验的德雷尔火控台（Dreyer Table）[5]，它能够快速地不断标绘目标的距离信息。这些初级水准的火控设备后来经过改进，都安装在了战列舰和战列巡洋舰上。与之相呼应，德意志帝国海军在火控技术方面则使用了一种叫作 Entfernugs-Untersched Anzeiger（E-U Anzeiger）的机械系统，这是一种距离变化率指示器，并不像德雷尔火控台那么复杂。事实上，这是一个由三部分组成的手动机械系统：一个射程钟、一个德国版本的德梅里克计算器和一个指示器。英国皇家海军也曾测试了技术上比德雷尔火控台先进的阿尔戈距离计算钟，但最终出于财政原因还是选择了前者。但实际上德雷尔火控系统更适合在战列舰上使用，因为战列舰多半是以近乎平行的战列线形式作战，在方位和距离上变化缓慢；而战列巡洋舰更有可能在方位和距离快速变化的情况下作战，那么使用阿尔戈计算钟系统将更为合适。英国舰炮火控技术在第一次世界大战前最后所取得的发展成果是在战舰上设置了一座主火控指挥塔，内设火控指挥军官一名，负责指示目标信息和指挥所有主炮展开齐射。

电子—机械式火控装置的引入并没有削弱整个射击指挥过程中人的技能因素的重要性，特别是在陀螺稳定平台问世之前。英国皇家海军在"无畏"号入役后，为了减少排烟、测距和观测之间的相互干扰，又继续对战舰桅杆、烟囱和火控指挥战位的相互位置关系

[1] 1898 年，英国皇家海军上校珀西·斯科特（Percy Scott）开发了一种炮术训练法。这一方法可以无视舰船的运动状态而始终保持对目标的瞄准。这种方法可以运用在小口径火炮上，但 12 英寸炮太重，无法手动设置瞄准。另外，火炮的液压高低机和方向机的机械动作还不够快，使炮手难以连续跟踪并瞄准目标。

[2] 在第一次世界大战临近结束时，部分德国主力舰装备了 8 米基线的卡尔·蔡司测距仪。

[3] 体视式测距仪还有一个英国皇家海军所不了解的优势，那就是对通过伪装来改变舰体外形轮廓以造成测距不准的"欺骗"手段免疫。这就意味着皇家海军在第一次世界大战期间投入大量精力在舰船上加入各种用以改变其轮廓的额外细节之举统统都是无用功。

[4] 这一装置以其发明者约翰·索马里兹·德梅里克上尉（Lt John Saumarez Dumaresq）的名字命名。目标的偏差量指的是为击中目标而向左或向右所取的射击提前量的数值，该装置通常以"节"为测量单位。

[5] 这是一种由海军中校弗雷德里克·德雷尔（Frederick Dreyer）拥有专利权的模拟计算装置。

1912年停泊在美国港口的德国海军"毛奇"号战列巡洋舰舰艉280毫米主炮炮塔近照。在德国，克虏伯公司垄断了主力舰上配备的大口径火炮的生产。（图片来源：美国国会图书馆）

进行了长期的研讨。皇家海军内部对于是否需要使用坚固且显眼的桅杆存在不同的看法。一般来说，桅杆的主要用途是将测距仪和瞭望哨高高置于本舰炮口和敌方炮弹产生的烟雾之上，但部分海军军官对这种布置方式提出了质疑，他们宁可接受射击精度降低的可能性，也更倾向于将火控指挥战位设在较低的位置。因此，在"无畏"号战列舰、"无敌"级和"不倦"级战列巡洋舰之后建造的主力舰就采用了不同的布置方式。直到1911年，为保证舰炮火控指挥能有效发挥功能，英国海军部才明确指示海军的设计师们可以以自己认为方便合适的方式对桅杆、烟囱和火控指挥位进行设计、选形和布置。

安装在MN I型底座上的巴尔＆斯特劳德公司（Barr & Stroud）制造的FQ 2型测距仪示意图。德国和英国舰用测距仪的发展遵循了不同的技术道路，德国海军使用体视式测距仪，而英国皇家海军则选择了合象式测距仪。（图片来源：《巴尔＆斯特劳德测距仪技术手册》，《"无畏"号战列舰项目计划书》）

Mk I型德雷尔计算台（Dreyer Table）的照片。这种装置于1915年首次装备英国海军，它可以连续地标绘出目标的距离随时间推移而发生变化的情况，大大提高了英国战舰的火控指挥效率。（图片来源：F. C. 德雷尔海军上校的《火控计算台的使用手册》）

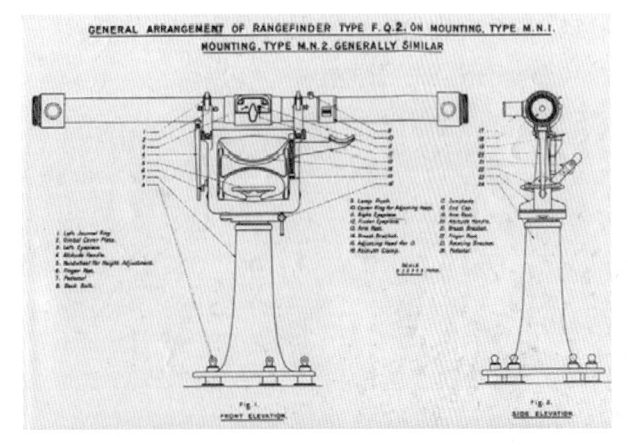

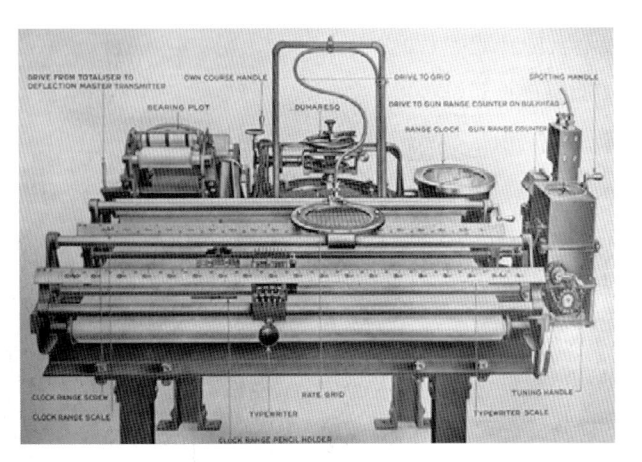

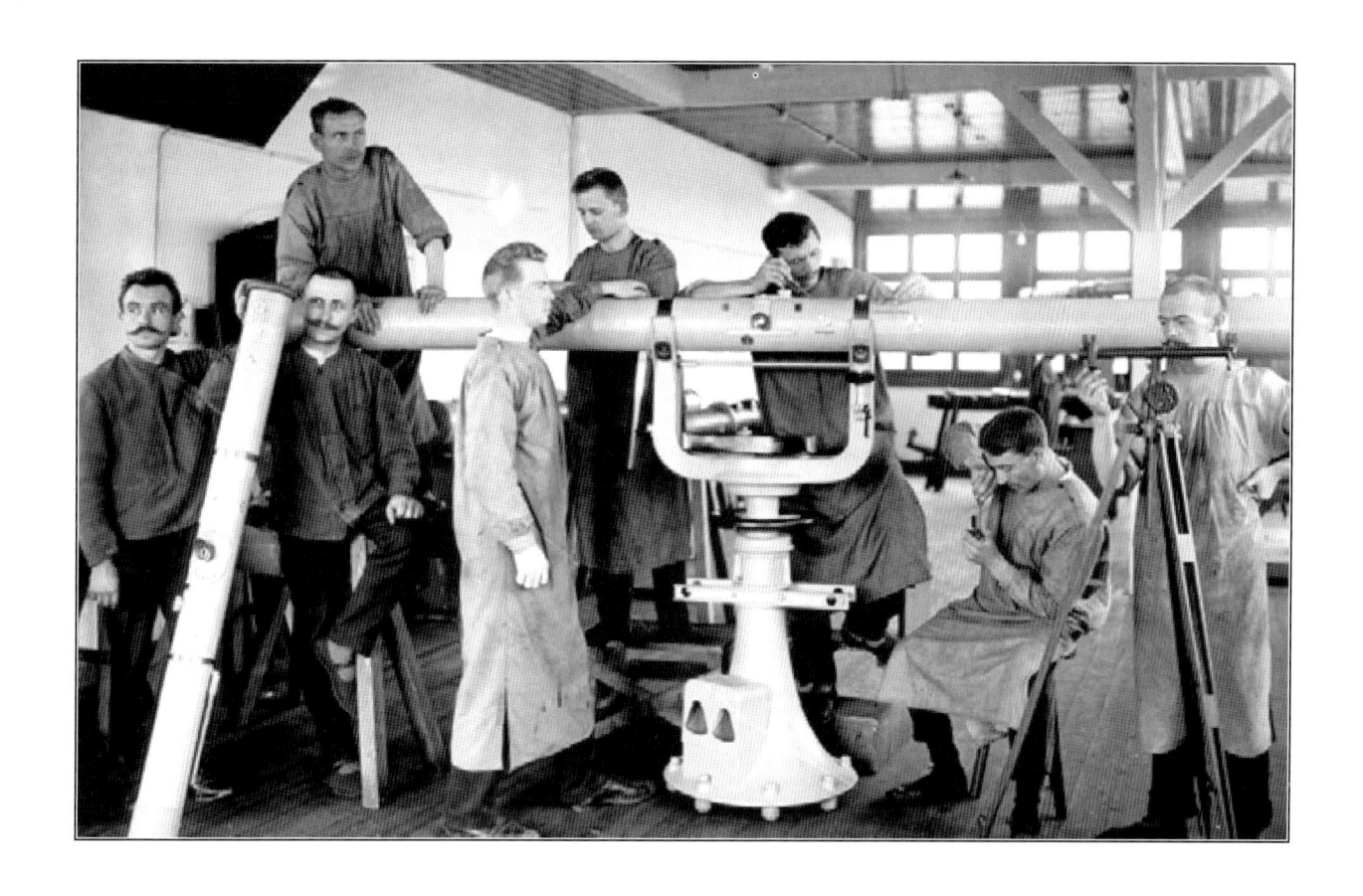

一台3米基线的测距仪在交付德国海军前正在耶拿市卡尔·蔡司公司的工厂里接受测试。卡尔·蔡司以1846年创办的一家小型光学仪器制造厂起家,很快成为德国最好的科研光学仪器制造商之一。(图片来源:卡尔·蔡司公司)

电气设备

电气设备于19世纪70年代开始应用在军舰上,主要用于照明和火炮击发。所用电力为直流电(DC),由活塞式发动机驱动的发电机提供。当时英国、德国和美国都在电气设备技术方面发展迅速,使得电力在军舰上的用途更加广泛,用电量迅速增加。起初,一艘战列舰的照明用电装机容量约为50千瓦,其中探照灯占到全舰用电负载的很大一部分。但皇家海军出于对电动设备可靠性的怀疑,在发展舰用电气的同时,仍然执着地为其他一些设备配备液压机械。因此,英国海军为舱面机械和许多其他辅助设备保留了蒸汽动力,如水泵、制冷机和空气压缩机等。

19世纪90年代末,随着电动通风设备和其他诸如炮塔、扬弹机、水泵、起重机、绞车和锚机等电机驱动的辅助设备的使用,船用电力的需求迅速增长,这就凸显出设计适用于舰船的供、配电系统的必要性。在发电能力上,一艘英国战列舰通常安装有4台成对排列的直流发电机,每对发电机由一台活塞式发动机驱动,并通过配电板相互并联。所有英国新造主力舰的标准电压为直流100伏,后来增加到225伏,全舰总装机容量也增加到500千瓦以上。德国海军采用的电压标准是直流200伏,而总装机功率接近1300千瓦。电气设备在舰船上的广泛使用能够大幅减少穿过甲板和水密舱壁的蒸汽管道的数量。在当时新建造的战舰中,除一台之外的所有发电机都布置在紧邻主机舱的装甲之后的水线高度以下。另外在上层甲板的掩蔽部内额外增设有一台作为"平时"或"日间"使用的直流发电机。

配电过程通常由一个双线平行配电板系统来完成,其中发电机与一个或多个配电板的母线连接。这些设备都位于由水密隔舱壁隔开的不同空间内。总线通过开关、保险和一个树状配电系统向用电器进行供电。开关和相互连接的电缆与每个配电板相连接,从

充足的蒸汽和电力推动了大型辅助机械在战列巡洋舰和战列舰上的广泛应用。图中为多种类型的泵机。（图片来源：魏尔公司）

而使每一台发电机都能向整个或部分系统进行供电。对于最重要的用电器，则备有替代备用件，以减少发生失能性损坏的风险。这种允许发电机并行运行，且能够在切换发电机时不中断供电的电气系统在 20 世纪初为各列强的海军所采用。由于安装了用于改善舰上生活条件的新型电气设备，因此需要加强军舰的发电和配电能力，同时不能过于增加整个电力系统的设备重量。

当英国皇家海军决定为"无敌"号战列巡洋舰安装电驱动的 12 英寸主炮炮座时，在设计上节省的整舰吨位和电力装机容量的增加，就为军舰在发生战斗损伤或事故时保证系统的完整性提供了应对办法。[1] 解决的方案是采用一个环形主配电系统，该系统由防水断开连接盒分成几个部分，并由电动支路断路器供电。于是"无敌"号所装备的环形主配电系统在后续的战列巡洋舰设计中得以沿用。在发电方式方面，早期的英国战列舰和战列巡洋舰采用的都是由活塞式发动机、蒸汽涡轮或柴油机驱动的西门子品牌的发电机组，总输出功率约为 600 千瓦，其中 105 伏直流电被分配到环形主系统并与配电板连接。几台电动发电机通过专用配电盘为火控设备、火炮击发电路和其他通信设备输送 15 伏低功率直流电。与英国海军不同，德国海军采用的是涡轮发电机和柴油机的组合，而西门子发电机成了英德两国海军在舰用电气设备上的共同选择。

如前所述，先进的电气设备的研发与上舰应用为几种用于通信和火控指挥的专门设备在主力舰上的配备打开了技术之门，并部分取代了信号旗的功能。战列舰和战列巡洋舰上的信号灯与旗语信号通常设置在舰桥的前部，以便于指挥编队执行战术动作。而电光探照灯的装备克服了军舰在夜间进行有效战斗的难题。在战列舰和战列巡洋舰上配备的信号灯通常包括十几个或更多的直径 36 英寸的灯光装置，它们分布在军舰的前部、舯部和后舰桥的两侧。探照灯也安装在与烟囱并排的高架平台上，并逐渐实现了与火控指挥系统的互联。

---

[1] 这一决定是为了与"不屈"号和"不挠"号上安装的液压驱动式主炮塔座进行对比测试。但电驱动炮塔座的可靠性问题在一系列漫长的火炮测试中困扰着"无敌"号，因此海军部最后决定恢复使用液压驱动机构。

"澳大利亚"号战列巡洋舰上正在工作的探照灯。英德两国的战列巡洋舰上所使用的电力均由多台交流发电机组共同提供，这些交流发电机大部分由往复式蒸汽机和蒸汽轮机驱动。（图片来源：皇家澳大利亚海军）

舰内通讯方式也从传声筒进步到手摇式电话机，特别是使司令塔、前后火控指挥站、各信号传输站与各炮塔之间建立起了有效的通讯联接。

无线电报技术

无线电通讯，也被称为"无线电报"，是日俄战争所带来的主要新技术之一。日俄战争的最终结局，以及欧洲列强与其海外殖民地和舰船之间实现快捷通信的需要，使英国皇家海军和德意志帝国海军更加坚定了各自在军舰上装备无线电通信设备的技术需求，并为此付出了重大努力。

通过诸多相关试验，尤其是世界海军列强的舰队演习和训练，人们认识到无线电系统可以在相当远的距离上进行电讯信号的收发。这些国家的海军很快就认识到了无线电系统的优势，主要体现在无线电报可以不受恶劣天气、浓雾或夜暗的影响，可以与远离舰队旗舰的侦察舰建立通信，以及能够简单易行地安装在军舰，特别是主力舰上。但无线电通讯也有缺点，即电报讯号有可能被敌舰或岸上的敌人截获与干扰。

在欧洲，英国皇家海军和德意志帝国海军几乎同时于1900年左右为各自的战舰引进了无线电系统。根据无线电台天线的高度、形状和长度不同——军舰自身的尺寸决定着这些元素——无线电报的发送距离也从几十英里逐渐增加到300英里。无线电设备本身的功率相当有限，通常小于10千瓦，其工作所需的交流电由一个与本舰的直流干线相连的换流器提供。

每套无线电设备都包括与专用天线连接的发射机和接收机各一台。通常战列舰和战列巡洋舰都配备有两到三个无线电室。主无线电室位于舰桥附近，而副无线电室一般位于后舰桥内。每个无线电室都与司令塔和其他战位相连。由于在19世纪90年代初入役的所有级别的主力舰上，主桅、副桅、天线柱和舰桥上层设施等一应俱全，因此更便于

伽利尔摩·马可尼（Guglielmo Marconi，1874—1937 年）与德国科学家 K. F. 布劳恩（K F Braun）因"对无线电报技术发展的贡献"，共同获得了1909 年的诺贝尔物理学奖。1897 年，马可尼在英国创立了"无线电报及电信"公司，并继续为英国皇家海军和其他国家的海军提供了大部分的早期无线电通信设备。（图片来源：美国国会图书馆）

安装无线电收发天线。

新型电气与机械装备的发展和取得了长足进步的制造技术，增加了舰用无线电系统的工作距离和可靠性。第一种真空电子管组件也逐渐取代了早期的电弧和火花式发射机，从而提高了无线电设备的操作安全性和工作距离。舰艇与岸上信号站之间的通信技术发展形势同样喜人，这就使得许多国家从陆上基地就可以指挥协调海军舰队的调动与作战。此外，岸上信号站发射功率的增加使英国和德国得以与它们的殖民地建立超远距离的通信。这也使得无线电成为引导海军在本国领海和远海海域进行作战的战略工具。

英国皇家海军对赫兹波（即电磁波，通常表示无线电频率）的利用兴趣可追溯到 1891 年。在地中海地区服役的海军上尉亨利·杰克逊（Henry Jackson）[①]迷上了无线通信技术，但他当时没有条件进行实际试验。直到 1895 年 1 月，杰克逊被任命为德文波特的"迪法恩斯"号（HMS Defiance）鱼雷训练舰舰长，他才获得研发无线收发系统原型机所需的资源。

1896 年 7 月 27 日，海军军械局局长接受了英国陆军部的邀请，参加了马可尼（Marconi）公司在索尔兹伯里平原（Salisbury Plain）举行的一场无线电通信设备的演示，并成立了一个小型的技术委员会，此时已是海军上校的亨利·杰克逊也在委员之列。结果当杰克逊在 8 月第一次见到马可尼时，两人一番交流之下，才发现他们虽然是各自独立研发无线通信系统，但思路和方法却是英雄所见略同。根据海军的报告，马可尼的系统作用距离更远，但杰克逊的装置更适于海上通信。最终，在杰克逊的建言献策下，马可尼的无线电设备得到了重大改进。一年后，"无线电报与信号"公司（Wireless Telegraph & Signal Company）成立。随后，在 1898 年夏，海军部决定在即将到来的 1899 年海军演习中测试马可尼的无线电通信装置。在演习中，"亚历山大"号（HMS Alexandra）、"天后"号（HMS Juno）和"欧罗巴"号（HMS Europa）3 艘配备了马可尼电台的战舰展示了在远达 60 英里的距离内进行通信的能力。在第二次布尔战争期间，英国海军使用了 5 套原本是为陆军准备的无线电台，"忒提斯"号（HMS Thetis）巡洋舰成为第一艘在战时配备无线电台的军舰。[②] 1900 年 7 月，由杰克逊设计，英国海军制造的英国国产无线电台陆续安装上舰，同时，32 套马可尼无线电台的租赁工作也在一并进行中。这令皇家海军的无线电技术队伍得到了大规模扩充，进而相关的专业训练也大幅增加，其中大部分事务皆由杰克逊来掌管。

英国海军与马可尼公司的谈判一直持续到 1903 年 7 月，双方签订了一份新合同，包括马可尼公司向英国海军追加提供一批无线电通信设备，并授予英国海军部对现有的和将来的马可尼公司专利所涵盖的设备拥有使用权，为期 11 年。1904 年前后，马可尼公司成为英国海军使用的无线电设备的唯一指定供货商。马可尼 I 型和 II 型无线电台逐步成为英国在 1906 年后建造的战列舰和战列巡洋舰上所安装的标准无线电设备，直到更先进的型号出现后才被取代。

就在德国媒体对马可尼的试验进行报道时，德国本国的科学家和工程师们也在各自从事着对无线电报的应用技术研究。1897 年，德国军政上层人物身边的知名专家与

[①] 亨利·布拉德沃丁·杰克逊（Henry Bradwardine Jackson）于 1868 年加入皇家海军，1919 年 8 月以海军元帅衔退役。之后他曾被任命为科学与工业研究部（Department of Scientific and Industrial Research）的无线电研究委员会第一任主席。1926 年，为表彰他在无线电通信技术在航海中的应用方面的科学探索和开创性工作，英国皇家学会（Royal Society）授予其休斯奖章（Hughes Medal）。
[②] 参见伊丽莎白·布鲁顿博士《超越马可尼》，博士论文，利兹大学。

顾问阿道夫·斯拉比（Adolf Slaby）和格奥尔格·威廉·冯·阿尔柯（George Wilhelm von Arco）一起在波茨坦（Potsdam）创建了德国第一座无线电试验发射台。德皇威廉二世对这项新技术兴味盎然，于是在皇帝陛下的赞助和帝国海军的部分支持下，斯拉比和阿尔柯进行了一系列试验，并开发出了新式无线电设备。1901年，提尔皮茨下令为一艘战列舰和3艘巡洋舰配备无线电设备。首艘接收无线电装备的军舰是装甲巡洋舰"腓特烈·卡尔"号（SMS Friedrich Carl）。到1902年，又有两艘舰配备了无线电设备。对海军无线电技术人员的培训也于1901年在"腓特烈·卡尔"号和"布吕歇尔"号巡洋舰上开始，到第二年，培训工作就被转移到新成立的位于弗伦斯堡-米尔维克（Flensburg-Mürwik）的无线电学校了。1903年，无线电通信领域曾经激烈竞争的几大公司（德国通用电力、西门子和博朗）合并，建立了实为无线电通信公司的"无线电报协会（Gesellschaft für Drathlose Telegraphie）"，即人们所熟知的"德律风根"公司（Telefunken）。德律风根公司后来很快成为德国军用与民用无线电设备的主供应商和英国马可尼公司在出口市场中的强大竞争对手。

1908年，马可尼在德国近乎垄断的地位终于被打破了。就在这一年，德律风根公司为其第一款无线电通信设备申请了专利。到当年年底，已经有90部舰用无线电台交付德国海军，另外还交付了62部商船用电台。为确保帝国海军的舰艇能配备足够的通讯设备，提尔皮茨在1909年签发命令，规定每艘"大型巡洋舰"（包括战列巡洋舰）都应安装2部无线电发射机，3部接收机和相应数量的天线。类似的标准后来也被较小的舰艇所采用。

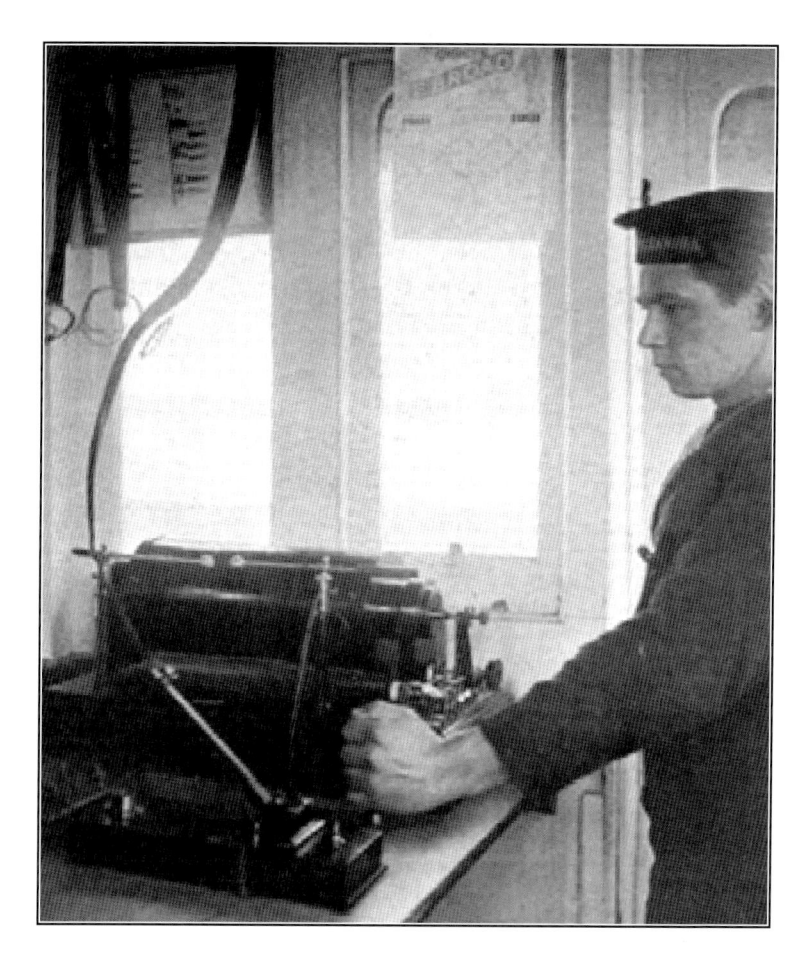

德国军舰上的无线电设备。1901年，德国海军在"腓特烈·卡尔"号和"布吕歇尔"号装甲巡洋舰上首先开始了对这款无线电设备操作人员的培训。（图片来源：德律风根公司）

英国军舰上的无线电收发设备。1904年，英国皇家海军全部改用马可尼公司提供的无线电通信系统。在这一方面，德国海军从1908年开始在军舰上统一配备德律风根研发的无线电通信系统。

当时德国生产的无线电发射机类型包括：输出功率为 4—8 千瓦、工作频率为 150—500 千赫的德律风根公司的 TV-1 型、TV-2.5 型和 TV-5 型，以及输出功率为 1.5—4 千瓦、工作频率可达 375 千赫的洛仑兹 US-1.5 型和 US-4 型。

从 1912 年开始，德国海军在旗舰、战列舰和战列巡洋舰上增设了一部位于指挥塔内的无线电收发台。该电台工作频率为 670—1760 千赫，与固定天线和安装在瞭望桅杆上的一些应急天线相连接。第一次世界大战爆发时，德国约有 680 部基于国内专利（冯·斯拉比、阿尔柯、博朗和西门子）生产的无线电台配备在军舰与商船上，另外还有 15 座由海军人员操作的陆上通信站。奥匈帝国的海军舰艇上也普遍配备了采用德国专利或由德国制造的无线电通信设备。

生产资源

在 19 世纪 80 年代末，应用于舰用主机、武器装备和装甲防护方面的新技术不仅为海军舰船制造领域，也为海事工程和海上射击学的理论扩展和技术提高铺平了道路。逐渐扩大中的海军主力舰规模成为英德两国的国营和私营船厂所面临的一个重大挑战。这就意味着为了满足舰船的建造要求以及改装、维修任务，需要在实现技术的现代化上不断付出努力。另外，新型先进设备的引进和使用也要求所有与军舰建造和舾装相关的工作人员都必须提高自身技能。

来自外国海军的订单为商业船厂在改进与升级基础设施、提高竞争力以满足所有客户的需求上提供了更大的投资动力，这种趋势尤以英国为甚。越来越多的英国私营造船厂由于比德文波特和朴次茅斯的皇家造船厂的设备更好而顺理成章地成为皇家海军的正规承包商。[1] 无论是英国还是德国，无畏型战列舰和战列巡洋舰的出现，对任何一家造船厂的大型战舰建造能力、工程计划管理能力，以及舰体、武器、装甲、推进系统和其他辅助系统的整合能力都是一个考验。

从历史的角度看，英德两国在造船业上的特点在 19 世纪晚期存在着显著差异。英国已经是一个拥有完备的造船工业基础架构的海上强国，而德国则是一个新兴的工业大国，其技术实力主要集中体现在其陆上用途。然而，海上贸易的兴起成了推动德国海洋产业增长的一个重要因素。直到 19 世纪 80 年代，几家较大的德国船东，如汉堡-美洲公司（Hamburg-Amerika Line）和北德意志·劳埃德船社（Norddeutscher Lloyd），所需的所有大型船舶都在英国建造。随后德国政府颁行了一项政策，使用补贴私营船厂扩建和大力升级改进当时威廉港、但泽港和基尔港的帝国国有小船厂等措施[2]，鼓励大型商船和军舰在德国建造，德国的造船业因此得到了长足发展。至 19 世纪 90 年代，德国的造船厂已经有能力建造与其英国同行水平相当——暂时还不是优于英国船厂——的商船和军舰，能够满足德国在全球扩张过程中出现的政治和军事需求。

总之，对于英德两国的军工综合体来说，全力建造战列舰和战列巡洋舰在工业上所付出的努力是十分巨大的。1905—1914 年，英国皇家海军建造了 10 艘战列巡洋舰，而德国海军建造了 5 艘。在一战期间，英国海军开建与订购了另外 9 艘战列巡洋舰，其中 5 艘入役。但这 5 艘中的"暴怒"号（HMS Furious）主要作为航空母舰使用。"胡德"号于 1920 年竣工，而它的另外 3 艘姊妹舰则被取消。德国海军在同一时期服役了 2 艘战列巡洋舰，并开工建造了另外 5 艘，最终均未能竣工。

---

[1] 查塔姆（Chatham）和彭布罗克（Pembroke）的皇家造船厂历史悠久，但却没有配备适合建造大型军舰的基础设施。另外，朴次茅斯和德文波特的国有造船厂在武器、主机和装甲方面也靠私营公司供货。

[2] 这三家德国的帝国国有船厂的基础设施最终跟上了帝国海军的发展步伐。到 1912 年，基尔的国有船厂已拥有 2 条大型滑道和 1 条鱼雷艇用小型滑道、6 座浮船坞和 6 座干船坞；威廉港船厂有 2 条大型滑道、5 座干船坞、4 座鱼雷艇用小船坞和 7 座干船坞；但泽船厂有 1 条相对较小的滑道、3 条水平滑道、1 座干船坞和 2 座浮船坞。虽然国有船厂一般仅限于船舶修理，但在避免私营船厂垄断军舰建造的原则下，它们的设计体量和设施水平使其有足够的能力建造大型军舰。

从 1906 年到战争结束，英国皇家海军建造完成的 15 艘战列巡洋舰中，有 13 艘是由私营造船公司承建的，其余 2 艘由德文波特皇家船厂承建。德国海军的方式也差不多：计划中的 14 艘战列巡洋舰中有 12 艘由私营造船厂承建，同时推进系统也由私营造船厂制造，而余下 2 艘被分配给威廉港帝国国有船厂建造的战列巡洋舰只完工了一艘。

英国和德国参与建造战列巡洋舰的造船厂名录可参见表 C。英德两国战列巡洋舰建造情况一览——仅限于建成的——在表 D 和表 E 中分别罗列。有趣的是，英国海军主要的战列巡洋舰都是在苏格兰的船厂建造的，尤其是位于格拉斯哥（Glasgow）戈万（Govan）的克莱德河（River Clyde）河口的费尔菲尔德船厂（Fairfield）和约翰 & 布朗有限公司船厂〔即克莱德班克船厂（Clydebank shipyard）〕。此外，几家主要的私营造船厂还自带机械制造厂，主要制造锅炉、涡轮机和其他辅助系统等，这使得大多数英国战列巡洋舰的建造工作更加便捷。从战略角度看，大多数英国私营造船厂均位于苏格兰、北英格兰和北爱尔兰，在地理位置上不容易受到法俄两国——后来是德国——海军的潜在威胁。事实也证明了的确存在这种考虑：英国皇家海军在役的 16 艘战列巡洋舰中的 14 艘都是在上述这些船厂建造的，只有在德文波特船厂建造的"不倦"号和"狮"号是例外。[1] 德国造船厂在选址上走的是另一条路子：汉堡港和威廉港对来自北海方向的潜在威胁基本无力防御；而基尔港和但泽港则位于波罗的海，因此暴露在俄国的潜在威胁之下。不过在日本海军在对马取得完胜之后，就基本没什么人认为沙俄海军还有这个能力了。英德两国的造船厂虽然都有遭受空袭的可能性，但这一威胁从未转化为现实，尽管第一次世界大战中双方都实施了一些对军事设施的空袭行动。

建造中的"无畏"号战列舰。英国和德国的造船厂，无论是国有的还是私营的，所面临的一个重大挑战就是海军主力舰尺寸和吨位的不断攀升。这意味着为了满足海军的造舰需求，需要不断地对船厂进行现代化改造。（图片来源：D. 佐里尼）

[1] 然而，在一战前和一战期间，英国全部 51 艘主力舰（包括从"无畏"号到"胡德"号的所有战列舰与战列巡洋舰）的建造工作在其工业生产体系框架内被一分为二，其中 34 艘由私营船厂承建，17 艘由皇家船厂承建。而德国在同一时期总共建造了 26 艘战列舰和战列巡洋舰，私营船厂和帝国国有船厂的建造数量大致相同。

表 C　英德两国参与战列巡洋舰建造的船厂一览

国别	船厂 / 舰名
英国	约翰·布朗 & 克莱德班克船厂："不屈""澳大利亚""虎""反击""胡德"
	费尔菲尔德船厂（戈万）："不挠""新西兰""声望""罗德尼"（HMS Rodney，仅开工，未建成）
	阿姆斯特朗－惠特沃斯船厂（埃尔斯维克）："无敌""勇敢""暴怒""安森"（HMS Anson，仅开工，未建成）
	德文波特皇家船厂："不倦""狮"
	帕尔默斯船厂（贾罗）："玛丽女王"
	维克斯船厂（巴罗）："皇家公主"
	哈兰德 & 沃尔夫（贝尔法斯特）："光荣"
	坎梅尔·莱尔德（伯肯黑德）："豪"（HMS Howe，仅开工，未建成）
德国	布洛姆 & 福斯船厂（汉堡）："冯·德·坦恩""戈本""毛奇""塞德利茨""德弗林格尔""马肯森"（仅下水，未建成）、"弗雷亚"号代舰（Ersatz Freya，仅开工，未建成）、"约克"号代舰（仅开工，未建成）、"沙恩霍斯特"号代舰（仅有订单）
	威廉港帝国船厂："兴登堡""腓特烈·卡尔"号代舰（仅开工，未建成）
	希肖船厂（但泽）："吕佐夫"（SMS Lützow）、"格拉夫·斯佩"（SMS Graf.Spee，仅下水，未建成）
	日耳曼尼亚船厂（基尔）："格奈森诺"号代舰（仅有订单）
	伏尔铿船厂（汉堡）："约克"号代舰（仅开工，未建成）

表 D　英国战列巡洋舰的建造周期

舰名（建造船厂）	开工时间	竣工时间	建造周期（月）
"无敌"（阿姆斯特朗船厂）	1906 年 4 月	1908 年 3 月	23
"不挠"（费尔菲尔德船厂）	1906 年 3 月	1908 年 6 月	26
"不屈"（约翰·布朗船厂）	1906 年 2 月	1908 年 10 月	36
"不倦"（德文波特皇家船厂）	1909 年 2 月	1911 年 4 月	26
"新西兰"（费尔菲尔德船厂）	1910 年 6 月	1912 年 11 月	29
"澳大利亚"（约翰·布朗船厂）	1910 年 6 月	1913 年 6 月	36
"狮"（德文波特船厂）	1909 年 11 月	1912 年 5 月	30
"皇家公主"（维克斯船厂）	1910 年 5 月	1912 年 11 月	30
"玛丽女王"（帕尔默斯船厂）	1911 年 3 月	1913 年 5 月	26
"虎"（约翰·布朗船厂）	1912 年 6 月	1914 年 10 月	28
"声望"（费尔菲尔德船厂）	1915 年 1 月	1916 年 9 月	20
"反击"（约翰·布朗船厂）	1915 年 1 月	1916 年 8 月	19
"勇敢"（阿姆斯特朗船厂）	1915 年 3 月	1916 年 10 月	19
"光荣"（哈兰德 & 沃尔夫船厂）	1915 年 4 月	1917 年 6 月	26
"暴怒"（阿姆斯特朗船厂）	1915 年 6 月	1917 年 1 月	24
"胡德"（约翰·布朗船厂）	1915 年 9 月	1920 年 1 月	40

表 E 德国战列巡洋舰的建造周期

舰名（建造船厂）	开工时间	竣工时间	建造周期（月）
"冯·德·坦恩"（布洛姆＆福斯船厂）	1908年3月	1910年9月	30
"毛奇"（布洛姆＆福斯船厂）	1908年12月	1911年9月	33
"戈本"（布洛姆＆福斯船厂）	1909年8月	1912年7月	35
"塞德利茨"（布洛姆＆福斯船厂）	1911年2月	1913年8月	30
"德弗林格尔"（布洛姆＆福斯船厂）	1912年1月	1914年9月	32
"吕佐夫"（希肖船厂）	1912年5月	1915年8月	39
"兴登堡"（威廉港皇家船厂）	1913年6月	1917年10月	52

在人力投入方面，很难对英德两国从事战列巡洋舰建造的工人数量进行全面的统计，因为每一家国营或私营造船厂都可能同时参与建造其他类型的军舰乃至商船。关于两国整体造船能力已经在第一章阐述过。除了前文已经提到过的造船厂之外，英国其他实际承接了战列巡洋舰建造工作的船厂包括一家皇家造船厂（德文波特）和6家私营造船厂（阿姆斯特朗、约翰·布朗、费尔菲尔德、哈兰德＆沃尔夫、帕尔默斯和维克斯），对应的德国造船厂为一家国有船厂（威廉港）和3家私营船厂（布洛姆＆福斯、希肖和汉堡伏尔铿）。德国还曾计划建造3艘"约克"级（Yorck Class）战列巡洋舰，其中一艘于1915年由基尔的日耳曼尼亚造船厂（Germaniawerft）承接建造，但并未实际开工。

如果不计入后来增加的数字，那么从1912年到1913年，英国可能参与战列巡洋舰建造工作的工人总数[①]约为9.8万人，这一数字包括德文波特兵工厂的9500人、约翰·布朗船厂的9700人、费尔菲尔德船厂的8300人、阿姆斯特朗船厂的23500人、维克斯船厂的23000人、哈兰德＆沃尔夫（Harland & Wolff）船厂的15000人和帕尔默斯（Palmers）的9000人。[②]在德国，1913年参与战列巡洋舰建造工作的工人总数为38500人，这是将威廉港国有船厂的工人（10500人）与布洛姆＆福斯（10000人）、希肖（9000人）和伏尔铿（9000人）等各船厂的工人总数合并计算的结果。

应该再次强调的是，这些数字只能反映出两国造舰竞赛中有关人力资源的大致情况，因为一方面数字中包括从事其他类型工作的工人（如战列巡洋舰以外的舰船建造、维修、机械与火炮制造等）；另一方面，数字中未包含那些难以评估，但数量肯定相当可观的隶属舾装设备供应商的劳动力。此外，工人数量也会根据建造方案的实时变化而变化。

几家原先从事武器装备、舰用装甲和钢铁的生产经营的私营公司现在将它们的业务扩展到了造船业上。因为建造大型主力舰在国内和出口业务两方面都能给制造商带来很高的利润回报和业内声望，于是自20世纪初开始，英国的私营造船厂就都使尽浑身解数，力争能与海军部签订造舰合同。海军部则认为这是降低建造成本和提高英国工业能力的一个机会，因此事实上也大力支持私营公司之间展开竞争。而在德国，尽管各造船厂间的竞争往往很难真正实现，比如布洛姆＆福斯造船厂最初就几乎垄断了德国战列巡洋舰的建造订单，但还是和英国的情况大致相同。

[①] 某些情况下这些数字包括在船厂中工作和在与船厂联营的装甲板、主机与火炮制造厂里工作的工人数量。

[②] 维克斯船厂、哈兰德＆沃尔夫船厂和帕尔默斯船厂的工人数字为估计值。

从舰艉方向拍摄的正在准备进行海试的英国皇家海军"虎"号战列巡洋舰，图中可见该舰全貌的四分之三。从1906年到第一次世界大战结束，英国皇家海军建成的15艘战列巡洋舰中有13艘是由私营造船厂承建的。（图片来源：苏格兰国家档案馆，档案号 UCS1/118/418/150）

对战列舰或战列巡洋舰的建造是英国海军部充分了解本国造船能力上限的一个参考标尺，也是规划未来海军扩张计划的参考标尺。一些造船厂，如坎梅尔·莱尔德（Cammell Laird）、约翰·布朗和费尔菲尔德，与军火制造商维克斯和阿姆斯特朗-惠特沃斯之间产生了激烈的竞争。这几家造船企业还联合创办了考文垂兵工厂（Coventry Ordnance Works，COW）来设计生产舰炮与炮塔，以增强市场竞争力。[1] 但由于缺乏经验，在造船业正需要为英国海军开足马力全力以赴赶造战舰的节骨眼儿上，火炮和炮座的生产曾出现过一些重大问题。

英德两国造船业的另一次发展源于第一次世界大战爆发前十年双方主力战舰越造越大的吨位与尺寸。这一趋势主要是出于对更大和更强的火炮的追求，对两国战列舰和战列巡洋舰的设计建造影响尤甚，而且在两国交兵期间格外突出。坚甲与利炮之间永无止境的斗争，以及对战舰更高航速的追求也为军舰整体尺寸的增加起了推波助澜的作用。

随着战舰的装甲越来越厚重，安装的火炮越来越强大，配备的主机越来越庞大复杂，使得英德两国必须大力提高自己的军舰建造设施水平。然而并不是所有的私营和国有造船厂都有能力跟上趋势，进行设施更新与产能升级，特别是在大战的前夜。这就使英国海军部不得不将以前由规模较小的造船厂承接的一些建造合同重新委托给较大的船厂。这一问题在1914年之后进一步恶化，当时越造越大的战列巡洋舰需要更长的滑道和更大型的建造设施，而海军部却对建造工期一压再压。[2]

舰用主机的技术进步是军用船舶工业发展中一个特别的范例，尤其对于战列巡洋舰来说，更需要强大而紧凑的推进装置。包括"玛丽女王"号在内的所有英国战列巡洋舰安装的都是帕森斯式蒸汽轮机，但"虎"号的建造商约翰·布朗船厂说服了海军部，在其上安装了根据许可证制造的美国柯蒂斯蒸汽轮机的变体——布朗-柯蒂斯式（Brown-Curtis）蒸汽轮机。对于直驱形式而言，这种主机被证明是非常成功的，并且在轻量化和工作效率上都优于帕森斯式。

另一个典型范例则来自舰用装甲的生产。这是一个技术复杂、费用高昂、对战舰的总造价能够产生重大影响的过程。虽然战列巡洋舰的装甲制造在技术投入的优先级上不

[1] 考文垂兵工厂在英国政府的鼓励下于1905年成立，英国政府希望其成为能与维克斯和阿姆斯特朗-惠特沃斯这两家军火财阀进行竞争的第三大军工企业，从而压低武器装备的采购价格。重型海军炮炮座是在靠近船厂的格拉斯哥地区的斯科特斯顿（Scotstoun）制造的。

[2] 当时英国战列巡洋舰的舰体长度已经从"无敌"级的567英尺增加到了"胡德"号的860英尺。而战列舰的设计情况也类似，"无畏"号战列舰全长572英尺，发展到"伊丽莎白女王"级（Queen Elizabeths Class）时已是642英尺了。

正在费尔菲尔德船厂进行舾装的"新西兰"号战列巡洋舰。英国的私营造船厂和皇家海军的造船厂在1905—1914年期间合计建造了10艘战列巡洋舰。（图片来源：皇家新西兰海军）

如主机和武器装备，但它仍然影响着整个建造过程，也使造船厂面临着重大的挑战。在英国，约翰·布朗、维克斯、坎梅尔·莱尔德和阿姆斯特朗这几家军工巨头都是重要的舰用装甲板制造商，显然这要得益于这些企业都和各自旗下的造船厂同处一地。而那些皇家造船厂就没有这个优势，它们的生产能力往往受到供应链环节的影响。对于供应链来说，必须做好详细审慎的规划，以免延误工期，增加额外成本。为克服这一弊端，英国海军部决定根据某一年份的造船计划，将装甲板的生产任务分配给所有的承包商。

在德国，火炮的生产由克虏伯所垄断，同时克虏伯和迪林根钢铁厂是为装甲板提供表面处理的主要厂商。德国各工厂生产的装甲板和火炮都必须经过仔细计划后运往波罗的海和北海沿岸的造船厂。英德两国参与建造战列巡洋舰的主要企业（包括国营船厂）的位置如下面两图中所示。

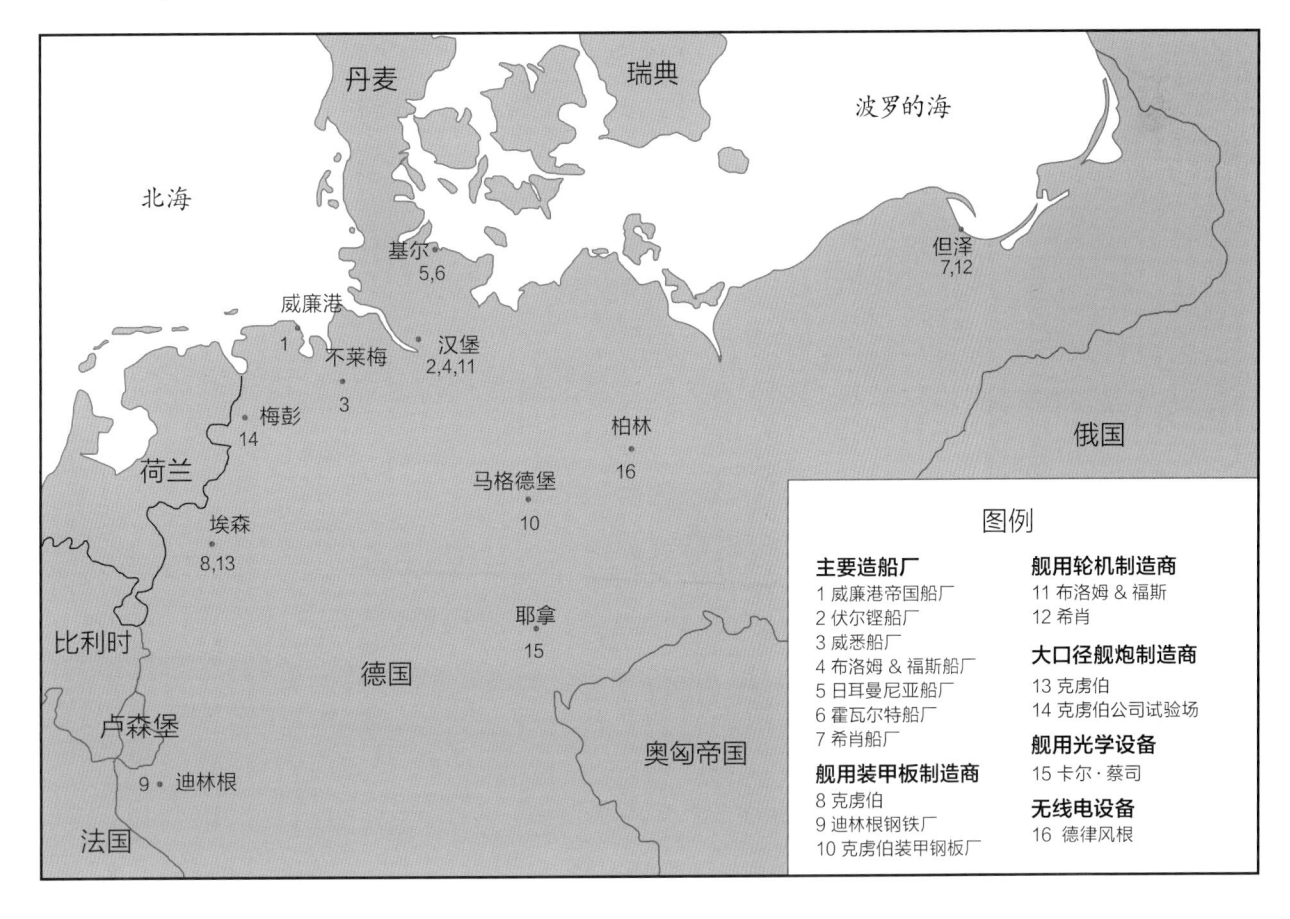

参与了德国战列巡洋舰的建造和舾装工作的主要企业遍布整个德国。在所有大型造船厂中，布洛姆＆福斯公司从1907年到1912年期间几乎垄断了德国战列巡洋舰的建造工作。"吕佐夫"号是第一艘建造合同被授予布洛姆＆福斯公司的竞争对手的战列巡洋舰。该舰是德国海军的第六艘战列巡洋舰，由但泽的希肖船厂负责建造。（图片来源：《线图》杂志，鲁杰罗·斯坦吉里尼）

图例

主要造船厂
1 威廉港帝国船厂
2 伏尔铿船厂
3 威悉船厂
4 布洛姆＆福斯船厂
5 日耳曼尼亚船厂
6 霍瓦尔特船厂
7 希肖船厂

舰用装甲板制造商
8 克虏伯
9 迪林根钢铁厂
10 克虏伯装甲钢板厂

舰用轮机制造商
11 布洛姆＆福斯
12 希肖

大口径舰炮制造商
13 克虏伯
14 克虏伯公司试验场

舰用光学设备
15 卡尔·蔡司

无线电设备
16 德律风根

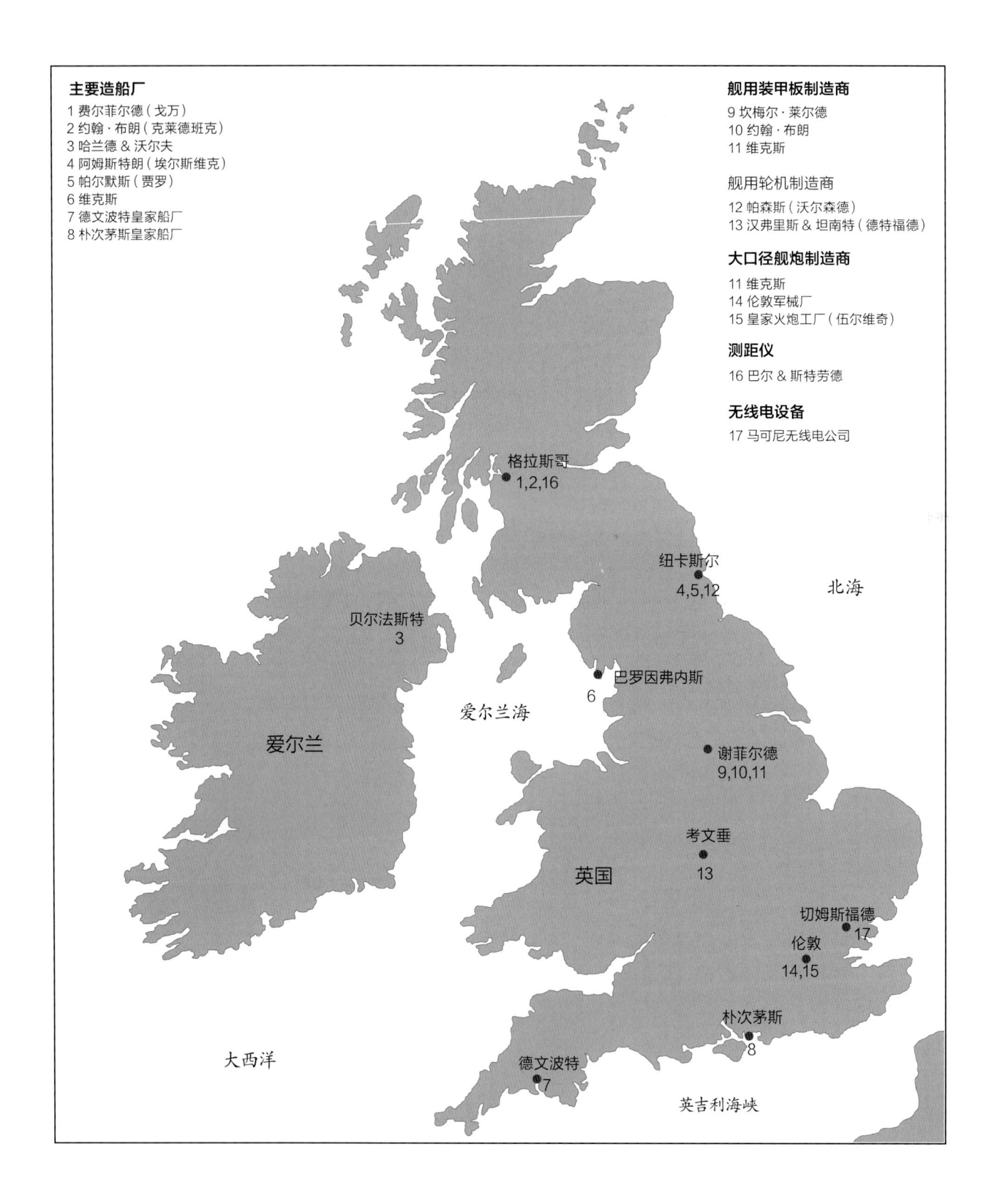

主要造船厂
1 费尔菲尔德（戈万）
2 约翰·布朗（克莱德班克）
3 哈兰德 & 沃尔夫
4 阿姆斯特朗（埃尔斯维克）
5 帕尔默斯（贾罗）
6 维克斯
7 德文波特皇家船厂
8 朴次茅斯皇家船厂

舰用装甲板制造商
9 坎梅尔·莱尔德
10 约翰·布朗
11 维克斯

舰用轮机制造商
12 帕森斯（沃尔森德）
13 汉弗里斯 & 坦南特（德特福德）

大口径舰炮制造商
11 维克斯
14 伦敦军械厂
15 皇家火炮工厂（伍尔维奇）

测距仪
16 巴尔 & 斯特劳德

无线电设备
17 马可尼无线电公司

格拉斯哥 1,2,16
纽卡斯尔 4,5,12
北海
贝尔法斯特 3
巴罗因弗内斯 6
爱尔兰海
爱尔兰
谢菲尔德 9,10,11
考文垂 13
英国
切姆斯福德 17
伦敦 14,15
朴次茅斯 8
大西洋
德文波特 7
英吉利海峡

注：英国的几家主要造船厂，如阿姆斯特朗、坎梅尔·莱尔德、维克斯等，还同时拥有制造舰用轮机和（或）舰炮，船用装甲板以及火炮炮架的能力。

英国战列巡洋舰进行建造和舾装工作的主要港口设施地点的地图。规模较大的造船厂往往是大型工业企业的一部分，这些企业也提供装甲、主机和火炮。（图片来源：《线图》杂志，鲁杰罗·斯坦吉里尼）

关于造舰速度，一个有趣的现象是，在英德海军竞赛开始时，对所有参与主力舰建造的德国大型私营造船厂进行的调查[①]显示，它们不仅有能力超过英国每年建造的主力舰数量，甚至能比英国人多造一倍。该调查甚至还没包括德国国有造船厂的产能。这一结果似乎与实际非常不符，而且后来被证明完全是在忽悠民众，因为它没有说明这样一个事实：德国全面实施《海军法》及其补充案之时，就是英国全力建造主力舰之日。值得注意的是，据称德国的私营造船厂是有能力让其造舰效率更高的，但前提是克虏伯公司必须及时交付所需的装甲板和大口径火炮。然而，这两项基本装备的生产由于几乎已由克虏伯独家垄断，其整体产量大为受限，这无疑是德国舰船建造上的一个瓶颈。

战列巡洋舰的支援力量：海军基地与辅助设施

随着新技术在舰体、武器装备、主机和装甲防护领域的确立，各国便根据自身的海洋战略而开始大力兴建海军基地和辅助设施系统，19世纪90年代末的世界主要海军强国莫不如是，特别是在马汉的《海权对历史的影响》一书出版之后。而此时的英国和德国除了继续升级和扩充其舰队外，也都在努力加强着其海军基础设施的勤务能力，这将对维持和支援两国在北海方向的执勤舰队充分发挥其战斗力起到十分重大的作用。

德意志帝国海军的数座军港码头（共5座）和船厂拥有能够容纳当时现役最大的战舰的泊位，最重要的两个海军基地分别是威廉港和基尔港，前者位于北海的亚德湾（Jade Bay），后者位于威廉皇帝运河（Kaiser-Wilhelm Canal）在波罗的海的入海口附近的基尔湾（Kiel Bay）。威廉皇帝运河于1895年开通，并在第一次世界大战前加以扩宽，从而使德国海军的战舰能够通过运河在波罗的海和北海之间快速往来，并在任意地点集中兵力。除此以外，德国海军还在但泽、库克斯港（Cuxhaven）、不莱梅港、埃姆登（Emden）和赫尔戈兰岛（Heligoland）等地建有海军基地。

威廉港是临近威悉河（River Weser）河口且与亚德湾相连的一片土地。自普鲁士时期以来，这里一直是一个大型的海军基地，一条运河，几座码头，加上厂房、营区、泊位和巨大的船坞，组成了威廉港复杂而齐全的岸上设施。整个威廉港的军港体系也一直在不断得到有力的加强，到1905年，已经成为欧洲防御最强、最重要的海军基地之一。得益于1908—1912年期间进行的升级改造，威廉港成为德意志帝国海军战舰的主要建造地。两年后，威廉港已经拥有4条滑道、7座干船坞和6座浮船坞，外加一座自备电厂。然而，亚德湾却并不是一个适合舰队驻泊的理想基地，其长达14英里的出入水道需要不断进行清淤疏浚，以避免港口的水深情况突发危险变化。此外，亚德湾的潮汐涨落也不太规律，这意味着要让较大型的军舰可以进出港口，必须设计一套精密的船闸系统，而且在舰队特别是战列舰编队进出时，需要花费大量时间来操作船闸。不过从另一方面来看，这样可以使港内的船坞和基地免于遭到敌人雷击舰或潜艇的攻击，反而成就了威廉港安全性的一个优势。

由于军舰经常被分流到位于易北河河口南岸的库克斯港，以缓解亚德湾的拥堵，因此库克斯港在1906年被选定为德国海军的后备基地。库克斯基地的勤务条件也随着防御工事、军营和弹药库的建立而得到了改善。一俟该港的基础设施建设完成，库克斯港就正式成为威廉港基地的替补队员。

在波罗的海方向，基尔港自19世纪70年代以来一直是普鲁士海军的主要基地，后

---

① 著名的海军题材作家恩斯特·雷文特洛（Ernst Reventlow）主持了这次调查活动。

停泊在基尔港的德国海军公海舰队第一和第二战列舰分舰队。至 1914 年，包括战列巡洋舰在内的大部分德国海军舰艇都以威廉港为基地。（图片来源：美国国家档案与记录管理局）

来不断得到扩建，造船厂、码头、防御工事和海军学院一应俱全。1895 年基尔运河的建成和 1907—1914 年之间的运河扩宽进一步促进了基尔及其郊区的工业和军事发展。位于波罗的海海岸东段、维斯瓦河（River Vistula）河口的但泽于 1871 年被选为海军基地并设立船厂。同年德意志帝国宣告成立。但泽港的港口设施规模逐渐扩大与升级，随着第一次世界大战的爆发，但泽港的帝国造船厂（Kaiserliche Werft Danzig）成为德国主要的潜艇建造厂之一，而海军基地则为部署在波罗的海的轻型军舰所使用。

在 20 世纪初，帝国海军决定将距埃姆斯河（River Ems）河口 35 英里远的埃姆登港（Emden）改造为鱼雷艇基地。这一举措是德国对英国皇家海军成立了本土舰队，并在多佛建立了一支新的鱼雷艇驱逐舰舰队的回应。埃姆登基地通过埃姆斯-亚德运河与威廉港相通，是德国距离英国海岸最近的海军基地。

赫尔戈兰岛实际上是北海中的一个小群岛，由一座"石岛"和一座较小"沙岛"组成，面积仅约 1 平方英里，距德国本土约 40 英里，与威悉河河口和易北河（River Elbe）河口的距离相等。赫尔戈兰岛与威廉港、基尔港共同组成了德国岸防体系的核心。岛上的基础设施水平于 19 世纪 80 年代得到了很大提升，号称"北海的直布罗陀"。

虽然赫尔戈兰岛作为德国军港的价值与基尔运河的安危相比其重要程度是微不足道的，但它作为加煤站、潜艇和鱼雷艇基地的价值却相当大。不过那些大型战舰，如巡洋舰和战列舰，在这里只能下锚停泊，因此，德国公海舰队（Hochseeflotte）在 1914 年的重要任务之一就是老老实实地待在威廉港基地。德国海军将当时在役的战列巡洋舰编为第一侦察分舰队，由"塞德利茨"号（旗舰）、"毛奇"号、"冯·德·坦恩"号、"德弗林格尔"号和装甲巡洋舰"布吕歇尔"号组成。第二侦察舰队则由一部分巡洋舰和驱逐舰组成。"戈本"号战列巡洋舰被编入了地中海分舰队。[①] 而出于性能和战术上的考虑，那些准备在战争后期入役的新锐战列巡洋舰，如"兴登堡"级（Hindenburg Class）和"马肯森"级（Mackensen Class），很可能会被单独编成一支新的侦察分舰队。

20 世纪初，在一些战略的、历史的和其他方面因素的作用下，英国对海军基地进行

[①] 威廉港也是德国战列舰的母港。帝国海军的战列舰共分为 3 支分舰队，"腓特烈大帝"号战列舰任公海舰队的旗舰。而"公海舰队"这一名称是由提尔皮茨首创，德国海军于 1907 年 2 月 16 日正式予以采用。

了重新规划，其结果也相当复杂。在德国海军崛起之前，能够对英国在北欧的海上霸权构成威胁的是法国和俄国，皇家海军主要的基地也是用来对付这些传统敌人的。这些基地集中在英格兰南部，如泰晤士河口的查塔姆（Chatham）、怀特岛（Isle of Wight）保护下的朴次茅斯，以及德文波特、普利茅斯等港口。① 1904 年，英国对德国海军扩张步伐的担忧与日俱增，这促使皇家海军的舰队重返北海，准备着手在苏格兰的福斯湾（Firth of Forth）北岸，离约翰·布朗造船厂不远的罗赛斯（Rosyth）建设一个新的海军基地。福斯湾距赫尔戈兰岛和威廉港 375 英里，隔着北海遥遥相望。这里有足够的水域空间可供大批战舰驻泊，锚地通过铁路与整个不列颠岛相连接，它的入口处对来自海上的攻击也是易守难攻。然而，它的主要缺点在于横跨福斯河入海口的巨大的铁路桥，此桥一旦倒塌，就可能会把驻泊在上游方向的舰队困住。在权衡了所有这些正反两面的因素之后，议会还是批准了在福斯湾建设一个较大的海军基地的拨款。

随着时间的推移，海军部内部对新基地的具体选址还是没能达成一致。因为费舍尔倾向的基地选址是位于罗赛斯以北的克罗默蒂湾（Cromarty Firth）的克罗默蒂（Cromarty）和因弗戈登（Invergordon）两地，或者英格兰东北海岸的亨伯河（Humber River）河口。争论的最后结果是，在费舍尔担任第一海务大臣期间，罗赛斯没有进行任何实质性的建设工作。② 罗赛斯基地建设滞后的另一个原因是当时英国皇家海军计划一旦对德开战后所将要实施的远距离封锁战略。这一战略要求将舰队重新靠北部署，以控制苏格兰和挪威之间海域。由于罗赛斯的建设步伐实在缓慢，于是克罗默蒂和斯卡帕湾（Scapa Flow）被纳入了候选名单。前者被选作战列舰分舰队的前进基地，后者被选为轻型舰只的战时锚地。然而，工程进度仍然因各种延误而徘徊不前。此时罗赛斯和克罗默蒂已经安装了岸防设施，以应付战争爆发后敌方轻型水面舰艇的攻击，不过仍然难以防御潜艇偷袭。而斯卡帕湾还停留在全无设防的状态。

斯卡帕湾位于距苏格兰北部海岸 6 英里远的奥克尼群岛（Orkney archipelago），其内部湾峡纵横，使之成为世界上最为优良的天然锚地之一。该锚地被梅恩兰岛（Mainland）、霍伊岛（Hoy）、南罗纳德塞岛（South Ronaldsay）和巴雷岛（Burray）等一众岛屿所环绕，方圆 140 平方英里，有一个 50 英尺深的沙质海底，因而足够容纳大批军舰和其他船只在此驻泊。锚地有霍伊海峡、霍克萨（Hoxa）海峡和霍尔姆（Holm）海峡 3 条航道供出入，它们都受到强烈的潮汐和潮汐流影响。作为皇家海军大舰队③的基地，斯卡帕湾拥有许多优势，不仅其广阔的天然海港比克罗默蒂和罗赛斯大得多，也为部署在英国西海岸的战舰提供了前出北海的最短最安全的路线。

斯卡帕湾频繁出现的恶劣天气和强烈的潮汐可以使来袭的敌舰几乎无机可乘，但这里的主要缺点是奥克尼群岛与英国其他地方之间不通铁路，因此舰队所需的所有补给，包括煤炭、油料、弹药、食品和物资给养，全靠船只运送。此外，锚地内的大潮使这里不适合使用大型浮船坞，从而极大地妨碍了军舰舰体的保养与大修。最后一点，大舰队部署在斯卡帕湾，就将远离许多皇家海军本应保护的易受攻击的地区数百英里之遥，特别是英格兰那漫长而暴露无遗的东海岸。尽管有这么多的不利因素，但随着第一次世界大战的临近，英国海军部还是选定了斯卡帕湾作为大舰队的主要基地。④

与此同时，在罗赛斯和克罗默蒂／因弗戈登地区的基地建设工作也终于有了进展。由于两地航道水深合适，且锚地海域广阔，故时常有英国军舰前来造访。在 1914 年之前，

---

① 马耳他岛为地中海舰队的母港，岛上亦设有皇家造船厂。
② 罗赛斯的两座大型干船坞直到 1916 年才告建成。
③ 为实施远距离封锁战略，皇家海军将其本土舰队分成两大作战舰队：海峡舰队（Channel Fleet）以朴次茅斯和德文波特为基地，在英吉利海峡行动，保卫海峡安全。大舰队则由斯卡帕湾覆盖整个北海。规模较小的巡洋舰分舰队负责这两支舰队之间的巡逻和进攻性扫荡，如果它们与德国公海舰队发生接触，就会召唤大部队前来支援。在斯卡帕湾，大舰队的主要锚地位于法罗（Faro）岛和弗洛塔（Flotta）岛以北。
④ 斯卡帕湾多年来一直是英国本土舰队的夏训基地。一到此时，本土舰队数十艘大大小小的战舰就都出现在奥克尼群岛及其周边海域。

随着基地设施水平的渐渐提高,克罗默蒂湾成为皇家海军货真价实的海军基地,专为军舰提供泊位和进坞修理服务,为舰员提供补给。英德两国在北海、英吉利海峡和波罗的海地区主要海军基地的位置如下面两图所示。

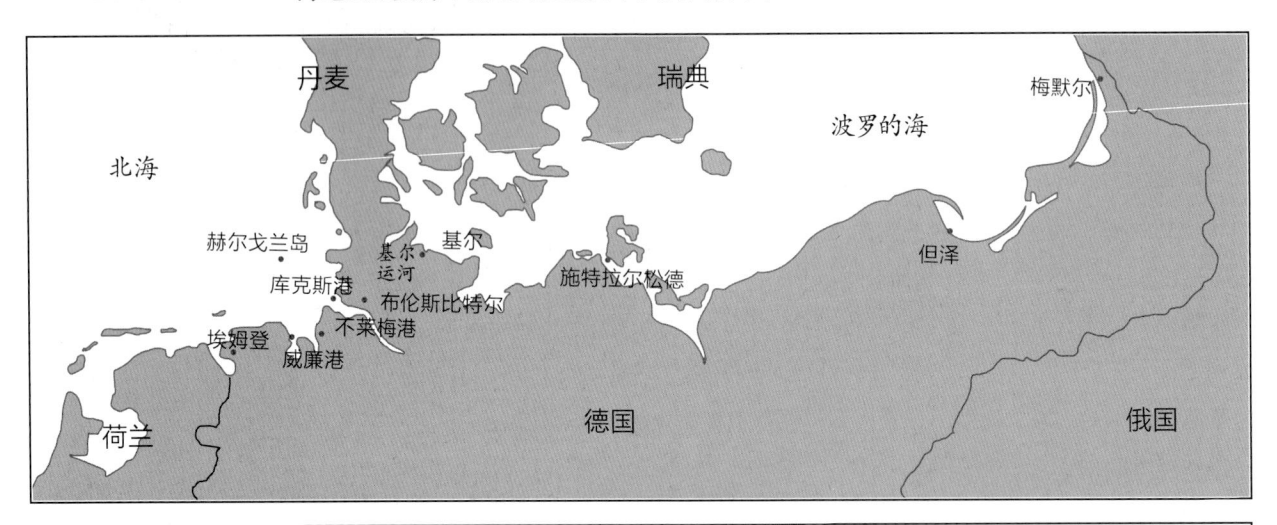

德国海军的基地分别位于北海和波罗的海这两个独立的封闭海区,但威廉皇帝运河(或称基尔运河)的开通让两个海区的舰只得以迅速且安全地进行调动。这条运河一头连着波罗的海的基尔港,另一头位于北海海岸的布伦斯比特尔。(图片来源:《线图》杂志,鲁杰罗·斯坦吉里尼)

英国皇家海军的基地主要位于英格兰东海岸和英吉利海峡沿岸。苏格兰斯卡帕湾是大舰队的主要锚地,而战列巡洋舰部队则驻扎在罗赛斯,从那里它们可以迅速驰援遭到德国海军袭击的英格兰东海岸地区。(图片来源:《线图》,鲁杰罗·斯坦吉里尼)

战列巡洋舰在英国皇家海军的各个组成单元中所担任的角色及其在第一次世界大战前的部署情况，反映出英国当时面临的军事形势对皇家海军在作战上的要求。1914年7月，海军部批准将战列巡洋舰和巡洋舰进行全面重新编组，分为4个战列巡洋舰分舰队（Battlecruiser Squadron，"BCS"）。根据这一方案，预计到1915年12月，每个战列巡洋舰分舰队将编有2艘战列巡洋舰和4艘巡洋舰。然而，一些来自舰队方面的反对意见和不断变化的客观情况妨碍了重组计划的执行。

最终，在1914年8月，以"无敌"号和"新西兰"号战列巡洋舰为主力的第二战列巡洋舰分舰队正式组建，该分舰队以亨伯河河口为基地，防备德国海军突袭英格兰。"不屈"号、"不挠"号和"不倦"号战列巡洋舰组成了地中海舰队的第二战列巡洋舰分舰队，基地先是设在马耳他，后来转至罗赛斯和克罗默蒂基地。[①] 大舰队直属的第一战列巡洋舰分舰队由"狮"号、"皇家公主"号和"玛丽女王"号组成，以克罗默蒂为基地，1914年10月"虎"号战列巡洋舰也编入了该分舰队。

1915年2月，大舰队组建了一支单独的战列巡洋舰舰队，该舰队基地设在罗赛斯，以"狮"号为旗舰，由3个分舰队组成，分别是：第一战列巡洋舰分舰队，编有"皇家公主"号（旗舰）、"玛丽女王"号和"虎"号；第二战列巡洋舰分舰队，辖"澳大利亚"号（旗舰）、"不倦"号和"新西兰"号；第三战列舰分舰队，辖"无敌"号（旗舰）、"不挠"号和"不屈"号。将战列巡洋舰舰队驻扎在罗赛斯的主要好处是距离北海相对较近，利于快速展开部署，而且罗赛斯基地有修船码头。但美中不足的是这里缺少可供进行舰炮射击训练的海区，于是英国的战列巡洋舰们不得不向斯卡帕湾转移。这个问题在某种程度上对整个大舰队的炮术训练计划都产生了不利影响。

结语

通过对战列巡洋舰诞生的战略与战术需要，以及这种需要何时出现，这一类型的战舰在英德两国各自经历了怎样的发展历程等问题的分析解答，在此可对本章内容做一个总结。

① 当时，"澳大利亚"号战列巡洋舰正在与其同名的澳大利亚，游弋于中太平洋地区，以应付德国可能发动的袭击。

第一次世界大战前停泊在斯卡帕湾内的英国战列巡洋舰部队。从右至左依次为"不屈"号、"无敌"号、"不倦"号和"不挠"号。1915年2月，皇家海军大舰队成立了一支以罗赛斯港为基地、由3个分舰队组成的独立的战列巡洋舰部队。（图片来源：《M. 布雷西亚图片集》）

1924年5月正在环球巡游中的"胡德"号战列巡洋舰。"胡德"号是英国皇家海军实际服役的最后一艘战列巡洋舰，在其后本应还有另外3艘同级姊妹舰，但都在1919年被取消了建造。（图片来源：澳大利亚维多利亚州州立图书馆）

战列巡洋舰是一种在战术与技术层面上都得到了进化的装甲巡洋舰，其主要任务是保卫国家的海上贸易线，对付敌方的商船袭击舰，并应对当时英国的假想敌舰队中在役的同类战舰。虽然在海军中的角色定位并未被严格明确地定义，但得益于科技的进步，这种"进化型装甲巡洋舰"被认为能够与新一代无畏舰并肩作战，将来还可能取代它们在海战中的地位。

自19世纪中叶以来，皇家海军一直坚定地倾向于一战定乾坤，与敌人打一场风帆时代战列线式的决定性大海战，费舍尔勋爵也愿意同时支持战列舰和战列巡洋舰的建造计划。但他始终坚信战列巡洋舰将凭借高航速最终取代战列舰，成为世界各海军强国的主力舰。这也是费舍尔在担任第一海务大臣时大力推动几项战列巡洋舰的建造计划的内因。而另一个必须如此的理由，便是英国与德国的海军军备竞赛。

第二个问题，关于对战列巡洋舰的需求是何时出现的，我们完全可以说，当费舍尔知道自己真正有机会成为第一海务大臣，并且制定完善了自己彻底改革皇家海军的进一步计划，开始着手以新锐战舰取代老旧过时的主力舰时，对战列巡洋舰的需求就出现了。而且费舍尔的这些计划有很大可能是在1903年左右他还在朴次茅斯基地司令任上的时候就已经初现端倪了。

在对以上两个问题的回答中，并未涉及关于德意志帝国海军的战列巡洋舰的发展道路，这一点稍后将在第三个问题[1]的答案中谈到。事实上，德国海军直到英国的"无敌"号战列巡洋舰公开亮相时才开始考虑设计建造战列巡洋舰。另外，当时帝国海军部已经来不及再对"布吕歇尔"号装甲巡洋舰的设计进行修改，毕竟长期拖延该

[1] 这个问题涉及战列巡洋舰这一舰种在英德两国是如何得到发展的。本书的附录中也介绍了战列巡洋舰在其他国家的发展情况。

舰的工期是不能接受的。因此，德国海军在1910年入役了第一艘真正的战列巡洋舰"冯·德·坦恩"号，作为对英国人的首次回应。之后，德国建造了"毛奇"号和"戈本"号两艘同级舰；紧接着是全新设计的"塞德利茨"号，然后又是3艘同级舰——"德弗林格尔"号、"吕佐夫"号和"兴登堡"号（SMS Hindenburg）。在此之后，战争完全改变了德国海军的战备计划，因此后续的战列巡洋舰建造案没能修成正果。而与之相反，英国皇家海军通过3艘"无敌"级和3艘"不倦"级的建造，开始大力发展战列巡洋舰，后来接着又建造了"狮"号、"皇家公主"号和"玛丽女王"号。"虎"号战列巡洋舰作为一款原型舰，其设计在3年后被2艘"声望"级（Renown Class）和3艘"勇敢"级所借鉴。最后的"胡德"号战列巡洋舰则成为所谓"4艘型"舰级的首舰。

简而言之，与英国相比，德国在战列巡洋舰的数量上发展较慢。造成这一局面的部分原因是德国军舰的设计和建造过程漫长，而建造缓慢一部分是由德国船厂存在的很多固有的顽疾所造成的。正如前文已经讨论过的那样，在第一次世界大战爆发之前，英国皇家海军新入役了9艘战列巡洋舰，而同期德国海军只有4艘。如果计入两国在战争期间所建造的战列巡洋舰数量，则英国总共有14艘（不含"暴怒"号），而德国总共只有7艘。最后，平心而论，德国战列巡洋舰在设计上相较英国同类舰所拥有的质量优势无论如何无法弥补其数量上的差距。

第三章
英国皇家海军的战列巡洋舰

从1908年到第一次世界大战结束这段时间，舰用主机和海军兵器的演变决定了英国战列巡洋舰的建造遵循的是一种逐步发展的模式。相应地，这些发展也和费舍尔海军上将所鼓吹的牺牲防护、追求速度和火力的要求相契合。

因此，英国皇家海军建造的战列巡洋舰可以按其发展的代差来进行细分。第一代英国战列巡洋舰包括"无敌"级和"不倦"级，两级各由3艘舰组成，均配有8门12英寸主炮；第二代包括"狮"级和"虎"号战列巡洋舰。"狮"级仍然是3艘，而"虎"号最初被认为是"狮"级的4号舰，但后来自成一派。第二代英国战列巡洋舰以13.5英寸主炮、28节最高航速和适度加强的防护为特点，尽管其加强后的防护水平仍难堪巨炮一击。由于1914年大战的爆发，新型战列巡洋舰的发展步伐暂告停顿。之后当费舍尔重执海军部后，出现了以2艘"声望"级为代表的第三代战列巡洋舰。该级舰装备有15英寸主炮，最高航速32节，在装甲防护方面也有了一些提升。虽然"声望"级的设计从没有机会在与德国战列舰和战列巡洋舰的实战交锋中得到检验，但还是被认为防护薄弱。

不过在"声望"级之后设计建造的3艘"勇敢"级战列巡洋舰的官方正式名称为"大型轻巡洋舰"，而且这一级的总体特征也不会让人认为它们可能就是英国海军的第四代战列巡洋舰。正如费舍尔后来所解释的那样，在他的设想中，"勇敢"级的角色定位与大舰队为之前各级战列巡洋舰所设定的传统战术任务不同。尽管如此，正如几位设计者所证实的那样，"勇敢"级的主炮配置和最高航速仍然体现出战列巡洋舰的特点。

费舍尔还曾构思了另一型更为强大的战列巡洋舰，名为"无比"级（Incomparable），但英国海军部经过认真考虑后放弃了这一新设计。之后，海军部对英国最后一艘战列巡洋舰"胡德"号进行了充分的讨论研究。"胡德"号是4艘可称为第四代战列巡洋舰的同级计划舰中唯一实际建成的一艘。无论如何，"胡德"号的最终问世正是费舍尔在1905年提出过的战列舰和战列巡洋舰之间的"融合概念"的体现。一言以蔽之，"胡德"号的设计师成功地在火力、速度和装甲防护之间取得了平衡，而这一点在之前各级战列巡洋舰中都被忽视了。第92页的表格列出了英国计划建造和建成的战列巡洋舰的概况。

本章中所介绍的每级和（或）每艘实际建成的战列巡洋舰的资料包括以下方面：

该级/艘舰从设计概念建立，作战需求提出，直到最终设计定型的完整发展历程。还包括在相关组织内部进行的关于建造资金的讨论、设计创新与缺陷等。

每级/艘舰从开工建造到完工交付，以及海试的整个过程。

对每级/艘舰的技术分析，包括其主要技术特点、防护能力、主机配置、电气设备、武器装备、服役情况[①]和主要改装情况。

---

① 本章对服役作战情况仅做简要介绍。第五章详细讲述了英德两国战列巡洋舰所参与的战役与战斗。

英国皇家海军革新改制的领路人费舍尔海军上将。摄于 1907 年 8 月为庆祝皇家海军本土舰队的重新组建而举行的斯比特黑德阅舰式。[图片来源：亚历山德拉王后（Queen Alexandra）私人相册]

本章中附有各级英国战列巡洋舰的资料图表，所引用的数据信息主要来自 3 本参考文献[①]。关于图表中的建造节点日期，请注意竣工和入役的时间之间可能存在差异。竣工时间通常表示军舰的承造商对建造合同履行完毕，并在军舰正式移交给皇家海军之前做好试航准备的日期，是一个与合同条款有关的时间点；而入役时间是军舰高悬皇家海军军旗，正式交由皇家海军军官指挥的日期。竣工和入役之间的时间间隔并不确定，从几小时到几天甚至几年均有可能。因此，官方记录中的军舰竣工日期和入役日期并不一定总是各自单独记载。关于排水量数据，表中将某级或某舰战列巡洋舰的标准排水量和实际满载排水量一并列出，同级的每艘军舰的满载排水量则是通过一定条件下的倾斜试验测出的。图表中的吃水深度则特指该级中某一艘舰在满载排水量状态下的数据。海试数据记录的是某级舰在海上航行试验期间所达到的最高输出功率与最高航速数据。

[①] 约翰·罗伯茨著《战列巡洋舰》（伦敦，1997 年版）、R.A.伯特著《第一次世界大战中的英国战列舰》(British Battleships of World War One)（巴恩斯利，2012 年版）和《英国战列舰 1919—1945》（巴恩斯利，2012 年版）。

英国战列巡洋舰一览

舰名	预算财年	开工时间	入役时间	排水量	主武备	最高航速	最终结局
"无敌"	1905—1906	1906 年 4 月	1909 年 3 月	17250 吨	8×12 英寸 /45 倍径 16×4 英寸 /45 倍径	25.5 节	1916 年 5 月 31 日于日德兰海战中被击沉 1922 年作为废船出售拆解
"不屈"	同上	1906 年 2 月	1908 年 10 月				
"不挠"	同上	1906 年 3 月	1908 年 10 月				同上
"不倦"	1908	1909 年 2 月	1911 年 4 月	18750 吨	8×12 英寸 /45 倍径 16×4 英寸 /50 倍径	25 节	1916 年 5 月 31 日于日德兰海战中被击沉
"澳大利亚"	1909[1]	1910 年 6 月	1913 年 6 月				1924 年自行凿沉
"新西兰"	同上[2]	1910 年 6 月	1912 年 11 月				1922 年作为废船出售拆解
"狮"	1909	1909 年 9 月	1912 年 5 月	26350 吨	8×13.5 英寸 /45 倍径 16×4 英寸 /50 倍径	27 节	1922 年作为废船出售拆解
"皇家公主"	同上	1910 年 5 月	1912 年 11 月				1922 年作为废船出售拆解
"玛丽女王"	1910	1911 年 3 月	1913 年 8 月				1916 年 5 月 31 日于日德兰海战中被击沉
"虎"	1911	1912 年 6 月	1914 年 10 月	28500 吨	8×13.5 英寸 /45 倍径 16×4 英寸 /50 倍径	28 节	1932 年作为废船出售拆解
"声望"	1914—1915	1915 年 1 月	1916 年 11 月	26500 吨	6×15 英寸 /42 倍径 17×4 英寸 /44.3 倍径	31.5 节	1948 年作为废船出售拆解
"反击"	同上	1915 年 1 月	1916 年 9 月				1941 年 12 月 10 日在马来亚外海被击沉
"勇敢"	1915	1915 年 3 月	1917 年 1 月	17400 吨	6×15 英寸 /42 倍径 18×4 英寸 /44.3 倍径	32 节	1924—1928 年间被改装为航空母舰
"光荣"	同上	1915 年 5 月	1917 年 1 月				1924—1930 年间被改装为航空母舰
"暴怒"（Furious）	1915	1915 年 6 月	1917 年 7 月	19100 吨	2×18 英寸 /40 倍径 11×5.5 英寸 /50 倍径	31.5 节	1924—1930 年间被改装为航空母舰
"胡德"	1916	1916 年 5 月	May 1920	41200 吨	8×15 英寸 /42 倍径 12×5.5 英寸 /50 倍径	31 节	1941 年 5 月 24 日于丹麦海峡被击沉
"豪"	同上	1916 年 10 月	—				1919 年 2 月取消建造
"罗德尼"	同上	1916 年 10 月	—				同上
"安森"	同上	1916 年 11 月	—				同上

说明：
1 该舰的建造款项由澳大利亚提供。
2 该舰的建造款项由新西兰提供。
3 上表中"排水量"特指设计排水量；"主武备"指配备的大口径主炮和中口径舰炮；"最高航速"指设计值。
4 同级各舰之间在参数上的细微差别上表中不做考虑。

英国战列巡洋舰的设计方式

在介绍英国在战列巡洋舰方面所取得的成就之前，有必要讨论一下英国皇家海军这支大英帝国百年霸业的栋梁柱石，为设计建造它们是如何设置组织机构的。在英国，新型战舰，特别是像战列舰和战列巡洋舰这样巨大且昂贵的战舰，其设计开发必须经过一套诸多因素共同作用的决策过程，且海军部委员会拥有最终决定权。海军新的建造工程、舰用火炮、军械和动力设备由第三海务大臣和皇家海军审计官负责[①]，同时，海军造舰总监（Director of Naval Construction，DNC）（通常是一位在皇家海军受过训或从私营造船厂招募的非军职高级造舰师）、负责海军武器装备事务的海军军械总监（Director of Naval Ordnance，DNO）和负责舰船动力设备的总工程师（Engineer-in-Chief）也都归第三海务大臣领导。[②] 海军建造署中的助理、制图、校对和其他专业人员都为海军部工作。隶属该机构的团队还包括副总监（ADNC）和总建造师、建造师和助理建造师等。所有这些人员与制图人员及其他门类的专家共同组成了若干设计团队，为造舰总监和更高层提供专业意见。设计团队所开发的项目可以在呈送更高层级前被造舰总监或第三海务大臣兼海军审计官所否决。虽然海军建造署统筹负责新型战舰的总体设计，但内部具体分工有所不同，总工程师负责舰上主机的布局设计，而军械总监则负责为舰上的武器配置提供设计。因此，在第三海务大臣领导的不同专业的工作团队和海军部之间建立强有力的协同，对满足军舰的设计要求至关重要。[③]

有关战舰各部分的详细设计（尤其是舰体结构）、监督各零部件的生产制造，以及对新战舰整个建造过程的管理，均由其他在皇家造船厂工作的从事舰船结构设计与建造的专业人员负责。海军建造署对私营造船厂也负有监督职责，这些造船厂在19世纪60年代才第一次成为海军的战舰承建方。海军建造署通常会向海军部提供军舰的设计构思和建议，一旦海军部从许多计划与建议中选择了某一方案，该署就将着手进行详细设计。然后，由海军部拍板确定最终设计，同时向内阁要求拨款，并在皇家造船厂或通过竞标选定的私营造船厂开始建造。在早期对将要开建的"无畏"号战列舰和"无敌"级战列巡洋舰的评议中，一个设计委员会实际上接替了第三海务大臣和海军造舰总监的角色。但在该委员会的第一份工作进度报告发布之后，这一事务又都回归到了正常程序。

① 皇家海军审计官的职权于1912年6月12日改由第三海务大臣行使。
② 后来发展为"无敌"级战列巡洋舰的一级新型装甲巡洋舰开始付诸讨论时，时任第三海务大臣的是海军少将威廉·梅（William May），但直到1905年1月设计委员会确定了该级新型战舰的设计基础时，梅少将却还不是委员会成员。而亨利·杰克逊（Henry Jackson）上校由于事实上已经被选为梅的继任者，因此被任命为设计委员会委员。亨利·杰克逊后来晋升为海军少将，并于1905年2月7日被正式任命为第三海务大臣。
③ 海军部的这些技术研发部门还确定了舰体、主机、装甲、武备和所有其他设备的技术规范，这些技术规范在竞标结束后下达给某家皇家船厂或私营船厂。在后一种情况下，海军方面的合约主管在起草所有各类投标产生的合同方面发挥着关键作用。

左图：菲利普·瓦茨爵士（1846—1926年），1902—1912年担任海军造舰总监一职。瓦茨凭借自己杰出的能力和费舍尔的力促，指导了大部分英国战列巡洋舰的设计工作。

右图：尤斯塔斯·坦尼森·戴恩考特爵士（1868—1951年）接任了菲利普·瓦茨的海军造舰总监职务，主持了一战期间英国战列巡洋舰的设计工作，包括"海军上将"级（Admiral Class）。（图片来源：美国国会图书馆）

皇家海军的舰船设计流程在19世纪80年代期间得以固定下来，这一流程主要包括三个阶段：对设计方案的研究（概念设计）、草图设计（可行性论证），以及详细设计。一次设计方案研究往往要根据海军部所提的需求指标准备数个备选方案，而研究过程则需要海军建造署的工作人员通宵达旦地工作好几天。设计方案研究的结果随后交由第三海务大臣和海军部来进行讨论评议。对新设计方案的研究的主要特点通常是"拿来主义"，即从现有设计成功的类似战舰（称为原型舰）中选取外形尺寸相近或较小的战舰作为设计蓝本。设计方案研究从舰上武备开始，即首先假设主炮已经准备就绪，对其安装数量和种类进行研究，因此，当"无畏"号战列舰和"无敌"级战列巡洋舰这类主炮口径统一的"全重炮战舰"出现后，对武备的设计研究就变得简单了。另外，确定了舰上的武备配置方案——尽管不一定是最终结果——就可以据此确定整个武器系统比较准确的大致重量；然后假定同类武备在原型舰上所占吨位重量的百分比，则其在新型战舰上所占的吨位百分比就可以确定了，当然这一比率仍然还是个留有余量的大致数据。在这个阶段，新型战舰的尺寸、排水量、最高航速以及所需的主机功率数字都能够很快估算出来。这些数据通常是通过被称为"海军部系数法"（Admiralty Coefficient）的计算公式而得出的；如果需要更精确，则要用到海军工程师威廉·弗劳德（William Froude）和埃德蒙·弗劳德（Edmund Froude）所建立的流体动力数据库[①]。由于设计委员会已经确定了"无敌"级的最高航速，使用弗劳德数据库要比海军部系数法精确得多。然后，推进装置的结构和重量就可以被计算出来。其他国家的海军在舰船设计上也仿效英国，采用了类似的设计方法。在设计方案确定时，会绘制一份舰体上层的剖面图和平面图，并附上对新设计的重点部分和关键元素的书面说明材料。

设计过程的第二阶段是草图设计，这一阶段在海军部批准设计方案研究成果，提出具体的性能指标要求时正式开始。完成草图设计一般要持续2—3周时间，其中包括一些数据上的追加计算时间，借以对上一设计阶段所选择的一些方案进行论证，或是提出修改。该设计阶段包括几个工作步骤，首先是通过弗劳德数据库确定适当的舰形，对舰体尺寸和排水量进行优化；然后是完成舰体稳性计算，并将全舰所有部分的重量更精确地计入设计排水量（含舰体、主机、武备、装甲、燃料和各种设备），以及确定舰体结构形式及其强度参数等设计工作内容。在此之后，就进入对草图的细节设计阶段。这一阶段的设计工作包括更精准地确定各炮位的布置点，以便尽早发现炮口爆风对军舰可能带来的影响并对其进行改善。草图设计在充分综合了设计研究的成果之后才告结束，而海军部在这一设计阶段中基本不会提出任何新的重大修改意见。

设计过程的第三阶段——也是最后阶段——的目的是验证和进一步完善之前的计算数据，特别是与舰体稳性、推进力和推进稳定性有关的计算，包括对稳心高度的前期计算和确定全舰稳性变化曲线，后者通过倾斜试验进一步进行优化。[②] 第三阶段通常会持续数月之久，为这一阶段设置的工作内容包括若干设计项目的最后确定，如燃料和食品供应、储存空间、弹药、结构计算、装甲防护方案以及其他相关问题。最后，海军部会为包含在设计排水量中的全舰总重量留出通常为100吨的余量，以补偿所有先前计算中可能的误差。

在进行以上这些计算的同时，海军建造署还承担了新舰的细节完善工作，包括舰桥的布局、舰体剖面和截面相关图纸等，这些图纸也是新舰全套设计方案的一部分。全套

---

① 有关信息以图表形式存于所谓的"K类文献"中。
② 新战舰的每个组成部分，如结构件和各类设备，在上舰安装前都会称重，所以新战舰的排水量在随后的建造过程中能够计算得更精确。在这一设计阶段，每个舰体组件的准确位置都已参考舰垂线和基准线得到确定，因此舰体重心的位置也可以被确定。

设计方案还包含许多结构剖面图、计算数据汇总、设计报告书和其他相关支持文件。这些文件的汇编，是海军造舰总监和海军部为管理其他相关部门的设计工作，避免在设计过程中产生误解和拖延，而不断沟通的结果。在取得设计过程中的所有参与方的一致同意后，海军造舰总监在设计图纸上签字确认，对设计成果承担个人责任，然后准备好在海军部内部将最终设计方案付诸最后讨论。设计方案经核准通过后，全套设计方案要么委托给指定的皇家造船厂，要么发包给应邀投标的私营造船厂。虽然全套设计方案是一个完整的产品，但无论私营造船厂还是皇家造船厂往往都会提出一些小修小改。这些较小的技术变更需要提请海军建造总监审查，如果获得批准，就将在最终的建造过程中予以执行。[1]

"无敌"级战列巡洋舰

如前文所述，"无敌"级战列巡洋舰的起源可以追溯到费舍尔勋爵在20世纪初首次提出的一项概念。为了将他心目中的概念变为现实，费舍尔向设计委员会施加了很大的压力，鉴于委员会的大多数成员已经是他的追随者，这种方式很容易便奏效了。当然费舍尔的初始设计方案也完全能够满足海军部对新型装甲巡洋舰的总体性能要求——他在英国本土任职和派驻国外时就已经注意到了这一点——因此该方案为设计委员会所接受也是顺理成章的。另外，设计委员会在新型战舰的设计研发方面也确实承担了大量的工作，尤其是在讨论与确定舰上武备与主机的布局问题方面。同时，设计委员会也从稍早之前的日俄战争中吸取了许多可供参考的经验教训。

设计、建造与造价成本

1905年1月3日，设计委员会开始正式讨论一级新型装甲巡洋舰的建造方案。尽管一些委员已经准备了为其装备9.2英寸主炮的提案，但这一口径还是被否决了。设计委员会随后公布了对新型装甲巡洋舰的技术要求：主炮口径12英寸、航速25节，防护方案类似于"米诺陶"级装甲巡洋舰[2]，以及吨位尺寸能够适用于本土和海外现有的船坞设施。不过设计委员会的技术要求中并没有提及新舰将采用何种主机与燃料。在委员会1月4日的会议上，委员们讨论了三份带有设计草图的新型装甲巡洋舰初始设计方案，这些设计草图由造舰总监菲利普·瓦茨所领导的海军建造署所绘制，并且还在不断完善。以往复式蒸汽机为动力，装备双联装主炮炮塔，是这几个设计方案的共同特征。

海军建造师C. H. 克罗克斯福德（C. H. Croxford）在海军造舰副总监W. H. 怀廷（W. H. Whiting）的指导下，完成了"无敌"号的第一份设计草案，即通常所说的"A方案"[3]。这份设计草案的特点是2座双联装炮塔并排置于前甲板，2座背负式双联装炮塔[4]位于后甲板，烟囱数量为4座，且舯楼较高；其设计排水量为17000吨。在主炮布局上，方案A在每一舷侧可集中6门主炮的火力（前甲板2门、后甲板4门），前向或后向可同时集中4门主炮射击。方案B则是在前甲板和后甲板各并排设置2座主炮塔，且舰艏与方案A一样带有冲角。方案B的排水量为17200吨，每一舷侧和前/后向均可同时有4门主炮射击。方案C的特点是在舯楼甲板并排设置两座前向双联装炮塔，在低一层的后甲板设置一座双联装炮塔。但这种设计使舷侧火力和前/后向火力强度都明显受到了限制，排水量也减少到了15600吨。不过从方案C开始，飞剪型舰艏成了所有后续设计的标配。

---

[1] 为了制造构成舰体结构及其相关设备的各种部件，私营或皇家造船厂承担了一部分更细节化的设计工作。

[2] "米诺陶"级装甲巡洋舰覆有一条厚度在3英寸到6英寸之间的主装甲带，甲板装甲为2英寸左右。炮塔和炮座装甲厚度为8英寸，而司令塔则增加到10英寸。3艘"米诺陶"级装甲巡洋舰的满载排水量为14600吨，总长度为519英尺，于1907—1908年3艘"无敌"级战列巡洋舰在建期间建成。

[3] 费舍尔非常热衷于对舰船设计施加其个人影响，而且这种热衷很可能得到了建造师W.H.加德（W H Gard）的支持。"无敌"级的A方案就可能受到了此君先前一个被戏称为"逮不住"（Uncatchable）级的装甲巡洋舰设计方案影响。此外，一份来自设计委员会的报告指出，A方案中两座12英寸炮塔并排布置在舯楼甲板，是采纳了时任本土舰队司令、海军上将A.K.威尔逊（A K Wilson）的建议。

[4] 背负式炮塔沿舰体纵向中轴线布置，各炮塔位于不同高度的甲板层，彼此紧密相邻，上层炮塔的射击火线位于下层炮塔顶部之上。

① 因美国海军在其早期无畏舰项目中曾采用过背负式炮塔，所以英国皇家海军此前也考虑过使用该设计。皇家海军或许认为自己能够克服这一设计可能产生的问题。

② 除了主推的设计草案之外，海军建造署还为方案E准备了一些配置和烟囱数量不同的设计变型。

这些设计方案在设计委员会的第一次评审会议上付诸了讨论，但均被否决，因为皇家海军缺乏背负式炮塔的使用经验，而且齐射时的炮口爆风可能给甲板结构和设备带来危险。① 这些方案的其他缺陷还包括两个沉重的前部炮塔所带来的舷侧火力贫弱和舰身纵摇的加剧。于是设计委员会向海军建造署提出了修改意见，重点要求侧舷火力和前向火力的最大化。委员会在之后的1月12日再次开会时，讨论了另外两个方案：设计方案D和E。方案D的设计排水量为16950吨，其火力配置为舰艏和舰艉各设1座双联装炮塔，2座炮塔沿舰体中心线布置在不同高度的甲板层；另外2座双联装炮塔布置在舰体舯部。这种布局方式使得在每一舷侧可以同时集中6门主炮，且理论上前向与后向也可以同时有6门主炮射击。而在方案E中，两座舰体舯部炮塔彼此呈阶梯形错开布置，炮口均指向前方。这种布局不仅仍然可以保证每一舷侧和前/后向有6门主炮的火力，而且对于舯部炮塔来说，当某座炮塔（左舷或右舷）失灵时，对侧的炮塔可以向失灵的一侧实施交叉射击。但事实上尽管舯部炮塔进行对向射击的射界都很有限，但炮口爆风还是会给甲板设施带来损坏。为保证舯部炮塔的阶梯形布置，舰体内的主机需要采用非常规的布局方式，比如锅炉舱必须与弹药库彼此交错布置。

设计委员会方面则更倾向于依旧采用往复式蒸汽机和三烟囱设计的方案E，于是讨论的焦点就集中在如何最大限度地发挥舯部阶梯形炮塔组（亦称作侧舷炮塔）的优势。最后，设计委员会要求海军建造署延长艏楼的长度，为侧舷炮塔提供更多的空间，同时提高整体适航性。与此同时，克罗克斯福德在1月13日的委员会会议上拿出了一份名为"方案F"的新设计草案。这一设计的特点是两座双联装主炮塔并排置于前甲板，另外两座间距很大的双联装主炮塔沿舰体中轴线布置。② 1月18日，在皇家海军的专题会议上，设计委员会通过了以方案E作为未来所有战列巡洋舰的初始设计。而这一方案的最终确定，很可能

1914年3月停泊在意大利热那亚港的"不屈"号战列巡洋舰。该舰当时隶属英国海军驻地中海的第二战列巡洋舰分舰队序列。注意其烟囱高度的不同以及前烟囱上的白色识别条。（图片来源：《J.罗伯茨图片集》）

是费舍尔利用两次会议之间的时间间隔进行了大力游说的结果。并且设计委员会也明显受到了某些场外因素的影响,因为就在方案 E 通过的前一天,查尔斯·帕森斯爵士曾向委员会建议以蒸汽轮机代替往复式蒸汽机作为动力。随后在 2 月,设计委员会参考英国获知的关于日俄战争中水雷和鱼雷的使用情况,还曾对新型战舰的水下防护问题进行过讨论。解决的办法是将大口径火炮的弹药库靠近舰体中线布置,并将内部的装甲壁板与弹药库壁板并排设置。另外,为避免这类新增的重量导致排水量的增加,设计委员会决定减少舰上几处装甲的厚度。这些改动使新型战列巡洋舰的设计排水量确定在 16750 吨。

设计委员会于 2 月 22 日召开了最后一次会议,并制作了第一份进度报告。报告建议海军部采纳前文所述的设计方案 E。据此,设计委员会成立了若干下属委员会来负责具体设计细节的落实,但主要的设计研发工作转由海军建造署负责。海军部最终于 3 月 16 日批准了方案 E。在最终确定的设计方案中,12 磅副炮的数量有所减少,后来代之以 4 英寸炮。另外在主机和舰体上也进行了一些小修小改,设计排水量因此有所增加。因为战列巡洋舰的主要战术任务之一是对撤退中的敌舰进行追击,所以需要尽可能地加强前向火力并消除舯部炮塔射击时炮口爆风的影响,于是海军部还决定调整侧舷炮塔的布局,左舷"P"炮塔指向舰艏,右舷"Q"炮塔指向舰艉。这就意味着在保持舷侧 6 门主炮火力的同时,前向或后向也能进行 6 门主炮齐射。①

助理舰船建造师 J. H. 纳尔贝特(J. H. Narbeth)被指派继续完成该舰的设计工作,以便能在 1905—1906 年度的海军预算内签订建造合同并得到拨款。海军部于 6 月份批准了对相关技术标准的更新和修订。8 月,"无敌"级战列巡洋舰最终的详细设计、各类图纸和预算书等终于准备停当。舰上武备的布局和蒸汽轮机的使用,无疑是这一级新型主力舰在设计上的创新之举。因此"无敌"级战列巡洋舰与"无畏"号战列舰有很大区别,特别是在对舰体尺寸的有效利用方面。但是,将弹药库置于锅炉舱之间,以及舯部"P"主炮塔和"Q"主炮塔的对向交叉射击问题仍然很要命。

在最终设计中,"无敌"级战列巡洋舰的设计排水量为 17250 吨。各部分吨位分配为:舰体 6200 吨,主机 3390 吨,装甲 3460 吨,武备 2440 吨,煤炭 1000 吨,各种设备 660 吨,以及设计余量 100 吨。②再加上额外装载的煤、锅炉与其他设备的用水等,满载排水量便增加到 20420 吨。

阿姆斯特朗-惠特沃斯、约翰·布朗和费尔菲尔德分别获得了"无敌"号、"不屈"号和"不挠"号的建造合同。之所以选择这些私营造船公司,而非费舍尔勋爵可以严格把控的国营皇家造船厂,这可能是由于朴次茅斯船厂已经承建了同时期的"无畏"号战列舰,且海军部希望测验一下私营造船厂建造大型主力舰的专业能力。

"无敌"号战列巡洋舰于 1906 年 4 月 2 日在埃尔斯维克的阿姆斯特朗-惠特沃思船厂开工建造,1907 年 4 月 13 日下水,1908 年 3 月 20 日竣工。"不挠"号于 1906 年 3 月 1 日在戈万的费尔菲尔德船厂开工建造,于 1907 年 3 月 16 日下水。部分完工的"不挠"号于 1908 年 6 月 20 日赴加拿大参加了魁北克殖民地建立三百周年的庆典活动,之后回坞继续完成建造。1906 年 2 月 5 日,"不屈"号在克莱德班克的约翰·布朗船厂开始建造,1907 年 6 月 26 日下水,1908 年 10 月 20 日竣工。"不屈"号和"不挠"号的主机均是由各自的造船公司制造的,但"无敌"号的主机来自伦敦德特福德(Deptford)的汉弗里 & 坦南特(Humphreys & Tennant)公司。费舍尔曾希望这些战列巡洋舰能够在 30 个月内建成,结果

---

① 除了利于追击敌舰外,这种火力布局还能扰乱敌舰对己方战列巡洋舰的追击。
② 造舰上各部分所占吨位百分比为:船体 35.9%,主机 19.7%,装甲 20.1%,武备 14.1%,煤炭 5.8%,各种设备 4.3%,设计余量 0.6%。
③ 译注:原书数据如此,均为概数,非精确数据。后文不做特别说明。

1908年6月正在戈万的费尔菲尔德船厂进行舾装的"不挠"号战列巡洋舰。为赶上参加加拿大魁北克殖民地建立三百周年的庆典活动,实际上只是部分竣工的"不挠"号于1908年6月20日提前收工,而在庆典结束后回国由其承建方继续完成舾装工作。(图片来源:《M. 布雷西亚图片集》)

1909年7月,在为皇家海军本土舰队和大西洋舰队举行的皇家阅舰式上停泊在斯比特黑德港的"无敌"级三舰。图中居前者为"无敌"号,其后依次为"不屈"号和"不挠"号。这3艘战列巡洋舰当时隶属皇家海军本土舰队的第一巡洋舰分舰队。(图片来源:《J. 罗伯茨图片集》)

除"不屈"号的建造用了32个月以外,"无敌"号和"不挠"号的竣工都比计划时间提前了。

造价方面,初步估计每艘战列巡洋舰需要花费1621015英镑。后来,这一数字变更为1634316英镑,然后又改为1625120英镑。"无敌"号的实际建造费用为1625277英镑,"不屈"号的实际造价为1578373英镑,"不挠"号为1617791英镑。各舰火炮均为单独采购,其费用已包含在各舰造价中。[①]

对该级舰在设计过程中所计算出来的所有稳性参数,英国海军部都通过倾斜测试进行了检验。根据"无敌"号1909年2月进行的倾斜测试数据显示,其稳心高度在轻载状态下(16100吨)的3.15英尺和重载状态下(20700吨,含燃油)的4.7英尺之间变化。[②] 其最大稳定角为42.5°,且失稳角度在重载状态下为73°,轻载状态下为

① 造价成本数据来源于伊恩·约翰斯顿(Ian Johnston)所著《克莱德班克的战列巡洋舰:来自约翰·布朗船厂的尘封影像》(Clydebank Battlecruisers: Forgotten Photographs from John Brown's Shipyard)(巴恩斯利,2011年版)。
② "无敌"号的稳心高度设计值为3.5英尺(16020吨)和5英尺(20420吨)。到1917年9月,"无敌"级的这一参数已经由于一系列改装而带来的全舰重量增加而有所下降,但仍然高于"米诺陶"级装甲巡洋舰。

85°。横摇周期约为 14 秒。

"无敌"级各舰在建造完成约一个月后进行了不同载重状态下的航速测试,整个过程大约持续了 4 天。① 在主机满功率输出的状态下,"无敌"级各舰都在测试中达到了略高于 26 节的速度。这一结果证明那些为该级舰的设计做出贡献的人们的选择是正确的。"无敌"级的最大设计功率为 41000 轴马力,但在测试期间,"不挠"号曾在排水量 17435 吨、主机平均转速 296 转 / 分、航速 26.1 节的状态下达到了高于 47700 轴马力的最大主机输出功率。第 100—101 页的图表列出了"无敌"级战列巡洋舰的主要性能参数。

1908 年 6 月 20 日,"不挠"号入役英国皇家海军,"不屈"号随后于当年 10 月 20 日入役。"无敌"号最终于 1909 年 3 月 20 日与它的姊妹舰会合。"无敌"级战列巡洋舰达到了预期的设计要求,也未比设计排水量超重太多,而且在航速测试中表现出色,因此该级舰在入役后被认为是皇家海军最具魅力的战舰。

主要技术特点

建造完成的"无敌"级战列巡洋舰的尺寸无疑比"无畏"号战列舰更大。"无敌"级全长 567 英尺,宽约 79 英尺,满载吃水深度约为 27 英尺。舰体高度自上层甲板边缘起算为 40 英尺,自艏楼甲板边缘起算为 48 英尺。尽管标准排水量为 17420 吨,但"无敌"号的满载排水量达到了 20135 吨,为同级三艘舰之首,比另两舰高出约 100 吨。"无敌"级舰体修长,其方形系数为 0.558,带冲角的舰艏和巡洋舰型直舰艉是其突出特征。"无敌"级的艏楼甲板特别长,一直延伸到舰艉炮塔。其干舷也很高,艏部达到了 21 英尺,这样就能够在恶劣天气中保持良好的适航性。"无敌"级舰体由上至下分为 6 层②,即艏楼甲板、上层甲板、主甲板、下层甲板、上平台甲板,以及下平台甲板和舱体。16 个铰接在下层甲板上的水密隔舱壁将舰体分隔为 15 个水密隔舱。上层建筑居于艏楼的中后段,并被分割成非常狭促的两块。前部上层建筑由 2 个支撑舰桥的甲板室、前三脚桅和 2 座烟囱组成;后部上层建筑包括支撑 3 号烟囱的两个较小的甲板室、后三脚桅,以及救生艇甲板或遮蔽甲板。艏部"P""Q"两座主炮塔由于占据着前后上层建筑之间平整开阔的甲板,都拥有比较大的射界。不过它们的射界条件和位于前后上层建筑两端的"A"主炮塔和"Y"主炮塔还是不可同日而语。

"无敌"级的前部上层建筑是其一个特征显著的标志物。其操舵室的翼桥大大超出了前部上层建筑的两侧,顶部还有一个向外延伸的罗经室。然而由于舰桥的高度高于 1 号烟囱,为避免浓烟伤害到瞭望哨和其他人员,后来根据需要将 1 号烟囱加高了一些。③ 两根三脚桅上各有一个指挥平台,也被称为观测台,每个观测台上都配有一台装在环形轨道上的测距仪。然而实践证明这些观测台太过狭小。主桅杆上还装有一个带铰链的吊车,用于勤务艇的收放。勤务艇一共 3 艘,1 艘大型艇、1 艘中型帆艇和 1 艘捕鲸艇,都停放在遮蔽甲板上。在主桅两侧的吊艇架上配备有两艘小型快艇,而其他小艇则存放在 1、2 号烟囱之间的一段很短的遮蔽甲板上。④ 吊放这些小艇的两台起重吊臂并排布置在 2 号烟囱上。"无敌"号还有两根各长 240 英尺的舭龙骨⑤和两个平衡舵,其位置靠近主传动轴,保证了战舰能拥有极好的机动性。⑥ 在从"A"主炮塔到"Y"主炮塔的舰体两侧,还安装有 12 根带铰链的防鱼雷网吊杆。不过在第一次世界大战爆发后不久,所有这些防雷网吊杆就都被拆除了,因为它们根本毫无用处。

① 所有英国战列舰和战列巡洋舰的航速测试都是在康沃尔(Corwall)西南海岸的波尔佩罗(Polperro)、苏格兰克莱德湾的斯凯尔莫利(Skelmorlie)和多塞特郡韦茅斯附近的切西尔海滩(Chesil Beach)进行的。
② 英国皇家海军所有战列巡洋舰的甲板都比战列舰要少一层。
③ "不挠"号于 1910 年进行了这些改造工作,随后"不屈"号于 1911 年、"无敌"号于 1915 年分别进行了改造。
④ 舰上所有小艇可载员 659 人。
⑤ 相当于舰体长度的 40%。
⑥ 这一结构与"无畏"号战列舰相同,并且提供了一个相对较大的舵面。与之前的船舶相比,"无敌"级的旋回直径大大减少。

"无敌"号，1909年

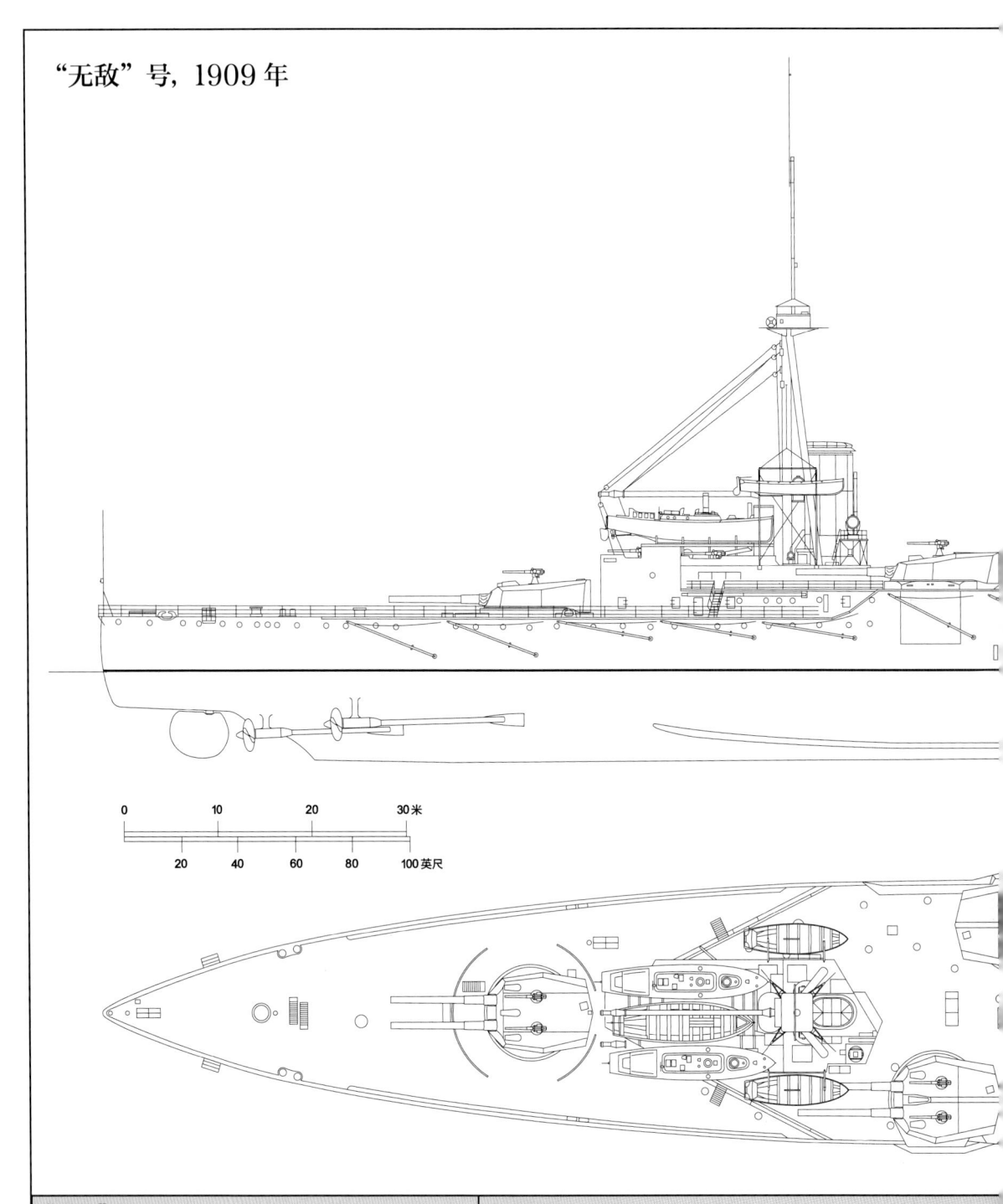

"无敌"级

舰名

"无敌"号、"不屈"号、"不挠"号

承建船厂与建造情况

"无敌"号：阿姆斯特朗船厂，埃尔斯维克
开工：1906年4月2日　　下水：1907年4月13日
竣工：1908年5月初　　　入役：1909年3月20日

"不挠"号：费尔菲尔德船厂，戈万
开工：1906年3月1日　　下水：1907年3月16日
竣工：1908年4月　　　　入役：1908年6月20日

"不屈"号：约翰布朗&克莱德班克船厂
开工：1906年2月5日　　下水：1907年6月25日
竣工：1908年10月初　　入役：1908年10月20日

满载排水量

设计数据：17250吨
"无敌"号：17330吨（倾斜试验数据）
"不挠"号：17800吨（倾斜试验数据）
"不屈"号：17290吨（竣工数据）

尺寸

舰长：567英尺（全长），530英尺（艏艉垂线间长）
舷宽：78英尺（型宽）
吃水深（满载状态）：舰艏25英尺6英寸，舰艉26英尺7英寸（"不挠"号数据）

武备

8门12英寸45倍径MkX型主炮，双联装主炮塔
16门4英寸45倍径MkIII型副炮，单装
5具18英寸鱼雷发射管（舷侧4，舰艉1）

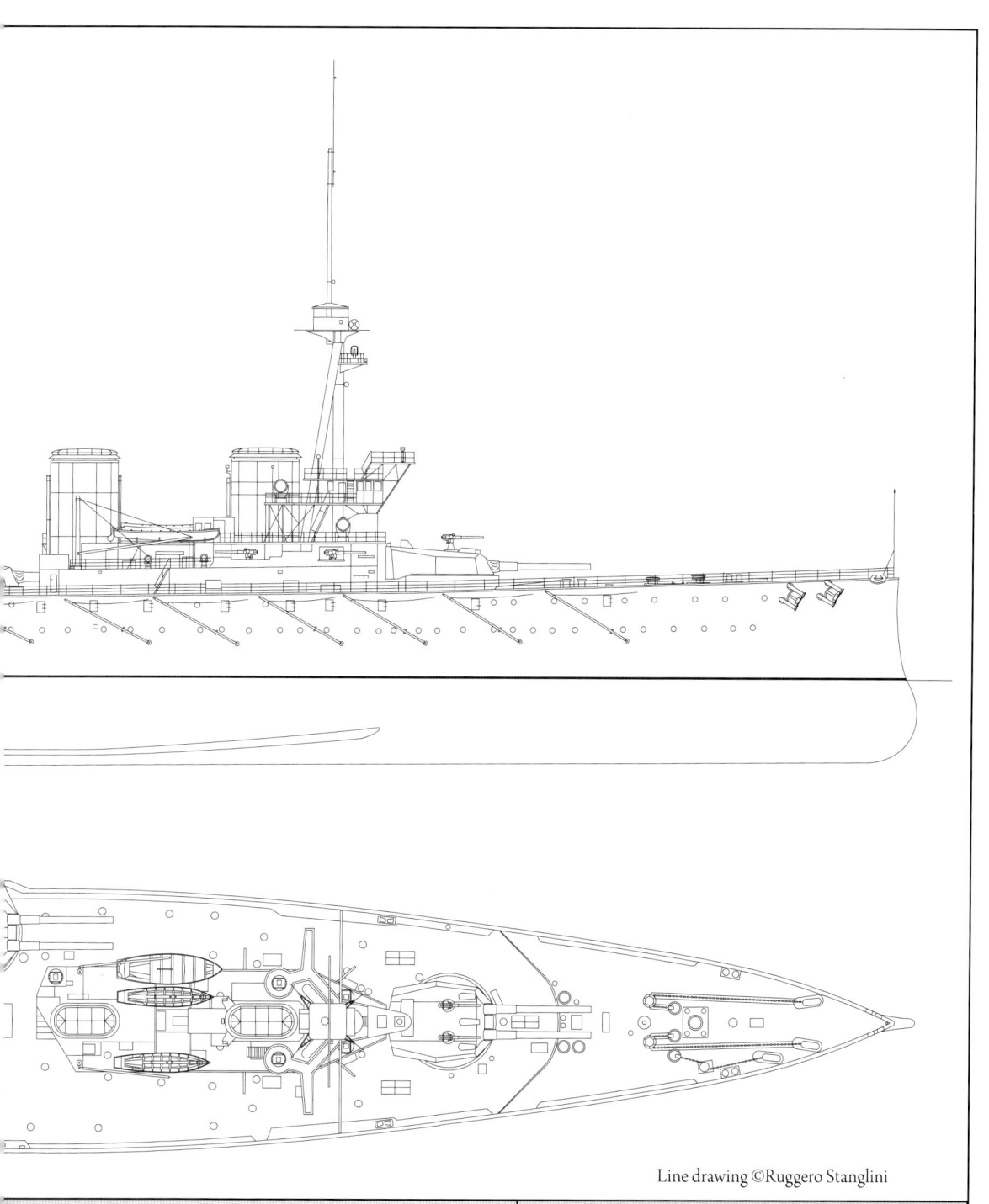

第三章　英国皇家海军的战列巡洋舰　101

Line drawing ©Ruggero Stanglini

装甲防护

主装甲带：肿部6英寸，前部4英寸
隔舱壁：从"X"主炮塔炮塔座至主装甲带末端6英寸
甲板：主甲板接近1英寸，下层甲板1.5—2英寸
主炮塔座：主装甲带上方与隔舱壁间的"X"炮塔座7英寸
弹药库防护板：2.5英寸
主炮塔：正面与侧面7英寸，顶部3英寸
司令塔：正面10英寸，背面7英寸，顶部与底部2英寸
通信管道：4英寸
观测台：侧面3英寸，顶部与底部2英寸
鱼雷射击指挥塔：侧面6英寸，顶部与底部2英寸

主机

31台亚罗式大型水管锅炉，工作压力250磅/平方英寸
4部帕森斯式直驱蒸汽轮机，4具3叶螺旋桨，双舵板
功率与航速（设计数据）：41000轴马力，最高25节
功率与航速（海试数据）：主轴转速291.3转/分时46947轴马力；最高26.48节（"不屈"号数据）
最大燃料携载量：3085吨燃煤，725吨燃油
续航半径：6210海里/10节，3050海里/22.3节

人员编制

平时：官兵780名，任旗舰时808名
战时：官兵800名，任旗舰时1030名

① 由电动机驱动的低功率发电机组,用于消防系统、探照灯和电话线路的供电。
② 测试期间曾有报告说"不挠"号的烟囱喷出的烟雾削弱了无线电信号的接收效果,特别是在波长较长的情况下。

这一时期,电气机械已经在其他海上列强的海军中得到普及,而"无敌"级战列巡洋舰上装备的电气机械更多,也从中得到了更大的收益。除了勤务艇吊臂和舰艏的锚机为蒸汽动力之外,主机舱之外的所有辅助设备普遍使用电力驱动。正如稍后将介绍到的,海军部还决定在新式战列巡洋舰上测试电动炮座,因此为"无敌"级配备了105伏的环形电路,由2组共4台西门子直流发电机供电。这些发电机由活塞式发动机或蒸汽轮机驱动,而且至少有一台是燃油型。其中一组发电机功率为210千瓦,另一组为420千瓦,总功率630千瓦。3台发电机与相关的电气设备(配电板和电动发电机①)位于3号和4号锅炉舱之间的舯部隔舱内,第4台发电机和一间发电机房位于"A"主炮塔前下层甲板下面的一间隔舱里。由于准备采用电动炮塔,在"无敌"级的建造过程中还对其环形电路进行了改造。

"无敌"级最初配备的是MK II型无线电台,后来更换为更先进的型号,在前后上层建筑内都设有无线电室。"不挠"号曾在1908年远赴加拿大期间对MK II型无线电台进行了全面的测试,测试频段从70赫兹到2.3兆赫,通信距离从夜间的1400英里到昼间的730英里。②试验取得了成功,并促进和巩固了整个皇家海军对无线电有组织的应用。

"无敌"级的舰员数量和编制在其服役期内时常变化,尤其是某舰作为旗舰的时候,并且在第一次世界大战期间,全舰的人员编制显著增加。"无敌"号的设计定员为官兵722名,但在入役时编有730人。当三艘舰在1910年—1912年10月之间轮流作为分舰队旗舰时,每舰人员都补充到了795—799人。在日德兰(Jutland)海战时,作为第三战

"不挠"号战列巡洋舰,可能摄于1909年。照片清晰地显示了该舰中部和前部的布局情况,以及其前部上层建筑和带有后倾的三脚桅。(图片来源:《M. 布雷西亚图片集》)

第三章　英国皇家海军的战列巡洋舰　103

列巡洋舰分舰队旗舰的"无敌"号搭载了1032名舰员。舰员的住舱设置也反映出费舍尔的观念，即军官们应该住在他们日常所在的舰桥和司令塔上的战斗岗位附近。类似的规则也适用于舰上的水兵和其他人员，他们也应该能够很容易就能到达其执勤位置，而不必在舰上那些经常堆满了煤袋的通道和走廊内来回走动。"无敌"号的军官住舱大多位于前部上层建筑的下方，以及艏楼和遮蔽甲板内，而其余舰员则住在舰艉。这种设计方式有异于以前的舰船，但与"无畏"号战列舰相同。新的布置方式并没有改变舰上具体的生活条件，军官和士官各自拥有独立的舱室和隔间，而普通水兵只能睡在夜间临时悬挂于脏乱甲板上方的吊床里。① 实践证明这种安排方式在皇家海军中非常不受欢迎，于是后来在"玛丽女王"号战列巡洋舰的设计中取消了。

英国的战列巡洋舰在服役伊始都被涂成一种被官方称为"战舰灰"的灰色。第一次世界大战爆发后，"战舰灰"被改为"中度灰"。这种情况一定程度上是由于深色油漆的短缺，同时英国人也意识到物资匮乏的问题可能会随着战争的继续而更加恶化。在大战的第一阶段，中度灰有时会变成浅灰，但这种变化仅限于部分部位，如烟囱和上层建筑。"无敌"号在福克兰群岛海战中曾采用过这一涂装方式，但后来将其放弃。"无敌"级的烟囱上最初涂有白色识别标志带②，但因为敌舰的炮手可以轻易地利用带有白色识别带的烟囱作为瞄准参照，所以后来将其取消了。舰上的木制甲板每天都用一种被称为"圣经石"的发白的特制砂岩块擦洗。除个别特例之外，英国战列巡洋舰很少使用伪装。就"无敌"级而言，在1915年年初的达达尼尔（Dardanelles）海峡登陆战役中，"不屈"号曾使用过一次三色伪装，舰体为深灰色，上层建筑采用中度灰，舰艉和桅杆涂有白色斑块，2号烟囱涂成白色，而其他的烟囱上则涂有灰色横线。③

① 舰上生活条件的改善，需等到通风、照明和供暖设备广泛使用之后才得以实现。
② "无敌"号的每座烟囱上都涂有一条识别带，"不屈"号只在1号烟囱上有识别带，而"不挠"号的识别带则涂在3号烟囱上。
③ 这种三色伪装以及那些出现在其他级别的英国战列巡洋舰上的伪装色的设计都是实验性的，且效果不得而知。英国皇家海军在1917年才开始使用标准的伪装色方案，效果好坏参半。

1913年11月18日停泊在马耳他岛的"无敌"号战列巡洋舰。注意其桅杆上大尺寸的观测台和环绕烟囱的白色识别带。（图片来源：《M. 布雷西亚图片集》）

防护

英国战列巡洋舰防护装甲设计的基本思想是,在与装有中口径火炮的敌方战舰交锋时,限制敌火力对本舰最致命的部位(如主机、武备和火控战位)的损害。虽然英国战列巡洋舰在舰体两侧设有煤舱,可以提供一些额外的防护,但高航速才是真正避免与敌方同级别或更强大的主力舰冒险接战的唯一方法。

"无敌"级战列巡洋舰的垂直防护层是一条覆盖了整个舯部,在"A"主炮塔的前端与"Y"主炮塔的垂直轴线之间纵向延伸的 6 英寸厚的克虏伯渗碳钢装甲带[①]。这条装甲带的上缘在水线以上 7 英尺 5 英寸处,下缘在水线下 3 英尺 10 英寸处。从"A"主炮塔到舰艏的装甲带厚度为 4 英寸,而舰体的后段包括舵机舱,都是没有防护的。一段 7 英寸厚的克虏伯渗碳钢隔舱壁封闭了主装甲带的前端,而后端由 6 英寸厚的隔舱壁封闭。两块装甲隔舱壁分别与"A"主炮塔和"Y"主炮塔相连接。

由于在排水量上受到限制,设计师们不得不把主要的心思都花在主装甲带的设计上,这使得"无敌"级的水平防护很薄弱。主甲板前部厚度为 0.75 英寸,舯部为 1 英寸,下层甲板的厚度为 1.5 英寸和 2.5 英寸(因为下层甲板的边缘稍带坡度)。主炮塔座的内径为 27 英尺,"A""Q""P"三座主炮塔的炮塔座装甲为渗碳硬化装甲,厚度 7 英寸,从主装甲带下方 2 英寸处一直延伸到主甲板。"Y"主炮塔座装甲的外露部分为 7 英寸厚,向下延伸到下层甲板后厚度减为 2 英寸。4 座主炮塔的正面和背面装甲厚度也是 7 英寸,炮塔顶部和侧面装甲厚度约为 2.5 英寸。发射药库和炮弹库有 2.5 英寸的低碳软钢提供纵向防护,以抵御鱼雷和水雷。舰上的 4 英寸副炮最初无装甲防护,在第一次世界大战期间为其安装了防盾。

舰桥下的前司令塔正面和侧面均敷设有 10 英寸厚的渗碳钢装甲,背面装甲厚 7 英寸,顶部和底部为 2 英寸非渗碳钢装甲。前部的通讯管道由 4 英寸厚非渗碳钢板保护,一直延伸到下层甲板。后司令塔与主桅并列,呈六面形,顶部与底部为 2 英寸厚非渗碳钢装甲。后部的通讯管道由 3 英寸非渗碳钢板提供保护。2 座通信站均置于下层甲板,防护装甲厚度为 2 英寸。

主机

主机舱的位置在下层甲板下方,从"A"主炮塔一直延伸到"Y"主炮塔,占据了 265 英尺的舰体总长度。从舰艏到舰艉依次设有 3 间锅炉舱、1 间电气设备与辅助设备舱、另一间锅炉舱和 2 间轮机舱,由一道纵向隔舱壁将这些舱室分隔开来。"无敌"号和"不屈"号配了 31 台亚罗式大型水管锅炉,而"不挠"号则同时装备了巴布科克式(Babcock)和亚罗式(Yarrow)锅炉。[②] 锅炉压力达到 250 磅 / 平方英寸时产生高压蒸汽,所有锅炉也都配备有不同型号和数量的重油燃烧器。每间轮机舱都安装有一台帕森斯式蒸汽涡轮机。高压正车 / 倒车涡轮机驱动外侧主轴,而置于同一机罩中的低压正车 / 倒车涡轮机驱动内侧主轴。一台单独的低压巡航涡轮机与每根内侧主轴相连。

在满功率状态下,蒸汽首先膨胀进入高压涡轮,然后进入低压涡轮机,最后进入冷凝器。在巡航速度下,蒸汽首先通过低压巡航涡轮机,然后以与满功率状态下相同的模式运行。在进行倒车动作时,蒸汽进入高压倒车涡轮膨胀,然后进入低压倒车涡轮机。一个固定的联轴器将高压正车与高压倒车涡轮机联接在了一起,而一个滑动联轴器安装

---

① 舰用装甲由许多块厚实的渗碳硬化钢板组成,这些钢板用粗大的螺栓固定在舰体结构上。外防护层由高张力钢材制成并以铆接的方式固定就位,成为舰体结构的一部分。

② 位于舰上最前端的 1 号锅炉舱内容纳有 7 台锅炉,以 2—2—3 的方式列为三排。第 2、第 3、第 4 号锅炉舱较为宽敞,每舱内有 8 台锅炉,排列成 2 排,每排 4 台。亚罗式锅炉比巴布科克式锅炉重量要稍轻一些。4 号锅炉舱中所有锅炉的排烟管会聚在后部 3 号烟囱中。3 号锅炉舱中的所有锅炉和 2 号锅炉舱的部分锅炉都通过中部 2 号烟囱排烟。2 号锅炉舱中的其余锅炉和 1 号锅炉舱的所有锅炉的排烟管都通入前部 1 号烟囱中。

在高压正车巡航涡轮机和低压涡轮机的外罩之间①，所有涡轮机都直接与驱动轴相连。但仅凭涡轮机组的工作，还不能使整个机械系统有效运转，因为螺旋桨转动时容易产生空泡效应，影响军舰行驶。"无敌"级战列巡洋舰上安装的螺旋桨为三叶桨，彼此螺距相同，且其内桨直径大于外桨，能够有效减少空泡效应。在燃料消耗方面，"无敌"级如以18.5节的巡航速度行驶，每天消耗煤炭370吨，续航力可达3180英里；如果同时兼用石油燃料，续航力可提高到4230英里。②在满功率时，煤炭消耗增加到每天660吨。"无敌"级的平均燃料装载量为3000吨煤和720吨油料，但各舰的煤舱和油舱容量略有不同，故实际燃料装载量也存在些微差异。

在"无敌"级战列巡洋舰的设计中，推进装置可能是其威力的主要体现处。与"无畏"号战列舰上的情况一样，蒸汽轮机充分展示了它们相对于往复式蒸汽机的优越性，特别是需要在较长时间内保持较高航速的时候。这一优点在战争中尤为重要。

武器装备

主炮的布局是设计过程中争论最多的问题。最终，4座双联装12英寸炮塔按前文所述的布局方式安装上舰。在经过严格且全面的岸上测试之后，火炮选用了维克斯（Vickers）公司设计的 Mk X 型45倍径火炮。在"无敌"级尚处于设计阶段的1905年8月，海军部经过商讨，批准了为3艘舰中的一艘安装电动炮塔的建议。③维克斯公司和阿姆斯特朗公司各自制造并提供了2部电动炮塔座。于是，"无敌"号舰艏"A"主炮塔和舰艉"Y"主炮塔安装了维克斯公司的2部 B IX 型电动炮塔座，舯部"Q"主炮塔和"P"主炮塔则安装了另2部阿姆斯特朗公司制造的 B X 型电动炮塔座。"不屈"号和"不挠"号上安装的是 B VIII 型液压炮塔座④。在炮塔的设计和外形上，3艘同级舰确实存在一些区别。

Mk X 型12英寸火炮的俯仰角为 -3°—13.5°，最大射程16400码。该型火炮战斗射速约1发/分，但在测试中射速曾提高到2发/分。该炮配用弹种包括被帽穿甲弹（APC）、被帽普通弹（CPC）和高爆弹（HE），每枚炮弹重约850磅，发射药重258磅。这意味着舷侧6炮齐射时的弹丸投射重量约为5100磅。炮口初速约2800英尺/秒，每根炮管的发射寿命约220发。在10000码的距离上，穿甲弹（AP）对装甲的侵彻力为10.6英寸。"无敌"级 Mk X 型主炮平时的备弹量为每门炮80发，含被帽穿甲弹24发、普通弹40发和高爆弹16发，全舰主炮共备弹960发。当第一次世界大战开始时，每门炮的备弹量增加到110发，其中包括33发被帽穿甲弹、38发被帽普通弹和39发高爆弹。这一规定在1916年中改为44发被帽穿甲弹、33发被帽普通弹和33发高爆弹。⑤主炮的发射药库和炮弹库就位于每座主炮塔的正下方，发射药库设于炮弹库之上。

1908年4—10月，"无敌"级三舰在怀特岛（Isle of Wight）进行了火炮射击试验。除了"无敌"号的电动炮塔的瞄准和仰俯速度比预期的要慢之外，所有的试验结果都是令人满意的。因此海军部决定在皇家朴次茅斯船厂对"无敌"号进行多项整改，但这些整改还是没能解决炮塔在可靠性和性能上的问题。最终，海军部决定放弃用小修小补来解决电动炮塔问题的想法，还是把钱花在刀刃上，将炮塔改回液压驱动比较好。于是在1914年，"无敌"号被整修一新，其主炮塔座换成了液压操控，一些电气设备也被移除。此外，火炮射击试验表明，舯部"P""Q"两座主炮塔进行对向交叉射击，或向正前/正

---

① 由于通常处于间歇性使用状态，巡航涡轮机容易在运行时出现问题，故最终被拆除，并且没有在后续建造的配备直驱涡轮机的战列巡洋舰上安装。

② "不挠"号在1908年8月从加拿大回航时创造了平均航速23.5节、主机输出功率43700轴马力的纪录。仅用3天就完成了从纽芬兰（Newfoundland）的贝尔岛（Belle Isle）到爱尔兰（Ireland）的法斯乃特（Fastnet）之间的航程。

③ 主炮塔的电力系统因此进行了专门设计，以提高主炮塔的水平回旋性能和主炮仰角，同时还可以使全舰减重500吨。

④ 由两台流量为98立方英尺/分的大型蒸汽液压泵送引擎为一个作用在液压炮座的环形回路提供压力。2台泵送引擎安装在3号和4号锅炉舱之间的隔舱。

⑤ 一战结束后，"不屈"号和"不挠"号最后的备弹方式是77发被帽穿甲弹和33发被帽普通弹。

"不屈"号战列巡洋舰的艏楼后端近照。图中近景是一门安装在舯部右舷12英寸主炮塔顶部的4英寸炮。这张照片可能拍摄于1910年。（图片来源：《弗拉卡罗利图片集》，M. 布雷西亚提供）

后方射击时，其炮口爆风对舱面和上层建筑带来的损害相当严重。因此，两座舯部主炮塔的射界被限制在180°，而舰艏"A"主炮塔和舰艉"Y"主炮塔的射界却差不多能达到±150°。

"无敌"级战列巡洋舰的副炮由16门45倍径Mk III型4英寸速射炮组成，主要用于反鱼雷艇。"无敌"级各舰在建成时，在前部上层建筑和后部上层建筑上各安装有4门副炮，所有8门副炮炮位都配有装甲防护，另外在每座主炮塔顶部也都安装了2门无防盾的副炮。在1914—1915年，这种副炮布置方式发生了变化，舯部"P""Q"两座炮塔上的副炮被移除，而"A"和"Y"炮塔上的火炮被重新放置到前部上层建筑上，这样4英寸副炮的总数减少到12门。这些速射副炮为手动操作，发射25磅的炮弹，同时也可用作礼炮。然而这种火炮还不够强悍。其射程在20°仰角时为9200码，射速为8—10发/分。每门炮备弹100发，配有穿甲弹、高爆弹和曳光高爆弹等不同弹种。"无敌"级三舰还安装了1—2门高射炮，但三舰各自配备的高射炮的规格型号却不尽相同，有3英寸炮、3磅炮和4英寸Mk VII型几种。

"无敌"级建造完成时，在其前桅和主桅的顶端设有两座观测台，用于全舰的射击指挥。每座观测台安装一部9英尺基线的巴尔 & 斯特劳德式（Barr & Stroud）测距仪和两部德梅里克计算器，通过电气设备、电话和传声筒与两座通信站进行直接通信。电气线缆沿着桅杆布设，传声筒则被包裹在通讯管道中。观测台使用德梅里克计算器计算目标距离的变化情况，然后将相关信息实时传递给通信站，通过若干阿尔戈射程钟（Argo Range Clock）和可对目标距离保持连续预测的标图台进行处理。通信站中的一部德雷尔计算台以图形方式记录下目标位置的变化，供火控指挥军官确定射击诸元，然后将合适的目标距离与射角信息传送给各炮塔。每座炮塔都有自己的信号机，因此所有炮塔都可以通过通信站由任一观测台进行射击指挥，或者与另一座炮塔组对，由前部或后部的通信站指挥。因后观测台更容易受到烟雾干扰，所以前观测台最终成了全舰的主火控站，而后观测台成了备份火控站。然而较长时间的射击试验表明，前观测台在战斗中经常会被击中，破损的碎片和炮弹弹片可能会严重破坏沿桅杆布设的传声筒和线缆，因此这套火控指挥系统在敌方火力之下是非常脆弱的。

"无敌"级战列巡洋舰依靠探照灯进行夜间作战。该级舰在竣工时安装有8部36寸探照灯：前部上层建筑的司令塔两旁安装2部，1号烟囱两旁的平台上安装2部，2号烟囱左侧平台上安装1部，3号烟囱右侧平台上安装1部，三脚主桅平台上安装2部。

"无敌"级配备了5具18英寸口径的水下鱼雷发射管，每舷各安装两具，舰艉安装一具，备有23枚白头鱼雷。舷侧鱼雷发射管位于"Y"炮塔弹药库后，可按通常的鱼雷战术进行使用，而舰艉鱼雷发射管位于舵机舱后方，是为防御目的而设置的，比如在海战中准备与敌舰脱离接触时使用。奈何这种战术设想根本不实用，因此"不屈"号和"不挠"号上的艉部鱼雷发射管在1916年被拆除，并且后续建造的战列巡洋舰上还减少了鱼雷发射管的数量。"无敌"级战列巡洋舰初期还在其搭载的汽艇上安装了轻量化的投雷装置，配备14英寸白头（Whitehead）鱼雷。①

1917年，飞机首次出现在英国战列巡洋舰上，随即大多数现代化的主力舰都予以配备。1918年，"不挠"号和"不屈"号在舯部的"P"主炮塔和"Q"主炮塔顶部安装了起飞坡道，搭载一架索普威思"幼犬"式（Sopwith Pup）和一架索普威思1½"炫耀者"式（Sopwith 1½ Strutter）飞机。② 每个载机平台上都有一个帆布机库，可在恶劣的天气里保护飞机。

服役和主要改装情况

三艘"无敌"级战列巡洋舰被编入了隶属本土舰队的第一战列巡洋舰分舰队，正式服役后，在本土水域和地中海执行了几次训练和部署任务。1914年8月28日，"无敌"号参加了赫尔戈兰湾海战。当年11月，"无敌"号与"不屈"号结伴驶往南大西洋。在参加了福克兰群岛海战后，"无敌"号于1915年年初回到欧洲，进行了一段时间的改装。"无敌"号最后于1916年5月31日在日德兰海战中战沉。

"不屈"号战列巡洋舰的首战发生在1914年8月初，当时该舰参与了搜索由"戈本"号战列巡洋舰和"布雷斯劳"号巡洋舰组成的德国地中海分舰队的战斗行动。1915年2—4月，"不屈"号参加了对土耳其达达尼尔海峡岸防要塞的炮击，之后返回本土。该舰后来还参加了日德兰海战和一些小规模的军事行动，直至1918年战争结束。能征惯战的"不屈"号于1920年3月31日退役，之后被出售给斯坦利拆船公司（Stanlee Shipbreaking Co.）拆解。

"不挠"号在1914年8月也参加了对德国海军"戈本"号和"布雷斯劳"号（Breslau）的搜索行动，并于当年11月对土耳其达达尼尔海峡的岸防要塞进行了首次炮击。1915年1月24日，该舰参加了多格尔沙洲海战，第二年参加了日德兰海战。"不挠"号于1920年3月31日退役，1921年12月出售给斯坦利拆船公司拆解。

"无敌"级的主要改装工作在朴次茅斯、马耳他和直布罗陀等几个港口完成，火控和武备是改装重点。除了将电动炮塔座更换为液压炮塔座，以及前文提到过的其他一些小改动外，"无敌"号于1914年3—8月期间进行了一次重大改装。在改装期间，"无敌"号在前观测台下方新安装了一个火控指挥平台，在此设置了一台射击指挥仪③，前观测台也得到了重建和扩大。另外，"A"主炮塔的顶部后方安装了一部9英尺基线测距仪，作为前观测台一旦在战斗中受损后的备份。进一步的改装包括重新布置4英寸炮并拆除另一部分，安装3英寸高射炮和缩短顶桅，以及为几乎所有的4英寸炮都安装了防盾。在第一次世界大战之前，射程钟（range clock，或称集射盘）被安装在前观测台的前侧，但后来被拆除。在一战期间，"不屈"号和"不挠"号配备了一台新的射击指挥仪和一台Mk 1型德雷尔计算台，都安装了3英寸高射炮。日德兰海战之后，又在容易受到攻击的部位加装了装甲，探照灯的位置也被重新设置。

① 舰上搭载的汽艇也可以携带3磅炮、马克沁机枪和各类轻武器，在母舰锚泊时作为母舰的护卫艇。但当战争爆发时，它们在这一角色上的作用削弱了，特别是大多数战列巡洋舰和战列舰把它们的汽艇留在了岸上，并未携带。

② 索普威思"幼犬"式飞机也被称为海军部9901型飞机，是皇家海军航空局广泛使用的单座战斗机。索普威思1½"炫耀者"式是一款轻型双座轰炸机。

③ 在这一位置上，由火控军官（或称射击指挥军官）指挥主炮进行齐射，以便于观测炮弹的落点，尽量减少舰体横摇对射弹散布造成的影响。然而，由于战争爆发，这些设备的安装工作被迫中断，直到福克兰群岛海战之后才得以完工。

"不倦"级战列巡洋舰

尽管"无敌"级战列巡洋舰在当时作为有史以来最强大的战舰,能够击败其他国家所有级别的现役装甲巡洋舰,但在 1905 年下半年,费舍尔发起了一场新的技术讨论,目的是新开发一级兼具"无畏"号战列舰和"无敌"级战列巡洋舰性能的主力舰。于是海军建造署拿出了一艘排水量达 22500 吨且航速更快的"无畏"型战舰的设计草案。同时,为了让自己的构思能更进一步,费舍尔成立了一个完全由海军部人员组成的"融合"委员会。然而,令费舍尔感到沮丧的是,委员会认为建造一艘同时拥有"无畏"号战列舰的火力和"无敌"级战列巡洋舰的航速的战舰在成本上太过靡费,因此可能会导致这种战舰的数量不足,从而影响到大英帝国所需要的海军舰队的规模。

设计、建造与造价成本

1906 年年初,赫伯特·H. 阿斯奎斯(Herbert H. Asquith)领导的自由党取代保守党组阁成功。政府的换届带来了更为严格的财政政策,而财政政策的收紧意味着建造更快速的无畏舰此时还没法实现,因此关于后续战列巡洋舰建造的研讨工作就被搁置了。直到 1906 年 11 月,财政上的紧缩政策才有所松动,此时海军建造署也准备了几款新型战舰的设计草案。这些设计草案的编号从 A 到 C,主炮口径均为 12 英寸,但身管更长。航速方面比"无敌"级稍慢,但排水量有所增加,平均达 18500 吨。这几款设计草案——尤其是装甲防护方面的设计方案——被提交给第三海务大臣兼海军审

1910 年在意大利热那亚访问的英国海军"不倦"号战列巡洋舰。图中可见其舷梯已经放下,交通艇往来穿梭,正在运送舰员登岸。尾部上层建筑上的探照灯清晰可见。(图片来源:《G. 帕罗迪图片集》)

计官审阅，并在 1906 年 11 月 22 日召开的海军部会议上进行了详细的讨论。之后海军建造署对设计方案又进行了进一步的改进，提出了设计草案 E。E 方案对装甲防护设计进行了一些修改，并将最高航速调整为 25 节。然而财政紧缩给英国的军事预算所带来的压力使所有关于在 1908—1909 年度的海军预算中拨款建造新一级战列巡洋舰的决议都被"拖"了下去。不过，有一个折中方案，即新一级战列巡洋舰可以先建造一艘，为了限制成本，当时还是海军少将的杰利科还提议，未来的战列巡洋舰应该配备 9.2 英寸主炮，而不是 12 英寸。

1908 年 3 月 31 日，尽管关于炮塔布局和装甲防护方案的争论仍在继续，海军部最终还是决定建造一艘配备 12 英寸主炮的战列巡洋舰。与此同时，坊间传言德国已开始建造防护性能更好、吨位更大的战列巡洋舰，这一消息后来得到了德国政府的证实。当时德国政府宣布了实施新的造舰计划的意向，新造战舰的性能将超过"无畏"号和"无敌"级。事实上，根据情报显示，德国的"冯·德·坦恩"号战列巡洋舰很可能比"无敌"级更胜一筹。因此，杰利科将军以他的新身份——第三海务大臣兼海军审计官——建议放弃 12 英寸主炮战列巡洋舰方案，转而研发一型更加强大的战舰。然而，海军部却做出了不同的决定，于当年 11 月正式批准开工建造先前计划中的战列巡洋舰。新舰由海军建造师 W. T. 戴维斯（W. T. Davis）主持设计，由皇家德文波特造船厂承建，并被命名为"不倦"号。"不倦"号于 1909 年 2 月 23 日开工，是英国的皇家造船厂为皇家海军所建造的 2 艘战列巡洋舰中的第一艘。

与此同时，费舍尔与海军造舰总监菲利普·瓦茨爵士保持着密切的联系，希望能在设计上进一步提高战列巡洋舰的航速。然而相关设计在"不倦"号开工之后才拿出来，而此时已经来不及变更"不倦"号的设计了。另外 2 艘同级舰——"澳大利亚"号和"新西兰"号——的情况则截然不同，这 2 艘战列巡洋舰是由澳大利亚和新西兰这两个大英帝国的自治领自筹资金建造的，这种方式也是各自治领保障自身海军能力计划的一部分。然而冗长的辩论和研讨过程延误了这两舰的建造工作。因此概括来说，"不倦"号本来是该级唯一的一艘舰，而后经过认真考虑与评议，又为该级增建了"澳大利亚"号和"新西兰"号两舰。"澳大利亚"号战列巡洋舰于 1910 年 6 月 20 日在费尔菲尔德船厂开工；"新西兰"号紧随其后，于 3 天后在约翰·布朗船厂开工。

恰在此时，海军情报总监获得了关于德国海军"冯·德·坦恩"号、"毛奇"号和"戈本"号战列巡洋舰更准确的情报。情报清楚地显示，德国的战列巡洋舰不仅航速与"无敌"级一样快，而且防护更好。火力上，德舰的 8 门 11 英寸（280 毫米）主炮也不落英舰下风。"不倦"号由于早已开建，已无法在设计上加以改进，而"澳大利亚"号和"新西兰"号却由于动工较晚，或许可以在它们身上做些文章，以应对德国新型战舰的威胁。但海军部最终还是决定不对两舰设计进行任何修改，主要原因可能还是来自财政方面的考虑。要知道"不倦"号的造价已经达到了 153.66 万英镑（含火炮），而"澳大利亚"号和"新西兰"号都有可能由于修改设计而使成本更高，成为一型更加昂贵的战舰。另一个原因来自费舍尔本人，他更希望能很快拥有数量众多的战列巡洋舰，而不是相反。此外，对"澳大利亚"号和"新西兰"号不做修改还有两个原因：一是英国的公众舆论自信认为皇家海军的战列巡洋舰已经强大到足以克敌制胜；二是英国皇家海军希望能尽快组建一支由 6 艘清一色的新建战列巡洋舰组成的战列巡洋舰分舰队。

"新西兰"号，1913年

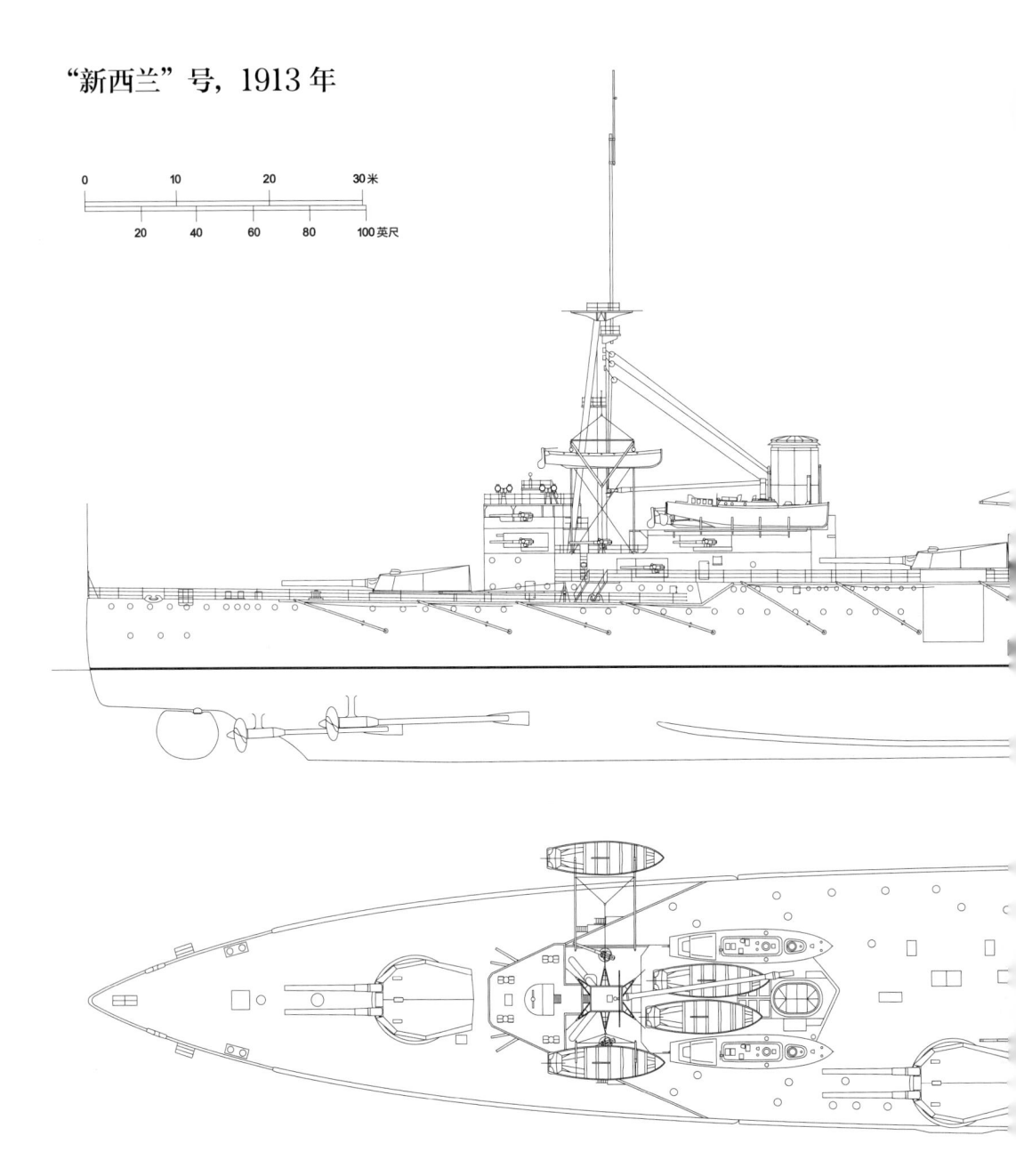

"不倦"级	满载排水量
舰名	设计数据：18750吨
"不倦"号、"新西兰"号、"澳大利亚"号	"不倦"号：18500吨（倾斜试验数据）
承建船厂与建造情况	"澳大利亚"号：18500吨（竣工数据）
承建船厂与建造情况	**尺寸**
"不倦"号：德文波特皇家造船厂	舰长：590英尺（全长），555英尺（舰艉垂线间长）
1909年2月23日开工建造　1909年10月28日下水	舰宽：79英尺9英寸（型宽）
1911年4月竣工　1911年2月24日入役	吃水深（满载状态）：舰艏24.9英尺，舰艉27英尺
"新西兰"号：费尔菲尔德船厂，戈万	（"不倦"号数据）
1910年6月20日开工建造　1911年7月1日下水	**武备**
1912年11月初竣工　1912年11月19日入役	8门12英寸45倍径Mk X型主炮，双联装主炮塔
"澳大利亚"号：约翰·布朗&克莱德班克船厂	16门4英寸45倍径Mk III型副炮，单装
1910年6月23日开工建造　1911年10月25日下水	4门3磅炮
1913年6月初竣工　1913年6月21日入役	2具18英寸鱼雷发射管（两舷水线下各一具）

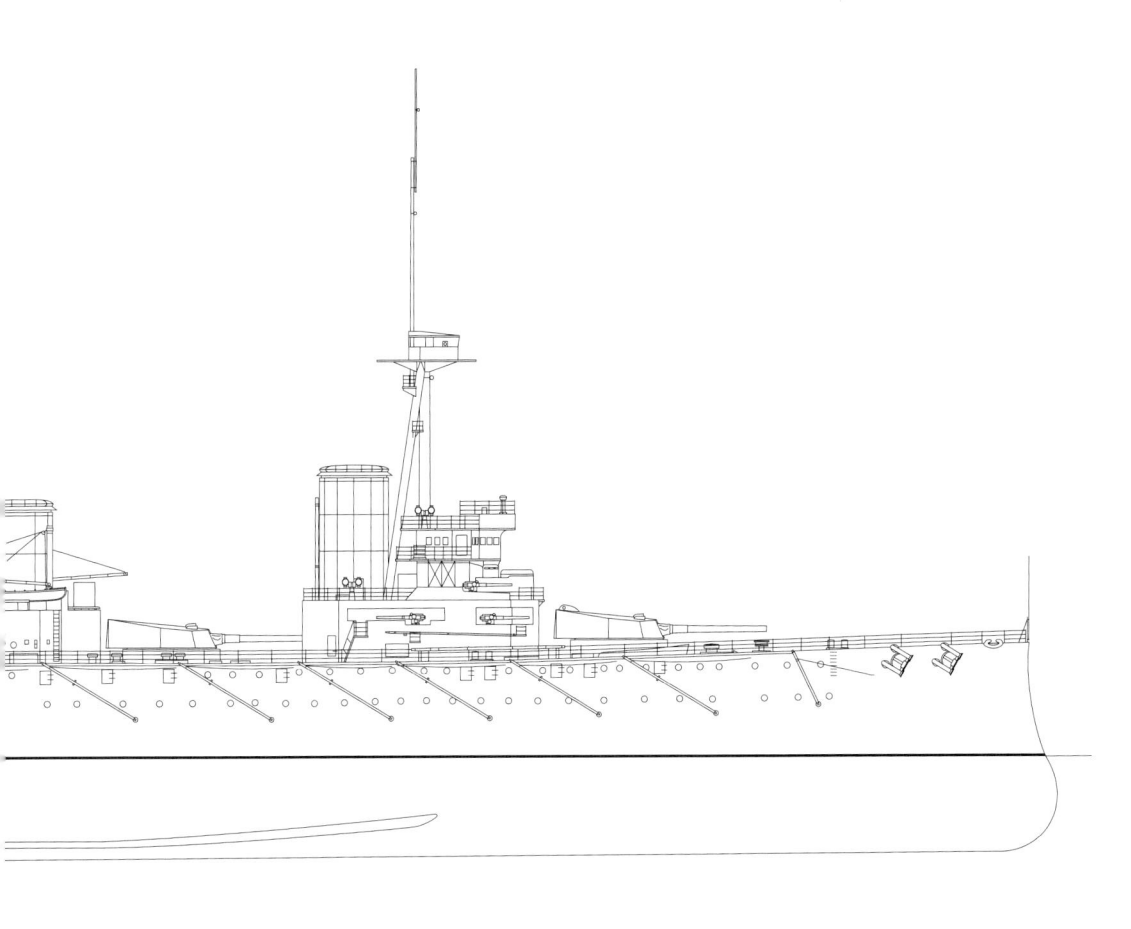

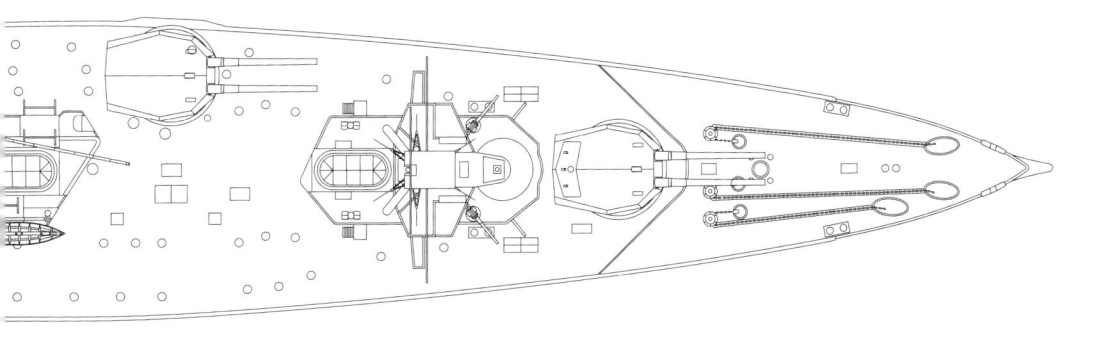

第三章　英国皇家海军的战列巡洋舰　111

Line drawing ©Ruggero Stanglini

装甲防护[1]

主装甲带：舯部6英寸，"A""X"炮塔座旁4英寸，前后段2.5英寸
隔舱壁：4英寸；舰体前部3英寸，舰体后部4.5英寸
甲板：炮塔座下方主甲板2英寸，下层甲板、舯部1.5—2英寸，前甲板2英寸，后甲板2.5英寸
主炮塔座：主装甲带上方7英寸，主甲板与下层甲板间的防弹钢板2英寸
弹药库防护板：2.5英寸
主炮塔：正面和侧面7英寸，顶部、背面和背面3英寸
司令塔：正面和侧面10英寸，背面7英寸，顶部和底面3英寸
通讯管道：4英寸
观测台：侧面4英寸，顶部和底面3英寸

主机

31台巴布科克＆威尔考克斯大型水管锅炉，工作压力250磅/平方英寸
4部帕森斯式直驱蒸汽轮机，4具3叶螺旋桨，双舵板
功率与航速（设计数据）：43000轴马力，最高25.8节
功率与航速（海试数据）：主轴308.6转/分时55881轴马力，最高26.89节（"澳大利亚"号数据）
最大燃料携带量：3340吨燃煤，870吨燃油
续航半径：6690海里/10节，3360海里/23.5节

人员编制

平时：官兵790名
战时：官兵835名

注1：所列为"澳大利亚"号和"新西兰"号提升防护后的数据。

1913 年 10 月抵达悉尼港的"澳大利亚"号战列巡洋舰。该舰于当年 6 月在朴次茅斯入役，在赴与其同名的国家访问之前，还曾接受过乔治五世国王的造访。（图片来源：皇家澳大利亚海军）

锚泊在奥克兰湾的"新西兰"号战列巡洋舰。拍摄时间可能是 1913 年 6 月。图中可见该舰的右舷主炮塔已转向正横，舷梯也正在放下。（图片来源：皇家澳大利亚海军）

"不倦"号的建造工程在"无敌"号战列巡洋舰开建 3 年后正式开始。但"不倦"号在设计时并没有得到关于"无敌"级在使用情况和服役表现方面的相关信息作为参考。尽管如此，菲利普·瓦茨还是决定将"不倦"号设计为"无敌"级的后续放大版。对"无敌"级的扩展设计最终被重新命名为"方案 A"，并于 1908 年 11 月获得海军部批准。扩展设计的主要要求是扩大上层甲板的空间，以使两座舯部舷侧主炮塔在向对侧射击时能拥有更宽的射界。这样虽然不能完全解决炮口爆风对上层甲板设施的影响，但在一定程度上可使情况有所改善。在主炮布局上，由于舯部"P""Q"两座主炮塔在向对舷射击时能达到 80°的射界，因此理论上每一舷侧可以同时集中 8 门主炮的火力。前主炮塔和后主炮塔射界各约为 280°，因此在理论上前向或后向可集中的主炮数量为 6 门，但实际上通常只有 2 座炮塔能开火——这一限制最终还是被皇家海军所接受。

在主尺寸上，"不倦"号的舰长比"无敌"级增加了 25 英尺，舷宽也相应增加了 2 英尺，以保持舰体外形、方形系数及相关性能指标不变。其结果是"不倦"号的排水量达到了 18750 吨，比"无敌"级高出 1500 吨。"不倦"号战列巡洋舰的各部分吨位分配为舰体 7000 吨、主机 3555 吨、装甲 3735 吨、武备 2580 吨、载煤 1000 吨、各类设备 780 吨、设计余量 100 吨，加上额外携带的煤炭、燃油，以及锅炉和其他设备的用水，其满载排水量为 22430 吨，比"无敌"级高出近 2000 吨。

约翰·布朗船厂和费尔菲尔德船厂分别为"澳大利亚"号与"新西兰"号提供了舰用主机,"不倦"号的主机也由约翰·布朗船厂负责采购。"不倦"号于1909年10月28日下水,1911年4月竣工。"澳大利亚"号于1911年10月25日下水,1913年6月竣工;"新西兰"号于1911年7月1日下水,于1912年11月竣工。

关于造价,"澳大利亚"号和"新西兰"号的大致数字是1685000英镑(含火炮),实际造价似乎也没有超过这一数字。可能是由于这对自治领姊妹舰是在私营造船厂而不是在皇家船厂建造的缘故,它们的造价较之"不倦"号有所增加。此外,自首舰"不倦"号和2艘同级舰的建造订单下达已经过去了两年,通货膨胀也可能是造价上升的原因之一。

"不倦"号在设计排水量状态下,其稳心高度的设计计算值为3.45英尺,重载排水量状态下为4.8英尺。1911年3月11日,"不倦"号在22130吨排水量状态下进行了倾斜试验。在这一测试条件下,其稳心高度为4.78英尺,最大稳定角为43°,失稳角度为重载状态下74°,轻载状态下83°。

对三舰的航速测试分别在不同的时间进行。1910年12月—1911年4月,"不倦"号进行了海试。在满功率状态下,其最高航速为26.89节。对"新西兰"号和"澳大利亚"号的海试分别在1912年10月和1913年3月进行,并持续了数日。两舰的最高航速都达到了"不倦"号的水平,由此证实了该级战列巡洋舰在舰形设计和主机的选择上是正确的。

此后,"不倦"级就成了皇家海军中最饱受批评的一级战列巡洋舰,因为该级舰被看作是对"无敌"级纯粹的重复——如果尚且还不算逊于"无敌"级的话。事实上,尽管部分增强了舷侧装甲作为补偿,但对舰身长度和排水量的限制使得该级舰在防护设

停泊中的"新西兰"战列巡洋舰,一艘汽艇正在其舷边行驶。摄于1913年。注意其转向内侧的两座舷侧主炮塔,它们射击时产生的炮口爆风将给舱面设施带来潜在的危险。(图片来源:澳大利亚维多利亚州州立图书馆)

停靠在澳大利亚阿德莱德港码头的"新西兰"号战列巡洋舰。摄于1919年。照片中显示出了该舰在一战期间所进行的改装情况,包括火炮指挥塔上方突出的舰桥。(图片来源:《M.布雷西亚图片集》)

计方面比"无敌"级更糟糕。不过需要理解的一点是,该级舰的建造,特别是"澳大利亚"号和"新西兰"号两舰的建造,是在英国的海军总体建设政策框架下进行的,这一政策必须在财政压力与应对德国的海军扩张之间取得平衡,所关注的重点也是当前战舰的量而不是质。幸运的是,英国广大的平头百姓完全不了解这些战舰与生俱来的缺陷,依然在为这些艨艟巨舰的诞生而欢欣鼓舞。

主要技术特点

虽然"不倦"级战列巡洋舰的设计直接来源于"无敌"级,但这两级舰之间还是存在一些差异。此外,像"不倦"号和另外两艘自治领姊妹舰这种在不同船厂建造的同级舰,彼此之间也有区别。因此,本节不再对这一舰级进行赘述,而重点介绍"不倦"级与"无敌"级的不同之处,以及"澳大利亚"号和"新西兰"号两舰的改装情况。

"不倦"级战列巡洋舰建成后的总长度为590英尺,舰宽为80英尺,重载排水量22080吨时吃水深度30英尺。"不倦"级舰体高度为49英尺,为保证良好的适航性,舯部干舷高达22英尺。第110—111页的图表总结了"不倦"级的主要技术参数指标。"无敌"级与"不倦"级之间主要的外部区别就是"不倦"级的舰体舯部较长,这样在两座舷侧炮塔之间就有了更大的空间,可以放置一个很短的甲板室来容纳中部烟囱和两台用来吊装勤务艇的起重吊臂。这种布局方式还能为前部1号烟囱和中部2号烟囱之间带来更多空间,这也是这一级新型战列巡洋舰最显著的特征。然而,加长的舯部意味着前主炮和后主炮炮塔必须靠近舰体两头布置,这使得"不倦"级的适航性不如"无敌"级。

"不倦"级的罗经台设置在操舵室的上方,向外延伸的长度并不像"无敌"级那么大。

但"不倦"级的翼桥仍然延伸到前部上层建筑的侧面。除了前桅观测台,"不倦"号还单独设有一个位于司令塔和1号烟囱之间有装甲板保护的观通站。该观通站配备有一名观测员和一台德梅里克火控计算器,但前桅和司令塔对操作手的视线有所阻碍。3号烟囱的位置离主桅较远,并且和"无敌"级一样,主桅的支柱向后而不是向前倾斜。"不倦"级的后部司令塔仅用于指挥鱼雷射击,而且根据设计,3艘舰的艉部都没有设置信号传输站。勤务艇放置于前后上层建筑和中部的短甲板室上,使用时由一部后部主起重吊臂和两部较小的吊臂进行吊放。

在领教了"无敌"号那难堪一用的电动炮塔座后,海军部决定"不倦"级主炮炮塔座还是采用液压驱动的形式。因此,"不倦"级对发电能力的需求比"无敌"级战列巡洋舰略低。"不倦"级的主环路电压改为225伏,安装3台西门子直流发电机,其中2台由活塞式发动机驱动,另一台由涡轮机驱动。每台直流发电机能够产生900安培电流,总装机功率刚好超过600千瓦。

"不倦"级战列巡洋舰最初配备的无线电台是用于远距通讯的Mk 1型和用于短距通讯的Mk 9型。至于舰上人员,其编制数量和构成随着任务的不同而不时变化。"不倦"号最初定员为790名官兵,"新西兰"号806名,"澳大利亚"号818名。后来这些数字逐渐增加,"澳大利亚"号的舰员编制数量在1919年达到了840人,"新西兰"号在1921年达到了1070人。当"澳大利亚"号作为皇家澳大利亚海军的旗舰时,其舰员数量还会进一步增加。

1915年年初,该级舰采用了伪装涂装,但大约一年后就被取消了。"澳大利亚"号和"不倦"号最初在舰体中部涂上了深灰色的长色块。"新西兰"号的伪装涂装则更为精细,包括在烟囱、上层建筑和主炮上的不规则斑块。除伪装外,"澳大利亚"号和"新西兰"号由于舰桥结构的变更,在外观上与"不倦"号有所区分,包括将观通站从司令塔后面移到了其上方。两艘自治领姊妹舰另一个独有的特点是没有在后桅上设置观测台。其余的区别则主要体现在舰体内部的布局方面。

防护

虽然对"不倦"级战列巡洋舰性能参数的保密使得人们猜测其可能敷设了9英寸厚的主装甲带,但该级的装甲防护设计实际上只是对"无敌"级防护设计的一种效果更差的变体。在舰体中部延伸了大约290英尺长的克虏伯渗碳钢主装甲带事实上仅有6英寸厚,而且在"A""Y"主炮塔处减至4英寸。这意味着"不倦"级比"无敌"级在舰体宽度上要窄几英寸。主装甲带的厚度在舰艏和舰艉处进一步减少到2.5英寸,但其最前端部分的宽度有所增加。6英寸厚的主装甲带围成了一个"装甲盒"结构,前后各由一块4英寸厚的克虏伯渗碳钢隔舱壁封闭。前隔舱壁位置略前于"A"主炮塔,后隔舱壁在"Y"主炮塔座旁,自下层甲板向上层甲板垂直延伸。"不倦"级的水平防护措施包括1英寸厚的镍钢主甲板(在主炮塔座周围厚度增加到2英寸)和1.5—2英寸厚的镍钢下层甲板。下层甲板从舰艏延伸至舰艉,在舰体中部还带有一定的斜度。在艏楼和上层甲板之间的锅炉排烟管有1.5英寸厚的镍钢钢板保护,主机舱舱门亦然。

"A""P""Q"三座主炮塔的炮塔座均覆有7英寸厚的克虏伯渗碳钢装甲,但它们与主甲板的连接孔道处的装甲厚度减少到只有2英寸。"Y"主炮塔座装甲厚度从7英寸减至4.5英寸，但直径保持不变。舯部"P""Q"两座主炮塔的炮塔座相比"A""Y"两座炮塔的要小一些。主炮塔的四面都覆有7英寸装甲，顶部装甲则减少到3英寸厚。前司令塔前侧装甲厚10英寸，顶部厚3英寸。通讯管道装甲厚7英寸，但前部信号传输站处装甲厚度只有2英寸，且此处的通讯管道被置于主甲板之上。设置在指挥塔后面的观通站侧装甲厚4英寸，顶部3英寸。后司令塔被封闭在上层建筑中，依然仅用于指挥鱼雷射击，装甲厚度1英寸。炮弹库和发射药库的装甲厚度为2.5英寸。

"澳大利亚"号和"新西兰"号的装甲防护设计有所修改，以增强全舰的防护水平。两舷敷设的主装甲带前段在距舰艏约55英尺处被截断，后段在距舰艉同样的距离处也被截断，然后用一道纵向隔舱壁将两舷主装甲带连接起来。"A"主炮塔和"Y"主炮塔之间的装甲带厚度也增加到了5英寸。另外，两舰的主甲板及炮塔顶部的装甲厚度也有所变化，观通站的位置也被重新设置。

主机

工业技术的进步，也反映在锅炉、蒸汽轮机和其他辅助设备的不断改进上。"不倦"级战列巡洋舰比"无敌"级多配备一台锅炉，尽管"不倦"级的主机总体布局与"无敌"级相同，但舯部"P""Q"两座主炮塔间更大的间距使得主甲板之下的空间必须另做规划。左舷"P"炮塔弹药库位于1号与2号锅炉舱之间，右舷"Q"炮塔弹药库位于3号与4号锅炉舱之间，这种布置方式需要为弹药库专门设计一套冷却装置。"不倦"级主机舱空间的布置方式与"无敌"级不同，是由一道水密隔舱壁将每间涡轮机舱与对应的冷凝器舱分隔开来。冷凝器舱内还装有许多附属设备，如蒸发器、主循环泵和其他辅助机械。

3艘"不倦"级战列巡洋舰都安装了工作压力250磅/平方英寸的巴布科克＆威尔考克斯式锅炉，为帕森斯式蒸汽轮机提供蒸汽，而巡航涡轮机在整个项目中已经被人们遗忘。"不倦"级的主机设计功率为43000轴马力（"新西兰"号为44000轴马力），最高航速25.8节。"不倦"号在最初的航速测试中，由于糟糕的天气、不利的海况条件和推进系统用水不足而暴露出了许多问题。后来"不倦"号安装了一个尺寸稍大的三叶螺旋桨，选择了一个较好的天气，重新进行了航速测试。在第二次测试中，"不倦"号战列巡洋舰的主机输出功率达到了55190轴马力，并在对锅炉进行强制送风的条件下创造了26.89节的航速纪录。"新西兰"号和"澳大利亚"号的螺旋桨与"不倦"号的相同，并在航速测试中取得了类似的成绩。为保证航速测试结果的准确，在海试期间，3艘舰的排水量均保持在18750吨。

"不倦"级在主机全功率运转时，燃煤消耗量为每天790吨；在14节的经济航速下，燃煤消耗骤降至每天192吨。"不倦"号载煤量3340吨，贮油870吨。在煤、油混烧时，其续航力为3360英里/23.5节和6690英里/10节。

武器装备

尽管有传言说"不倦"级会装备13.5英寸主炮，但实际上"不倦"级的主炮仍然是8门Mk X型45倍径12英寸炮。不过其主炮塔使用的是比现有的B VIII型性能更好的B VII*型炮塔座。主炮备弹情况与"无敌"级相同，即每门炮备弹110发，其中高爆弹39发、被帽穿甲弹33发、被帽普通弹38发，但1916年中期时调整为33发高爆弹、44发被帽穿

甲弹和33发被帽普通弹。有了"无敌"号关于电动炮塔的前车之鉴,"不倦"级所有的炮塔都是液压驱动型,这也与其他主力舰的配置类似。液压介质为液压油和水的乳化液。

"不倦"级战列巡洋舰共安装有16门50倍径4英寸副炮,其布局与"无敌"级不同,前后上层建筑上各安装6门,其余4门安装在甲板室。所有副炮后来都配备了轻型防盾,以保护自身及炮手免受恶劣天气和爆炸的伤害。最初每门副炮备弹100发,高爆弹和普通弹各50发,后来改为70发高爆弹和50发普通弹,最后调整为60发高爆弹、15发曳光高爆弹和25发普通弹。舾装完成时,"不倦"级并未安装高射炮,不过很快就进行了加装。"不倦"号和"澳大利亚"号于1915年安装了一门3英寸口径的20英担(英制重量单位,1英担约为50.8千克)速射高炮,1917年"澳大利亚"号又加装了一门Mk III型4英寸后膛炮,作为反鱼雷艇之用。"新西兰"号在1914年10月装备了一门3英寸口径的20英担速射高炮和一门6磅哈奇开斯(Hotchkiss)炮。"不倦"级还安装有2具18英寸鱼雷发射管,前部舰体两侧各一具,备有12条Mk VI* H型鱼雷,后来更换为Mk VII型鱼雷。

由于"不倦"级各舰都缺少单独的后部司令塔和相应的信号传输站,因此其火控布置也不同于"无敌"级。建造完工时,"不倦"号在每一个观测台上都安装了一台9英尺基线的巴尔&斯特劳德式测距仪。"澳大利亚"号和"新西兰"号则没有在主桅上设

在战列巡洋舰上进行的首次舰载机试验:1917年,一架索普威斯"幼犬"式飞机从"新西兰"号的右舷主炮塔顶部成功起飞,背景中是"澳大利亚"号战列巡洋舰。(图片来源:皇家澳大利亚海军)

置观测台，而是在靠近司令塔的位置设有一个装甲观测塔，观测哨在这个位置能够得到更好的防护，视野也大为改善。一台9英尺基线的巴尔＆斯特劳德式测距仪安装在"A"主炮塔后部。

探照灯的类型也不一样。初始状态的"不倦"级配备了共计8组16部24英寸直径的双联探照灯。它们集中安装在前后上层建筑上：2组在舰桥后，2组在1号烟囱侧面，4组在主桅杆后的一个大平台上。

至于飞机，一张拍摄于1917年的著名照片上显示一架索普威思"幼犬"式飞机正在从"新西兰"号的舯部"P"主炮塔顶部铺设的平台上起飞。"新西兰"号的另一座舷侧炮塔上同样也铺设了一个起飞平台。"澳大利亚"号的飞行甲板布置形式与"新西兰"号相同。

服役和主要改装情况

"不倦"号于1911年2月24日入役英国皇家海军，并于1913年1月1日与"狮"号、"不挠"号和"皇家公主"号一起编入隶属本土舰队的第一战列巡洋舰分舰队。1913年12月，"不倦"号又被编入新组建的第二战列巡洋舰分舰队，在地中海与3艘"无敌"级战列巡洋舰一起执行战斗勤务。1914年8月初，"不倦"号与"不挠"号一同参加了对德国海军"戈本"号战列巡洋舰和"布雷斯劳"号巡洋舰的追击战，但追击行动未获成功。随后该舰对达达尼尔海峡的土耳其军队要塞进行了协约国军队对这里的首次炮击。1915年2月，该舰加入了隶属于大舰队的新组建的第二战列巡洋舰分舰队，1912年11月23日服役的"新西兰"号也在该分舰队中，"澳大利亚"号为该分舰队旗舰，第二战列巡洋舰分舰队因此成为一支全部由同级舰组成的战列巡洋舰分舰队。在1916年5月31日的日德兰海战中，"不倦"号遭到德国战列巡洋舰"冯·德·坦恩"号的重创，随后沉没。

"澳大利亚"号于1913年6月21日作为皇家海军澳大利亚分舰队的旗舰开始其服役生涯，当年7月从朴次茅斯起航，10月4日抵达澳大利亚悉尼。战争爆发时，该舰正巡弋于中太平洋，以防德国海军部署在远东的巡洋舰分舰队（Kreuzergeschwader）乘虚而入，夺取英法两国在这一地区的领地。"澳大利亚"号于1915年6月下旬返回英国，加入了大舰队作战序列，担任第二战列巡洋舰分舰队的旗舰。1916年4月22日，该舰于丹麦海域合恩礁（Horns Reef）西北约75英里处海域与"新西兰"号相撞，之后进坞维修至6月1日。"澳大利亚"号在一战中参加的都是一些规模较小的作战行动，但在大战结束后的1918年11月，该舰参与了将投降的德国公海舰队押送至苏格兰斯卡帕湾锚地的行动，随后负责对德国"兴登堡"号战列巡洋舰进行监视看押。1919年4月，"澳大利亚"号起航前往澳大利亚，在之后3年里一直担任皇家澳大利亚海军的旗舰。1924年4月12日，作为人造礁石在悉尼以东24英里处被凿沉。

1913年2—12月，"新西兰"号进行了一次远洋航行，期间特别访问了新西兰。第一次世界大战爆发后，该舰与"无敌"号在亨伯河河口海域巡弋，以防范德国战列巡洋舰的突袭。1914年8月28日，"新西兰"号在赫尔戈兰湾海战中支援了哈里奇（Harwich）分舰队。该舰后来被编入第二战列巡洋舰分舰队。在举世闻名的日德兰海战中，"新西兰"号不顾"Y"主炮塔负伤，与德国海军"毛奇"号战列巡洋舰进行了激烈的厮杀。战争快结束时，"新西兰"号担任了第二战列巡洋舰分舰队的旗舰。1919年2月—1920年2月，该舰访问了许多英国的海外自治领和殖民地，总航程超过33500英里。1922年4月19日，"新西兰"号从皇家海军中除役，之后出售给罗赛斯拆船公司拆解。

对"不倦"级战列巡洋舰的改装主要集中在对防空火炮的更换，以及火控设备的安装带来的舰桥结构变化。虽然这些改装主要是针对"澳大利亚"号和"新西兰"号这对自治领姊妹花的，但"不倦"号也在1911年到1914年之间的某个时期，在"A"主炮塔的后部安装了一部9英尺基线测距仪。"新西兰"号在1915年年中至1916年年中之间，在前观测台下方安装了一部火控指挥仪，前观测台本身也得到了扩大，并为其配备了一部9英尺基线测距仪。1917年，"新西兰"号舷侧两座主炮塔也各在后部安装了一台同型测距仪，另外还在后舰桥增设了一部开放式安装的测距仪，用以增强指挥鱼雷攻击的能力。

"不倦"级用8部单装36英寸直径探照灯取代了较小的型号，探照灯两部一组，安装在舰桥侧面、中部烟囱周围和后舰桥上。上桅杆被移除，桅杆上的索具也被重新安排以便安装无线电通讯天线。两艘自治领姊妹舰的"A"主炮塔和"Y"主炮塔上画有偏转角指示刻度，并且在观测台上悬挂有射程钟。为了1919—1920年的环球巡访任务，"新西兰"号还曾精心"打扮"了一番，扩建并部分重建了前舰桥。

"狮"级战列巡洋舰

如前文所述，"狮"级战列巡洋舰的设计工作大致是在海军部批准"不倦"号的设计方案的时候开始的。和往常一样，费舍尔勋爵与他政策的支持者们保持着密切的联系，为开发出一级新型战列巡洋舰锲而不舍。当时至少有四点原因促使费舍尔如此热情洋溢地组织新舰设计：一是"无敌"号和"不挠"号在1908年和1909年的战斗训练中取得了成功，至少根据舰队的报告是这样。二是火力强大的13.5英寸火炮所取得的技术进步和最终实用化，使得费舍尔急切地要求建造比过去的英国主力舰强大得多的战列巡洋舰。但实际上海军部已经意识到在新型战列巡洋舰上配备13.5英寸火炮会带来排水量的增加。排水量的增加意味着造价的必然增加，但皇家海军准备在编制海军预算时再就这一问题进行讨论。1908年11月海军部批准了"不倦"号的设计方案后，来自海军情报署的信息证实，德国海军正在倾力投入一项新的海军建设计划，其中就包括据称比英国同类舰更为强大的战列巡洋舰。[1]这一消息被泄露给了英国新闻界，新闻界如获至宝，准备充分利用这一消息来制造所谓的"海军恐慌"，借此对议会中即将到来的关于海军预算的争论施加影响。这也是促使费舍尔决心引导菲利普·瓦茨爵士设计出一款拥有强大火力的新型战列巡洋舰的第三个原因。费舍尔的这一目标也将迫使德国在其正常的海军建设预算之外投入更多资金。第四个原因是英国海军当时已经拥有了配备13.5英寸火炮的主力舰设计案，即"俄里翁"级（Orion Class，又译"猎户座"级）战列舰[2]。在新型战列巡洋舰的设计中，可以借鉴或直接将"俄里翁"级的成熟设计拿来使用，以满足对新型战列巡洋舰的火力与航速要求。

设计、建造与造价

1908年4月，雷金纳德·麦肯纳接替特威德茅斯勋爵（Lord Tweedmouth），成为第

---

[1] 至1909年夏，英国皇家海军得知德国已经开建或订购了不少于9艘战列舰与战列巡洋舰，而其他的主力舰建造计划也在落实中。关于德国战列巡洋舰的情报准确度之高，可由费舍尔在通信中对德舰使用了和德国海军部一样的代号——"E"为"布吕歇尔"号，"F"为"冯·德·坦恩"号，"G"为"毛奇"号，"H"为"戈本"号——即可证实。

[2] "俄里翁"级战列舰共4艘，于1909年11月—1912年5月之间陆续建造。该级的满载排水量为25600吨，航速21节，主火力配备为5座装备45倍径13.5英寸主炮的双联装炮塔。

一海务大臣①，此人一贯坚定支持皇家海军在内阁和议会中扩张势力。在获得德国人有关新锐战舰的情报之后，1908年10月被任命为第三海务大臣兼海军审计官的海军少将约翰·杰利科爵士要求新近批准的"不倦"级战列巡洋舰方案立刻取消，并代之以一型全新的、更强大的战列巡洋舰设计。事实上，来自德国的情报似乎证实了一点，即德国海军为挑战英国海军的霸权，正在加快其建设步伐，因此，海军部向内阁建议在1909—1910财年的海军预算内新造6艘主力舰。1909年2月，在一场有新闻界参与的激烈辩论之后，内阁同意在1909—1910财年内新造4艘主力舰，之后如果德国海军的扩军无法得到遏制的话，可以再增建4艘。显然，是费舍尔勋爵推动了这一"4+4"战列巡洋舰建造计划的通过。但第二海务大臣、海军中将弗朗西斯·布里奇曼爵士（Sir Francis Bridgeman）反对这一计划，他认为对日益强大的德国海军的最佳应对方式应该是建造战列舰，而非战列巡洋舰。最终，海军部经过内部讨论，双方达成了妥协：建造3艘战列舰和1艘战列巡洋舰（"狮"号）。此外海军部还确定了另一个类似的"3+1"附加——或称为"候补"——造舰方案，其中的"1"即为后来的"皇家公主"号战列巡洋舰。②

一般认为"狮"级属于英国海军的第二代战列巡洋舰。该级除"狮"号和"皇家公主"号以外，3号舰被命名为"玛丽女王"号。"玛丽女王"号依据1910—1911财年的海军预算建造，虽然该舰在设计上以"狮"级的初始设计为基础，但还是有一些重要的不同之处。关于"玛丽女王"号的情况将在本节后段单独进行分析。

关于"狮"号设计方案的讨论始于1909年5月底，当时英国海军部在"狮"号的主炮布局上选择了"俄里翁"级战列舰所采用的形式，即一种全部配备双联装主炮塔，所有主炮塔沿舰体中线安装的布局方式。这种布局方式取消了左右两舷的炮塔，并且2座前主炮塔呈背负式，"B"主炮塔在"A"主炮塔之上。除此之外，在中部甲板和后甲板还各装有一座主炮塔。这样，"狮"号总共配备有8门13.5英寸主炮。与之前几级战列巡洋舰的12英寸主炮布局设计相比，这种布局使该舰舷侧齐射时的弹丸投射重量增加了一倍。此外，新型主机的采用使"狮"号的功率水平几乎比第一代战列巡洋舰高一倍。这些性能提升显然意味着舰体尺寸和整体造价的攀升，但内阁和公众舆论倒乐见其成。于是海军建造总监指派海军建造师E. L. 阿特伍德（E. L. Atwood）和W. T. 戴维斯负责"狮"号的设计工作。1909年8月，经过多轮反复修改，海军部批准了代号为"CV"的最终设计方案。

与第一代战列巡洋舰相比，"狮"级战列巡洋舰在设计上有了显著的改进。这些改进不仅体现在火力和航速上，而且在某种程度上也涉及装甲防护，"狮"级的设计防护水平能够承受德舰280毫米（11英寸）炮弹的打击。然而，"狮"级在装甲防护方面仍然存在一些弱点。海军建造署拿出的"CV"或叫作"C5"的设计方案，其重载排水量增至26350吨，舰体全长达到了700英尺，舷宽与吃水深度也因此相应增加，这就为"狮"级提供了高达0.564的方形系数。合适的舰形和更大的主机功率储备意味着该级舰的最高航速将达到28节。重载排水量状态下，该级舰各部分吨位分配为：舰体9710吨，主机5190吨，装甲6140吨，武备3260吨，载煤1000吨，各类设备800吨，以及设计余量100吨。③如果再加上额外携带的燃煤和锅炉储备用水、油料、其他武器装备与舰上设备，重载排水量就达到了31234吨，相比"不倦"级和"无敌"级的排水量指标有大幅增加。

然而，"狮"级战列巡洋舰的设计却由于其主炮布局而受到批评。该级舰的舰体尺

---

① 在1908年年初，威德茅斯勋爵因与德皇威廉二世就英国的海军计划进行通信而遭到抨击。
② 因此，英国1909—1910财年的海军预算总共包括2艘战列巡洋舰和6艘战列舰。
③ 舰上各部分所占吨位百分比为：舰体36.9%，主机19.8%，装甲23.5%，武备12.5%，煤炭3.9%，各类设备3.1%，设计余量0.3%。因此，与"不倦"级和"无敌"级战列巡洋舰相比，"狮"号所有的组成部分的吨位比例都进行了再平衡。

寸大于"俄里翁"级战列舰，航速也高于之前级别的战列巡洋舰，因此所需的锅炉数量就更多，主机也需要占用更多的舰体空间和吨位。最符合逻辑的选择应该是将4座主炮塔像"俄里翁"级那样布置成两两一组的背负式炮塔群。这一布局方式在"狮"级的设计过程中虽然曾被考虑，但最终还是被海军部放弃，而改为保留一座甲板中部炮塔，舰艉只设置一座主炮塔。这一决定可能是出于财政原因，但也合理，因为海军部不能将1909—1910年度海军预算所确定的海军整体建设总支出拉高太多。另一个可能的原因来自技术领域：背负式主炮塔意味着炮口爆风会持续破坏甲板与舰桥设施。事实上，这些巨炮在开火时产生的炮口爆压会进入下方炮塔的炮口和瞄准具护罩，严重损害炮塔内的仪器，同时给炮组人员带来伤害。①

"狮"号战列巡洋舰由皇家德文波特造船厂承建②，于1909年11月29日开工。关于"皇家公主"号的建造归属，各建造商之间展开了竞标，最后维克斯·阿姆斯特朗（Vickers Armstrong）公司成为该舰的建造和主机供货中标人。"皇家公主"号于1910年5月5日开工建造。成本方面，"狮"号的建造成本为2068337英镑（含火炮），"皇家公主"号的建造成本为2013886英镑。考虑到前者是在国有的皇家造船厂建造的，而后者是在私营造船厂建造的，这种成本上的细微差异是可以接受的。

在初始设计中，"狮"级战列巡洋舰的前桅置于1号烟囱之后，海军部之所以选择这样的布置方式，是因为供前舰桥使用的勤务艇被放置在了后主甲板上，需要借助前桅安装一部起重吊臂进行吊放。③然而当"狮"号进行首次海试时，烟囱中冒出的煤烟完全

① 这些问题后来通过在炮塔上采用潜望镜式火炮瞄准具和炮口爆风防护措施而得到了解决。
② "狮"号是在皇家德文波特造船厂建造的第二艘也是最后一艘战列巡洋舰。
③ "无畏"号战列舰曾采用过这种前桅布局方式，但之后各级战列舰和战列巡洋舰都没有再用过。这种布局虽然不实用，但在设计最现代化的战列舰时又被重新拾起。此外，高温废气曾在战列舰上造成严重的问题，而由于战列巡洋舰的主机功率更高，因此情况就更为糟糕。所以令人惊讶的是，海军部根本没有从第一代主力舰的试验和使用效果中吸取相关的经验教训。

竣工时的"狮"号战列巡洋舰，摄于1912年5月。照片中可见该舰的前三脚桅最初位于前烟囱之后，并且比其他两座烟囱要高。后桅上还没有安装观测台。（图片来源：《J. 罗伯茨图片集》）

1912 年经过改造后的"狮"号战列巡洋舰的照片。可见该舰原先的前三脚桅已经换成了一根安装在前烟囱之前的单柱桅,舰桥的布局也因此进行了相应调整。(图片来源:《J. 罗伯茨图片集》)

笼罩了前观测台,还损坏了舰桥上的一些仪器,由此证明这种布置很不合适。另外,随着航速越来越快,更多的锅炉投入运转,使得桅杆支柱在高温煤烟的作用下温度变得很高。① 而在该舰迎风航行时,这些情况会更加恶化,使得干舷前部的各种设施与战位几乎失去作用。于是,在舰队多次叫苦之后,"狮"号在德文波特船厂进行了改装。尽管"皇家公主"号此时尚未完工,但也一并进行了改装。改装后的主要变化是将 1 号烟囱后移,在其前方重新安装一个新的单柱桅,取代之前的三脚桅。勤务艇的安放位置也重新安排,而 2 号和 3 号烟囱则被加高到和 1 号烟囱一样的高度。

"狮"号战列巡洋舰于 1910 年 9 月 6 日下水,但由于在海试中出现了各种问题,直到 1912 年 5 月才告完工。"皇家公主"号于 1911 年 4 月 29 日下水,次年 11 月完工,但其在海试中也经历了与"狮"号类似的问题。"狮"号于 1912 年 6 月 1 日进行了倾斜试验,其满载排水量达到了 30820 吨,相应的稳心高度和平均吃水深度分别为 6 英尺和 31 英尺 6 英寸。重载排水量 26270 吨状态时最大稳定角为 43°,失稳角为 76°;满载排水量状态下其失稳角为 85°。"皇家公主"号的相关数据与"狮"号差不多,"玛丽女王"号在完工后进行的倾斜试验中也得到了类似的数据:30620 吨满载排水量下稳心高度 5.95 英尺。②

"狮"号的航速测试于 1912 年 1 月 8—12 日进行,但结果却很不如人意。在主机最大功率接近 76630 轴马力时,其最高航速为 27.6 节,低于 28 节的设计值。航速不能达标有两个原因:一是螺旋桨的尺寸与"狮"号的舰体不匹配,导致推进力不足;二是舰底涂层的成分不合适,增加了行进阻力。于是海军部决定更换螺旋桨,但舰底涂层不做更改。1912 年 6 月,"狮"号在更换了新型螺旋桨后进行了验收测试,但表现并未得到改善。"皇家公主"号于 1912 年 9 月进行了海试,在使用旧式螺旋桨的情况下,主机功率达到

① 另一个严重的风险是可能会将前桅上的索具和信号旗引燃。
② 基本上该级舰在倾斜试验中获得的稳性参数数据与其设计值并没有显著的差异,因此证明了海军建造署对这款新型战舰的设计数据计算的正确和设计成熟度。

约 78800 轴马力，最高航速 28.5 节。这就证实了"狮"号的航速不达标主要还是舰底涂层的问题。最终两舰都更换了合适的螺旋桨。①"皇家公主"号在 1913 年 7 月进行了最后一次航速测试，在主机输出功率 95000 轴马力时，航速勉强达到 28 节。总而言之，虽然测试结果不太如人意，但对未来的舰用主机和推进系统设计者与操作者来说，这可以使他们更好地了解这些舰船的性能极限，还是很有参考价值与借鉴作用的。

被公众誉为"完美之猫"（Splendid Cats）的"狮"级战列巡洋舰，是英国海军在费舍尔勋爵担任第一海务大臣期间建造的最后一级战列巡洋舰。它们一经问世，便立即成了公众的宠儿。费舍尔勋爵也为它们而特别骄傲，因为该级舰是他关于主力舰速度与火力理论的最终体现。费舍尔于 1910 年 1 月 25 日离任海军部，但此后英国战列巡洋舰的故事仍在继续。

主要技术特点

"狮"级战列巡洋舰最明显的外部特征是"A""B"两座主炮塔呈背负式，"B"主炮塔位于"A"主炮塔之上；3 座烟囱之间的间距各有不同，且前后桅形制最初为单柱桅，而非三脚桅。另外，1 号烟囱截面呈圆形，另两座烟囱截面呈椭圆形。"狮"级舯部甲板空间被"Q"主炮塔占据，该炮塔射界接近 160°。这意味着"狮"号可以用所有 8 门 13.5 英寸主炮进行舷侧射击，但前向仅能集中 4 门主炮火力，后向更是仅有 2 门。英国战列巡洋舰在设计上需要将弹药库和主机舱交错布置，这使得继续保持一座舯部主炮塔的设置方式依然是一个潜在的危险。"狮"级的舯部主炮塔弹药库被置于两间锅炉舱之间，因此在高温和冷却系统方面存在一定的风险。

俯瞰"狮"级，可以发现其前后上层建筑均呈菱形，这一特点赋予了所有 4 座主炮塔以最大射界。竣工后的"狮"级战列巡洋舰全长为 700 英尺，最大舰宽 88.5 英尺，在满载排水量 30084 吨时最大吃水深度约为 31 英尺 4 英寸。第 124—125 页的图表列出了"狮"级的主要技术参数。舰艏 30 英尺与舰艉 19 英尺的干舷高度为"狮"级提供了良好的适航性。此外，舰艏的"A"主炮塔和舰艉的"Y"主炮塔位置较其他同期的英国战列舰更靠近舰体两端，使得该级的耐波性，特别是在恶劣天气下的耐波性得到了改善。"狮"级的罗经平台与"无敌"级一样向外延伸，整个布局清晰地反映出其设计来源于"俄里翁"级战列舰。不过"狮"级的前舰桥又高又窄，因此不会对 4 门 13.5 英寸前主炮的射击产生影响。

轻型划艇安放在前舰桥上，由 2 部起重机吊放；较重的汽艇放置在后部遮蔽甲板上，由一个铰接在后桅上的起重吊臂吊放。②"狮"级的司令塔布局相比"不倦"级要简单，但同样有一个前向的观测台。

"狮"号和"皇家公主"号均安装有 3 台蒸汽动力的西门子直流发电机。其中 2 台由活塞发动机驱动，另一台由蒸汽轮机驱动。每台发电机都能产生平均 225 伏、900 安培的电量，因此全舰发电总功率接近 600 千瓦。"狮"级最初装备一部用于远距离通信的 Mk I 型无线电台，以及一部用于短距离通信的 Mk 9 型或 Mk IX 型无线电台。其舰员编制的大小和组成因任务形式而异，尤其是对作为第一战列巡洋舰分舰队旗舰的"狮"号而言。"狮"号完工时的舰员编制为官兵 984 名，但在 1915 年增加到 1092 名。1912 年时"皇家公主"号编有 985 名官兵，并且很可能在其服役期间一直保持着这一编制规模。

---

① 在海试期间，"狮"号和"皇家公主"号的排水量都接近 26700 吨。

② "狮"级战列巡洋舰配备有 13 艘各类小艇。

"狮"号，1912年

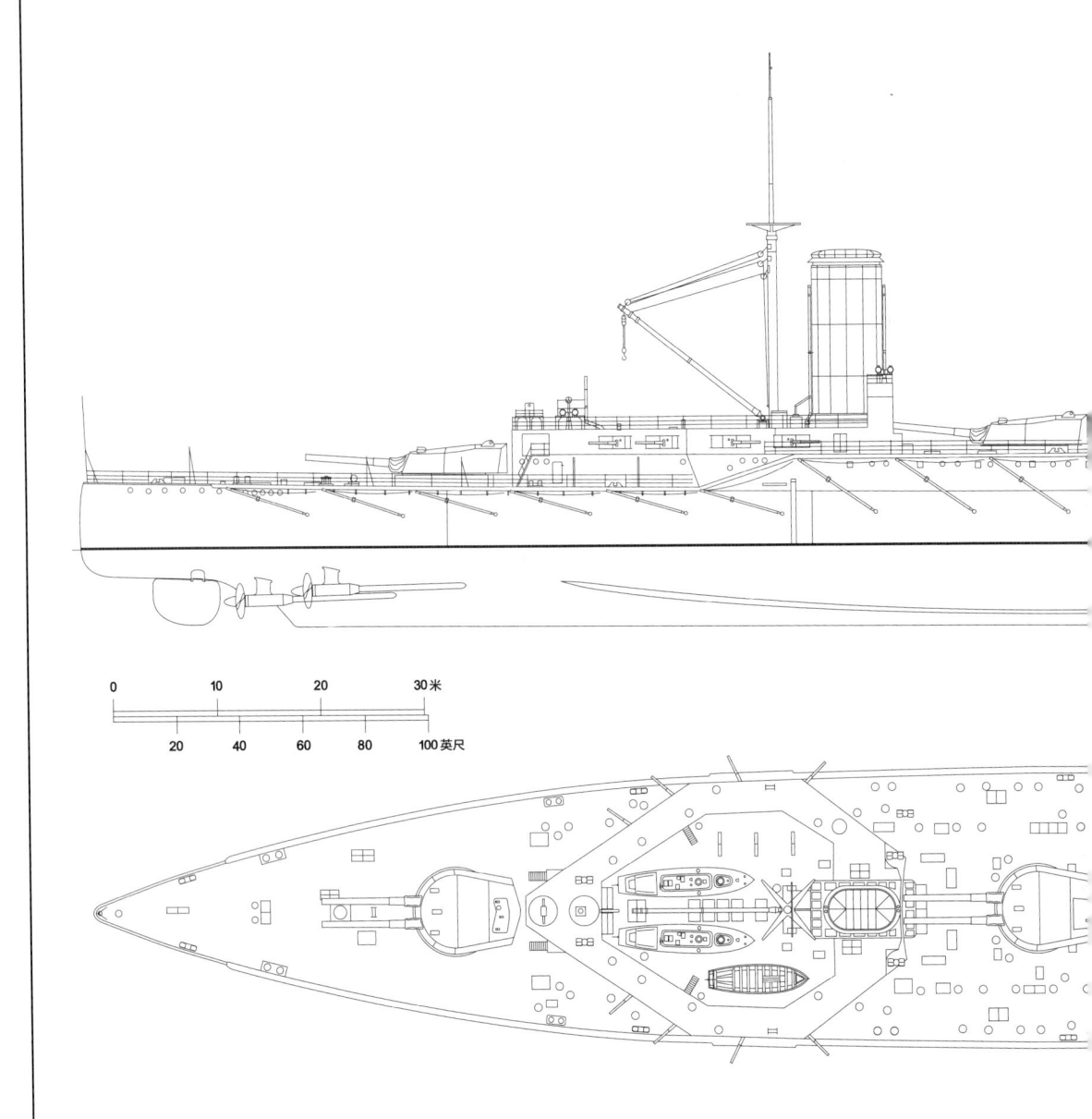

"狮"级	满载排水量
舰名 "狮"号、"皇家公主"号、"玛丽女王"号 **承建船厂与建造情况** "狮"号：德文波特皇家船厂 1909年11月29日开工，1910年8月6日下水，1912年5月竣工，1912年6月4日入役 "皇家公主"号：维克斯船厂，巴罗 1910年5月2日开工，1911年4月29日下水，1912年11月竣工，1912年11月14日入役 "玛丽女王"号：帕尔默斯船厂，贾罗 1911年3月6日开工，1912年3月20日下水，1913年8月竣工，1913年9月4日入役	设计数据："狮"号23350吨，"玛丽女王"号27000吨 倾斜试验数据："狮"号26270吨，"皇家公主"号26100吨，"玛丽女王"号26770吨 **尺寸** 舰长：700英尺（全长），660英尺（舰艏垂线间长） 舷宽：88英尺4英寸（型宽） 吃水深（满载排水量状态）：舰艏26英尺5英寸，舰艉28英尺10英寸（"狮"号） **武备** 8门13.5英寸45倍径MkV型主炮，双联装主炮塔 16门4英寸50倍径MkVII型副炮，单装 1门12磅炮 两具21英寸鱼雷发射管（两舷水线下各一具）

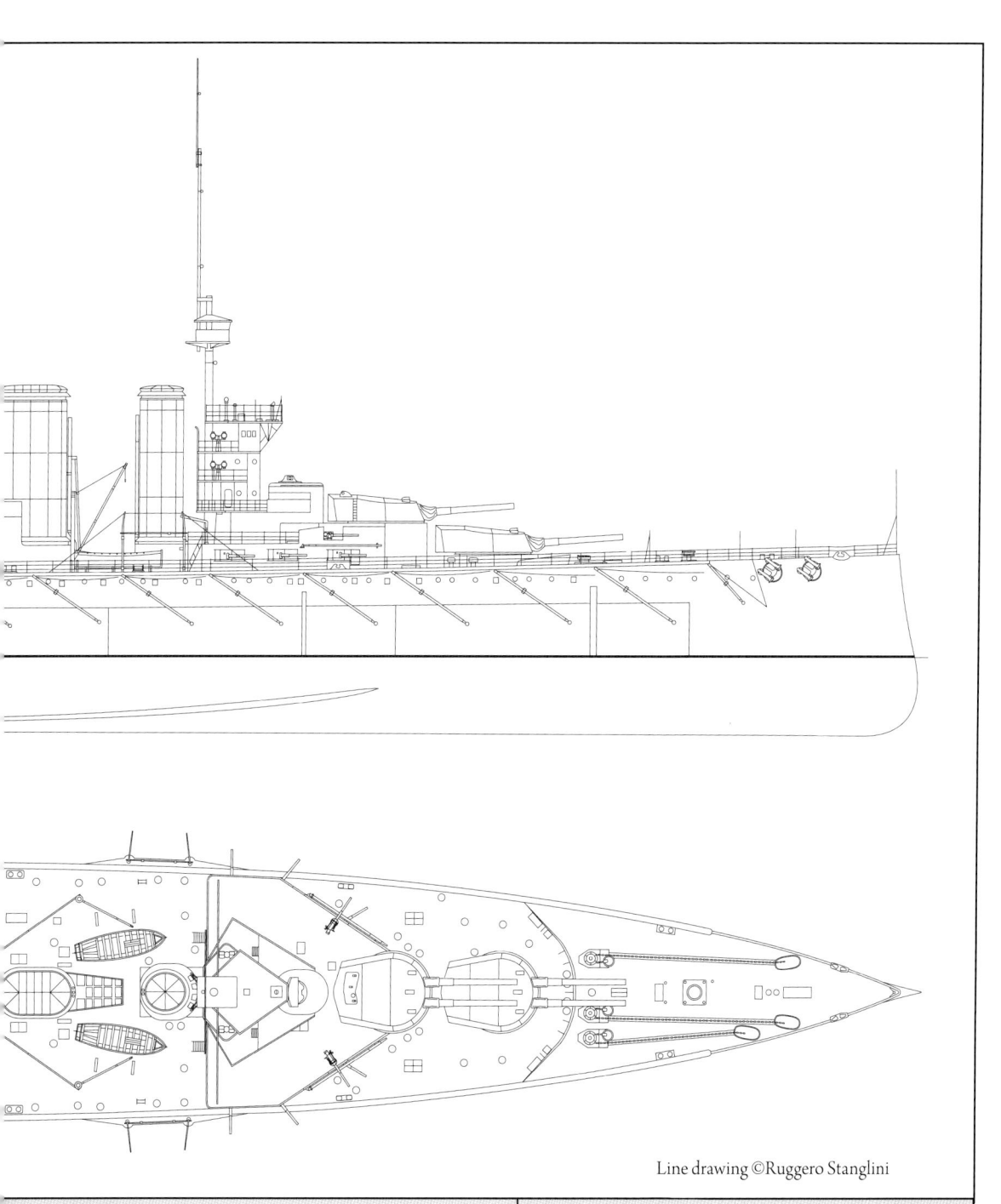

第三章　英国皇家海军的战列巡洋舰

Line drawing ©Ruggero Stanglini

装甲防护[1]

主装甲带：肿部9英寸，前段和后段从6英寸到4英寸不等
上装甲带：肿部6英寸，前段和后段从5英寸到4英寸不等
隔舱壁：舰体前、后部均为4英寸
甲板：艏楼甲板中段为1.5英寸；上层甲板在舰体装甲盒之上的部分为1英寸；下层甲板中段厚1—1.25英寸，两端厚2.5英寸
主炮塔座：上层甲板之上的部分厚8—9英寸，上层甲板以下的部分厚3—4英寸
弹药库防护板：1—2.5英寸
主炮塔：正面与侧面9英寸，背面8英寸，顶部2.5—3.25英寸，底面3英寸
司令塔：四面均为10英寸，顶部3英寸，底面4英寸
鱼雷射击指挥塔：侧面、顶部和底面均为1英寸
通信管道：3—4英寸
烟囱：1—1.5英寸

主机

42台亚罗式大型水管锅炉，工作压力230磅/平方英寸
4部帕森斯式直驱蒸汽轮机，4具3叶螺旋桨，双舵板
功率与航速（设计数据）：75000轴马力，最高27.5节
功率与航速（海试数据）：主轴转速290.9转/分时79404轴马力，最高航速28.05节（"皇家公主"号）
最大燃料携载量：3520吨燃煤，1135吨燃油
续航半径：5610海里/10节，3345海里/20.5节，2420海里/24.6节

人员编制

平时：官兵1000名
战时：官兵1092名（作为旗舰的"狮"号）

注1："玛丽女王"号在艏楼甲板、司令塔前部4英寸副炮的装甲防护上有所加强。

① 1918年，一款专为"狮"号准备的伪装色方案被提出。该方案是一种之前从来没有使用过的白、黑、深蓝、浅蓝、棕几种颜色的炫目组合。
② "Y"主炮塔炮塔座的情况与其他炮塔座略有差异。

1914年11月，"皇家公主"号使用了一种伪装方案，舰艉中央部位和烟囱被涂成深灰色，而舰体的其余部分、附属安装物和舷楼则涂成白色。① 不过和之前的战列巡洋舰一样，"皇家公主"号的这些伪装色在战争后期被取消了。

防护

如前所述，"狮"级的整体装甲布局较之以前的战列巡洋舰有所改进，主要是加强了对锅炉舱和轮机舱的装甲防护，同时也包括舯部的"Q"主炮塔弹药库。垂直防护主要包括两部分：一是一条从司令塔旁一直延伸到艉部"Y"主炮塔后方的装甲带，该装甲带下部厚9英寸，上部厚6英寸，垂直向上延伸至上层甲板处为止。这条双层结构装甲带的总高度为11英尺6英寸，基本与干舷高度对应。第二部分是一条厚度为4英寸到6英寸不等的前部装甲带，从司令塔旁纵向延伸到舰艏；还有一条4—5英寸厚的舰艉装甲带，从"Y"主炮塔后方延伸到操舵室旁。前、后装甲带与中部装甲带宽度一致。这种垂直防护形式形成了一个装甲盒结构，装甲盒两端由2块4英寸厚的装甲板封闭。

水平防护结构由三层镍钢装甲甲板组成，舷楼甲板厚1.25英寸，上层甲板厚1英寸，主甲板两端厚2.5英寸，中段厚度为1英寸。主甲板两侧随着甲板的延伸而有一定的斜度。

主炮塔座装甲最大厚度为9英寸，在进入舰体时逐渐减少到3英寸。② 每座主炮塔正面和侧面的装甲厚度均为9英寸，炮塔背面为8英寸，顶部约3英寸。主炮弹药库由几块厚度在1—2.5英寸之间的装甲板提供防护。司令塔装甲厚度一律为10英寸，顶部3英寸。通讯管道拥有3英寸厚装甲防护，烟囱底部覆有1英寸的钢板，而舯部"Q"主炮塔周围的甲板室由若干1英寸厚的装甲墙保护。

1912年11月，竣工后正在以低速航行的"皇家公主"号战列巡洋舰。注意从其桅杆上伸出的无线电天线支架和信号旗升降索。（图片来源：《J. 罗伯茨图片集》）

主机

尽管"狮"级的锅炉数量增加到了 42 台，但其主机的布局所反映出的仍然是之前级别的战列巡洋舰的设计思路。总共 42 台锅炉分别布置在 7 间锅炉舱内，每间锅炉舱内安装 6 台亚罗式大型水管锅炉，工作压力 230 磅 / 平方英寸。最前端的锅炉舱长 34 英尺，横贯两舷。一道水密隔舱壁沿舰体中线将其他的锅炉和轮机舱分隔开来，舯部"Q"主炮塔的炮弹库舱和发射药库设置在第二和第三锅炉隔舱之间。"狮"级装备了两部帕森斯式直驱蒸汽涡轮机，低压涡轮机驱动内侧主轴工作，高压涡轮机与外侧主轴相连。所有主轴都可以正转或反转，从而提高了战舰的整体机动性，特别是在狭窄的水域。每一台高压涡轮机都配有巡航工作段。10 台锅炉通过 1 号烟囱排烟，由于 2 号和 3 号烟囱要容纳其余 32 台锅炉的煤烟排放，因此 2 号和 3 号烟囱要比 1 号烟囱大一些。"狮"级的所有锅炉都装有重油燃烧器。"狮"级在全速状态时，燃煤消耗量为 1410 吨 / 天，经济航速下减少到 336 吨 / 天。采用煤—油混烧的方式[1]，"狮"级的续航力半径从 2420 英里 /24.5 节到 4935 英里 /16.5 节不等。如果不算前面提到的"狮"号和"皇家公主"号在航速测试中遇到的问题的话，这型第二代战列巡洋舰是当时所有在役主力舰中航速最快的。

武器装备

"狮"级战列巡洋舰的 4 座双联装主炮塔内安装了新型的 45 倍径 13.5 英寸 Mk V 型火炮，该型火炮由维克斯公司于 1909 年年初开始制造。该型火炮的初速和在较远距离上的侵彻力比它的 12 英寸前辈要大得多，这也使得该炮的可靠性和精度都达到了很高的水平，而炮膛磨损率却很低。

"狮"级战列巡洋舰的 BII 型液压驱动式主炮塔座重 600 吨，其主炮仰俯角为 -3°—+20°，最大射程 23800 码，但在第一次世界大战爆发前，炮塔上的光学设备只能为该型火炮提供不到 16° 的最大仰角，最大射程也被限制在 20000 码。造成这种情况的原因是，在大战爆发前，英国海军预计海战的交战距离会比较近，海军部也没有意识到在超过 15000 码的距离上进行射击有什么好处。[2] 在"狮"号建造期间，舰上安装了 2 台液压引擎，用于驱动炮塔座，但后来发现这 2 台液压引擎满足不了所有 4 部 BII 型炮塔座的供压，于是在 1913 年加装了第三台。

13.5 英寸 Mk V 型火炮的射速为 1.5 发 / 分—2 发 / 分。战时备弹量为每门炮 110 发，含 33 发被帽穿甲弹、38 发被帽普通弹和 39 发高爆弹。至 1915 年年中，备弹弹种数量分配发生了变化，被帽穿甲弹的数量增加了一倍。后来又再次改为 77 发被帽穿甲弹[3] 和 33 发被冒普通弹。

---

[1] 值得注意的是，"狮"级的燃油携带量比"不倦"级要多，这表明英国海军部对石油燃料的态度正在逐渐改变。

[2] 炮塔光学设备在战争爆发后得到了改进，但即使是到了日德兰海战之时，许多英国主力舰上用的还是陈旧设备。

[3] 被帽穿甲弹有轻型与重型之分，对应的重量分别为 1260 磅和 1400 磅。每根主炮身管在发射 450 发轻型被帽穿甲弹或 220 发重型被帽穿甲弹后即行更换。

"皇家公主"号战列巡洋舰舰艉安装的 13.5 英寸"Y"主炮塔。这张照片可能是该舰在维克斯公司的船厂进行舾装时拍摄。在"Y"炮塔后方的甲板室上还可以看到 4 门 4 英寸口径火炮。（图片来源：《奥基尼图片集》，A 少儿图书馆，M. 皮奥瓦诺）

"狮"级上用于反鱼雷艇的副炮布置比早期的战列巡洋舰要更为紧凑,从而使其在敌方炮火和恶劣天气下的防护性有所改善。"狮"级的副炮组由安装在PIV*型炮座上的16门50倍径4英寸Mk VII型火炮组成,被平均分配在舯艉两座上层建筑中的炮廓内。副炮的备弹量最初是每门炮105发高爆弹和45发被帽普通弹,后来改为每门炮90发高爆弹、38发被帽普通弹和22发曳光高爆弹。然而这些副炮的效能却饱受诟病,因为它们根本不能有效对付现代化的驱逐舰和鱼雷艇。

"狮"级战列巡洋舰的防空火力配备反映出英国海军在第一次世界大战爆发之前的几年对空中威胁的重视程度是比较低的。"狮"号到1914年时只安装了一门哈奇基斯6磅炮,在1915年年初才又加装了一门3英寸口径的20英担炮,而"皇家公主"号最初只装有一门哈奇基斯6磅炮。两舰的防空武器布局在战争时期都有过几次变化。"狮"号在舷侧"A"炮塔前装备了两具21英寸水下鱼雷发射管,备雷14条。两舰还在舯部"Q"炮塔和艉部"X"炮塔上装有起飞平台,携带两架索普威思"骆驼"式(Sopwith Camel)飞机。

"狮"级的火控设备相对于"不倦"级略有改进,尤其是还留出了一定的设备冗余。观测台作为全舰的主火控站,上面最初安装了一部9英尺基线测距仪。除观测台外,所有主炮塔和位于后艉楼甲板的后火控站也都安装了9英尺基线测距仪。之所以选择这种布置方式,是为了同时实现局部火力控制和某种形式的次级火控指挥权的下放。但由于观测台存在受烟囱排放的热量和煤烟干扰的问题,而且在战斗中需要得到足够的保护,于是设计理念发生了转变,主火控站的位置被移至司令塔内。[①]"狮"级两舰的司令塔在形状上有所不同,其内配备了一部安装在塔顶旋转防护罩中的阿尔戈式9英尺基线陀螺稳定测距仪和一台小型德梅里克火控计算器,司令塔与主甲板下面的信号传输站间有通讯联接。

"狮"级共配备24英寸直径探照灯16部。在前舰桥操舵室旁两侧分上下两层安装,每层4部;3号烟囱旁的平台上安装4部;在后舰桥上的鱼雷射击指挥塔旁也安装有4部。

"玛丽女王"号

虽然"玛丽女王"号战列巡洋舰的设计与"狮"号和"皇家公主"号相同,但直到1911年3月该舰才在纽卡斯尔的帕尔默船厂开建。较晚的开工时间意味着"玛丽女王"号在建造期间可以从它的同级姊妹舰所进行的改进中获益。因此,该舰也就成了原版设计的改进版。"玛丽女王"号于1912年3月20日下水,1913年5月舾装完毕准备海试。"玛丽女王"号的舷宽和排水量比"狮"号和"皇家公主"号略有增加(满载排水量31650吨),这使该舰的方形系数达到了0.575,是第二代战列巡洋舰中最高的。该舰主机由约翰·布朗公司制造,性能优良,其装机功率提升到了75000轴马力。"玛丽女王"号在1913年5月和6月进行了航速测试,测试期间最大功率达到了83000轴马力,航速达到28.17节。该舰造价为2061064英镑,于1913年8月入役皇家海军。

"玛丽女王"号的舰体也有较大改动。舰体前部的军官住舱和舰艉的士兵住舱互换了位置。此外,"玛丽女王"号的首任舰长还大力改善了舰上的生活条件,特别是在舰上提供了更好的洗衣房,还配备了洗衣机。[②]在外观上,"玛丽女王"号与其他两艘"完美之猫"不同,该舰前桅上的观测台较小,还设有一个突出的舰艉指挥所。舰上配备4台直流发电机,其中2台由涡轮机驱动,其余的由活塞式发动机驱动。虽然关于它们的发

---

① 其他装备13.5英寸和15英寸主炮的主力舰也采用了这一布置方式,但后来有所改动。
② "玛丽女王"号的首任舰长是雷金纳德·霍尔(Reginald Hall),他还在舰上准备了一部电影放映机,设置了一座礼拜堂和一个图书馆。在之前的英国战列舰和战列巡洋舰上,只有锅炉兵才能使用洗衣房。

电能力的资料很少，但这些发电机的大致功率约800千瓦。除了在前两艘"狮"级上安装的无线电台外，"玛丽女王"号还装备了一种IX型无线电台，还设有一间译码室。

在装甲防护方面，"玛丽女王"号安装了一部分高强度钢装甲，而非"狮"号和"皇家公主"号的克虏伯渗碳钢与非渗碳钢。高强度钢的质量与克虏伯非渗碳钢相当，但成本要低得多。"玛丽女王"号在水平防护上略有改善，装甲分布也有一定变化。至于副炮的防护，安装在前部舰桥上的4英寸副炮炮位敷设了不同厚度的装甲板，前舰桥上的8门副炮都安装在前艏楼甲板层的装甲炮位中，并且在防空火力上也做了一些小改动。"玛丽女王"号的每座主炮塔里都有一部9英尺基线测距仪，而且该舰还被选中作为阿尔戈距离计算钟的测试舰。阿尔戈距离计算钟是阿尔戈火控系统[①]的一部分，该系统由三部分组成：9英尺基线陀螺稳定测距仪（已在"狮"号和"皇家公主"号上使用）、阿尔戈距离计算钟和阿尔戈航向绘图仪（或简称阿尔戈绘图仪）。这一系统的核心部件就是阿尔戈计算钟，这是一型可以自动对射击方案与诸元变化进行几何模拟演算的机械装置。使用时，将自带陀螺稳定的合像式测距仪连续测得的敌舰方位和距离数据输入该装置，这样阿尔戈绘图仪就可以对本舰和敌舰的连续航迹进行自动标绘，同时由阿尔戈计算钟计算出射击距离和射击角度诸元，发送给火控军官以及每门火炮。阿尔戈火控系统与德雷尔火控计算台是同时开发的，德雷尔火控计算台与阿尔戈系统功能类似但工作原理不同。德雷尔火控计算台相对廉价，精确度也不太高，而且需要的操作人员更多。[②]

服役和主要改装情况

1913年1月1日，"狮"号战列巡洋舰上升起了戴维·贝蒂爵士的海军少将旗，成为第一战列巡洋舰分舰队的旗舰。1914年8月28日，"狮"号参加了赫尔戈兰湾海战，击沉了德国海军的"阿里阿德涅"号（SMS Ariadne）巡洋舰，并与友舰合力击沉了德国巡洋舰"科隆"号（SMS Köln）。当年12月，"狮"号南下英格兰东北海岸，试图与刚刚对哈特尔普尔（Hartlepool）和斯卡伯勒（Scarborough）进行了不太成功的炮击的德国战列巡洋舰交战。1915年1月24日，"狮"号在多格尔沙洲海战中率领第一战列巡洋舰分舰队与德国海军的"塞德利茨"号、"毛奇"号和"德弗林格尔"号战列巡洋舰展开恶战。"狮"号在战斗中严重受创，最后由"不挠"号拖航回到罗赛斯基地，后来又转到阿姆斯特朗船厂进行维修。1916年5月31日，重新披挂上阵的"狮"号在日德兰海战中再次率领第一战列巡洋舰分舰队作战。在海战中，"狮"号舯部"Q"主炮塔被击毁，同时多处受创，好在除了"Q"炮塔外，其余损伤相对较轻。该舰后来于罗赛斯基地维修完毕后，在没有"Q"主炮塔的状态下又重新加入了第一战列巡洋舰分舰队。"狮"号后来又参加了第二次赫尔戈兰湾海战，最终于1919年4月被调整到大西洋舰队。该舰于1920年3月转入预备役，1922年5月30日退役除籍，两年后作为废钢铁出售。

"皇家公主"号也被编入第一战列巡洋舰分舰队，同样参与了赫尔戈兰湾海战。在1914年剩余的时间里，该舰被部署在大西洋和加勒比地区，以防范德国海军冯·斯佩（von Spee）将军率领的巡洋舰分舰队可能的入侵。"皇家公主"号也参加了多格尔沙洲海战，而且幸运地毫发未伤。但该舰随后在日德兰海战中被德军战列巡洋舰击伤。1916年7月，"皇家公主"号战列巡洋舰在朴次茅斯重新加入了大舰队。1922年3月，该舰从皇家海军中退役除籍；1923年8月报废。

[①] 这一火控装置由阿瑟·H.坡伦（Arthur.H.Pollen）教授发明并享有专利，他于1909年创立了阿尔戈公司。

[②] 在对安装在"狮"号和"皇家公主"号上的两台德雷尔火控计算台样机和阿尔戈距离计算钟进行对比测试后，英国海军部还是选择了前者。最终，皇家海军只采购了少量的阿尔戈钟，并将它们集成到了改进型的德雷尔计算台中。但在多艘英国主力舰的指挥塔上总共安装了多达45部陀螺稳定测距仪，以增强火控指挥。

"玛丽女王"号，1913年

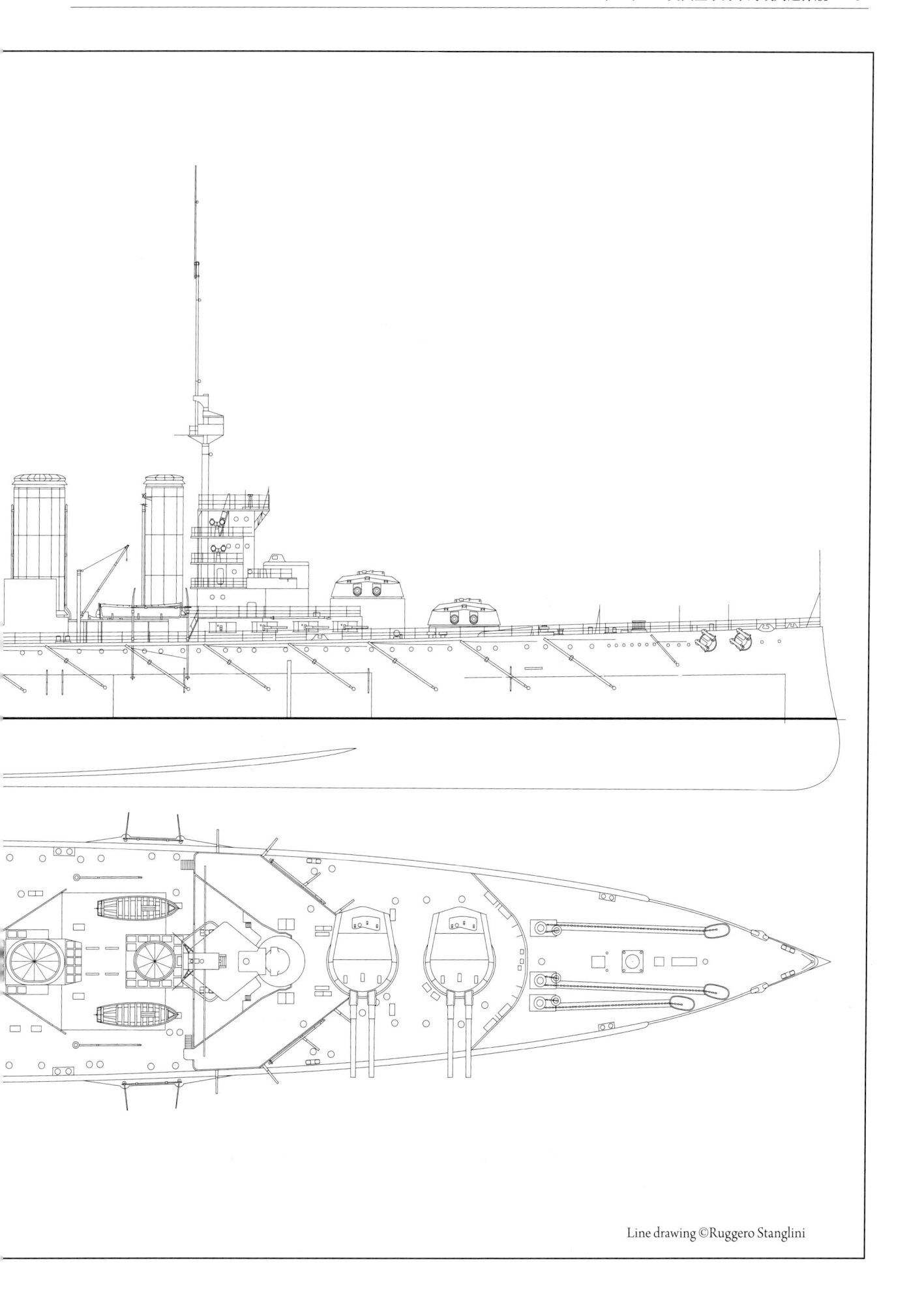

第三章　英国皇家海军的战列巡洋舰　131

Line drawing ©Ruggero Stanglini

1912年，在贾罗的帕尔默船厂建成后，以自身动力在泰恩河上低速航行，准备驶往试航海域的"玛丽女王"号战列巡洋舰。（图片来源：《R. A. 伯特图片集》，世界海军舰艇论坛）

1918年4月或5月，战列巡洋舰"狮"号的舯部"Q"主炮塔近景。炮塔顶部的起飞坡道上停放有一架索普威斯2F"骆驼"式飞机。烟囱四周安装的3部探照灯也清晰可见。（图片来源：《J. 罗伯茨图片集》）

"玛丽女王"号的戎马生涯很短暂，因为她在1913年8月才成为第一战列巡洋舰分舰队的一员。该舰在1914年参加了赫尔戈兰湾海战，对炮击英国东海岸的德国战列巡洋舰进行了追击，但由于回坞改装而错过了多格尔沙洲之战。1916年5月31日，"玛丽女王"号在日德兰海战中被德国海军战列巡洋舰"德弗林格尔"号和"塞德利茨"号联手击沉。

"狮"号和"皇家公主"号的上层建筑在1914年几乎没有进行结构上的更改。1915年5月，"狮"号在前桅上安装了一部火控指挥仪，"皇家公主"号的前桅火控指挥仪则安装于1916年年初。[1] 火控指挥仪安装在罗经台和观测台之间的平台上，与1号烟囱顶部的高度大致相同。前桅上还安装了2根后斜桁，以减轻前桅振动，保证火控指挥仪的正常工作。一战结束前不久，两舰都曾短期安装了一部舰艉火控指挥仪。日德兰海战后，两舰的上层和下层甲板以及炮塔顶部的装甲厚度都增加了1英寸。1917年4月，两舰回港进行了改装，"狮"号拆除了一座舰艉4英寸副炮，"皇家公主"号也拆除了一座舰艉右舷的4英寸副炮，此外还更换了防空武器，探照灯的位置也被重新分配，并更换为36英寸的型号。1917年，"狮"号和"皇家公主"号扩建了观测台，并在后舰桥安装了射程钟。1918年，"狮"号在1号烟囱顶部加装了一个烟囱帽，以避免烟囱喷出的煤烟在火控指挥台周围聚集。"狮"号也是皇家海军唯一一艘配备烟囱帽的战列巡洋舰。

"虎"号战列巡洋舰，第二代战列巡洋舰的收官之作

正在维克斯船厂热火朝天地建造中的"皇家公主"号和按计划建造中的"狮"号使英国的造船业有机会向当时的盟国日本秀出自己的肌肉。同时，英国政府在政治上也进行了重大调整，极大地影响了皇家海军乃至其建军政策。

虽然费舍尔的第一海务大臣一职于1910年1月被A.K.威尔逊海军上将（Admiral A.K.Wilson）接替[2]，"狮"级战列巡洋舰仍然计划建造4号舰。4号舰基本遵循了"玛

1914年的"玛丽女王"号战列巡洋舰，其两座背负式前主炮塔引人注目。该舰的2号烟囱较"狮"号和"皇家公主"号更为粗大。一战爆发后，"玛丽女王"号被编入了英国皇家海军大舰队的第一战列巡洋舰分舰队。（图片来源：《J.罗伯茨图片集》）

[1] 火控指挥仪是一种功能强大的观瞄设备，其安装位置位于桅杆高处，通过电传设备与方向角和高低角接收机相连，并经阿尔戈距离计算钟和德雷尔火控计算台对射击诸元进行计算与处理，然后传送给各炮塔。使用此设备进行射击指挥的军官称为"火控官"，负责管控全舰所有火炮，进行齐射指挥。各炮塔炮组必须按照火控指挥仪计算出的，并由火控官下达的射击诸元来调整火炮的方位角和高低角，进行射击。

[2] 尽管费舍尔勋爵已经从第一海务大臣任上去职，但他在英国海军界依然有着很大的个人影响力。

丽女王"号的设计，但有所更新，该舰的建造计划被纳入了第二年的海军预算中。与此同时，关于如何平衡军费开支与社会保障费用的政治辩论最终导致1911年10月首相阿斯奎斯在一众候选人中挑选了温斯顿·丘吉尔接替雷金纳德·麦肯纳成为海军大臣。丘吉尔坚决主张对现有的海军建设政策进行调整，使其朝着更均衡的方向发展，以跟上德国海军的扩充步伐，同时降低新型主力舰的成本。丘吉尔对皇家海军建设方面的兴趣与热忱，表明他就是实现这一目标的合适人选，这也得益于他与费舍尔勋爵之间深厚的友谊，尽管他们之前在海军预算问题上有过各种分歧，但他们的友谊是始终不移的。

从政治与战略的角度出发，丘吉尔决心遵循其前任的建设政策。毕竟1912年的德国《海军法补充案》使伦敦和柏林可能就放缓海军军备竞赛的步伐达成协议的努力化为了泡影。此外，德国面临的财政压力正开始引发严重问题，这正是英国乐于见到和利用的机会。① 对海军的造舰计划而言，这意味着1911—1912财年的海军预算案中的主力舰数量应包括5艘战列舰和1艘战列巡洋舰。二者之所以在数量上存在很大差异，是因为战列巡洋舰尚被认为是一型昂贵而效能存疑的舰种。这艘战列巡洋舰被命名为"虎"号，是"狮"级的4号舰②，但"虎"号在设计上更多地借鉴了"铁公爵"级（Iron Duke Class）战列舰的成果，而非之前的"玛丽女王"号。

设计、建造与造价

在讨论"虎"号战列巡洋舰的设计发展之前，有必要先谈谈该舰身上所谓的"日本元素"。自1902年以来，英国和日本两国一直是盟国，并且为了制衡俄德两国在远东地区可能进行的扩张，伦敦乐于见到日本海军的崛起。英国皇家海军和日本帝国海军（Imperial Japanese Navy）之间存在着牢固的联系，而且在日俄战争之后这种联系继续得到巩固和发展，从而使1905年两国同盟条约首次续约。由于日本海军将自己视作在日本的利益范围内执行海上扩张政策的关键工具，因而决定师从英国，学习英国造船工业的优秀设计和专业建造知识，以加强其海军实力。日本当时急需英国向自己转让各种造舰技术和专业知识，伦敦和东京之间友好的政治关系恰恰鼓励和促进了这一目的。

在两国讨论同盟条约再次续约事宜期间③，日本帝国海军的技术部门正在设计一型新式战列巡洋舰——"金刚"级（Kongo Class）④。于是日本人决定邀请英国阿姆斯特朗公司和维克斯公司进行竞标，目的是建造一艘比"狮"级性能更好的战列巡洋舰。为了这一目的，日本海军的技术部门与中标的英国维克斯船厂合作，拿出了"金刚"级的设计草案。维克斯船厂自1909年以来就一直在建造"皇家公主"号战列巡洋舰，建造经验与人力物力配备情况良好。在联合设计完成后，日本海军于1910年10月将"金刚"级的建造合同授予了英国维克斯船厂。这项决定是在对英国舰船设计师——当时维克斯公司的舰船设计部门的负责人乔治·瑟斯顿（George Thurston）爵士的"狮"级战列巡洋舰大改方案进行全面评估之后做出的。⑤

"金刚"号战列巡洋舰于1911年1月开工建造。根据合同约定，来自日本几个不同部门的设计师和技术人员，特别是造船、主机和武备方面的人员，被派往维克斯船厂全程监督该舰的建造进度，同时对整个建造过程进行观摩学习。于是，维克斯造船厂就在建造一艘稍老一些的战列巡洋舰——"皇家公主"号的同时，还为日本承建了一艘新型的、经过改良的战列巡洋舰——"金刚"号，并且"金刚"号全部设计的演变与成熟的整个

---

① 1906—1914年，德国在建造战列巡洋舰上的支出比例高于英国（德国为海军总预算的21%，英国为18%）。战列舰方面的情况也是如此（51%对47%）。这证明了丘吉尔的方针是正确的。
② 根据已故德国海军历史学家齐格菲·布雷耶（Siegfried Breyer）的说法，"虎"号战列巡洋舰曾有一艘名为"豹"（Leopard）的姊妹舰被纳入1912—1913年度海军预算，但后来被顺延至1914财年。然而英国海军部方面的档案中却没有关于这艘舰的相关记录。
③ 英日同盟条约的第二次续约于1911年完成，续约内容包括对同盟范围进行了扩展。
④ 根据计划，该级战列巡洋舰的首舰将在英国造船厂建造。在获得相关专业知识和技术转让后，同级的另外三艘在日本的造船厂建造。
⑤ "金刚"号与"狮"级的主要区别在于"金刚"号配备的是45倍径14英寸而非13.5英寸的主炮。

过程都在这里完成。

与此同时，海军部向海军建造署下达了新型战列巡洋舰的设计任务（即后来的"虎"号）。该舰的设计方案由1911年7—12月间完成的7个设计草案发展而来，其过程颇费了一些时间。这些设计草案的编号从"A"到"A2b"，它们的共同特征是装备13.5英寸主炮，并且在火力布局上摒弃了舯部主炮塔，代之以一座射界大大增加的舰艉"Q"主炮塔[1]。附带说明，作为"虎"号战列巡洋舰的主要设计动力的主炮布局采用了与"金刚"号一样的形式。不过不走运的是，英国海军部似乎没有任何记录能证明"虎"号是"金刚"号的设计衍生品。但皇家海军的战列舰、战列巡洋舰和其他类型的军舰在建造期间，海军部，特别是海军建造署的工作人员和英国私营造船企业之间总是往来密切，也是路人皆知的事实。基于这种密切的关系，海军建造署的相关技术人员可以对包括维克斯在内的这些造船厂的战舰建造工作进行调查、监督和检查。因此，这些人员就有可能有不少机会来观察和记录"金刚"号详细的设计情况，并向海军建造署汇报。有意思的是，维克斯公司与日本于1910年10月签订了"金刚"号的建造合同，而海军建造署在9个月后的1911年7月提交了"虎"号的第一份设计草案。这样看来，海军建造署是有足够的时间可以参考来自维克斯公司的相关资料来改进自己的初始设计的。[2]

"虎"号战列巡洋舰的另一个特点是将副炮口径从4英寸增加到6英寸，且都布置在舯楼甲板上，这样可以为副炮提供更好的防护和射界。而日本人参考对马海战的经验教训，认为有必要提升副炮的功效，于是在"金刚"号上也配备了类似的6英寸副炮。英国海军部长期以来一直就其主力舰上装备的副炮的效能问题争论不休，因为副炮的主要作用是为了对抗速度快、火力强的德国鱼雷艇。[3]因此，为"虎"号配备6英寸副炮的决定似乎没有受到"金刚"号的影响。值得注意的是，"铁公爵"号战列舰也设计有6英寸副炮。

舾装中的"虎"号战列巡洋舰。这张照片中可以看出该舰的武备和装甲防护方面的许多细节，包括从"A"主炮塔向后延伸，突出左舷的一部分舷侧装甲带。（图片来源：苏格兰国家档案馆，档案号 UCS1/118/418/139）

[1] 一些研究者将此炮塔称作"X"炮塔。
[2] 一些资料声称，是维克斯公司将"虎"号的设计细节融入了"金刚"号。
[3] 德国鱼雷艇拥有32节的最高航速，装备有重型鱼雷，并且在战术上与主力舰只一起行动。详见下文"武器装备"一节。

因此，概括来说，最可能的情况是，派驻在维克斯船厂的日本设计师与工程师获准接触到了英国战列巡洋舰的设计草案，而维克斯公司自己的技术人员可能也同样获得了日本战列巡洋舰的设计方案。简而言之，英国的"虎"号和日本的"金刚"号虽然无疑是两艘各自独立建造的战列巡洋舰，但二者之间的设计概念和思路是相似的。

除此之外，"虎"号最初的主炮布局方式是在前后甲板各设置一组13.5英寸背负式炮塔。然而这一方案被否决了，因为两组紧挨在一起的背负式炮塔过于脆弱，如果在战斗中被敌舰"幸运"地命中哪怕一弹，两座炮塔可能会同时受损失能，特别是后主炮塔组。因此，海军部决定在"虎"号的前甲板配备一对背负式主炮塔，而在后甲板将"Q""Y"两座炮塔远远分开。这种布局方式既能够保持8门炮的舷侧火力，也能保证4门炮的后向火力。但因为上层主炮塔开火时的炮口爆风会对下层炮塔造成伤害，所以上层主炮塔不能进行轴向射击，这使得"虎"号的正前向火力仍然受限，其前部上层主炮塔沿其轴线左右各有30°的射击限制区。[①]

主炮的布局方式和将舰艉鱼雷舱置于水线以下，有利于弹药库和锅炉舱的位置安排。"虎"号所有的锅炉舱都置于"Q"主炮塔之后，而轮机舱和冷凝器舱则置于"Q"主炮塔的弹药库之后。这样的布置方式可以使所有锅炉都能通过舰体舯部的3个相同规格的烟囱排烟。

在"虎"号的设计中，有一个在费舍尔离任时遗留的，并且之后仍然存在的问题，即对高航速的要求。为了使该舰航速达到30节，动力系统的输出功率不得不增加到105000轴马力。这一决定可能受到了"狮"号在航速测试中表现不佳的影响，但对于"虎"号来说，就意味着要为其配备更大更重的主机。海军部没有采纳在"虎"号上使用小型水管锅炉的建议，而更信赖大型水管锅炉，于是使得煤舱的容积大增，同时为"虎"号带来了与"狮"号相当的续航力。虽然"虎"号在设计上兼顾了煤和油两种燃料，其装载量几乎相等，但至少在第一次世界大战期间，该舰通常还是以烧煤为主。对大型主机的要求使"虎"号的设计排水量如预期的那样有所增加，其重载排水量为28490吨。全舰各部分吨位分配如下：舰体9580吨，主机5630吨，装甲7400吨，武备3660吨，载煤2450吨，各类设备845吨，设计余量100吨。[②] 如果算上额外携带的煤、锅炉用水、燃油和其他各种设备及武器装备，"虎"号战列巡洋舰的满载排水量可达33470吨。这意味着新型战列巡洋舰比"狮"级更大，更是比第一代英国战列巡洋舰大出许多——大约11000吨。"虎"号的方形系数为0.554，其身形比"狮"级显得更为修长。

"虎"号战列巡洋舰的装甲防护设计与"狮"级类似，只是由于6英寸副炮集中设置于前艏楼甲板上，而对全舰装甲分布做了些许改进。"虎"号的明显特征之一是后掠的三脚桅和长度极大缩短的主桅。随舰携带的勤务艇集中在舯部，并由位置相应地重新规划的多部起重吊臂和吊车进行吊放。

1911年12月19日，英国海军部结束了关于"虎"号战列巡洋舰设计方案的讨论，批准通过了编号为"A2b"的方案。在私营造船厂之间的竞争中，约翰·布朗公司最终胜出，于1912年4月4日获得了"虎"号的建造合同，舰用主机也由该公司制造。"虎"号于1912年6月20日开工建造，在建造过程中还进行了几处与改善舰上居住条件有关的修改。在外观上，"虎"号的烟囱经过修改，和"狮"级的烟囱高度相同，而其他的变化则与武器和火控有关。

[①] 如果要使前部"A""B"两座主炮塔像艉部两炮塔一样拉开更大的间距，那么全舰的长度和排水量就会达到难以接受的程度。

[②] 对应的各部分吨位占全舰吨位比例为：舰体33.6%，主机19.8%，装甲25.9%，武备12.8%，燃煤3.1%，各种设备3.8%，设计余量0.3%。

"虎"号战列巡洋舰于1913年12月15日下水,在战争爆发后仅几个月的1914年10月竣工。据海军部估算,其造价为2100000英镑,这一数字可能未包含火炮。有资料显示,其包括火炮在内的总造价为2593100英镑[1],这一数字似乎较为可靠。根据倾斜试验中得到的数据,"虎"号战列巡洋舰的实际满载排水量为33260吨,平均吃水深度32英尺5英寸,稳心高度为6.1英尺。其最大稳定角为43°,轻载状态下失稳角为71°,最大排水量状态下失稳角为86°。

"虎"号战列巡洋舰的航速测试在1914年10月12日进行,很可能是由于如火如荼的战事急需这艘新锐战舰的加入,因此试验节奏大大加快。在排水量28790吨的状态和主机超负荷运转的条件下,"虎"号的主机输出功率达到了104635轴马力,并创造了29.07节的极速纪录。在正常情况下,"虎"号的最高航速可以达到28.38节。但这些结果仍不能令海军部感到满意,因为他们期望该舰在108000轴马力的超负荷功率下能够跑出30节航速。一项为该舰换装小型螺旋桨以提高航速的改装计划未能实现,因为海军部不想让"虎"号加入大舰队的时间被推迟。

"虎"号是菲利普·瓦茨爵士主政海军建造署时期[2]设计的最后一艘战列巡洋舰,也是第一次世界大战爆发前建造的最后一艘该类型的战舰。由于其俊朗优美的外形,"虎"号战列巡洋舰被认为是一艘魅力十足的战舰,特别是与之前的战列舰和战列巡洋舰相比。尽管如此,该舰也从"狮"级战列巡洋舰身上继承和发扬了一些难以克服的弱点,特别是在装甲防护方面。

主要技术特点

"虎"号战列巡洋舰在外观上很容易辨认,它的3座烟囱彼此距离相等,"Q"炮塔位于3号烟囱后方,因此拥有很大的射界。其艏楼甲板很长,一直延伸到"Y"炮塔,舰艉呈圆形。"虎"号的上层建筑比之前的战列巡洋舰更紧凑,并且集中布置在舰体前部。艏楼前部充当了三脚桅的基座,扩大了的舰桥也位于此处。烟囱、勤务艇及其吊放设备均位于艏楼后部,包括一部和3号烟囱高度相同的起重吊臂。这种整体布局方式使得几乎所有的副炮都被置于艏楼甲板上。

建成后的"虎"号战列巡洋舰总长704英尺,舰宽90英尺6英寸,吃水深约为32英尺3英寸,满载排水量33677吨。该舰的主要参数特征汇总在第138—139页的图表中。"虎"号舯部干舷高24英尺6英寸,略低于"狮"级,这对于舰上副炮的操作安全是不利的。为了克服舰体横摇,"虎"号专门设计了减摇压水舱。但在其实际建造过程中,海军部却决定不安装压水舱,而是增加了舱底舭龙骨的尺寸。

"虎"号配备了4台直流发电机,该舰也是第一艘配备有一台150千瓦功率柴油发电机的英国战列巡洋舰。另有2台由蒸汽涡轮机驱动的200千瓦功率直流发电机,而唯一一台由活塞蒸汽机驱动的直流发电机功率为200千瓦。因此,舰上发电机的总输出功率为750千瓦/220伏,这表明该舰对舰上电气设备的重视程度较高。"虎"号所配备的无线电设备与"狮"级相同,但在第一次世界大战期间进行了逐步改进,包括一部火控指挥用的无线电台。"虎"号战列巡洋舰在建成时的舰员编制为官兵1112名,而在战争期间其数量不断增加,并在1918年达到了顶峰——1459人。

---

[1] 琼·角田哲路(Jon Tetsuro Sumida)著,《捍卫海上霸权——财政、技术和英国的海军政策》(In Defence of Naval Supremacy: Finance, Technology and British Naval Policy)(波士顿出版社,1989年)。

[2] 1912年,尤斯塔斯·坦尼森·戴恩考特爵士(Sir Eustace Tennyson d'Eyncourt)接替瓦茨爵士执掌海军建造署。

"虎"号，1914年

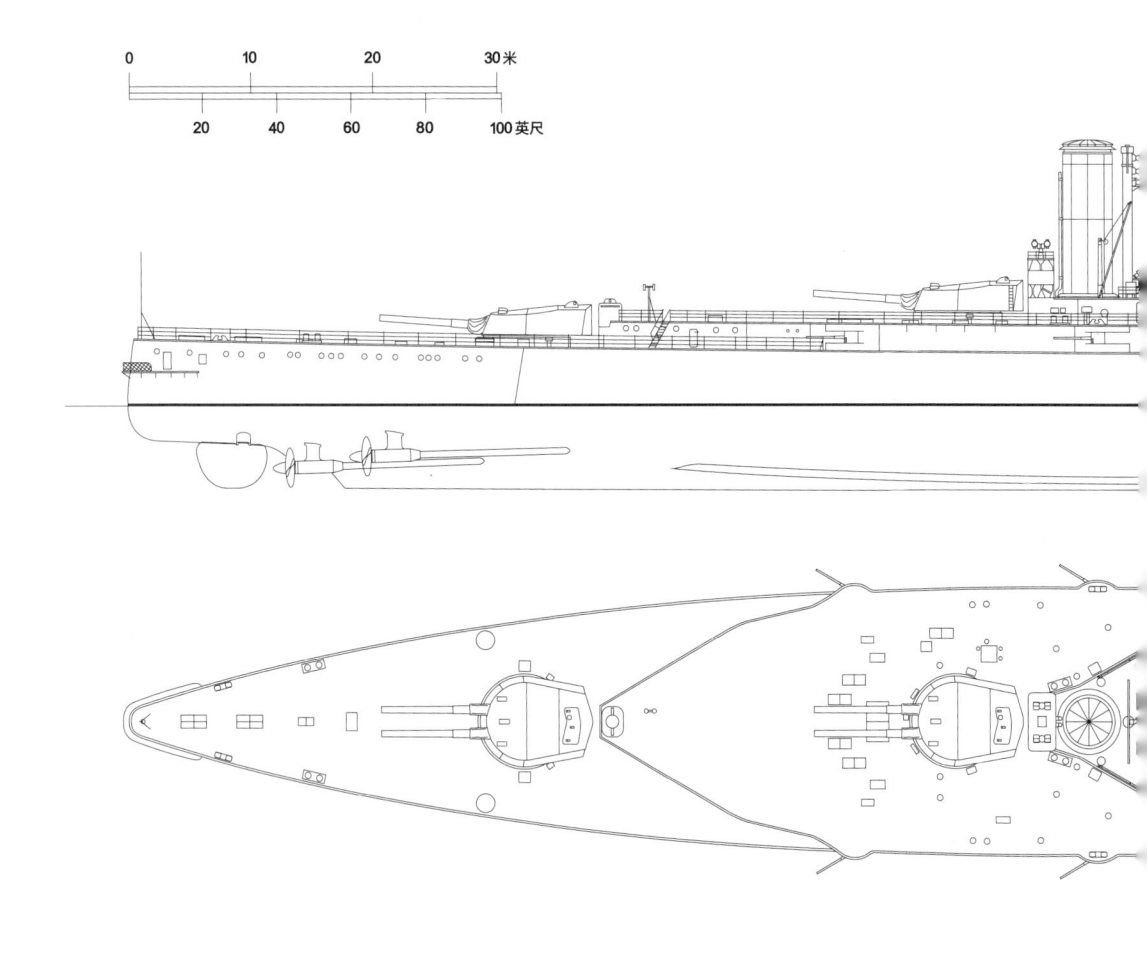

"不倦"级

舰名

"虎"号

承建船厂与建造情况

1912年6月20日开工
1913年12月15日下水
1914年10月3日入役

满载排水量

设计数据：28490吨
倾斜试验数据：28430吨

尺寸

舰长：704英尺（全长），660英尺（舰艉垂线间长）
舷宽：90英尺6英寸（型宽）
吃水深（满载排水量状态）：平均28.5英尺

武备

8门13.5英寸45倍径Mk V型主炮，双联装主炮塔
12门6英寸45倍径Mk VII型副炮，单装
2门3英寸速射炮，单装
1门12磅炮
4具21英寸鱼雷发射管（两舷水线下）

① 译注：原书关于"虎"号的最高载煤量均作3320吨，实际应为3340吨，全书统一修改。

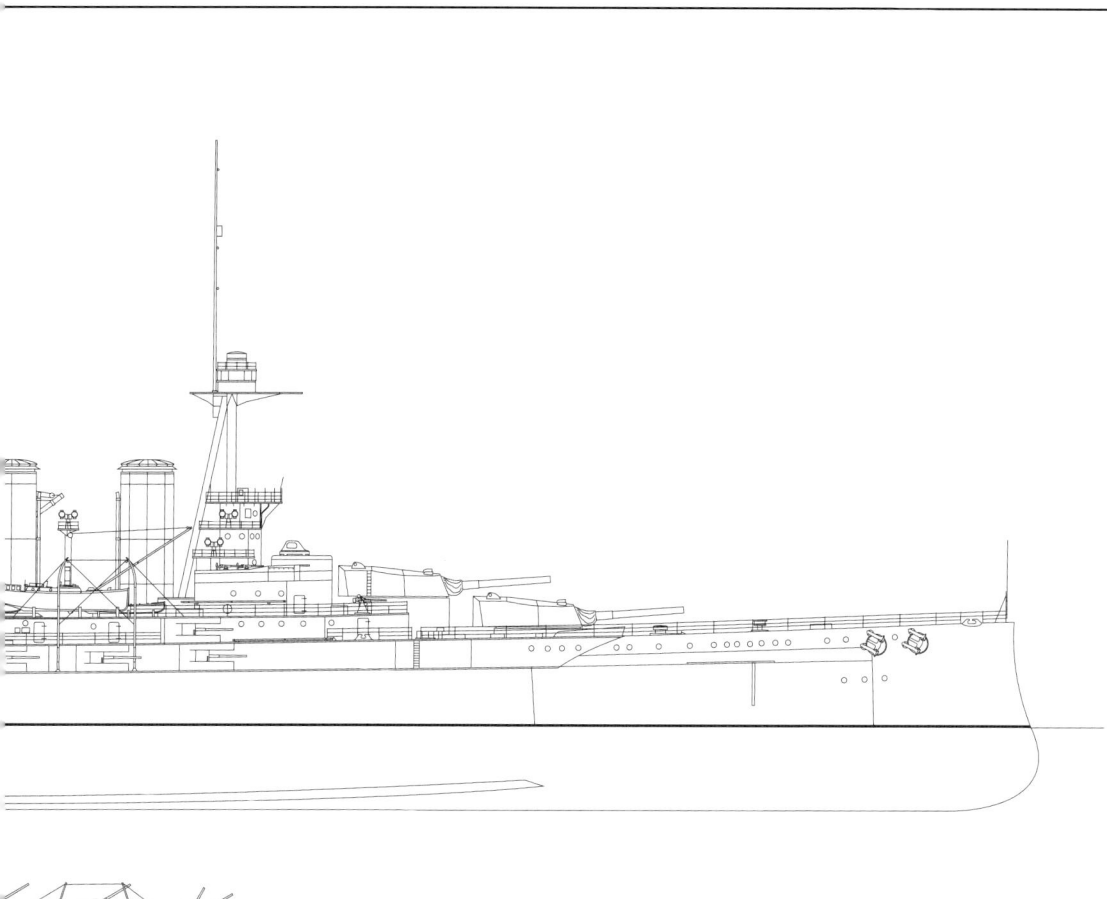

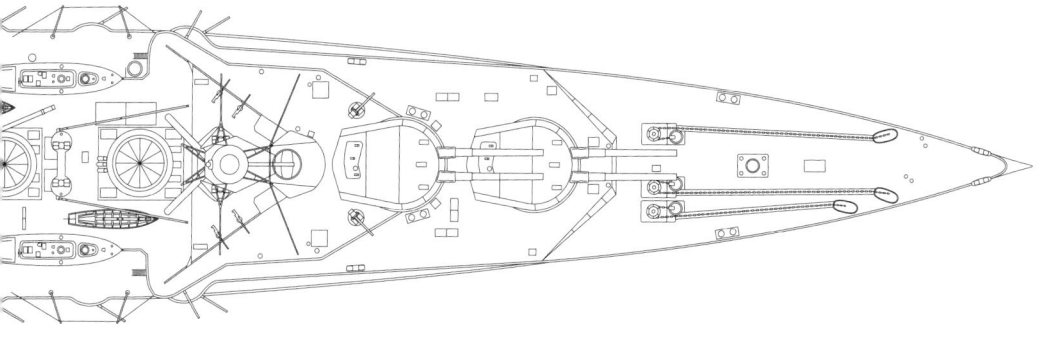

第三章　英国皇家海军的战列巡洋舰　139

Line drawing ©Ruggero Stanglini

装甲防护

主装甲带：舯部 9 英寸，"A""B"与"X"主炮塔旁 6 英寸，前后段 4 英寸

上部装甲带：舯部 6 英寸，"A""B"与"X"主炮塔旁 6 英寸，前后段 4 英寸

隔舱壁：舰体前部 2—4 英寸不等，舰体后部 4 英寸

甲板：副炮上方的艏楼甲板 1—1.5 英寸，上层甲板前后段 1—1.5 英寸，主甲板 1 英寸，下层甲板中段 1 英寸、前段 3 英寸

主炮塔座：3—9 英寸不等

主炮塔：正面及侧面 9 英寸，背面 8 英寸，顶部 3—3.5 英寸，底面 3 英寸

司令塔：四面均为 10 英寸，顶部 3 英寸，底面 4 英寸，测距仪防护罩 3 英寸

通讯管道：4 英寸

烟囱：1—1.5 英寸

主机

31 台巴布科克 & 威尔考克斯式大型水管锅炉，工作压力 235 磅 / 平方英寸

4 部布朗－柯蒂斯式直驱蒸汽轮机，4 具 3 叶螺旋桨，单舵板

功率与航速（设计数据）：85000 轴马力，最高 28 节

功率与航速（海试数据）：主轴转速 278.4 转 / 分时 104635 轴马力，最高航速 29.07 节

最大燃料携载量：3340 吨[①]燃煤，3480 吨燃油

续航半径：5200 海里 /18 节，4500 海里 /20 节，4000 海里 /20 节，2800 海里 /25 节

人员编制

官兵 1109 名（设计数量）

1144 名（1915 年 5 月）

1459 名（1918 年 4 月）

1914年竣工的"虎"号战列巡洋舰，照片中展示了该舰巨大的13.5英寸背负式前主炮塔组和左舷的副炮组。"虎"号只安装有一根非常高大的三脚桅。（图片来源：《D. 菲永图片集》）

装甲防护

"虎"号战列巡洋舰的装甲防护方案与"狮"级相比有所改进，尤其是前部与舰艉敷设的4英寸厚装甲带的长度比"狮"级更长。此外，副炮炮廓有10英寸装甲带防护，这条装甲带从司令塔旁一直延伸到"Y"炮塔背面，提升了全舰的整体装甲防护水平。另一块5英寸厚的装甲板从司令塔旁延伸到"A"炮塔正面，不仅保证了艏楼甲板防护的延续性，也代表了英国战列巡洋舰设计上的一项创新。但自"狮"级传承下来的9英寸厚主装甲带的宽度从3英尺减少到了2英尺3英寸。9英寸主装甲带下方还有另一条厚3英寸的装甲带，从"Y"炮塔的背面延伸到"A"炮塔正面。两道4英寸厚的装甲隔舱壁将舰体装甲横向封闭为一个装甲盒结构。水平装甲的厚度从艏楼和上层甲板的1.5英寸到下层甲板的3英寸不等。其下层甲板和"狮"级一样，沿其延伸方向有一定斜度。4座主炮塔的炮塔座装甲厚度从上部的9英寸到下部的1英寸不等。主炮塔正面装甲厚9英寸，背面装甲厚8英寸，顶部装甲厚约3英寸；司令塔侧面装甲为10英寸，顶部为3英寸，下部为2英寸；通讯管道的最大装甲厚度为4英寸；艏楼后端的鱼雷射击指挥塔侧面装甲厚6英寸，顶部厚4英寸；前桅上的观测台顶部有6英寸厚的装甲，弹药库由厚度2.5英寸到1英寸的钢板提供防护。"虎"号的垂直防护主要使用克虏伯渗碳钢装甲板，甲板的防护则主要使用高强度钢板。

主机

"虎"号战列巡洋舰的所有5个锅炉舱排列成一排，都设在舯部"Q"炮塔弹药库的前面，这种布置的优势是使锅炉烟道可以直接通入3座烟囱中，以达到一种布局上的平衡。"虎"号与"狮"级的另一处差异是"虎"号的每个锅炉舱都有35英尺长，而且没有被纵向隔舱壁分隔。"虎"号装备了 39 台巴布科克 & 威尔考克斯式锅炉，最前端的锅炉舱内容纳 7 台锅炉，其他 4 个锅炉舱每舱各安装 8 台。在"虎"号战列巡洋舰的设计和建造过程中，海军建造署曾试图促成为该舰装备小型水管锅炉，以减少主机的整体重量和空间占用。然而，由于这种类型的锅炉需要付出更多的时间进行保养维护，会削弱战舰的出勤能力，因此海军部否决了这一建议。[①]"虎"号也是第一艘安装了由约翰·布朗公司根据美国柯蒂斯公司颁发的许可证制造的布朗-柯蒂斯式蒸汽轮机[②]的战列巡洋舰。在机舱布局上，该舰的涡轮机、主冷凝器和其他辅助设备分别置于两个独立的舱室中，然后由纵向舱壁隔开。各台涡轮机和传动轴的工作布局与"狮"级相同。

"虎"号战列巡洋舰最多可携带 3340 吨燃煤和 3480 吨重油[③]。但一般只载 2800 吨燃煤和 2100 吨重油。关于在"虎"号上全部配备燃油锅炉的动议被否决了，最终配备的还是在煤炭上喷淋燃油的煤—油混烧锅炉。根据非正式的估测数据，"虎"号的燃料消耗量在 59500 轴马力功率状态下为每日 1245 吨燃煤，在这一功率水平和最大燃料携带量状态下，该舰的续航力为 3300 英里 /24 节。航速 25 节时续航力为 2800 英里，12 节经济航速时续航力增加到 5200 英里。

武器装备

"虎"号战列巡洋舰的主炮与"玛丽女王"号相同，均为 45 倍径 13.5 英寸主炮，其维克斯 BII* 型炮架略有改进，使主炮的最大仰角能够达到 20°，各主炮在战时的备弹量和"狮"级一样。关于"虎"号的副炮，海军部认为德国主力舰上装备的 150 毫米（5.9 英寸）火炮的作用是为了摧毁英国战舰上的 4 英寸炮，从而有利于其雷击舰只对英舰展开鱼雷攻击。事实上，在 1909 年，德国海军装备的鱼雷的射程已大为增加，其驱逐舰队的规模也不断扩充，似乎都在证明英国人在战列巡洋舰上也装备口径更大的副炮是一件合情合理的事情。然而，当时进行的射击试验表明，6 英寸炮的性能并不令人满意，而且造价昂贵，其弹药存放位置也可能对本舰构成严重威胁。[④]

尽管如此，"虎"号还是配备了 12 门维克斯 Mk VII 型 45 倍径 6 英寸炮，均使用 P VIII 型单装炮架。艏楼甲板上装有 10 门炮，另 2 门安装在上层甲板，因此可以很好地对舰艉方向进行集火射击。6 英寸副炮的最大射击仰角 14°，最大射程 3000 码，配用风帽尖头普通弹（Common Pointed Ballistic Cap，CPBC）、被帽普通弹和高爆弹等弹种，每发炮弹近 100 磅重。战时每门炮的备弹量水平较低，仅为 130 发。

与之前的战列巡洋舰不同，"虎"号的防空火力为安装在遮蔽甲板上指挥塔两旁的 2 门 3 英寸 /20 英担 Mk I 型高射炮，每门炮战时备弹量为高爆弹 120 发和燃烧弹 30 发。舷侧安装有 4 具 21 英寸水下鱼雷发射管，左右舷各两具，位置分别在"A"炮塔前和"Y"炮塔后，4 具鱼雷发射管共备雷 20 枚。与之前的战列巡洋舰相同，"虎"号在第一次世界大战结束时在艉部"Q"炮塔顶部安装了一个供索普威思"骆驼"式飞机使用的起飞平台。平台四周用帆布围成一个机库，为飞机提供了一定的保护。

由于在建造时就安装了一部射击指挥仪，并且得益于其服役生涯中不断得到改进的设备，"虎"号战列巡洋舰在火控方面实现了一个巨大的飞跃。火控指挥仪被安装在观测台的顶部，这里还装有一部 9 英尺基线的巴尔 & 斯特劳德测距仪，另一部指挥仪则安装于指挥塔顶部。"虎"号在建成时，4 座主炮塔和位于艏楼甲板后端的鱼雷射击指挥塔各

[①] 事实上，小型水管锅炉在德国海军战列巡洋舰上的应用已经比较成熟。
[②] 实践证明，布朗·柯蒂斯汽轮机相比帕森斯蒸汽机效率更高。
[③] 经过详细计算，"虎"号的最高载油量可达 3800 吨。由此全舰燃料总携带量为 7140 吨。
[④] 简而言之，"虎"号装备的 6 英寸副炮同"铁公爵"号战列舰上的一样不可靠。因此，海军部不得不在随后的"声望"级战列巡洋舰上换回了 4 英寸副炮。

在第一次世界大战期间进入干船坞进行维护工作的"虎"号战列巡洋舰。拍摄地点可能在罗赛斯。该舰是一战前皇家海军建造的最后一艘战列巡洋舰，也是由菲利普·瓦茨爵士以海军造舰总监身份督造的最后一艘战列巡洋舰。（图片来源：加拿大国家档案馆）

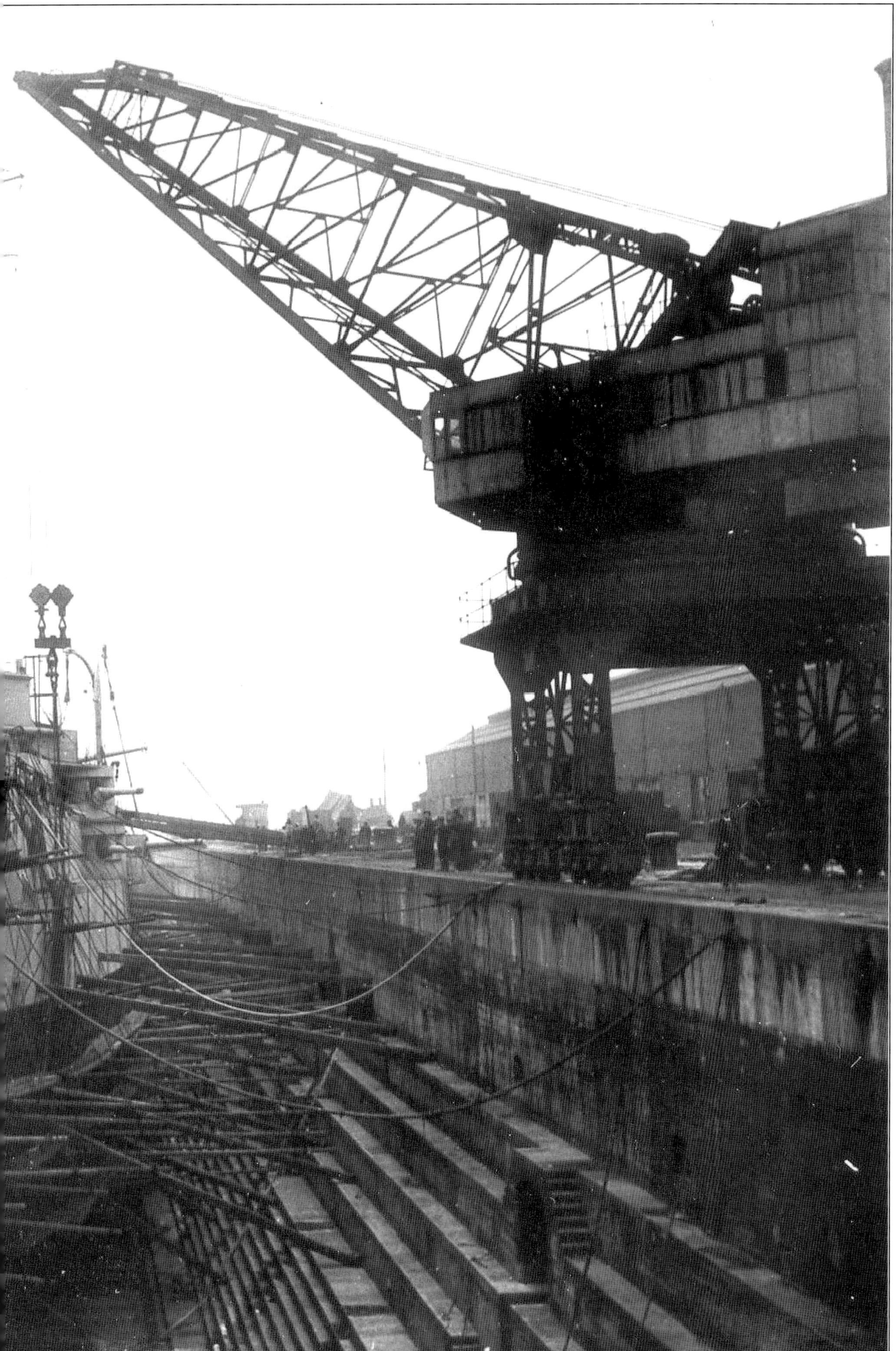

配一部 9 英尺基线测距仪。所有这些设备在战时都得到了很大改进。1918 年，"虎"号的"A"主炮塔和"Q"主炮塔配备了 25 英尺基线测距仪，"Y"主炮塔、鱼雷射击指挥塔和火炮射击指挥塔原先装备的早期型号测距仪被新式的 15 英尺基线测距仪所取代，前桅观测台也装备了 12 英尺基线的测距仪。最后，在前桅观测台上方一个防护掩蔽部内安装有一部用于防空射击指挥的小型 FT 29 型 2 米基线测距仪。"虎"号还在主甲板上设有一座用于指挥主炮射击的信号传输站，副炮也拥有自己的信号传输站，与 1 号烟囱旁的左右舷火控指挥所一起置于上层甲板。

"虎"号最初配备了 16 部 24 英寸探照灯。前舰桥的两侧各装 4 部，在 1 号、2 号烟囱之间的勤务艇起重吊臂桩顶部的小平台上安装两组共 4 部，鱼雷射击指挥塔顶部也安装 2 组共 4 部。

"虎"号战列巡洋舰的"Q"炮塔。摄于 1917 年末。照片中可见其顶部安装的飞机起飞坡道和帆布简易机库，还能清楚地看到一部射程钟和两部安装在 3 号烟囱后方的探照灯。（图片来源：《J. 罗伯茨图片集》）

服役和主要改装情况

"虎"号战列巡洋舰于1914年10月3日编入了第一战列巡洋舰分舰队，不过此时造船厂的工人们还在舰上继续进行着舾装工作，为该舰能早日参战做准备。次年1月24日，"虎"号参加了多格尔沙洲海战，与德国海军的"塞德利茨"号、"布吕歇尔"号和"毛奇"号进行交战并负了轻伤。在日德兰海战中，"虎"号被多次命中，受创严重，但仍能自行驶回罗赛斯军港进行修理。1916年7月，"虎"号修复完毕后重返大舰队，因"狮"号此时仍在修理，于是"虎"号成了第一战列巡洋舰分舰队的临时旗舰。经过1916年11月—1917年1月的改装后，"虎"号于1917年11月17日参加了第二次赫尔戈兰湾海战。战争结束后，"虎"号编入了新成立的大西洋舰队，但在1921年8月被转入预备役。在1922年《华盛顿海军条约》（Washington Naval Treaty）签订后，英国海军部最初决定将"虎"号转回现役，从1924年起，该舰作为炮术训练舰驻泊在朴次茅斯基地。1926年夏，"虎"号重新回归战斗序列，被编入大西洋舰队的战列巡洋舰分舰队。"虎"号战列巡洋舰一直服役到1931年5月，最终于1931年7月26日除役，8个月后被拆除。

"虎"号从外观上看要比它之前的英国战列巡洋舰更让人印象深刻，并且还接受了几次改变了该舰外形的改装。除了上面提到的火控设备的变化，"虎"号在多格尔沙洲海战之后扩大了其前桅观测台。1915—1916年，"虎"号在罗经台内安装了6英寸副炮的射击指挥仪，舰上的勤务艇吊装设备也做了一些改动。日德兰海战之后，该舰改进了装甲防护，尤其是在弹药库周围。1917年，6部36英寸探照灯取代了几乎所有的小型探照灯，安装位置也被重新安排。在吸取了战时的经验教训后，"虎"号于1918—1919年又缩短了前桅，舰桥也改为封闭式，并进一步加大了前桅观测台，在前桅观测台内的火控指挥仪后方增设了一部测距仪，两座舰艉鱼雷射击指挥塔和一个齐射指挥仪也安装于前桅杆较低的位置上。在20世纪20年代初，"虎"号加强了防空武器配备，后部起重吊臂被加高，超出了3号烟囱的高度，并安装了一个非常高的上桅。该舰其他方面的一些小修小改一直持续到其除役。

"声望"级战列巡洋舰

在第一次世界大战前的最后岁月里，英国海军部内部发生了重大变化，这些变化极大地重塑了皇家海军在战时的造舰政策。1911年12月，当温斯顿·丘吉尔还在海军大臣任上的时候，弗朗西斯·布里奇曼（Francis Bridgeman）海军上将从阿瑟·威尔逊（Arthur Wilson）海军上将手中接过了第一海务大臣的权杖。一年后，这一职务又由海军上将巴腾堡的路易斯亲王接任。

当1914年8月英德两国开战时，英国战列巡洋舰"不屈"号、"不挠"号和"不倦"号立即开始在地中海对德国战列巡洋舰"戈本"号和巡洋舰"布雷斯劳"号展开追击。英国皇家海军的这次追击行动虽然未获成功，但迫使德国海军最强大的战舰之一——"戈本"号战列巡洋舰不得不滞留于地中海地区，无法返回本土，也就无法在后来发生在北海的一系列海战中发挥作用。英国皇家海军与德意志帝国海军的第一次较量是1914年8月28日的赫尔戈兰湾海战。此次海战中，英国皇家海军有5艘战列巡洋舰参战——"狮"号、"无敌"号、"玛丽女王"号、"皇家公主"号和"新西兰"号。它们轻而易举地击败了轻型战舰为主的德军舰队，共击沉3艘敌方巡洋舰和一艘驱逐舰。[①]

从战争初期的几场海战的结果来看，战列巡洋舰很可能会成为海战中的重要角色，对英国海军来说，这种感觉尤为强烈。然而，在1912—1913、1913—1914、1914—1915连续三个财年的海军预算中并没有任何战列巡洋舰的建造计划，反而在1914—1915财年的海军预算案还为皇家海军增建了4艘战列舰，而且英国海军部决定将这4艘新造战列舰作为之前的"君权"级战列舰的升级改进版，为其装备新型15英寸主炮，其最高航速将达到21节。[②] 四舰中的2艘由皇家德文波特船厂和朴次茅斯船厂承建，而其余2艘分别被命名为"声望"号（HMS Renown）和"反击"号（HMS Repulse），由私营的费尔菲尔德船厂和帕尔默斯船厂承建。当"声望"号和"反击"号的详细设计在造船厂最终确定时，部分建造战列舰所需的资材也已经就位，可谓万事俱备。

设计、建造与成本

此时，两个戏剧性的事件的发生改变了4艘战列舰原定的建造计划。在英国，新闻界发起的一场指责巴腾堡亲王亲德的舆论运动迫使其辞去了第一海务大臣的职务。于是，海军大臣丘吉尔决定请费舍尔上将再度出山，重新担任该职务，1914年10月30日，年近74岁的费舍尔走马上任，第二次担任了英国第一海务大臣的要职。费舍尔甫一到任，便展开了一场全新的斗争，要求海军建造署着手设计新型战列巡洋舰。费舍尔最初提出了一型装备15英寸主炮、最高航速32节、名为"拉达曼提斯"级（Rhadamantus Class）的战列巡洋舰方案。[③] 随后，费舍尔要求丘吉尔安排使用造船厂已经采购入库的资材，将"反击"号和"声望"号作为战列巡洋舰来建造。费舍尔向丘吉尔解释说，如果将这两艘舰改建为战列巡洋舰，那么已经为两舰的建造而签订了长期合同的那些供货项目，如火炮、炮架、主机和装甲板等，仍然可资使用。根据费舍尔的说法，在这场与德国进行的长期战争中，这两艘战列巡洋舰将被证明比战列舰更有用。事实上，由于皇家海军希望对战时的诸多建设项目的优先度进行更好的考量，两舰的建造进度在战争爆发后已经放缓了。

1914年秋天，费舍尔有了另一个可供实际操作的，与战列巡洋舰的建造思路密切相关的想法，即"波罗的海计划"（Baltic Project）。这是一次计划在波美拉尼亚（Pomeranian）海岸实施的，将得到一支由快速、火力强大和吨位较轻的战列巡洋舰组成的分舰队支援的两栖突袭行动。[④]

除了费舍尔对战争的长期性和主力舰效能的判断外，值得注意的是，他所推动的新型战列巡洋舰的设计受到了渴望接受这一新的挑战的新任海军造舰总监尤斯塔斯·坦尼森·戴恩考特（Eustace Tennyson d'Eyncourt）爵士的欢迎。

另一件促使"声望"号和"反击"号被改建为战列巡洋舰的决定性事件是发生在1914年12月8日南大西洋福克兰群岛的福克兰海战。在这场海战中，英国皇家海军的"无敌"号和"不屈"号战列巡洋舰合力击沉了德国海军的"沙恩霍斯特"号（SMS Scharnhorst）和"格奈森诺"号（SMS Gneisenau）装甲巡洋舰。[⑤] 英国海军部和公众对本国战列巡洋舰的巨大战果欣喜若狂，这不仅是新型战舰自身的胜利，也是费舍尔关于建造这类战舰的理念的一次胜利。费舍尔因此轻易地说服了丘吉尔，后者随即要求内阁批准将"反击"号和"声望"号改建为战列巡洋舰。

另外，时任第三海务大臣的戈登·摩尔（Gordon Moore）海军少将于1914年12月

---

① 关于赫尔戈兰湾海战的详情将在本书第五章介绍。
② 1914—1915财年的英国海军预算为5155万英镑，是有史以来向下议院提请的最高的海军开支需求数字。和往常一样，这一预算案是海军大臣丘吉尔和财政大臣大卫·劳合·乔治（David Lloyd George）之间相互妥协的结果，在内阁中也引发了激烈的争论。
③ 拉达曼提斯是希腊神话中主神宙斯和欧罗巴女神的儿子。一艘用如此强大的名号命名的战舰将要装备3座三联装15英寸炮塔。在与丘吉尔的通信中，费舍尔坚持要建造3艘航速32节的"拉达曼提斯"级，以赶超当时最先进的德国战列巡洋舰。
④ 除丘吉尔外，"波罗的海计划"也得到了此前曾就1914—1915财年的海军预算案与海军部激烈交锋的劳合·乔治的支持。
⑤ 详见第五章相关内容。

初撰写了一份备忘录,为建造更多的战列巡洋舰提供了额外的支持。在这份有关皇家海军未来造舰计划的备忘录[①]中,提到了在地中海上对德国战列巡洋舰"戈本"号的追击行动,摩尔少将断言,既然德国已经建造了相当数量的战列巡洋舰,因此皇家海军:

> ……应当继续建造更多的战列巡洋舰……在眼下这场战争中,各个战区都对这种类型的巡洋舰存在巨大的需求,这一舰种也显示出了其所具有的价值。由于战列巡洋舰更多地活动于开阔海域,因此它们不像战列舰那样容易受到潜艇的威胁;虽然潜艇的活动半径会逐渐延伸到离岸更远的开阔海域,但潜艇对战列巡洋舰的威胁程度绝不会相应增加,否则由于作战区域的扩大,敌方需要出动的潜艇数量也将不得不大大增加。

因此,用更多的战列巡洋舰来加强大舰队,而不仅仅是执行"波罗的海计划",似乎正是建造"声望"级的理由。

由于海军建造署付出的不懈努力,"声望"号和"反击"号的改建事宜在海军部内部也进展迅速,尤其是在1914年圣诞节期间。1914年12月19日,费尔菲尔德船厂和帕尔默斯船厂接到通知,两舰将被改装为至少配备4门15英寸主炮、航速32节的战列巡洋舰。与此同时,海军建造署开始着手进行"拉达曼提斯"级的概念设计,设计中包括装备新式炮座的4英寸副炮,全燃油动力系统和与"不倦"级同等水平的装甲防护方案。尽管海军部和皇家海军对新舰的主炮口径有不同的看法,但费舍尔很快就明确拍板,新型战列巡洋舰将配备3座双联装主炮塔,共计6门15英寸主炮。12月21日,费舍尔将这些技术要求下达给了海军建造署署长。费舍尔的决策首先影响到了"拉达曼提斯"级的初始设计草案,使该级以削弱装甲防护为代价,增加了全舰主尺寸,同时减少了排水量。但由于这仅是初步的计算,可能有些估算数据未必准确。

当初步设计工作于1914年12月26日开始时,海军部发现帕尔默斯船厂没有足够长的滑道供"反击"号使用,于是决定把合同交给约翰·布朗船厂。丘吉尔随后获得了内阁的批准,将两舰最终改造为一型新式战列巡洋舰,但仍沿用最初设想的战列舰舰名。费舍尔随后于12月29日召集了两舰的承建商,并说服两家船厂自下达开工令之日起15个月内完成建造工作。第二天,这一建造时间表获得了海军部通过,也为英国第三代战列巡洋舰的问世奠定了基础。

当第一海务大臣向承建商下达指示时,大舰队总司令、海军上将杰利科致信费舍尔,强调当前迫切需要建造快速的战列巡洋舰。杰利科的意见深受费舍尔赞赏,他在12月29日的一封信中写道:

> ……由于近年来我们停建了战列巡洋舰,而德国海军反而每年都新增一艘,因此自从战争开始以来,与德国相比,我方舰队在数量上的优势在逐渐削弱。
> 我们很确定,德国最新式的战列巡洋舰在追击时能达到29节航速……因此,我非常强烈地认为,我们应当立即开始——如果我们还没有这样做的话——建造航速至少能达到30—31节的战列巡洋舰。如果通过使用燃油动力能使其获得更高的速度,那么燃油动力无疑就是最理想的动力方案。

[①] 见《1914—1922年的战舰设计》(Warship Design, 1914-1922),海军部档案,编号1/8397/365。

① 此信件见于《1914—1922 年的战舰设计》，海军部档案，编号 1/8397/365。

同时杰利科还重申并肯定了费舍尔对新型战列巡洋舰的看法：

……到目前为止，这场战争已经证明了您经常讲到的：一，高航速的巨大价值；二，大口径主炮压倒性的优势。尤其是第二点，在每一场海战中都得到了最有力的证明。因此，我完全确信我们的新型战列巡洋舰应该配备 15 英寸口径的主炮。我一向反对使用 6 英寸副炮来承担反鱼雷艇的任务，4 英寸炮已经完全能够胜任。现在我仍然坚持这个观点，并且建议在战列巡洋舰和今后的战列舰上统一装备 4 英寸炮作为反鱼雷艇武器。①

在新的一年里，新舰的设计也取得了进展。更多的造舰资材一批批运达了造船厂，"声望"号和"反击"号于 1915 年 1 月 25 日正式开工建造。在接下来的几个月里，又对设计进行了一些修改，以满足包括来自大舰队司令杰利科上将的各种新的技术需求。新设计的一个独特之处是反鱼雷艇的 4 英寸副炮的安装位置更高，这使得炮廓式副炮在英国主力舰上被彻底废弃。但副炮均为三联装，并安装于带防盾的炮座中，虽然火力更为集中，却会影响到对副炮的有效利用。然而海军建造署还是于当年 4 月结束了包括稳性和应力计算在内的设计工作，随后海军部于 4 月 22 日批准了"声望"号和"反击"号的改造方案。在两舰的改造过程中，还进行了一些主要与船体结构有关的改动，不同

在约翰·布朗造船厂舾装中的"反击"号战列巡洋舰的舯部面貌。注意该舰尺寸不一的烟囱和勤务艇的位置。（图片来源：苏格兰国家档案馆，档案号 UCS1/118/443/291）

的载重条件下的排水量数据也略有变化。有趣的是，在大部分英国海军主力战舰的设计中通常留有的100—120吨的设计余量吨位，在两舰身上由于这些变化而急剧降低到只有15吨。

"声望"级战列巡洋舰的最终设计定案清楚地反映出其设计源于"君权"级战列舰，该级配备有一组15英寸背负式双联装前主炮塔和一座15英寸双联装后主炮塔。与"虎"号相比，更大口径的主炮弥补了主炮数量较少的不足，并提高了舷侧齐射时的弹丸投射重量。由于费舍尔制定的建造时间表较紧，于是海军部为"声望"级选择了类似"虎"号的推进装置，唯一的变化是增加了3台锅炉。两艘"声望"级的舰体和主机均由各自的造船厂提供，合理的舰形使其航速从28.5节提高到30节。"声望"级的满载排水量为26500吨。排水量吨位分配如下：舰体10800吨，主机5660吨，装甲4770吨，武备3335吨，载油1000吨，各种设备920吨，设计余量15吨。[①]加上额外携带的油料、锅炉和其他设备的用水，满载排水量增加到30720吨，这一数字略低于"虎"号。该级的方形系数为0.542，使得"声望"级相比其前辈显得更为修长。

"反击"号于1916年1月8日下水，8月18日竣工；"声望"号于3月4日下水，9月20日竣工。因此两舰未能在15个月内如期建成，这可能是由于费舍尔因1915年5月加里波利登陆战役的惨败而黯然辞职[②]后，无法再对造船厂和其他供货承包商施加强大的影响而导致的。不过，2艘"声望"级战列巡洋舰的建造工作是在大约20个月内完成的，考虑到该级应用了一些新技术新装备，比如15英寸主炮及其相关设备，这一建造速度还是非常出色的。两舰的造价分别为3117204英镑和2829087英镑。这清楚地表明英国主力舰的建造成本正在节节攀升。

1915年9月2日，"声望"号进行了倾斜测试，测试数据表明该舰实际满载排水量为32220吨，平均吃水30.1英尺，稳心高度为62英尺，最大稳定角为44°，重载条件下失稳角为64°，满载条件下失稳角为73°。"反击"号的倾斜测试比"声望"号略晚，测试数据为：实际满载排水量31592吨，平均吃水29.8英尺，稳心高度6.1英尺。除此之外，"反击"号似乎没有其他的测试记录了，但其稳性相关数据很可能与"声望"号相似。

两舰的航速测试于1915年8月和9月间进行，为避免类似"虎"号和之前的战列巡洋舰曾出现的问题，海试在苏格兰西部克莱德湾的阿兰岛（Isle of Arran）海域进行。"声望"号在主机转速281.6转/分和排水量27900吨的状态下，最大功率为126300轴马力，最高航速记录为32.58节；"反击"号在排水量29900吨状态下，主机转速274.7转/分，最大输出功率118913轴马力，最高时速31.73节。考虑到两舰在海试期间的排水量状态，"声望"级的航速水平被认为是可以接受的。此外，海试结果也证明两舰都具备良好的适航性。虽然它们的维护难度较大〔以至于两舰一度被戏称为"修理"号（Repair）和"改装"号（Refit）〕，但"声望"级战列巡洋舰仍不愧为在战争需求的巨大压力下进行精密的战舰设计的杰出典范。[③]此外，两舰完全符合海军部先前确定的技术要求。然而，由于"声望"级在日德兰海战之后几个月即告完工，因此显然来不及根据从日德兰海战中吸取到的经验教训对其进行升级改装。

① 对应的各部分吨位占全舰吨位比例为：舰体40.8%，主机21.4%，装甲18.1%，武备12.6%，油料3.4%，各种设备3.4%，设计余量0.05%。
② 丘吉尔也因此战的失利而辞职，由阿瑟·贝尔福（Arthur Balfour）接替其海军大臣的职务。
③ 所有初始设计工作于1914年12月18日开始，12月26日结束。很难相信在这样短的时间里整个海军部能有足够的时间来分析和讨论各种方案，因而很可能是费舍尔勋爵和他的几个追随者做出了所有决定，并得到了丘吉尔的支持和内阁批准。

主要技术特点

除装备了更大口径的主炮外，"声望"级战列巡洋舰至少有3个独特之处，这些特点

"反击"号，1916年

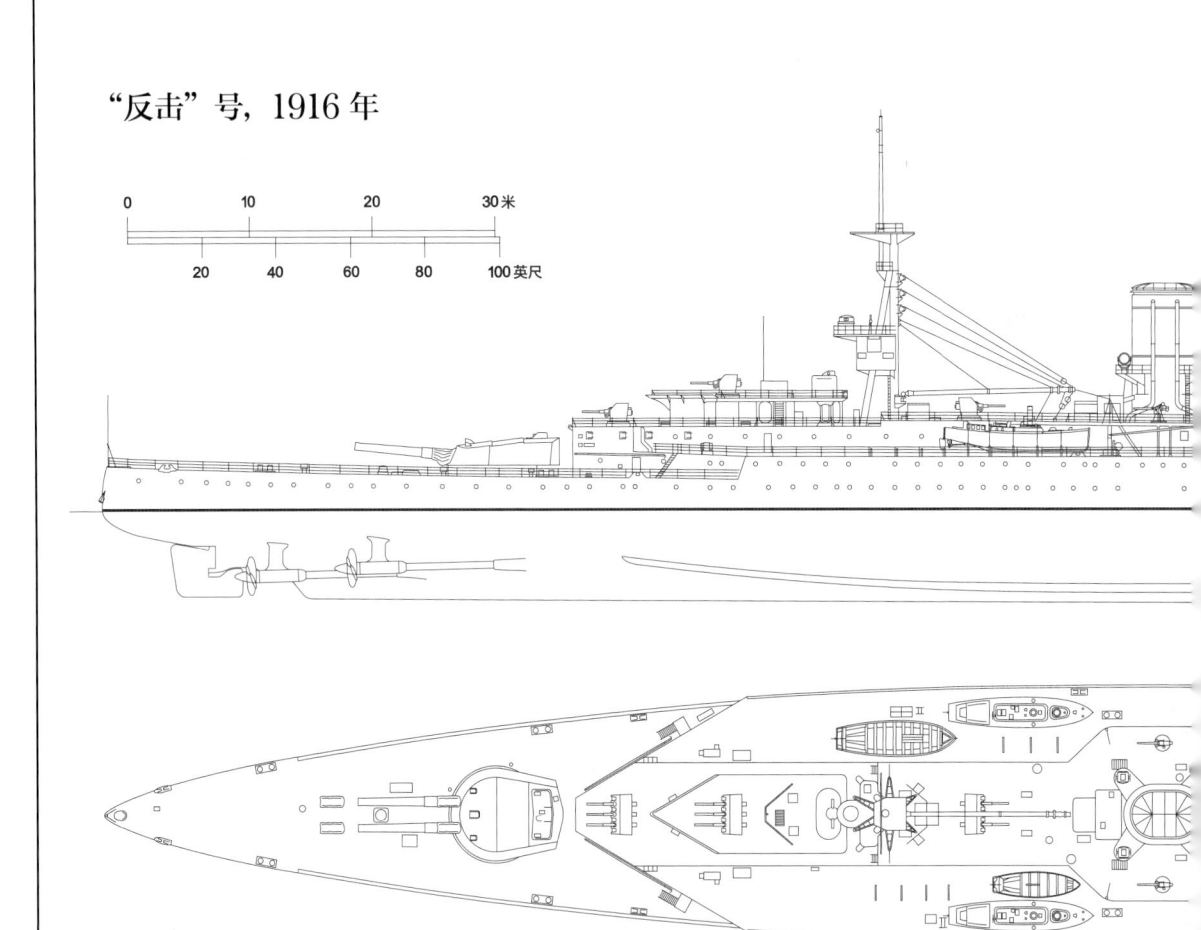

"声望"级

舰名
"声望"号、"反击"号

承建船厂与建造情况
"声望"号：费尔菲尔德船厂，戈万
1915年1月25日开工
1916年3月4日下水
1916年9月20日竣工

"反击"号：约翰·布朗＆克莱德班克船厂
1915年1月25日开工
1916年1月8日下水
1916年8月18日竣工

满载排水量
设计数据：26500吨
倾斜试验数据：27420吨，"声望"号；26854吨，"反击"号

尺寸
舰长：794英尺（全长），750英尺（艏艉垂线间长）
舷宽：89英尺8英寸（型宽）
吃水深（满载排水量状态）：舰艏25.6英尺5.5英寸，舰艉27英尺（"声望"号）

武备
6门15英寸42倍径Mk I型主炮，双联装主炮塔
17门4英寸44倍径Mk IX型副炮，5座三联装炮位，2座单装炮位
2门3英寸速射高射炮
1门12磅炮
2具21英寸鱼雷发射管（两舷水线下）

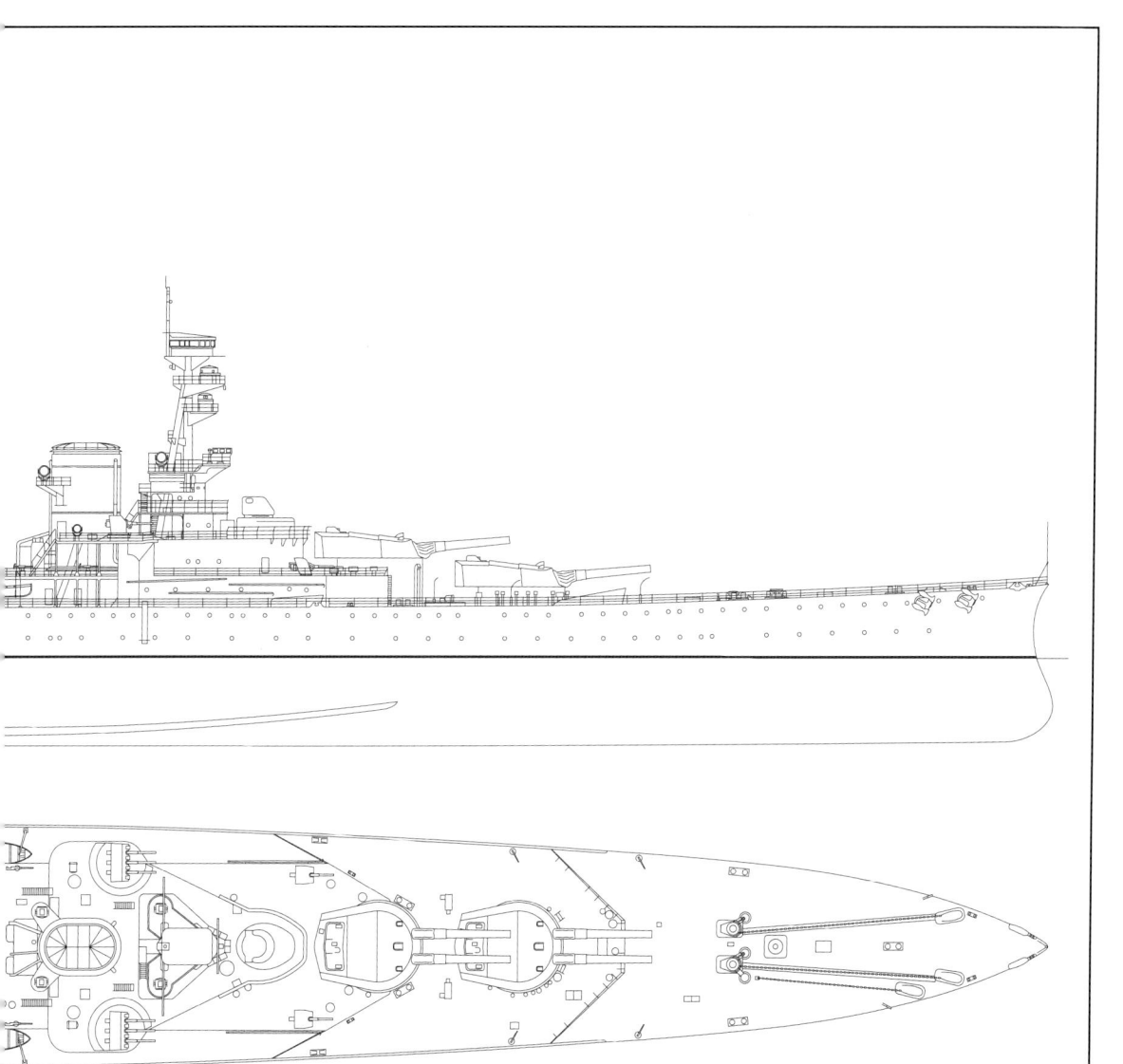

第三章 英国皇家海军的战列巡洋舰 151

Line drawing ©Ruggero Stanglini

装甲防护
主装甲带:肿部 6 英寸,前段 4 英寸,后段 3 英寸
隔舱壁:舰体前后段 3 英寸至 4 英寸不等
甲板:艏楼甲板 0.75—1 英寸;主甲板 1 英寸,斜边 4 英寸;下层甲板 1.75 英寸,舵机舱上方 3 英寸
主炮塔座:主甲板上方 8 英寸或 9 英寸,主甲板与下层甲板之间 3 英寸或 4 英寸
主炮塔:正面 9 英寸,侧面 7 英寸,背面 11 英寸,顶部 4.25 英寸
火控指挥塔:四周 10 英寸,顶部 3 英寸,底面 3 英寸
鱼雷射击指挥塔:3 英寸
通讯管道:2 英寸
烟囱:1—1.5 英寸

主机
42 台巴布科克 & 威尔考克斯式大型水管锅炉,工作压力 275 磅 / 平方英寸
4 部帕森斯式直驱蒸汽轮机,4 具 3 叶螺旋桨,单舵板
功率与航速(设计数据):112000 轴马力,最高 31.5 节
功率与航速(海试数据):主轴转速 281.6 转 / 分时 126300 轴马力,最高航速 32.58 节
最大燃料携载量:4289 吨燃油
续航半径:4700 海里 /12 节,4000 海里 /18 节,2700 海里 /25 节

人员编制
1917 年为官兵 1057 名,1919 年时为官兵 1222 名

1916年8月，在约翰·布朗船厂竣工后顺克莱德河而下的"反击"号战列巡洋舰。配备15英寸主炮的"声望"级可以被视为英国皇家海军的第三代战列巡洋舰。（图片来源：《J. 罗伯茨图片集》）

令该级与之前的英国战列巡洋舰迥然不同。"声望"级装有2座高大的烟囱，前部1号烟囱明显地与舰桥相分离。主炮塔共有3座，沿甲板中心线排列，舰体舯部没有设置主炮塔。这一特征将被后来几乎所有的英国主力舰设计所沿用。和"虎"号一样，"声望"级的长艏楼一直延伸到"Y"主炮塔，另外一层很长的遮蔽甲板从"B"炮塔一直延伸到"Y"炮塔，2号烟囱被探照灯平台所包围着。两艘"声望"级战列巡洋舰外观上唯一的区别点是"声望"号为封闭式舰桥，而"反击"号为开放式。

"声望"级的上层建筑是围绕着一个倾斜的三脚桅建造的，其中包括一个巨大的司令塔甲板室，这使得"声望"级的上层建筑在结构上比"虎"号更为紧凑。勤务艇大都放置在艏楼甲板上，2号烟囱的后方，使用时由一部铰接在后三脚桅上的起重吊臂吊放。[①] 后三脚桅后方还有一个较小的甲板室，内设后部4英寸副炮射击指挥台和一组三联装4英寸副炮。后桅上也设有一个观测台。

建造完成的"声望"级战列巡洋舰舰长794英尺，最大舰宽约90英尺。该级平均吃水深度："声望"号，满载排水量32200吨时为30英尺1英寸；"反击"号，满载排水量31592吨时为29英尺8英寸。龙骨至上层甲板的高度为41英尺，至艏楼甲板的高度增加到49英尺。"声望"级的舰艏弧度很大，舷弧上飘，舰艉呈圆形，整个舰体造型优美。该级的主要参数见后附图表。

"声望"级战列巡洋舰装备4台直流发电机。一台为蒸汽涡轮机驱动，功率200千瓦；一台为175千瓦的燃油发电机；另有两台活塞式发动机驱动的发电机，每台输出功率200千瓦。全舰发电机总输出功率为775千瓦/220伏。"声望"级的发电机配置似乎不如"虎"号先进。

"声望"级装备的无线电设备与"虎"号相似，分别位于主无线电室、第二无线电室、第三无线电室和火控指挥室等几处。"反击"号配备的无线电设备数量多于"声望"号，包括火控指挥室的一台31型无线电台。"声望"号建成时的舰员编制数量为官兵953名，"反击"号为967名。舰员数量在战时逐渐增加，1919年达到了1220人左右。到了1918年年底，"反击"号将其遮蔽甲板两侧涂成了深灰色，并在烟囱上涂上了宽大的深灰色条纹；"声望"号则在她的前烟囱涂上了一圈较宽的深色色带。

[①] 两舰共配备14艘勤务艇。"反击"号作为旗舰，会多配备3艘，其中包括一艘将官专用的45英尺大型交通。

装甲防护

尽管英国战列巡洋舰已经从第一代发展到了第二代，其装甲防护也略有改进，但随着轻装甲的"声望"级的出现，反而使英国战列巡洋舰在装甲防护方面出现了明显的倒退。究其原因，可能是因为费舍尔决定在"声望"级上使用类似于"不倦"级的装甲防护方案，这就意味着海军建造署在防护设计上已经没有了什么发挥的余地，只能侧重于在武备和主机方面予以加强。此外，"声望"级只配备了燃油锅炉，这使得该级舰没有了沿舰体侧面设置的煤舱，也就失去了通常由煤舱所提供的一定程度的舷侧防护。[1] 由克虏伯渗碳钢制造的主装甲带敷设于"A""Y"主炮塔的垂直轴线之间的舷侧，厚 6 英寸，宽 9 英尺，但在水线以下部分的宽度只有 1 英尺 6 英寸。主装甲带向舰体两端继续延伸了大约 40 英尺，但其厚度在舰艏处减少到 4 英寸，舰艉处减少到 3 英寸。另有两组克虏伯渗碳钢制的水密隔舱壁，第一组封闭主装甲带，第二组封闭主装甲带的艏艉延伸段，这些钢制隔舱壁的厚度从 3 英寸到 4 英寸不等。"声望"级的垂直防护面包括前舰桥和遮蔽甲板的两侧，以及烟囱的排烟道，垂直防护装甲由约 1.5 英寸厚的高强度钢制成。

"声望"级在建成时，高强度钢制的主甲板两侧略有斜度，其装甲厚度为 1 英寸。[2] 弹药库上方的装甲板厚度增加到 2 英寸，其他甲板上敷设的装甲板厚度在 1.5—2.5 英寸之间。克虏伯渗碳钢装甲主炮塔炮塔座直径为 30.5 英尺，其上部装甲厚度为 7 英寸，下部为 5 英寸。每座主炮塔的不同部位的装甲厚度也不同：炮塔正面厚 9 英寸，背面装甲厚 11 英寸；炮塔两侧为 7 英寸，顶部为 4.5 英寸。司令塔由不同厚度的非渗碳钢装甲和渗碳钢提供防护，底部 2 英寸，侧面 10 英寸。通讯管道覆有 2 英寸和 3 英寸非渗碳钢装甲。鱼雷射击指挥塔位于舰艉桅杆后方的甲板室，由 3 英寸厚非渗碳钢装甲保护。至于水下防护，"声望"级战列巡洋舰在主甲板下设计有一个尺寸适中的防鱼雷凸出部，在甲板的

"反击"号战列巡洋舰上一个轮机舱控制站的照片，可见其中有许多仪表和手轮操作的阀门。"声望"级战列巡洋舰有 2 个轮机舱和 2 个冷凝器舱，它们一直延伸到最后一座锅炉舱的后面。（图片来源：《J. 罗伯茨图片集》）

---
[1] 油料储存于双层船底内。
[2] 日德兰海战后，杰利科上将要求尽可能地加强战列巡洋舰的装甲防护，于是"声望"级在罗赛斯基地为各层甲板加装了装甲板。每艘舰的改装工作都耗费了 2 个月时间。

倾斜部分上铰接有一块0.75英寸厚的纵向防水舱壁。虽然"声望"级在设计时曾计划配备防鱼雷网,但实际上并未安装。

总之,"声望"级战列巡洋舰的防护水平是不足的,而且它们在一战后("声望"号)与20世纪20年代中期("反击"号)所进行的改装也只使其装甲防护得到了有限的提升。

主机

"声望"级战列巡洋舰在设计阶段曾探讨过使用小型水管锅炉和更轻的蒸汽轮机的可行性,但由于紧迫的工期要求,海军部最终决定在其上安装与"虎"号类似的推进系统。因此,"声望"级在6座锅炉舱内安装了42台工作压力为275磅/平方英寸[①]的巴布科克&威尔考克斯式锅炉。与"虎"号相比,"声望"级的锅炉数量增加了3台,以满足航速要求,更重要的是满足当时即将实施的波罗的海突袭行动的技战术需要。最前部的锅炉舱内安装3台锅炉,紧邻其后的锅炉舱内安装7台,其他4间锅炉舱内各安装8台锅炉。相邻的锅炉舱之间没有辅助机房,6间锅炉舱的总长度为193英尺。在末端的锅炉舱后方设置有总长110多英尺的两间安装布朗-柯蒂斯蒸汽轮机组的轮机舱与2间冷凝器舱。每间冷凝器舱内安装有一台舵机。"声望"级载油量为4250吨,燃煤携载量被限制在只有105吨。其续航力半径为4700海里/12节或2700海里/25节。

武器装备

无论是费舍尔勋爵要求的紧迫工期,或是如何使新型15英寸主炮塔安装上舰,都属于"声望"级战列巡洋舰的设计与建造过程中的头等大事,因此关于该级的主炮布局则成了一个相对次要的问题。虽然可以——如果有的话——在艉部"Y"主炮塔上方叠装第四座主炮塔,但"声望"级最终的主炮布局方式还是为3座双联装15英寸主炮塔。

维克斯42倍径15英寸火炮是英国皇家海军有史以来研发出的所有大口径舰炮中的翘楚之作。[②]该炮的设计在很大程度上是基于先前的Mk V型45倍径13.5英寸舰炮,同时由于战争的迫切需要,该炮免去了新型火炮通常所要经历的冗长的试制试验环节,并很快开始投产。"声望"号和"反击"号上的主炮炮架略有不同,"声望"号安装的均为Mk I*型,"反击"号的两座主炮塔内安装的是Mk I型,剩下一座主炮塔内安装的是Mk I*型,这也影响到了"反击"号的主炮弹丸从弹库输送到主输弹通道中的方式。

"声望"级每座主炮塔重770吨,炮组编制为官兵64人,主炮仰俯角度为-5°—+20°。最大仰角时射程为23734码,射速2发/分。每门主炮战时备弹120发,最初的弹种组合为被帽穿甲弹和被帽普通弹各60发,第一次世界大战结束时改为被帽穿甲弹84发、被帽普通弹36发。"声望"级也是英国第一级为主炮配备两台射击指挥仪的战列巡洋舰,一台射击指挥仪安装在装甲司令塔上,另一台安装在从前桅伸出的一个位于舰桥上方的平台上。

如前所述,费舍尔一直反对在主力舰上装备重型副炮,因此在他的坚持下,海军部决定为"声望"级安装45倍径的4英寸炮作为辅助火力。最初有两种不同型号的4英寸炮可供选择,但其中一种很难进行火控指挥,而另一种的射速较低。因此,整合了这些早期型号的优点的Mk IX型4英寸舰炮问世了。

"声望"级的17门Mk IX型45倍径4英寸副炮安装在5个三联装炮座和2个P VIII

[①] 该级的锅炉工作压力值比英国之前的战列巡洋舰要高。
[②] 15英寸舰炮精度很高,且炮膛磨损较低。该炮在皇家海军中一直装备到二战结束后。

型单装炮座中。三联装炮座位于司令塔平台和遮蔽甲板上,其中两座在前烟囱两侧,一座在起重吊臂下面,一座在遮蔽甲板的尽头,最后一座在遮蔽甲板上的小甲板室上。然而,尽管每门4英寸炮都可以单独进行仰俯操作,但三联装的方式却显得复杂而笨拙,尤其是每个三联装炮座总共有23名炮组人员,在实战操炮时会相互妨碍。

除三联装副炮外,遮蔽甲板上舯部烟囱两侧还安装2座单装4英寸炮。副炮炮位的安装位置为副炮组提供了良好的射界,有利于更有效地对抗敌方鱼雷艇,但三联装炮座由于缺乏助力装置而很难达到每分钟10—12发的射速。战时每门4英寸副炮备弹量为150发,初期弹种分配为105发高爆弹和45发通常弹,后来备弹量增加到每门炮200发,含120发高爆弹、50发普通弹和30发曳光高爆弹。此外,副炮也配备有2部射击指挥仪,一部安装在前桅,一个位于观测台下方的突出平台上;另一部安装在后桅上的一个平台上。另外"声望"级还在前烟囱两侧各安装有一门Mk I型3英寸20英担高射炮,每门高炮备弹量为120发高爆弹和30发燃烧弹。

"声望"级战列巡洋舰在设计上还要求在舰体后部与前部设置鱼雷舱。然而舰体后部挤满了传动轴、弹药库和炮弹,很难为鱼雷舱腾出位置,因此"声望"级只在舰体舯部设置了一个鱼雷舱,安装2具21英寸水下鱼雷发射管,备雷数量为10枚Mk IV HB型鱼雷和16枚Mk IV SL鱼雷。

在火控装备方面,"声望"级比之前的战列巡洋舰有所改进,这是因为海军部想要最

1920年作为威尔士亲王出访座舰,在澳大利亚墨尔本港码头靠岸的"声望"号战列巡洋舰。注意其"B"主炮塔巨大的炮塔座和前部上层建筑的布局。(图片来源:澳大利亚维多利亚州州立图书馆)

大限度地提高新型 15 英寸主炮的作战效力。除了为 15 英寸主炮和 4 英寸副炮口径都配有火控指挥仪外，该级还配备了多台基线长度从 6 英尺到 30 英尺不等的巴尔 & 斯特劳德式测距仪。"声望"号和"反击"号所装备的测距仪型号有所不同，并且在大战期间还在不断进行改进，但所有 15 英寸主炮塔、司令塔和鱼雷射击指挥塔中的测距仪为同一型号。[1] 该级还设有两座各自独立的信号传输站，分别位于靠近前桅底部的主甲板两侧。

"声望"级战列巡洋舰装备了 8 部 36 英寸探照灯，其中 6 部安装在后烟囱四周的平台上，4 部安装位置较低，2 部位置较高；其余 2 部安装在前烟囱上一个较高的平台上。2 台 24 英寸信号灯位于舰桥后方前桅的两侧。

服役与主要改装情况

"反击"号于 1916 年年底加入皇家海军大舰队序列，并接替"虎"号战列巡洋舰担任第一战列巡洋舰分舰队旗舰。"声望"号于 1917 年 1 月担任了同样的角色。

因为费舍尔对新型的"声望"级战列巡洋舰在设计性能指标上的优先项问题上所持的意见与大舰队的将校们的看法冲突越来越大，故此当该级舰入役后，大舰队专门为这两艘薄皮大馅的主力舰设计了航行队形来保证其安全。然而只有"反击"号在一战期间参与了战斗行动，其中最值得一提的是 1917 年 11 月 17 日的第二次赫尔戈兰海战。一战结束后，两舰都被编入了隶属皇家海军大西洋舰队的巡洋舰分舰队，并参加了几次训练行动和海上仪式活动；随后在两次世界大战间期间进行了大量改造工作。此后，两艘"声望"级战列巡洋舰一同参加了第二次世界大战。1941 年 12 月 10 日，"反击"号在马来半岛外海被日本海军的鱼雷攻击机击沉。"声望"号则参加了二战中在大西洋、印度洋和地中海的作战行动，最终于 1948 年 6 月 1 日除役，并于 8 月作为废船出售。

1917 年，"声望"级在"Y"主炮塔上涂上了射向分划刻度线，这也是英国其他战列舰和战列巡洋舰的常见特点。同时，"声望"级还在"Y"主炮塔和"B"主炮塔上安装了起飞平台，以供轻型战斗机从舰上起飞拦截德国海军"齐柏林"（Zeppelin）远程侦察飞艇所用。在 1919 年，"声望"号的观测台上安装了射程钟，舰上探照灯的位置也被重新调整。在战争期间，"声望"级所配备的测距仪的数量和类型也不尽相同。在"声望"级的舰体中部，可以看到两排很长的舷窗，这清楚地表明，该级很大一部分舰体只有一条 6 英寸的薄装甲带提供保护。因此，在战后和 20 世纪 20 年代的改装期间，"反击"号和"声望"号的 6 英寸装甲带被上移了一层甲板，代之以 9 英寸厚的装甲带。到了 20 世纪 30 年代，两舰又进行了一次耗时 3 年的大规模改装。这次改装不仅改变了两舰的外观，其特征和性能也有所变化。1939 年，"声望"号的满载排水量超过了 36000 吨，"反击"号则达到了 38300 吨以上，并且都换装了新型的设计功率为 12 万轴马力的海军部式锅炉，最高航速 29 节。

尽管"声望"号和"反击"号战列巡洋舰饱受批评，但两舰的表现还是令人满意的，尤其是在二战期间。虽然"反击"号在战争中被击沉，但事实上"声望"级在性能上达到了设计要求，其装甲防护也经受住了战火考验。鉴于人们对"声望"号设计的许多尖刻言辞，这里引用"声望"号舰长 L. 哈尔西（L. Halsey）在 1920 年率该舰访问美国和澳洲期间致海军造舰总监的信中的一段话，哈尔西写道：

---

[1] 敷有装甲并配备旋转防护罩的火控站位于司令塔顶，随着时间的推移，为其配备的火控指挥设备越来越先进，其中包括增设一部长基线测距仪。最终，火控站成为"火炮射击指挥塔"。"声望"级战列巡洋舰上的火控站也可以用这一新名称来定义。

……在我看来,这艘船就是一个完美的奇迹:她航行平稳快速,姿态优雅,而且经济性特别突出;在 20 节航速下,她每海里的耗煤量只有 1 吨多一点儿,在恶劣海况下也同样表现出色——事实上我不知道还有哪条船可以像她一样,她不会被海浪打得通体透湿,即使面对迎头浪,甲板和上层建筑也能保持非常干燥,同时还拥有出色的稳定性。从英国出发后,我们现在已经航行了约 18000 英里,航速大多保持在 20—25 节,这艘船的表现简直无与伦比……

从另一艘英国军舰上看到的正在高速航行的"声望"号战列巡洋舰。摄于第一次世界大战期间。"反击"号于 1916 年年底加入了皇家海军大舰队作战序列,取代"虎"号担任第一战列巡洋舰分舰队旗舰。1917 年 1 月,"声望"号又担纲了这一角色。(图片来源:《J. 罗伯茨图片集》)

1920 年停泊在新西兰利特尔顿港的"声望"号。在主桅后的飞行甲板上,可以清楚地看到一部三联装 4 英寸炮炮座。"声望"号战列巡洋舰还经历了几次小的改装,目的是在威尔士亲王乘舰进行皇家巡游之前为增加的乘员改造出额外的住舱。(图片来源:澳大利亚维多利亚州州立图书馆)

从"勇敢"到"无比"

福克兰海战的胜利为英国带来的欢欣鼓舞,以及大舰队对更多的战列巡洋舰的需求,引发了诸多后续的效应:结果之一是"反击"号和"声望"号的开工建造,另一个结果是费舍尔和海军部热切地要求将更多的主力舰投入波罗的海行动中去。然而,战时经济体制给英国的财政预算带来了巨大压力,大多数内阁成员都支持财政大臣戴维·劳合·乔治的财政紧缩政策。事实上,第一次世界大战的爆发给英国财政带来的负担比为皇家海军和英国陆军提供资金的负担要大得多,也要复杂得多。[1]

另一方面,英国皇家海军作为当时在欧洲陷入苦战的协约国军队打破面前僵局的有力武器,在大英帝国的军事战略内扮演着重要角色。这一战略要求将皇家海军部署在欧陆主战场——西线(West Front)的外围,通过几次大胆果决的战斗行动,例如在达达尼尔海峡进行登陆作战,在波罗的海沿岸实施突袭等,并辅以布设广阔的雷场,来阻止德海军杀入北海。然而达达尼尔登陆战打成了僵持,同时性能可靠的水雷数量也不足,于是波罗的海突袭行动就成了皇家海军当时的主要战略选择。

在内阁批准建造"声望"级战列巡洋舰几周后,费舍尔为使未来用于波罗的海突袭行动的主力舰的设计工作能够继续推进,向一众军政要员开始了新一轮的备忘录与私人信件攻势,以争取支持。此时的战列巡洋舰设计越来越注重高航速和强火力,而忽视防护。然而,问题的关键在于如何说服财政部和内阁,因为财政大臣劳合·乔治强烈反对建造大于轻巡洋舰的军舰。但费舍尔很聪明地将新舰定义为"大型轻巡洋舰",轻松地摆平了反对意见,并试图在海军部内外推销他的想法。在1915年1月23日致大舰队司令杰利科上将的一封信中,费舍尔解释说他打算在11个月内完成开发一级装备4门15英寸主炮、航速33节、吃水23英尺的新型"轻巡洋舰"。不仅如此,费舍尔还说明了哪些造船厂能够实现他的计划。两天后,费舍尔的计划得到了海军大臣丘吉尔和海军造舰总监戴恩考特的首肯。丘吉尔对这种新型战舰并不看好,但却支持了波罗的海突袭计划,戴恩考特随后也受命开始设计符合前述要求的新战舰。事实上,在建造了"反击"号和"声望"号之后,皇家海军手中还有6座现成的15英寸双联装炮塔,其中两座炮塔留作各种测试之用,其余4座配备给两艘新式"大型轻巡洋舰",每艘2座。但费舍尔勋爵不想这些炮塔被白白浪费在测试项目上,更希望将其全部装备在后续的战列巡洋舰上。

设计、建造与成本

就在费舍尔写信给丘吉尔和戴恩考特寻求支持的同一天,关于建造更多的战列巡洋舰的动议得到了意料之外的支持。1915年1月24日,英国皇家海军在多格尔沙洲与德国海军展开了一场激战。海战结束后,杰利科上将告知费舍尔,战列巡洋舰在未来与德国舰队的战斗中将是不可或缺的,这种战舰对皇家海军来说是多多益善。另外,费舍尔此时正在以辞职相威胁,要求内阁批准将皇家海军其余的战列巡洋舰或战列舰兵力全部派往达达尼尔海峡。由此看来,只要承诺批准建造两三艘"大型轻巡洋舰",就可以挽留费舍尔。

而工作上朝夕必争的戴恩考特却没有浪费时间。1915年1月底,他提出了新型战舰的设计方案。据说该级"大型轻巡洋舰"的排水量为17800吨,装备两座15英寸双联装主炮塔,并配备了类似于真正的轻型巡洋舰的装甲防护。海军建造署在一份官方声明中曾确认:

---

[1] 尽管议会授权内阁可以批准超出常规预算的军费支出,但除了战前通过的1914—1915财年的3.62亿英镑海军预算之外,皇家海军还要求追加2.75亿英镑。

对于一些航速很高的舰艇来说，它们尤其需要配备更强的火力，要能够比任何一艘己方或敌方的同型舰更自如地在浅海区活动。由于海军在获准追加建造主力舰方面可能存在困难，且已经获得了建造若干轻巡洋舰的许可，所以决定走"大型轻巡洋舰"的开发路线，建造"勇敢"号（HMS Courageous）和"光荣"号（HMS Glorious）。因此，它们在设计上属于尺寸放大的轻巡洋舰，装备有很少几门最大口径的主炮；装甲很弱，但航速不低于32节；吃水深度限制在21—22英尺之间，或是比现有的任何战列舰或战列巡洋舰少5英尺。其作为主火力的4门15英寸主炮将胜过任何可能遇到的敌方袭击舰或轻巡洋舰。①

尽管名称很讨巧，但这些新舰本质上还都是战列巡洋舰，其技术特点也体现了这一逻辑性。正如前文所述，波罗的海行动计划要求参战舰只能够迅速突入波罗的海海岸，进行对岸炮火准备，以支援随后在波美拉尼亚进行的登陆行动，这将使相当数量的德国陆军被牢牢钉死在这一地区。② 为执行这一任务，参战的战列巡洋舰必须吃水有限且能高速航行，以便迅速地穿越丹麦海峡（Danish Straits）并在波罗的海海域作战。这些战列巡洋舰需要强大的火力和适当的续航力，以求能够更好地对波美拉尼亚（Pomerania）沿岸目标进行炮火扫荡。

然而，一些消息来源指出，费舍尔勋爵并非真正在为波罗的海行动计划奔走出力，而只是把这一计划作为建造"大型轻巡洋舰"的一个冠冕堂皇的理由。在这种情况下，费舍尔对浅吃水战舰的追求可能是由于他对拥有更高航速的主力舰的渴望。在3月6日致戴恩考特的一份备忘录中，费舍尔还称赞了海军建造署在火力、航速和浅吃水等方面实现的设计平衡。但海军部内部的一些人士对这一设计给予了批评，认为2座15英寸双联装主炮塔的舷侧火力投送量不足，需另外配备适当的观测与火控设备加以指挥引导。此外，舰艇只有一座双联装主炮塔，在对付快速移动的小型目标时力不从心。

① 见于国家档案馆，档案号f2，ADM1/8547/430，《大型轻巡洋舰"勇敢"号、"光荣"号与"暴怒"号》。
② 此外，还有一个更为宏大的战略目标，即英俄联军从波美拉尼亚向柏林迅速挺进，一劳永逸地结束这场战争。

"光荣"号"大型轻巡洋舰"。前后两座双联装大口径主炮炮塔和单烟囱的特征使得"光荣"号与其姊妹舰"勇敢"号能够一眼就与其他英国战列巡洋舰区分开来。（图片来源：R. A. 伯特）

"勇敢"级

舰名
"勇敢"号、"暴怒"号、"光荣"号

承建船厂与建造情况
"勇敢"号：阿姆斯特朗船厂，埃尔斯维克
1915年3月25日开工，
1916年2月5日下水，
1916年10月28日竣工

"光荣"号：哈兰德＆沃尔夫船厂，贝尔法斯特
1915年4月20日开工，
1916年4月20日下水，
1916年10月14日竣工，
1917年1月入役

"暴怒"号：阿姆斯特朗船厂，沃克
1915年6月8日开工，
1916年8月18日下水，
1917年6月26日航空母舰改造工程竣工

满载排水量
"勇敢"号：19180吨（倾斜试验数据）
"光荣"号：19180吨（竣工时数据）
"暴怒"号：19153吨（倾斜试验数据）

尺寸
舰长：786英尺9英寸（全长），735英尺1.5英寸（艏艉垂线间长）
舷宽：81英尺（型宽），81英尺5英寸（两舷防鱼雷凸出部间）
吃水深（满载排水量状态）：舰艏19英尺8英寸，舰艉24英尺（"暴怒"号）

武备
4门15英寸42倍径MkI型主炮，双联装主炮塔（"暴怒"号为1门18英寸40倍径MkI型主炮）
18门4英寸44倍径MkIX型副炮，6座三联装炮位（"暴怒"号为11门5.5英寸50倍径MkI型单装炮）
2门3英寸速射高射炮
竣工时装备2具21英寸水下鱼雷发射管，后又增加了12具水上鱼雷发射管

装甲防护
主装甲带：舯部3英寸，前段2英寸
隔舱壁：舰体前段隔舱壁为2英寸或3英寸，后段为3英寸
甲板：艏楼甲板0.75—1英寸；上层甲板前段和"X"主炮塔旁1英寸；主甲板1英寸，斜边0.75英寸；下层甲板前段1英寸，后段1.5英寸，舵机上方1英寸
主炮塔座：高于主甲板的部分为6英寸或7英寸，主甲板和下层甲板之间的部分为3英寸或4英寸
弹药库防护板：2.5英寸
主炮塔：正面与侧前面9英寸，侧后面7英寸，背面11英寸，顶部4.25英寸[1]
火控指挥塔：四周10英寸，顶部6英寸，底面3英寸
鱼雷射击指挥塔：侧面3英寸，顶部2.5英寸
通讯管道：2—3英寸
防鱼雷隔舱：1—1.5英寸
烟囱：0.75英寸

主机[2]
18台亚罗式小型水管锅炉，工作压力235磅/平方英寸
4部帕森斯式减速齿轮驱动蒸汽轮机，4具3叶螺旋桨，单舵板
功率与航速（设计数据）：90000轴马力，最高32节
功率与航速（海试数据）：主轴转速329转/分时91195轴马力，最高航速31.42节（"光荣"号）
最大燃料携载量：3160吨燃油
续航半径：6000海里/20节

人员编制
"勇敢"号，官兵787名；"光荣"号，768名；"暴怒"号，726名
战时：官兵800名，任旗舰时1030名

注1："暴怒"号为正面和侧面9英寸，背面11英寸，顶部5英寸。
注2："暴怒"号配备的是柯蒂斯式蒸汽轮机，设计最高航速31.5节。

"勇敢"号，1917年

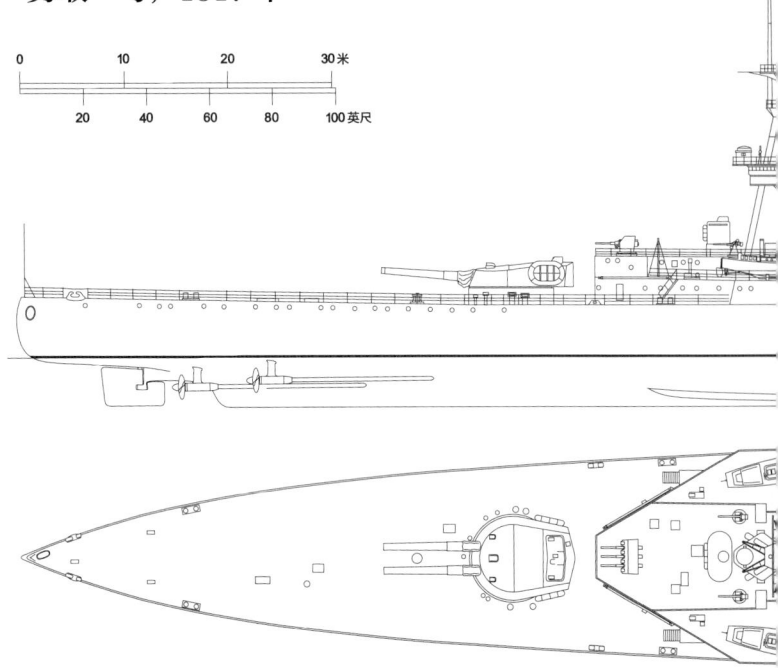

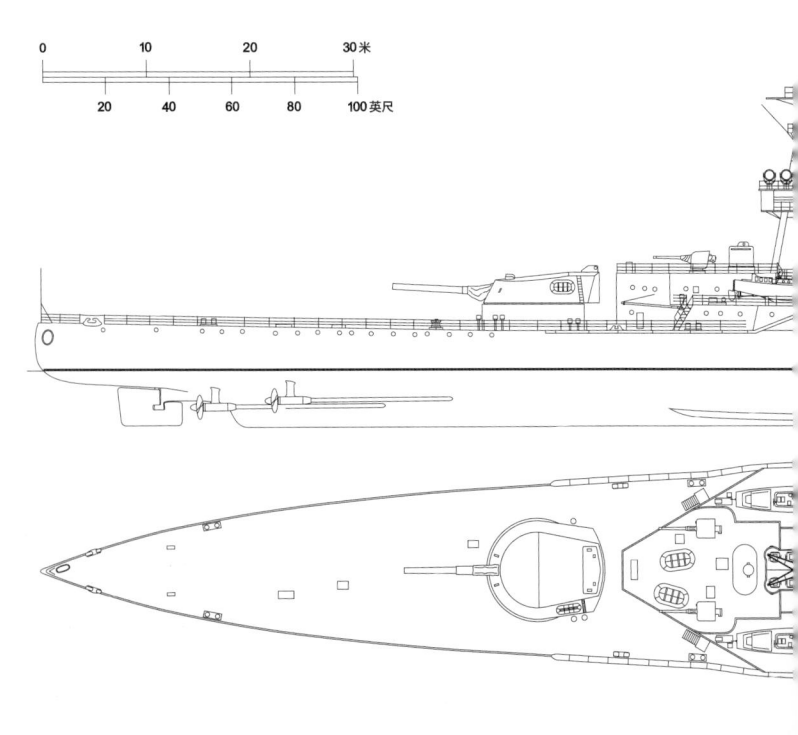

"暴怒"号，1917年

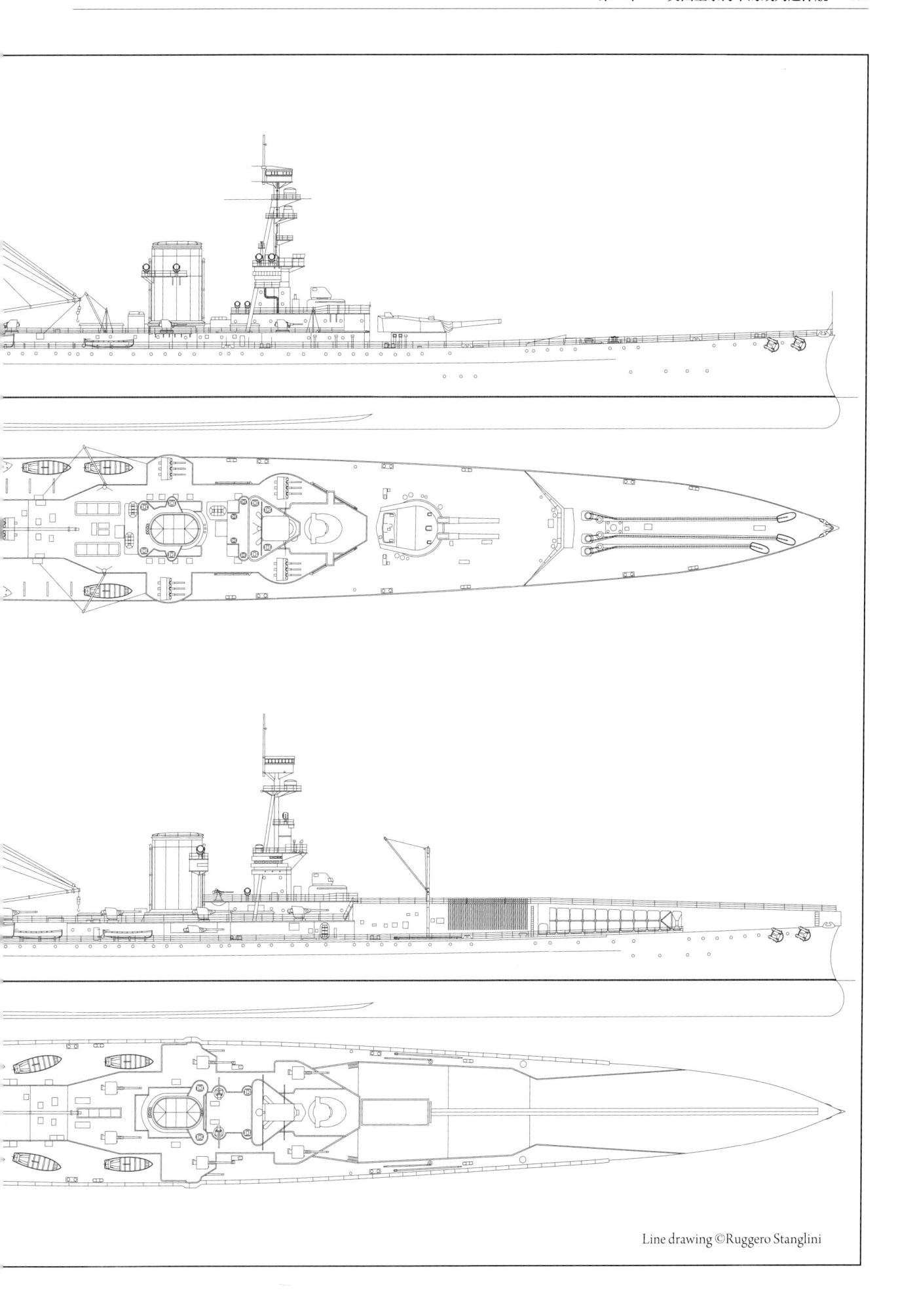

第三章 英国皇家海军的战列巡洋舰

Line drawing ©Ruggero Stanglini

然而，海军建造署在当年 2 月底之前已经完成了设计。[①] 该级舰将计划建造两艘，技术上所提出的一些新要求，包括提高舰体对水雷和鱼雷等水下兵器的防御力，提高耐波性和储备浮力等，都得到了落实。这两艘新型战列巡洋舰的舰名——"勇敢"号和"光荣"号——反映出两舰在技术上是源于"声望"级战列巡洋舰的。但两舰与"声望"级的主要区别在于无"B"主炮塔、单烟囱，以及轻巡洋舰级别的装甲防护。其舰体形制与"声望"级相似，水线下也设有一个防鱼雷凸出部。该级在设计方案获得通过后，还进行了一些细微的改动，包括增加了纵向防鱼雷舱壁的厚度，导致排水量增加了 400 吨。

费舍尔确信，维克斯船厂和比尔德莫尔船厂能够在 11 个月内完成两舰的建造。然而，事实证明这种假设是一厢情愿。于是，"勇敢"号和"光荣"号的建造合同分别由阿姆斯特朗船厂和哈兰德 & 沃尔夫船厂最终获得。由于内部和外部的种种原因，两舰的建造工作是秘密进行的。1915 年 3 月 28 日，"勇敢"号在阿姆斯特朗船厂开始铺设龙骨，而"光荣"号于 5 月 1 日在哈兰德 & 沃尔夫船厂正式开工建造。同年 3 月初，费舍尔致信丘吉尔，提出关于增建 4 艘装备 18 英寸主炮的大型轻巡洋舰的要求，但海军大臣只同意建造一艘。[②] 新舰被命名为"暴怒"号，于 1915 年 6 月 8 日在埃尔斯维克的阿姆斯特朗船厂开工建造。由于费舍尔为新战舰规定的建造工期很紧迫，于是只得为其安装了一部原本为轻巡洋舰"冠军"号（HMS Champion）准备的推进系统。这一应急措施反而有利于小型水管锅炉和带减速齿轮的主涡轮机[③]在英国海军大型战舰上的推广使用。"勇敢"号和"光荣"号的初始设计排水量为 17400 吨。全舰各部分的吨位分配为：舰体 8500 吨，主机 2350 吨，装甲 2800 吨，武备 2250 吨，油料 750 吨，各类设备 650 吨，设计余量 100 吨。[④] 如前所述，其设计排水量后来增加到了 17800 吨。

费舍尔为"暴怒"号装备新型 18 英寸主炮的决定，对该舰的性能产生了很大的影响。事实上，由于费舍尔的游说，3 艘"勇敢"级也已经计划全部装备 18 英寸单装主炮塔，每舰两座。然而，皇家海军正在眼巴巴地盼着"勇敢"号和"光荣"号能尽快服役，因此，为节约时间，两舰保留了初始设计中的 2 座 15 英寸双联装主炮塔，最终只有"暴怒"号的设计得到了修改。"暴怒"号实际上是唯一一艘安装新型 18 英寸单装主炮塔的英国战舰。为适应新的炮塔，"暴怒"号的舰体宽度还增加了 7 英尺。这也让该舰的设计排水量相应增加到 19100 吨。[⑤]

当戴恩考特完成"勇敢"级的初始设计时，据他估算，每艘舰的造价为 118 万英镑。但戴恩考特似乎没有将 15 英寸主炮计算在内。"勇敢"号的实际造价为 2038225 英镑，"光荣"号为 1967223 英镑。"勇敢"号于 1916 年 2 月 5 日下水，当年 10 月 28 日完工，其主机由帕森斯公司制造；"光荣"号于 1916 年 4 月 20 日下水，10 月 14 日完工，其主机由哈兰德 & 沃尔夫公司提供。

"勇敢"号战列巡洋舰于 1916 年 10 月 8 日进行了倾斜试验，在实际满载排水量 22560 吨、平均吃水深度 25.8 英寸状态下，其最大稳心高度为 6 英尺。在排水量 19180 吨时，最大稳定角为 44°；重载条件下其失稳角为 85°，满载条件下失稳角为 94°，这一数据也是所有英国战列巡洋舰中最高的。"光荣"号在完工时的满载排水量达到了 22360 吨，但似乎没有该舰的稳心高度和稳性数据的相关记录，不过其数据很可能与"勇敢"号差不多。

1916 年 6 月，一项将"勇敢"号和"光荣"号战列巡洋舰改装成水上飞机母舰的提议遭到了第三海务大臣海军少将布里奇曼（Bridgeman）的否决，理由是改装会带来工期

---

① 该级新型战列巡洋舰的实际设计工作似乎是由 W.J. 贝瑞（W.J. Berry）麾下的斯坦利·古道尔（Stanley Goodall）完成的。
② 费舍尔自己恐怕也能意识到，在当时的形势下，海军部最多只会批准增建一艘大型轻巡洋舰。
③ "冠军"号属于"C"级轻巡洋舰。该舰与其姊妹舰"卡利俄佩"号（HMS Calliope）均换装了带有减速齿轮的主机。
④ 对应的全舰各部分吨位分配比例为：舰体 48.8%，主机 13.5%，装甲 16.1%，武备 13%，油料 4.3%，各类设备 3.7%，设计余量 0.6%。
⑤ 不过，"暴怒"号的炮塔座圈直径还是保持原尺寸不变。这样一旦新型 18 英寸炮塔出现问题，还可以换回 15 英寸双联装炮塔。

延误和高昂的费用问题。另外，费舍尔和丘吉尔已于一年前辞职，"大型轻巡洋舰"项目失去了支持者，其建造速度也慢了下来。鉴于英国海军需要一艘比改装自英吉利海峡渡轮的航母更大、能运载更多飞机的舰船，1917年3月19日，海军部决定将"暴怒"号改装成一艘混搭式的航空母舰。此时"暴怒"号的后主炮塔已经安装完毕，于是就予以保留。前主炮塔被一座机库和一块一直延伸到艏楼的倾斜飞行甲板所取代。①

由于紧迫的战争需要，"勇敢"号和"光荣"号在1916年11月—1917年2月迅速进行了海试。"勇敢"号在主机功率91200轴马力、主轴转速323转/分时航速达到了30.8节。但在一次恶劣天气下的全速测试中，艏楼前部发生了变形，因此后来对其舰体结构进行了加强。"光荣"号的海试则更为全面，在主机功率91195轴马力、主轴转速329转/分时，航速为31.4节。总之，两舰的表现都没能达到其设计者和使用者的预期。

这3艘"大型轻巡洋舰"在海军部内部也引起了不少争议，还被一些人戏称为"荒唐"级（Outrageous Class）。但战争时期的皇家海军也顾不得挑肥拣瘦，对该级舰在使用上与其他战列巡洋舰一视同仁。

主要技术特点

双联装"A""Y"主炮塔与单烟囱设计是"勇敢"号和"光荣"号明显区别于较早的英国战列巡洋舰的特征。和英国之前的战列巡洋舰一样，"勇敢"级的长艏楼向后延伸至"Y"主炮塔，留出了可供安装两座15英寸炮塔的宽阔的甲板空间。上层建筑被设置在艏楼中部偏后的位置，包括一个作为前舰桥、前桅、烟囱和后桅的基座的遮蔽甲板。舰上携带的勤务艇大多置于遮蔽甲板上，它们的吊装由一个铰接在后桅杆上的吊臂完成。探照灯平台设置在单烟囱周围。与"声望"级一样，"勇敢"级在后三脚桅后面有一个很小的甲板室，鱼雷射击指挥塔位于此处。副炮组由6座4英寸三联装炮座组成。其中2座沿甲板中心线安装，后桅前、后各一座，另有2座位于烟囱两旁，最后2座安装在舰桥上。两舰建造完工时的总长度约为786英尺，最大舷宽为90英尺。两舰平均吃水深度在重载排水量19180吨状态下为22英尺8英寸，满载排水量22560吨状态下为25英尺10英寸。其舰底至上层甲板高度为36英尺，舰体有一个适度外飘的舷弧、一个弧度很大的球型舰艏和一个略呈圆形的舰艉。第160—161页的图表列出了"勇敢"级的主要数据。

"勇敢"级三舰都装备了4台直流发电机。3台由蒸汽涡轮机驱动，每台输出功率200千瓦，还有一台功率为175千瓦的燃油发电机。这种发电机放弃了活塞式发动机驱动的方式，似乎比"声望"级的配置更先进，但总输出功率同为775千瓦/220伏。"勇敢"级的无线电通信设备简化为主无线电室配备Type I型和Type 16型，副无线电室配备Type 2型。"光荣"号在建造完工时的舰员编制数量为官兵768名，"勇敢"号担任旗舰时舰员编制为787名。

装甲防护

"勇敢"级战列巡洋舰的装甲防护实际上属于轻巡洋舰的水平，同时也是装甲配置不均衡的一个典型范例。该级的主装甲带从"A"主炮塔末端延伸至"Y"主炮塔末端，厚3英寸，宽24.5英尺，材质为高强度钢，其大部分高于水线。这条装甲带还有一个2英寸厚的延伸段，延伸段宽度约为18英尺，从"A"主炮塔向前延伸至同样厚2英寸的前端

---

① 经过改装后，"暴怒"号于1917年5月25日进行了倾斜试验，其最终满载排水量22890吨。该舰于1917年6月26日完工。其舰体造价为105万英镑。

水密隔舱壁。另一道 3 英寸厚的隔舱壁倾斜地敷设在舰体两侧之间，而一道 3 英寸的后隔舱壁被设置在"Y"主炮塔旁，形成了封闭的舰体装甲盒结构。烟囱帽上覆有 1.5 英寸厚的钢板；部分艏楼甲板覆盖了 0.75 英寸厚的钢板。上层甲板厚度为 1 英寸，从前隔舱壁到"Y"主炮塔四周的这一区域没有装甲防护。主甲板原先的厚度为带斜度的部分 1 英寸，两座炮塔间的平坦部分 0.5 英寸，但在日德兰海战之后，尚在建造中的"勇敢"级就急忙将主甲板——主要是各弹药库上方——加厚到了约 2 英寸。"A""Y"两座主炮塔之间的下层甲板的厚度从 1.5 英寸到 2 英寸不等，在舵机上方的部分增加至 2.5 英寸厚。主炮塔座装甲为克虏伯渗碳钢制，厚度从上层甲板以上部分的 7 英寸到下层甲板以下部分的 3 英寸不等。各主炮塔装甲厚度为背面 11 英寸，正面 9 英寸，侧面 7 英寸，顶部约 4 英寸，除顶部为克虏伯非渗碳钢外，其余部位均为渗碳钢装甲。司令塔上部侧面装甲厚 10 英寸，顶部厚 2 英寸。在司令塔较低的部位，装甲防护厚度降至 2 英寸；通讯管道装甲为 3 英寸；水下防护依靠针对机舱和弹药库位置而设置的整体式防鱼雷凸出部。由 1.5 英寸高强度钢制成的舰体内纵向隔舱壁彼此间距相等，从舰底龙骨垂直延伸到主甲板。

"勇敢"号上的 15 英寸后主炮塔。摄于 1917 年春。其主炮上悬挂有一部射程钟，后甲板上可见准备布设的水雷和水雷投放滑轨。（图片来源：《J. 罗伯茨图片集》）

主机

英国在主力战舰上首次使用小型水管锅炉和双螺旋减速齿轮，意味着现代舰船推进系统在上舰应用上取得的巨大技术飞跃。海军部选择了为"勇敢"级安装两组已经在 C 级轻巡洋舰上经过测试的带减速齿轮的涡轮机，使主机的输出功率比采用大型水管锅炉时提升了约 30%。"勇敢"级战列巡洋舰有 3 间锅炉舱，共配备 18 台工作压力为 235 磅/平方英寸的亚罗式锅炉。这种布置方式将所有排烟道都汇入大尺寸的单烟囱中。轮机舱总长 84 英尺，它们被两道纵向隔舱壁和一道横向隔舱壁分为 4 个舱室。包括高低压正/倒车涡轮在内的每组涡轮机都被安装在一个独立的主轮机舱内。低压正/倒车叶轮安装在一个机壳里，左右外主轴各由一组安装在副轮机舱内的涡轮机驱动。左侧内主轴由舰体后部主轮机舱内的一组涡轮机驱动，右侧内主轴则由一组舰体前

部轮机舱内的涡轮机组驱动。每间主轮机舱内都安装一台主冷凝器,两间副轮机舱安装一台辅助冷凝器。紧凑的推进系统使"勇敢"级 164 英尺的总长度比"声望"级更短。"勇敢"级的最大载油量约 3160 吨,在全速状态下每天消耗油料 1031 吨。其续航力从 6000 海里 /20 节到 11000 海里 /10 节不等,这一性能指标对于波罗的海突袭行动来说是相当宽裕的。

武器装备

由于配备在"勇敢"号和"光荣"号上的 15 英寸双联装主炮和 4 英寸三联装副炮与"声望"级上的相同,本节将主要介绍原本安装在"暴怒"号上的 18 英寸主炮。[1]

位于埃尔斯威克的阿姆斯特朗兵工厂只制造了 3 门 Mk I 型 40 倍径 18 英寸舰炮,该厂也是唯一一家能够制造此种巨炮的商家。海军部和阿姆斯特朗兵工厂在设计和制造此炮时将其命名为"15 英寸 B",以对其真实口径保密。该炮的炮塔基本上还是 15 英寸炮所用的 Mark I 型,由于 18 英寸炮的尺寸重量太大[2],故采用了单装形式。炮塔重 827 吨,火炮仰俯角为 -3°— +30°,射速为 1 发 / 分,最大射程 32200 码,每门 18 英寸主炮的备弹量为被帽穿甲弹和被帽普通弹各 30 发。[3] "暴怒"号在 1917 年 7 月对 18 英寸主炮进行了实装测试,但测试表明,这艘轻量化的战舰难以承受其重量。这可能也是将"暴怒"号改装成航空母舰并最终弃用的原因之一。

海军部正确地认识到,"暴怒"号的 18 英寸主炮不足以对付敌人的巡洋舰和驱逐舰。因此,在 1915 年 4 月,海军军械总监建议为"暴怒"号安装新近在新型英国巡洋舰上装备的 5.5 英寸炮。其中一些火炮由考文垂兵工厂制造,"暴怒"号上总共安装了 11 门 Mk I 型 5.5 英寸单装炮,遮蔽甲板上 8 门、艉楼甲板上 2 门。5.5 英寸炮的最大仰角为 30°,最大射程为 17700 码。

1917 年在阿姆斯特朗船厂舾装中的"暴怒"号"大型轻巡洋舰"。照片中可见其后甲板上巨大的 18 英寸单装炮塔,这也是英国皇家海军有史以来装备过的最大的战舰炮塔。注意其上层建筑前方已安装的飞行甲板,由此可知此时英国海军已经决定将"暴怒"号改装为航空母舰。(图片来源:美国海军历史与遗迹档案馆)

[1] 15 英寸主炮备弹量为每门 120 发,配用弹种包括被帽穿甲弹 72 发、被帽普通弹 24 发和高爆弹 24 发。4 英寸副炮早期的备弹量为每门 150 发,后来增加到 250 发,其中包括普通弹 63 发、高爆弹 150 发和曳光高爆弹 37 发。

[2] 18 英寸炮是当时有史以来战舰上装备的最大口径的主炮,这一纪录直到 20 年后才被日本海军的"大和"级战列舰装备的 18.1 英寸主炮打破。

[3] 如果"暴怒"号保持原始的火力配置,像大型轻巡洋舰或战列巡洋舰那样装备两门 18 英寸主炮,那么该舰将在大约两小时内打光所有的弹药。每枚被帽穿甲弹、被帽普通弹或高爆弹的重量为 3320 磅。

3艘"勇敢"级战列巡洋舰的武器装备还包括2门安装在后桅两侧的Mk I型3英寸20英担高射炮,每门配备160发高爆弹。三舰舷侧均安装有2具21英寸水下鱼雷发射管,位置在"A"炮塔前,备雷12枚。

"勇敢"级战列巡洋舰的火控系统实际上是"声望"级上的设备的复制品。主炮配备两部火控指挥仪,一部在射击指挥塔内,另一部安装在前桅上舰桥和观测台之间的一个平台上。副炮也配备两部火控指挥仪,舰艉观测台上下各安装一部。"勇敢"号和"光荣"号各安装3部巴尔&斯特劳德测距仪,其测距基线长度从15英尺到6英尺不等。"暴怒"号与其他2艘姊妹舰不同,配备2部15英尺基线测距仪。"勇敢"号配备6部36英寸探照灯,舰桥两侧各装一部,环绕烟囱的平台上安装4部。"光荣"号的探照灯在烟囱四周的安装方式与"勇敢"号相同,但分上下两层布置,4部探照灯分列舰桥左右。[①]

服役与主要改装情况

"勇敢"号和"光荣"号被编入第二轻巡洋舰分舰队,巡逻于斯堪的纳维亚(Scandinavia)半岛海域,保护英国的贸易航线。1917年11月17—18日,两舰都参加了第二次赫尔戈兰湾海战,但无甚战果。此外,两舰的甲板还被自身的炮口爆风所损坏。

1917—1918年,"勇敢"号和"光荣"号在主桅和"Y"主炮塔旁安装了6具21英寸水上鱼雷发射管,发射管为双联装,备雷数量增加到20条。"勇敢"号还在后甲板临时安装过水雷投放导轨,但该舰从未使用过水雷。1918年,两舰都在"A""Y"两座主炮塔顶部安装了起飞平台,并配备一架"骆驼"式战斗机和一架1½"炫耀者"式飞机。[②]

在20世纪20年代中期,两舰都被改装为航空母舰,并在第二次世界大战早期表现活跃。"勇敢"号于1939年9月17日在爱尔兰海岸附近被德国U-29号潜艇击沉。"光荣"号航空母舰则于1940年6月8日在挪威扬马延岛(Jan Mayen Island)外海被德国战列巡洋舰"沙恩霍斯特"号和"格奈森瑙"号(Gneisenau)击沉。"暴怒"号的军旅生涯却完全不同。在被改装成一艘完全的航空母舰后,该舰成功地在皇家海军中服役到二战结束,1948年被拆解。

在费舍尔看来,"大型轻巡洋舰"的作用除了参加设想中的"波罗的海行动"之外,就是追击较轻的敌方巡洋舰。然而,"勇敢"级战列巡洋舰不仅航速上超过了当时在役的德国主力舰,而且在火力上也胜过敌方的鱼雷艇驱逐舰,即使是在恶劣的气象条件下也是如此。而北海的气象条件通常比较恶劣,所以在与德舰交战时,这将是该级的一个战术优势。

尽管3艘"勇敢"级由于其原始设计而受到严厉批评,但它们为英国皇家海军带来了深远的积极影响。"勇敢"级为英国皇家海军的技术创新与巩固,以及技战术理论验证方面做出了重大贡献。英国皇家海军在对该级的运用中获得的许多经验为后来英国海军舰载航空兵的成功奠定了基础。[③]

费舍尔的最后梦想

1915年春末,费舍尔提出了他最后的战列巡洋舰计划。他想建造一艘比之前建造的战列巡洋舰更快、更大、更强的战列巡洋舰。这艘名为"无比"号(Incomparable)的新战舰以更强的火力与更快的航速为设计基础,是当时战列巡洋舰发展趋势合乎逻辑的延

---

① "暴怒"号配备了9部36英寸探照灯。
② 由于两舰都将在大舰队的序列中作战,所以它们也都安装了常规的射程钟,在炮塔侧面也涂上了射向分划刻度线。
③ "暴怒"号的舰形设计出众,后来成为英国皇家海军轻型舰队航母以及20世纪60年代流产的CVA-01型大型舰队航母的设计起点。

续，但其战术地位和角色又是在波罗的海突袭计划的框架内设定的。为将这一提议变为现实，费舍尔采取了"两条腿走路"的办法。首先，他向戴恩考特咨询，坎梅尔·莱尔德（Cammell Laird）造船厂所能建造的舰船的最大长度与宽度是多少①，而后又找到埃尔斯维克的军械制造署，询问他们是否能设计出20英寸口径的舰炮。

"无比"号战列巡洋舰的基本参数是：全长1000英尺，最大舷宽104英尺，最高航速35节，标准排水量达46000吨，满载排水量51000吨时对应吃水深度为24英尺，主炮为3座20英寸双联装炮塔。这些参数很符合近海对岸炮击任务的战术要求。然而，这并不排除来自德国的有关新型快速重火力战列舰与战列巡洋舰的设计建造情报对"无比"号产生的影响。

计划中的20英寸舰炮和达到35节航速所需的大型主机将是"无比"号的设计中最重要的部分，因此与之前的英国战列巡洋舰相比，几乎没有为该舰留下改善装甲防护水平的余地。事实上，要达到如此的高航速，4个推进轴的总功率将需要不少于180000轴马力，包括采用类似"勇敢"级的亚罗式水管锅炉和布朗-柯蒂斯式减速蒸汽轮机。

"无比"号的主炮布局与"声望"级类似，为两座背负式20英寸双联装前主炮塔和一座20英寸后主炮塔。该舰的垂直防护措施为一条敷设于"A""Y"主炮塔的炮塔座之间的11英寸厚的窄装甲带。装甲带前后两端各有一个延长段，但延长段的厚度下降到3英寸。"无比"号的水平防护措施很可能仅限于4英寸厚的主甲板，上层甲板和艏楼甲板不超过1英寸。正如早期战列巡洋舰的设计方案那样，主炮塔座配有14英寸的厚重装甲。

从几个资料来源中找到的"无比"号当时的设计草案有助于理解其总体设计布局。其舰体有一个上飘的舷弧、一个球鼻艏和圆形的舰艉。和通常的设计一样，艏楼甲板将延伸至"Y"炮塔的后面。上层建筑包括前舰桥与后掠式前桅、单管烟囱、几个甲板室和后掠式主桅，均集中于舰体舯部。4英寸副炮组由5座三联装炮位和4座单装炮位组成。两座三联装炮位布置在舰桥两旁，其余则沿舰体中线布置在主桅后方。4座4英寸单装炮位安装在舰体舯部烟囱后方。"无比"号的防空武器为9门Mk I型3英寸20英担单管高射炮，2门安装在"A""Y"两座主炮塔的顶部，其余布置在前部上层建筑的边缘。"无比"号的武备中还将包括8具21英寸鱼雷发射管。在火控设备方面，"无比"号的20英寸和4英寸火炮均配备火控指挥仪，并在司令塔、"A"主炮塔、"Y"主炮塔和前观测台内安装长基线测距仪。

① 有趣的是，坎梅尔·莱尔德船厂以前从未建造过任何战列巡洋舰，它建造过的最大、最现代化的战舰是全长约600英尺的"大胆"号（HMS Audacious）战列舰。

一位艺术家想象中配备3座双联装20英寸主炮塔的"无比"号战列巡洋舰可能的形象（背景中的巨舰）。"无比"号的全长将达到1000英尺，使图中前景中的舰长仅有527英尺的"无畏"号战列舰相形见绌。（图片来源：《伦敦评论》）

① 直到其殒没，"胡德"号可能都是英国皇家海军所有战舰中最负盛名的一艘。
② 此外，副炮的炮廓没有水密设计，这在恶劣天气下会发生进水危险，并导致储备浮力的丧失。
③ 德国的新式战列巡洋舰新装备有8门13.8英寸的火炮，设计最高航速30节。其装甲防护也经过精心设计，与德国主力舰的水平相当。

费舍尔可能会对海军建造署和坎梅尔·莱尔德船厂施加压力，要求他们在相对较短的时间内完成"无比"号的设计与建造任务。然而，要将巨大的炮塔安装上舰，以及整个工程本身的复杂程度，使得该舰的建造将需要耗费相当多的时间和资源。如前所述，在1915年5月中旬，费舍尔由于反对实施达达尼尔登陆战役，曾威胁要辞职；但他也留有退路，即如果由他来完全控制战争的进程和海军建设政策，他就留任第一海务大臣之职。然而，内阁拒绝给予费舍尔自由掌控海上战争的权力，于是"无比"号便永远停留在了绘图板上。

"胡德"，皇家海军的末代战列巡洋舰

"胡德"号的建造，标志着英国皇家海军战列巡洋舰发展历程的绝唱。① 在第一次世界大战爆发后的头几个月里，皇家海军大舰队在北海和南大西洋进行的一系列战斗暴露出英国战列舰和战列巡洋舰在质量上存在某些影响其作战效能的缺陷。主要问题是因干舷较低而造成甲板与上层建筑上浪严重，这一情况因各舰比和平时期出动时载重增加而更为严重。增加的载重包括额外携带的给养、人员、燃料和弹药等。因此很多战舰是在全重和吃水深度比预想中大得多的情况下进行作战。这些技术缺陷的最终结果就是副炮组在恶劣天气下的操作速率降低，操作难度增加。因此，这些在战争中得到的实践经验为新型主力舰的设计带来了新的要求，即浅吃水、大大高于水线的副炮组和较高的干舷。② 浅吃水与高干舷相结合，有利于降低舰体损坏进水后海水对舱壁的静压力，增加储备浮力。与此同时，在1915年年初，传来了德国正在建造性能优于"德弗林格尔"号的新一级战列巡洋舰的消息。③

设计、建造与成本

"胡德"号战列巡洋舰的设计，源自1915年10月时任第三海务大臣的海军少将查尔斯·都铎（Charles Tudor）与海军造舰总监的信件沟通。英国内阁与财政部对拨款建造新式主力舰持积极态度，认为这是应对德国新的威胁的必要措施。这对新式战舰的设计研

"胡德"号战列巡洋舰的一张质量欠佳的照片，可能摄于该舰1920年年初的首航期间。该舰的主上桅于几周后被拆除，直到1923年才更换新桅杆。（图片来源：美国海军历史与遗迹档案馆）

发工作非常有利。按照海军部的观点，新式战舰将是一艘试验性的战列舰，在动力、武器和装甲方面与"伊丽莎白女王"级战列舰类似，但应在水下防护方面加以改进，且吃水深度应减少50%。海军建造署承担设计任务的建造师斯坦利·古道尔（Stanley Goodall）和爱德华·阿特伍德（Edward Atwood）在当年11月底提交了第一份设计草案。他们建议建造一艘全长760英尺、吃水深23英尺的战列舰，新式战列舰将比"伊丽莎白女王"级战列舰减重22%。事实上，舰船吃水深度的减少必须通过舷宽和全长相应比例的增加来补偿，以保持其稳性和长宽比不变。但不走运的是，全英国只有3座船坞和很少几条滑道能够满足如此规格的巨舰的建造要求，这样就削弱了各承建商之间的竞争。海军建造署对第一份设计草案提出了一些修改意见，包括要求缩短全舰长度和舷宽，并指出其水下部分的防御力不够。于是设计人员为舰体的水下部分配备了防鱼雷凸出部，并且通过在"查塔姆浮标"[①]上进行测试证实这一办法是有效的。但这一解决方案即意味着舷宽的增加。

海军建造署提出的几种新式战列舰的设计方案都装备有8门15英寸主炮，且防护薄弱。其排水量从26250吨到31000吨不等，最高航速从22节到27节不等，这种性能显然还不足以搞定德国的新式战列巡洋舰。大舰队司令杰利科上将也收到了这些草案，并汇总了其麾下一些高级军官的评论意见。1916年2月16日，大舰队司令在一份冗长的备忘录中明确表示，他不需要任何新的战列舰，因为"……我们目前的海上优势很大，没有任何令人担心的理由使我们需要装备此类战舰……"。杰利科利用这一机会明确了他加强战列巡洋舰力量的愿望，并要求建造航速30节、配备不少于8门15英寸主炮的新式战列巡洋舰。[②]而大舰队第一战列巡洋舰分舰队司令戴维·贝蒂海军中将意识到德国新式战舰的战斗力可能比自己手中的一众战列巡洋舰要更强，因此也支持杰利科的观点。

鉴于来自一线的意见，海军部指示海军建造署对设计方向进行调整，专注设计一款战列巡洋舰。新一轮设计修改于1916年2月完成，新鲜出炉了一批排水量从32500吨到39500吨的设计草案。新草案设想在不同布局方式的双联装炮塔中装备15英寸或18英寸主炮，最高航速可达32节，其与早期战列巡洋舰的唯一共同之处是12门5.5英寸副炮的配置。大多数设计草案的动力系统都配备小型水管锅炉，这种方式大大有助于全舰减重。其中一个修改方案最终被确定为定案设计，并命名为"B方案"，海军部几乎未做什么改动便于4月7日批准了该设计方案。"B方案"装备8门15英寸主炮，排水量36300吨，最高航速32节。估算该方案的全舰各部分吨位分配如下：舰体14070吨，武备4800吨，主机5200吨，油料1200吨，装甲10100吨，各类设备750吨，设计余量180吨。装甲防护方案为一条环绕舰体的8英寸厚主装甲带。虽然其主装甲带厚度不如"伊丽莎白女王"级战列舰，但由于采用了一种特殊的非垂直的敷设方式，反而提高了整体防护力。[③]与之相对，该舰的水平防护力却很有限，下层甲板的2.5英寸已是最高值。

新式战列巡洋舰是两个相互关联的设计概念的综合体。首先，这艘战舰象征着对费舍尔勋爵最初提出的，在之前各级身上都有所体现的战列巡洋舰早期设计概念的最终摒弃。同时，该舰的问世，也是费舍尔勋爵在英国的战列巡洋舰时代开启伊始便殚思竭虑，为达成英国海军主力舰类型标准化而设想的"融合"概念的最终实现。

海军部于1916年4月19日向约翰·布朗、坎梅尔·莱尔德和费尔菲尔德3家造船企业下达了共计3艘战列巡洋舰的建造订单。6月13日，阿姆斯特朗·惠特沃斯造船厂获

---

① "查塔姆浮标"是查塔姆皇家造船厂的一艘试验用驳船。它配备了吸能装置，在第一次世界大战期间广泛使用，以研究水下爆炸对大型军舰的影响。

② 这一次杰利科还明确提及了德国的"吕佐夫"号、"兴登堡"号、"维多利亚·路易丝"号（SMS Victoria Louise）和"弗雷亚"号战列巡洋舰。他敦促"声望"号和"反击"号尽快入役，并对当时仍被称为"大型轻巡洋舰"的"勇敢"级兴味索然。

③ 通过在第一次世界大战前和大战期间进行的广泛测试，发现与垂直装甲板相比，倾斜装甲板将使炮弹的贯穿能力降低至少15%。

得了第四艘的建造合同。一个月后,海军部为 4 艘舰分别命名为"胡德"号、"豪"号、"罗德尼"号和"安森"号,所谓的"海军上将"级战列巡洋舰就此诞生。[1]

一些资料称,"胡德"号的建造工作开始于 1916 年 6 月 1 日,也就是日德兰海战后的第二天。虽然没有官方记录,但从这场惊天动地的大海战中用鲜血换来的经验教训很可能迫使海军部随后暂停了该舰的建造,并开始着手研究为加强该舰的防护能力而可能采取的改进措施[2],同时已经堆放在滑道上的建造用资材也有可能被搬走了。自此,一个涉及海军建造署与大舰队的意见的漫长而复杂的二次设计过程开始了。值得注意的是,在日德兰海战之后的 6 月 18 日,第一战列巡洋舰分舰队司令贝蒂中将牵头成立了一个有英国战列巡洋舰部队军官参与其中的战列巡洋舰设计委员会。这个委员会得出的结论是:由于"……防护能力的缺陷……",导致"英国战列巡洋舰……与指派给它们的任务角色并不匹配"。同时,该委员会敦促海军部停建战列巡洋舰,转而建造类似"伊丽莎白女王"级那样的"快速战列舰"。[3]然而贝蒂将军似乎并未对委员会的这一结论表示赞同。

对阿特伍德和古道尔这两位设计师而言,他们的精力主要集中在提升"胡德"号的防护水平上,尤其是甲板部分,同时不能影响航速。二人在 1916 年 7 月拿出了两个设计方案,即"改进型战列巡洋舰"和"战列舰设计 A"。两个设计方案的舰体全长、舷宽和武备都是一样的,其最高航速也几乎相同,分别为 31.5 节和 32 节,但"战列舰设计 A"的特点是防护水平有了显著提高。这一设计方案的排水量为 40600 吨,平均吃水深度 31 英尺 6 英寸。

海军部对两种设计方案都进行了讨论,然后指示海军建造署在"战列舰设计 A"的基础上考虑尝试各种修改方案。这些修改方案配备了 15 英寸双联装和三联装炮塔,使得全舰排水量高达 43100 吨。这就意味着要增加吃水深度,这是与海军部早先的要求相矛盾的。最终,他们还是决定沿用"设计 A",并于 9 月 1 日开始对"海军上将"级战列巡洋舰进行重新设计。"胡德"号在官方记录中也于同一天正式开建,但其建造步伐较为缓慢。

通过从日德兰海战中进一步吸取到的经验教训,海军部和大舰队对战列巡洋舰的防护、弹药配置和脆弱性等问题进行了深入讨论,但往往不能达成统一意见。从 1916 年秋季开始,戴恩考特和杰利科开始就正在设计中的战列巡洋舰方案交换意见,戴恩考特的关注点在于如何保持其稳性,杰利科则热衷于对防护性能的加强。因此,海军建造署对新战列巡洋舰的设计方案进行了多次审查,并于 1917 年 8 月 20 日进行了方案整合。整合后的设计方案于十天后获得了海军部的批准。最终方案除了加强装甲防护之外,还有一些武备方面的变化和升级,但 4 座双联装主炮塔两前两后的布局方式保持不变。同时,随着舰体承重的增加,战舰整体也将承受巨大的压力,因此有必要为保持全舰的强度而对舰体结构进行加强。其他重要的修改则涉及副炮、火控、舰桥和司令塔的布局,以及为扬弹机和弹药库安装防焰抑爆装置。

所有这一切措施,使得修改后的战列巡洋舰方案的设计排水量达到了 41200 吨,且拥有 31 节的最高航速和近 29 英尺的吃水。估测其各部分吨位数据为:舰体 14950 吨,武备 5255 吨,主机 5300 吨,装甲 13550 吨,油料 1200 吨,各类设备 800 吨,设计余量 145 吨。[4] 由于海军部在 1916 年 4 月批准的"设计 B"与最终的定案设计的舰体艏艉垂线长和舷宽相同,分别为 810 英尺和 104 英尺,因此通过对全舰各部分所占吨位比例的比较表明,经过各级官僚们长时间的研讨和争论,新设计方案在装甲防护上得到了显著

---

[1] 萨缪尔·胡德(Samuel Hood)、理查德·豪(Richard Howe)、乔治·罗德尼(George Rodney)和乔治·安森(George Anson)均为 18 世纪英国著名的海军上将。

[2] "罗德尼"号于当年 10 月 9 日开工建造,"豪"号于 10 月 16 日开工建造,"安森"号于 11 月 9 日开工建造。但三舰的建造进程极为缓慢。

[3] 见于 1916 年 6 月 18 日贝蒂中将备忘录中的《战列巡洋舰建造委员会》(Memorandum for Beatty)。档案编号 137/2134,国家档案馆,邱园(Kew Gardens),伦敦。

[4] 全舰各部分占总吨位的百分比为,舰体 36.3%,主机 12.9%,装甲 32.8%,武备 12.8%,油料 2.9%,各类设备 1.9%,设计余量 0.3%。

1921年时的"胡德"号战列巡洋舰。她的火控装备设置，包括主、副炮射击指挥仪和长基线测距仪，都可以很容易地识别出来。（图片来源：《J. 罗伯茨图片集》）

加强，从占总吨位的 27.8% 提升到了 32.8%。这一提升也是对舰体、武备和主机的少量减重所做的补偿。旷日弥久的工作终于结出了成果，海军建造署的设计方案在装甲、速度和火力之间取得了令人满意的平衡。[1] 然而，最终方案仍然存在严重的缺陷，即主装甲带的厚度不足以抵挡新型 15 英寸炮弹，甲板装甲厚度也不够。但这些缺陷直到第二次世界大战才被发现，而"胡德"号竣工时的纵向防护比第一次世界大战中和 20 世纪 20 年代所出现的所有战舰都更为有效。

在新方案的设计排水量上再增加 4000 吨燃油和其他载荷后，海军建造署估算其满载排水量将达到 45620 吨。"胡德"号在建造过程中也进行了其他一些改装，主要是加强了一些部位的防护。于是尽管加装的防鱼雷凸出部使舰体水下部分的舷宽有所增加，但全舰的方形系数还是达到了令人满意的 0.546。"胡德"号战列巡洋舰终于在 1918 年 8 月 22 日下水，海军部决定在罗赛斯基地完成该舰的舾装工作，以尽快腾出约翰·布朗船厂的舾装码头，好进行其他更为战争所急需的建造工作。舾装完成后，"胡德"号进行了环绕苏格兰的航行。由于恶劣的天气，这次航程对"胡德"号而言颇具挑战，但也验证了该舰所具有的良好的耐波性。

"胡德"号战列巡洋舰于 1920 年 2 月 21 日在罗赛斯基地完成了倾斜试验。其重载排水量为 42670 吨，此时全舰各部分估算吨位为：舰体 15636 吨，武备 5302 吨，主机 5969 吨，装甲 13650 吨，油料 1200 吨，各类设备 913 吨。[2] 在满载排水量 46680 吨的状态下，其稳心高度为 4.2 英寸。虽然这一数据显示"胡德"号称得上是一个稳定的海上火力平台，但这点儿性能优势对于这样一艘大英帝国的精锐战舰来说还是不够的。

"胡德"号的最大稳定角在所有的重载状态下均为 36° 左右，而其失稳角在轻载条件下为 64°，在满载条件下为 73°。"胡德"号的一对舭龙骨安装在舰体中段，长度为 270 英尺。1920 年 3 月初，"胡德"号回到了苏格兰克莱德班克，而后由承建方对其进行了航速测试。测试在苏格兰阿兰岛（Arran）海域进行，结果是令人满意的。[3] 事实上，在 1920 年 3 月 3 日进行的一次满功率测试中，"胡德"号在排水量 42200 吨状态下，主机输出功率达到 151280 轴马力，跑出了 32.07 节的最高航速。在 3 月 23 日的另一次测试中，"胡德"号在排水量 44600 吨状态下，主机输出功率为 150220 轴马力，最高航速 31.89 节。这一成绩证实了该舰的设计师在舰形和推进系统上的选择是正确的。

---

[1] 由于采用小型水管锅炉，新设计方案的最大功率理论为 144000 轴马力，最大航速相应可达到 31 节。
[2] "胡德"号在建造期间所做的各种改装消耗掉了原有的设计余量。
[3] 此时第一次世界大战已经结束，因此承建商和海军方面有足够的时间来对"胡德"号进行全面细致的航速测试。

"胡德"号战列巡洋舰。拍摄于1923年11月—1924年9月的环球巡游期间。为了准备这次远航，"胡德"号在德文波特港进行了一些准备工作。注意"B""X"主炮塔顶上搭设的飞机平台。

"胡德"号的造价为6025000英镑，比之前的战列巡洋舰和战列舰要高得多。这是拜通货膨胀和人力、材料成本的显著增加所赐。与之相较，"拉米利斯"号（HMS Ramillies）战列舰的造价仅为3295810英镑。"胡德"号战列巡洋舰装备了8门15英寸口径主炮，是英国所有战列巡洋舰——包括在一战期间建造的5艘——中最为昂贵的一艘。虽然在一战末期，德意志帝国海军显然已经无力将新式战列巡洋舰和战列舰的建造计划进行到底了，但很可能是英国海军部做出了完成"胡德"号的建造的决定，以部分填补战争结束后皇家海军可能出现的主力舰缺额。事实上，他们正确地预判到了几艘主力舰将退出现役的情况。

另外几艘战列巡洋舰——"安森"号、"豪"号和"罗德尼"号——的建造工程于1917年3月9日被暂停，因为它们的承建商受到战时海军项目研发与建设政策的掣肘，转到了其他优先级更高的项目上去了。贝蒂抨击了这一决定，因为他始终对德国的海军建设计划放心不下，希望大舰队中战列巡洋舰部队的力量能够得到加强。[1] 为此，海军建造署提出对三舰进行一些修改，特别是缩短烟囱的间距，以混淆敌人的识别，同时将主装甲带的厚度减少到11英寸，以及交换发射药库和炮弹库的位置、重新设计舰桥结构、设置更多的观测台、修改后甲板形制以避免随浪航行时后甲板上浪等。这就意味着这3艘舰如果建成，可能会成为新一级的战列巡洋舰。最终，战时内阁没有批准重启建造工程，因此三舰建造工程也就没能继续进行。1919年2月27日，海军部正式取消了剩余3艘"海军上将"级战列巡洋舰的建造任务。[2]

当"胡德"号战列巡洋舰在1920年1月进行海试时，它已经是世界上速度最快的主力舰了，而且看起来还是一艘气质独特而优雅的强大战舰。然而，该舰被媒体奉上的所谓"威猛的胡德"（Mighty Hood）的名号，在很大程度上是被夸大了的，媒体和公众把

[1] 1916年11月，贝蒂接替杰利科，出任皇家海军大舰队总司令。
[2] 在此之前，海军部已于1918年10月取消了三舰的建造合同。3艘舰的舰体在1918年11月停战之后被拆除，以腾出船厂的滑道。

这艘战舰的外形与战斗力混为了一谈。①尽管"胡德"号的防护面对敌方的远程火力尚显薄弱，但该舰却颇有几项设计创新，如采用全燃油动力，搭配减速蒸汽轮机的小型水管锅炉、现代化的火控设备和先进的无线电通讯装备等。虽然一些作家学者将"胡德"号归为快速战列舰，而非战列巡洋舰，但事实上，该舰代表的是英国皇家海军在十年前对战列巡洋舰这一舰种所做的概念构想的最后一个发展阶段。

主要技术特点

"胡德"号战列巡洋舰前二后二的背负式双联装主炮塔使其能够很容易地与"声望"级区分开来。另外，较大的司令塔和明显突出的测距仪也是该舰的主要识别特征；"胡德"号拥有一个大尺寸的前部观测台，探照灯平台位于前后两座烟囱之间的遮蔽甲板中部。"胡德"号采用飞剪型舰艏，前后舷弧平缓，舰艉为圆形，这一特征令该舰在波涛汹涌的海面航行时能够避免海浪涌上艏楼甲板，而后甲板却经常受到上浪的困扰。舰身两舷有纵贯全舰的明显外飘，长艏楼支撑着遮蔽甲板，一直延伸到舰艉的"X"主炮塔。

主甲板是全舰唯一的连续甲板。横向隔舱壁将舰体内部分隔为25个主水密舱，主水密舱又被纵横双向再行分隔。双层舰底与全舰等长，横向上一直延伸至舱底。"胡德"号的舰体长高比为16.5，大于"伊丽莎白女王"级战列舰的11.2，因此"胡德"号的舰体结构具有更大的挠度和垂度，也就需要更为精细的设计。②这意味着"胡德"号的艏楼和上层甲板成了一个边缘外倾的巨大箱梁构造的上层部分，双层舰底是这个箱梁的下层部分。舰底的龙骨同样为箱式构造。

包括司令舰桥和前舰桥在内的数个甲板室位于前部上层建筑内，前部上层建筑同时还支撑着后柱倾斜的前三脚桅。经过初步的海试之后，"胡德"号的舰桥上安装了一道有部分顶棚的挡风玻璃墙（顶棚环绕着前桅，后部留有开口），用于改善舰桥的后向视野，并可起到遮风挡雨的作用。然而这一为舰桥人员提供一个简陋的庇护之所的措施却招致一些人的批评。批评的声音一直持续到20世纪30年代中期。前部上层建筑的前方有一座椭圆形带装甲防护的火炮射击指挥塔，指挥塔向下延伸，垂直穿过数层甲板和甲板室。从上层甲板到司令塔的上部，依次设有一间无线电室以及配属的译电室、情报室、信号分配室等；另外还有一座鱼雷射击指挥塔、一间信号旗存放室、一座5.5英寸副炮射击指挥塔、一座旗语操作塔和一座15英寸主炮射击指挥塔。主炮射击指挥塔的顶部安装有可旋转的外罩。

"胡德"号携带的勤务艇都放置在烟囱四周和后三脚桅两旁。其他甲板室都设置在遮蔽甲板后，其中包括探照灯控制台和鱼雷射击指挥塔。

第174—175页的图表汇总了"胡德"号战列巡洋舰的主要参数特点。"胡德"号竣工时的总长度为860英尺，最大舰宽约105英尺6英寸。她的平均吃水深在轻载条件下为28英尺3英寸，在满载条件下为32英尺。该舰从龙骨到艏楼甲板的高度为50英尺6英寸，舯部干舷在满载排水量46680吨时高18英尺4英寸。如此低的干舷造成了甲板上浪问题，尤其是后甲板，经常会被涌上来的浪头淹没。由于"胡德"号在其服役生涯中排水量一直在稳步增加，干舷高度一直在稳步下降，所以后甲板上浪的情况会随着时间的推移而愈发严重。

① 英国海军部从未向公众披露过"胡德"号的弱点。
② 船舶的船体长高比（L/D）间接影响着船舶的结构强度，这一比值越高，结构强度就越低。而"胡德"号的情况就是为追求高航速而拉长了舰体。另一方面，对大型舰船内部空间的要求也带来了较高的船体高度。

"胡德"号，1920年

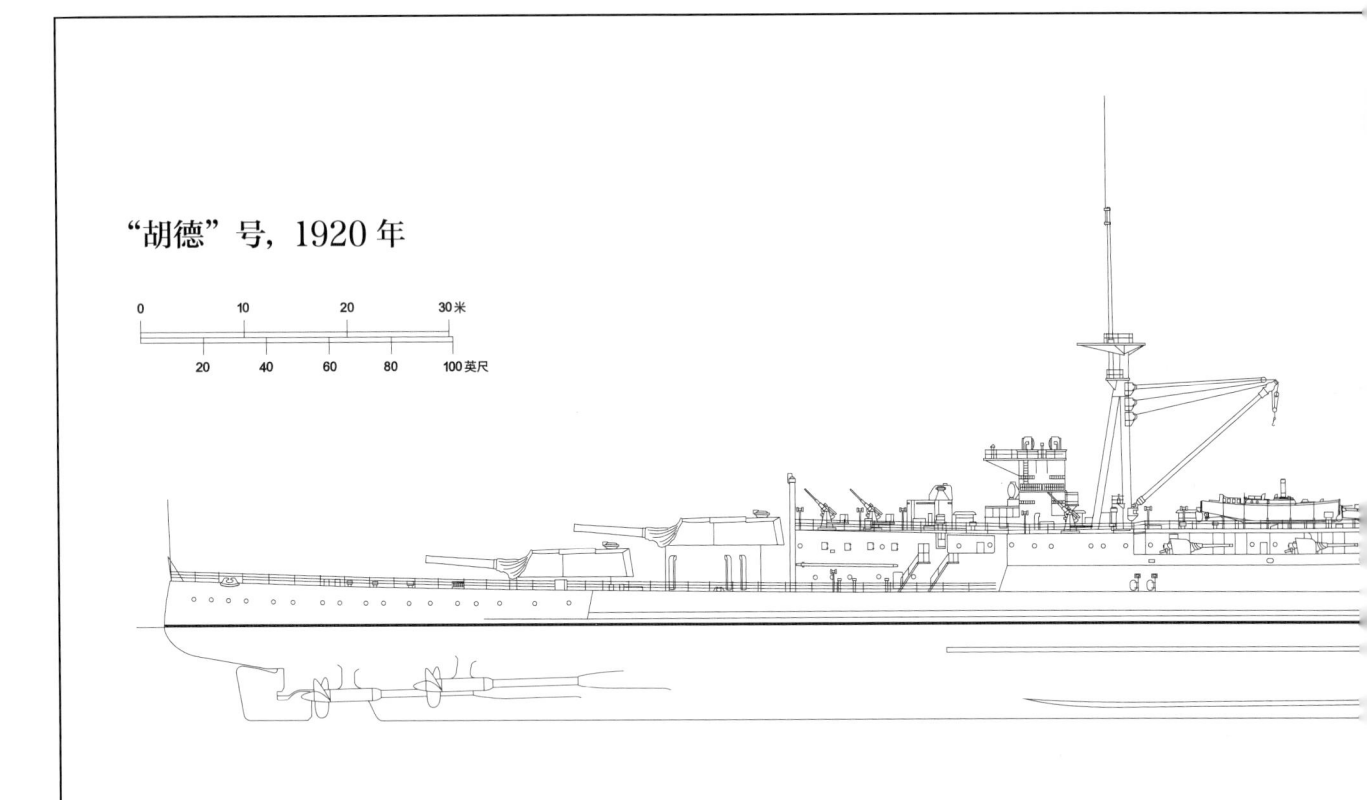

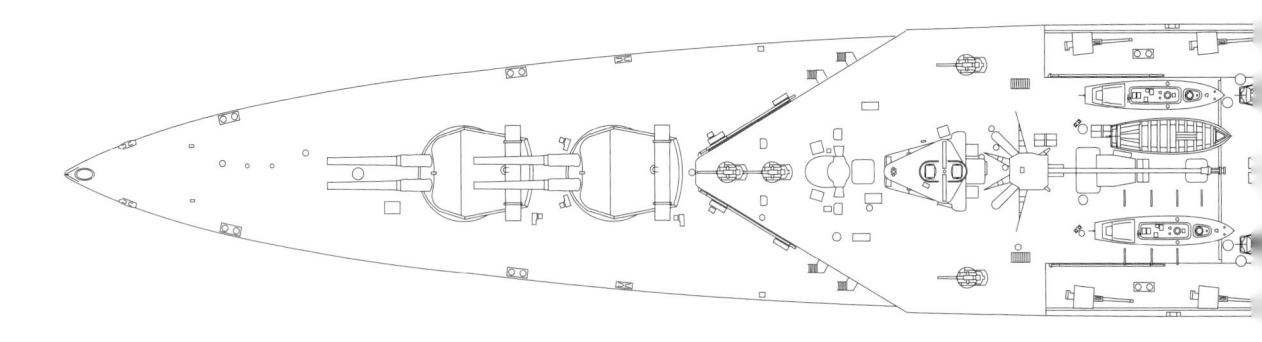

"声望"级	满载排水量
舰名	41200吨（设计数据）
"胡德"号	42670吨（倾斜试验数据）
承建船厂与建造情况	**尺寸**
约翰·布朗＆克莱德班克船厂	舰长：860英尺7英寸（全长），810英尺5英寸（艏艉垂线间长）
1916年9月1日开工	舷宽：103英尺11.5英寸（型宽），105英尺2.5英寸（最大值）
1918年8月22日下水	吃水深（满载排水量状态）：平均29英尺3英寸
1920年1月7日入役海试	**武备**
1920年5月15日官方宣布竣工	8门15英寸42倍径Mk I型主炮，双联装主炮塔
	12门5.5英寸50倍径Mk I型副炮，单装
	4门4英寸速射高射炮
	6具21英寸鱼雷发射管（4具水线上，2具水线下）

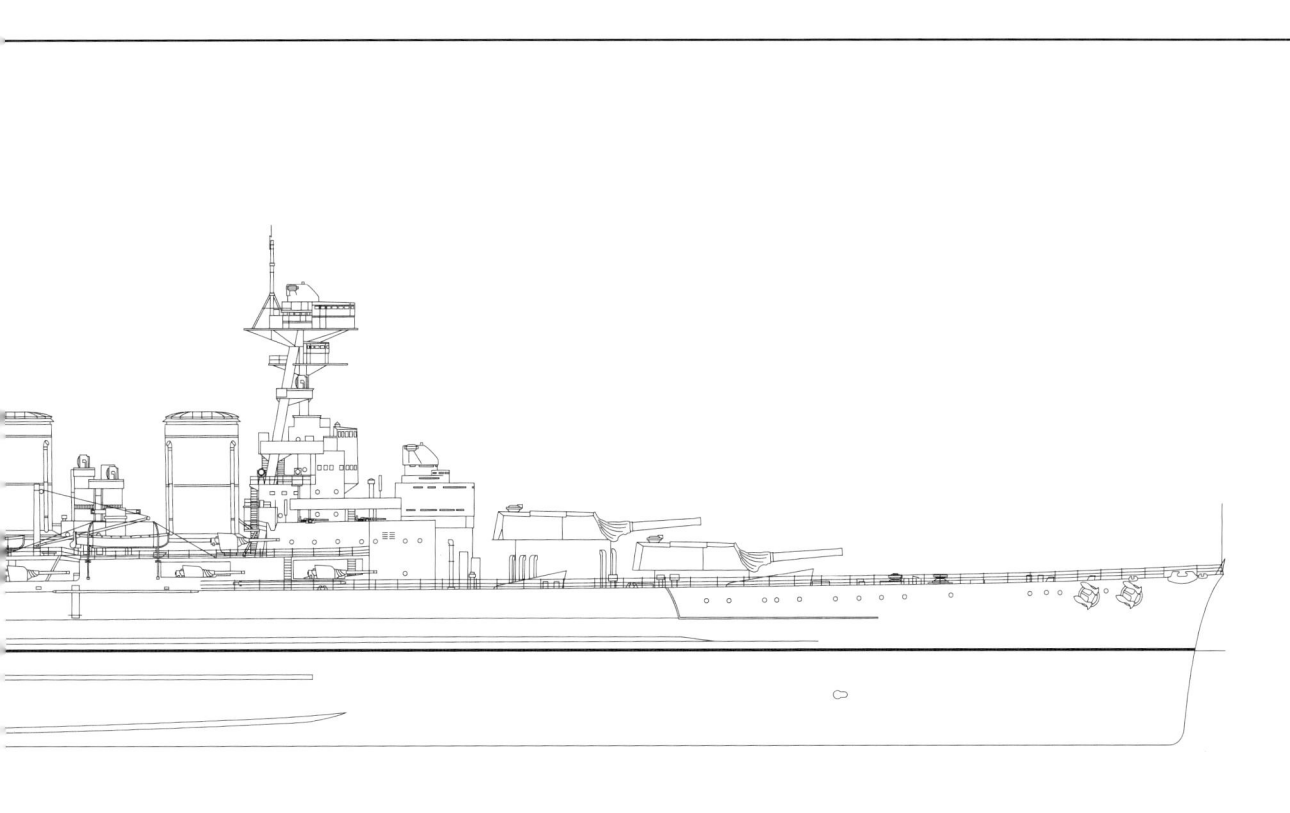

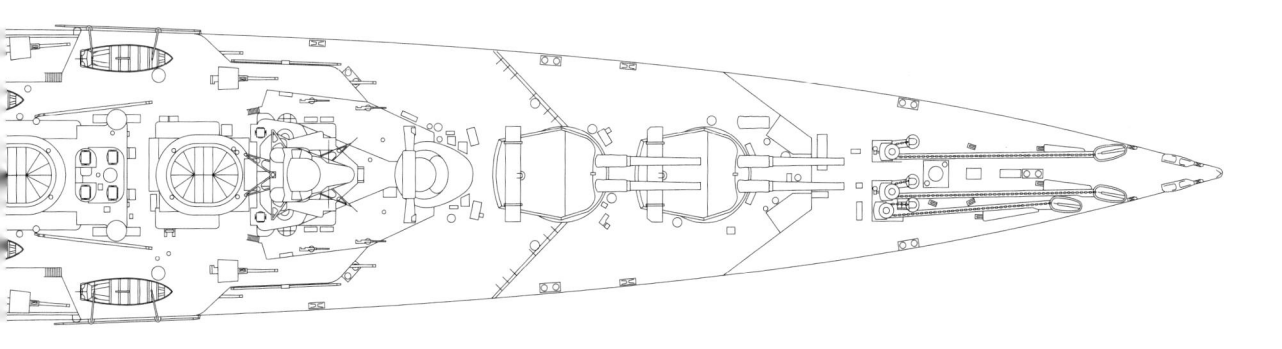

Line drawing ©Ruggero Stanglini

装甲防护

主装甲带：舯部 12 英寸，前段 5 英寸或 6 英寸，后段 6 英寸
中装甲带：舯部 7 英寸，前段 5 英寸
上装甲带：舯部 5 英寸
下装甲带：锅炉舱部位 3 英寸，弹药库与轮机舱部位 0.75 英寸
隔舱壁：舰体前后段隔舱壁 5 英寸，上装甲带尾端隔舱壁 4 英寸
甲板：艏楼甲板 1.75—2 英寸，上层甲板 0.75—2 英寸，主甲板 1—3 英寸，下层甲板 1—3 英寸
水下防护：内衬钢管的防鱼雷凸出部，1.75 英寸防鱼雷隔舱壁
主炮塔座：舰体装甲盒之外的部分为 10 英寸或 12 英寸，装甲盒之内的部分为 5 英寸或 6 英寸
主炮塔：正面 15 英寸，侧面 11 英寸或 12 英寸，背面 11 英寸，顶部 5 英寸
火控指挥塔：四周 7—11 英寸，顶部 5 英寸，底面 2 英寸；射击指挥仪防护罩 2—10 英寸
通讯管道：3 英寸
鱼雷射击指挥塔：侧面及顶部 3 英寸，防护罩 4 英寸
烟囱：0.5 英寸

主机

24 台亚罗式小型水管锅炉，工作压力 210 磅/平方英寸
4 部布朗－柯蒂斯式齿轮减速蒸汽轮机，4 具 3 叶螺旋桨，单舵板
功率和航速（设计数据）：144000 轴马力，最高 31 节
功率和航速（海试数据）：主轴转速 207 转/分时，151280 轴马力；最高 32.07 节
最大燃料携载量：4000 吨燃油
续航半径：6400 海里/12 节

人员编制

官兵 1433 人（竣工时）

① "胡德"号上的电路系统进行了一项重大改进,采用了所谓的"主环路保护"装置,用于在舰体进水时将非防水电路与普通主配电环路隔离开来。
② 无线电装备技术在20世纪20—30年代之间得到了蓬勃发展。

"胡德"号战列巡洋舰的原始设计中配有4台直流发电机。但由于新式电气设备的出现,并且已经安装上舰,海军部决定增加舰上的发电能力,因此"胡德"号配备了8台单机功率为200千瓦的直流发电机。其中4台发电机由活塞式蒸汽机驱动,2台由蒸汽轮机驱动,2台由柴油机驱动。发电机的动力来源各不相同,这可能是因为海军部暂时还不想在舰上发电机的动力选择上彻底弃用活塞式蒸汽机,而全部采用蒸汽轮机或柴油机。中部机舱和后机舱内各安装一台直流发电机,"Y"锅炉舱内安装两台,锅炉舱前方左右两侧的空间内安装两台,最后两台安装在轮机舱后方左右两侧的空间内。

"胡德"号的发电总功率为1600千瓦/220伏直流,无论是与"声望"级还是"勇敢"级相比,这都是一个很大的提升。强大的电力输出为全舰提供了一个常规主配电环路,环路分出若干分支,为安装于每间水密隔舱内的若干配电板供电。① 舰上的发电机组还能产生135伏的交流电,然后由位于后部发电机室的多台变压器将135伏交流电提高到220伏,以供舰上安装的舱底潜水泵使用。另有相当数量的小型发电机为射击、火控、探照灯和有线通信等使用的低压电路提供电力。于是,"胡德"号成为英国皇家海军第一艘配备交流电源的战舰,这种配置直到第二次世界大战之后才被其他英国军舰所广泛采用。

在通信装备方面,"胡德"号装备了经过改进的无线电台和全套的现代化通讯设备。② 竣工时,"胡德"号配备了用于远距通信的1-16型和1-18型无线电台,以及用于火控指挥的1-34型和31型电台。"胡德"号最初有3间"被编号的"无线电室:主无线电室分为两部分,其一位于探照灯平台上,另一部分位于主甲板靠近后桅的下层舱室内;2号无线电室位于毗邻"X"炮塔的下层甲板上;3号无线电室则设置在司令塔下方的艏楼甲板上。

1924年6月,环球巡游期间正驶入加拿大温哥华港的"胡德"号。该舰当时是进行巡游活动的"特勤舰队"的旗舰。(图片来源:加拿大温哥华市档案馆)

"胡德"号在竣工服役时采用的是1433人的战时舰员编制数量，其中包括舰队司令与其参谋班子。而在和平时期该舰的舰员编制数在1150人和1350人之间，具体取决于该舰是否需要执行特殊任务与勤务。舰上的人员住舱则按照皇家海军的传统进行设置：舰队司令和高级军官的住舱与相关的活动空间位于舯楼甲板上，普通军官的住舱与工作空间在上层甲板后段，上层甲板的中段和前段是士官和大头兵们专属的杂乱之所，还有一部分士官和水兵就只能在主甲板上搭吊床了。

装甲防护

"胡德"号在原始设计中预设的是一个类似于"虎"号战列巡洋舰的装甲防护方案，但在吸取了日德兰海战中"无敌"号、"不倦"号和"玛丽女王"号三舰先后战沉的惨痛教训后，"胡德"号的防护能力得到了提升。海军部决定接受以最高航速降低和增加吃水深度为代价来争取"胡德"号防护能力的加强。不过，为了避免牵一发而动全身，引起整体设计的根本改变，"胡德"号原始设计中带有12°倾角的舰体侧面被保留了下来。

"胡德"号战列巡洋舰的垂直防护面主要由克虏伯渗碳钢装甲板构成，并分为几个区域。一条12英寸厚的主装甲带从舰体第71分段一直延伸到第352分段，同时从水线以下4英尺垂直延伸到水线以上5英尺6英寸的高度。主装甲带的前端继续延伸到舰体第47分段，尾端一直延伸到第371分段。在两端的延伸段其厚度降为6英寸。主装甲带下方有一条长度几乎相等、宽度为3英尺的3英寸装甲带。另一条7英寸厚的装甲带垂直在第一条装甲带上方7英尺处，从"A"主炮塔延伸到"Y"主炮塔，并继续向前延伸，向前延伸段厚度为5英寸。第三条5英寸厚的装甲带在第二条装甲带上方9英尺处，从"A"炮塔向舰艉方向一直延伸到后桅后面。"A"和"Y"主炮塔的炮塔座安装有4英寸厚的装甲舱壁，在装甲带的末端安装有5英寸厚的装甲舱壁。

"胡德"号的水平防护面由高强度钢装甲板构成，并在建造过程中得到了加强。其舯楼甲板厚度为1.5英寸，锅炉舱和轮机舱上方有2英寸厚的局部加固。上层甲板厚度为1.5—2英寸。主甲板也是主装甲板，大部分区域厚1.5英寸，同时在轮机舱和弹药库上方各有2英寸与3英寸的附加装甲。附加装甲两侧也各有一个30°的倾角。在装甲盒范围之外，主甲板前部厚1英寸，后部厚2英寸。1919年，前弹药库上方的主甲板厚度增加到5英寸，后弹药库上方的主甲板厚度增至6英寸。下层甲板前部厚度为1英寸，后部因位于舵机舱上方，厚度为3英寸。烟囱也局部加强了0.5英寸厚的装甲。

海军建造署通过在"查塔姆浮标"和废弃的老式战列舰上进行的若干测试和试验，最终确定了"胡德"号水下部分的防护方案。其舰体上的防鱼雷凸出部相比已经配置在"声望"级和"勇敢"级战列巡洋舰上的早期设计有了明显的改进，"胡德"号的防鱼雷凸出部完全位于水线以下，从"A"主炮塔延伸至"Y"主炮塔，总长562英尺，最大宽度11英尺，超出了带倾角的舰体两侧约7.5英尺，并在结构上与舰体两侧融为一体。[①] 在垂直方向上，凸出部在设计排水量状态时大部分没入水线以下。从外部看，每个凸出部本身就是一个外部水密舱，并且由一道1.5英寸厚的高强度钢装甲舱壁与内部浮力空间隔开。这种装甲舱壁也是顶层垂直装甲的延续。"胡德"号的舰体内部浮力空间内布置有5排密封钢管，用于吸收水下爆炸时的能量，将冲击波传递到面积更大的装甲舱壁上。另一道1.5英寸厚的高强度钢装甲舱壁限制了舰体内部浮力空间，这道舱壁从舰底部垂直延伸到下

① 防鱼雷凸出部可以为弹药库、锅炉舱和轮机舱提供防护。

甲板，也是大多数舰艇实际上的外层钢板。每个凸出部的上部位于舰体之外，是一个从下层甲板垂直延伸到主甲板的填充有减震管的三角形空间。根据海军部的估计，防鱼雷凸出部与舰体内部分区化相结合，将使"胡德"号在经受4—5枚1919年技术水平的鱼雷打击后，其航速和战斗力不会受到实质性影响。

"胡德"号的主炮塔炮塔座由12英寸厚的克虏伯渗碳钢装甲提供防护，沿炮塔座向下，装甲厚度逐渐减至5英寸。每座主炮塔正面为15英寸的渗碳钢装甲，侧面装甲厚11英寸，顶部厚5英寸。巨大的司令塔位于前部上层建筑前端，敷设有厚度从7英寸到11英寸不等的克虏伯渗碳钢装甲墙。其顶部还敷设有5英寸厚的非渗碳钢装甲板，同时前部上层建筑前端也有6英寸厚的装甲保护。前部通讯管道敷设有非渗碳钢装甲，厚度3英寸。鱼雷射击指挥塔位于后探照灯平台后方的掩蔽甲板上，两侧的渗碳钢装甲厚1.5英寸，顶部装甲厚4英寸。后部通信管道采用高强度钢装甲，厚1.5英寸。

一般来说，"胡德"号战列巡洋舰的装甲防护设计是对一战前和一战后战列巡洋舰防护思想的折中，因为其设计是根据一战前的理论概念构思的，但又根据日德兰海战后所总结的经验教训进行了部分修改。值得注意的是，战后的主力舰防护思想特别要求在甲板上安装装甲，而不是简单地加装护板。英国皇家海军在20世纪20年代所执行的战舰防护标准是根据"全防护或无防护"（all-or-nothing）的原则演变而来的。美国海军的战列舰在第一次世界大战后也采用了这一原则，这意味着一艘主力舰拥有一个受到严密防护的中央装甲盒，但在装甲盒之外却几乎不设置防护区。从理论上讲，"胡德"号在两次世界大战之间会进行大规模的改装工作，从而实现某种程度的全面防护，以符合"全防护或无防护"的原则。然而，无论是这种大规模改装的可行性或成本，还是这种改装能否有效应对第二次世界大战中导致"胡德"号饮恨大洋的德国海军的现实威胁，都已经无从评估。

主机

"胡德"号的主机布置与"勇敢"级战列巡洋舰类似，但占用的空间更大。主机组所占用的舱室总长度为294英尺，即全舰艏艉垂线间长度的36%，锅炉舱和轮机舱各为3个，呈一列排布。"胡德"号装备了24台工作压力为230磅/平方英寸的亚罗式小型水管燃油锅炉。每个锅炉舱内容纳8台锅炉、6台给水泵、4台燃油泵和6台燃油加热器。[①] 锅炉产生的蒸汽通过沿锅炉舱两侧布设的管径为19英寸的蒸汽管道输送给蒸汽轮机。这些蒸汽管道与前轮机舱内一根横贯舰体的管道相连，从中又引出两根19英寸管径的管道，通向中部和后部轮机舱。舰上共配备4台布朗-柯蒂斯蒸汽轮机，一台用于驱动后轮机舱内的右侧内主轴，两台驱动前轮机舱内的外侧主轴，一台用于驱动中轮机舱内的左侧内主轴。每台低压涡轮机都有倒车运行段，而位于前轮机舱的两台蒸汽轮机也有巡航运行段。每台蒸汽轮机都是一个包括高低压涡轮、减速齿轮、冷凝器和辅助机械在内的完整系统，因此每个轮机舱都可以独立工作。"狮"号、"声望"级与"胡德"号这三型不同时期的战列巡洋舰的功率重量比分别为154磅/轴马力、113磅/轴马力和84磅/轴马力，这证实了英国舰船推进系统在这一时期内所取得的技术进步。[②] "胡德"号战列巡洋舰安装有4具直径12英尺的三叶螺旋桨，且采用单舵板，舵板位于舰体中线位置。这使得该舰内侧两具螺旋桨输出的充沛动力能够得到最有效的利用。

[①] "A""B"锅炉舱的锅炉通过前烟囱排烟，"X""Y"锅炉舱的锅炉通过后烟囱排烟。

[②] "胡德"号战列巡洋舰在当时是一艘极为现代化的战舰。该舰配备了许多辅助性设备，如制造淡水的蒸发器、为炮塔座提供动力的液压泵送引擎、供舰员住舱使用的通风机和暖气，以及几种不同型号的消防泵和舱底泵。锅炉舱、轮机舱和辅助设备舱从舰体第119分段一直到302分段，总长度约470英尺。

停靠在澳大利亚悉尼港的"胡德"号,摄于 1924 年。舰上挤满了慕名前来的参观者。(图片来源:澳大利亚维多利亚州州立图书馆)

"胡德"号的最大载油量约 3895 吨,油料大部分都储藏在双层舰底内。耗油量为全速时每天约 144 吨。作战半径为 6400 英里 /12 节,或 8000 英里 /10 节。

武器装备

关于"胡德"号的主炮配备,在其设计阶段初期进行过各种不同的配置形式的评估。这些配置方案包括 15 英寸和 18 英寸的双联、三联装主炮塔。最终选择的是 4 座 15 英寸双联装主炮塔,按两两一组、前后各一组的方式布置。"胡德"号装备了与"声望"级相同的维克斯 42 倍径 15 英寸主炮,但炮塔座是维克斯最新设计制造的 Mk II 型。这种炮塔座的形状比早期型号的更呈方形一些,并做了几处改进,比如使主炮的最大仰角从 20°提高到 30°(但装填角限制在 20°);提高了防焰抑爆性能;安装了基线更长的测距仪(从 15 英尺改为 30 英尺);在炮塔前壁设置泄压口和瞄准口,以降低背负式炮塔的炮口爆风带来的影响,使"B""X"两座主炮塔都可以进行轴向射击等。① 在最大仰角和使用风帽较钝较短的 4 号弹时,最大射程为 29850 码。每门 15 英寸主炮备弹 120 发,其中 84 发为被帽穿甲弹,36 发为被帽普通弹。

"胡德"号的副炮为已经应用在"勇敢"级战列巡洋舰上的 BL Mk I 型 5.5 英寸炮。副炮安装在舯楼甲板与左右两舷,采用单装 CII 型炮座,并装有 1.5 英寸厚的防盾。由舯至艉,2 门副炮位于舰桥两侧,4 门分列于前烟囱两侧,另外 2 门在后烟囱两侧,最后 4 门分列在军官住舱两侧。这种布局方式使副炮组在恶劣天气下也能够作战。然而其开放式的炮位并不能为炮手提供全面保护。② 每门副炮备弹 150 发,其中被帽普通弹 38 发、高爆弹 90 发、曳光高爆弹 22 发。"胡德"号的防空武器为安装在 Mark III 型单装高角炮架上的 4 门 45 倍径 Mk V 型 4 英寸速射高炮③,最大仰角可达 80°,此时最大射高为 28750 英尺。所有 4 门高炮都安装在遮蔽甲板上,2 门在后桅两侧,另 2 门布置在鱼雷射

① "胡德"号每座主炮塔自重 900 吨。改进后的装填机构能够使其射速提高到 1 发 /1.5 分。
② "胡德"号战列巡洋舰是英国皇家海军最后一艘装备开放式副炮的主力舰。
③ Mk V 型 45 倍径 4 英寸速射炮于 1914 年服役,是皇家海军大多数主力舰和巡洋舰所装备的远程防空武器。其在 50° 仰角时射速为 14 发 / 分。

击指挥塔后方的甲板中线上。每门高炮的备弹量为160发高爆弹和40发燃烧弹。[1]"胡德"号的防空武器配置与之前级别的战列巡洋舰相比仅仅是略有提高,这说明直到第一次世界大战结束两年后,英国海军部依然对空中威胁未予重视。

"胡德"号的鱼雷武备在其建造过程中有所更改,实际装备为两具水下鱼雷发射管和4具Mk V型21英寸水上鱼雷发射管。水下鱼雷舱位于"A"主炮塔输弹室前方的平台甲板上。设计师之所以选择这种布局方式,是因为火炮的发射药库、炮弹库和推进轴占据了下层甲板后段的大部分空间。4具水上鱼雷发射管安装在后桅两侧的甲板上。然而这种布置方式却让人很不放心,因为存放于此处的鱼雷雷头有被敌方火力引爆的危险。据称后来采取了在鱼雷发射管的周围和前端加装装甲防护板的措施,消除了这一隐患。

"胡德"号战列巡洋舰在火控系统配备上比"声望"级更加先进全面,其主、副炮均配备有射击指挥仪。一部15英寸主炮射击指挥仪与一台15英尺基线测距仪安装于前观测台顶部,另一部15英寸主炮射击指挥仪和一台30英尺基线测距仪安装在火炮射击指挥塔内。每座15英寸主炮塔都拥有独立的30英尺基线测距仪。2部主炮射击指挥仪都能作为指挥全舰主炮射击的一级火控站,而"B"主炮塔也可担任全舰主炮的二级火控站的角色。前、后主炮塔群亦可各自独立运作,由"B"主炮塔指挥前主炮塔群射击,"X"主炮塔指挥后主炮塔群射击。最后,每座15英寸主炮塔都可以在其自带的测距仪和其他火控设备的指挥下独立作战。司令舰桥上安装有2部射击指挥仪,观测台上安装有2台9英尺基线测距仪,安装方式均为左右各一,负责指挥5.5英寸副炮的射击和提供测距数据,每部副炮射击指挥仪即为同侧副炮群的一级火控站。5.5英寸副炮还可以分为前、后两组各自进行射击,两部副炮射击指挥仪和艏楼与遮蔽甲板上设置的数座指挥所(其中2座安装有15英尺基线测距仪)均可对其进行指挥控制。此外,舰上还设有前、后2座信号传输站,前者用于15英寸主炮指挥通信,后者则是为5.5英寸副炮服务。

观测台的下方设置有一座鱼雷射击瞭望台,两座主鱼雷射击指挥所负责指挥鱼雷的射击。前部指挥所属于上层建筑前端的装甲射击指挥塔的一部分,另一座指挥所即为遮蔽甲板后部的鱼雷射击指挥塔,并配备一台15英尺基线测距仪。除此之外,还有两台用于鱼雷射击指挥的15英尺基线测距仪安装在舯部的探照灯操作平台上。

"胡德"号在竣工时安装有8部可以从旁进行遥控操作的36英寸探照灯和4部24英寸信号灯。4部探照灯安装在两座烟囱之间的甲板室内,2部安装在后桅后方的甲板室内,其余2部安装在前桅上的一个平台中,位于舰桥罗经台上方。为了指挥编队中的数艘战舰集火射击同一目标,"胡德"号配备了4部射程钟。其中两部位于前桅上,靠近鱼雷射击瞭望台,另两部射程钟位于后部探照灯平台的两侧。建造完毕后,"胡德"号还为搭载飞机而在"B"主炮塔和"X"主炮塔顶部设置了起飞坡道和帆布机库。不使用时,起飞坡道和机库就被折叠起来,存放在炮塔顶上。20世纪20年代末,海军部用安装在舰艉的飞机弹射器取代了起飞坡道和帆布机库。

服役与改装情况

"胡德"号战列巡洋舰一俟入役,便成为皇家海军战列巡洋舰分舰队的旗舰,因此该舰也执行了数次旨在彰显其旗舰尊贵身份的行动。1923年11月—1924年9月,"胡德"号作为"特勤舰队"(Special Service Squadron)的旗舰,进行了总计40000英里的环球航

---

[1] "胡德"号的高炮最初并未配备任何火控设备,直到1926—1927年,才在后部探照灯平台上安装了一架2米基线高角测距仪。

行。在随后的岁月里,"胡德"号先是担任地中海舰队的旗舰,而后又成为本土舰队所属的战列巡洋舰分舰队旗舰。1940年6—8月,该舰担任"H"舰队的旗舰,驻泊于直布罗陀,之后回到本土舰队,继续担任战列巡洋舰分舰队旗舰。1941年5月24日,"胡德"号以战列巡洋舰分舰队旗舰的身份在与德国战列舰"俾斯麦"号(KMS Bismarck)的战斗中战沉。

在两次世界大战间的日子里,"胡德"号在皇家朴次茅斯和德文波特船厂进行了几次整修和改装。这些整修和改装是为了加强"胡德"号的装甲防护,更换其副炮与高炮,以及改变该舰的外形轮廓。皇家海军原计划于1942年为"胡德"号进行一次全面改装,但二战的爆发阻碍了这一计划。凭借着860英尺的全长,超过105英尺的舷宽和46680吨的满载排水量,"胡德"号战列巡洋舰始终是英国皇家海军所建造过的最大主力舰。①

---

① "英王乔治五世"级(King George V Class)战列舰长745英尺,宽103英尺,满载排水量42630吨。从身材上讲,"胡德"号也超过了皇家海军最后也是最大的战列舰"前卫"号(HMS Vanguard),但还是被第二次世界大战期间开建,直到20世纪50年代才完工的"大胆"级(Audacious Class)航空母舰"鹰"号(HMS Eagle)和"皇家方舟"号(HMS Ark Royal)所超越。

第四章
德意志帝国海军的战列巡洋舰

与英国同行一样,德意志帝国海军在战列巡洋舰的建设上也遵循了一条渐进式的发展道路,这主要是由舰用主机与武器的技术发展所决定的。然而,由于有限的财政预算对海军扩军计划的束缚,德国海军参谋部也不得不经常对战列巡洋舰的发展施加限制,特别是在舰队的规模方面。

在战列巡洋舰的技术开发上,德国海军一直致力于在装甲、武备和航速之间建立更稳固的平衡,因此采取了与英国海军不同的方式。德国海军的第一代战列巡洋舰是配备280毫米口径主炮的"冯·德·坦恩"号和2艘"毛奇"级。而之后出现的"塞德利茨"号尽管仍装备280毫米主炮,但还是被普遍认为属于新一代的战列巡洋舰。德国真正的第二代战列巡洋舰是装备305毫米主炮的3艘"德弗林格尔"级,第三代战列巡洋舰包括计划装备350毫米主炮的"马肯森"级(原计划建造4艘,实际均未完工)和"约克"级代舰(Ersatz Yorcks)(计划建造3艘,实际均未开工)。德国在战败投降前还曾有一款装备420毫米巨炮的终极战列巡洋舰的设计草案,但它们永远停留在了绘图板上。

锚泊中的德国海军"兴登堡"号战列巡洋舰和"阿尔伯特国王"号战列舰(右上),拍摄时间不详。"兴登堡"号于1917年竣工,是第一次世界大战结束前最后一艘进入德国海军服役的战列巡洋舰。(图片来源:《R. 斯坦吉里尼图片集》)

德国战列巡洋舰一览

舰名	预算财年	开工时间	入役时间	排水量[2]	主武备[2]	最高航速[2]	最终结局
"冯·德·坦恩"	1907	1908年3月	1910年9月	19370吨	8×280毫米/45倍径 10×150毫米/45倍径	24.8节	1919年6月21日，斯卡帕湾自沉
"毛奇"	1908	1909年1月	1912年3月	22979吨	10×280毫米/45倍径 12×150毫米/45倍径	25.5节	1919年6月21日，斯卡帕湾自沉
"戈本"	1909	1909年8月	1912年8月				1914年8月16日移交给土耳其，1973—1976年拆解
"塞德利茨"	1910	1911年2月	1913年8月	24988吨	10×280毫米/50倍径 12×150毫米/45倍径	26.5节	1919年6月21日，斯卡帕湾自沉
"德弗林格尔"	1911	1912年3月	1914年9月	26600吨	8×305毫米/45倍径 14×150毫米/45倍径	26.5节	1919年6月21日，斯卡帕湾自沉
"吕佐夫"	1912	1912年5月	1915年8月				在日德兰海战中遭到重创，1916年6月1日自行凿沉
"兴登堡"	1913	1913年10月	1917年10月				1919年6月21日，斯卡帕湾自沉
"马肯森"	1914	1915年1月	—	31000吨	8×350毫米/45倍径 14×150毫米/45倍径	28节	1923—1924年就地拆解
"弗雷亚"代舰	KBP[1]1915	1915年5月	—				1920—1922年就地拆解
"格拉夫·斯佩"	同上	1915年5月	—				1921—1923年就地拆解
"腓特烈·卡尔"代舰	同上	1915年11月	—				1922年就地拆解
"约克"代舰	KBP 1916—1917	1916年7月	—	33500吨	8×380毫米/45倍径 12×150毫米/45倍径	27.3节	中止建造
"格奈森诺"代舰	同上	—	—				
"沙恩霍斯特"代舰	同上	—	—				

注：
1. "KPB"即"Kriegsbauprogramme"，意为"战时造舰计划"。
2. "排水量"特指设计排水量，单位为"公吨"①，"主武备"指配备的主炮和中口径舰炮；"最高航速"为设计值。公制—英制单位对照换算表见第 I 页。同级各舰之间在参数上的细微差别上表中未列出。

因此，本书对于德国海军战列巡洋舰发展历程的介绍，将以"冯·德·坦恩"号为起点，包括后续各舰级，直到"约克"级代舰，并且对一些计划舰也有单独介绍，这些计划舰方案多数于1918年上半年提出，但从未真正付诸实施。上面的图表提供了德国战列巡洋舰的建造时间和各舰的主要参数一览。由于德国的舰船设计师和承建商使用公制计数，本章的所有数据如尺寸、排水量、火炮口径、装甲厚度等，均使用公制单位表示。为便于读者阅读时在公制与英制单位之间转换，本书第 I 页提供了一个专用换算表。

德国战列巡洋舰的设计方式

在第一部《海军法》得到通过之后，德意志帝国海军部成了德国海军现代化建设的推动者，并且为完成这一战略任务而对德国海军进行了有针对性的调整与改革。提尔皮茨领导下的帝国海军部担负着德国海军所有的行政、技术和训练职能，并建立起若干"部"（德语：Departement）和"科"（德语：Abteilungen），由每个部门或科室来负责处理某一特定领域的问题：海军部总部（Allgemeines Marinedepartement，即 A 部）负责帝国海军的事务性工作，如薪金、司法、海运、供应，以及舰队军需等；船厂事务部

---

① 译注：公吨（tonne、metric ton）是公制单位，1公吨=1000千克；吨（ton）是英制单位，1吨约为1016千克或907千克（英国为1016千克，美国为907千克）。中文中的"吨"通常情况下实际指"公吨"，但由于本书中公制与英制单位同时出现，故应当有所区分。

（Werftdepartement，即 B 部）负责监督各造船厂和其他供应舰用设备和器材的工厂的工作，但火炮除外；建造部（Konstruktionsdepartement，即 K 部）主管舰船设计、主机选型、海试验收等工作，并全面负责解决舰船建造过程中的各类问题；预算部（Etatabteilung，即 E 部）负责处理海军预算和财务问题；而军械部（Waffendepartement，即 W 部）负责海军火炮（包括舰炮和岸炮）和轻型武器的选型、相关的安装、操作及维护等方面的工作。除此之外，德国海军部还拥有其他负责航海、法律和卫生事务的专业部门和科室。海军大臣还直接掌控着德国在维也纳、罗马、伦敦、巴黎、圣彼得堡、华盛顿、东京和布宜诺斯艾利斯等地的通讯社（实为情报局）和驻外海军武官。他们的任务是提供世界主要海军强国的相关资料和情报，这些国家的海军发展计划和技术进步都可能会对德国的海军政策产生影响。

一艘新型战舰的初始设计，将在德国海军部内部被指派给通常由一名海军少将领衔的建造部（K 部）完成。建造部又分为两个主要的科室，一个专事舰船建造（Abteilung fur Schiffbauangelegenheiten，即造舰事务科或称K-I 部），另一个负责舰用主机（Abteilung für Maschinenbauangelegenheiten，即机械工程科，或称K-II 部）。负责火炮的军械部（W 部）在舰船设计过程中也发挥了关键作用。造价分析和概算工作由预算部（E 部）完成。

海军部聘用的工程师、技术人员和职员虽然由海军高级军官所领导，但大多是军事化的文职人员。候选的设计师们需要在帝国海军内服役 4 年，其中包括在海上服役 1 年，在帝国造船厂工作 3 年，然后要通过严格的考试。在以助理工程师的身份工作 3 年后，他们必须通过第二次考试，考试内容包括用 6 周时间设计一艘军舰。通过了这次考试，就意味着成为一名海军文职人员。几年之后，只有当这位候选人被认为已经有了足够的经验和设计才能时，他才能正式作为一名设计师加入海军部。因此德国海军部的各支舰船设计团队规模都很庞大，且均由经验丰富的高级工程师领导。

一艘新式德国军舰的设计过程——包括战列巡洋舰在内——开始于一次由提尔皮茨以海军大臣身份主持的启动会议，这次会议上将讨论并商定这艘军舰的主要性能参数。包括该舰的作战用途（在德国近海水域还是远海水域使用，承担正面作战任务还是担任

一幅德国海军"大型巡洋舰第 11 号"的设计草图。该设计图是 1916 年帝国海军部编纂的一系列战列巡洋舰设计成果汇总中的一艘。帝国海军部是德国海军舰船设计的责任部门，由其下属的技术部门来具体执行。（图片来源：www.dreadnoughtproject.org 网站）

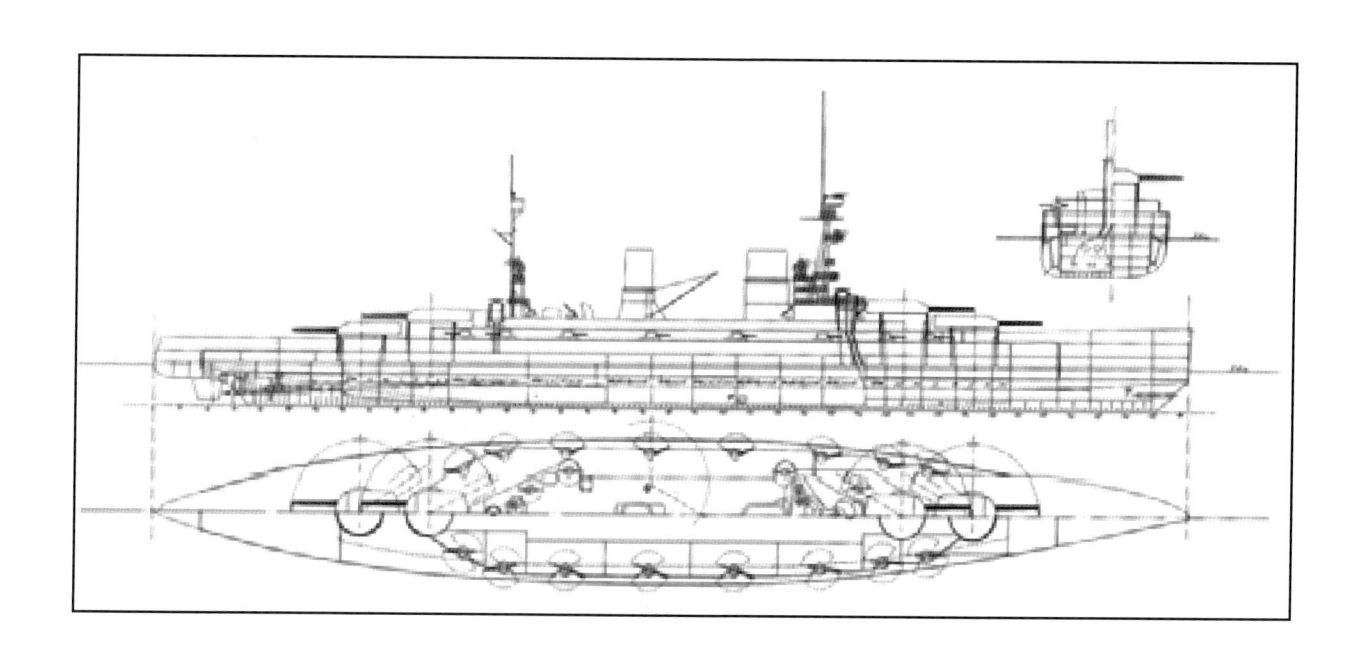

支援角色）及其技术要求，特别是武备、航速和续航力等。接下来是由海军部的相关下属专业部门拿出一份初始设计方案。最终得到海军部一致通过后的初始设计方案将由海军大臣呈与德皇，并与皇帝陛下进行商议，由德皇本人对设计方案予以正式批准。

在最高决策层批准了该型军舰的初始设计方案之后，德国国会将参与一场主要讨论是否批准拨付该舰建造资金的会议。呈送国会审查的全套文件将包括一些小比例设计草图（比例通常为1∶500）和该舰所有的技术参数，即舰体尺寸、火炮布局、装甲防护的分布和强度、推进系统（主机和锅炉）、弹药库和煤舱的容量、舰员编制和储存空间、航行性能（航速和续航力）等。

初始设计方案中还包括对设计排水量的估算，这需要首先考虑舰体尺寸，然后引入舰体体积、方形系数和海水密度等相关参数进行计算。这样一来，军舰设计中的每个主要元素——舰体结构、主机、防护、武备、舾装设备和舰员编制等——的吨位都将得以确定。其中一些元素占全舰估算轻载排水量的比例已被限定，因此其他的元素就可以被计算得更为精确。德国海军部还参照了其他国家也普遍采用的一套办法进行设计工作，包括在设计过程中进行方案修改调整。大型军舰设计中的要点如下：

1. 舰体结构：所有需要考虑的舰体结构部件，如框架、梁、加强肋、钢板、纵向和横向隔舱壁等，其总重量据估算平均占战列巡洋舰设计排水量的30%。

2. 防护：装甲的重量是根据先前的战舰建造中积累的经验估算的。战列舰的装甲在全舰设计排水量中能占到40%以上，战列巡洋舰为30%—35%。

3. 推进系统：推进系统的尺寸大小和重量是根据达到最高航速所需的功率来确定的。在考虑了在役军舰的最大功率之后，帝国海军部确定了主机的构成（锅炉、往复式蒸汽机或蒸汽轮机、涡轮发电机、泵机、冷凝器、蒸馏器等）及其布局。尔后，之前安装在军舰上或由制造商提供的每个部件的重量为计算出整个推进系统的大致重量提供了基础。一种更精确的计算方法于1892年开始采用，当时帝国海军部开始使用船模拖曳水池来进行测算，水池最早建在德累斯顿/乌比高（Dresden/Ubigau），后来不莱梅港（1900年）、柏林（1903年）和汉堡也纷纷建起了船模拖曳水池。[①] 德国战列巡洋舰的主机重量（包括辅助设备）平均占全舰设计排水量的10%—15%，而战列舰甚至更低。

4. 燃料供给：以煤炭为主的燃料供给以及燃料舱的尺寸大小取决于军舰的巡航速度，巡航速度值通常设定为全速的一半。每小时的耗煤量数据来自同类战舰海试时在不同航速下（包括巡航速度）的所谓"燃煤测试"测得。然而，由于实际巡航速度总是大于设计要求，德国军舰的煤舱的实际尺寸要比依据每小时耗煤量数据计算出的尺寸大25%—30%。

5. 武备：德国新式战舰的武器配置问题会在对初始设计进行的首次评审会议上进行讨论，因此，作为一种合理的假设，设计者可以提前对火炮数量及其口径、弹药量需求（每门炮的备弹数）和安装布局（单装还是双联装炮塔、装甲炮廓炮还是甲板炮等）进行预设。武器制造商须尽可能提供舰载武器的每个部件的重量参数，从而简化了全舰武备总重量的数据计算。全舰武备的重量通常会占到战列舰和战列巡洋舰全舰设计排水量的10%—12%。

6. 舱面设施：舱面设施是军舰的设计排水量中的一个重要元素，包括上层甲板设施、

[①] 这意味着德国在《海军法》获得通过后建造的所有新舰，都利用拖曳船模进行了兴波阻力测试，其测试结果将给设计工作带来很大的帮助。但这一测试方法早已被英国人在军舰设计中所采用。

勤务艇、桅杆、锚具、锚机、工具、备件等，其吨位计算在当时是一项非常艰巨的任务。因此，每个部件或设施的具体重量都是基于之前吨位、尺寸类似的军舰上同类部件或设施的现成数值推算出来的，舱面设施的总重量通常占到全舰设计排水量的3%—4%。

7. 舰员的个人物品和补给品：因为舰上人员的规模和构成在设计初期就可以确定，所以这些参数的确定是相当容易的。此外，德国海军中的一切事务都受到严格管理，因此这部分的重量也能以十分专业、精确的方式加以计算。舰长被允许携带425千克的个人物品，每名军官被允许携带230千克，士官每人150千克。另外，舰上的食品也按舰员类别和等级进行定额分配。德国军舰在本国海域周边活动时通常会携带可供两个月使用的食品储备；在执行海外部署任务时，将携带可供6个月使用的补给。舰上的饮用水贮存量也按每人每周消耗70升的假设计算。

这种对军舰各部分重量进行分别计算的方法也可以用于估算整舰的部分或总造价。在设计环节的最后阶段，由海军部备好相关的技术规范和比例为1：100的军舰图纸。随后，有关新舰建造的全套技术文件与邀标书一起被交给国有和私营造船厂，以求在造船厂间建立某种形式的竞争。但对舰炮和装甲板的采购并不包含在新舰采购流程的这一阶段内，它们的制造任务直接由海军部下达给国内的相关厂家。

各造船企业的投标书由海军部进行审查评标。虽然建造合同的授予取决于各种因素，但海军部通常将合同授予那些提供最低报价和最短交货期的造船厂。然而，德国海军前5艘战列巡洋舰——即从"冯·德·坦恩"号到"德弗林格尔"号——的建造合同都被汉堡港的布洛姆&福斯船厂一家所拿下，1912年的"吕佐夫"号是第一艘由私营造船厂建造的战列巡洋舰，自此之后，德国海军部的政策才调整为尽可能将造舰任务在所有的造船厂中进行分配。[①] 德国在几个财政年度内总共建造的4艘战列舰和战列巡洋舰中，3艘由私营造船厂承建，一艘由威廉港的国有兵工厂负责建造。然而，新造军舰的数量总是有限的，因此正如布洛姆&福斯造船厂在战列巡洋舰建造上的早期垄断地位所明确表明的

[①] 在德国，有3家帝国国有的兵工厂或造船厂、8家规模较大的和3家规模较小的私营造船厂承担军舰的建造工作，其中7家（威廉港的帝国船厂、汉堡的布罗姆&福斯船厂和伏尔铿船厂、不莱梅的威悉船厂、基尔港的日耳曼尼亚船厂和霍瓦尔特船厂、但泽港的希肖船厂）适合建造战列舰和战列巡洋舰。

停泊在威廉港的德国海军"毛奇"号战列巡洋舰（前）和"布吕歇尔"号装甲巡洋舰。"布吕歇尔"号于1907年2月开工建造，在1915年的多格尔沙洲海战中战沉。建造"布吕歇尔"号时，德国海军还对英国"无敌"级战列巡洋舰的性能不甚清楚，因此仅是将该舰作为"沙恩霍斯特"级装甲巡洋舰的放大版和火炮升级版。（图片来源：《奥基尼图片集》，A少儿图书馆，M. 皮奥瓦诺）

那样，德国海军部并没能真正地利用好各造船厂之间建立的竞争关系。由此带来的另一个结果是，即使在德国大力扩充海军、订单丰厚的"肥年"里，也至少有3家私营造船厂根本拿不到订单。没有订单，这些船厂的那些受过良好培训、拥有熟练技术的工人们就不得不停工闲置，其造船设施的更新改造也就经常会成为难题。在德意志帝国海军的领导下，德国的造舰工作执行并确保了"高质标准"，但德国造船业的规模和效率从未达到当时世界领先的英国造船厂的水平。

"冯·德·坦恩"号战列巡洋舰

1906年5月底，驻伦敦的德国海军武官柯尔珀（Coerper）上尉向柏林报告，英国最新式的"无敌"级战列巡洋舰即将建成，英国海军由此将在无畏舰的建设上实现跨越式发展。这一情报对德国海军的"布吕歇尔"号装甲巡洋舰来说来得太迟，此时对该舰的设计进行修改已然来不及了，但及时地影响了作为德国海军1907年度造舰计划的一部分的"F号大型巡洋舰"（Grosse Kreuzer F）[①]（该型舰后来被命名为"冯·德·坦恩"号）的设计。

在德国，当时正在对未来战列线式战舰的特性和所扮演的角色进行着激辩和论战，而来自英国的消息也成了这场论战的一部分。一方面，以提尔皮茨为代表的一部分人主张保持战列舰和"大型巡洋舰"之间的差异，对后者来说，它可以以牺牲装甲防护为代价，换取航速和火力的提升。与之相对，由德皇威廉二世支持的另一派则主张将这两种类型的军舰融合为一种"快速战列舰"。他们认为战列巡洋舰不仅要从事侦察、破交和打击同类敌舰的任务，还应当在战列线中与战列舰并肩战斗。这些不同的意见还涉及怎样在武器、航速和装甲之间的诸多折中方案中做出选择，而这些选择反过来又影响军舰的排水量和造价。后一个问题特别微妙，因为德国海军部提交的关于建造新舰的提案必须经国会讨论和批准方可执行。

设计、建造与造价

"冯·德·坦恩"号的设计工作于1906年6月开始。[②]至9月15日，德国海军部负责新舰建造工作的K部已经拿出了若干个初始方案，各初始方案主要在主炮和副炮的布局上存在差异。各方案的主机均以往复式蒸汽机为设计基础，设计航速23节，排水量不超过19000公吨，估算造价在3460万—3540万帝国马克之间。这些初始设计方案在随后得到了进一步的深化，提尔皮茨于9月28日向德皇呈上了其中3个。造价最低的"2b"方案最终中选。

尽管提尔皮茨急切地要求尽快确定建造方案，以使该舰的建造工作能够尽早开始（英国的"无敌"号战列巡洋舰已于1906年4月2日开工，德国海军也已经决意要迅速缩小与英国海军的差距），但由于德国海军心中的各种没底和技术方面的问题，导致了该舰设计方案的多次修改和开工推迟。设计修改中最重要的部分是用蒸汽轮机代替往复式蒸汽机作为主机、调整装甲厚度和布局，以及采用双舵板和装备Drh.LC／07型280毫米双联装主炮塔。

为避免恶化舰体稳性，新舰在设计上放弃了在前后各安装一组背负式大口径主炮炮塔的可能，在每一舷侧安装两座主炮塔的方案也被排除在外，这样才能腾出足够的舰体

[①] 战列巡洋舰这一舰种在德意志帝国海军中的官方名称是"Grosse Kreuzer"（大型巡洋舰），但在现代的各种文献资料中已经广泛使用的是"战列巡洋舰"（Schlachtkreuzer）一词了。

[②] 该舰是以1870年普法战争中的普鲁士将军、拉特扎姆豪森的路德维希·冯·德·坦恩男爵（Ludwig Freiherr von und zu der Tann-Rathsamhausen）的名字来命名。

内部空间来安装更为强劲的推进系统，保证该舰所需的航速。按照原始设计，"冯·德·坦恩"号要安装两个带有方形基座的笼式桅杆。然而，这种结构在被炮弹击中时是否仍能保持稳定却值得怀疑，因此还是采用了柱式桅杆。这样一来，"冯·德·坦恩"号的设计文件直到1907年6月才告完成。6月22日，德皇威廉二世签署了建造令，建造合同授予了汉堡的布洛姆&福斯造船厂。"冯·德·坦恩"号战列巡洋舰于1908年3月21日开工建造，1909年3月20日下水，1910年9月1日竣工并准备海试。1911年2月19日，该舰入役德意志帝国海军。其建造资金分4个预算年度（1907—1910年）进行拨付，总造价为3666万帝国马克，其中舰体和推进系统2600万马克，武器装备1000万马克，鱼雷及武备66万马克。

主要技术特点

"冯·德·坦恩"号战列巡洋舰的艏楼长度占到了舰体全长的三分之一，舯部装有两座烟囱。该舰的上层建筑分为两块，其一位于前烟囱和舰艏主炮塔之间，其二位于后烟囱和后主炮塔之间。这也是该舰外观上的一个鲜明特点。第192—193页的图表列出了"冯·德·坦恩"号的排水量、主尺寸和主要技术参数。武备、防护和航速的提升，使该舰性能大大优于"布吕歇尔"号装甲巡洋舰。"冯·德·坦恩"号的设计排水量为19370公吨，其各部分吨位分配为：舰体6004公吨，装甲6201公吨，武备（含弹药）2096吨，主机2805公吨，各种设备设施1220公吨，剩余1044吨中大部分为携带的燃煤。[①]

"冯·德·坦恩"号的钢制舰体纵向分为15个水密隔舱，垂直方向上共有6层甲板，从舰底开始，依次为底舱、下层平台甲板、中间层/夹层甲板、装甲甲板和火炮甲板，而艏楼甲板被称作上层甲板，一直延伸到前烟囱。平台甲板的中心通道将"A"主炮塔战斗室和"C"主炮塔的战斗室连接起来。全舰的锅炉安装在5间独立的舱室内，由舰艏至舰艉，依次设置3间锅炉舱、280毫米主炮和150毫米副炮发射药库，以及2间锅炉舱。另外一座280毫米主炮和150毫米副炮发射药库将最后一间锅炉舱和轮机舱分割开来。前部上层建筑内设置有主司令塔、海图室、舰桥、司令桥和4门88毫米炮。在该层甲板的后部是前桅的位置，前桅上有两个平台，安装4部1.1米直径的探照灯。后部上层建筑内设置副司令塔和另外4门88毫米炮。后部主桅

1908年开工的"冯·德·坦恩"号是德国海军第一艘真正意义上的战列巡洋舰。该舰的主火力为8门280毫米（11英寸）口径主炮。相比之下，英国"无敌"级装备的是8门12英寸口径的主炮，火力占优，但"冯·德·坦恩"号的防护水平要比第一代英国战列巡洋舰强得多。（图片来源：《奥基尼图片集》，A少儿图书馆，M.皮奥瓦诺）

根据最初的设计，"冯·德·坦恩"号将安装笼式桅。然而，对这种桅杆结构稳定性的怀疑使得该舰最终还是采用了大型杆式桅。1918年1月美国海军"密歇根"号战列舰（BB-27）笼式前桅的倒塌证明这种担忧并非完全没有根据。（图片来源：美国海军历史与遗迹档案馆）

[①] 各部分吨位对应的总排水量吨位比例为：舰体31%，装甲32%，主机14.5%，武备10.8%，各种设备设施6.3%。

也有两个平台，其上同样安装4部1.1米直径的探照灯。根据德国海军的传统，军官住舱被设置在艏楼而非舰艉，目的是为了方便军官快速进入舰桥。然而，事实证明这样的安排并不令人满意，此后各舰也就不再沿用。"冯·德·坦恩"号配备11艘勤务艇，集中布置在舯部和舷侧两座呈梯形错开布置的主炮塔周围，由两部起重吊臂和吊艇架进行吊装操作。

"冯·德·坦恩"号还是第一艘配备了由布洛姆＆福斯造船厂的弗拉姆博士（Dr.Frahm）研发的弗拉姆式减摇压水舱（Frahm anti-rolling tanks）的德国军舰。安装减摇压水舱的决定是在该舰已经开始建造之后做出的，故而水舱的位置离舰体侧面太远，且体积太小，基本起不到任何减摇效果，很快就改成了煤舱。后来又采取了安装舭龙骨的方式以提高稳性。

"冯·德·坦恩"号配备了6台总输出功率为1200千瓦/225伏的涡轮发电机，通过全舰的输电干线为大口径主炮塔提供照明、通信和伺服系统（servo system）所需的电力。舰上有两个发电机室，每个内部安装3台涡轮发电机。在无线电通讯设备方面，根据提尔皮茨1909年发布的指令，"冯·德·坦恩"号配备了2部无线电发射机、3台无线电接收机和大量的天线，1912年又在前司令塔加装了一台无线电收发机。"冯·德·坦恩"号的稳心高度为2.11米。最大稳定角为30°，最大失稳角为70°。该舰舰员编制数量为军官41人、士兵882人，在担任旗舰时会增加13名军官和62名士兵。

装甲防护

由于在设计上被要求能够正面迎战敌战列舰，使得"冯·德·坦恩"号的装甲防护尤为强悍和全面，这一点远远优于英国的"无敌"级战列巡洋舰。由克虏伯渗碳钢板制成的主装甲带自前主炮塔座延伸至后部上层建筑，厚250毫米，宽125厘米，其中水线以下宽度为35厘米。主装甲带厚度向上逐渐变薄，在上层甲板处减至150毫米，在装甲带下缘处减至160毫米。水线下装甲带宽度为160厘米。

该舰的舰体装甲盒两端由厚度为170—120毫米的水密隔舱壁封闭，而火炮甲板处的舷侧装甲厚度为150毫米，并辅之以20毫米厚的防弹隔舱壁。在主装甲带之外，厚度降低到100毫米的侧装甲向后方延伸，并在距舰艉约12米处被一道100毫米厚的舱壁所封闭，舰艏方向的侧装甲厚度为80毫米。前司令塔侧面装甲厚250毫米，顶部厚80毫米；后司令塔侧面装甲厚200毫米，顶部厚50毫米。主炮塔正面装甲厚230毫米，侧面厚180毫米，顶部装甲厚90毫米。主炮塔炮塔座的装甲厚度在230—170毫米之间，位置高于主装甲带，但炮塔座装甲在主装甲带和炮塔侧装甲后方的部分的厚度急剧减至30毫米，这是"冯·德·坦恩"号在防护上的主要缺陷，这一缺陷在后来的实战中也得到了证明。

"冯·德·坦恩"号的水平防护由厚度为25毫米的中层甲板提供，中层甲板位于舰体装甲盒内，侧边有50毫米厚的倾斜段。在主装甲带范围之外，水平装甲的厚度在50—75毫米之间。舰体水下部分的防护由水密隔舱壁和延伸长度达到舰体全长75%的双层舰底提供。一道30毫米厚的防鱼雷舱壁在长度与舰体装甲盒相当的主装甲带内延伸了约4米。防鱼雷舱壁与外层装甲之间的空间由另一道较薄的纵向舱壁分为两半，里面装满了煤炭，这样就为舰体提供了更多的保护。

"冯·德·坦恩"号最初还装备了防鱼雷网[①]，但事实证明这些网完全无用，于是在1916年年底被拆除。

---

① 此物只有在军舰系泊或以其他方式锚定时才能使用。

主机

"冯·德·坦恩"号战列巡洋舰配备了 18 台舒尔茨式燃煤锅炉，安装在 5 间锅炉舱内。锅炉压力达到 16 个标准大气压（235 磅 / 平方英寸）时产生的高压蒸汽被送入两组帕森斯式蒸汽轮机内，涡轮机驱动 4 根推进轴，每根都装有一具直径 3.6 米的三叶螺旋桨。这种蒸汽轮机 +4 主轴的主机形式对德国海军来说无疑是一个新事物，但也相当复杂。一道纵向的隔舱壁将前后轮机舱分隔为不同的舱室，从而提高了在任何一侧进水时轮机的生存力和连续运转能力。

该舰的前部左侧轮机舱内安装了一台高压正车涡轮机和一台中压正车巡航涡轮机，高压涡轮机驱动左侧外主轴，中压涡轮机驱动左侧内主轴。前部右侧轮机舱内的涡轮机布置方式则正好相反，由高压正车涡轮机驱动内主轴，中压涡轮机驱动外主轴。每个后部轮机舱内都安装一台高压倒车涡轮机和一台低压涡轮机，高压涡轮机各自驱动对应的主轴（右轮机舱涡轮机驱动右主轴，左轮机舱涡轮机驱动左主轴），低压涡轮机的正车涡轮机和倒车涡轮机装在同一机壳内，每台涡轮机驱动一具内主轴。

为"冯·德·坦恩"号安装蒸汽轮机的决定，是在对这种主机的优势（振动、磨损和润滑油消耗降低，操作人员减少）和缺点（低速运行时效率降低[①]，高速运行时螺旋桨可能出现空泡效应和桨叶变形的风险，而且令主机的布局形式更为复杂）进行了认真评估之后做出的。然而，促成蒸汽轮机安装上舰的决定性因素是其拥有比往复式蒸汽机更大的动力开发潜力，而往复式蒸汽机的技术进步此时早已碰上了极限的天花板。

"冯·德·坦恩"号的主机设计功率为 42000 轴马力，可以在主轴转速 300 转 / 分状态下提供 24.5 节航速。但在航速测试中，主轴转速和最高航速都大大超过了设计值。"冯·德·坦恩"号以 324 转 / 分的主轴转速跑出了 27.4 节的最高航速，主机输出功率也达到了 79007 轴马力。该舰的设计载煤量为 1000 公吨，最大载煤量 2600 公吨。续航力为 2550 英里 /22.5 节和 4400 英里 /14 节。在拆除无用的减摇水舱后，还可以多装 180 公吨的煤。在日德兰海战后的某一时期，"冯·德·坦恩"号的锅炉还配备了重油喷雾器，使舰上携带的劣质燃煤的燃烧效率也得到了提高。[②] "冯·德·坦恩"号的双舵机由蒸汽轮机控制：每台轮机都可以单独驱动两台舵机，这就为舵机的正常工作提供了一定的冗余度。"冯·德·坦恩"号的适航性很好，操控性也很出色，但即便如此，该舰在倒车时却会变得很难驾驭，当进行满舵回转时，该舰的航速将减慢大约 60%，并且舰体会产生 8° 侧倾。

武器装备

"冯·德·坦恩"号的主火力由 8 门安装在 4 座 C/07 型双联装主炮塔内的 45 倍径 280 毫米舰炮组成。前主炮塔（"A"炮塔）和后主炮塔（"C"炮塔）各一座，沿舰体中心线布置；另有两座主炮塔在舰体舯部呈阶梯形交错设置，左右舷各一座，右舷炮塔称为"B"炮塔，左舷炮塔称为"D"炮塔。[③] 这种主炮塔布局方式可以使"冯·德·坦恩"号在每一舷侧大约 75° 的宽阔射界范围内集中全部 8 门主炮火力。前主炮塔内主炮的炮身轴线高于水线 9.9 米，其他主炮炮身轴线高于水线 7.75 米。主炮塔旋转由电机驱动，主炮仰俯由液压控制。每座主炮塔约重 430 吨，炮塔战斗室和下方的扬弹机均为炮塔旋转组件的一部分。前主炮塔和舯部主炮塔的发射药库都设在炮弹库上方，而后主炮塔的发射药库和炮弹库的位置却正相反。

[①] "冯·德·坦恩"号的海试记录显示，其燃煤消耗率在航速 26.8 节、主机输出功率 68250 轴马力时为 0.64 千克 / 马力 / 小时，航速 16.2 节、主机输出功率 12400 轴马力时燃煤消耗率增加到 0.71 千克 / 马力 / 小时,航速为 12 节、输出功率 4240 轴马力时耗煤率增加到 1.14 千克 / 马力 / 小时。

[②] 在日德兰海战中，德国海军在保持锅炉的火力时遇到了困难，于是开始对其进行改装，用喷雾设备将重油喷淋在煤上，使其可以更充分地燃烧。这项改装工作被认为是在日德兰海战几个月后开始的，并逐渐推广到德国海军中的各艘战列巡洋舰和战列舰。不过各舰进行改装的具体日期已不得而知。

[③] 英国皇家海军的舯部炮塔设置方式与此不同，更靠近前主炮塔的是左侧的舯部炮塔。

"冯·德·坦恩"号，1911 年

"冯·德·坦恩"号

舰名

"冯·德·坦恩"号（"F 号大型巡洋舰"）

承建船厂与建造情况

布洛姆 & 福斯船厂，汉堡
1908 年 3 月 21 日开工
1909 年 3 月 20 日下水
1910 年 9 月 1 日准备海试
1911 年 2 月 19 日入役

满载排水量

设计排水量，19370 吨
满载排水量，21300 吨

尺寸

舰长：171.7 米（全长），171.5 米（水线长）
舷宽：26.6 米（型宽）
吃水深（满载排水量状态）：舰艏 8.91 米，舰艉 9.17 米

武备

18 门 280 毫米 45 倍径主炮，双联装主炮塔
10 门 150 毫米 45 倍径副炮，单装炮廓
16 门 88 毫米 45 倍径副炮，单装炮位或炮廓安装（后被拆除并更换为 2 门 88 毫米 45 倍径单装高射炮）
4 具 450 毫米鱼雷发射管

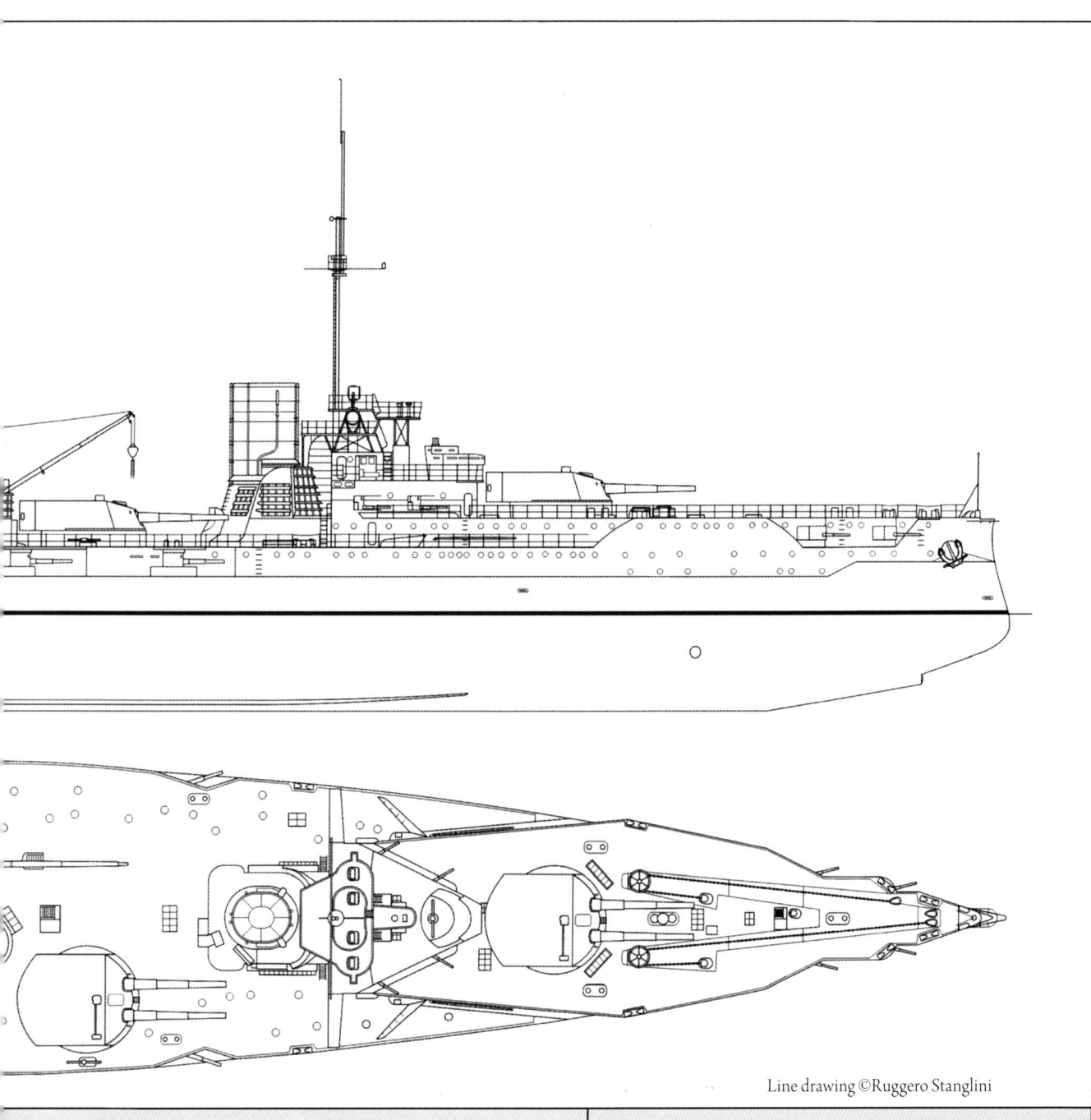

第四章　德意志帝国海军的战列巡洋舰　193

Line drawing ©Ruggero Stanglini

装甲防护

主装甲带：最大厚度 250 毫米，前段和后段厚 80—100 毫米不等
横向隔舱壁：120—170 毫米
甲板：25—75 毫米
主炮塔：正面 230 毫米，侧面 180 毫米，顶部 90 毫米
主炮塔座：30—230 毫米
副炮炮廓：150 毫米
前司令塔：最大厚度 250 毫米
后司令塔：最大厚度 200 毫米

主机

18 台舒尔茨－桑尼克罗夫特式锅炉（Schulz-Thornycroft boiler），工作压力 16 个标准大气压
4 部帕森斯式直驱蒸汽轮机，4 具 3 叶螺旋桨，平行双舵板
功率与航速（设计数据）：主轴转速 300 转 / 分时，42000 轴马力；最高 24.5 节
功率与最高航速（海试数据）：主轴转速 339 转 / 分时，79800 轴马力；最高 27.75 节
燃煤携载量：通常为 1000 吨，最大 2600 吨
续航力：4400 海里 /14 节

人员编制

全舰官兵 923 名（担任旗舰时为 998 名）

"冯·德·坦恩"号的280毫米主炮仰俯角为-6°—+20°,最大射程18900米。1915年多格尔沙洲之战后,其最大射程被提升到了20400米。该炮在发射弹重302千克的穿甲弹时,炮口初速为850米/秒,炮口动能109.1兆焦,可在12000米距离上贯穿200毫米厚的钢装甲。该炮的最高射速为3发/分,舷侧齐射(8门炮)时的弹丸投射总重量为2416千克。8门炮共备弹660发,分储于4个炮弹库内(每门炮备弹165发)。发射药分两种,一种是由双层丝绸包裹的26千克重的前装药,另一种为存放于黄铜药筒内的79千克主装药。

舰上的主、副火控站分别位于前、后司令塔内,均可执行火控指挥,火控站顶部安装有蔡司体视式测距仪(Zeiss stereoscopic range finders),火控指挥人员居于火控站上层,另外还有若干部较小的测距仪安装于全舰多处。1914年后,"冯·德·坦恩"号又在前桅上加装了一个自带测距仪的鸟巢式火控指挥位。各火控站与甲板下一间带有装甲保护的火炮中央射击指挥室相连[1],在这里,一名军官从各司令塔内的火控站接收到目标信息,然后通过语音、电话和(或)机电中继器向各主炮塔下达各种射击指令。

该舰的次级火力为10门安装在MPL C/06型单装炮架上的45倍径150毫米炮廓炮。每门副炮重15.8吨,炮身轴线高于水线4.3米。副炮最初的仰俯角为-10°—+19°,最大射程13500米。1915年多格尔沙洲之战后,其最大仰角提高到了27°,最大射程也相应增加到了16800米。该炮在发射弹重45.3千克的高爆弹时炮口初速为835米/秒。每门炮备弹150发,射速为7发/分。

为抵御敌方鱼雷艇和驱逐舰的袭击,"冯·德·坦恩"号最初还装备了16门安装在MPL C/06型旋转炮架上的45倍径88毫米海军炮。这些火炮每4门编为一组,分别安装在前后上层建筑内、艏楼甲板前端的炮廓内,以及主甲板后端。88毫米炮的数量后来减少到12门,1916年被全部拆除。与此同时,两门使用MPL C/13型单装炮架的88毫米高射炮被安装上舰,这种炮的最大仰角为70°,设于后甲板室的顶部。88毫米副炮在25°仰角时最大射程为10700米,每发完整的炮弹重15千克,其中高爆弹弹丸自重10千克,射速高达15发/分。副炮组共备弹3200发,每门炮200发。"冯·德·坦恩"号还装备了4具450毫米水下鱼雷发射管,舰体前、后部各装一具,在"A"炮塔前方的舷侧装有两具,全舰共备雷11条。

"冯·德·坦恩"号以"F号大型巡洋舰"的设计代号于1908年开建,1909年3月20日下水,并于1911年2月加入德意志帝国海军。她是德国海军中唯一一艘将军官住舱设置在艏楼中的主力舰。(图片来源:《奥基尼图片集》,A少儿图书馆,M.皮奥瓦诺)

[1] 这一方式与英国战列巡洋舰上配备的信号传输站所起的作用相同。

服役情况

"冯·德·坦恩"号战列巡洋舰入役后便即刻起程前往南美洲进行亲善巡游，巡游期间访问了巴西、巴拉圭和阿根廷等国。在返航期间，"冯·德·坦恩"号以24节的平均航速完成了从加纳利群岛的特内里费岛（Tenerife）到赫尔戈兰岛的航程。该舰于1911年5月6日返回基尔港。1911年6月，该舰赴英国参加了庆祝英王乔治五世加冕的斯皮特黑德海军阅舰式（Spithead naval review）。关于第一次世界大战期间"冯·德·坦恩"号的作战历程，将在本书第五章进行叙述。在德国投降后，该舰于1918年11月24日被扣押在斯卡帕湾。1919年6月21日，"冯·德·坦恩"号战列巡洋舰由其舰员凿沉。1930年12月，该舰被打捞出水，1931—1934年在罗赛斯港作为废船解体。

"毛奇"级战列巡洋舰

英国海军在发展战列巡洋舰时，曾经没能将其在"无敌"级战列巡洋舰上所做的重大改进融入"不倦"级的设计中，而德国海军部在确定被纳入1908和1909财年造舰计划的"G号"和"H号"大型巡洋舰的设计方案时，却避免了重蹈英国同行的覆辙。与"冯·德·坦恩"号相比，新式战列巡洋舰的尺寸实际上要大得多，并且拥有更强大的主炮和装甲防护。这大概要得益于德国将每年的海军预算增额部分都分配给了新式战列巡洋舰，这部分预算拨款在1907年时为3670万帝国马克，但随后两年每年都达到了4410万马克。

设计、建造与造价

"G号"大型巡洋舰的设计工作开始于1907年。在新舰的武备选型问题上，面对着为新舰配备与"赫尔戈兰"级战列舰相同的更大口径（305毫米）的主炮还是增加现有的280毫米主炮数量这两个选项，提尔皮茨和K部（建造部）最终还是选择了后者。他们认为既然英国海军的战列巡洋舰在数量上比德国海军的多，那么增加火炮的数量才是明智之选，而不是加大口径。另外，帝国海军部认为280毫米主炮的性能和威力已经足够，甚至可堪与敌战列舰对战。

新型战列巡洋舰的初始设计方案被命名为"G2i"方案，选定的主炮是45倍径280毫米舰炮，配备5座双联装主炮塔，航速可达24—24.5节。该方案于1907年5月28日获得了德皇威廉二世的批准。但由于设计上的不断修改，加之K部的工作量过大，使得整个项目的推进速度缓慢。德国海军部甚至一度考虑在"G号"大型巡洋舰上复制"冯·德·坦恩"号的设计以节省时间，并推迟对后续的"H号"大型巡洋舰的改进。然而这一提议被搁置，且在1908年5月15日，提尔皮茨拍板决定"G号"与"H号"大型巡洋舰必须采用相同的设计。9月17日，德国海军部将"G号"大型巡洋舰的建造合同授予了布洛姆＆福斯造船厂，布洛姆＆福斯为了同时拿到"G号"和"H号"的建造合同，在竞标中报价最低。第一艘战列巡洋舰的建造令于9月28日签发，随后，1909年4月8日，布洛姆＆福斯造船厂又如愿获得了"H号"大型巡洋舰的建造合同。

"G号"大型巡洋舰的首舰"毛奇"号[1]于1908年12月7日开工建造，1910年4月7日下水，1911年9月30日舾装完毕，达到海试状态。该舰于1912年3月21日入役。二号舰"戈本"号[2]于1909年8月12日开工，1911年3月28日下水，1912年7月2

---

[1] 该舰以1857—1888年任普鲁士/德国陆军总参谋长的赫尔穆特·卡尔·贝恩哈特·冯·毛奇（Marshal Helmuth Karl Bernhard von Moltke）陆军元帅之名命名。

[2] 该舰以毛奇元帅的密友，在1864—1871年的普丹、普奥、普法战争中领军作战的普鲁士将军奥古斯特·卡尔·冯·戈本（August Karl von Goeben）之名命名。

德国海军"毛奇"号战列巡洋舰。该舰配备了10门280毫米口径的主炮，10门主炮均可向任一舷侧射击，且射界很大。最初大多数主力舰上都安装有防鱼雷网，但在第一次世界大战期间因其作用有限且架设回收操作烦琐而被拆除。（图片来源：《奥基尼图片集》，A少儿图书馆，M. 皮奥瓦诺）

日舾装完毕，8月2日服役。"毛奇"号造价共计4408万帝国马克，分4个财政预算年度（1908—1911年）进行拨款，其各部分造价为：舰体和推进系统2915万马克，火炮1400万马克，鱼雷及武备93万马克。"戈本"号的造价基本相同，为4412.5万帝国马克，分3个预算年度（1909—1912年）拨款。

主要技术特点

"毛奇"级战列巡洋舰全长186.6米，舷宽29.4米，设计排水量22979吨，在设计上要大大优于"冯·德·坦恩"号。尤其是该舰更大的舰体尺寸使得其设计排水量比"冯·德·坦恩"号整体增加了约3600吨。第200—201页的图表列出了该级的排水量、主尺寸和主要参数。排水量较之"冯·德·坦恩"号的整体增加来源于几个方面：1000吨来自其两端变细、舯部加宽的舰体；另有1000吨来自更高的干舷和增加的一座280毫米主炮炮塔；相应延长的舰体装甲盒结构增加了900吨排水量；安装动力更强劲的主机组增加了450吨；最后，载弹量也增加了100吨。

"毛奇"级的舰体纵向分为15个水密隔舱，水平方向共有6层甲板。大范围的水密舱分布和双层舰底结构为占舰体总长78%的区域提供了水下防护。此外，舰体侧面还设有纵向舱壁，对舰体的中段和后段进行了进一步分隔。沿舰体两侧的上层和下层平台以及货舱甲板设置有两条人员通道，通道走向大致是从最前端的锅炉舱一直通到"C"主炮塔的弹药库。另外，在上层平台甲板上还有两条沿各锅炉舱设置的中间通道。

"毛奇"级战列巡洋舰的艏楼从舰艉向舰艏方向缓缓提升了7.6米，且向后延长至舰艉背负式主炮塔组。火炮甲板处的干舷高度比"冯·德·坦恩"号高1米，但舰艉处的干舷高度却有所降低。"毛奇"级的舰艏近乎垂直，而非"冯·德·坦恩"号所采用的带冲角的舰艏。

主司令塔、两门 88 毫米火炮、海图室、舰桥和司令桥位于前部上层建筑。前部上层建筑的后部支撑着前烟囱，前烟囱带有一个烟囱帽，因此比后烟囱要高。前桅位于前烟囱的正前方，在前烟囱的两侧各安装有一个探照灯平台。锅炉的通风口开在烟囱基座上，烟囱基座还支撑着两部用于吊放勤务艇的起重吊臂。后部上层建筑包括副司令塔和一个装有两个平台的桁架，每个平台上装有两部探照灯。① 这些设施都安装在后烟囱的后面而非两侧，以使它们远离舷侧 280 毫米主炮炮塔射击时产生的炮口焰和爆风。由于后部探照灯组被挪到了其他的平台上，因此不需要在后烟囱再安装任何外部设施。后烟囱的底部开有供下层甲板通风的通风口。

"毛奇"级战列巡洋舰的 280 毫米主炮由"冯·德·坦恩"号的 45 倍径改为 50 倍径，因此其身管长度比"冯·德·坦恩"号长 1.4 米。这使得主炮塔的旋转半径相应地有所增加，从而需要对烟囱的位置进行调整，并且也相应地带来了舰体装甲盒长度的增加。在"毛奇"级的原始设计中，曾计划安装笼式桅杆，但考虑到笼式桅杆在受到撞击或被敌弹命中时的稳定性不足，以及这种桅杆的笼式结构对工作中的无线电设备可能存在干扰，最终还是采用了金属的单柱桅杆。1914 年之后，"毛奇"级的前桅上增设了火控站。为提高舰体稳性，还安装了舭龙骨。6 台总装机功率为 1500 千瓦 /225 伏的涡轮发电机为全舰照明、通讯系统，以及主炮塔水平旋回伺服系统供电。涡轮发电机安装于 4 间发电机室中，其中两间发电机室位于舰体中心线，另两间在上层平台甲板上，分列前机舱的左右两侧。"毛奇"级配备的无线电通讯设备与"冯·德·坦恩"号相同。该舰最初也安装了防鱼雷网，但于 1916 年拆除。

"毛奇"级战列巡洋舰的稳心高度为 3.01 米，最大稳定角为 34°，最大失稳角为 68°。舰员编制数量为 43 名军官和 1010 名士兵，作为旗舰时，会增加 13 名军官和 62 名士兵。

1914 年年初停泊在意大利拉斯佩齐亚港的德国战列巡洋舰"戈本"号。由于意大利在 1914 年 8 月初宣布中立前一直是三国同盟的成员，因此"戈本"号被允许进入意大利海军基地。不过该舰在地中海地区的主要基地是位于亚得里亚海的奥地利港口波拉（现名普拉）。（图片来源：《奥基尼图片集》，A 少儿图书馆，M. 皮奥瓦诺）

① 全舰总共安装 8 部 1.1 米直径的探照灯。

"戈本"号战列巡洋舰于1912年7月2日入役德国海军，同年10月被派往地中海。1914年8月16日，该舰被移交给土耳其海军，更名为"严君塞利姆苏丹"号（Yavuz Sultan Serim）。（图片来源：《奥基尼图片集》，A少儿图书馆，M.皮奥瓦诺）

装甲防护

与"冯·德·坦恩"号相比，"毛奇"级的排水量更大，因此其防护能力就可以得到很大的加强。然而，以主装甲带后方那较为薄弱的主炮塔座装甲为典型的弱点并没有被消除。该级的主装甲带由克虏伯渗碳钢板制成，从前主炮塔座一直延伸到最后一座主炮塔的炮塔座，总长度超过112米。主装甲带最大厚度270毫米，宽175厘米，其中35厘米在水线以下。主装甲带向上逐渐变薄，在火炮甲板层处（或位于装甲盒外的上层甲板处）其厚度降至200毫米，在水线以下175厘米处的主装甲带下缘厚度更是降至130毫米。主装甲带前后两端由两道200毫米厚的水密隔舱壁所封闭，而在主装甲带外，从舰艏延伸到舰艉的舷侧装甲厚度降低到只有100毫米。

"毛奇"级的150毫米副炮为炮廓式，由上层甲板和火炮甲板之间的150毫米舷侧装甲提供保护，并被相同厚度的舱壁封闭。主司令塔侧面装甲厚350毫米，顶部为80毫米。后司令塔侧面装甲厚200毫米，顶部装甲厚50毫米。主炮塔装甲厚度与"冯·德·坦恩"号相同（正面230毫米，侧面180毫米，顶部90毫米）。位于主装甲带上方的主炮塔炮塔座装甲厚度为200—230毫米，但其位于火炮甲板处的舷侧装甲后方部分的厚度降低到80毫米，在主装甲带后方的部分降至30毫米。舰体装甲盒内的水平防护装甲共计75毫米，

1914年8月以后，"戈本"号主要在黑海地区作战，并悬挂土耳其国旗。该舰在战斗中数度触雷，但还是在战争中幸存了下来。"戈本"号在土耳其海军中一直服役到1950年12月20日，之后被转入了预备役。（图片来源：《奥基尼图片集》，A 少儿图书馆，M. 皮奥瓦诺）

由上层甲板、火炮甲板和装甲甲板三者均分。装甲甲板带斜度的斜边厚度为50毫米。装甲盒以外部分的防护由装甲甲板提供，该部分装甲甲板的厚度在50—75毫米之间。防鱼雷隔舱的纵向舱壁在主装甲带内侧有3.75米长的延伸段，其厚度为30毫米，在弹药库两侧增加到50毫米。

主机

"毛奇"号和"戈本"号均配备了24台舒尔茨-桑尼克罗夫特式燃煤锅炉。这些锅炉3台一组，分别安装在舰体中部8间单独的锅炉舱内。"B"主炮塔弹药库和一些辅助设备所在的水密隔舱将两个靠前设置的锅炉舱与后部锅炉舱分隔开来。这些锅炉舱中每两间相邻的舱室都被两道纵向舱壁所分开，从而形成了6个隔舱。

舰上的锅炉在16个标准大气压下产生的高温高压蒸汽被输送到两组帕森斯式蒸汽轮机中，为多根直径为3.74米的主轴提供动力，主轴上安装有三叶螺旋桨。"毛奇"号与"冯·德·坦恩"号一样，用两道侧面的纵向水密舱壁将数个轮机舱分隔在左右两个隔舱内。负责驱动外侧主轴的高压涡轮机安装在两个前轮机舱内；后轮机舱内安装中压涡轮机，用于驱动内侧主轴。

"毛奇"号，1914年

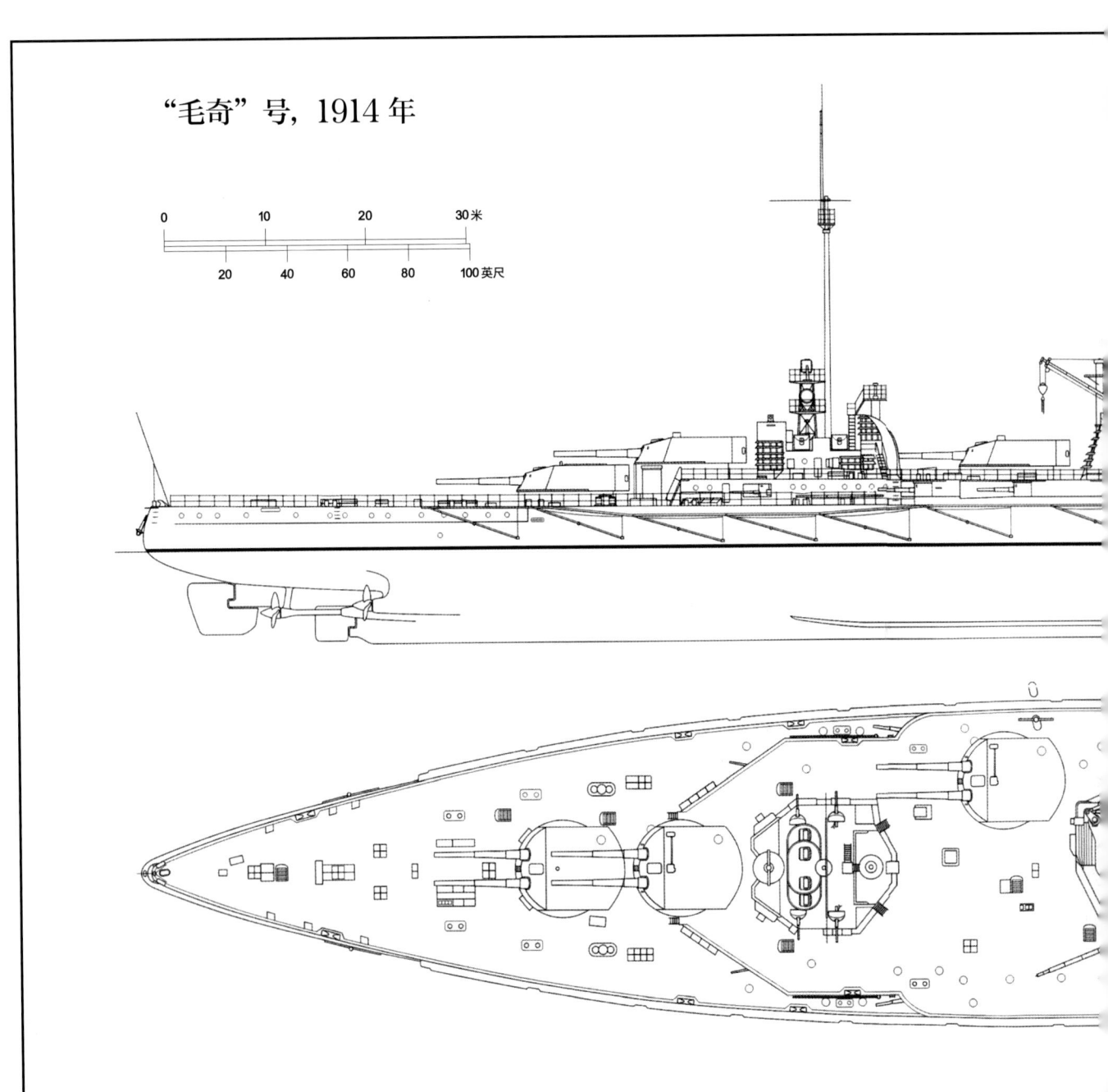

"毛奇"级

舰名

"毛奇"号（"G号大型巡洋舰"）、"戈本"号（"H号大型巡洋舰"）

承建船厂与建造情况

"毛奇"号：布洛姆＆福斯船厂，汉堡
1908年12月7日开工
1910年4月7日下水
1911年9月30日准备海试
1912年3月31日入役
"戈本"号：布洛姆＆福斯船厂，汉堡
1909年8月12日开工
1911年3月28日下水
1912年7月2日入役

满载排水量

设计排水量：22979吨
满载排水量：25400吨

尺寸

舰长：186.6米（全长），186米（水线长）
舷宽：29.4米（型宽）
吃水深：舰艏8.77米，舰艉9.19米

武备

10门280毫米50倍径主炮，双联装主炮塔
12门150毫米45倍径副炮，单装炮廓
12门88毫米45倍径副炮，单装炮位或炮廓安装（后减为4门单装高射炮）
4具500毫米鱼雷发射管

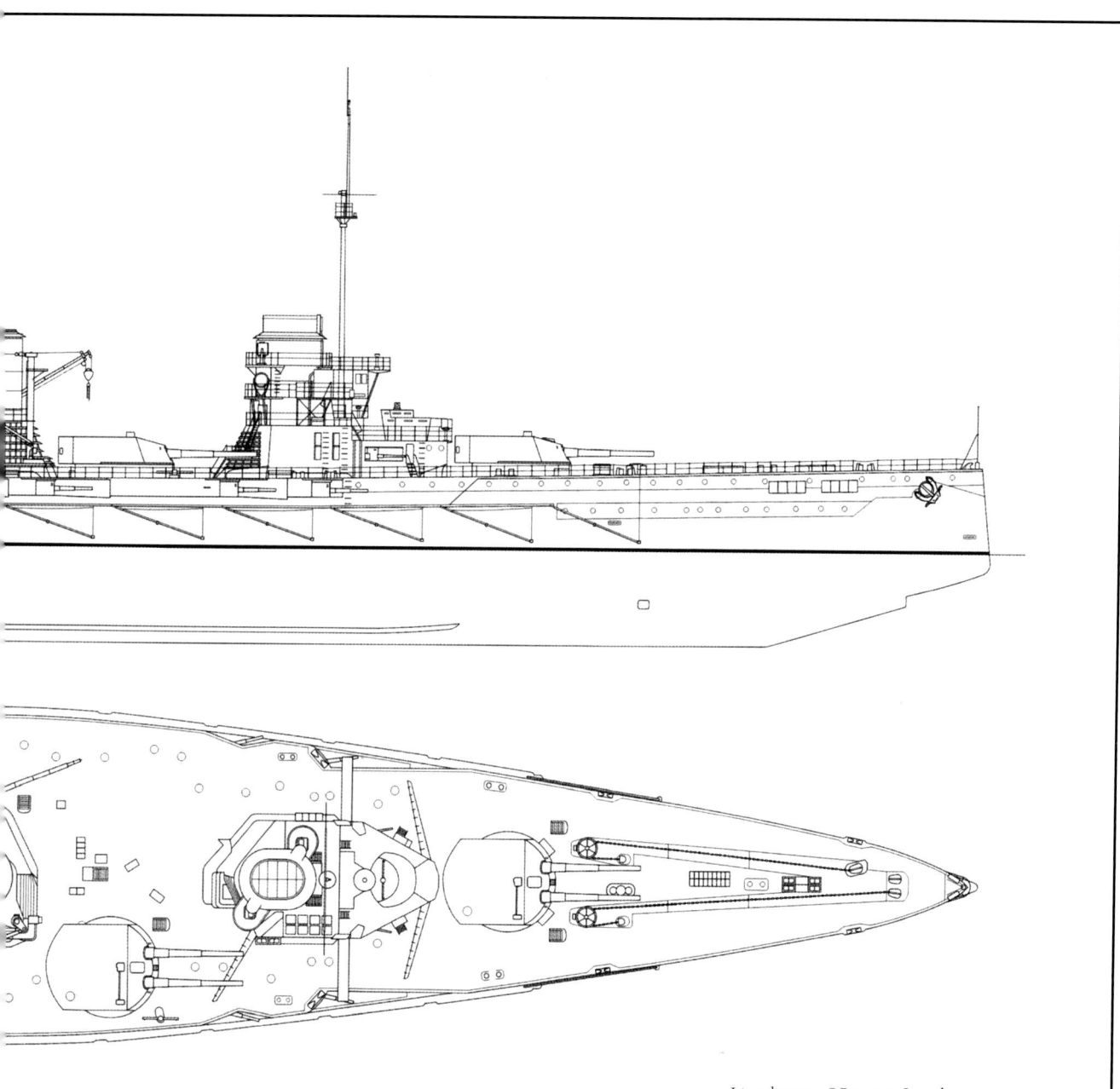

第四章 德意志帝国海军的战列巡洋舰 201

Line drawing ©Ruggero Stanglini

装甲防护

主装甲带：最大厚度 270 毫米，前段与后段 100 毫米
横向隔舱壁：200 毫米
甲板：50—75 毫米
主炮塔：正面 230 毫米，侧面 180 毫米，顶部 90 毫米
主炮塔座：80—230 毫米
副炮炮廓：150 毫米
前司令塔：最大厚度 350 毫米
后司令塔：最大厚度 200 毫米

主机

24 台舒尔茨－桑尼克罗夫特式锅炉，工作压力 16 个标准大气压
4 部帕森斯式直驱蒸汽轮机，4 具 3 叶螺旋桨，串列双舵板
功率和航速（设计数据）：主轴转速 260 转 / 分时 52000 轴马力，最高 25.5 节
功率和航速（海试数据）
"毛奇"号：主轴转速 332 转 / 分时 85782 轴马力，最高 28.07 节
"戈本"号：主轴转速 330 转 / 分时 85661 轴马力，最高 28 节
燃煤携载量：通常为 1000 吨，最大 3100 吨

人员编制

官兵 1053 名（担任旗舰时 1128 名）

舰艏方向拍摄的"毛奇"号战列巡洋舰。可以看出该舰舰宽较大，具体数据约29.4米。在试航中，"毛奇"级的最高航速明显超过了其25.5节的设计值。（图片来源：HYPERLINK "http://www.tsushima.ru" www.tsushima.ru 网站）

"毛奇"级战列巡洋舰设计功率52000轴马力，可在主轴转速260转/分的状态下提供25.5节的航速，但海试时的数据大大超出了其设计值："毛奇"号在主轴转速332转/分时的输出功率达到了85782轴马力，航速也达到了28.07节；"戈本"号则在主轴转速330转/分时输出功率达到了85661轴马力，航速28节。该级舰设计载煤量为1000吨，最大载煤量3100吨，续航力为4120英里/14节。1916年之后，该级舰的锅炉装备了重油喷雾器，使低质量的煤炭也能正常使用。"毛奇"级的重油携载量为200吨。

"毛奇"号和"戈本"号战列巡洋舰配有两块串联式的舵板，两块舵板相距12米。这种安装方式增加了该级舰在低速时的操纵性和军舰的生存力。然而，这也使得该级舰在低速转弯时的回转直径显著增加，其满舵回转时的航速衰减可达60%，舰体横倾可达到9°。

武器装备

"毛奇"级战列巡洋舰的主火力为10门安装在5部Drh.LC/08型双联装炮架中的50倍径280毫米舰炮。火力布局形式为一座前主炮塔（"A"炮塔）、两座后主炮塔（背负式，"C"炮塔在"D"炮塔之上）和两座侧舷主炮塔（"B"炮塔在右舷，"E"炮塔在左舷）。① 与"冯·德·坦恩"号一样，这种布局使两舷都拥有相当宽阔的射界（约75°），可集中全部10门主炮的火力进行舷侧齐射。前主炮塔火炮轴线高于水线8.79米，侧舷主炮塔主炮轴线高于水线8.43米，两座后主炮塔火炮轴线距水线高度分别为8.61米和6.25米。主炮的每部炮架约445吨重，炮组成员70人。

"毛奇"级的280毫米主炮仰俯角为-8°—+13.5°，比"冯·德·坦恩"号小了6.5°，因此其最大射程被限制在了18100米。② 1916年，主炮仰角提高到了16°，最大射程也相应增加到19100米。而"戈本"号在被赠予土耳其并改名为"严君塞利姆苏丹"号后，为了

---

① 在传统上，德国海军对军舰上的大口径主炮炮塔的命名方式是，先沿右舷从前向后，至舰艉后再沿左舷转向舰艏，依次以大写字母（如"A""B""C""D"等）来命名。

② 考虑到北海海域一贯的能见度状况，德国海军并没有把这一有限的火炮仰角作为影响最大射程的不利因素。德国海军预计的海战交战距离为10—13英里，这一距离完全在德国大口径大炮的最大射程之内。而相对仰角来说较大的俯角（达到-8°）更为重要，可以补偿火炮向侧舷瞄准射击时的舰体横倾，另外也便于进行炮膛清理。

对付横行于黑海装备305毫米主炮的沙俄新锐战列舰，其主炮最大仰角被提升到了22.5°，最大射程也提高到了21700米。此外，得益于比45倍径的280毫米舰炮更长的身管，"毛奇"级的新式主炮在发射弹重302千克的穿甲弹时，炮口初速为880米/秒，炮口动能116.9兆焦。其最大射速为3发/分，舷侧单次齐射（10门主炮）的最大弹丸投射重量为3020千克。10门主炮共备弹810发，侧舷两座主炮塔和舰艉"D"主炮塔各备弹150发，其余两座主炮塔备弹180发。

"毛奇"级的副炮火力由安装于MPL C/06炮架上的12门45倍径150毫米炮组成，副炮均为炮廓式，位于舰体装甲盒两侧。副炮的中心横轴线距离水线均为5米，每门备弹150发（副炮弹药共计1800发）。1915年5月，由"戈本"号更名而来的"严君塞利姆苏丹"号拆除了两门150毫米副炮，安装在达达尼尔海峡的捷佩（Tepe）要塞以加强防御火力。

为防范鱼雷艇和驱逐舰，"毛奇"级战列巡洋舰最初装备了12门45倍径88毫米炮，其中4门靠近舰艏，2门位于前部上层建筑，4门位于后部上层建筑，其余2门安装在150毫米副炮后方的上层甲板上。由于全速航行时靠近舰艏的4门88毫米炮炮位会发生浸水，因此这4门炮被拆除了。这也使这种88毫米炮的数量第一次降到了8门。1916年又拆除了另外4门，而余下的88毫米炮被更换为4门采用MPL C/13型单装炮架的88毫米高射炮，安装在后部上层建筑上。这些88毫米炮共备弹3200发（每门200发）。150毫米与88毫米炮及其弹药的性能参数与"冯·德·坦恩"号所配备的相同，这里不再赘述。"毛奇"号和"戈本"号还装备了4具500毫米水下鱼雷发射管（艏、艉与两舷各一具），备雷11枚。

服役情况

"毛奇"号和"戈本"号战列巡洋舰在第一次世界大战中的作战历程见本书第五章相关内容。

"毛奇"号

1912年4—5月，战列巡洋舰"毛奇"号、轻巡洋舰"斯德丁"号（SMS Stettin）、轻巡洋舰"不莱梅"号（SMS Bremen）组成的编队对美国进行了友好访问。7月，该舰作为德皇威廉二世的游艇护卫舰，随同出访了俄国圣彼得堡。回国后，"毛奇"号担任了德国海军第一侦察分舰队的旗舰，直至1914年6月23日希佩尔（Franz Ritter von Hipper）海军少将的将旗被移至新入役的"塞德利茨"号战列巡洋舰上。"毛奇"号自1918年11月24日起被拘押在英国斯卡帕湾，1919年6月21日被舰员自行凿沉。1927年6月被打捞出水，1927—1929年在英国罗赛斯港作为废船被拆解。

"戈本"号

1912年10月第一次巴尔干战争爆发后，德国决定向地中海地区派遣一支分舰队以施加影响。11月4日，"戈本"号战列巡洋舰在"布雷斯劳"号轻巡洋舰的护卫下，从基尔港出发前往土耳其君士坦丁堡，并于11月15日抵达。1913年5月第一次巴尔干战争结束时，这两艘军舰本应返回德国，但很快第二次巴尔干战争的战火重燃，让德国人

"戈本"号，1912年

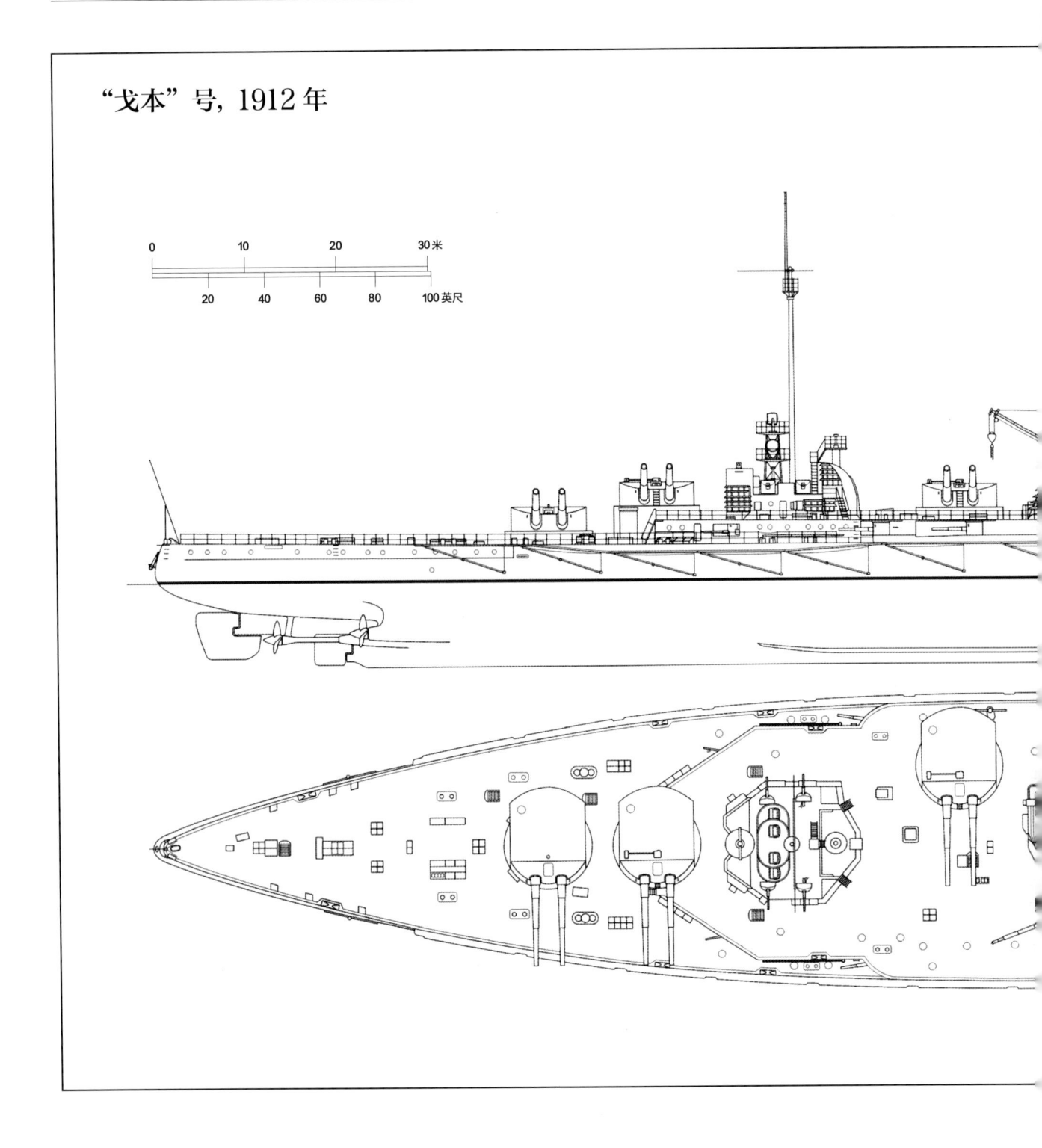

彻底打消了这一念头。1914年6月28日，即弗朗茨·费迪南大公在萨拉热窝遇刺的那天，"戈本"号正在东地中海巡航，闻讯后该舰立即前往奥匈帝国的波拉（Pola）海军基地〔今克罗地亚共和国的普拉（Pula）〕进行维修备战。"戈本"号于1914年8月16日被正式移交给奥斯曼土耳其帝国，更名为"严君塞利姆苏丹"号，但该舰直至1918年11月大战结束都是由德国海军官兵操作。"严君塞利姆苏丹"号在土耳其海军中服役到1950年12月20日才被转为后备舰，随后于1954年从土耳其海军中除役。1963年，土耳其提出将该舰赠还给德国，并改造成一座水上博物馆。在德国政府拒绝了这一提议之后，1971年，"严君塞利姆苏丹"号被出售给拆船厂，于1973—1976年被拆解。

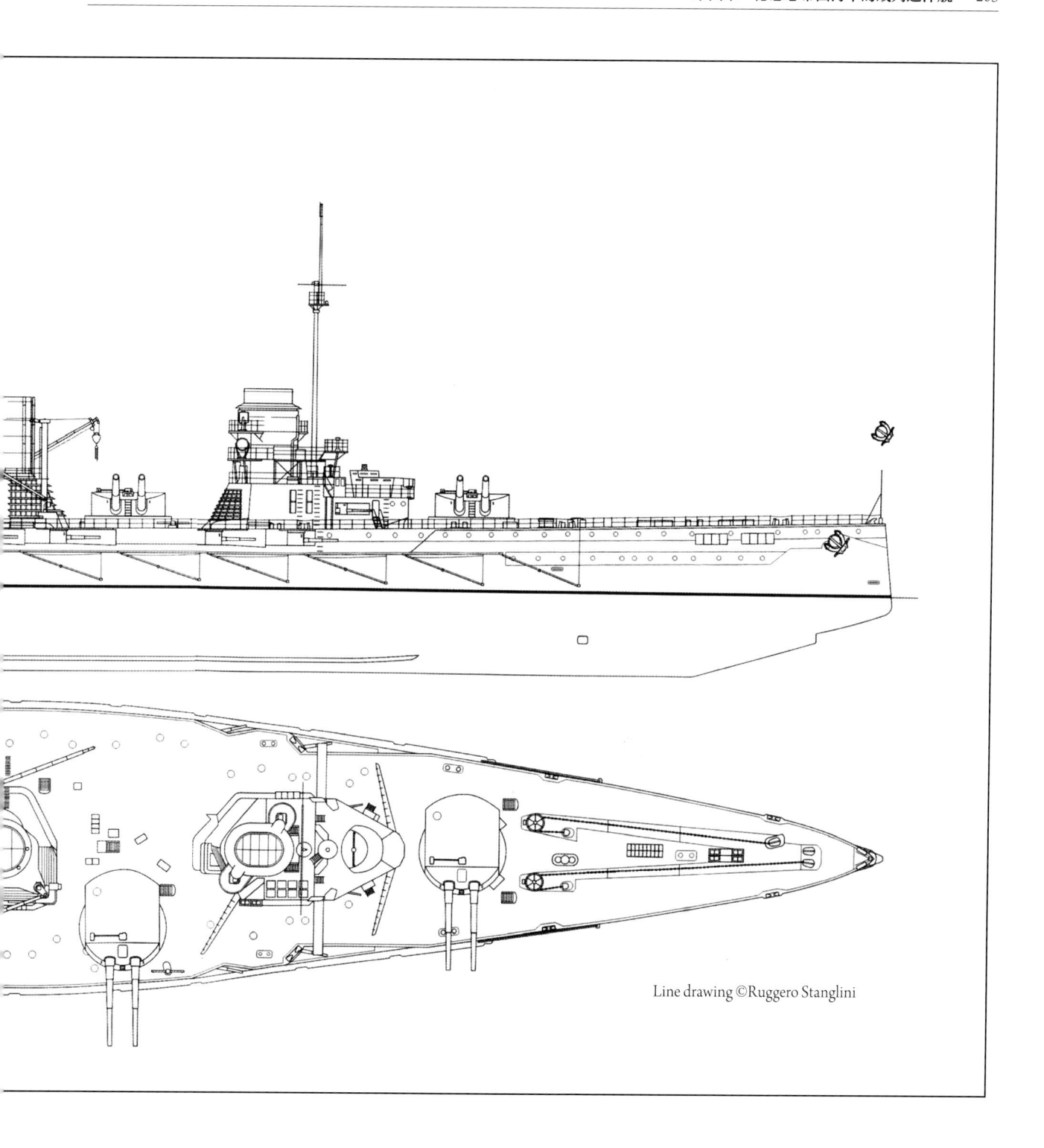

第四章　德意志帝国海军的战列巡洋舰 205

Line drawing ©Ruggero Stanglini

1916年2月，前往土耳其北部海岸特拉布宗途中的"戈本"号战列巡洋舰。该舰此时已更名为"严君塞利姆苏丹"号，正在向高加索地区运送兵员和装备，以增援在东线与俄军作战的土耳其军队。补给物资中还有一架部分拆解的飞机，固定在该舰上层建筑旁的甲板上。（图片来源：澳大利亚战争博物馆）

"塞德利茨"号战列巡洋舰

德国首相冯·比洛于1909年7月辞职,由冯·贝特曼·霍尔韦格继任帝国首相。在此之后,德国财政部加强了对支出的控制,因此,影响"J号"大型巡洋舰——即后来的"塞德利茨"号战列巡洋舰——设计工作的首要因素,就是要将其造价控制在1910年海军建设预算所规定的4470万帝国马克限额之内。不能为新式战舰追加建造拨款最终产生了两个主要后果:一方面,资金不足使得该舰失去了进行重大升级改造的可能性,比如加大主炮口径;另一方面,迫使海军部寻求一切可能,包括采取向造船厂施压,要求其降低建造成本的方式,来挤出对该舰进行一些必要的提升和改装所需的资金。提尔皮茨和帝国海军部的努力使"J号"大型巡洋舰的设计排水量比"毛奇"级战列巡洋舰增加了2000吨,同时改善了装甲防护,确定了以10门280毫米主炮为主要武备。

设计、建造与造价

"塞德利茨"号战列巡洋舰的设计工作始于1909年3月,完成于1910年1月,但其设计过程始终被不得超过预算限额的要求所束缚。在1909年9月25日举行的一次会议上,德国海军部对若干初始设计草案进行了讨论,最后,由提尔皮茨概括出了两种可能的选项:其一是将新舰作为"简化版"的"毛奇"级战列巡洋舰3号舰来建造,以控制开支和加快建造速度;其二是将设计草案(即"草案II",与"毛奇"级的武备相同,设计排水量23900吨)继续进行深化细化,以确定在不突破原定的资金预算上限的前提下可能进行的进一步改进。

航行中的"塞德利茨"号战列巡洋舰。在该舰的设计过程中,德国海军的设计人员考虑了为其装备更大口径火炮的可能性,但由于成本原因和提尔皮茨坚信280毫米主炮已足以与敌方主力舰对垒,最终放弃了这个机会。(图片来源:《奥基尼图片集》,A少儿图书馆,M.皮奥瓦诺)

"塞德利茨"号于1911年开工建造，1913年入役。该舰的主火力配置与"毛奇"级相同，但由于设计排水量增加了2000吨，因此防护性能要优于"毛奇"级。（图片来源：《奥基尼图片集》，A少儿图书馆，M.皮奥瓦诺）

随后，德国海军部又进一步讨论了各种方案。在讨论期间，还考虑了将所有主炮塔沿舰体中心线布置的可能性，并考虑了设置前后两组背负式主炮塔的方案（"IVe方案"）。1909年12月21日，提尔皮茨终于表态支持"竞争性"的"方案IIc"，这是之前的"草案II"的改进版本。在提尔皮茨看来，在缺乏明确的军事需求的情况下，就应当不预设解决方案地"站在稳妥的一方"。另一方面，决策过程的延长，使得新舰建造项目的投标船厂和蒸汽轮机的供货商（布洛姆&福斯公司）和舰用装甲的供应商（克虏伯和迪林根钢铁公司）的竞标价格有所降低。这些节省下来的资金尽管数量有限（分别为总造价的1%和3%），但正好可用于对该级舰的后续改进。这一切都被纳入了被称为"IIe方案"的最终定案设计，在提尔皮茨表态支持"方案IIc"两个多星期后的1910年1月7日，德国海军部召开了一次旨在批准尽快开始新舰的建造工作的会议，会上确定了新造战列巡洋舰的性能指标。1月27日，该项目获得了德皇威廉二世的批准。在编制建造技术文件期间，德国海军部A部（即海军部总部）建议对战列巡洋舰所采用的主机传统布局方式——两台高压涡轮机与外主轴相连，两台低压涡轮机与内主轴相连——进行革新。根据这一建议，新造战列巡洋舰安装了3根主轴，每根主轴均由串联在一起的一台高压涡轮机和一台低压涡轮机驱动。

根据海军部总部的说法，这种设计方式将大大提高军舰在低速时的适航性，比如通过狭窄的运河水道，这也是德国军舰的必修课。尤其是考虑到"塞德利茨"号明显更长的舰体，这种低速时的性能优势就更有意义了。另外，海军部总部还表示，已经采用了三轴推进方式的德国战列舰上的轮机兵们对这种布局在操控上的简便易行曾给予积极评价，这一因素也对最终决策的做出起到了参考作用。

然而海军部内负责新舰建造工作的K部却反对这样改动，因为如此一来该舰的锥形舰艉的形制和舵板的布置方式就需要重新进行考虑。此外，三轴结构将使舰艉鱼雷发射管的安装变得复杂。最终，还是提尔皮茨一锤定音。在3月18日召开的一次会议之后，他表示新舰的建造工作绝不能再继续拖延下去，并明确表示必须尽快签署建造合同。于是问题就这样得到了解决。1910年3月21日，建造订单终于下达给了布洛姆&福斯船厂。

① 该舰以普鲁士腓特烈大帝时期最杰出的骑兵将领之一——弗里德里希·威廉·冯·塞德利茨男爵（Friedrich Wilhelm Freiherr von Seydlitz）(1721—1773年）的名字命名。

"塞德利茨"号战列巡洋舰①于1911年2月4日开工建造，1912年3月30日下水，并于1913年5月22日入役。总造价4468.5万帝国马克，分4个财政年度（1910—1913年）拨付。其各部分造价为：舰体和推进系统2965万马克，火炮1411.5万马克，鱼雷装备92万马克。

主要技术特点

"塞德利茨"号战列巡洋舰全长200.6米，舷宽28.5米，设计排水量24988吨，满载排水量28550吨。该舰的设计排水量比"毛奇"级增加了约2000吨，大部分用于对装甲防护的加强，以至于"塞德利茨"号的装甲总重量达到了9500吨，占全舰总吨位的38%之多。尽管排水量大为增加，但归功于精心设计的舰形和舰体附属物，以及采用了新的结构形式的推进装置拥有与"毛奇"级同等的功率水平，使得"塞德利茨"号的航速仍能与"毛奇"级接近。第210—211页的图表详细列出了"塞德利茨"号的排水量、尺寸和主要技术参数。

"塞德利茨"号的舰体在水平方向上分为六层甲板，纵向划分为17个水密舱，且拥有一个在外观上十分突出的艏楼，旨在提高舰体的耐波性。艏楼前端是一个直线式的，几乎垂直的舰艏，然后向后一直延伸到前桅。280毫米大口径主炮炮塔的数量和布局方式与"毛奇"级相同。前部上层建筑支撑着主司令塔、前桅和前烟囱（前烟囱由于加装了烟囱帽而高于后烟囱）。前烟囱两侧设有两个探照灯平台，每个平台上安装有一部探照灯，烟囱正面还有另一个探照灯平台，安装有两部探照灯。后烟囱设置于一个常见的多边形基座上，其形状经过专门设计，与前烟囱不同，以便于舷侧主炮塔向另一舷方向旋转。同一个基座上还装有两部起重吊臂，用于将携带的勤务艇吊装回收到舯部甲板上。

1913年的"塞德利茨"号战列巡洋舰。该舰在多格尔沙洲之战和日德兰海战中都被英舰炮弹多次命中，"C" "D"两座主炮塔被摧毁，受创极为严重，但两次都幸免于难。（图片来源：《奥基尼图片集》，A少儿图书馆，M.皮奥瓦诺）

后部上层建筑尺寸较小,副司令塔、主桅(交错布置有两个平台,每个平台上安装两部信号灯)和下层甲板的通风口设于其上。1914年后,前桅上增加了火控位置。上层平台甲板、平台甲板和货舱甲板的每一侧各有两条从"A"主炮塔弹药库通往"D"主炮塔弹药库的人员通道,另有两条人员通道分别位于舰体中线左右两侧,从"A"主炮塔弹药库一直通到后部的辅助轮机舱。

全舰安装6台涡轮发电机,总功率为1800千瓦/220伏。后部4台涡轮发电机被封闭在上平台甲板内,高压涡轮机舱的上方。而前部两台涡轮发电机位于下层平台甲板,在"A"主炮塔弹药库的上方。该舰最初安装有防鱼雷网,于1916年被拆除。

"塞德利茨"号战列巡洋舰具有良好的适航性,但其机动性较差。该舰稳心高度为3.12米。最大稳定角33°,失稳角为72°。

"塞德利茨"号入役时,其舰员大部分是从刚刚转入预备役的"约克"号(SMS Yorck)装甲巡洋舰上抽调来的。其舰员编制数量为军官43人、士兵1025人。当"塞德利茨"号担任旗舰时,官兵数量将分别增加13人和62人。

装甲防护

相比于"毛奇"级战列巡洋舰,"塞德利茨"号在排水量上的增加为其带来了实质性的好处,使其结构强度更好,装甲防护更强,尽管以主装甲带后方薄弱的主炮塔座装甲为代表的典型缺陷仍然存在。侧装甲带由多块克虏伯渗碳钢板组成,敷设于前后主炮塔炮塔座之间,长度约119米。侧装甲带最大厚度300毫米,宽度为175厘米,水线以下部分宽35厘米。侧装甲带厚度向上逐渐变薄,在上层甲板处降至230毫米,在舷侧副炮炮口下缘处进一步降至200毫米,同时在水线下150厘米处其厚度降至150毫米。

主装甲带的两端被200—220毫米厚的水密舱壁封闭。在主装甲带之外,舷侧装甲向舰艏方向的延伸段长18米,厚120毫米,然后逐渐变薄,在舰艏处只有20毫米厚。舰体后部的垂直防护装甲几乎一直覆盖到舰艉,厚度100毫米,舰艉由100毫米厚的防水舱壁封闭。该舰舰体装甲盒的垂直装甲位于主装甲带的上缘和上层甲板之间,厚度为150毫米,也被150毫米厚的水密舱壁所封闭。150毫米副炮炮廓的后面设有一道20毫米厚的防弹舱壁,各门副炮之间也被防弹舱壁相互隔开。前司令塔装甲最厚处为350毫米(顶部80毫米),后司令塔侧面装甲厚200毫米,顶部装甲厚50毫米。

"塞德利茨"号的主炮塔正面装甲厚200毫米,顶部前端倾斜部分的装甲厚100毫米,平顶部分厚70毫米。主炮塔座装甲厚度大于主装甲带,达到了230毫米。但"A"主炮塔(前主炮塔)和"C"主炮塔(后部背负式主炮塔组的上层炮塔)炮塔座的装甲厚度减至200毫米,这些部位分别由前司令塔和"D"主炮塔炮塔座所屏蔽。"A"和"D"两座主炮塔炮塔座的正面外层装甲厚230毫米,向下一直敷设到装甲甲板层,然后其厚度在主装甲带后方降至30毫米。舷侧主炮塔的炮塔座装甲厚度不及炮塔装甲,仅为100毫米,且其在主装甲带后方的厚度降至30毫米。该舰的水平防护层由主甲板和装甲甲板组成,厚度从30毫米到80毫米不等(装甲甲板两斜边的厚度为50毫米)。水线以下部分对鱼雷的防御由占舰体全长76%的双层舰底提供。纵向的防鱼雷舱壁从"A"主炮塔敷设到"D"主炮塔,厚度为45毫米(在弹药库旁厚度增加到50毫米),由20毫米厚的横向隔舱壁所封闭。

"塞德利茨"号，1917年

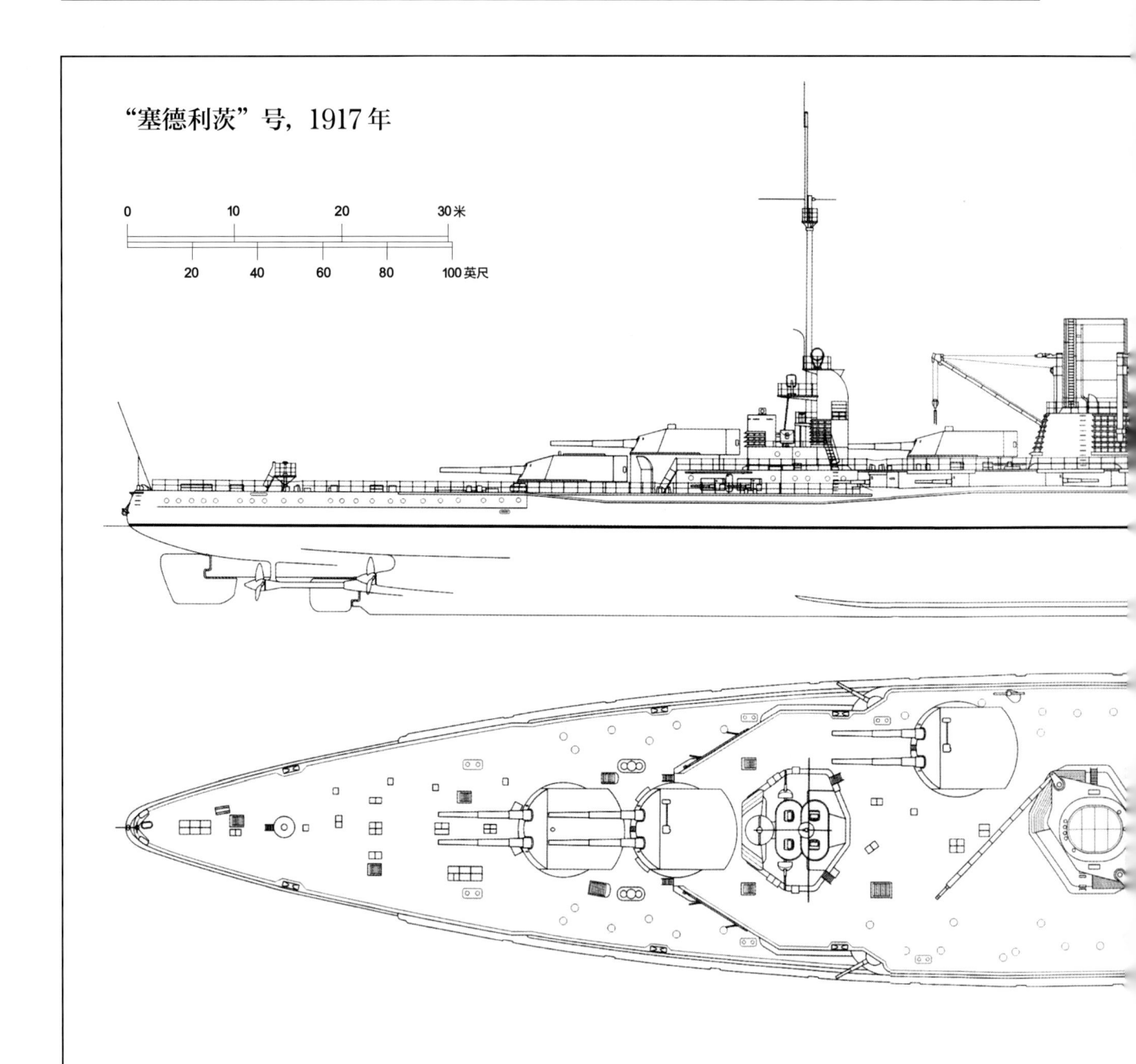

舰名

"冯·德·坦恩"号（"F号大型巡洋舰"）

承建船厂与建造情况

布洛姆＆福斯船厂，汉堡
1911年2月4日开工
1912年3月30日下水
1913年5月22日入役

满载排水量

设计排水量，24988吨
满载排水量，28550吨

尺寸

舰长：200.6米（全长）；200米（水线长）
舷宽：28.5米（型宽）
吃水深（满载排水量状态）：舰艏8.91米，舰艉9.17米

武备

10门280毫米50倍径主炮，双联装主炮塔
12门150毫米45倍径副炮，单装炮廓
12门88毫米45倍径副炮，单装炮位或炮廓安装（后减为2门单装高射炮）
4具500毫米鱼雷发射管

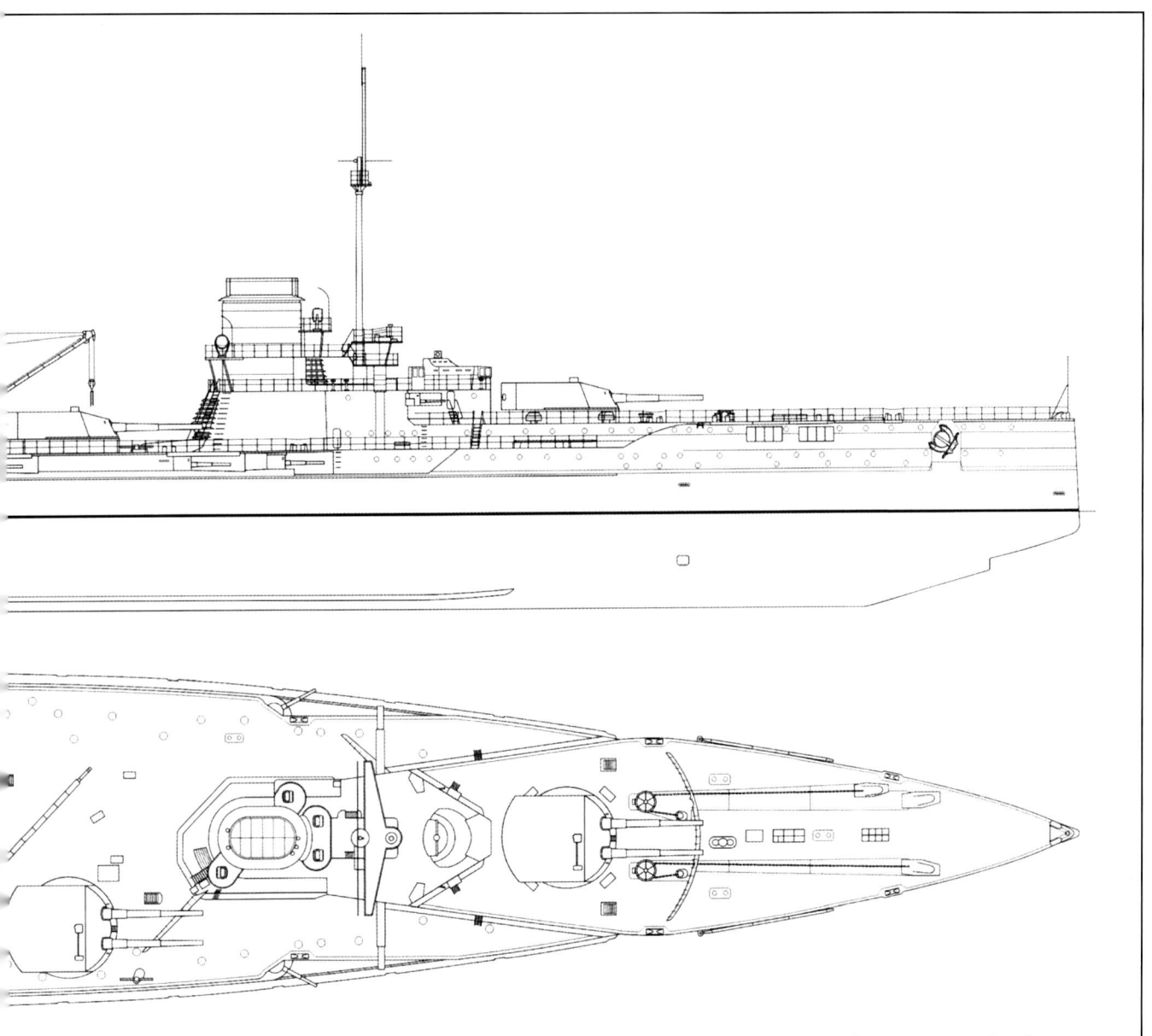

第四章　德意志帝国海军的战列巡洋舰　211

装甲防护

主装甲带：最大厚度 300 毫米，前段 20—120 毫米，后段 100 毫米

横向隔舱壁：200—220 毫米

甲板：30—80 毫米

主炮塔：正面 250 毫米，侧面 200 毫米，顶部 100 毫米

主炮塔座：各部位 30 毫米、100 毫米、200 毫米、250 毫米不等

副炮炮廓：150 毫米

前司令塔：最大厚度 350 毫米

后司令塔：最大厚度 200 毫米

主机

27 台舒尔茨－桑尼克罗夫特式锅炉，工作压力 16 个标准大气压

4 部帕森斯式直驱蒸汽轮机，4 具 3 叶螺旋桨，串列双舵板

功率和航速（设计数据）：63000 轴马力，最高 26.5 节

功率和航速（海试数据）：主轴转速 329 转 / 分时 89738 轴马力，最高 28.13 节

燃煤携载量：通常 1000 吨，最大 3450 吨

续航力：4200 海里 /14 节

人员编制

官兵 1068 名，担任旗舰时 1143 名

Line drawing ©Ruggero Stanglini

主机

"塞德利茨"号安装了 27 台舒尔茨 - 桑尼克罗夫特式燃煤锅炉,当锅炉工作压力达到 16 个标准大气压时产生高压蒸汽。所有锅炉被安装在共计 5 间舱室内,其中两间锅炉舱未设置纵向水密舱壁,另外 3 间锅炉舱每间内都有两道纵向水密舱壁,这就意味着 27 台锅炉被分隔在了 11 个隔舱中。一间辅助轮机舱将前部的 3 间锅炉舱与其余两间隔开。所有锅炉向两台帕森斯式蒸汽轮机输送蒸汽,驱动 4 根安装有 3.88 米直径三叶螺旋桨的主轴。前轮机舱内安装驱动外侧主轴的高压涡轮机。低压涡轮机安装在后部轮机舱内,由高压涡轮机排出的蒸汽驱动,控制内侧主轴。所有的轮机/涡轮舱都有中线水密舱壁或侧水密舱壁分隔,辅助轮机舱则位于最后端的锅炉舱与高压涡轮机舱之间。"塞德利茨"号主机的设计功率在达到 26.5 节的设计航速时为 63000 轴马力。在海试中,该舰在主轴转速 329 转/分时,主机输出功率达到了 89738 轴马力,最高航速也达到了 28.13 节,大大超出了原设计指标。"塞德利茨"号的设计载煤量为 1000 吨,最大携载量 3540 吨,续航力为 4200 英里/14 节。在日德兰海战之后的某一时间,"塞德利茨"号对锅炉进行了煤—油混烧改装,改装后舰上另外携载 200 吨重油,使用时喷淋在锅炉内的煤炭上进行混合燃烧,以提高煤炭的燃烧效率。"塞德利茨"号的两块舵板为串联式,这种安装方式改善了该舰的低速转向性能和螺旋桨效率,使该舰的机动性与"毛奇"级相差无几。

武器装备

"塞德利茨"号战列巡洋舰的主火力为 10 门安装在 5 座 Drh.LC/10 型双联装炮塔中的 50 倍径 280 毫米舰炮,主炮塔布局与"毛奇"级相同。两座舷侧主炮塔在本舷和另一舷方向上都拥有很宽的射界(本舷方向接近 180°,另一舷方向为 125°),与"毛奇"级相比,"塞德利茨"号的 280 毫米主炮火线在设计吃水线之上的高度略有降低:侧舷主炮火线高 8.1 米,后主炮火线高度分别为 6.07 米和 8.43 米。由于艏楼高度较高,前主炮火线高度从 8.79 米增加到了 10.36 米。每座主炮塔重约 457 吨(主要是由于装甲厚度的增加),炮塔内炮组编制为 70 人。"塞德利茨"号的 280 毫米主炮仰俯角原为 -8°— +13.5°,最大射程 18100 米,多格尔沙洲之战之后,其仰俯角改为 -5.5°— +16°,最大射程也增至 19100 米。该炮配用的穿甲弹性能与"毛奇"级所配同种弹药相同,舷侧单次齐射时的弹丸投射重量为 3020 千克,全舰主炮共备弹 870 发。

该舰装备的中口径火炮为 12 门采用 MPL C/06 型炮架的 45 倍径 150 毫米炮,均为炮廓式,安装于舰体装甲盒两侧。每门 150 毫米炮备弹 160 发(总备弹量 1920 发)。反鱼雷艇火炮最初为 12 门 45 倍径 88 毫米炮,其中 10 门安装在炮廓内(舰艏 4 门,前部上层建筑上 2 门,舰艉 4 门),2 门安装在后部上层建筑上的掩体里,12 门 88 毫米炮共备弹 3400 发。在第一次世界大战伊始,后部上层建筑上的 2 门 88 毫米反鱼雷艇炮就被 2 门安装在 MPL C/13 型炮架上的最大仰角为 70° 的同口径高炮所取代。日德兰海战前,其余的 88 毫米炮也被全部拆除。"塞德利茨"号装备有 4 具 500 毫米水下鱼雷发射管,左舷前后各一具,另两具鱼雷发射管分列于"A"炮塔前方的两舷侧。全舰共备雷 11 条。

服役情况

1914 年 6 月 23 日,"塞德利茨"号战列巡洋舰成为希佩尔少将指挥的第一侦察分舰队的旗舰，直至 1917 年 10 月 26 日被"兴登堡"号战列巡洋舰所取代。① 该舰在第一次世界大战期间的作战经历将在本书第五章进行介绍。1918 年 11 月 24 日开始，"塞德利茨"号被拘押在苏格兰斯卡帕湾锚地；1919 年 6 月 21 日，该舰被舰员自行凿沉。其舰体于 1928 年 11 月打捞出水，1930 年在罗赛斯港作为废船被拆解。

"德弗林格尔"级战列巡洋舰

3 艘"德弗林格尔"级是德国在第一次世界大战中建造完成的最后一级战列巡洋舰，性能上较之"塞德利茨"号有重大提升。一些研究者认为该级的建造计划中的最后一艘——"兴登堡"号战列巡洋舰应该被看作是一个新舰级，不过该舰相比"德弗林格尔"号和"吕佐夫"号仅有细微变化，因此"兴登堡"号也放在本节中进行介绍。"德弗林格尔"级最重要的变化体现在主炮上，该级安装了 4 座沿舰体中心线布置的 305 毫米双联装主炮塔，这一主炮布局方式也几乎同时为"国王"级（König Class）战列舰所采用。"德弗林格尔"级增加的排水量使该级在性能上受益匪浅，尤其是在防护、推进系统和续航力方面，同时在建造技术上也有重大提升。在该级计划建造的 3 艘舰中，只有 1911 财年建造计划内的"德弗林格尔"号被认为是德国海军的"加强力量"（Vermehrungsbau）之一，另外两艘则根据帝国海军法被规划为"替代舰"（Ersatzbauten），用于替换两艘退出现役的旧式装甲巡洋舰"奥古斯塔皇后"号（SMS Kaiserin Augusta）和"赫塔"号（SMS Herta）。

设计、建造与造价

"K 号"大型巡洋舰（该舰在下水时被命名为"德弗林格尔"号②）的设计工作始于 1910 年 4 月。对设计方案的前期讨论主要集中在两个问题上：一是关于三轴式主机（与德国战列舰的配备相同）在舰体中应如何布置，且中间的主轴必须由柴油发动机驱动；第二个问题有关主炮，包括火炮口径、采用三联装炮塔的可能性以及布局方式。

1910 年 2 月，德国海军部与曼恩公司（MAN）签署了一份协议，委托曼恩公司试制 6000 轴马力功率的三缸柴油机，以作为今后开发功率更大的柴油机所需的试验平台。当时这一研发项目最终结果如何还不得而知，因此在海军部 1910 年 5 月 11 日召开的会议上，与会者的议题聚焦在了火炮上。负责武器装备的 W 部的负责人展示了对 280 毫米、305 毫米和 320 毫米口径火炮的最新测试成果，并明确 280 毫米口径的火炮已经对付不了敷

---

① 实际上 1916 年 3 月 24 日 "吕佐夫"号战列巡洋舰就已经接过了"塞德利茨"号的旗舰之职。但"吕佐夫"号转瞬之间便在日德兰海战中战沉，"塞德利茨"号只得暂时"官复原职"。
② 该舰以"三十年战争"中著名的骑兵将领、勃兰登堡陆军元帅奥尔格·冯·德弗林格尔（Georg von Derfflinger，1606—1695 年）的名字命名。

"吕佐夫"号是德国战列巡洋舰中最为短命的一艘：该舰 1915 年 8 月 8 日入役，在日德兰海战中受创严重，无法挽救。为避免更大的人员损失，1916 年 6 月 1 日战斗结束后被德国 G-38 号驱逐舰用鱼雷击沉于北海。（图片来源：《奥基尼图片集》，A 少儿图书馆，M. 皮奥瓦诺）

① 这里所指的是英国的"俄里翁"级战列舰。
② 使用柴油动力减少了主机所需空间，提高了主机效率，补充燃料也更为简便，同时减少了人力（不再需要司炉工），费效比更高。
③ "方案 3"的两座后主炮塔的间距很大，这一设计后来为最终定案所采用。

设有 12 英寸主装甲带的敌战列舰①。特别是相比 5 座 280 毫米主炮塔，安装 4 座较大口径的双联装主炮塔所增加的重量很有限，因此 W 部建议为新舰装备 305 毫米主炮。经过设计人员的仔细计算，并且在考虑了弹药的重量和主炮塔前部结构加强之后，主炮方面仅需增重约 35 吨。

然而提尔皮茨依然确信 280 毫米口径的主炮是够用的，他认为 K 部高估了实际的交战距离。在提尔皮茨看来，只有关于英国"狮"级战列巡洋舰的装甲防护得到了加强的传言得到证实，才有理由在德国的新式战列巡洋舰上装备 305 毫米口径的主炮。另外，提尔皮茨坚决要求在新式战列巡洋舰上使用柴油推进系统，而且他认为这一技术项目由于其预期的收益②而应该获得绝对的优先权。他还确信，为军舰装备柴油发动机将意味着"德国海军的真正飞跃"。提尔皮茨相信曼恩公司已经开始的试制工作能够获得成功，并且也已经准备好了万一失败后的一个退而求其次的计划，即在"K 号"大型巡洋舰的建造上复制"塞德利茨"号的设计，以节约成本和时间。

在等待最终决定的同时，K 部拿出了若干个初步设计方案，其中有和"塞德利茨"号同样装备 5 座 280 毫米主炮炮塔的，也有配备 4 座 305 毫米主炮炮塔，采用在舯部错开布置和沿舰体中线布置相结合的。在 1910 年 9 月 1 日召开的一次会议上，K 部中负责主机研发的团队声称柴油机推进是不可行的，新式战列巡洋舰需要一套由锅炉和蒸汽轮机组成的蒸汽动力系统。在这次会议上，尽管提尔皮茨对主炮全部沿舰体中线布置有一些保留意见，海军部还是确定了以 50 倍径 305 毫米火炮作为新型战列巡洋舰的主炮。不过，在提尔皮茨最终批准此方案之前，他需要确认前、后两组背负式主炮塔在射界上不存在任何限制。

在原定 9 月 26 日向威廉二世进行设计方案汇报的前 4 天，K 部拿出了从"方案 1"到"方案 3"③的 3 种配备 305 毫米主炮的初步设计方案，各方案的推进系统功率、最高航速、装甲厚度和布局都与"塞德利茨"号类似，排水量增幅从 300 吨到 900 吨不等。对这些初步设计方案的评估和分析产生了一个新的设计——"方案 4"。该方案沿舰体中心线布置了 4 座 305 毫米双联装主炮塔，并调整了 150 毫米副炮和干舷的设计布局，使舰体长度增加了 5 米，排水量也比"塞德利茨"号增加了 1000 吨。德皇于 1910 年 9 月 26 日批准了这一初步设计方案，沿中线排列的主炮布局方式就此被确定下来。

在随后的几个月里，K 部又完成了两版改进方案，称为"方案 4b"和"方案 5"。两方案于 1911 年 3 月 18 日提呈给了提尔皮茨。由于为 150 毫米副炮配备了新式 MPL C/06 型炮架，以及舰艏加长了 3 米，新方案的排水量比"方案 4"增加了 400 吨。"方案 5"还特别通过降低 150 毫米副炮轴线的方式，设计出了更为有效的装甲防护分布。另外，"方案 5"的舰艉干舷高度增加了 0.7 米，煤舱容积也更大，且舰体内部框架数量增加，加强了全舰的整体结构强度。该方案的估算造价接近 5000 万帝国马克，高于预算中的 4560 万马克。

"方案 5"计划配备 22 台燃煤锅炉，海军部对于用燃油锅炉替换其中的一部分，以及为其加装弗拉姆式减摇压水舱的可行性进

从舰桥上拍摄的"德弗林格尔"号战列巡洋舰的两座 305 毫米前主炮塔。照片中还能看到前司令塔顶部安装的 3 米基线卡尔·蔡司测距仪的局部。（图片来源：《奥基尼图片集》，A 少儿图书馆，M. 皮奥瓦诺）

行了讨论。关于加装减摇压水舱的想法，由于"冯·德·坦恩"号战列巡洋舰已经在其南美巡航中展示了此物的贵而无用，在讨论伊始便遭否决。讨论来讨论去，直到1911年6月中旬，K部才开始着手进行"方案5d"的设计。"方案5d"是"方案5"的升级版，于当年6月24日得到了德皇批准。这一方案也是最终的定案设计，但弗拉姆减摇压水舱被弃用，其空间被用来加装了两门150毫米炮。最终，"德弗林格尔"级战列巡洋舰中仅有首舰"德弗林格尔"号配备了弗拉姆减摇压水舱，150毫米副炮也相应地只有12门；后续的"吕佐夫"号和"兴登堡"号则用安装舭龙骨而非减摇压水舱的方法来增加舰体稳性，并且副炮数量为14门。"德弗林格尔"号的建造合同被授予了汉堡的布洛姆&福斯船厂，于1912年3月30日开工建造。

1911年3月初，K部提议以未来的"德弗林格尔"号战列巡洋舰的最终设计来建造"奥古斯塔皇后"号装甲巡洋舰的替代舰〔即所谓的"奥古斯塔皇后"号代舰（Ersatz Kaiserin Augusta）〕，该舰后来在下水时被命名为"吕佐夫"号[1]。这一"拿来主义"的提议不仅是为了避免造价的攀升，同时也是为了减轻此时正在进行"巴伐利亚"级战列舰设计的本部门的工作量。在造船厂的选择上，"吕佐夫"号的建造合同被授予了但泽的希肖船厂（Schichau）[2]，从而结束了之前布洛姆&福斯造船厂在德国军舰建造上的垄断。由于海军部对"吕佐夫"号套用"德弗林格尔"号的设计予以了认可，于是该舰在1912年5月15日，也就是在"德弗林格尔"号开建与1912财年开始仅6周之后就动工建造。这也符合皇帝陛下对决策和处理行政问题的时间要尽量压缩的要求。

1911年12月初，K部要求海军部明示，是否有必要对"德弗林格尔"号的设计进行修改，以用于已列入1913财年建造计划的"赫塔"号装甲巡洋舰代舰。随后负责武器装备的W部确认了"赫塔"号代舰采用305毫米主炮，但要求将最高航速提升到28节，并安装18门150毫米副炮。第一项要求意味着要扩大主机所占用的空间，必然会导致排水量的增加。为了避免造价攀升，加之对舰用柴油机的发展潜力抱有很大期望，因此K部对这一要求表示反对。W部还要求对装甲甲板和防鱼雷隔舱进行加强，并安装6具鱼雷发射管，其中包括在舰体后部舷侧加装的两具。但这些要求统统都被回绝了。

在5月31日的一次会议上，德国海军部讨论了在"德弗林格尔"号的设计中安装两具与舰体轴线呈20°角的后部鱼雷发射管，以取代原先的单具发射管的方案，但直到对此进行进一步评估之前都没有做出决定。在这次会议上，提尔皮茨表现出了"尽力避免"在"赫塔"号代舰上采用新设计的急切态度。这种坚决的态度也使得要求提高航速（需要修改舰体外形）和增加150毫米副炮数量（需要扩大舰体装甲盒）的呼声从此偃旗息鼓。海军部还决定在"赫塔"号代舰上安装8门使用MPL C/13型炮架的88毫米高炮，并加强了该舰的正面垂直防护水平，这一部分的装甲厚度从100毫米增至120毫米。

由于没有大幅增加装甲防护，"赫塔"号代舰节省了不少吨位，该舰的主炮也得以配备新型Drh.LC/13型炮塔，4座新型主炮塔总共比旧型号增重115吨。同样为了减重，K部还建议使用单柱桅而非三脚桅，但未获采纳。最终确定的设计方案与K部在1912年9月7日拟定并在9月30日获得德皇批准的一份技术文件保持了一致。在随后的几个月里，K分部还对设计进行了一些调整，包括扩大中央甲板室以增加舰员住舱数量，以及将舰艉部分加长2.5米，以使舰体更加细长，并避免因排水量增加（尽管增幅有限）而将航速拉低（reduction in speed）[3]。

---

[1] 该舰以曾经在拿破仑战争中浴血奋战的普鲁士将军路德维希·阿道夫·威廉·冯·吕佐夫（Ludwig Adolf Wilhelm von Lützow）将军（1782—1834年）的名字命名。

[2] 这一决定受到了地理和经济因素的影响。另外，德国海军部也希望打破布洛姆·福斯船厂在蒸汽轮机制造上的垄断地位。

[3] 译注：原文为reduction sin peed，联系上下文与作者本意，推测为reduction in speed之误。

"吕佐夫"号，1915 年

"德弗林格尔"级

舰名

"德弗林格尔"号（"K 号"大型巡洋舰）、"吕佐夫"号（"奥古斯塔皇后"号代舰）、"兴登堡"号（"赫塔"号代舰）

承建船厂与建造情况

"德弗林格尔"号：布洛姆＆福斯船厂，汉堡
1912 年 3 月 20 日开工
1913 年 7 月 12 日下水
1914 年 9 月 1 日准备海试
1914 年 11 月 16 日入役

"吕佐夫"号：希肖船厂，但泽
1912 年 5 月 15 日开工
1913 年 11 月 29 日下水
1915 年 8 月 8 日准备海试
1916 年 3 月入役

"兴登堡"号：威廉港皇家船厂
1913 年 10 月 1 日开工
1915 年 8 月 1 日下水
1917 年 5 月 10 日交付
1917 年 10 月 25 日入役

满载排水量

"德弗林格尔"号：设计排水量 26600 吨，满载排水量 31200 吨
"吕佐夫"号：设计排水量 26741 吨，满载排水量 31200 吨
"兴登堡"号：设计排水量 26947 吨，满载排水量 31500 吨

尺寸

"德弗林格尔"号和"吕佐夫"号
舰长：210.4 米（全长），210 米（水线长）
舷宽：29 米（型宽）
吃水深（满载排水量状态）：舰艏 9.2 米，舰艉 9.56 米
"兴登堡"号
舰长：212.8 米（全长）；212.5 米（水线长）
舷宽：29 米（型宽）
吃水深（满载排水量状态）：舰艏 9.29 米，舰艉 9.57 米

武备

8 门 305 毫米 50 倍径主炮，双联装主炮塔
"德弗林格尔"号：12 门（"吕佐夫"号和"兴登堡"号为 14 门）150 毫米 45 倍径单装炮廓炮
8 或 12 门 88 毫米 45 倍径高射炮；4 门位于前部上层建筑上的炮廓内（"德弗林格尔"号），另 8 门为单装炮位式。后更换为2—4 门安装在 MP LC/13 型单装炮架上的 88 毫米 45 倍径高射炮。
4 具 500 毫米鱼雷发射管（"吕佐夫"号和"兴登堡"号装备的是 600 毫米型号）

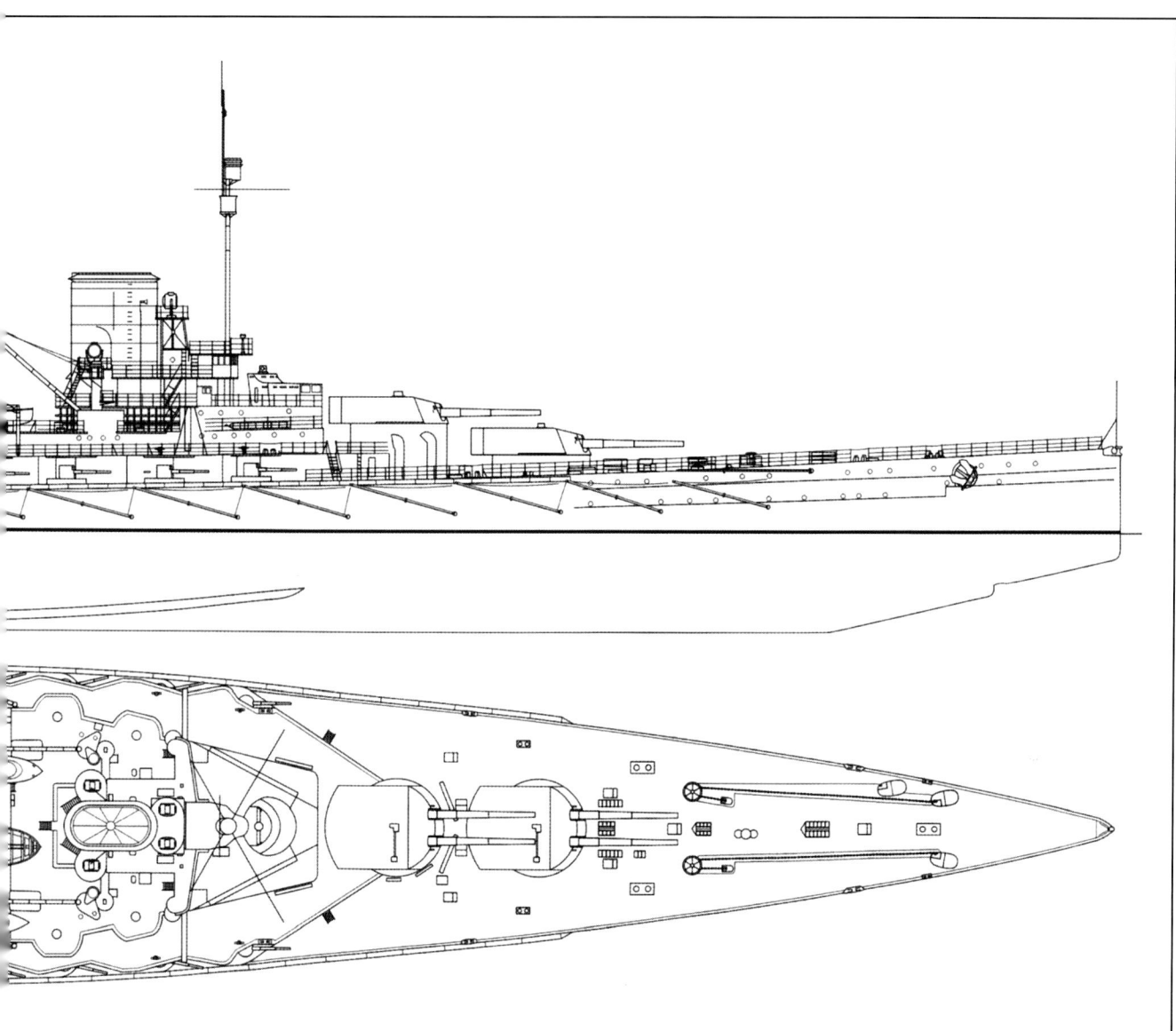

第四章　德意志帝国海军的战列巡洋舰　217

Line drawing ©Ruggero Stanglini

装甲防护

主装甲带：最大厚度 300 毫米，前后段 100—120 毫米不等
舰体装甲盒：150 毫米
横向隔舱壁：200—250 毫米
甲板：20—80 毫米
主炮塔：正面 270 毫米，侧面 220 毫米，顶部 80—110 毫米（"兴登堡"号为 80—150 毫米）
主炮塔座：各部位 30—260 毫米不等
前司令塔：最大厚度 350 毫米
后司令塔：最大厚度 200 毫米
防鱼雷隔舱壁：45 毫米

主机

14 台舒尔茨-桑尼克罗夫特式燃煤锅炉和 4 台燃油锅炉，工作压力 16—18 个标准大气压
4 部帕森斯式直驱蒸汽轮机，4 具 3 叶螺旋桨，串列双舵板
功率和航速（设计数据）："德弗林格尔"号和"吕佐夫"号，主轴转速 280 转/分时 63000 轴马力，最高 26.5 节；"兴登堡"号，主轴转速 290 转/分时 72000 轴马力，最高 27 节
功率和航速（海试数据）："德弗林格尔"号，主轴转速 271 转/分时 76600 轴马力，最高航速 25.8 节；"吕佐夫"号，主轴转速 277 转/分时 80988 轴马力，最高航速 26.4 节；"兴登堡"号，主轴转速 290 转/分时 95777 轴马力，最高航速 26.6 节
燃料携载量：通常 750 吨燃煤，250 吨燃油
最大燃料携载量："德弗林格尔"号，3500 吨燃煤和 1000 吨燃油；"吕佐夫"号，3700 吨燃煤和 1000 吨燃油；"兴登堡"号，3700 吨燃煤和 1200 吨燃油
续航力："德弗林格尔"号与"吕佐夫"号，5600 海里/14 节；"兴登堡"号，6100 海里/14 节

人员编制

官兵 1112 名，担任旗舰时为 1188 名

① 这里所列出的实际上是"兴登堡"号的百分比率,但该级各艘舰的这一比率都十分相近,因此也可以视为"德弗林格尔"号的相关数据。

"赫塔"号代舰(下水时被命名为"兴登堡"号)的建造工作由威廉港帝国造船厂承接,于1913年10月1日开工。220—221页的图表列出了每一艘"德弗林格尔"级战列巡洋舰的下水和服役日期,以及主要技术参数。

"德弗林格尔"级战列巡洋舰每一艘的造价都大大超出了原先预算的4560—4710万帝国马克。实际上,"德弗林格尔"号的造价为5600万帝国马克,"吕佐夫"号为5800万马克,"兴登堡"号则达到了5900万马克。

主要技术特点

"德弗林格尔"号战列巡洋舰全长210.4米,舷宽29米。由于尺寸的增大,其设计排水量为26600吨,比"塞德利茨"号高1600吨。尽管排水量有所增加,但凭借其推进系统的优异性能,"德弗林格尔"号的主机设计功率还是达到了63000轴马力,与"塞德利茨"号相当。其设计最高航速——26.5节——亦与"塞德利茨"号一般无二,这也反映出"德弗林格尔"号在舰形设计上更为出色。

"德弗林格尔"号各部分重量占总吨位的比例为:舰体30.7%,装甲37%,主机11%,武器装备10.3%,各类设备设施5.1%,燃煤、淡水及设计余量5.9%。① 其钢制舰体纵向分为16个水密隔舱("吕佐夫"号和"兴登堡"号为17个),水平方向上设置有长度占到舰体全长65%的双层舰底结构加6层甲板。"德弗林格尔"号也是第一艘为提高耐波性而采用平甲板型舰体和大型舰楼的德国战列巡洋舰。该舰舰艏干舷高7.7米,舰艉干舷高4.7米。

"德弗林格尔"号原先安装了一根杆式桅,在日德兰海战后进行修复时更换为支柱间距很大的三脚桅。该舰也是同级舰中唯一在舰体中部上层建筑内安装弗拉姆式减摇压水舱的。(图片来源:《奥基尼图片集》,A 少儿图书馆,M. 皮奥瓦诺)

在建造技术上,"德弗林格尔"级的舰体采用了间距为64厘米的纵向内框架,而之前的战列巡洋舰的纵向框架间距为120厘米。这一技术上的重要创新只需使军舰的轻载排水量略有增加,就能让舰体的整体结构得到加强。与舰体内框架的致密相反,"德弗林格尔"号的另一个特点是只安装了单独一道纵向的中线防水舱壁,而非之前各级战列巡洋舰上安装的两道侧舱壁。这种结构所带来的纵向抗弯与抗扭强度的下降,在一定程度上被增高的干舷所补偿。该舰的人员通道位置与"塞德利茨"号相同,沿着中心线将损管中心和"D"主炮塔弹药库连接起来。

"德弗林格尔"号是第一艘在舰艏和舰艉各有两座背负式主炮塔,全部主炮均沿着甲板中心线布置的德国战列巡洋舰。这对增加主炮的射界有很大好处,其前主炮塔组射界为300°,后主炮塔组的射界达到了308°。另外,这种布局方式使该舰在向正前方射击时可以集中4门主炮的火力,而宽阔的射界使得目标即使移动到左舷或右舷方向,也可以对其进行持续射击。

由于后轮机舱设置在两座后主炮塔的炮塔座之间,"德弗林格尔"级的两座后主炮塔的间距很大(两炮塔转动轴线间距约 26 米)。这种布局以及在"C"炮塔炮塔座两侧设置前轮机舱的方式让整个舰体的长度得到控制。两座后主炮塔间的大间距却使得舰体舯部空间不足,因此之前各级战列巡洋舰那种侧舷主炮塔梯形交错的布置方式在该舰上是行不通的。

此外,第一座和最后一座主炮塔("A"炮塔和"D"炮塔)各自距离舰体艏艉末端很远,因此减小了舰体的纵向挠度。这种布局的另一个优点是,所有主炮塔的位置都在舰体宽度较大的一段区域内,从而提升了各主炮塔弹药库对鱼雷的有效防护。而取消了阶梯状交错排列的舯部主炮塔则使得舰体中段空间得到了更好的利用,也更便于锅炉舱、烟囱、上层建筑、舰员舱室和勤务艇的位置安排。

"德弗林格尔"号和"吕佐夫"号最初安装的都是单柱桅,"兴登堡"号安装的是三脚桅,并带有一个大号的观测台。"德弗林格尔"号在日德兰海战后的修复过程中,也将单柱式前桅换成了粗壮的三脚桅。略为倾斜的单柱桅、不同的烟囱高度和 12 门 150 毫米副炮("吕佐夫"号和"兴登堡"号都是 14 门)使"德弗林格尔"号能够很容易地与它的姊妹舰区分开来。

"德弗林格尔"号战列巡洋舰的主环路电压为 220 伏,两部涡轮发电机和两部柴油发电机总功率为 1660 千瓦。涡轮发电机安装在上层平台甲板上的发电机房内,位于高压涡轮机舱上方;柴油发电机安装在货舱甲板上,"A"主炮塔弹药库的下方。[1] 舰体两侧曾敷设有防鱼雷网,但于 1916 年被全部拆除。

"德弗林格尔"级具有极佳的耐波性,航行时舰体平稳。但该级全部 3 艘舰的舵效都不高,转舵反应较为迟钝。满舵转向时航速将损失 65%,舰体内倾达 11°。该级舰的稳心高度为 2.6 米,最大稳定角为 34°,失稳角为 74°。

"德弗林格尔"级的舰员编制数为军官 44 名、士兵 1068 名("兴登堡"号为 1138 名),担任旗舰时会在舰员编制人数的基础上增加 14 名军官和 62 名士兵。

"德弗林格尔"号是第一艘装备 305 毫米口径主炮的德国战列巡洋舰,主炮全部沿甲板中线布置。由于舰体在 1913 年 6 月卡在了滑道上,因此"德弗林格尔"号推迟了一个月才下水。而在航速测试中蒸汽涡轮机又发生损坏,使得该舰迟至 1914 年 11 月中旬才正式入役。(图片来源:丰东·奥基尼,意大利贝加莫)

[1] "兴登堡"号上的柴油发电机的安装位置得到了重新安排,其总输出功率为 2120 千瓦。

"德弗林格尔"号，1916年

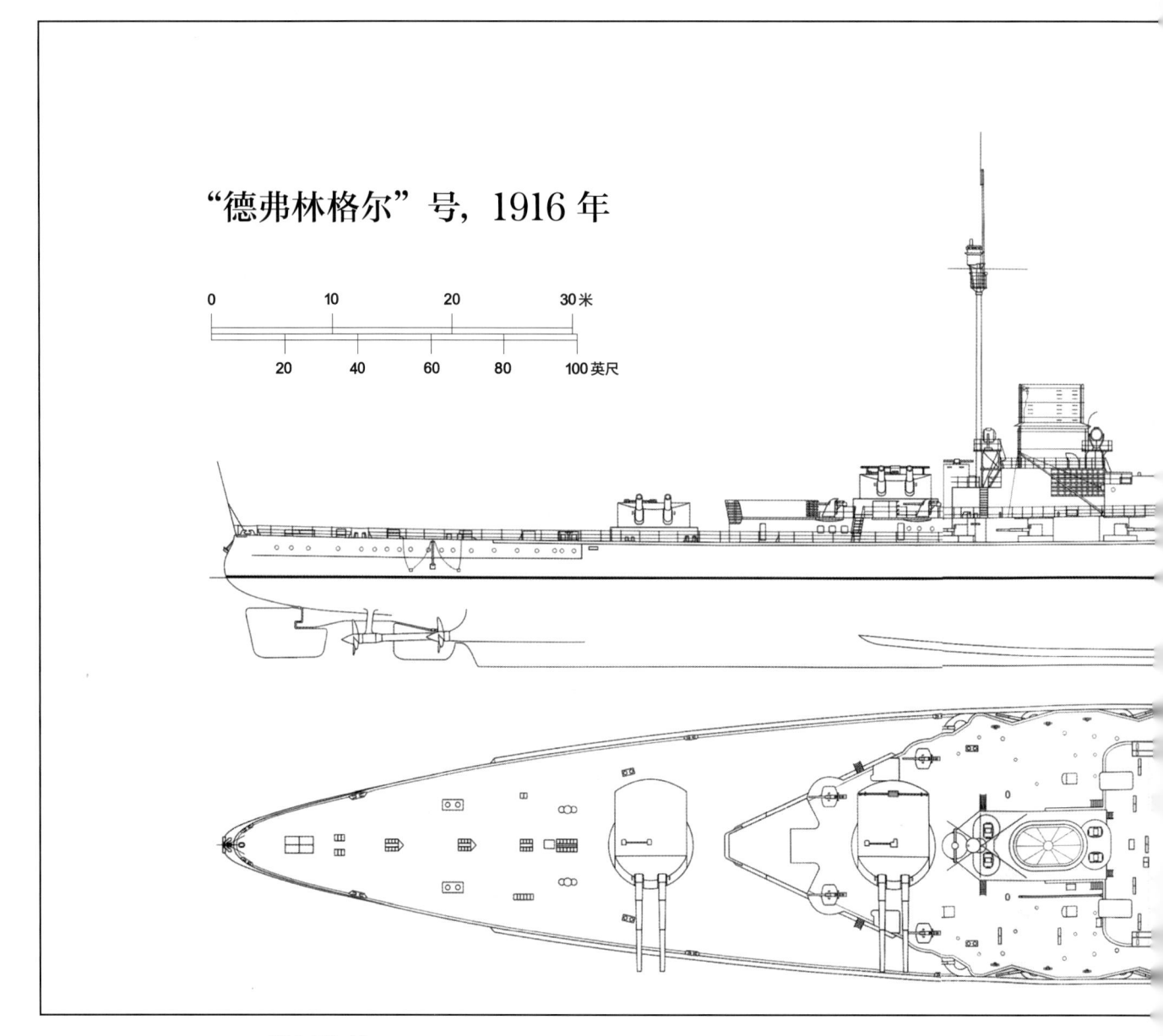

装甲防护

"德弗林格尔"号的排水量相对之前的舰级大幅增加，很大程度上是由于该舰总尺寸的增加。但其装甲防护也得到了加强，从而又一次肯定了"塞德利茨"号在设计上曾经做出的选择。该舰的主装甲带由克虏伯渗碳钢板制成，最大厚度300毫米，宽175厘米，其中35厘米位于水线以下，从"A"主炮塔座一直延伸到"D"主炮塔座，共122米长。在超出175厘米宽度之外的部分，装甲厚度越向上或向下越薄，最终在上层甲板处减至230毫米（"兴登堡"号为220毫米），在下缘处减为150毫米；水线下装甲厚度为170毫米。

主装甲带末端由两道200—250毫米厚的装甲舱壁封闭，其向后的延伸段一直延伸到距舰艉约5米处（"兴登堡"号为7.5米），厚度也降至100毫米，并由另一道100毫米厚的舱壁所封闭。主装甲带还有一个向前的延伸段，延伸段厚度从30毫米到120毫米不等（"兴登堡"号主装甲带的向前延伸段一直到距舰艏16.5米处均为120毫米厚，然后厚度降至30毫米）。舰体装甲盒由150毫米厚的垂直装甲保护；在15毫米副炮炮廓的后方还装有一道20毫米厚的防弹舱壁，每座副炮炮位也配有70毫米厚的防盾。

前司令塔狭窄的正面装甲厚350毫米，侧面装甲厚300毫米，顶部装甲厚125毫米，

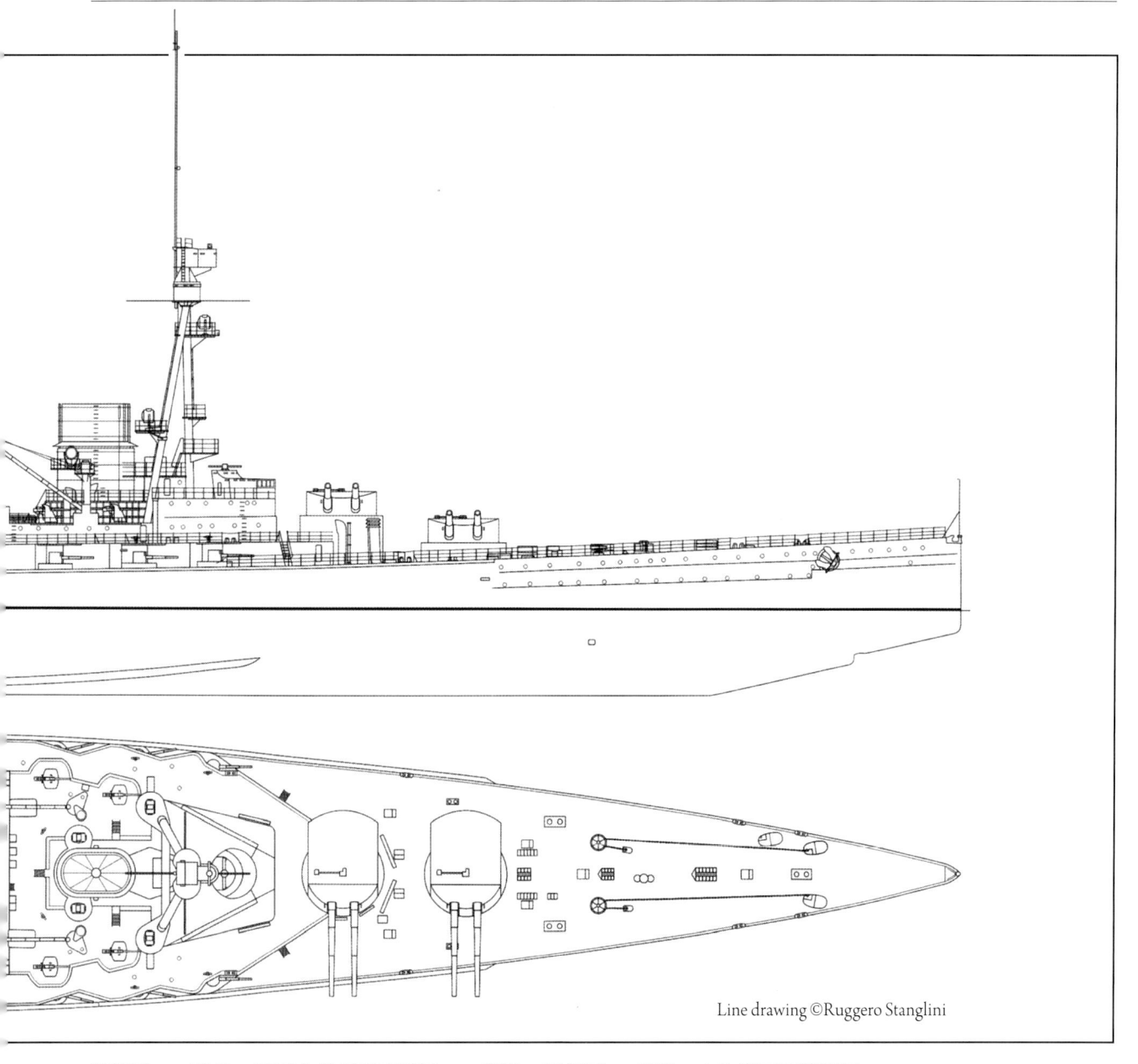

Line drawing ©Ruggero Stanglini

底部厚200毫米。后司令塔侧面装甲厚200毫米，顶部厚50毫米。主炮塔正面装甲厚70毫米，侧面厚220毫米，炮塔顶部装甲厚80—110毫米（"兴登堡"号为80—150毫米）。每座主炮塔内设有一道纵向的防弹隔板，将两门305毫米主炮彼此隔开。主炮塔座装甲高于主甲板的部分厚260毫米，但"B"和"C"主炮塔座装甲厚度在舰体装甲盒处降至100毫米。"D"主炮塔座装甲高于主甲板的部分厚度为230毫米。所有主炮塔炮塔座装甲被主装甲带遮挡的部分厚度均为60毫米；在装甲甲板层以下，主炮塔座的装甲厚度进一步降至30毫米。只有"A"主炮塔座的正面装甲是个另类，其200毫米的厚度向下一直保持到装甲甲板层，之后才降至30毫米。

"德弗林格尔"级的水平防护由两层甲板构成。舰体艏部的装甲甲板厚30毫米，艏部至前横向隔舱壁段的装甲甲板厚25毫米，艉部至后横向隔舱壁段的装甲甲板厚80毫米。舰桥的上层甲板与150毫米副炮炮廓顶部相接，该部分的装甲厚50毫米，舰桥下层甲板厚度减至20—30毫米。该舰的防鱼雷装甲层为舰体内部两道45毫米纵向舱壁，两道装甲舱壁从"A"主炮塔座一直延伸到"D"主炮塔座，两端被30毫米厚的横向舱壁所封闭。

主机

18台舒尔茨-桑尼克罗夫特式双头锅炉为"德弗林格尔"级战列巡洋舰的主机供给蒸汽，其中14台为燃煤型，4台为燃油型。所有锅炉分装于12间独立舱室内，这些舱室对称地分列于中央纵向隔舱壁的两侧。3艘"德弗林格尔"级的锅炉布局略有不同。"德弗林格尔"号和"吕佐夫"号的燃油锅炉安装在4间彼此相邻的前锅炉舱内；前锅炉舱后的6间锅炉舱内共安装12台燃煤锅炉，每舱两台；而最靠后的两间锅炉舱内各安装一台燃煤锅炉。相反，"兴登堡"号的燃油锅炉的安装并没呈彼此相邻的形式，第二组两台燃油锅炉位于第二组和第三组燃煤锅炉之间。锅炉在压力达到16个标准大气压时产生高压蒸汽，并输送给两组4台帕森斯式蒸汽轮机，由蒸汽轮机驱动4根主轴和相同数目的三叶螺旋桨。"德弗林格尔"号和"吕佐夫"号的螺旋桨直径为3.9米，而"兴登堡"号的螺旋桨直径为4米。"德弗林格尔"级三舰均有两块舵板，呈前后串列式安装，两舵板轴线间距为15米。

两间前轮机舱位于"C"主炮塔的两侧，高压涡轮机安装其内，驱动两根外侧主轴；两间后轮机舱位于"C"主炮塔和"D"主炮塔之间，并被一道中央纵向隔舱壁隔开，低压涡轮安装于其中，驱动两根外侧主轴。"德弗林格尔"号和"吕佐夫"号的主机设计功率为280转/分时63000轴马力，此时航速可达26.5节。"兴登堡"号的主机设计功率为290转/分时72000轴马力，航速27节。

"德弗林格尔"级战列巡洋舰的设计燃料携载量为750吨燃煤加250吨重油。其燃煤与燃油的最大装载量为："德弗林格尔"号，煤炭3500吨，重油1000吨；"吕佐夫"号，煤炭3700吨，重油1000吨；"兴登堡"号，煤炭3700吨，重油1250吨。"德弗林格尔"号与"吕佐夫"号的续航力为5600英里/14节，"兴登堡"号为6100英里/14节。

武器装备

"德弗林格尔"级战列巡洋舰的主火力为安装在4座Drh. LC/1912型双联装炮塔中的8门50倍径305毫米舰炮。4座主炮塔按两前两后的方式沿着舰体中线布置，其中"A""B"两座主炮塔呈背负式，"B"炮塔位于"A"炮塔之上。"兴登堡"号的主炮塔为LC/1913型，这种炮塔比LC/1912型略重，且甲板层位于炮塔战斗室内的部分不会阻碍扬弹机的工作，因此其供弹系统的安全性和可靠性更高。"兴登堡"号的主炮塔由于安装了新型8米基线蔡司测距仪（另两舰的测距仪仍为3米基线型号），其外形略有改动。各主炮塔的火炮轴线距水线高度为："A"炮塔8.2米，"B"炮塔10.85米，"C"炮塔9.25米，"D"炮塔6.10米。每座主炮塔重545吨，炮组成员70—80人。所有主炮塔的旋转都由电气伺服机构控制，主炮仰俯则为液压控制。主炮仰俯角最初为-8°—+13.5°，最大射程16200米。多格尔沙洲海战后，主炮仰俯角改为-6.5°—+16°，最大射程也相应增加到20400米。

主炮配用的弹种包括穿甲弹和高爆弹，两种炮弹的重量为405.5千克和405.9千克，弹内战斗部装药量27千克。发射药包有91千克重的预制主装药和双层丝绸包裹的34.5千克重的前装药两种。主炮炮口初速855米/秒，炮口动能148.4兆焦，射速为2—3发/分。以穿甲弹进行侧舷齐射时的单次弹药投射重量为3244千克。每门305毫米主炮备弹90发，其中穿甲弹65发、高爆弹25发，8门主炮共备弹720发。"德弗林格尔"号和"吕佐夫"

号的"A""B""C"3座主炮塔的炮弹库设在发射药库的上方,而舰艉"D"主炮塔炮弹库和发射药库的位置却正好相反。"兴登堡"号则是所有主炮塔的炮弹库都在发射药库的上方。

"德弗林格尔"级战列巡洋舰的副炮为采用MPL C/06.II型炮架的45倍径150毫米炮,设计数量14门。副炮均安装在上层建筑上的炮廓内,仰俯角为-10°— +19°。"德弗林格尔"号为了安装弗拉姆式减摇压水舱,拆除了2门150毫米副炮,因此只装备了12门。"兴登堡"号的副炮使用的是MPL C/13型炮架,仰俯角 -8.5°— +19°。该级的150毫米副炮最大射程为13500米,每门备弹160发。

"德弗林格尔"级战列巡洋舰在初始设计中考虑到了对反鱼雷艇武器的需求,计划安装12门45倍径88毫米炮,其中8门将安装在配有防盾的MPL C/06型单装炮架上,但"德弗林格尔"号只在前部上层建筑上安装了4门这种类型的88毫米炮。"德弗林格尔"级全舰的88毫米反鱼雷艇炮总备弹量为3400发。1916年,"德弗林格尔"号和"吕佐夫"号的88毫米炮数量减少到8门,全部使用最大射击仰角可达70°MPL C/13型高射炮架,成为高平两用炮。其中4门设置在靠近两座背负式前主炮塔的地方,其余4门安装在前烟囱基座上,但后来后部的4门也被拆除了。"兴登堡"号的全部对空火力只有4门高射炮,安装在靠近前烟囱的位置。[①]

"德弗林格尔"级还装备有4具水下鱼雷发射管(舰艏与舰艉各一具,均指向舷侧;在"A"主炮塔前下方的两舷还各有一具)。"德弗林格尔"号的鱼雷发射管口径500毫米,备雷20枚;"吕佐夫"号和"兴登堡"号装备的是600毫米鱼雷发射管,分别备雷12枚和16枚。

服役情况

"德弗林格尔"号、"吕佐夫"号和"兴登堡"号战列巡洋舰的作战历程见本书第五章相关内容。

"德弗林格尔"号

"德弗林格尔"号战列巡洋舰本应于1913年6月14日下水,但典礼当天该舰的舰体却尴尬地停在了滑道上。这可能是因为中部滑道受压过大的缘故。随后该段滑道被拆除并重新制作,"德弗林格尔"号也终于在7月12日正式下水了。另一桩意外则发生在该舰在海上进行航速测试的过程中,涡轮机的损坏使"德弗林格尔"号的入役时间一直推迟到1914年11月16日。1918年11月24日,"德弗林格尔"号战列巡洋舰也成了被拘押在苏格兰斯卡帕湾的德国舰队中的一员。1919年6月21日,该舰被舰员自行凿沉。1938—1939年被打捞出水。但对该舰的拆解工作被第二次世界大战的爆发所打断,直到1946—1948年才在苏格兰的法斯莱恩(Faslane)海军基地完成。

"吕佐夫"号

"吕佐夫"号战列巡洋舰虽然号称在1915年8月8日就达到了验收试航状态,但在当年10月进行的航速测试中,舰上的右侧低压涡轮机出现了故障,导致该舰直至1916年3月才入役德国海军。"吕佐夫"号在日德兰海战中遭受了重创,损毁严重。1916年6月1日,德国海军的G-38号驱逐舰在救走了该舰的舰员后,用两枚鱼雷将该舰送入了海底。

---

① 150毫米副炮和88毫米炮的火炮与弹药性能参见"冯·德·坦恩"号小节中的相关内容。

"兴登堡"号，1917年

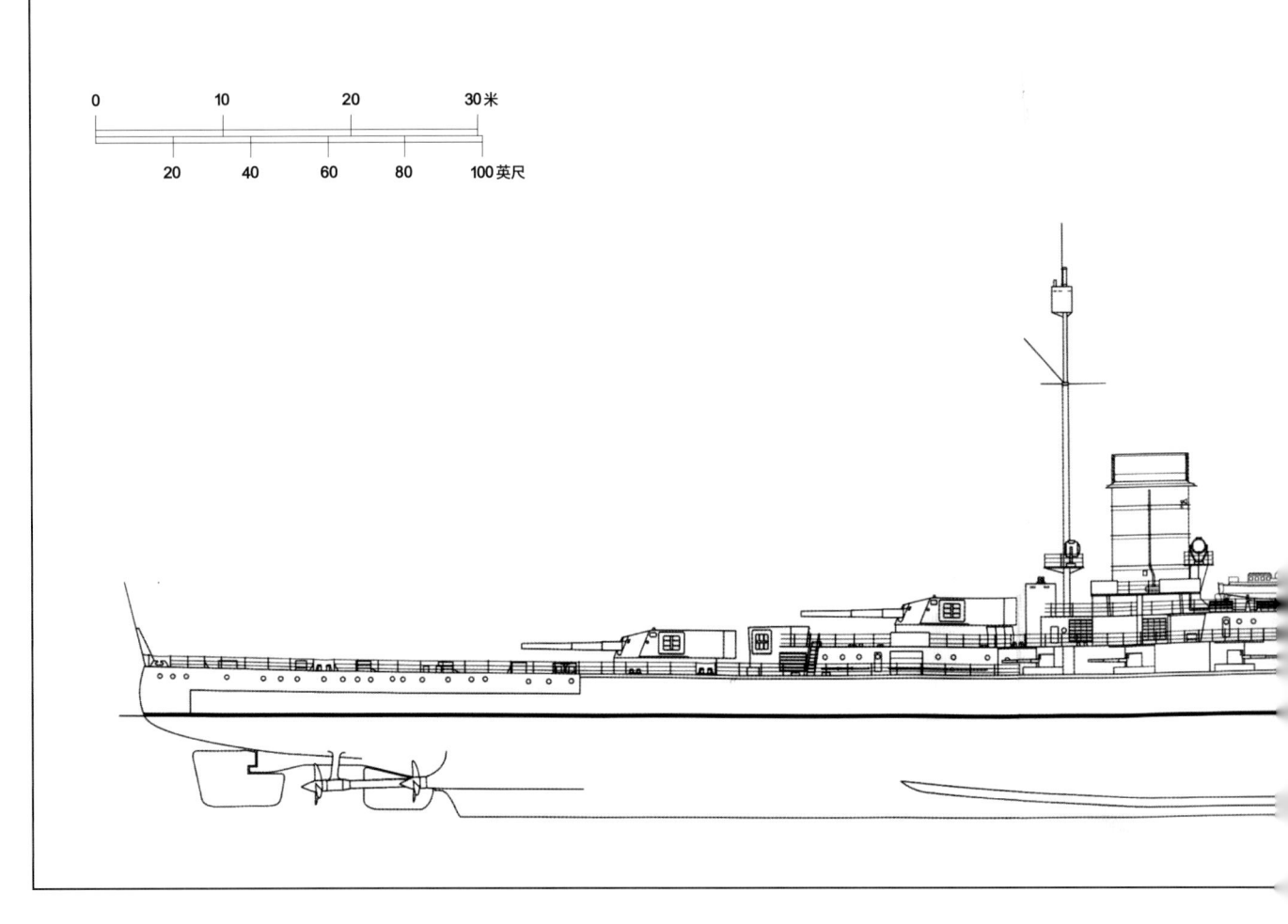

正在进行航速测试的"兴登堡"号战列巡洋舰。在主轴转速290转/分的情况下，该舰的主机最大输出功率达到了95777轴马力，在浅海区能跑出26.6节的最高航速，这一数字相当于深海区的28.5节。（图片来源：《奥基尼图片集》，A少儿图书馆，M.皮奥瓦诺）

Line drawing ©Ruggero Stanglini

"兴登堡"号

"兴登堡"号战列巡洋舰于1917年5月10日交付德意志帝国海军，10月26日达到可作战状态，并代替"塞德利茨"号担任了第一侦察分舰队的旗舰。然而该舰入役太晚，没能赶上德国海军的任何一场大规模作战行动。该舰于1918年11月24日被拘押于斯卡帕湾，1919年6月21日由其舰员凿沉。1930年7月该舰被打捞出水，1931—1932年在罗赛斯海军基地被拆解。

"马肯森"级战列巡洋舰

第一艘"马肯森"级战列巡洋舰〔又称"维多利亚·路易丝"号代舰（Ersatz Viktoria Louise）〕是德国海军和平时期造舰计划的一部分。在该计划的最新版本（即1912年《海军法修正案》）中，曾设想从1914年至1917年每年新造一艘主力舰，以替换老旧的装甲巡洋舰。1914年第一次世界大战爆发后，德国海军又追加订购了两艘战列巡洋舰，并将"维多利亚·路易丝"号代舰也纳入了第一个战时海军建造计划的框架内。1915年春，德国海军计划再新建4艘战列巡洋舰，以弥补已经在战争中损失的装甲巡洋舰"约克"号、"格奈森诺"号、"沙恩霍斯特"号和"布吕歇尔"号留下的空缺，这样总共就有7艘战列巡洋舰被纳入了战时建造计划中。1917年，德国海军决定按照原来的设计，将4艘已进入最后建造阶段的战列巡洋舰建成。另外，德国海军还决定对其余3艘计划舰进行重新设计，以使其能够安装更大更重的武器。这便促使了"约克"级代舰（Ersatz Yorck）的问世。

随着"马肯森"级的问世，德国战列巡洋舰的设计排水量首次超过了30000吨，比"吕佐夫"号增加了15%。该级的主炮口径也从"德弗林格尔"级的305毫米增加到350毫米。与这些数据相对应，1914年时对即将开工建造的"马肯森"级首舰"马肯森"号的估算造价约5500万帝国马克，比"德弗林格尔"级战列巡洋舰的平均估算造价高出了20%。

设计、建造与造价

"马肯森"号（"维多利亚·路易丝"号代舰在下水时被赋予该舰名）战列巡洋舰的设计工作始于1912年夏，历时18个月。在德国海军部对这一级新式战列巡洋舰的设计方案进行内部讨论期间，提尔皮茨总体上对此项目的实施采取的是一种适度和审慎的态度，尤其是当涉及一些重点技术指标如排水量、火力配备和航速等时。在这位帝国海军大臣看来，这些技术指标可能会带来财政和政治方面的问题，可能会导致他与首相及国会之间的潜在分歧。而实际上，提尔皮茨是担心这种分歧会危害到德国海军依据《海军法》制定的发展规划。但海军大臣这种审慎的态度与皇帝陛下的期望（有时甚至是一种偏执）不可避免地发生了冲突，而海军部的技术部门与公海舰队所提出的各种意见和建议也往往与提尔皮茨的观点背道而驰。

因此，在1912年夏天，德皇威廉二世责备提尔皮茨罔顾圣意，固执己见，导致350毫米口径的舰炮迟迟不能出现在帝国海军的主力舰上。此外，在威廉二世看来，帝国海军部闭门造车，自行其是地搞出了许多款军舰设计方案，却没有让德国海军的作战部门参与到决策过程中来。提尔皮茨辩解说，海军部在现有的资源条件下已经尽了最大努力。但皇帝陛下一门心思只想让"他的"海军得到最好的设计和装备，即使这种"最好的"通常也意味着是造价最高的。

"马肯森"号战列巡洋舰于1917年4月21日下水。然而后续建造工作进展缓慢，在战争结束时，该舰还需要15个月才能完工。

于是提尔皮茨希望能够将已纳入 1914 财年造舰计划的战列巡洋舰的设计指标尽快确定下来，因此在 1912 年 8 月，他指令 K 部对配备 4 座双联 350 毫米主炮炮塔、航速和防护与"兴登堡"号相当的战列巡洋舰设计方案进行初步评估。几天后，这些技术指标要求获得了德皇的认可。

尽管此时德国海军已经获悉，英国皇家海军新式的"伊丽莎白女王"级战列舰装备有 8 门 15 英寸口径主炮，航速可达 25 节，但这也并不能完全让提尔皮茨确信有必要大幅提升德国新式战列巡洋舰的主炮口径。① 提尔皮茨坚持认为，要在新舰上同时满足加强装甲防护和提升大、中口径火炮性能的要求是无法实现的。此外，这位海军大臣还担心一旦这些技术要求得到满足，会使新舰的排水量超过 30000 吨这一"心理底线"，从而给新式战列巡洋舰的建造计划带来被取消的风险，并对海军法的前景产生危害。

但 K 部还是在当年 9 月准备了 7 个初步设计方案，呈送海军部统一进行评估。同时 K 部估计到新一级战列巡洋舰的造价和尺寸已经不能再以"不可持续"的方式增加下去了，因此又提出了几个替代方案。这些初步设计方案中分别装备 340 毫米主炮和 350 毫米主炮的"A""B"两个方案在航速和装甲防护水平方面略有降低，这将对排水量和造价的攀升产生限制作用。而舰体侧面装甲防护 300 毫米、最高航速 28 节的设计方案"A2"和"B2"则意味着舰体长度将达到 220 米，排水量将超过 3 万吨，造价也将超出已纳入 1914 财年预算的 5500 万帝国马克。

设计方案"A3"增加了一层连续的上层甲板，从而避免了舰艉干舷过低，减轻了舰艉上浪，也改善了居住环境，但却进一步增加了全舰尺寸和造价。事实上，德国先前所有的战列巡洋舰都有舰艉干舷过低的问题（"毛奇"号为 4 米，"德弗林格尔"号也不过区区 4.3 米），导致舰体内部容积较小，且舰艉甲板在高速航行时容易没入水中。②

由于提尔皮茨要向皇帝陛下呈上众多的设计方案选型③，于是海军部额外拿出了一批技术方案，其中几款的火力配备与"德弗林格尔"号相同（8 门 305 毫米主炮）。1912 年 9 月 30 日，德皇威廉二世一改其之前的要求，出人意料地选择了"A9"设计方案。该方案舰体全长 215 米，设计排水量 29000 吨，最高航速 27.25 节；武备与"德弗林格尔"

① 除 45 倍径 350 毫米主炮外，德国海军部还研究了两种以 45 倍径 340 毫米和 50 倍径 355 毫米舰炮为基础的替代方案。
② "毛奇"号战列巡洋舰在 1912 年 5—6 月横跨大西洋的航行中就已经出现了这一问题。
③ 皇帝本人还想为新战列巡洋舰装备更大口径的鱼雷发射管。

舾装中的"格拉夫·斯佩"号（SMS Graf Spee）战列巡洋舰，摄于 1918 年年初。注意从舰楼突出的主炮塔炮塔座，以及躺在火炮甲板上等待安装就位的两根烟囱管。（图片来源：《R. 斯坦吉里尼图片集》）

"马肯森"号

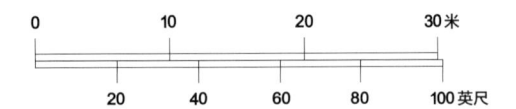

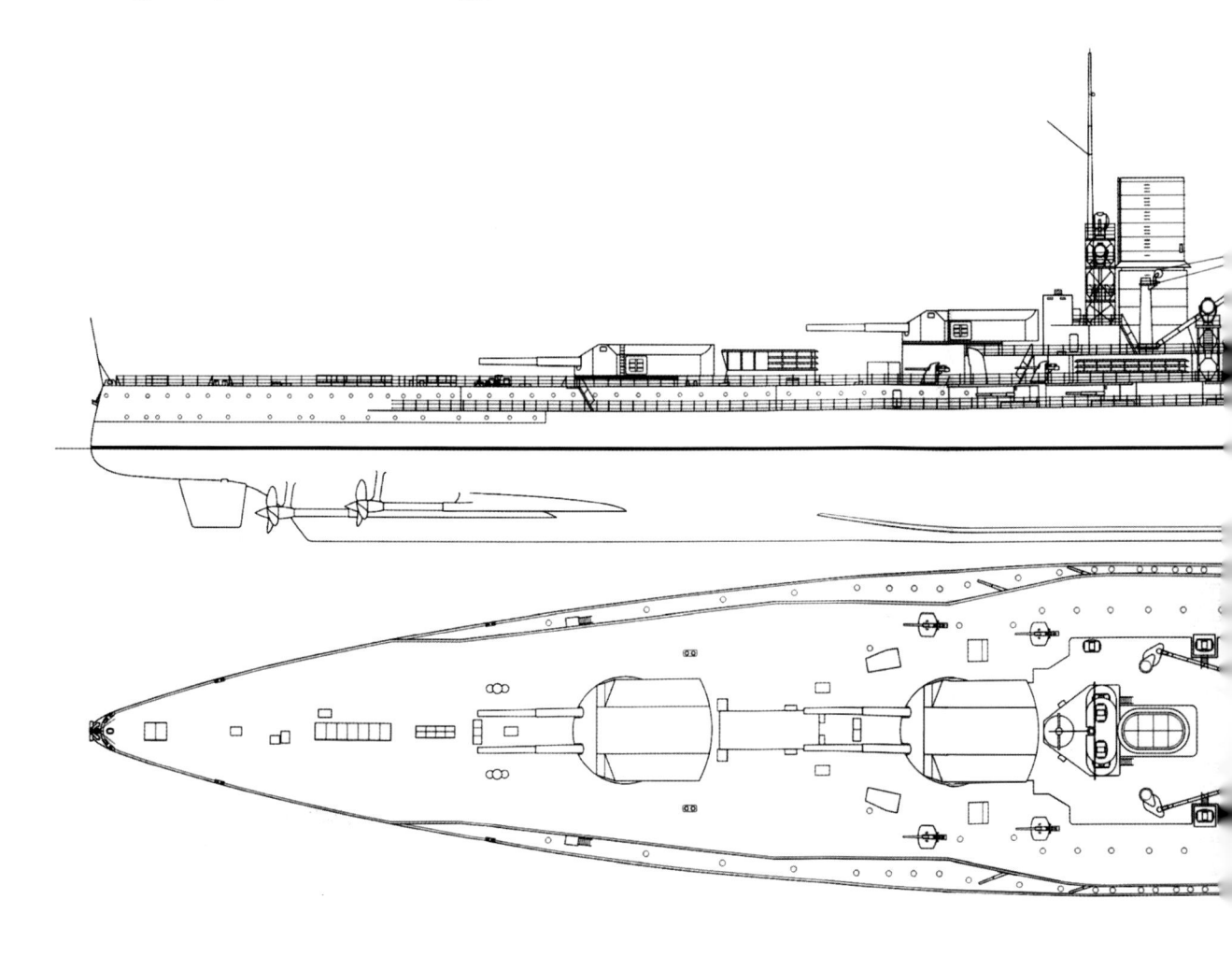

"马肯森"级

舰名

"马肯森"号("维多利亚·路易丝"号代舰)、"弗雷亚"号代舰、"格拉夫·斯佩"号("布吕歇尔"号代舰)、"腓特烈·卡尔"号代舰

承建船厂与建造情况

"马肯森"号:布洛姆＆福斯船厂,汉堡
1915年1月1日开工
1917年4月21日下水
最终未建成,1922年作为废船拆解

"弗雷亚"号代舰:布洛姆＆福斯船厂,汉堡
1915年5月1日开工
1920年下水
最终未建成,1920—1922年作为废船拆解

"格拉夫·斯佩"号:希肖船厂,但泽
1915年11月30日开工
1917年9月15日下水
最终未建成,1921—1922年作为废船拆解

"腓特烈·卡尔"号代舰:威廉港皇家船厂
1915年11月3日开工
未能下水,1922年作为废船拆解

满载排水量

设计排水量,31000吨,满载排水量35300吨

尺寸

舰长:224米(全长),223米(水线长)
舷宽:30.4米(型宽)
平均吃水深(满载排水量状态):8.85米

武备

8门350毫米45倍径主炮,双联装主炮塔
14门150毫米45倍径副炮,单装炮廓
8门88毫米45倍径高射炮,单装炮位
5具600毫米鱼雷发射管

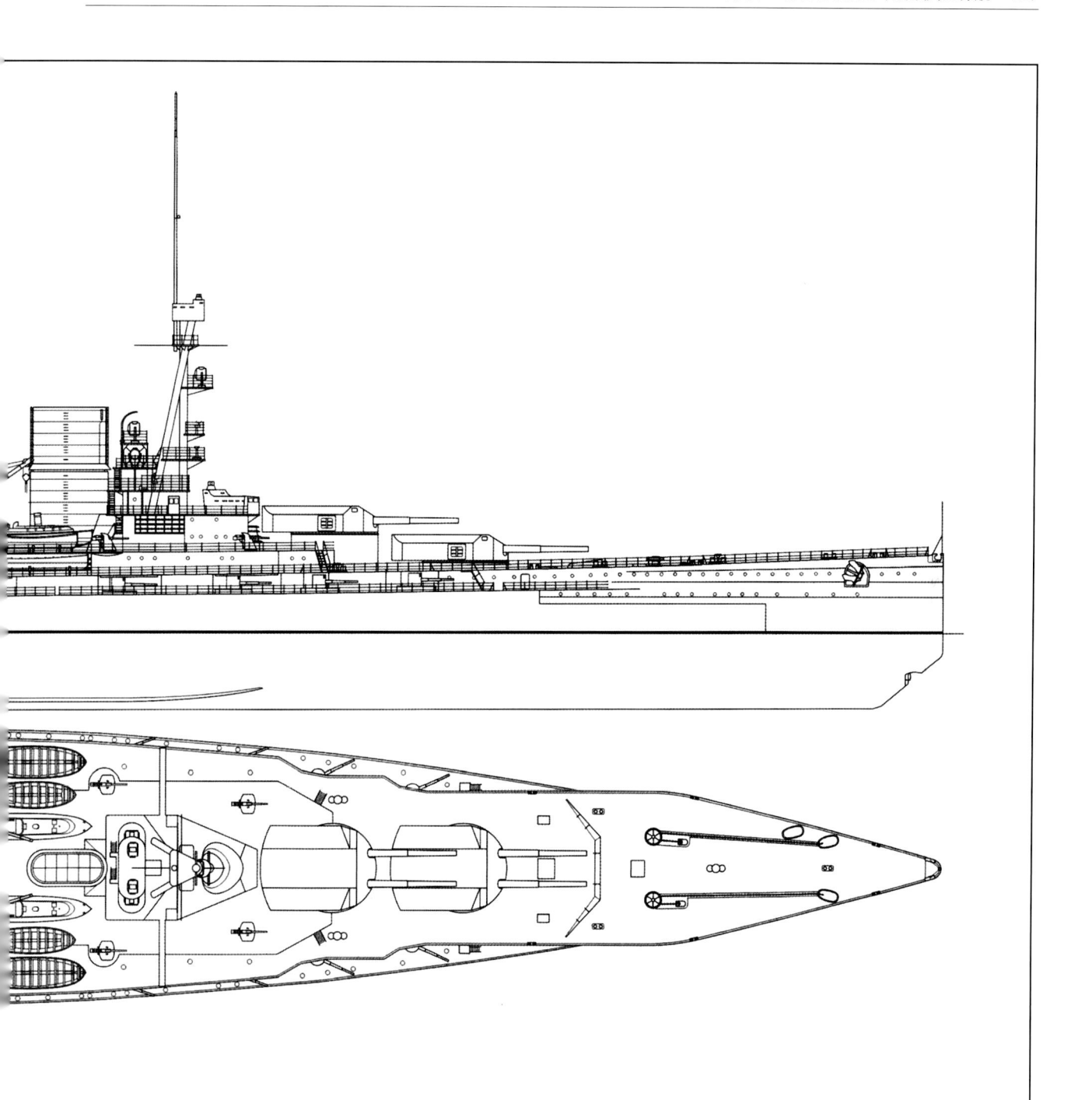

第四章　德意志帝国海军的战列巡洋舰　229

Line drawing ©Ruggero Stanglini

装甲防护

主装甲带：最大厚度 300 毫米，前段 120 毫米，后段 100 毫米
横向隔舱壁：200—250 毫米
装甲盒：150 毫米
甲板：25—80 毫米
主炮塔：正面 320 毫米，侧面 200 毫米，顶部 120 毫米
主炮塔座：60—290 毫米
前司令塔：最大厚度 350 毫米
后司令塔：最大厚度 200 毫米
防鱼雷隔舱壁：50—60 毫米

主机

24 台单头式燃煤锅炉和 8 台双头式燃油锅炉
4 部蒸汽轮机，4 具安装有 3 叶螺旋桨的驱动轴，并列双舵板
功率和航速（设计数据）：主轴转速 295 转 / 分时 90000 轴马力，最高航速 28 节
燃料携载量（燃煤 / 燃油）：通常 800 吨 /250 吨，最大 4000 吨 /2000 吨
续航力：8000 海里 /14 节

人员编制

官兵 1186 名（担任旗舰时 1262 名）

号战列巡洋舰相同，但装备 8 具 600 毫米鱼雷发射管；造价预估为 5240 万帝国马克。提尔皮茨最初接受了这一决定，但遭到了海军部内大多数人的反对。这些持反对意见的人毫无疑问更热衷于加大新式战列巡洋舰的主炮口径，以使德国战列巡洋舰的主炮火力水平能与当时英国海军装备 13.5 英寸主炮的"狮"级、日本海军装备 14 英寸主炮的"金刚"级和俄国海军装备 14 英寸主炮的"博罗季诺"级等世界范围内最新锐的战列巡洋舰看齐。

一旦负责舰炮制造的克虏伯公司确保为"维多利亚·路易丝"号代舰选装 350 毫米主炮不会延误新舰的完工（计划时间为 1917 年春），K 部就会坚持采用这一口径的主炮。为了不超出对排水量的限制，还曾考虑过三联装或四联装炮塔的布局。然而，"A9"方案仍然受到了一些问题的影响，比如过多的鱼雷发射管和加高的舰艉干舷。K 部认为这些技术要求必然会带来全舰外轮廓尺寸和排水量的增加。因此，他们建议以设计方案"A3"为基准编制未来的技术提案。

德国海军部在经过一场冗长的内部讨论之后，由 K 部于 1913 年 4 月向提尔皮茨提交了一份备忘录，内容包括一些新的初步设计方案，以及在假设英国的"虎"号战列巡洋舰已经装备了 14 英寸（356 毫米）主炮①的前提下，为"维多利亚·路易丝"号代舰安装 380 毫米主炮是否可取的征询。如果决定安装，将使 380 毫米火炮的供应链流程得到简化，因为 380 毫米已经被选为"巴伐利亚"级战列舰的主炮口径。事实上，这将避免重新研发制造一种介于 305 毫米和 380 毫米之间的不尴不尬的中间口径主炮；而且最重要的是，380 毫米主炮确保了德国战列巡洋舰能够在火力上对同类型的外国战舰取得预期的超越。

最终，提尔皮茨在 1913 年 4 月 24 日也批准了为新型战列巡洋舰配备 380 毫米主炮的方案。但由于对成本和排水量的限制，主炮数量减少到 6 门，配备 3 座双联装炮塔。这一称之为"D9"的设计方案排水量为 29200 吨，全舰长 215 米，最高航速 27.5 节，主火力为 6 门 45 倍径 380 毫米主炮和 8 具 600 毫米鱼雷发射管。全舰估算造价为 5560 万帝国马克。

然而，380 毫米口径的"胜利"并非最终的结局。在经过又一轮与威廉二世皇帝的争论和海军部的内部讨论之后，提尔皮茨于当年 11 月初要求海军部重新提交一款装备 340 毫米或 350 毫米口径主炮的设计方案。② 于是，在 1913 年 11 月 22 日召开的一次会议上，他向皇帝陛下呈上了最新出炉的设计方案"58"。这是原先的方案"D48a"的替代方案，其排水量为 31000 吨，全舰长 225 米，最高航速 27.25 节；主火力为 8 门 350 毫米 L/45 主炮，副火力为 14 门 150 毫米副炮，以及 6 具 600 毫米鱼雷发射管。

德皇威廉二世本来迫不及待地要做出圣断，但在提尔皮茨的坚持下，他最终还是批准将新型战列巡洋舰的建造计划推迟到 1914 年春，以便将建造预算与下一财年的预算进行整合。然而，提尔皮茨主意已定，命令停止 380 毫米火炮的设计，而将工作重心集中到 350 毫米火炮上。1913 年 12 月初，德国海军部确定了新型战列巡洋舰的诸多技术细节，其中包括较高的舰艉干舷（高度为 6 米，后来又降至 5.7 米），以确保即使在高速航行中海浪也不会涌上舰艉甲板，并为舰员提供了更多的起居空间。为了节省吨位，装甲防护的最大厚度在几个区域都受到了限制。其他的变型与备选设计则涉及中央甲板室、锅炉、水平防护等方面。新型战列巡洋舰还准备采用球鼻艏以提高航速，这在德国海军中也是破天荒的头一遭。

---

① 德国人的假设与实际情况并不相符，英国海军"虎"号战列巡洋舰的主炮口径与"狮"号相同，均为 13.5 英寸。
② 提尔皮茨之前已经为 1914 年的年度预算做好了资源规划，但此时为了维护《海军法》的未来，他仍在为这一规划与资源配置寻求某种折中方案。

所有这些技术指标要求终于在 1914 年年初催生出了新的变型设计，即方案"60"。该方案装备了 5 具鱼雷发射管，前烟囱的位置也有所调整（为减轻煤烟对三脚桅上的观测台的影响），并安装有 24 台燃煤锅炉和 8 台燃油锅炉，从而使高压蒸汽以更常规和可靠的方式进入蒸汽轮机。[1] 方案"60"的排水量为 31000 吨[2]，于 1914 年 5 月获得了德皇威廉二世的最终认可，由此也结束了其漫长的设计过程。此外，这一设计方案还通过对设计余量的有效利用和对防鱼雷网的弃用，为新型战列巡洋舰带来了其他一些变化，如在装甲防护方面的细微提升与改进。新式战列巡洋舰的建造合同被迅速拟定，首舰的订单在 1914 年 8 月 14 日授予了布洛姆·福斯造船厂。

"马肯森"号[3]战列巡洋舰于 1915 年 1 月 1 日在汉堡的布洛姆 & 福斯造船厂开工建造，1917 年 4 月 21 日下水。该级 2 号舰〔"弗雷亚"号代舰，计划命名为"腓特烈亲王[4]"号（SMS Prinz Eitel Friedrich）〕的建造合同也被授予了布洛姆 & 福斯造船厂。2 号舰于 1915 年 5 月 1 日开工，但其建造工作在还差 20 个月左右就要完工的 1917 年夏被暂停。1915 年 4 月 15 日，该级 3 号舰（"布吕歇尔"号代舰）的建造工作被指派给了但泽的希肖造船厂，该舰于当年 11 月 30 日开工建造，1917 年 9 月 15 日下水。3 号舰被正式命名为"格拉夫·斯佩"号，以纪念在福克兰群岛海战中阵亡的马克西米利安·格拉夫·冯·斯佩（Maximilian.Graf von Spee）海军中将，该舰下水时还特意由其遗孀玛格丽特·斯佩夫人执行了掷瓶礼。该级的 4 号舰，同时也是德意志帝国海军建造的最后一艘战列巡洋舰，原计划仅作为德国海军和平时期的发展规划中一艘"增建的"（Vehrmerungsbau A）主力战舰，但该舰实际上是作为 1914 年 11 月 17 日沉没的"腓特烈·卡尔"号装甲巡洋舰的"替代舰"建造的。"腓特烈·卡尔"号代舰〔计划命名为"俾斯麦侯爵"号（SMS Fürst Bismarck），以纪念那位德国统一的缔造者〕的建造合同于 1915 年 4 月 18 日被授予了威廉港帝国国有船厂，同年 11 月 3 日正式开工。然而该舰的建造进度极为缓慢，最终没能下水。

"马肯森"级战列巡洋舰的最终估算造价为 6600 万帝国马克 / 艘。

[1] 设计方案"58"计划为新战列巡洋舰配备的是 18 台大型锅炉。
[2] 提尔皮茨认定这一数字是绝对不可逾越的极限，否决了 K 部用 4 座双联装 380 毫米主炮塔代替 4 座双联装 350 毫米主炮炮塔，并且"适度增加排水量"的最后尝试。
[3] 这一舰名被授予了"维多利亚·路易丝"号代舰，以纪念在第一次世界大战中的巴尔干与东线战场奋勇作战的奥古斯特·冯·马肯森陆军元帅（Field Marshal August von Mackensen）（1849—1945 年）。该舰下水时的掷瓶礼由马肯森元帅的夫人执行。
[4] 即德皇威廉二世的次子。

1917 年 9 月 15 日下水的"格拉夫·斯佩"号是"马肯森"级战列巡洋舰的第二艘，也是最后一艘。原计划建造的 4 艘"马肯森"级战列巡洋舰均未能完成，已建成的舰体在 1920—1922 年间被先后拆解。（图片来源：《R. 斯坦吉里尼图片集》）

主要技术特点

"马肯森"级战列巡洋舰全长224米，舷宽30.4米。设计排水量31000吨，满载排水量可达35300吨。设计排水量状态下的燃料携载量为煤炭800吨，外加重油250吨。228—229页的图表详细列明了该级舰的主要技术指标数据。

"马肯森"级的舰体在垂直方向上设置有6层甲板，并且被纵向分隔成18个水密舱，其双层舰底结构长度达到了舰体全长的92%之多，远远超过"德弗林格尔"号。该级为高舷平甲板舰型，舰艏干舷高8.5米，舯部干舷高6.6米，舰艉干舷高5.7米，远高于之前各级德国战列巡洋舰。这些特征加上外飘更为明显的舰体，将使"马肯森"级成为一艘外形俊朗、性能优异的海上铁骑。

"马肯森"级战列巡洋舰的一个突出的创新之处是采用了由美国海军上将戴维·泰勒（David Taylor）海军上将于几年前研发的球鼻型舰艏，德意志帝国也是世界上第二个在主力舰上使用这一设计的国家。"马肯森"级战列巡洋舰的球鼻艏体积为200立方米，能够降低航行阻力（已被船模拖曳测试所验证），并使全舰的浮心位置前移。浮心前移的要求，来自两座前主炮塔和主机位置的微调，以及在每一舷侧腾出空间以加装一具鱼雷发射管的现实需要。另外，缩短的主轴和体积减小的螺旋桨支柱也有助于使浮心前移。"马肯森"级战列巡洋舰安装了两块平行的舵板（而非"毛奇"级和"德弗林格尔"级那样的串列式），这种安装方式将舵板置于内侧螺旋桨搅起的水流内，从而赋予了战舰以更好的水面机动性。平甲板式设计和舰艉与舯部舱室空间的明显扩大，也改善了舰员的居住条件。

"马肯森"级战列巡洋舰的主要武备为4座沿舰体中心线布置的双联装主炮塔（其中"B"炮塔和"C"炮塔位于背负式主炮塔组的上层），与"德弗林格尔"号的主炮布局相同。"马肯森"级较高的干舷使所有主炮塔轴线距水线的高度得以提升。与"德弗林格尔"级一样，"马肯森"级两座后主炮塔之间相当大的间距（两炮塔纵轴间距约31米）使后轮机舱得以设置在"C""D"两座主炮塔之间，同时也降低了两座主炮塔被一弹同时损毁的风险。"马肯森"级的副炮设置为舷侧的14门150毫米炮和8门88毫米单装高射炮。

"马肯森"级战列巡洋舰的主轴数量与德国海军之前的各级战列巡洋舰一样，均为4根，其主机的设计功率为主轴转速295转/分时90000轴马力，最高航速28节。两部高压涡轮机驱动外主轴，两部低压涡轮机驱动内主轴。该级的蒸汽轮机的布置方式与"德弗林格尔"级相同，被设置在4间独立的舱室内。舰上的主环路电压为220伏，由8台总功率2320千瓦的柴油发电机为全舰提供电力。

"马肯森"级配备了24台燃煤锅炉和8台燃油锅炉，锅炉数量比"德弗林格尔"级整整多出了14台。这样可以由容量较小但数量更多的锅炉来共同产生蒸汽，并使产生的蒸汽能够更均匀稳定地输送给舰上的蒸汽轮机，同时也能为动力系统留出更多的设备故障冗余。锅炉的排烟管道连入两座高大的烟囱（烟囱顶部高出上层甲板18米），前烟囱位于容纳有司令塔、舰桥和其他作战/指挥舱室的上层建筑的后部，这部分上层建筑同时也是舰上三脚桅的底座。三脚桅上设有一个大尺寸的观测台和一个副火控站，观测台被设置在距离水线36米高处，以保证能够从横跨基尔运河的诸多桥梁下方通过。另有一根单柱桅设置在后烟囱后方。8部用于夜战的探照灯分别安装在三脚桅与前烟囱之间，以及后烟囱后面的几处平台上。

"马肯森"级战列巡洋舰由于装备了更大口径的主炮，故而其主炮塔和主炮塔座的装甲厚度有所增加。除此之外，该级在装甲防护方面的总体布局与"德弗林格尔"级区别不大。舰上携带的勤务艇多达十艘，包括中型汽艇、大型摩托艇、小型快艇和帆艇等，种类齐全。这些勤务艇被放置在两座烟囱之间的中央甲板室上。"马肯森"级的舰员编制数量为军官46名、士兵1140名，如果"马肯森"号担任旗舰，舰员数量将相应增加14名军官与62名士兵。

装甲防护

"马肯森"级的主装甲带从前主炮塔炮塔座的边缘一直延伸到后主炮塔炮塔座的边缘，全长126米，最大厚度300毫米。主装甲带向上和向下的延伸段逐渐变薄，在上层甲板处厚度降至220毫米，在水线下2米处降至150毫米。主装甲带两端由200—250毫米厚的横向舱壁所封闭，其后延伸段在距舰艉11米处厚度降至100毫米，且被一道同样厚100毫米的横向舱壁所封闭；前延伸段在距舰艏20米处厚度降至120毫米，由一道20毫米厚的横向舱壁封闭，之后这一段装甲带继续向舰艏方向延伸，在舰艏处厚度降为只有30毫米。火炮甲板层的侧面装甲厚度为150毫米，侧装甲也由20毫米厚的防弹装甲板封闭。

在水平防护方面，"马肯森"级共分为3层：上层甲板、火炮甲板和装甲甲板。上层甲板位于主装甲带之上，主体部分厚25毫米，边缘处厚度增至40毫米，与副炮炮廓装甲厚度一致；火炮甲板厚20—25毫米；装甲甲板从舰体中部到防鱼雷隔舱舱壁段的厚度为30毫米，在舰艉处厚度增加到80毫米，以保护舵机。

前司令塔的正面敷设有300—350毫米厚的装甲板，背面装甲板厚200毫米，顶部装甲板厚160毫米。后司令塔装甲最厚处为200毫米，顶部80毫米。主炮塔正面装甲厚320毫米，背面装甲厚220毫米，侧面200毫米，炮塔上带斜面的部位装甲厚度降至180毫米，顶部装甲厚110—120毫米。主炮塔炮塔座装甲厚度在高出上层甲板的部分为290毫米，在火炮甲板层降至120毫米，在与主装甲带平齐的位置上其厚度进一步降到60—90毫米。

针对敌方鱼雷的水下防护由双层舰底和一道50毫米厚的纵向装甲隔舱壁提供，这道装甲隔舱壁在与主炮弹药库和轮机舱平齐的位置厚度增加到60毫米。舰体侧面的煤舱由于基本上已经被油舱所取代，因此也不能再提供防护作用。"马肯森"级最初也曾计划配备防鱼雷网，但参考了战争中的实际使用经验后，最终还是决定不予安装。

主机

"马肯森"级战列巡洋舰安装了32台锅炉，其中24台为单头式燃煤锅炉，8台为双头燃油锅炉。所有锅炉被安装在10间独立舱室内，这些舱室分列于中央纵向隔舱壁两侧，每侧5个。锅炉为两组各自独立安装的蒸汽轮机提供蒸汽，驱动三叶4.2米直径螺旋桨。两个前轮机舱位于"C"主炮塔炮塔座之外，负责驱动外侧主轴的高压涡轮机安装其中。后轮机舱位于"C"和"D"两座主炮塔之间，内部安装有驱动内侧主轴的低压涡轮机。

"马肯森"级战列巡洋舰的前三艘和之后开发的"沙恩霍斯特"号代舰还将有两台用以驱动内主轴的齿轮前置涡轮机，可在16节巡航航速下增加20%的续航力。在高速航行时，这些齿轮前置涡轮机与主轴的连接被断开。德国海军部还计划在"马肯森"级的蒸汽轮机上安装一台弗廷格尔（Föttinger）式液压齿轮减速机，以提高涡轮机与螺旋桨转速间的比率，但是这一方案只在之后的"约克"级代舰上才得到应用。"马肯森"级战列巡洋舰的主机在主轴转速为295转/分时，输出功率可达到设计值90000轴马力，对应的最大航速为28节。其燃料设计携带量为800吨煤炭和250吨重油，最大携带量为4000吨煤炭和2000吨重油。续航力估算可达8000英里/14节。

武器装备

"马肯森"级战列巡洋舰的45倍径350毫米主炮安装在沿舰体中线布置的4座双联装炮塔中。4座主炮塔两前两后，两座前主炮塔呈背负式，"B"炮塔位于"A"炮塔上方，后部"C"主炮塔位于舰艉"D"主炮塔上方，但两座后主炮塔间的间距更大。这种主炮布局方式赋予了每座炮塔宽阔的射界：两座前主炮塔射界达300°，两座后主炮塔的射界较之前者还略高一些。该级的所有主炮塔轴线到水线的距离都要比"德弗林格尔"级要高，其中仅"A"炮塔达到了9.2米。但由于该级舰最终未能实际建成，因此除装甲防护外，主炮塔的型号和重量情况皆不得而知。其主炮仰俯角原设计为-8°—+16°，但在日德兰海战后被调整为-5°—+20°，因此主炮的最大射程也相应地从+16°仰角时的21600码增至+20°仰角时的25160码。每门主炮的设计备弹量为90发，全舰主炮总备弹量720发，配用弹种包括穿甲弹和高爆弹。主炮炮口初速815米/秒，炮口动能199.3兆焦。8门主炮舷侧单次齐射时的弹丸投射重量为4800千克，主炮射速2.5发/分。

该级的副炮配置为14门150毫米45倍径单装炮，安装在从"A"主炮塔至"C"主炮塔的舰体两侧。副炮组所占用的空间要大于德国之前建造的各级战列巡洋舰。150毫米副炮采用MP LC/13型炮架，仰俯角为-8.5°—+19°，每门备弹160发。另外舰上还装备了8门同样使用MP LC/13型炮架的88毫米高炮，其中4门布置在前部上层建筑的四角，其余4门布置在"C"主炮塔四周，备弹量共计3000发。[①]"马肯森"级战列巡洋舰还配备了5具600毫米水下鱼雷发射管，舰艏一具，每舷侧各一具，位置在"A"主炮塔前和"D"主炮塔后，共配备28条H8型鱼雷。

服役情况

"马肯森"级战列巡洋舰各舰均未能实际建成。该级首舰原计划于1918年7月完工，但舾装工作自该舰1917年下水后便一直处于停顿状态。首舰的舰体于1921年10月被出售，1923—1924年间在汉堡港作为废舰被拆解。一战结束后，德国人曾考虑过用原计划装备潜艇的柴油发动机把该舰和另两艘同级舰的舰体改装成油船的可能性，但由于经济性不佳而作罢。为了让出船台，"弗雷亚"号代舰于1920年3月13日勉强下水，然后就被弃置在布洛姆&福斯造船厂的一隅。1920—1922年间，该舰在汉堡港被作为废船拆解。战争结束时，"格拉夫·斯佩"号是该级中建造进度最快的一艘，原本计划在12—18个月内完工，但随着德国的战败而化为泡影。该舰于1921年10月被出售，1921—1923年在基尔港被拆解。"马肯森"级的最后一艘——"腓特烈·卡尔"号代舰截至1918年10月时，距离竣工还尚需两年之久，于是1922年该舰在船台上被就地拆解。

1917年，克虏伯公司为"马肯森"级战列巡洋舰制造的部分45倍径350毫米主炮被运往西线佛兰德斯（Flanders）前线充作地面火炮。在此期间，其中一门350毫米炮曾发射了578发炮弹，而其设计寿命为250发的身管仍然无须更换。

[①] "马肯森"级的150毫米和88毫米炮及其弹药的性能与"冯·德·坦恩"号上的同类装备相同，在此不再赘述。

"约克"级代舰

在经过了漫长、针锋相对的争论之后，1917年年初，德国海军部决定对3艘还处于建造工程早期阶段的"马肯森"级战列巡洋舰的原始设计进行修改。这一技术上的努力主要是为了满足来自舰队司令部的要求，即为未来的新型战列巡洋舰配备更大更重的火炮（用380毫米双联主炮取代350毫米双联主炮）。除主炮口径增大外，新设计中对"马肯森"级的原设计改动较小，这样船厂可以继续使用已经采购的建造资材，以避免产生资金浪费和导致建造工程的继续拖延。新型战列巡洋舰计划建造3艘，分别是"约克"号代舰（Ersatz Yorck）、"格奈森诺"号代舰（Ersatz Gneisenau）和"沙恩霍斯特"号代舰（Ersatz Scharnhorst），但各舰均未建成。

设计、建造与造价

"约克"号代舰、"格奈森诺"号代舰以及"沙恩霍斯特"号代舰的建造订单在1915年4月下达，预计三舰可在1918年春秋两季间入役。造舰所需的物料资材的订单也按计划有条不紊地逐一发出，但实际建造进度在接下来的几个月里却非常缓慢。建造工程开始一年后，大部分造舰所需的物料资材却还在生产制造中。

1916年3月15日，提尔皮茨辞去了海军大臣的职务，这对这几艘新舰在建造上的"拖延症"更是雪上加霜。提尔皮茨去职后，德皇威廉二世任命原海军部C部（行政部）的负责人爱德华·冯·卡佩勒（Eduard von Capelle）海军上将接替了这位老臣的职务。这一事件使近二十年来推动德意志帝国海军部运转的思维和行动的连贯性与延续性突然中断了。此外，提尔皮茨的辞职，不仅使德国海军部在其技术与专业能力领域受到了直接来自皇帝陛下本人更大的压力，而且也为公海舰队和海军参谋本部"侵入"海军部，"干涉"其事务的企图铺平了道路。

长期以来，威廉二世一直在推动将战列舰和战列巡洋舰这两个舰种"融合"为一种单一的战舰类型，即所谓的"快速战列舰"。而提尔皮茨却一直在固执地保持着这两类战舰的区分，这种观念也与他在德国各部《海军法》中所描绘的愿景一致。另一方面，公海舰队和海军参谋本部在确定新战舰的技术指标上也有很大的话语权。公海舰队司令部声称其拥有丰富的实战经验可供参考，而海军参谋本部则强调其在制定战略规划上肩负着无可替代的重要责任。

1916年5月19日，为筹备新任海军大臣冯·卡佩勒与皇帝陛下的会晤，K部提交了若干作为未来德国海军主力舰发展基础的新型战列巡洋舰和战列舰的初步设计方案或图样（战列巡洋舰设计方案编号为"GK1""GK2"和"GK3"，战列舰设计方案编号为"L1""L2"和"L3"）。所有方案所设想的主要武备均为8门380毫米45倍径主炮、16门150毫米副炮和8门88毫米高炮。其中几种战列巡洋舰方案的排水量显著增加，尤其是增强了推进力，加长了舰体，以获得更高的航速。而这些方案在装甲防护方面较之以往的设计却只进行了一些微调。

爱德华·冯·卡佩勒海军上将于1916年3月接任了提尔皮茨海军大臣的职务。他拒绝考虑废弃"马肯森"级和"约克"级代舰这两型此时正在建造中的军舰，不顾其进度缓慢而命令继续建造，以使造船厂保持开工。（A. 迈尔供图）

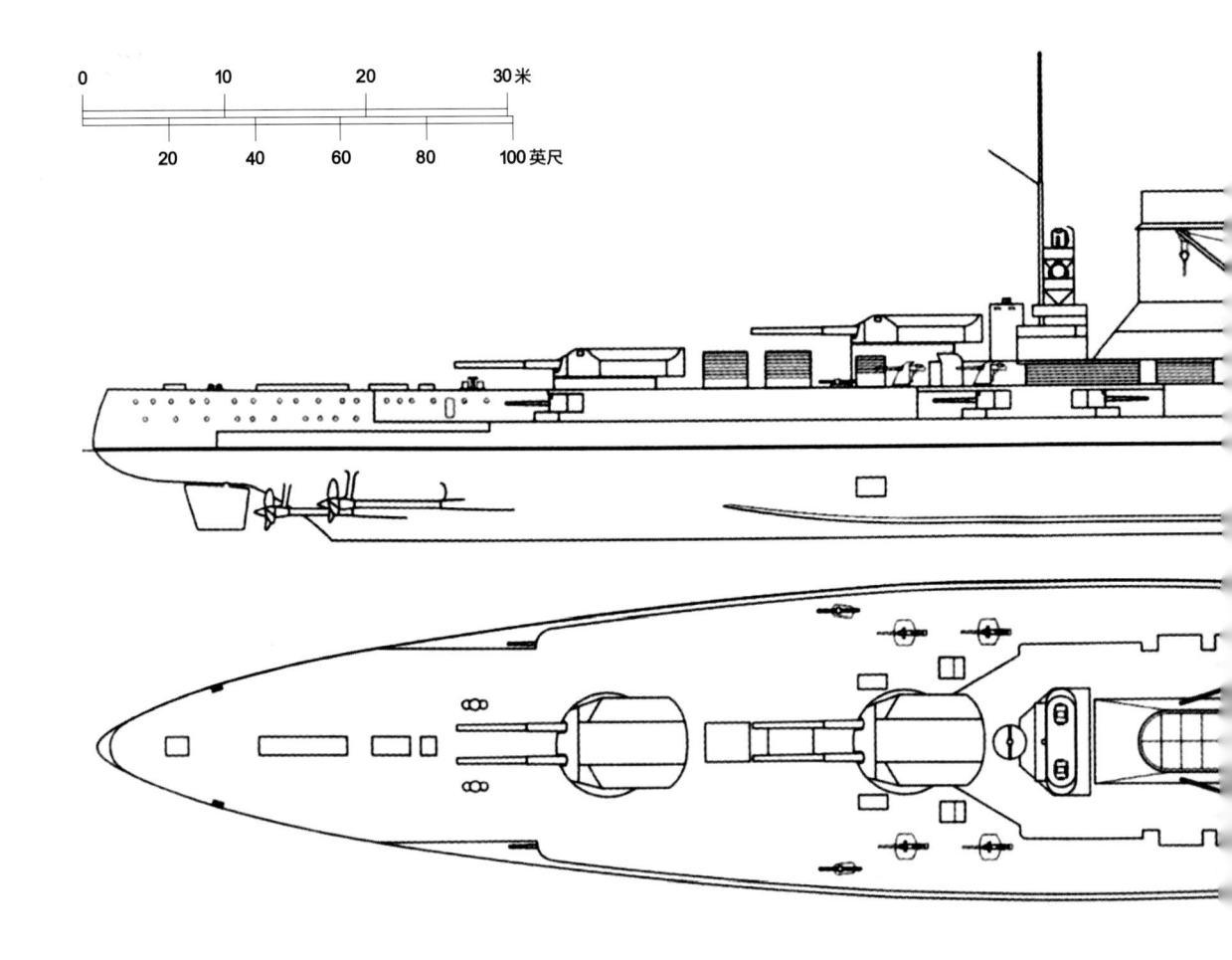

"约克"级代舰

舰名

"约克"号代舰、"格奈森诺"号代舰、"沙恩霍斯特"号代舰

承建船厂与建造情况

"约克"号代舰：伏尔铿船厂，汉堡
1916年7月开工建造；未下水，后就地拆解
"格奈森诺"号代舰：日耳曼尼亚船厂，基尔
未开工
"沙恩霍斯特"号代舰：布洛姆＆福斯船厂，汉堡
未开工

满载排水量

设计排水量 35500 吨，满载排水量 38000 吨

尺寸

舰长：228米（全长），227.8米（水线长）
舷宽：30.4米（型宽）
吃水深（满载排水量状态）：舰艉9.3米

武备

8门380毫米45倍径主炮，双联装主炮塔
12门150毫米45倍径主炮，单装炮廓
8门88毫米45倍径高射炮，单装炮位
3具600毫米鱼雷发射管

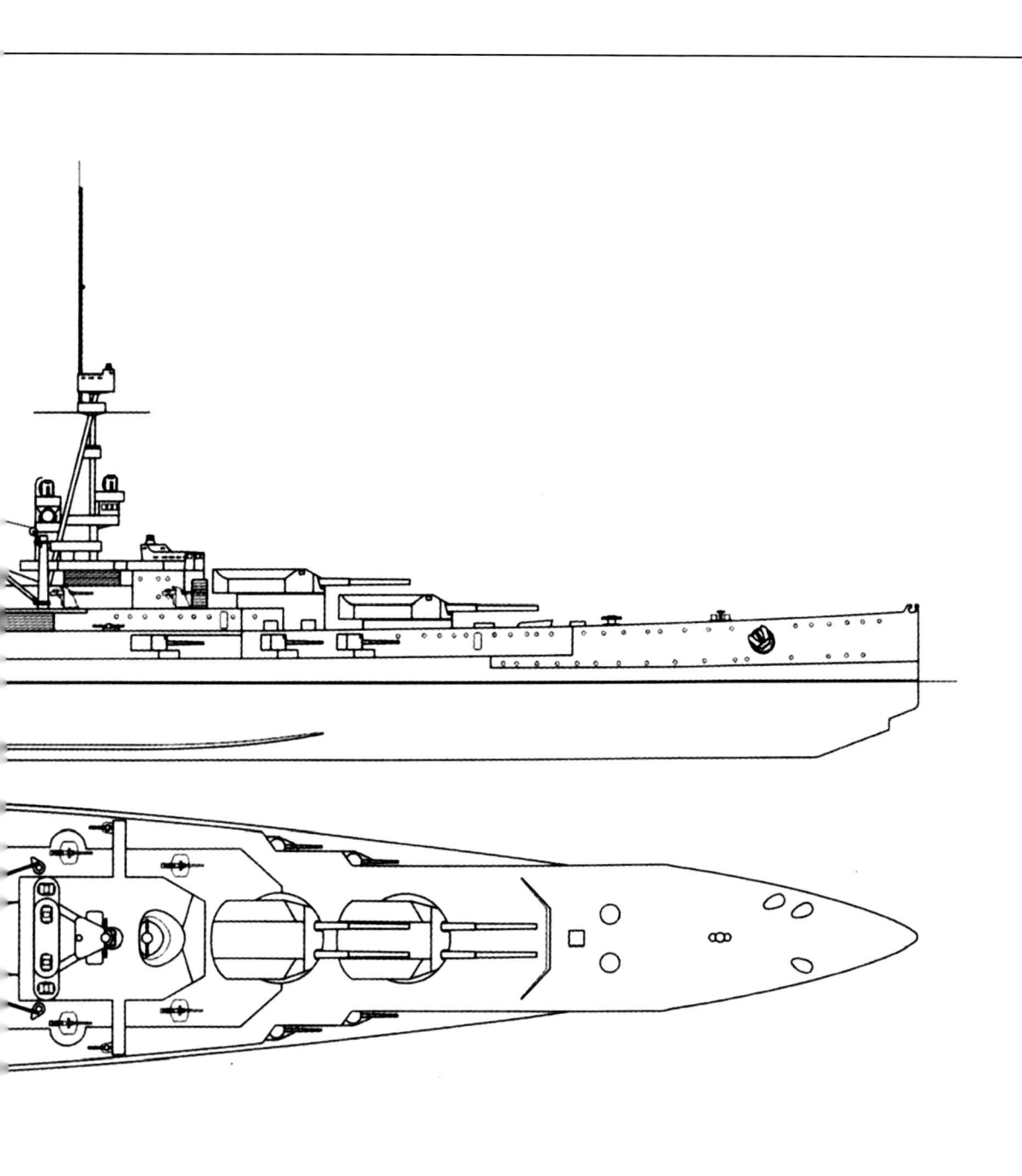

装甲防护

主装甲带：最大厚度 300 毫米，前段 120 毫米，后段 100 毫米
横向隔舱壁：200—250 毫米
舰体装甲盒：150 毫米
装甲甲板：30—90 毫米
主炮塔：正面 300 毫米，侧面 250 毫米，顶部 150 毫米
主炮塔座：80—300 毫米
前司令塔：最大厚度 350 毫米
后司令塔：最大厚度 200 毫米
防鱼雷隔舱壁：45—60 毫米

主机

24 台单头式燃煤锅炉和 8 台双头式燃油锅炉
4 部蒸汽轮机，4 具安装有 3 叶螺旋桨的驱动轴，并列双舵板
功率和航速（设计数据）：主轴转速 295 转/分时 90000 轴马力，最高航速 27.25 节
燃料携载量（燃煤/燃油）：通常 850 吨/250 吨，最大 4000 吨/2000 吨
续航力：5500 海里/14 节

人员编制

官兵 1217 名

Line drawing ©Ruggero Stanglini

其中编号为"GK1"的战列巡洋舰设计草案，设计排水量为34000吨，水线长235米，在主机输出功率110000轴马力时，最高航速可达29.25节。编号为"GK2"的设计草案，设计排水量38000吨，水线长243米，主机输出功率增至120000轴马力，最高航速29.5节。主机配置包括24台燃煤锅炉和12台燃油锅炉。"GK3"设计草案的排水量和水线长指标与"GK2"草案相同，但主机输出功率为115000轴马力，航速29节，该设计草案在装甲防护能力的提升上付出了更多的设计精力，尤其是在水平防护方面。冯·卡佩勒和海军部K部都倾向于采纳相对其他设计显得不那么"张扬奔放"的"GK1"设计草案，这种设计也更能适应包括海军基地设施在内的一些德国海军自身的条件限制。但公海舰队总司令莱因哈德·舍尔（Reinhard Scheer）海军上将则对"GK3"设计草案青睐有加，认为这一方案才是火力、速度和防护的最佳统一。

在为提升战舰的防护能力而牺牲航速这一问题上存在的分歧，与其他技术问题一起，表达出了设计上更深层面的观念和见解。在1916年5—7月间，K部搞出了一个新的设计方案——"GK6"。该方案排水量36500吨，水线长235米，防护水平与"GK3"方案[①]相同，但其28节的最高航速相比"GK3"的29节略低。只要财政状况允许，"GK6"方案也是一型符合威廉二世期望的、由战列舰和战列巡洋舰融合转化而来的主力战舰。然而，公海舰队总司令舍尔上将和海军部A部却反对"GK6"设计方案。他们确信该方案的航速还不够快，而且认为其在装甲防护和主火力配置上并未吸取从日德兰海战中用钢铁和鲜血换得的经验教训。他们建议要么安装第五座380毫米双联装主炮塔，要么将主炮口径改为420毫米。与此同时，相关设计论证工作节奏的放缓和更多无法避免的延迟将新型战列巡洋舰的预计交付时间推迟到了1920—1921年。德国人为此而忧心忡忡，担心由于性能指标的选择不当，可能使得该型战列巡洋舰建成之时即为过时之日，或是虽不算过时，但其性能在很大程度上不如它们的英国对手。

因此，海军界的某些人士再一次提出了一个选项，即趁其建造完成度尚低的状态，立即将"维多利亚·路易丝"级代舰废弃。然而，德国海军部以经济、政治和工业生产方面的理由拒绝了这一提议，包括会造成资金浪费（当时价值大约3000万帝国马克的组件与零部件已制造完毕，部分已经组装），可能遭到政府和国会的敌视和反对，以及挫伤造船厂的士气等。

考虑到所有这些因素，1917年1月，K部另外提出了两个技术提案，即设计方案"Ⅰ"和"Ⅱ"。这两个方案保留了已有的"马肯森"号的大部分设计，因此舰体尺寸和主机形式未做任何改动（舰上的锅炉和蒸汽轮机已经下单订购），以便可以继续使用已经制造的部件。相比"维多利亚·路易丝"号代舰，设计方案"Ⅰ"的舰形没有变化，但由于装甲防护和主炮口径的提升，排水量增加了1350吨。设计方案"Ⅱ"的排水量增加了2400吨，从而为一系列设计修改提供了空间：舰长增加4米，舰体装甲盒延长（延伸至"D"主炮塔），以及有选择地加强了一些部位的装甲防护（司令塔正面、主炮塔座和主炮塔）。方案"Ⅱ"的主机与方案"Ⅰ"相同，最高航速降低了0.5节。

1月16日，冯·卡佩勒否决了任何关于将建造中的舰只予以废弃的提议，并敦促海军部在设计方案"Ⅰ"和"Ⅱ"中尽快选择一个，好呈给皇帝陛下御批。K部支持方案"Ⅱ"，并且已经在海军部内部达成了共识。然而A部提议只对"格奈森诺"号代舰和"沙恩霍斯特"号代舰进行改装，将"约克"号代舰废弃。冯·卡佩勒否决了后者的提议。最终德皇批

[①] 译注：原文作GK6，联系上下文，应为GK3之误。

准了设计方案"II",随后 K 部便着手确定该设计方案的各种技术细节。定案后的设计方案"II",排水量增至 33000 吨,舰体长度增加了约 1 米,最高航速下降了 0.25 节。锅炉被紧密地集中布置在一起,以便于通过仅有的一座烟囱排烟。这一设计使得该型舰在外观上与以往各级存在着明显的差异,因此 K 部下令将这 3 艘舰作为新的一个舰级,定名为"约克级代舰"(Ersatz Yorck class),而非通常意义上的"改装"舰和"武备升级"舰。"约克级代舰"的估算造价为每艘 7500 万帝国马克。

主要技术特点

"约克"号代舰的设计排水量从"马肯森"级战列巡洋舰的 31000 吨增至 33500 吨,其满载排水量则达到了 38000 吨。第 236—237 页的图表列出了该级的主要性能数据。排水量的增加,主要是由于用 380 毫米主炮炮塔替换原先的 350 毫米主炮炮塔后带来了全舰结构加强与重量的增加。该舰的水线长度比"马肯森"级长 4.8 米,达到了 227.8 米。舰体全长 228 米,舷宽则由于德国的船坞码头与通航水道通常的宽度限制而与"马肯森"级相同,均为 30.4 米。由于干舷高度未变,因此舰体高度所增加的 0.3 米意味着该舰的平均吃水深度也将等量增加。此外,由于"约克"号代舰舰体龙骨的中段已经铺设,已不可能再重新设计舰体,因此其舰体形制沿用了"马肯森"级的设计,未做任何调整。

但武备的升级还是不可避免地带来了其他一些设计上的调整修改。[①] 每座主炮塔更大的重量迫使"A""B"主炮塔位置后移了 2.3 米,而"D"主炮塔也向舰艉方向移动了 3.5 米。舰体中段的长度增加了 2.5 米,致使"B""C"两座主炮塔的间距也相应增加了同等长度。舰体中段的加长扩大了舰员的居住空间,也使得舰艉两侧的鱼雷发射管的位置可以重新安排。位于舰体舯部的装甲盒也被延长到了"D"主炮塔的位置。12 门 150 毫米副炮沿变长了的舷侧重新布置:其中两门后移至"D"主炮塔的基座位置,6 门居前的副炮(每舷侧 3 个)与舯部的 4 门间隔变得更大。

主机布局方面相比"马肯森"级也没有什么改动,但原"马肯森"级的设计中 3 号和 4 号锅炉舱之间的隔舱[②]在"约克"号代舰中被弃用了。此外,"约克"号代舰的单烟囱设计好处也颇多,可以使三脚桅和前司令塔拉开距离,以避免在战舰中弹受损时桅杆上的设施和部件掉落下来砸在司令塔上,影响作战指挥。后部的单柱桅也被重新安装在一个离烟囱较远的位置,以减轻烟囱排烟对火控指挥站的干扰。

装甲防护

"约克"号代舰在装甲防护方面相对于"马肯森"级改动很小。舰体装甲盒结构一直延伸到"D"主炮塔的位置,为舰上的主机舱和弹药库提供了更好的保护,并且全舰的垂直防护装甲最厚处达到了 300 毫米。在上层甲板的高度上,前部垂直装甲厚度减至 200 毫米,舯部垂直装甲厚 220 毫米,艉部 240 毫米。在装甲盒范围之外,装甲带一直敷设到距离舰体两端仅有 25 米处,其厚度也相应减至 120 毫米(舰体前端处)和 100 毫米(舰体后端处)。舰体装甲盒被厚度为 200—250 毫米不等的隔舱壁所封闭。水平防护与"马肯森"级几乎别无二致,装甲厚度只在舰艉稍有降低。其防鱼雷隔舱的形制也与"马肯森"级相同。

前司令塔正面敷设有 300—350 毫米厚的装甲板,顶部装甲厚 160 毫米。后司令塔装甲最厚处为 200 毫米。主炮塔正面装甲板厚 300 毫米(倾斜部位厚 250 毫米),背面

[①] 380 毫米双联装主炮塔占用的空间并不比 350 毫米双联装主炮塔大多少,其弹药亦是如此。因此"约克"号代舰两座前主炮塔之间的间距和它们的弹药库的尺寸并无变化。
[②] "马肯森"级的柴油发电机组和 150 毫米副炮的弹药库就被设置在这一隔舱内。

① 这种弗廷格尔式机械系统在安装于"约克"号代舰上之前，曾在轻巡洋舰"威斯巴登"号（SMS Wiesbaden）上进行了测试。这一系统能够将涡轮机和主推进轴的转速比控制在 5∶1，从而使动力输出的运行效率更高。但这种系统的最高工作效率只有 90%，这就部分抵消了其所带来的增益。

装甲厚 290 毫米，顶部 150 毫米，侧面 250 毫米（倾斜部位 200 毫米）。主炮塔炮塔座高于上层甲板的部分其装甲厚 300 毫米，与舰体装甲盒和主装甲带重叠的部分装甲厚度分别降至 180 毫米和 80 毫米。

主机

"约克"号代舰在确定主机布局时，除弗廷格尔式液压联轴节①之外，所有的主要部件的订单都已下达，因此，为避免重新设计带来的浪费，该舰的主机布局与组成完全沿用了"马肯森"级的设计，未做任何改动。这种情况也是对"约克"级代舰进行重新设计的主要限制因素之一，不仅对"约克"级代舰内部空间的布局产生了一定影响，还降低了该级舰最高航速（从"马肯森"级的 28 节降至 27.25 节）。事实上，尽管满载排水量增加了 2500 吨，但"约克"号代舰的设计推进功率却维持了与"马肯森"级相同的水平（90000 轴马力）。该舰在舰体内部的中央纵隔舱壁两侧的 10 个隔舱内安装有 32 台双头锅炉，其中燃煤锅炉 24 台，燃油锅炉 8 台。所有锅炉共同向两部布局方式与"马肯森"级相同的蒸汽轮机输送高温高压蒸汽，驱动其运转。只有"沙恩霍斯特"号代舰设计有两台与驱动外侧主轴的减速齿轮相连接的正车涡轮机，它们能够提高该舰在巡航航速下的续航力。"约克"号代舰的两块平行舵板的位置被设计在两具内侧螺旋桨搅起的水流内，以获得更好的适航性。关于该舰的燃料携带量和续航力的相关数据在 236—237 页的图表中列出。其电气设备的配备情况也与"马肯森"级相同。

一艘正在离岸的"巴伐利亚"级战列舰的鸟瞰照。该级的"巴登"号（Baden）和"巴伐利亚"号（Bayern）是第一次世界大战中仅有的两艘配备 45 倍径 380 毫米主炮的德国主力舰。不过这种主炮原本是计划安装在 3 艘属于战列巡洋舰的"约克"级代舰上的。（图片来源：《R. 斯坦吉里尼图片集》）

武器装备

在主火力方面，"约克"级代舰计划采用的是与"巴伐利亚"级战列舰相同的方式，沿舰体中线在 4 座双联装炮塔中安装 8 门 45 倍径 380 毫米主炮，其中"B""C"两座主炮塔分别背负于"A""D"主炮塔之上。每门 380 毫米主炮长 17.1 米，重 80 吨，一座配置齐全的 Drh. LC/14 型主炮塔全重 850 吨。380 毫米主炮的仰俯角为 -5°— +20°，与"巴伐利亚"级战列舰的主炮相同。主炮塔的旋转机构为电驱动式，火炮仰俯与扬弹机构为液压式。

每门主炮的设计备弹量为 90 发，全舰共计 720 发，配用弹种为 750 千克级穿甲弹和高爆弹，其身管寿命为 300 发。主炮炮口射击初速 800 米/秒，炮口动能 240 兆焦，8 门主炮舷侧单次齐射时的弹丸投射重量为 6000 千克，射速 2—2.5 发/分。副炮配置为 12 门安装在 MP LC/131 型炮架上的 45 倍径 150 毫米火炮，仰俯角 -8.5°— +19°，均布置在"A"和"D"主炮塔之间的舷侧。150 毫米副炮每门备弹 160 发。

"约克"级代舰的副炮还包括 8 门采用 MP LC/13 型炮架的 45 倍径 88 毫米高炮。其中 4 门安装在中甲板室上，位于前部上层建筑两侧；另4门安装在"C"主炮塔两侧的上层甲板上。① 此外，该级还有3具600毫米水下鱼雷发射管（舰艏一具，两舷侧各一具），共配备15枚H8型鱼雷。

服役情况

该级中只有"约克"号代舰一艘于1916年7月在汉堡实际开工建造，但最终也未能建成。然而一些建造资材和零部件如装甲板、锅炉、蒸汽涡轮机、柴油发电机和舰体分段等，已经按该级全部3艘舰的用量下达了订单。由于其他舰种得到了更高的建造优先权，尤其是潜艇和驱逐舰，德国所有战列巡洋舰的建造工作在整个1917年都处于停滞状态。此时3艘"约克"级代舰的计划交付时间已经被延后到了1920年夏至1921年春。最终，当第一次世界大战的战火熄灭时，"约克"号代舰尚在船台上进行装配的舰体组件（或是造船厂为同级的其他舰提前装配的组件）就被就地解体了。

1916—1918年的德国战列巡洋舰设计

正如前文对"马肯森"级和"约克"级代舰的介绍中所提及的那样，在第一次世界大战期间，德国对海军主力舰设计的研究仍在继续。1916年年初，德国海军在与英国皇家海军历次交战（包括日德兰海战）中所获得的经验教训的启发下，以德国海军部的技术部门为一方，德皇威廉二世、舰队司令部和海军参谋本部为另一方，重新开始了关于战列舰和战列巡洋舰设计的技术研讨。

在冯·卡佩勒上将继任了提尔皮茨辞去的海军大臣职务后，德皇威廉二世所面对的对手就从一名常常严守立场、毫不妥协的海军元帅变成了一位俯首帖耳的好好先生，特别是当威廉二世想要着手研究一个他一直非常敏感的课题，即将战列舰和战列巡洋舰融合为一型独特的快速主力舰是否可行时，这一点就表现得尤为明显。

当德国海军的"阿德尔伯特亲王"号装甲巡洋舰于1915年10月23日在波罗的海被英国海军E-8号潜艇用鱼雷击沉后，威廉二世即下令新造一艘更大的、装备350毫米主炮的"替代舰"来接替这艘不幸的装甲巡洋舰留下的缺额。但时任海军大臣提尔皮茨心里很清楚，他缺乏足够的财力和技术资源来迎合皇帝陛下拍脑袋的主意所带来的要求，德国国会也同样并不热心于为大型军舰额外拨款。再者，也是更重要的一个原因——没有足够的工程师和技术人员来完善关于新型战舰设计的技术细节。事实上，此时在德国海军部的设计部门内，拥有最高优先级的是潜艇和小型战斗舰艇。

提尔皮茨曾设法说服皇帝暂时放弃他那好高骛远的要求，但此时威廉二世已经决意用一个更听话更好管的人来取代他的海军大臣。冯·卡佩勒将军实际上正是这样一个热衷于迎合上意的人。于是在1916年4月，K部搞出了许多关于战列巡洋舰（设计方案"GK1""GK2""GK3"②）和所谓"快速战列舰"（方案"L1""L2"和"L3"）的设计草图。这些方案都装备了380毫米口径的主炮，并将作为后续研究的技术基础。

在日德兰海战之后，关于战列巡洋舰设计的争论卷土重来，德国海军部、海军参谋本部、舰队司令部，显然还有皇帝本人都涉及其中。针对战列巡洋舰的讨论围绕着在日德兰海战中吸取的经验教训进行，主要强调了3点要求：更高的航速、更强的主炮和更好的水平保护。舰队司令部确信提高最大航速和升级主炮（380毫米，甚至是420毫米③）

① "约克"级代舰的150毫米和88毫米炮及其配用弹药的性能指标与"冯·德·坦恩"级的同型火炮与弹药相同。
② 设计方案"GK1""GK2"和"GK3"在"约克"级代舰的研发过程中起到了特殊的作用。这些设计方案的情况以图表的形式在后文中列出，供参考，其中也包括设计方案"GK6"。
③ 德国海军的420毫米主炮于1916年末由克虏伯公司开始进行前期研发，但其研发进度严重滞后，很难按德国海军的时间要求安装在将要建造的德国战列巡洋舰与战列舰上。

是设计改进的首要工作，而海军参谋本部和海军部则倾向于增加主炮塔的数量（从4座增加到5座，并且认为380毫米口径已经够用了），并加强水平装甲。

这些争论的一个特别之处是双方对未来的战列舰和战列巡洋舰在设计上合并为一种全新的"快速战列舰"的可能性所进行的研讨。这是一个类似于1914年英国第一海务大臣费舍尔曾设想的，并在"胡德"号战列巡洋舰上敲定的"融合"概念。然而德国海军发现要实际应用这一概念是困难的。尽管争论一直持续到1917年，但直到一战结束，也未能达成一个最终的决议。除了一些"技术性"问题，比如舰体长度和舷宽应该如何匹配威廉港的船闸和干船坞尺寸，以及如何根据进出港航道的水深来限定舰船的吃水等，隐藏在这些争论背后的一个主要问题是，在德国所面临的总体军事形势和海军调整后的建设优先级面前财力和物力的可用度。

从早期的"GK1"到"GK3"，再从"GK6"到"GK12"，这9个设计草案中，最主要的共同特征是主炮的配置均为4座380毫米双联装炮塔，前二后二。尽管在一些设计草案中，两座后主炮塔的间距很大，但基本上也是呈背负式。除一个设计草案以外，其余设计的副炮装备均为16门150毫米炮，且安装在一个从"A"主炮塔延伸至"C"主炮塔的长装甲炮廓内。

威廉港船闸的宽度约34米，这使得新型战列巡洋舰设计方案的最大舷宽受到了限制，而新型战列巡洋舰的舰体长度主要是根据基尔港和威廉港255米长的浮船坞的承载能力来确定的。新战列巡洋舰的设计排水量根据各个方案的航速、尺寸和装甲防护的不同，从36500吨至44000吨不等。关于"GK6"到"GK12"方案的主要技术参数在下页图表中列出。

新型战列巡洋舰设计方案的舰体尺寸很大，分为6层甲板。上层甲板长度与舰体全长相同，但未设置艏楼甲板，这种设计方式为主炮提供了宽阔的射界。副炮的装甲炮廓嵌在上层甲板内。舰艉结构是典型德国战列巡洋舰的设计方式，舰艉中线位置安装有一具600毫米鱼雷发射管。16个水密隔舱用铰链铰接在主甲板上，双层舰底与整个舰体等长，保证了舰体内部空间相当大程度上的分区化。

遮蔽甲板从"B"主炮塔延伸到"C"主炮塔，支撑着一大一小两个烟囱和较短的前部与后部上层建筑。前部上层建筑内设置有前司令塔，同时也作为后倾的三脚桅的底座。后部上层建筑上安装了一根单柱桅，副司令塔也设置在其内。两组桅杆上都安装了观测站和一对火控指挥平台。不过这些设计方案都只有草图，很可能在某一个更细化的设计方案中会出现一个不同的上层建筑布局形式。武备方面除了380毫米主炮以外，上层甲板和遮蔽甲板上还装备了8门45倍径88毫米单装炮。在"GK6"方案中，除了舰艉中线上的舰艉鱼雷发射管外，还分别在"A"主炮塔前和"D"主炮塔后的舷侧安装有4具与龙骨方向垂直的水下鱼雷发射管。其他几种设计方案的鱼雷武备皆为一具中线发射管和两具舷侧发射管。

关于舰用主机，所有设计方案都采用了安装4部蒸汽轮机和同时配备燃煤、燃油两类小型水管锅炉的方式。燃煤锅炉与燃油锅炉交替工作，设计输出功率数据根据各方案从26节到32节不等的最高航速水平而不尽相同。尺寸最大的设计方案"GK10"配备有3座烟囱、36台燃煤锅炉和16台燃油锅炉，设计排水量44000吨，最高航速32节，但总输出功率情况没有相关记录，估计应该在200000轴马力左右。"GK10"方案设计有两块串联式舵板，而其他的设计都只有一块。

德国GK6号—GK12号战列巡洋舰设计方案主要性能参数一览

设计方案	设计排水量（吨）	主尺寸（米）	最高设计航速（节）	武备[1]	主装甲带[2]	装甲盒	副炮炮廓	水平防护[3]	主炮塔座[4]	主炮塔[5]	司令塔[6]
GK6	36500	235×30.4×9	28	8×350 16×150 5×600	300–150	200	150	50–30	350–150–90	350–250	350/250
GK6a	36500	235×30.4×8.7	略低于GK6	3×600，其余同GK6	同GK6	同GK6	同GK6	同GK6	同GK6	同GK6	同GK6
GK7	44000	230×33×9.5	26	同GK6	同上	同上	同上	同上	同上	同上	同上
GK8	同上	240×32×9.5	28	同GK6	同上	同上	同上	同上	同上	同上	同上
GK8a	同上	同上	同上	同上	同上	同上	同上	同上	同上	同上	同上
GK9	同上	250×31×9.5	30	同上	同上	同上	同上	同上	同上	同上	同上
GK10	同上	270×31×9.5	32	同上	同上	同上	同上	同上	同上	同上	同上
GK11	37000	230×31×8.7	无数据	同GK6a	无数据	无数据	无数据	无数据	无数据	无数据	无数据
GK12	44000	250×31×9.5	30	同GK6	同GK6	同GK6	同GK6	同GK6	同GK6	同GK6	同GK6

注：
1. 本栏所列为各设计方案中主、副炮数量与口径，单位毫米。未行显示的是鱼雷发射管的数量与口径。
2. 本栏所列为各设计方案的主装甲带的最大与最小厚度数据。
3. 水平防护装甲的厚度数据，按不同甲板层区分。
4. 各设计方案的主炮塔座从顶部到底部的装甲厚度数据。
5. 主炮塔正面和侧面的装甲最大厚度。
6. 前、后司令塔装甲的最大厚度。

德国"GK-XXXX"战列巡洋舰设计方案主要性能参数一览

设计方案	设计排水量（吨）	主尺寸（米）	最高设计航速（节）[1]	武备[2]	主装甲带[3]	装甲盒	副炮炮廓	装甲厚度（毫米）水平防护[4]	主炮塔座[5]	主炮塔[6]	司令塔[7]
GK4541	45000	240x33.5x10	28.5	8x420 12x150	300/170	260	150	50/20	350/100	350/250	350/250
GK4542	同上	同上	28	同上	同上	同上	同上	同上	同上	同上	同上
GK4531	同上	同上	30.5	6x420 12x150	350/170	300	170	60/20	同上	同上	同上
GK4532	同上	同上	30	同上	同上	同上	同上	同上	同上	同上	同上
GK4521	同上	同上	30.5	4x420 12x150	同上	350	200	80/20	350/250	同上	同上
GK4021	同上	240x33x9.5	31	同上	300/150	260	150	60/20	350/100	同上	同上
GK3521	35000	240x29.5x9	同上	4x380 12x150	150	150	同上	同上	300/90	320/110	300/200
GK3021	30000	240x27x8.5	同上	4x350 10x150	100	100	同上	30/20	250/90	同上	同上
GK3022	30000	同上	33	同上	同上	同上	100	同上	200/60	200/100	250/150

注：
1. 本栏所列为设计最高航速。德国海军部也估计到了海试中所能达到的最高航速会略高于其设计值。
2. 本栏所列为各设计方案中主、副炮数量与口径，单位毫米。因此，8×420 表示 8 门 420 毫米（16.5 英寸）炮。表中所有设计方案的武备中实际还包括一具安装于舰体中线的水下鱼雷发射管。
3. 本栏为各设计方案的主装甲带的厚度数据，按不同甲板层区分。
4. 本栏为水平防护装甲的厚度数据，按不同甲板层区分。
5. 本栏为各设计方案的主炮塔座从顶部到底部的装甲厚度数据。
6. 本栏为主炮塔正面、侧面、背面以及顶部的装甲厚度数据。
7. 本栏为前、后火控指挥塔装甲的不同厚度数据。

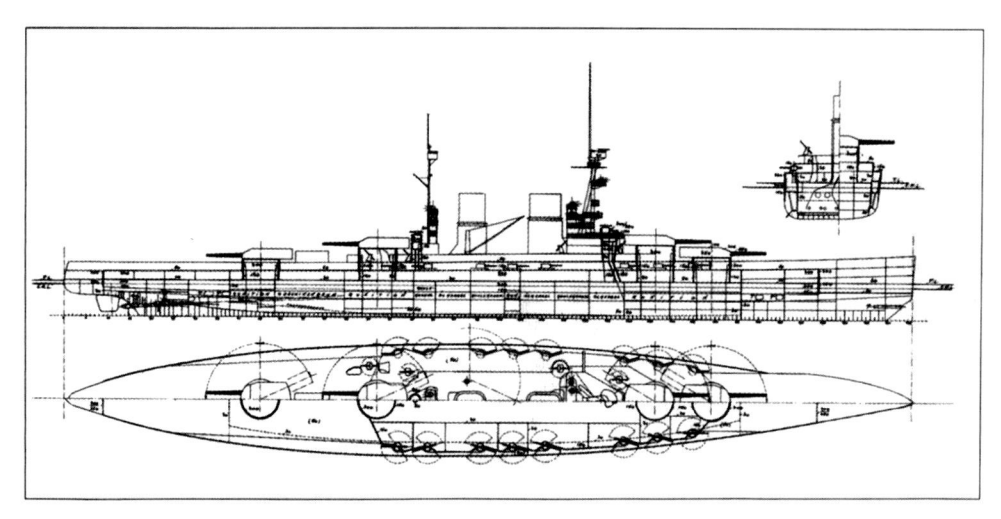

第四章　德意志帝国海军的战列巡洋舰　245

"GK 6"（"第 6 号大型巡洋舰"）设计方案是"马肯森"级在设计评审阶段所考虑的方案之一，后来发展成了"约克"号代舰的设计方案。然而公海舰队总司令舍尔上将和帝国海军部 A 分部认为其航速还不够快，武备还不够强，因此否决了这一方案。（图片来源：HYPERLINK "http://www.dreadnought" www.dreadnought.project.org 网站）

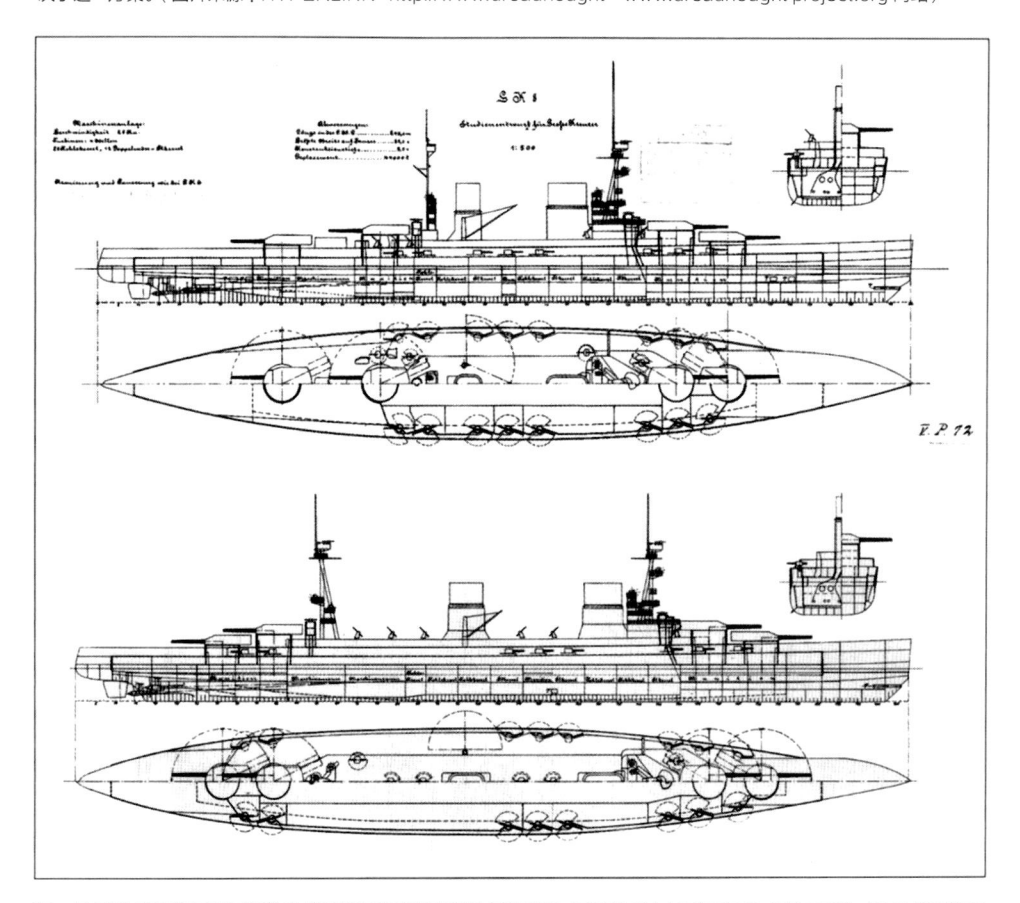

在一战后期，帝国海军部不断拿出战列舰和战列巡洋舰的设计草案，如"GK 8"（上图）和"GK 12"（下图）。"GK 1"到"GK 6"成了"约克"级代舰设计研发过程中的一部分，而后来的一些设计草案则计划在舰上安装口径更大、高达 420 毫米（16.5 英寸）的主炮，且排水量也更大。（图片来源：HYPERLINK "http://www.dreadnought" www.dreadnought.project.org 网站）

　　在装甲防护上，新型战列巡洋舰的各个设计方案遵循的都是德国海军部的传统设计方法，即尽可能在装甲、火力和航速三方面取得平衡。从"GK6"方案显示的信息看，其主装甲带垂直防护厚度为 300 毫米，其向上延伸段逐渐降至 220—240 毫米，向下延伸段的厚度降至 150 毫米，上层甲板处的舷侧装甲厚 150 毫米。主装甲带两端由厚度为

200—250毫米的隔舱壁封闭，其中前隔舱壁位于"A"主炮塔炮塔座的正前方，后隔舱壁同时为舵机室提供防护。

在水平防护方面，上层甲板在"B"主炮塔到"C"主炮塔这一段敷设有一层50毫米厚的装甲板。主甲板上也敷设一层50毫米厚的装甲板，且装甲板两边的厚度加强至80毫米，与150毫米副炮的炮廓装甲一致。下层甲板覆有一层从舰艏一直延伸到后隔舱壁的30毫米厚的装甲，与其他一些较厚的装甲板共同保护舵机室。舰体的水下部位防护主要由一道厚50—60毫米的防鱼雷隔舱壁提供。每座主炮塔炮塔座不同位置的装甲厚度也各有差异：其上部装甲厚300毫米，在主装甲带后面的部分逐渐降至150毫米，下部装甲厚90毫米；每座主炮塔正面装甲厚350毫米，侧面厚250毫米，顶部厚100毫米；前司令塔正面防护为300—350毫米，顶部装甲厚150毫米，底部厚40毫米；通讯管道的装甲防护厚150—180毫米。

德国对战列巡洋舰设计的新一轮研究工作从1918年开始，并一直持续到战争结束。其研究成果与之前的"GK"系列设计草案的不同之处在于它们在主炮配置的设计上主要基于45倍径420毫米舰炮展开，并且采用不同的炮塔布局和炮塔数量。关于从"GK3021"方案到"GK4552"方案[①]的一系列研究成果的主要参数在第244页图表中列出。这些方案在排水量、舷宽、吃水深度和航速方面各不相同，而自日德兰海战中获得的经验教训则使得横向安装在舷侧的水下鱼雷发射管被彻底摒弃。主机方面则同时配备燃煤和燃油两种锅炉。1918年3月，德国海军部从上一年11月曾与德军轻巡洋舰交过手的英国"光荣"号和"勇敢"号战列巡洋舰那里获得了设计灵感，又新鲜出炉了几种战列巡洋舰的设计方案。其中最具重要意义的是"GK3022"方案，该方案配备4门45倍径350毫米主炮和100毫米厚的主装甲带，48台锅炉（8台燃煤型，40台燃油型）分别布置在两层甲板上。"GK3022"方案的设计输出总功率200000轴马力，对应的最高航速可达33节。

进一步的设计工作于1918年5—6月展开，当时德国海军部已经搞出了全长270米的战列巡洋舰方案，这就需要对威廉港的船闸进行扩建。这些新的设计草案看上去和之前的设计类似，包括间距很大的两座后主炮塔。新草案的设计排水量可达49200吨，配备的32台锅炉总共能产出220000轴马力的功率，带来32节的最高航速。然而，地理和后勤保障能力方面存在的局限性拖累了德国海军在基地和舰船维修设施方面的建设；同时，对更高航速和更大口径主炮的要求，将不可避免地导致主炮塔数量的减少和装甲防护的削弱，因此这些战列巡洋舰方案可能并不适合德国海军。

但不管怎么说，德国海军部在德国临近战败的1918年还在进行着新型战列巡洋舰的研发工作，这一点仍然让人惊讶。由于研发和建造的周期很长，德国的新型战列巡洋舰已经不可能对战争的结果产生任何影响了，并且当时德国在国内的政治形势开始恶化，正在倾其所有地调动一切战略储备来支持其陆上作战。也许德国的最高指挥层里还有一些人仍然相信战争会以有利于德国的结果而告终。从这个角度来看，德国海军部在战列巡洋舰设计上付出的努力可以解释为一种为战后岁月提前进行的准备。到那个时候，一支强大的德国舰队将成为一件保卫"胜利果实"的有效工具。但残酷的现实是，从1917年开始，德意志帝国海军主力舰的建造工作实际上就已经全部停滞了。尽管设计工作还在锲而不舍地进行，但在战争期间建造新型战列巡洋舰的可能性已经变得微乎其微。

---

① 以"GK"为前缀的4位数字编码可以直观地表示出这些设计方案的基本参数。前两位数字表示的是排水量数据，以"千吨"为单位；第三位数字代表主炮塔数量；末位数字为设计方案编号。

第五章
英德战列巡洋舰的作战使用

1914年8月4日，大英帝国携当时在役的9艘战列巡洋舰（包括3艘装备8门13.5英寸主炮的"狮"级）走进了第一次世界大战的硝烟中。10月，第四艘"完美之猫"——"虎"号加入了皇家海军的战列巡洋舰序列。而此时的德意志帝国海军中可以迎战的战列巡洋舰仅有4艘。德国海军的4艘战列巡洋舰中有3艘在北海海域，而自1912年起就被部署在地中海的"戈本"号也将很快移交给奥斯曼土耳其帝国海军。所有的德国战列巡洋舰均配备280毫米口径的主炮，以对抗英舰装备的12英寸和13.5英寸主炮。当年12月，装备8门305毫米主炮的"德弗林格尔"号战列巡洋舰服役，使北海方向的德国战列巡洋舰数量增至4艘。

在"虎"号入役之后，英国皇家海军在1916年到1917年7月间又有4艘配备15英寸主炮的新造战列巡洋舰服役。此外，计划装备两门18英寸单装主炮的"暴怒"号也已经作为战列巡洋舰开工建造。但该舰在完工后不久就被先后拆除了前后两门主炮，改装成了一艘航空母舰。而在同一时期，德国的造船厂仅在1915年8月和1917年10月交付了两艘新造战列巡洋舰（"吕佐夫"号和"兴登堡"号）。总的来说，尽管英国皇家海军在战斗中遭受了更大的损失（3艘英国战列巡洋舰在日德兰海战中战沉，而德国海军只有一艘沉没），但即使考虑到有部分舰只因事故或维修需要而暂时无法使用，英国皇家海军仍然在战列巡洋舰的数量上保持着优势。

在海上作战行动方面，除了战争初期的一些个例（如科罗内尔海战、福克兰群岛海战、地中海海战和达达尼尔登陆战）外，英德两国水面舰艇部队的作战行动几乎都是在北海海域进行的。与导致这种新型水面战舰问世的基本作战理论和初衷所不同的是，英德双方的战列巡洋舰并没有被广泛用于保护海上贸易线或碾压速度较慢、火力较弱的敌方装甲巡洋舰和轻巡洋舰，相反，它们被作为主力舰队的"快速反应部队"投入战斗，既与同级别的对手作战，同时又充当着主力舰队的前锋和支援力量。

在1914年8月的赫尔戈兰湾海战后，德皇威廉二世禁止公海舰队主力再冒着遭受严重损失的风险轻易出战，于是战列巡洋舰作为德国海军唯一一种可以出海"消耗"的主力水面战舰东征西讨，独立进行了许多海上作战行动，如对英国海岸发动的突袭行动，以及在战争末期对北海上协约国航运的拦截。

本书在第二章提供了有关如何在对战列巡洋舰的作战使用至关重要的武备、防护和航速三者之间进行设计折中取舍的技术考量。值得一提的是，提尔皮茨那著名的观点——

① 在多格尔沙洲之战中，英方指挥官贝蒂将军在20000码的距离上即已下令开火射击。

"战舰的主要任务就是浮在水面上"——已经被德国人应用在战列巡洋舰的设计和建造中。结果，德国战列巡洋舰在多格尔沙洲和日德兰的恶战中，在北海、地中海和黑海被水雷或鱼雷击伤的时候，都展示出了对大口径火炮（如日德兰海战中英国海军"伊丽莎白女王"级战列舰的15英寸主炮）和水下武器打击的非凡耐受力。

英国的战列巡洋舰经常因为它们那薄弱的防护而饱受批评，但其最大的隐患实际上并非是甲板和装甲带的厚度，而是弹药的起火和爆炸，这一点直接导致了日德兰海战中3舰折损的悲剧。因此，英国战列巡洋舰的损失与其说是源于设计上的差劲选择，不如说是因为火炮发射药储存上的大意和不符合安全要求的弹药处理规程。

除了技术指标以外，还有其他许多因素也影响着战舰的战斗力和性能，如作战理论、人员训练、后勤水平、领导力以及位列最后但并非最不重要的情报。

关于作战理论，值得注意的是，战前英德两国的海军都严重低估了海战中的有效交战距离。他们认为在一场由战列线式战舰进行的战斗中，10000—12000码是一个难以逾越的界限。这一距离上的限制也考虑到了能见度的因素，特别是在北海海域。然而战争初期的几场海上战斗推翻了这一假设。① 远距离的交战既带来了始料未及的大量弹药消耗，也使德国战舰产生了加大火炮的最大射击仰角，以扩大有效交战范围的需求。

在训练方面，英国皇家海军和德意志帝国海军都得到了很高的评价。在多场海战中，德国海军都显示出了其在技战术训练上的优势。德舰的炮手在射击中能够更迅速地实现对目标的跨射，并且弹着点的散布也控制得很好。而这一效果的达成，是诸如火炮精度、

第一次世界大战前进行海上训练的德国公海舰队第二战列舰分舰队所属的战列巡洋舰。（图片来源：US Defenseimagery.mil 网站，图片编号 HD-SN-99-02146）

发射药包的装药均匀性、测距仪质量、更好的弹道计算设备和集中的火控指挥等因素共同作用的结果。然而，除此之外，两国海军在舰炮射击技术上还有一个重要的差别。在日德兰海战之前，英国皇家海军在海战时确定交战距离的标准流程要求首先发射一发"短"弹，然后根据观测到的这发炮弹的落点情况，再发射一枚或多枚炮弹进行"修正"，直到命中目标，然后即可开始对目标实施迅猛而持续的效力射。[1] 德国海军的射击流程则与此不同，而且绝对见效更快：火炮以不同的仰角快速打出三轮齐射，以求迅速用弹雨实现对目标的首次"笼罩"。因此不需要等待观测炮弹落点来修正后续齐射的射角，经常一轮齐射就足以对敌舰形成跨射。这一射击方式使得德国战列舰和战列巡洋舰在海战中往往能够取得决定性的优势。

如本书第二章所述，条件优越的海军基地数量不足是德国海军的一个绝对弱点。由于吃水较深，德国海军的大型战舰进出北海上的主要基地（如威廉港和库克斯港）时，受浅滩和潮汐的影响很大。此外，通过船闸和堤坝系统也相当费时，特别是当大型编队甚至整个公海舰队需要出航时。

在通讯方面，英德两国的海军都拥有高水平的装备和组织。英国皇家海军使用的是马可尼公司开发的岸上和舰用无线电通讯系统；而德国海军出于技术独立和安全性的考虑，选择了德国国产设备[2]。除了可靠的无线电通讯系统外，德国海军还在军舰上使用了有效的无线电干扰设备。这些设备在多次行动中（如对英国雅茅斯和斯卡伯勒的袭击，以及多格尔沙洲海战）干扰了敌方的通讯，并迟滞了其反应。

与德国海军相反，通讯情报是英国皇家海军的一个优势所在，相关工作集中在英国海军部的所谓"40号房间"（Room 40）。凭借两次爆棚的好运，英国破译德国无线电通讯的能力很快就取得了令人瞩目的成就。第一次是从沉没于波罗的海的德国轻巡洋舰"马格德堡"号（SMS Magdeburg）的残骸中获取了德国海军密码本（Signalbuch der Kaiserliche Marine）。1914年8月26日，俄国人在德舰的残骸中发现了密码本，10月底这本密码就摆在了英国海军部的桌上。第二次好运发生在当年11月30日，一艘英国拖网渔船在靠近荷兰海岸的特赛尔岛（Texel）海域打捞起一个密封的箱子，这是10月17日在英国海岸布设雷区的一支德国小型舰队与一支英国舰队交战时被濒临沉没的德国S-119号鱼雷艇扔到海里的。

在这只"宝箱"内，英国人发现了一本通信密码本，上面记录着德国人用来与他们在外洋作战的军舰、驻外使馆和海军武官进行通信的代码，以及一些标有德国海军的坐标网格和敌我舰只位置的北海海图。英国人自然是如获至宝，到12月3日，这些材料已经被送到了"40号房间"。由于德国海军没有意识到自己的密码已经泄密，此后伦敦能够读取德国所有的无线电通讯信息，包括岸上指挥机构与海上舰只之间的往来电文，这为英国皇家海军带来了无法估量的作战优势。在随后几年里，德国唯一的止损方法是大幅减少无线电通讯量。通讯保密问题严重束缚了德国海军的手脚，其作战行动也经常受到影响。

以经济角度来看，可以用"物有所值"四个字来评价战列巡洋舰的建造。大英帝国耗费了约3150万英镑，至1920年共装备了包括"暴怒"号在内的15艘战列巡洋舰（不含"胡德"号）。而德国用3.42亿帝国马克[3]，也就是不到英国同类支出的一半，建造了7艘战列巡洋舰。

---

[1] 英国海军规定这一射击流程的目的是在战斗的初始阶段节省弹药，但这意味着需要耗费更多的时间才能实现对目标的跨射。在发射下一发用于"校正"射击距离的炮弹之前，火控指挥员必须观测到第一发炮弹的溅落点，因此必须在炮弹飞行时耐心等待，而在远距离交战时炮弹通常要飞行大约30秒。

[2] 从1903年开始，这些设备由德国的"无线电报公司"（Gesellschaft für Drathlose Telegrafie）生产，即后来著名的"德律风根"公司。

[3] 这一数字只是采购成本，未计入人员、训练和使用等方面的费用。英镑与帝国马克间的汇率为1：20.43。

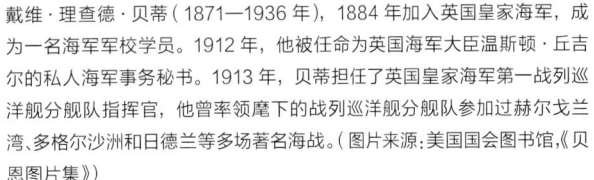

戴维·理查德·贝蒂（1871—1936年），1884年加入英国皇家海军，成为一名海军军校学员。1912年，他被任命为英国海军大臣温斯顿·丘吉尔的私人海军事务秘书。1913年，贝蒂担任了英国皇家海军第一战列巡洋舰分舰队指挥官，他曾率领麾下的战列巡洋舰分舰队参加过赫尔戈兰湾、多格尔沙洲和日德兰等多场著名海战。（图片来源：美国国会图书馆，《贝恩图片集》）

约翰·拉什沃思·杰利科（1859—1935年），1872年以军校学员身份加入英国皇家海军，1883年获皇家海军枪炮官资格，1905年任海军军械总监，1914年8月4日晋升为海军上将，接了皇家海军大舰队的指挥权。杰利科担任大舰队司令官直到1916年11月，而后被任命为第一海务大臣。（图片来源：美国国会图书馆，《贝恩图片集》）

最终的事实证明，英国在财政方面付出的努力不仅使国家在经济上的可持续性更强，而且获得了更大的收益。战列巡洋舰的建造如此，整个水面舰队力量的建设亦是如此。事实上，尽管要落实提尔皮茨写入《海军法》的海军建设规划的确需要德国在财政方面付出巨大努力，但德国的公海舰队自身也的确是不够争气，从未能真正挑战英国皇家海军在北海的制海权，而且在整场战争期间主要局限在本国海域活动。导致德国在海军上的投入没有获得回报的一些因素前文已经谈到，而另一些将在后文关于作战行动的内容中再行讨论。

在第一次世界大战前夕，英国基于其悠久的海洋传统，已充分意识到对海洋的控制攸关帝国的兴亡，同时英国还准备在政治、立法和经济领域以一切手段来支持这种观念。除了一流的海军，大英帝国还有另一项重要的非物质财富：许多英国皇家海军的将领和舰长都具有费舍尔所称的"纳尔逊气质"（Nelsonic temperament）。意即他们作为指挥官，将在战斗中表现得勇敢果决，富有主动进攻精神，并勇于承担其决策所带来的风险，甚至敢于在接到命令之前就展开行动，或者在某些情况下干脆无视命令。①

相对于英国皇家海军，德意志帝国海军的历史和传统只有短短几十年。但也不乏充满智慧和勇气的杰出将领。站在英国战列巡洋舰舰队司令贝蒂将军面前的，是后来官拜德意志帝国海军上将的希佩尔将军，这无疑是一位值得尊敬的对手。而许多德国海军的军官和士兵，在战争中也都显示出了出众的战斗能力和专业素养。福克兰群岛海战中的德军巡洋舰舰长与水兵、多格尔沙洲之战中"布吕歇尔"号装甲巡洋舰的

① 费舍尔勋爵曾说过："依令而行是连傻瓜都能办到的事情。"意思就是，在某些情况下，应该像历史上纳尔逊将军在哥本哈根之战中所做的那样，无视或不服从命令。

舰长，他们在战斗中的作为正是对专业、决心和勇气的有力诠释。这些优秀品质同样适用于日德兰海战中"冯·德·坦恩"号战列巡洋舰的舰长，该舰在残酷的战斗中几乎被打成了空壳，丧失了全部战斗力，但却依然顽强地与其他德国战列巡洋舰保持着队形，以吸引敌方火力，不让敌人将火力全部集中在友舰身上。

然而，当贝蒂将军和英国皇家海军在对它们的强大战斗力充满信心的政府和国家的支持下，已经准备好无惧艰险，去夺取胜利的时候，德国海军的希佩尔将军却不得不面对一种完全不同的境遇。德皇威廉二世和他的海军幕僚们，包括1915—1916年任德国公海舰队总司令的雨果·冯·波尔海军上将（Admiral Hugo von Pohl）在内，都舍不得让这支舰队直接去面对吉凶难测的战斗。威廉二世的态度严重限制了其麾下将领们的行动自由。皇帝担心"他的"这支宝贝海军可能会遭受难以弥补的损失，并因此对德国的未来产生潜在危险。就这样，威廉二世从这支提尔皮茨元帅苦心打造的强大武装中抽走了其很大一部分价值，将德国海军从一件可怕的坚兵利器变成了一件需要精心呵护的"珍宝"，乃至最后沦为几乎无法利用的鸡肋。

这种态度可能在战争临近结束时才有所改变。此时舍尔海军上将已经调任海军参谋总长，由希佩尔上将继任公海舰队总司令。然而，对于现在变得更有进取心，甘愿带领水面舰队冒着巨大的风险去攫取可观的战果的德国海军新领导层来说，一切已经太晚了。有证据表明，德皇将自己的意志强加给了德国海军，使公海舰队变得谨慎而怯战，错失了在战争中建功立业、铸就传奇的诸多机会，也削弱了他们在战争中本应起到的重要作用。

关于英德两国战列巡洋舰的主要作战行动将在后续几节进行介绍。应该指出的是，这并不是一部第一次世界大战海战的通史，而是对有战列巡洋舰发挥重要作用的数场海上战斗情况的汇总。从德国海军"戈本"号战列巡洋舰穿越地中海的奔逃，到公海舰队在苏格兰斯卡帕湾的悲壮自沉，本书按时间顺序对这些作战行动进行了叙述。本书的这一基本行文规则也有少数例外：一些规模较小的作战行动将按照其作战区域（如波罗的海和黑海）的不同来分别叙述，以避免文字上过于松散零碎。

莱茵哈特·舍尔（1863—1928年）作为军校学员参加了德意志帝国海军。在第一次世界大战爆发前夕，舍尔是德国海军第二战列舰分舰队的指挥官。1916年1月，舍尔被晋升为海军上将，坐上了德国公海舰队司令的宝座，并率领公海舰队参加了日德兰海战。1918年，舍尔被任命为德国海军总参谋长。（图片来源：美国国会图书馆，《贝恩图片集》）

弗朗茨·冯·希佩尔（1863—1932年）1881年加入德国海军，成为一名军校学员。希佩尔早年曾指挥过鱼雷艇和巡洋舰部队，1913年10月被任命为第一侦察分舰队的指挥官。希佩尔担任这一职位直至1918年，随后接替舍尔成为公海舰队的司令官。（图片来源：《R.斯坦吉里尼图片集》）

"戈本"号的逃亡

英德两国战列巡洋舰之间的对抗始于1914年，甚至早于两国正式进入战争状态的时间。1912年，德国海军的"戈本"号战列巡洋舰被从本土调往地中海进行力量展示，以加强三国同盟框架内的海军合作。1914年7月19日，由于锅炉故障已不能再继续拖延，"戈本"号驶入了奥匈帝国的波拉海军基地进行维修。当德国政府告知地中海分舰队（包括"戈本"号战列巡洋舰和"布雷斯劳"号轻巡洋舰）司令、海军少将威廉·苏雄（Wilhelm Souchon）战争已迫在眉睫时，"戈本"号的维修工作已基本结束。

7月29日，"戈本"号离开了波拉基地。为避免被困在亚得里亚海（Adriatic），该舰于的里雅斯特（Trieste）短暂停留加煤后，在苏雄少将的指挥下向南进发。"戈本"号的计划是攻击从北非驶往法国的法国运兵船，得手后即出直布罗陀海峡进入大西洋，如果可能的话，再回到德国。而阻碍这一计划实现的绊脚石主要是由英国海军上将阿奇博尔德·伯克利·米尔恩爵士（Sir Archibald Berkeley Milne）率领的英国皇家海军地中海分舰队。

此时的国际形势波诡云谲，瞬息万变：1914年8月2日，意大利宣布中立；柏林时间8月4日午夜，英国对德宣战；法国直到8月10日才对奥匈帝国宣战。7月30日，英国海军部指示米尔恩，他的任务是保障法军从阿尔及利亚向本土增兵行动的安全，并且在"戈本"号试图干预时予以坚决拦截。然而，米尔恩在等待增援的同时，采取的是尽量避免与敌方优势兵力[①]交战的策略。

8月1日，苏雄在意大利布林迪西港（Brindisi）下锚，但当地政府不允许该舰在港加煤。当日17时，"戈本"号继续南行，很快，德国轻巡洋舰"布雷斯劳"号自阿尔巴尼亚杜拉斯（Durres）赶来增援，两舰并肩前行。"布雷斯劳"号随后接令前往西西里岛（Sicily）的墨西拿（Messina）加煤，到了8月2日15时，"戈本"号也来到墨西拿加煤。在经历了一些困难之后，驻罗马的德国大使馆确保两舰总共被允许加载了2000吨燃煤。8月3日凌晨1时，两舰安全通过了墨西拿海峡（Messina）的北部出口。苏雄将军企图拦截往来于北非和土伦港之间的法国运输船，并炮击阿尔及利亚的菲利普维尔〔Philippeville，现名斯基卡（Skidka）〕和博纳〔Bona，现名安纳巴（Annaba）〕，一个师的法军应该会在那里登船被运回国。8月3日18时，在两舰向北航行时，苏雄收到了一份电报，电报告知他德国已与法国正式进入战争状态。晚21时，两舰在撒丁岛（Sardinia）南部分道扬镳："戈本"号前去袭击菲利普维尔，"布雷斯劳"号前往博纳。

由于担心遭到德国海军的袭击，法军的运兵行动停滞了数日。与此同时，在8月3日凌晨4时，一支法国舰队从土伦起航，驶向阿尔及利亚海岸。在英国海军部，海军大臣丘吉尔向米尔恩将军发出了一连串的命令、说明和更正。8月3日，他向米尔恩下令："对亚得里亚海出口方向应保持警戒，但'戈本'号才是你的目标！"8月4日，丘吉尔预见到英国即将对德宣战，于是命令米尔恩："如'戈本'号攻击法国运输船队，你当立即与其交战！"但之后很快丘吉尔就更改了命令，因为内阁严禁在最后通牒到期前进行战斗行动，明确表示："在最后时刻到来之前，不应采取任何战争行为……本电即行取消……当'戈本'号攻击法国运输船时可与之交战。"

由于未能掌握德舰的动向，米尔恩于8月1日将地中海分舰队悉数集结于马耳他岛。根据海军部8月2日的指示，他派遣特鲁布里奇海军少将（Ernest Troubridge）率领2艘战列巡洋舰、3艘装甲巡洋舰、轻巡洋舰"格洛斯特"号（HMS Gloucester）和8艘驱逐

[①] 这里所指的并非是"戈本"号，而是指可能会与从亚得里亚海出动的奥匈帝国海军正面交锋。

舰前往爱奥尼亚海（Ionian Sea），监视亚得里亚海的出口；轻巡洋舰"查塔姆"号（HMS Chatham）奉命侦察墨西拿海峡。8月3日8时，"查塔姆"号电告米尔恩，墨西拿海峡没有发现德舰踪迹。[①]因此米尔恩上将假定"戈本"号和"布雷斯劳"号正在向西航行，于是命令特鲁布里奇留下"格洛斯特"号轻巡洋舰和8艘驱逐舰继续监视，带领其他舰只返回马耳他。13时30分，命令再次变更：特鲁布里奇少将率第一巡洋舰分舰队去支援"格洛斯特"号。与此同时，英国海军部却担心"戈本"号正在驶向大西洋，于是在8月3日晚电令米尔恩将"不挠"号和"不倦"号两艘战列巡洋舰火速派往直布罗陀海峡，封锁地中海。

而此时苏雄的舰队已经接近了阿尔及利亚海岸。8月4日凌晨2时35分，该舰接到柏林的电令，命其全速驶往土耳其君士坦丁堡。[②]虽然奥斯曼土耳其帝国与德国已经订立了针对俄国的防御性同盟条约，但实际上却对加入战争不情不愿。"戈本"号在土耳其的存在将是对这个腐朽帝国施加压力的必要手段。

正准备投入战斗的苏雄少将决定将新命令先放一放，继续按原定计划前进，几小时后，"戈本"号战列巡洋舰抵达了北非海岸。由于在阿尔及利亚的菲利普维尔海域没有发现法国船团，"戈本"号便对岸上的军营、火车站和一些物资囤积处进行了炮击。"戈本"号共发射了20发150毫米炮弹，对岸上几乎没有造成任何损失。与此同时，轻巡洋舰"布雷斯劳"号袭击了博纳，用100毫米炮打了几炮，自然也是毫无建树。8月4日8时，两艘德舰驶离了阿尔及利亚海岸。在前往君士坦丁堡之前，两舰计划在墨西拿稍作停留，以进行急需的燃煤补给。

当两艘德舰准备从西边进入撒丁岛海峡时，苏雄少将第一次遭遇了英国军舰。8月4日上午10时32分，正在肯尼迪（Kennedy）舰长指挥下以22节航速赶往直布罗陀的"不

在"布雷斯劳"号轻巡洋舰伴随下航行在地中海上的德国海军"戈本"号战列巡洋舰。两舰自1912年11月起合称德国海军地中海分舰队，1914年8月两舰移交给土耳其海军后该分舰队宣告解散。（图片来源：《R. 斯坦吉里尼图片集》）

[①] 实际上苏雄此时已经离开了墨西拿海峡。
[②] "戈本"号的新目的地对苏雄少将来说完全出乎意料，他的选择仍然是前往大西洋或亚得里亚海。

挠"号战列巡洋舰于17000码的距离上发现了"戈本"号。此时英德两国尚未进入战争状态，因此双方舰上的主炮都指向正前方和正后方，以向对方表示自己无意开战。虽然双方的舰员都已进入战斗位置，但并未爆发交战。在那令人毛骨悚然的时刻里，苏雄少将眼睁睁地看着两艘英国战列巡洋舰在8000码外反向驶过，朝"戈本"号舰艉方向离去。不久，肯尼迪舰长指挥两艘战列巡洋舰掉转船头，在"戈本"号后方10000码的距离上一左一右地夹住德舰，开始展开跟踪。肯尼迪将这一态势告知了米尔恩上将，而此时苏雄则逐渐加快了航速，试图逃离窘境。但由于速度差不够且能见度良好，英舰始终与其保持着接触，15时，英军轻巡洋舰"都柏林"号（HMS Dublin）也赶来加入了两艘战列巡洋舰的跟踪队伍。眼下的局势非常危急，因为跟踪者和被跟踪者都随时可能收到两国宣战的消息，然后在不加警告的情况下向对方开火，打对手一个措手不及。苏雄少将决定驶往意大利的那不勒斯（Naples）以迷惑对手，使英舰搞不清楚他的真正目的地。但在当天16时，苏雄又命令"布雷斯劳"号直接前往墨西拿加煤。

英国海军上将阿奇博尔德·伯克利·米尔恩（1855—1938年）。米尔恩在一战爆发时任皇家海军地中海舰队的指挥官，因此便由他负责追击拦截德国战列巡洋舰"戈本"号和轻巡洋舰"布雷斯劳"号。米尔恩的任务是防止德舰攻击从阿尔及利亚向欧洲大陆运兵的法国船只，和（或）阻止德舰通过直布罗陀海峡冲进大西洋。在英国海军的追击下，"戈本"号和"布雷斯劳"号最终逃到了土耳其的君士坦丁堡。（图片来源：亚历山德拉王后1907年拍摄）

下午时分，海上的能见度有所下降。凭借这一点，再加上"戈本"号较高的航速，苏雄终于摆脱了英国战列巡洋舰的追踪，现在只有"都柏林"号还能勉强与德舰保持着接触，"不屈"号和"不挠"号战列巡洋舰都已被调往撒丁岛海峡展开巡逻。午夜时分，苏雄少将接到了从位于今克罗地亚希贝尼克（Sibenik）的无线电台转发的柏林电令："与英国进入战争状态。"一小时后，英军的米尔恩上将也收到了来自马耳他的同类信息。

8月5日上午7时30分，"戈本"号抵达墨西拿港。几艘意大利海军的驱逐舰在距墨西拿不远的卡拉布里亚（Calabrian）海岸附近来回游弋，但并未表现出明显的敌意。意大利政府同意苏雄"最后一次"在意大利港口加煤，但又援引《国际法》中有关交战国军舰可以在被扣押前于中立港口临时停留24小时的条款，只允许苏雄少将的小舰队在墨西拿停泊到8月6日下午。

8月4日19时，英国海军部通知米尔恩上将，意大利的中立地位必须得到"严格尊重"。他被命令待在意大利领海之外，于是没有率舰队进入墨西拿海峡。米尔恩判断苏雄可能会西遁，因此既没有派他的战列巡洋舰到海峡北部去搜寻德舰的行踪，也没有在海峡的每个出口都派一艘战列巡洋舰蹲守，以防德国人溜之大吉。米尔恩上将此时正亲率"不屈"号战列巡洋舰和其他轻型舰只穿过西西里海峡（Sicilian Channel），由于认为为法国运输船提供护航仍然是其主要任务，他命令"不倦"号和"不挠"号战列巡洋舰于8月5日正午12时在潘泰莱里亚岛（Pantelleria）附近与自己会合，并向海军部报告了他的决定。"格洛斯特"号轻巡洋舰被派去把守墨西拿海峡的南出口。在8月5日下午早些时候，米尔恩令"不挠"号前往突尼斯的比塞大港（Bizerte）加煤，自己则率领"不屈"号和"不倦"号两舰向北进发。

此时苏雄少将还在墨西拿。8月6日中午，加煤工作完成后，他在出港前让筋疲力尽的舰员们休息了一会儿。一小时前，柏林传来了坏消息：前往君士坦丁堡已不可能，

而奥匈帝国尚未对英法宣战，目前还不能为德国军舰提供支援。在这种情况下，苏雄得到了可以自行选择目的地的授权。17时，"戈本"号和"布雷斯劳"号离开墨西拿，向南航行。苏雄少将判断他既不可能安抵大西洋，也不能逃入亚得里亚海投奔奥匈方面，于是苏雄做出了一个大胆的决定，转向前往君士坦丁堡。① 而在对手这边，8月6日晨6时30分，米尔恩将他的巡逻区域移至西西里岛北部。当他正率队驶向第勒尼安海（Tyrrhenian Sea）时，负责监视墨西拿的"格洛斯特"号轻巡洋舰〔舰长霍华德·凯利（Howard Kelly）〕向他报告说，苏雄的舰队正向南驶去。于是米尔恩上将决定绕过西西里岛的西端，在马耳他短停加煤，然后在8月7日上午继续对德舰展开追击。"格洛斯特"号在跟踪"戈本"号和"布雷斯劳"号时，凯利舰长向米尔恩将军报告，德舰编队先向东，后又转向东北，沿着意大利卡拉布里亚（Calabria）海岸航行，明显是驶向亚得里亚海。

苏雄少将耐心地将这一航向保持了几个小时，然后在22时45分，他命令"戈本"号和"布雷斯劳"号突然转舵东南，向马塔潘角（Cape Matapan）前进。"格洛斯特"号轻巡洋舰这时还保持着对德舰的跟踪，特鲁布里奇少将也亲临指挥，第一巡洋舰分舰队②正在驶离希腊的凯法洛尼亚岛（Cephalonia Island）。特鲁布里奇推测德舰正驶向亚得里亚海，因此他计划在希腊的科孚岛（Corfu）海域进行拦截并与其交战。直到午夜时分，凯利舰长才向他报告苏雄舰队正驶向东南。特鲁布里奇闻讯立即改道南下，仍寄希望于在黎明前能逮住敌人并与之接战。③在8月7日临近凌晨4时时，第一巡洋舰分舰队刚刚经过希腊桑特岛（Zante），显然已经来不及截住"戈本"号了。于是特鲁布里奇少将无奈地放弃了追击，并报告了米尔恩将军。7日日出时，苏雄少将能清晰地看到跟在舰艉方向的英舰"格洛斯特"号的烟柱。尽管在早上6时30分，米尔恩已经命令凯利舰长"逐渐减速以避免被敌舰俘获"，但英国

在一战爆发前，出访美国期间的英国海军"不屈"号战列巡洋舰。"不屈"号是米尔恩上将地中海舰队的旗舰。1914年8月4日晨，地中海舰队的"不倦"号和"不挠"号战列巡洋舰在撒丁岛海峡首先发现了"戈本"号和"布雷斯劳"号。当时德舰在炮击了法属北非的几座港口后，正驶往西西里岛的墨西拿加煤。（图片来源：美国国会图书馆）

① 苏雄舰队起航后不久，被该舰队征用为辅助巡洋舰的汽船"将军"号（General）也离开墨西拿港，前往爱琴海（Aegean Sea）上的圣托里尼岛（Santorini Island），准备在此再次加煤后前往君士坦丁堡，为苏雄打前站。
② 第一巡洋舰分舰队编有"防御"号（HMS Defence，旗舰）、"勇士"号（HMS Warrior）、"爱丁堡公爵"号（HMS Duke of Edinburgh）和"黑王子"号（HMS Black Prince）四舰。其均为14000吨排水量、23节航速级别的装甲巡洋舰，装备4—6门9.2英寸主炮。
③ 特鲁布里奇认为，装备了更大口径主炮的"戈本"号在昼间的战斗力要在己方战舰之上，因此他下令不要轻率地与之接战。尽管如此，他仍然确信，黎明时微弱的光线可能会抵消德国火炮在射程上的部分优势，这样如果能在黎明时分与"戈本"号遭遇并向其发起攻击，则取胜的把握更大。

巡洋舰还在继续追踪敌舰。大约在 13 时的时候，"布雷斯劳"号轻巡洋舰为了分散追兵的注意力，从"戈本"号身边主动脱离，假装在自己身后布设水雷。① 而凯利舰长不为所动，决心继续与敌舰保持接触。"格洛斯特"号在 13 时 35 分时曾向"布雷斯劳"号开火射击，同时加速接敌，力争赶上敌舰并与之展开舷侧炮战。②

这时，"戈本"号忽然改变了航线，并用其 11 英寸主炮向"格洛斯特"号开火射击，但"格洛斯特"号根本不在"戈本"号的射程之内。凯利舰长对暂时阻止了敌人东逃感到满意，他指挥"格洛斯特"号始终保持在德舰舰艉方向，与敌保持接触。16 时 40 分时，由于燃煤不足和米尔恩发来了追击勿要超过马塔潘角的命令，"格洛斯特"号不得不中断跟踪，"戈本"号和"布雷斯劳"号则向东绝尘而去。

8 月 7 日中午，法国海军的布韦·德·拉佩雷尔（Boué de Lapeyrère）将军③派出了 4 艘法国巡洋舰守卫西西里海峡的西入口，这让米尔恩上将暂时松了一口气。于是，他率领"不屈"号和"不倦"号两艘战列巡洋舰前往马耳他。随后不久，急需进行锅炉维修的"不挠"号也抵达了马耳他的瓦莱塔港（Valletta）。

米尔恩上将认为，将他麾下的力量分散，单独派遣一艘战列巡洋舰去追击"戈本"号是不明智的。此外，他始终认为自己的主要任务应当是坚守住当前位置，以便在德舰西行时加以拦截。因此，米尔恩的舰队在马耳他停留到 8 月 8 日 2 时，然后起锚前往 8 小时前敌舰最后出现的马塔潘角。8 日 14 时，当米尔恩以 12 节航速向东航行时，海军部的命令到了——"与奥地利即刻进入战争状态"。于是，米尔恩转舵向北，在亚得里亚海的出口处与特鲁布里奇少将的第一巡洋舰分舰队会合，放弃了对"戈本"号的追击。

而到了 18 时，经过一番查验后，米尔恩发现 14 时收到的与奥地利开战的电报明显有误。④ 随后，另一份电报通知他，与奥匈方面的形势依然吃紧，因此米尔恩令舰队保持集中待命。直到 8 月 9 日 12 时，海军部才明确电告，英国尚未对奥匈帝国宣战，必须重新组织对"戈本"号的追击。然而，此时苏雄舰队已经远在天边了。

甩掉了"格洛斯特"号这个讨厌的尾巴，德国舰队顺利地驶过了爱琴海诸岛。苏雄少将电令一艘运煤船从希腊比雷埃夫斯（Piraeus）到偏远的爱琴海小岛德努萨（Denusa）与自己会合。8 月 8 日上午，"戈本"号和"布雷斯劳"号在德努萨岛下锚，开始加煤作业。为了从土耳其政府方面得到进入达达尼尔海峡的许可，苏雄提前派遣了辅助巡洋舰"将军"号前往土耳其伊兹密尔港（Izmir），与君士坦丁堡的德国大使馆取得联系。⑤ 8 月 9 日一整天，他都在徒劳地等待答复。

从 8 月 9 日约 21 时开始，德舰上的无线电操作人员开始收到来自英国军舰的无线电信号。当 22 时 55 分米尔恩舰队绕过伯罗奔尼撒半岛（Peloponnese）南端向东航行时，信号变得越来越强。8 月 10 日凌晨 3 时，仍然没有收到君士坦丁堡方面的消息，于是苏雄坐不住了，他率队离开了德努萨岛，沿着土耳其海岸向北进发。而这时米尔恩舰队还徒劳地穿行在爱琴海的大小岛屿间。10 日 17 时，"戈本"号和"布雷斯劳"号在达达尼尔海峡西口的赫勒斯角（Cape Helles）下锚，等待获准进入。在几个小时的紧张等待期间，土耳其库姆卡莱（Kum Kale）和赛迪尔巴德尔（Seed el Badr）两座要塞还将炮口对准了德国军舰。20 时，苏雄要求土耳其当局提供一名引水员。随后从赫勒斯角的小港口驶出了两艘土耳其驱逐舰，向德国军舰示意"随我来"。⑥ 在日落时分，"戈本"号和"布雷

---

① 苏雄意识到，任由"格洛斯特"号或其他敌舰保持着对自己的目视跟踪，就会危及自己在爱琴海加煤的计划。
② "格洛斯特"号发射了 18 发 6 英寸炮弹和 14 发 4 英寸炮弹，其中一弹命中了"布雷斯劳"号，但并未造成实质损伤。英舰在交火中未中弹。
③ 拉佩雷尔将军时任法国海军地中海舰队司令。
④ 这份电报出自一位热心的海军部工作人员之手。此人发现同事桌上放着一份拟好的电报稿，于是本着助人为乐的精神，未经授权就将它发了出去。
⑤ 苏雄此举是因为想避免由于使用"戈本"号上的无线电而暴露自身位置。
⑥ 德国军舰进入海峡的许可是由土耳其陆军大臣恩维尔帕夏在最后一刻才做出的，他还下令如果有英国军舰试图跟随德舰进入海峡，即开炮射击。

斯劳"号在土耳其舰只的引导下，鱼贯通过了恰纳卡莱要塞（Chanak），在纳加拉角（Nagara Point）下锚。两艘德国军舰的逃亡之旅至此画上了一个圆满的句号。

"戈本"号战列巡洋舰最终逃进了达达尼尔海峡，这一结果是英国人乐于见到的。在英国国内，舆论在褒扬皇家海军扫除了存在于地中海上的敌方威胁的同时，也取笑德国海军丢人现眼，被土耳其人"扣留"了军舰。但事实上，这一事件给英国人在政治和军纪上都带来了严重的后果。8月12日上午，一艘土耳其驱逐舰驶近把守在达达尼尔海峡出口处的英国巡洋舰"韦茅斯"号（HMS Weymouth），告知其舰长，土耳其政府已将"戈本"号和"布雷斯劳"号作价购买。8月16日，两舰在加入土耳其海军的庄严仪式上降下了舰上的德国旗帜，升起了土耳其旗帜。"戈本"号战列巡洋舰从此更名为"严君塞利姆苏丹"号，"布雷斯劳"号轻巡洋舰更名为"米迪利"号（Midilli）。德国水兵们都戴上了土耳其帽，但仍留在舰上任职。

9月23日，苏雄少将被任命为土耳其海军总司令，但德国政府和恩维尔帕夏合谋让土耳其参战的计划仍未实现。10月27日，在恩维尔帕夏的配合下，苏雄少将率领着他的舰队出博斯普鲁斯（Bosphorus）海峡进入黑海，驶向俄国海岸。10月29日上午，苏雄舰队兵分几路，分别对敖德萨（Odessa）、塞瓦斯托波尔（Sevastopol）和新罗西斯克（Novorossiysk）等几座俄国港口城市进行了炮击。

10月30日，英国大使馆向土耳其政府递交了最后通牒，要求土耳其政府必须在12个小时内将"戈本"号战列巡洋舰和"布雷斯劳"号轻巡洋舰上的德国官兵全部撤换。土政府拒绝了英国人的最后通牒。于是，在11月3日，英国皇家海军的"不挠"号与"不倦"号两艘战列巡洋舰以及两艘法国海军的战列舰炮击了达达尼尔海峡入口的数座土军要塞。11月4日，沙皇俄国正式对土耳其宣战，英法两国也紧接着于一天后对土耳其宣战。"戈本"号和"布雷斯劳"号奔向君士坦丁堡的最终目的终告实现。

此时在英国，先前对于地中海上的德国军舰已被"一扫而光"的欢欣鼓舞很快就演变成了一种屈辱。地中海舰队司令米尔恩上将被召回英国，在一个特别调查法庭受到百般质询。8月30日，法庭宣布，法官们经合议后，"在各方面都认可"了地中海舰队司令在危机期间采取的措施。然而，虽然被正式宣告无罪，但米尔恩上将未来黯淡的命运已不可逆转。

地中海追击战的另一位主角——特鲁布里奇海军少将也在9月回国面对特别调查法庭的质询。法庭判定少将贻误了"给'戈本'号带来实质伤害而将其拖住的大好战机"，并将此案交由军事法庭审理。11月9日，军事法庭裁定相比当时特鲁布里奇少将手中的4艘装甲巡洋舰，"戈本"号的战斗力要"更为强大"，而少将回避与敌舰接战正是遵从了海军部的指导方针，因此宣判特鲁布里奇少将无罪。然而，宣告无罪对恢复特鲁布里奇的名誉并无帮助，他从此在皇家海军中再也没有被安排担任任何重要职务。

在穿越地中海追击"戈本"号的过程中，双方的战列巡洋舰之间并没有直接交手，因此也就没有机会评估它们的表现。在从北非海岸到爱琴海的一系列突袭、攻击、逃亡和追击的过程中，双方的战列巡洋舰进行了多次加煤作业，这也从侧面证明这种军舰的续航力有限，特别是被迫以高速航行时。但这些限制对德国海军的影响更大，德国海军不得不依靠征用或租用运煤船在海上就地补给，而英国皇家海军则拥有遍布全球的海军基地和补给港口组成的庞大海军后勤网络的支持。

突袭赫尔戈兰湾

战争的第一个月即将结束。在北海,英国皇家海军的大舰队仍在等待着与德国舰队一决雌雄的机会。为刺激德国海军出海应战,驻扎在哈里奇基地的驱逐舰舰队司令雷金纳德·蒂里特(Reginald Tyrwhitt)准将和同样驻扎在哈里奇的潜艇部队司令罗杰·凯斯(Roger Keyes)准将共同向海军部呈上了关于突袭赫尔戈兰湾的提案。凯斯准将的潜艇从战争的最初时刻起就开始在德国海域进行巡逻,因此非常了解敌方那些整天忙于驱逐英国潜艇和布雷舰的轻型舰艇的活动规律与习惯。该计划将利用英军潜艇作为诱饵,吸引德国驱逐舰上钩,从而为蒂里特准将指挥的轻巡洋舰和驱逐舰提供攻击机会。其他英军潜艇将在赫尔戈兰岛附近海域设伏,随时准备攻击出现的敌方舰船。

然而,这一作战建议完全没能打动由弗雷德里克·斯特迪(Frederick Sturdee)海军中将领导的海军部战时参谋部,于是凯斯准将在8月23日径直找到了海军大臣丘吉尔。丘吉尔对凯斯准将主动求战的精神十分赞赏,在他的支持下,海军部第二天批准了这一作战计划,并做了一些调整。行动定于8月28日开始。皇家海军的这次出击行动风险很高,共有将近50艘英军潜艇和轻型舰只将在距离德国威廉港基地很近的海域暴露无遗。蒂里特和凯斯都要求行动能够得到大舰队的支援,但斯特迪中将没有同意,只是派出"新西兰"号和"无敌"号两艘战列巡洋舰在赫尔戈兰岛西北40英里处作为掩护兵力,同时在更西面还部署了4艘装甲巡洋舰待命。

8月26日,作为诱饵的潜艇相继出港,行动正式开始。第二天清晨,蒂里特准将率领两艘轻巡洋舰〔旗舰"林仙"号(HMS Arethusa)和"无恐"号(HMS Fearless)〕以及32艘驱逐舰随后跟上。皇家海军大舰队总司令杰利科上将在26日行动开始当天才得知有关情况。震惊之余,他立即要求海军部向他提供行动的更多细节。他还告诉海军部,如果没有其他任务,他将于8月27日上午带领大舰队前往压阵。但斯特迪将军回复说不需要劳动大舰队前往协同。不过杰利科此时手中还有"狮"号、"玛丽女王"号和"皇家公主"号3艘战列巡洋舰可供支援"新西兰"号和"无敌"号。于是,杰利科派出由贝蒂少将率领的3艘战列巡洋舰,在古迪纳夫(Goodenough)准将指挥的第一轻巡洋舰分舰队的6艘轻巡洋舰护航下,于8月27日凌晨5时离开斯卡帕湾锚地前往战场。稍后不久,杰利科上将带领大舰队离开了斯卡帕湾。在所有战舰出海后,他才向海军部报告了派遣战列巡洋舰编队增援蒂里特的情况。海军部27日13时才将增援部队的情况电告蒂里特和凯斯,但二人没能收到这一重要讯息,因为电报被误发到哈里奇基地。蒂里特准将直到8月28日拂晓战斗开始前夕才接到前来增援的古迪纳夫的直接通知,而凯斯准将更晚才得知消息。而且更为危险的是,28日8时15分后,凯斯的旗舰"勒车犬"号(HMS Lurcher)驱逐舰与古迪纳夫的巡洋舰遭遇时,还把它们当成了德舰。

1914年8月28日清晨7时,英国海军的"林仙"号轻巡洋舰在正前方3英里距离上发现了德国的G-194号驱逐舰,这是英德两国海军在战争中第一次真正的接触。德国驱逐舰见状立即转舵向赫尔戈兰岛逃去,4艘英国驱逐舰在身后紧追不舍。G-194的舰长向他的上峰莱贝雷希特·马斯(Leberecht Maass)海军少将[1]报告说遭遇敌舰一艘。马斯少将随即将这一情况电告了不仅是德国战列巡洋舰舰队的指挥官,同时也负责着赫尔戈兰湾防务的希佩尔将军。但早晨的低潮使德国海军的重型舰只在中午以前无法从亚德湾锚地起航。因此,德国驱逐舰在战斗伊始只能依靠"弗劳恩洛布"号(SMS Frauenlob)和"斯

---

[1] 马斯少将时任德国公海舰队驱逐舰分舰队的司令官,"科隆"号(SMS Köln)轻巡洋舰为其旗舰。

德丁"（SMS Stettin）号这两艘已经做好战斗准备的轻巡洋舰的支援。

对英军来说，赫尔戈兰湾海战第一阶段战斗的主角是蒂里特的两艘巡洋舰和数艘驱逐舰；德军的作战主力则是"弗劳恩洛布"号和"斯特丁"号轻巡洋舰，以及一些驱逐舰和扫雷舰。战斗开始后很快就演变为双方你来我往的追逐和短兵相接，由于雾气的阻碍，战斗在 8 时 15 分结束。德舰试图在靠近赫尔戈兰岛的地方暂行躲避，而英舰则由于忌惮岛上的岸炮，被迫放弃追击，鸣金收兵。此时英军的"林仙"号和德军的"弗劳恩洛布"号轻巡洋舰，以及 3 艘德国驱逐舰均已受创。

在转舵向西后不久，蒂里特遭遇了 6 艘执行完巡逻任务后返回赫尔戈兰岛的德国驱逐舰。德舰见势不妙，纷纷向南逃窜，但这支编队的领舰 V-187 号很快又被迫掉头向蒂里特的方向驶去，因为该舰意外地遇到了两艘英国轻型巡洋舰，它们是刚刚赶到战场的古迪纳夫分舰队的两艘前卫舰。

于是，V-187 号在 8 艘英军驱逐舰的围攻下，于上午 9 时沉没。在此之后，英军舰只陷入了一个极度混乱和危险的阶段。这是因为英国海军部迟迟没有通知蒂里特和凯斯前来增援的古迪纳夫的巡洋舰分舰队的存在。结果，英军的 E-6 号潜艇将"南安普敦"号（HMS Southampton）轻巡洋舰误认为是德国巡洋舰，并向其发射了两枚鱼雷。E-6 号险些击中目标，并且不久之后又差一点儿被"南安普敦"号撞毁。

10 时 15 分，蒂里特再次决定转舵向西，好收拢他的驱逐舰。蒂里特还命令"无恐"号轻巡洋舰负责掩护在与德舰"弗劳恩洛布"号的战斗中受伤、正在进行应急抢修的"林仙"号。10 时 40 分，"林仙"号的航速又恢复到 20 节，正好赶上迎战德国人越来越猛烈的反击。此时，3 艘德国轻巡洋舰——"科隆"号、"斯特拉斯堡"号（SMS Strassburg）和"阿里阿德涅"号（SMS Ariadne）已经从威廉港起航，另外还有一艘轻巡洋舰"美因茨"号（SMS Mainz）10 时就已经从威廉港西边约 35 英里的埃姆斯河口出发，以切断英舰的退路。早在 8 时 50 分时，希佩尔少将就向公海舰队总司令、海军上将弗里德里希·冯·英格诺尔请命出动"毛奇"号和"冯·德·坦恩"号两艘战列巡洋舰。两艘战列巡洋舰这时早已升火待发，摩拳擦掌，只等海潮上涨到足够的高度，好通过亚德湾口设置的拦阻物。

11 时，德国"斯特拉斯堡"号轻巡洋舰首先发现了"林仙"号轻巡洋舰，随即向其开火射击。但在英国驱逐舰的一轮鱼雷攻击后，"斯特拉斯堡"很快被迫后撤，随后"科隆"号也被迫在同样的威胁下撤退。而蒂里特将"科隆"号轻巡洋舰误判为一艘更强大的装甲巡洋舰，于是向当时正航行在战场西北方向 40 英里处的贝蒂编队呼叫，请求战列巡洋舰支援。

由于缺乏足够的信息，贝蒂对战场态势还不甚明晰，他不想将自己的战列巡洋舰暴露在雷区、潜艇（包括凯斯准将麾下那些不知道友军战列巡洋舰在这一海域的存在的家伙们）和德国公海舰队战列舰的三重威胁之下，特别是在海上的能见度很差的情况下，德国主力舰一旦杀出，可能会打自己一个措手不及。

"美因茨"号是赫尔戈兰湾海战中第一艘被击沉的德国轻巡洋舰。在与英国海军轻型舰艇部队的小规模战斗中，该舰被数枚中口径炮弹和一枚鱼雷击中受创，随后被其舰员自沉。

11时35分，在蒂里特的请求下，同时也担心再犹豫不决可能会给哈里奇舰队带来灭顶之灾，贝蒂下令3艘战列巡洋舰向东南方向全速前进，去支援正在遭受攻击的英军舰只。与此同时，再次转舵向西的蒂里特遭到了拦截在退路上的"美因茨"号轻巡洋舰的攻击。短促的战斗过后，德国巡洋舰脱离接触，以避开突然出现在西北方向的古迪纳夫的巡洋舰们。"美因茨"号掉头向南，却不料冤家路窄，又遭遇了蒂里特的驱逐舰队。一言不合，双方开打，"美因茨"号击伤了3艘英国驱逐舰，但自己也在和敌轻巡洋舰的战斗中身中数弹，还吃了一枚鱼雷，导致严重受创。12时20分，"美因茨"号的舰长下令将军舰凿沉。13时10分，"美因茨"号轻巡洋舰沉没，舰上89人阵亡。

12时40分，正当德舰"科隆"号和"斯特拉斯堡"号再次攻击"林仙"号和英国驱逐舰时，贝蒂的战列巡洋舰赶到了。短短几分钟的精准射击就将"科隆"号打得丧失了战斗力，而"斯特拉斯堡"号则不得不夺路而逃。12时56分，贝蒂舰队在正前方发现了德国轻巡洋舰"阿里阿德涅"号，"狮"号和"皇家公主"号随即向其开炮射击。德舰顷刻之间就被火焰所笼罩，在舰员全体弃舰后于15时10分沉没。由于已经发现了德国人布设的水雷，以及担心过于靠近赫尔戈兰岛和德国海军基地，贝蒂少将于13时10分命令转向正北，随后于13时25分向西脱离。

贝蒂舰队中"狮"号战列巡洋舰在调整航线的过程中发现了首次接战后即向东北方向撤退的德国"科隆"号轻巡洋舰。几分钟之后，"狮"号的重炮将"科隆"号彻底打成了一堆废铁，13时25分，德舰倾覆沉没。"科隆"号上有几百名舰员本已跳入海中逃生，但由于无法提供及时救援，两天后一艘德国驱逐舰只捞起了一名生还者。"科隆"号带着马斯少将与大约500名舰员一起沉入了海底。而其他几艘德国巡洋舰仍旧在忙着逃命，多亏了糟糕的能见度妨碍了英军战列巡洋舰的观察，它们才得以逃生。

当贝蒂对蒂里特的舰队提供了支援并准备返航时，14时10分，德国海军的"毛奇"号和"冯·德·坦恩"号终于从亚德湾出航了。14时25分，他们与正在撤退的德国轻巡洋舰取得了联系。希佩尔少将坐镇"塞德利茨"号战列巡洋舰，跟随在两舰后一小时航程的距离上，命令"毛奇"号和"冯·德·坦恩"号暂不与敌接战。从15时10分到16时，希佩尔一直在搜寻失踪的德国舰只。在一无所获的情况下，他命令他的战列巡洋舰赶在下次低潮前返回亚德湾锚地。至8月28日晚20时20分，德国战列巡洋舰在海上晃了一圈之后，又回到了威廉港。贝蒂的战列巡洋舰和第一轻巡洋舰分舰队于8月30日晚抵达斯卡帕湾。蒂里特准将的部队也已于前一日下午回到了基地，只不过"林仙"号轻巡洋舰是在装甲巡洋舰"霍格"号（HMS Hogue）的拖曳下蹒跚着回港的。

在赫尔戈兰湾海战中，德国海军3艘巡洋舰和1艘驱逐舰战沉，人员损失情况为712人阵亡，336人被俘；英国海军"林仙"号轻巡洋舰和3艘驱逐舰受创，仅有35人阵亡，约40人受伤。德国海军所犯的最严重的失误，是不等集结起一支更强大的兵力，就将轻巡洋舰逐艘投入战斗。另外，德舰在火力上也不及英军轻巡洋舰〔100毫米（4英寸）主炮对6英寸主炮〕。

在英国海军这边，英国海军部在作战计划上也犯了一个严重的错误，他们没有向杰利科通报此次行动的细节，战场指挥官们也没有收到将有哪些舰只出现在作战海域。如果海军部不是在杰利科的施压下同意派遣贝蒂和古迪纳夫舰队前往支援蒂里特，整个行动的结局就可能会是一场灾难。交战过程中糟糕的能见度给双方都带来了一定的混乱，

只有英方的战列巡洋舰发挥了应有的作用。贝蒂下达战列巡洋舰全速冲入赫尔戈兰湾的命令时，是冒着相当大的风险的，但最后不仅取得了战果，还能够全身而退，这使他成了那一天大不列颠的英雄。

希佩尔少将由于被港口的潮汐所阻，没能率领战列巡洋舰编队及时出现在战场，但即使他及时率军赶到，又坐拥在主场作战的有利条件，其在数量上对英军舰队仍不占优势。这场海战充分显示了战列巡洋舰对轻巡洋舰的碾压性优势，这一点在稍后的福克兰群岛又一次得到了验证。然而，这场海战中双方的战列巡洋舰没有直接交手，因而也就缺乏直接的对比，推迟了关于战列巡洋舰在使用上的经验教训的获得，直至后来的多格尔沙洲之战后才有所收获。至少对德国人来说是这样。

"皇家公主"号作为贝蒂海军少将所率领的战列巡洋舰部队的成员，于1914年8月28日12时40分至13时25分之间，在赫尔戈兰湾海战中痛击了德国轻巡洋舰编队，击沉两艘，并迫使第三艘逃之夭夭。（图片来源：《奥基尼图片集》，A 少儿图书馆，M. 皮奥瓦诺）

福克兰群岛之战

1914年12月8日5时30分，南大西洋的福克兰群岛出现在德意志帝国海军中将马克西米利安·格拉夫·冯·斯佩（Maximilian Graf von Spee）的视野里。[1] 斯佩中将随即命令麾下的"格奈森诺"号〔舰长：梅尔克尔（Maerker）上校〕和"纽伦堡"号（SMS Nürnberg）两艘装甲巡洋舰，根据两天前在智利南部的皮克顿岛（Picton Island）召开的一次会议中制定的炮击计划，前去对福克兰群岛的斯坦利港（Port Stanley）进行侦察。[2] 斯佩自己将率领旗舰"沙恩霍斯特"号装甲巡洋舰和"德累斯顿"号（SMS Dresden）、"莱比锡"号（SMS Leipzig）两艘轻巡洋舰继续向东北方向航行，同时，编队中伴随的3艘运煤船被命令在距离福克兰群岛首府大约20英里处的普莱森特港（Port Pleasant）附近先行等候。斯佩的目标是以炮击摧毁斯坦利港的英军无线电发射站，然后迅速登陆，烧毁岸上英国人的库存煤炭，并尝试俘获当地的英国总督。后者也是对新西兰军队8月底俘虏驻萨摩亚（Samoa）的德国总督的报复。

当两艘被派去侦察斯坦利港的德国巡洋舰接近目标时，它们首先观察到了岸上设在

[1] 冯·斯佩海军中将是在1914年6月23日率领舰队离开中国青岛后一路来到福克兰群岛的。先是"沙恩霍斯特"号（旗舰）和"格奈森诺"号装甲巡洋舰与轻巡洋舰"纽伦堡"号在西太平洋加罗林群岛（Caroline Islands）的波纳佩岛（Ponape）会合，然后穿越太平洋，于10月12日抵达复活节岛（Easter Island），在这里它们又与轻巡洋舰"德累斯顿"号和"莱比锡"号合兵一处。11月1日，这支德国分舰队在智利的科罗内尔港（Coronel）外海击败了由英国海军少将克里斯托弗·克拉多克爵士（Sir Christopher Cradock）指挥的英国巡洋舰分舰队。在智利瓦尔帕莱索港（Valparaiso）和马斯阿富埃拉岛（Mas a Fuera）稍作停留后，冯·斯佩将军于11月15日进入南大西洋，12月1日绕过合恩角（Cape Horn），然后在比格尔海峡（Beagle Channel）入口处的皮克顿岛下锚停泊，由随行的运煤船进行加煤作业，直至12月6日。

[2] 12月6日晨，冯·斯佩将军将其麾下各舰的舰长召集到旗舰"沙恩霍斯特"号巡洋舰上，披露了他炮击斯坦利港的作战意图。根据情报，冯·斯佩认为福克兰群岛是不设防的。但这一情报实际上已经过时了。

胡克角（Hooker's Point）的英国无线电发射站高大的天线塔，紧接着两舰发现东边升起了一缕烟柱，这缕烟柱来自正在港口入口处担任巡逻警戒任务的辅助巡洋舰"马其顿"号（Macedonia）。在大约8时30分时，两舰又观察到一团更浓的烟雾正朝斯坦利港飘来，"格奈森诺"号舰长梅尔克尔上校推测英国人可能已经知道了将要遭袭，正在自己放火烧掉储煤以防资敌。

透过烟雾，德国巡洋舰上的瞭望哨开始观察到在岸上低矮的小山丘后面的港口内有一些活动迹象——一些正在慢慢向东移动的桅杆顶。然而，就在上午9时左右，"格奈森诺"号上的枪炮官布施少校（Lt Cdr Bushe）在他的双筒望远镜里看到了一个可怕的、完全出乎意料的景象：4根三脚桅！对他来说，这就意味着斯坦利港内停泊有无畏舰！然而根据德国人掌握的情报，英军根本没有在南大西洋部署无畏舰。梅尔克尔舰长在接到布施少校报告后，认为一定是搞错了，因此也没有向冯·斯佩将军报告。德国巡洋舰随后继续向它们预定的战斗位置前进，准备就在彭布罗克角（Cape Pembroke）以南开始炮击斯坦利港。

当德国舰队向斯坦利港进发时，当地的英国驻军已经有所警觉。一支由弗雷德里克·斯特迪海军中将指挥的皇家海军分舰队已于前一天——12月7日晨抵达斯坦利港。[①] 8日凌晨，这支分舰队开始进行加煤作业，准备出海搜寻冯·斯佩的舰队。早晨7时30分，设在萨珀山（Sapper Hill）上的一个瞭望哨发现了两股从西南方向逼近的烟柱。7时45分，专门搁浅在斯坦利港外充当警戒哨的"卡诺珀斯"号战列舰接到了警报。然而，宝贵的时间在将敌舰来袭的消息传递给港内的"无敌"号战列巡洋舰的过程中被浪费了。"卡诺珀斯"号与斯特迪将军的旗舰没有电话连接，"无敌"号也不能直接看到"卡诺珀斯"号的位置，于是"卡诺珀斯"号战列舰挂出了"发现敌舰"的信号旗。由卢斯（Luce）舰长指挥的"格拉斯哥"号巡洋舰看到了信号，立刻在7时56分重复了一遍，以便能让"无敌"号看见。

然而，"无敌"号战列巡洋舰貌似根本没有看到"格拉斯哥"号发出的信号，于是卢斯舰长命令一门火炮开炮，想以此引起"无敌"号的注意。与此同时，他命令他的情报官爬上桅顶去进行敌舰识别。德国人的到来完全出乎英军意料："无敌"号和"不屈"号战列巡洋舰还正在由身旁的运煤船加煤；巡洋舰"肯特"号和"康沃尔"号的加煤作业都还未开始；"布里斯托尔"号巡洋舰已经熄了火，打开了轮机，正准备进行紧急维修；巡洋舰"卡那封"号和"格拉斯哥"号刚刚加煤完毕。此时英军方面已做好战斗准备的只有"肯特"号巡洋舰一艘。

中将在差几分钟到8时的时候从卢斯舰长那里获悉了敌舰来袭的消息。将军闻讯后镇定自若，他命令所有舰只用最快的速度开炉升火，同时各舰舰员吃早餐。8时10分，"无敌"号战列巡洋舰挂出了一系列旗语，向其他舰只传达了斯特迪将军的后续多道命令。根据最新的命令，"肯特"号巡洋舰立即出港保护"马其顿"号辅助巡洋舰，接着所有英国军舰都必须将锅炉升压到能使本舰达到12节航速的水平。如有必要，各舰也可以在各自的当前位置进行射击，而搁浅在港外的"卡诺珀斯"号战列舰则会在敌舰进入其射程内时开火。

"格奈森诺"号和"纽伦堡"号此时对斯坦利港内的这些情况一无所知，两舰继续接近并准备开始炮击。但它们突然被一件始料未及的事情惊得目瞪口呆。9时20分，来自"卡诺珀斯"号的12英寸炮弹在德舰前方的海面上炸起了两丛巨大的水柱，距离德舰只有1000码远，紧接着又是两轮射击——"卡诺珀斯"号一接到岸上观察哨内的一名炮术

[①] 由"无敌"号（旗舰）和"不屈"号两艘战列巡洋舰组成的斯特迪舰队于11月7日从英国德文波特港起航，在佛得角（Cape Verde）和巴西东北部的阿布罗荷斯群岛（Abrolhos Archipelago）短停加煤后，抵达了福克兰群岛首府斯坦利港。斯特迪舰队之所以姗姗来迟，首先是因为在德文波特港进行战舰整修时没能抓紧时间；另外，在11月28日进行的一场炮术演练中，一根缆绳卷入了"无敌"号的螺旋桨，使该舰的航速受到影响；而且全舰队在赶赴南大西洋的航程中航速相对较慢。在阿布罗荷斯群岛，"肯特"号（HMS Kent）、"卡那封"号（HMS Carnarvon）、"康沃尔"号（HMS Cornwall）、"布里斯托尔"号（HMS Bristol）和"格拉斯哥"号（HMS Glasgow）5艘巡洋舰前来会合，加强了斯特迪舰队的力量。前无畏舰"卡诺珀斯"号（HMS Canopus）战列舰于11月14日从太平洋返回斯坦利港。该舰选择了海湾东端的一处泥质海底搁浅，作为一座固定炮台来保护港口入口。

军官发来的"敌舰已进入射程"的报告,就在其约12000码的最大射程上开火了。

两艘德舰见状立即升起战旗表示应战。当两舰发现英舰"肯特"号从港内驶出时,便加速向其冲去,意在截击"肯特"号。然而恰在此时,两舰收到了冯·斯佩将军的命令,指示两舰取东南偏东航向,与此刻正在12英里外的旗舰会合。之所以斯佩中将下达这一命令,是因为他认识到兵不血刃登陆斯坦利港的条件眼下已经没有了。当冯·斯佩命令两艘巡洋舰向自己靠拢时,他还没有意识到斯坦利港内英国战列巡洋舰的存在,不过即使是与一艘装备12英寸主炮的老式战列舰硬碰硬,也是应当极力避免的。斯佩确信,他可以凭借麾下战舰更高的航速来防止这种情况的发生。

通过选择撤退而不是进攻,冯·斯佩中将可能放弃了一个先打垮"肯特"号,然后对仍在港内的英军舰只进行炮火洗礼的机会。要知道英舰正困据港内,纵然火力原本占优,此时也只能发挥部分作用。不管怎样,至上午9时50分,所有英军舰只("布里斯托尔"号巡洋舰除外,该舰之前由于维修拆下了部分轮机,直到11点才从斯坦利港出发[①])都已出海或正在离港,准备开始追击斯佩舰队。气象条件对皇家海军极为有利:天气晴朗,万里无云,海面平静,能见度极好。这样的好天气在这一纬度十分罕见,很适合进行海上追击和远距离炮击。此时在海平线上只能看到5艘德国巡洋舰的烟缕,但南半球夏天漫长的白昼赋予了斯特迪充足的时间,以施展自己在航速和火力上对德国人的优势。

10时20分,斯特迪中将在旗舰"无敌"号上升起了"全军追击"(General Chase)的信号旗,两艘战列巡洋舰以25节的航速疾驰向前,很快就超越了速度较慢的装甲巡洋舰,冲到了编队的最前面。德舰此时还远在英国舰队东南方约15英里开外,但斯特迪清楚,目前一切因素都对自己有利。英军巡洋舰得益于较高的舰体整洁度,能够跑出25节的航速,而德军巡洋舰由于数月的海上游弋,动力系统和舰体都急需检修维护,航速只能达到20节。另外,他手中的"无敌"号和"不屈"号两艘战列巡洋舰都配备有12英寸主炮,在16350码的最大射程上单次舷侧齐射能投射6800磅的弹丸重量。德方的"沙恩霍斯特"号和"格奈森诺"号巡洋舰装备的是210毫米口径主炮,舷侧齐射的弹丸投射重量仅为1956磅,最大射程也只有13600码。[②]

与此同时,德国人也在望远镜中注意到了逼近中的敌方巨舰,它们的烟囱中喷出滚滚浓烟,正杀气腾腾地向己方飞驰而来。冯·斯佩中将现在感到越来越沮丧,他意识到自己真正要对付的,是敌人的两艘战列巡洋舰。除非奇迹发生,否则在这场对决中自己毫无胜算。

11时15分,斯特迪认为自己已经掌控了局势,于是命令"无敌"号减速至20节,

1914年12月8日率领德国海军舰队投入福克兰群岛海战的德国海军中将马克西米利安·格拉夫·冯·斯佩(1861—1914年)。在此战中,德国装甲巡洋舰"沙恩霍斯特"号和"格奈森诺"号被航速更快、火力更强的英国战列巡洋舰"无敌"号和"不屈"号完全压倒。(图片来源:美国国会图书馆,《贝恩图片集》)

① 出港后不久,在发现3艘德国运煤船正驶往普莱森特港锚地后,"布里斯托尔"和"马其顿"号奉命对其进行拦截并加以摧毁。两舰俘获了两艘德国运煤船,并且随后将其击沉,第三艘运煤船设法逃往了阿根廷。
② 考虑到德舰的主炮较高的射速,这种对比在结果上应该有所修正。但这并不影响英国战列巡洋舰所占据的明显优势。

① 看到3艘德国轻巡洋舰转舵向西南方向逃走,英军巡洋舰"格拉斯哥"号的舰长卢斯在没有接到命令的情况下就立即指挥本舰追了上去。按照对此早有预料的斯特迪中将先前下达的书面指示,"肯特"号和"康沃尔"号巡洋舰随后也加入了"格拉斯哥"号的追击行列。"纽伦堡"号和"莱比锡"号轻巡洋舰最终被英舰追上并击沉;"德累斯顿"号则成功地绕过了合恩角,进入太平洋,沿智利海岸线向北航行。1915年3月14日,"德累斯顿"号被"肯特"号和"格拉斯哥"号拦截在了智利外海的马萨铁拉岛〔Más a Tierra,《鲁滨孙漂流记》故事原型发生地,现名鲁滨孙·克鲁索岛(Robinson Crusoe Island)〕附近。德舰拒绝投降,最后由舰员自行凿沉。

英国海军中将弗雷德里克·C.多夫顿·斯特迪(1859—1925年)于1914年12月7日上午率领包括两艘战列巡洋舰在内的舰队抵达了东福克兰岛的斯坦利港。12月8日,当冯·斯佩率领的德舰队驶近该岛,对港口和附近的保障设施进行炮击时,他的战舰正在港内加煤。(图片来源:美国国会图书馆,《贝恩图片集》)

以便让速度较慢的装甲巡洋舰跟上,这样也就推迟了开始交战的时间。11时32分,斯特迪指示舰员们吃午饭。到了中午12时20分,鉴于德舰和自己仍有大约10英里距离,装甲巡洋舰也还在身后迟迟没跟上,于是斯特迪决定就用手头现有的兵力发动进攻,随即下令两艘战列巡洋舰加速至25节。

12时47分,正当德国舰队以"格奈森诺"号装甲巡洋舰和"纽伦堡"号轻巡洋舰打头阵,"沙恩霍斯特"号装甲巡洋舰、"德累斯顿"号和"莱比锡"号轻巡洋舰跟随其后,转向东南方向时,斯特迪中将挂出了"与敌接战"(Engage the enemy)的信号旗。一声令下,1914年12月8日12时55分,"不屈"号战列巡洋舰的舰艏"A"主炮塔在16500码的距离上开始向德国"莱比锡"号巡洋舰射击。几分钟后,"无敌"号也开始向同一目标开炮。不过两舰的第一轮齐射落点都短了几千码。

至13时10分,英军战列巡洋舰和德舰之间的距离已经缩短到了13000码左右。英舰多轮齐射的落点离"莱比锡"号更近了,该舰随时可能会遭到灭顶之灾。在这样的形势下,冯·斯佩将军决定给他的轻巡洋舰们一个逃生的机会。13时20分,他命令战斗力相对较强的"沙恩霍斯特"号和"格奈森诺"号左转舵,回头迎战英军战列巡洋舰,掩护其他轻巡洋舰解散编队,各自逃生。① 13时30分,两艘德国装甲巡洋舰向英舰开了火。

德舰的第一轮射击落点偏近,但随着距离的缩短,第三轮齐射对"无敌"号形成了跨射。但斯特迪将军决定在一个对自己有利的距离上与德国人交战,这样可使本舰在处于敌舰射程之外的同时,主炮还能打到敌舰。于是他率队向左急转,以使航线与德舰平行。

双方战舰你来我往地进行了大约30分钟的侧舷对轰。在此期间,英军战列巡洋舰炮火的准确度受到了能见度的严重阻碍,烟囱喷出的浓厚煤烟被风吹向敌人的方向,把德舰的身影遮挡了个严严实实,也无法观察到炮弹的溅落点和命中情况。在这一方面,事实证明德国巡洋舰的射击效果更好也更准确。在13时44分,"无敌"号确定被"沙恩霍斯特"号命中一弹。为了避免自己的任何一艘战舰被敌炮击毁,斯特迪命令转弯以与德舰拉开距离。于是战斗进程被暂时打断了。

在海战的第一阶段,英军战列巡洋舰发射了200多发大口径炮弹,但结果相当令人失望。"不屈"号命中了"格奈森诺"号3弹,其中一弹在撕开了德舰的装甲甲板后钻进了一座弹药库;这座弹药库被紧急注水淹没,以避免弹药殉爆造成更大的破坏。而"沙恩霍斯特"号只被"无敌"号命中过一次。另一方面,德军装甲巡洋舰的炮火虽然迅速而准确,却无法对英军战列巡洋舰造成明显的破坏。

14时05分,冯·斯佩将军改变了战术。寄希望于笼罩着英舰的煤烟能够暂时掩盖一下自己的行动,冯·斯佩率队急转向南,这既是为了拖延时间,也是希望能遇到可以掩护自己脱逃的坏天气。此举使双方的距离拉开到了 17000 码。但斯特迪将军意识到了斯佩的意图,当即指挥两艘战列巡洋舰也转舵向南,并加速至 24 节,开始了第二次追击。到 14 时 45 分追击结束时,双方的距离又被缩短到了 15000 码。

接着,英军两艘战列巡洋舰为使所有主炮塔都能获得良好的射界,一齐来了一个左转舵,然后重新开始了对德舰的炮击。几分钟后,冯·斯佩将军放弃了逃脱的努力,也转舵向左,与英舰展开了更为激烈的侧舷炮战。当双方距离缩小到 10000 码时,德舰上的 5.9 英寸中口径炮也已经可以在最大仰角下够到英舰,于是也加入了炮战的大合唱。在接下来的一刻钟里,"无敌"号战列巡洋舰数度被击中,但倚仗着坚实的装甲,并未受到任何严重损伤。由于交战距离大为接近,英军战列巡洋舰的炮火也变得越来越准确,"沙恩霍斯特"号和"格奈森诺"号都被接连命中。尽管烟囱和火炮所产生的浓烟对英德双方的射击都产生了很大的影响,但"格奈森诺"号的水线以下部位还是被击中了,两间锅炉舱浸水。此外,两艘德军巡洋舰的舷侧副炮炮位被暴露在英舰火力下,遭到了严重的损伤。

15 时 15 分,斯特迪命令"无敌"号和"不屈"号两舰左转舵,占据德舰的上风位置,以摆脱那碍事的煤烟和硝烟。在转弯过程中,"无敌"号的舰舰被"沙恩霍斯特"号打来的两发 8.2 英寸炮弹击中,但依然没有什么大碍。

"沙恩霍斯特"号装甲巡洋舰是福克兰群岛之战中德国海军中将冯·斯佩的旗舰。1914 年 11 月 1 日,冯·斯佩中将的巡洋舰分舰队前往合恩角和大西洋之前,于智利海岸附近的科罗内尔击败了由英国海军少将克里斯托弗·克拉多克率领的巡洋舰分舰队。(图片来源:美国海军历史与遗迹档案馆)

冯·斯佩将军指挥两艘装甲巡洋舰同样以转向作为应对，这一机动使德舰右舷那些未受损的火炮得以投入战斗。随后双方的交火愈发激烈，但德舰上燃起的大火已经足足燃烧了约45分钟，尤以冯·斯佩中将的旗舰"沙恩霍斯特"号为甚。该舰的一座烟囱和两根桅杆全部被毁，上层建筑和甲板设施也大部分被摧毁；透过舷侧上被炮弹炸开的大洞，"沙恩霍斯特"号舰体内部的熊熊大火清晰可见。尽管英舰的炮火造成的破坏越来越严重，德舰右舷的火炮仍在继续还击。直到临近16时，斯特迪中将向"沙恩霍斯特"号发信号，要求其投降，但没有得到回应。16时04分，这艘巡洋舰的舰艏已经半没在水中，全舰几乎是漂浮在水面上，但其战旗仍在飘扬。随后，舰体开始向左倾斜，13分钟后，"沙恩霍斯特"号装甲巡洋舰载着司令官冯·斯佩中将以及舰上全部800名官兵一同沉入了海底。

在"沙恩霍斯特"号行将沉没之前，冯·斯佩中将向"格奈森诺"号发去了最后一电："如贵舰轮机尚完好，可尝试脱离。"但"格奈森诺"号舰长梅尔克尔上校确信自己的命运已经是板上钉钉。在接下来的一个半小时里，"格奈森诺"号被"无敌"号、"不屈"号战列巡洋舰和"卡那封"号巡洋舰轮番蹂躏，英舰从10000码一直打到4000码，但"格奈森诺"号直到最后时刻，也始终没有停止还击，甚至还命中了"无敌"号几弹。在打光了所有弹药后，17点40分时，梅尔克尔舰长命令舰员将"格奈森诺"号凿沉。于是舰体通海阀被打开，轮机舱里布设的炸药也被引爆。傍晚18时左右，"格奈森诺"号装甲巡洋舰开始下沉，最后消失在波涛之下。约有300名幸存者抓紧时间跳入海中逃生，英国军舰后来救起了其中的190人。[①]

福克兰群岛之战的结局从一开始就已经注定。英军战列巡洋舰在速度和火力上具备压倒性的优势，德军装甲巡洋舰的覆灭只是个时间问题。只有一类不可预测的因素可能暂时改变冯·斯佩中将舰队的命运，比如恶劣的天气，或者走运地取得一发能够使英军战舰减速或造成重创的命中弹。

正如斯特迪将军很坦率地承认的那样，德国巡洋舰在海战中的射击既快又准[②]，"沙恩霍斯特"号的第三轮齐射就对"无敌"号形成了跨射。然而虽然命中了英舰达22弹之多，却没给英舰造成任何值得一提的损伤。[③]"格奈森诺"号的主炮射击在很长一段时间内都受到了浓烟的严重影响，故而在与"不屈"号的战斗中表现得不太成功。[④]但直到弹药无法再输送到炮位，或是弹药耗尽，抑或是在战斗中受损而无法继续射击，两艘德军巡洋舰的火炮才沉寂下来。

英军战列巡洋舰进行射击校正的速度比较慢：在海战第一阶段所发射的210发大口径炮弹中，只命中了3—4发。但当"无敌"号和"不屈"号各自确定了本舰的打击目标，且交战距离缩短之后，便开始无情地释放死亡的金属和炸药，重创了德军装甲巡洋舰。在交战中，"无敌"号发射了513发大口径炮弹，"不屈"号则发射了661发。[⑤]考虑到两舰的主炮备弹量在战时最多为110发/门（平时为80发/门，即640发/舰），可供两艘战列巡洋舰补给的最近的基地还远在直布罗陀，这一弹药消耗量实在是蔚为可观。

据估计，"沙恩霍斯特"号被英舰的12英寸主炮命中约40弹，"格奈森诺"号被命中约50弹。相比于发射的炮弹总数，这是一个相当高的命中率。造成英舰主炮高命中率的部分原因是射击距离在战斗的最后阶段相对已经很近，而对手几乎已经丧失了还手之力。

至少在海战开始时，英舰的射击准确性由于诸多因素的限制并不算高。这些限制因

[①] 19时30分过后，斯特迪将军率军队赶往已经远去追击"纽伦堡"号的"肯特"号巡洋舰已知最后出现的地方，试图寻找这艘失联的巡洋舰。在与"纽伦堡"号的战斗中，"肯特"号被命中38次，其无线电室也被命中，因此在此之后该舰只能收报不能发报，无法向舰队司令官通报情况。在确认"肯特"号已于12月9日回到斯坦利港之前，斯特迪中将还带领众舰继续向德舰"德累斯顿"号逃跑的方向追赶到12月10日上午，而后因燃煤短缺和天气恶劣才不得不返回福克兰群岛。

[②] 在致德国高级军官、海战幸存者、"格奈森诺"号装甲巡洋舰副舰长波赫哈默尔（Pochhammer）的信中，斯特迪表达了他对"两艘（德国）军舰的优秀炮术"的钦佩。

[③] "无敌"号战列巡洋舰被命中的22弹中，主要是来自舰艏210毫米主炮的射击，其中11弹击中甲板，4弹命中舷侧装甲带，4弹击中舷侧无防护区域，1弹击中水线以下部位，1弹击中"A"主炮塔前部，还有1弹打在了前三脚桅上，炸飞了三脚桅的一条腿，还有一人受了轻伤。

[④] "不屈"号战列巡洋舰被命中3弹，舰员1死3伤。军舰本身几乎没有任何损伤。

[⑤] 12寸炮弹的总消耗量除了战斗中打出的1174发外，还应当再加上11月28日两舰在奔赴福克兰群岛的路上进行射击训练时消耗的另外64发。

素包括:

1. 从烟囱中喷出的滚滚煤烟和发射药产生的炮口硝烟遮挡住了对目标的观察视线,妨碍了对齐射时炮弹落点的观测和对敌舰的损伤评估。
2. 战舰高速机动时产生的剧烈震动在战斗的某些阶段影响了测距仪的使用。
3. 当舯部"Q"主炮塔向对面的"P"主炮塔一侧进行交叉射击时,产生的冲击波、炮口爆风和硝烟使"P"主炮塔的炮组成员感到震耳欲聋、头晕目眩。

在海战初期,英军战列巡洋舰上的炮手显得很缺乏远距离射击经验,这是由于战前的训练不足所致。最后,在"肯特"号装甲巡洋舰与德国"纽伦堡"号的交战中发生的一件事情颇为值得一提。一枚德舰打来的4英寸炮弹击中了"肯特"号上一门6英寸炮,点燃了炮位内的一包或多包发射药,火焰沿着扬弹机一路蔓延到下面的弹药库。幸好值守于此的一名来自皇家海军陆战队的中士查尔斯·梅耶斯(Charles Mayes)警惕性高,立即迅速地将其他暴露在火焰下的发射药包移开,并注水淹没了弹药库隔舱,从而阻止了可能发生的致命大爆炸。但英国海军部却未能对"肯特"号上发生的这次危险给予充分重视和评估,以致其后果在后来的多格尔沙洲之战和日德兰大海战中完全显现出来。

雅茅斯和斯卡伯勒:对英国海岸的突袭

以1914年11月3日对英国雅茅斯港(Yarmouth)的炮击为开端,德国海军对英国海岸的突袭行动主要有三个目的:展开对英德两国的公众舆论和民心士气均有巨大影响的武力展示行动;以袭击舰队为饵,引诱英国海军大舰队出动,并将其诱入德国潜艇警戒线或德国水雷区;最后,为德国公海舰队创造战机,将相对较弱的敌方舰队引入公海舰队的火力圈,然后出其不意地加以歼灭。[①] 德国海军第一侦察分舰队突袭英国雅茅斯港的计划,正是在这些大的原则框架内制订的。此外,德国海军还想为1914年10月17日4艘鱼雷艇在荷兰特塞尔岛(Texel)一次失败的布雷行动中被拦截击沉进行报复。这次突袭行动在1914年10月29日获得了正式批准。行动计划要求轻巡洋舰"施特拉尔松德"号(SMS Stralsund)在雅茅斯和洛斯托夫特(Lowestoft)之间布设水雷,在此期间,由战列巡洋舰对雅茅斯港进行炮击。

1914年11月2日16时30分,由希佩尔海军少将率领的一支由德意志帝国海军"塞德利茨"号(旗舰)、"毛奇"号、"冯·德·坦恩"号战列巡洋舰,以及"布吕歇尔"号装甲巡洋舰、4艘轻巡洋舰和2艘驱逐舰组成的编队从威廉港出发,向英国海岸驶去。一个半小时后,来自德国公海舰队的2支战列舰分舰队跟在了编队后面。它们将作为希佩尔的支援兵力,同时负责在希佩尔舰队返回基地时阻击前来追赶的英军舰队。

相对于与敌方重型战舰进行一场未必会发生的交战,希佩尔少将更在意的是英国人布设的水雷区。11月3日拂晓,希佩尔舰队抵达雅茅斯港东北海域。不久,德军轻巡洋舰"斯特拉斯堡"号和"格劳登茨"号(SMS Graudenz)发现了由炮舰改装的英军扫雷舰"神翠鸟"号(HMS Halcyon),它此时正在5英里外的海域与驱逐舰"生动"号(HMS Lively)和"豹"号(HMS Leopard)一起进行巡逻。两艘德国巡洋舰随即向英舰开火,但希佩尔担心两舰会驶入雷区,于是命令它们先撤退。

早晨7时12分,"塞德利茨"号和其他几艘战列巡洋舰开始向这几艘英舰射击。当"生动"号驱逐舰施放烟幕以掩护"神翠鸟"号扫雷舰时,它们已经被德国战列巡洋舰轰

---

① 但这一切都必须遵守皇帝陛下关于"战斗舰队必须避免遭受重大损失"的严格命令。

① 11月3日夜间，作为支援兵力的一员，与公海舰队的战列舰一起从威廉港出航的"约克"号装甲巡洋舰在回港途中遇到了一片浓雾，不得不在一片德国海军自己的水雷区外下锚。11月4日早晨，"约克"号迷了路，撞上了两枚水雷，随后倾覆沉没。300余名舰员随舰遇难。
② "德弗林格尔"号战列巡洋舰本来已经于1914年9月1日入役，但由于在海试时损坏了蒸汽轮机，使该舰直到当年11月16日才达到可以出海作战的状态。

击了15分钟。所幸"神翠鸟"号只是轻微受损，仅有3人负伤，而"生动"号则安然无恙。7时40分，在"施特拉尔松德"号轻巡洋舰完成了水雷布设后，希佩尔舰队掉转船头回到了远海上。战列巡洋舰编队在离开时还向雅茅斯港打了几炮，但炮弹都落在了海滩上。

与此同时，英国海军部也是一片忙乱。海军部在7时左右收到"神翠鸟"号扫雷舰发来的"敌舰来袭"的消息后并未轻举妄动，而是在耐心等待，他们担心德国人是在声东击西，用炮击雅茅斯港来掩盖另一个更危险的行动。直到9时55分，当掌握了更多情况，形势变得更加明朗一些后，海军部才命令贝蒂的战列巡洋舰分舰队和皇家海军大舰队的战列舰出发追击希佩尔，但此时希佩尔舰队已经远去。

炮击雅茅斯是德国海军水面舰艇部队在北海实施的第一次进攻行动，最终以"约克"号装甲巡洋舰的沉没①而草草结束。英国皇家海军在此役中也损失了D-5号潜艇和2艘拖网渔船，它们可能是被"施特拉尔松德"号布设的水雷击沉。

虽然对雅茅斯的突袭算不上成功，但德国舰队能够轻而易举地接近英国海岸并全身而退，这让希佩尔大受鼓舞，于是很快计划了一次新的行动。11月16日，公海舰队司令冯·英格诺尔上将向威廉二世呈报了行动计划，并获得了皇帝的批准。攻击原定于11月22—24日实施，目标是对英国斯卡伯勒（Scarborough）、惠特比（Whitby）和哈特尔普尔（位于前次突袭的城镇北面约150英里）这几个港口城镇的军事和工业目标进行炮击，同时在这些港口城镇外的海域布设水雷区，在哈里奇港外和亨伯河（Humber）口附近部署潜艇部队，以伏击可能出动加入战局的英国军舰。

11月21日，德国海军的U-27号潜艇对这一地区进行了侦察，重点打探英军的布雷区和海岸防御的最新变化情况。11月26日，U-27号潜艇将德国海军急需的情报带回了威廉港。但接踵而至的诸多不利因素，比如北海恶劣的天气、英国报纸披露的关于德国人新一轮袭击已迫在眉睫的消息、"冯·德·坦恩"号战列巡洋舰因为修理暂不能出动，以及冯·斯佩中将的舰队在福克兰群岛全军覆没的噩耗，导致突袭行动被数度延期。

因此，希佩尔的突袭舰队于12月15日凌晨3时才离开亚德湾锚地。希佩尔亲自坐镇第一侦察分舰队，该舰队以"塞德利茨"号战列巡洋舰为旗舰，编有"毛奇"号、"冯·德·坦恩"号，以及新入役的"德弗林格尔"号②3艘战列巡洋舰和"布吕歇尔"号装甲巡洋舰。突袭舰队内还编有4艘轻巡洋舰〔其中"柯尔堡"号（SMS Kolberg）装载了100枚水雷〕和18艘驱逐舰。同一天下午，德国公海舰队的14艘战列舰和8艘前无畏舰也陆续离开了各自的锚地，它们将在多格尔沙洲东面的海域等待接应希佩尔舰队。

在赫尔戈兰岛以北170英里处，希佩尔舰队转舵驶向英国海岸。15日整个白天天气都在逐渐恶化，16日拂晓时，"施特拉尔松德"号轻巡洋舰在靠近英国海岸的地方向希佩尔少将报告说，由于能见度低和海况不佳，无法对岸上目标进行有效炮击。但希佩尔决定行动继续，并命令除"柯尔堡"号轻巡洋舰以外的所有轻型舰艇返回公海舰队。7时40分，希佩尔将麾下战舰分作两

航行在德国海军第一侦察分舰队末尾的"冯·德·坦恩"号战列巡洋舰。第一侦察分舰队于1914年11月3日炮击了英格兰东海岸的雅茅斯和洛斯托夫特，而在此之前两天，德国海军刚刚在克罗内尔海战中得胜。

个编队：由"塞德利茨"号、"毛奇"号战列巡洋舰和"布吕歇尔"号装甲巡洋舰组成的北编队由自己亲率前往哈特尔普尔；而包括"冯·德·坦恩"号、"德弗林格尔"号战列巡洋舰和"柯尔堡"号轻巡洋舰在内的南编队航向西南，去炮击斯卡伯勒和惠特比，同时在那里布设水雷。

然而英国人已经对德国海军的突袭行动了如指掌，甚至在德国舰队尚未从亚德湾出航时，英国海军部就已经对即将到来的突袭行动发出了预警。这一切都得益于皇家海军的情报机构——"40号房间"——对德国海军无线电密码通信的有效破译。这一机构在之前德国海军袭击雅茅斯时还没有投入使用，但现在已经能够读取大部分的德国无线电通信了，皇家海军在情报方面的优势所带来的效果将很快显现出来。

12月14日晚，海军大臣丘吉尔得到消息，德国海军的战列巡洋舰部队将在几小时后出动，可能会于12月16日黎明时分抵达英国海岸。作战命令当晚就被下达给了皇家海军大舰队司令杰利科上将、哈里奇舰队司令蒂里特准将和潜艇部队司令凯斯准将。杰利科上将当即命令贝蒂指挥的战列巡洋舰分舰队从克罗默蒂基地出海，准备迎战德国舰队。同时命令威廉·古迪纳夫准将的第一轻巡洋舰分舰队和海军少将乔治·瓦伦德爵士的第二战列舰分舰队6艘战列舰①从斯卡帕湾起航，威廉·帕肯汉（William Packenham）海军少将指挥的第三巡洋舰分舰队4艘装甲巡洋舰②从罗赛斯基地出发。他们的任务是切断希佩尔舰队的归路，不许放其返回德国。蒂里特准将奉命于12月15日黎明时率队离开雅茅斯港，在海上拦截德国舰队，然后保持跟踪并报告其位置。凯斯准将则奉命在靠近泰尔斯海灵岛（Terschelling）的荷兰外海设置一道由8艘潜艇构成的伏击线，希佩尔舰队应该正向着这里的海峡驶来。③

杰利科选择了多格尔沙洲西南海域的东南方向25英里处作为拦截回航的德国舰队的理想战场，并命令其他分舰队于12月16日7时30分前在该海域完成集结。然而，海军部不同意将蒂里特指挥的轻型舰只派往集结地点参与拦截作战。于是在12月16日黎明时分，贝蒂将军的4艘战列巡洋舰和瓦伦德将军的6艘战列舰义无反顾地踏上了迎战冯·英格诺尔的14艘战列舰和8艘前无畏舰的征程。如果事情照此发展下去，德国公海舰队就会在它一直所渴望拥有的优势条件下与敌人遭遇。然而，由于海上能见度不佳，德国公海舰队和英国海军的瓦伦德分舰队中担任前卫任务的轻型舰艇之间断断续续发生了几次偶然而混乱的交战，这意味着德国舰队试图依靠出其不意和优势兵力取胜的机会消失了。冯·英格诺尔上将判断与己方接战的轻型舰艇正是英国皇家海军大舰队的前锋，他不敢违背皇帝陛下关于不得使公海舰队遭受严重损失的指示精神，于是怀着一片公心走出了一步臭棋，在5时30分下令全军向赫尔戈兰湾转进。这使得冯·英格诺尔与贝蒂和瓦伦德舰队进行一场惊天动地的大海战的机会已渐行渐远，同时也令希佩尔舰队在回航时无法得到预期的接应与支援。

① 分别为"英王乔治五世"号、"阿贾克斯"号（HMS Ajax）、"百夫长"号（HMS Centurion）、"俄里翁"号（HMS Orion）、"君主"号（HMS Monarch）和"征服者"号（HMS Conqueror）。
② 分别为"安特里姆"号（HMS Antrim）、"德文郡"号（HMS Devonshire）、"阿盖尔"号（Argull）和"罗克斯堡"号（HMS Roxburgh）。
③ 12月16日上午，随着德国海军来袭舰队的总体情况变得更加清晰，海军部还命令杰利科跟随大舰队一起出航，现场指挥作战。

1913年1月—1915年1月担任德国海军公海舰队司令的弗雷德里希·冯·英格诺尔（1857—1933年）海军上将。1914年12月16日凌晨，由于害怕即将与英国皇家海军大舰队正面交锋，又不敢违背德皇威廉二世不可轻易消耗帝国海军实力的命令，他下令已经出动的公海舰队向赫尔戈兰湾撤退，没能为希佩尔的岸袭编队提供其急需的支援。

此时在约克郡外海，两支德国海军编队正朝着它们各自的目标进发。希佩尔少将亲自率领着"塞德利茨"号、"毛奇"号和"布吕歇尔"号驶向哈特尔普尔，这是一个人口9万的小镇，这里的防御力量由2个海岸炮兵连（每连装备3门6英寸口径岸炮）和一个本土防卫军（Territorial Army）的步兵营（约200名官兵）组成。此外该镇还驻泊着2艘老式轻巡洋舰、4艘驱逐舰和1艘负责向海岸司令部报告情况的潜艇。受16日当天早晨的天气和潮汐条件所限，在6时40分时只有几艘驱逐舰在海上执行例行巡逻。临近早上8时，英军驱逐舰在哈特尔普尔东南方向5英里远处发现了德军战列巡洋舰的身影。在接下来历时7分钟的激烈战斗中，"塞德利茨"号战列巡洋舰发射了约100发中口径炮弹，"毛奇"号打出了38发210毫米炮弹和54发150毫米炮弹。但在糟糕的海况和能见度影响下，德舰的射击基本没取得什么效果。英军驱逐舰见敌势汹汹，便三十六计走为上，与德舰脱离了接触。德军战列巡洋舰也并未紧追不舍，毕竟对岸炮击才是它们的首要任务。

"塞德利茨"号在上午8时30分左右开始向岸上的"休"（Heugh）炮台和一座电缆厂开火，"毛奇"号则向灯塔附近的海岸警戒哨所和其他岸炮台猛烈射击。"布吕歇尔"号则瞄准一些工厂、火车站、造船厂和港口内的船只倾泻炮弹。炮击持续了16分钟，德军战舰共计发射了1150枚各种口径的炮弹。事后查明，德舰的炮击共造成86名平民和9名士兵死亡，436人受伤，其中大部分也是平民。炮击和由此引发的大火毁坏了一些工厂、煤气贮存罐和几百座房屋。因为不少炮弹在落地时没有爆炸，故而造成的损失并不算太严重。

"布吕歇尔"号，德国海军所建造的最后也是最重型的一艘装甲巡洋舰。从第一次世界大战爆发开始，该舰便一直跟随希佩尔将军的第一侦察分舰队行动，直至在多格尔沙洲之战中被英军战列巡洋舰击沉。（图片来源：美国国会图书馆，《贝恩图片集》）

而来袭的德国军舰也被海岸炮台所击伤。3门6英寸岸炮共发射了123枚炮弹，"布吕歇尔"被命中4发，舰员9死2伤；"塞德利茨"号被命中3发，1人受伤；"毛奇"号被命中1发，未造成伤亡。在港口内，"布吕歇尔"装甲巡洋舰打出的2枚210毫米炮弹击中了英国巡洋舰"巡逻"号（HMS Patrol），造成4人死亡，7人受伤。8时46分，德国军舰停止了射击，随后扬长而去。

与此同时，由"冯·德·坦恩"号、"德弗林格尔"号和"柯尔堡"号组成的南编队在塔普肯（Topken）准将率领下前往斯卡伯勒和惠特比。上午8时，两艘战列巡洋舰开始炮击斯卡伯勒这个没有任何工业或军事目标的海滨小镇。德舰的炮击目标是火车站和煤气贮存罐，但由于目标被沿海山区地形遮挡，加之晨雾的影响，炮弹大部分都落到了居民区。炮击持续了20分钟。德军战舰共发射了333枚5.9英寸和443枚3.5英寸炮弹，造成17人死亡，99人受伤，全部是平民。

8时14分到8时41分之间，巡洋舰"柯尔堡"号在离英国海岸10英里处布设了一片水雷区，然后驶往集结地点与希佩尔舰队会合。"德弗林格尔"号和"冯·德·坦恩"号这两艘战列巡洋舰继续沿着海岸向北航行，去摧毁惠特比的海岸警卫哨所。两舰的中口径火炮射击了10分钟，造成的毁伤有限。托普肯的编队在9时13分停止射击，向东驶去，于9时45分在距离英国海岸25英里处与希佩尔编队会合。然后德国舰队以23节航速继续东去。

当德国军舰肆意轰击英国海岸时，贝蒂和瓦伦德率领的舰队于7时30分在多格尔沙洲东南方向合兵一处，这里正是拦截回航的希佩尔舰队的理想位置。但由于和敌方轻型舰艇之间的零星战斗、无线电通信的延迟（实际上是受到了德国人的干扰），以及海军部提供给二人的情报零散破碎等原因，使英国舰队丢掉了截击希佩尔舰队的机会。8时42分，"狮"号战列巡洋舰截获到了"巡逻"号轻巡洋舰发出的电报（此刻该舰正在哈特尔普尔港内被希佩尔编队轰得惊惧不已），电报说自己正在与2艘德国战列巡洋舰交战，但却没有通报自身的位置，十分钟后收到的另一份电报才使瓦伦德和贝蒂获悉斯卡伯勒正遭到德国舰队的炮击。两位将军立即掉头回航，向英国海岸回援。

9时35分，在古迪纳夫准将的轻巡洋舰编队护航下，贝蒂率领着他的4艘战列巡洋舰，与瓦伦德中将的战列舰编队和帕肯汉少将的装甲巡洋舰编队正在一起向西疾驰。此时，另一份被截获的电报告诉众将哈特尔普尔港也在遭受炮击。为了切断英国惠特比海岸外的水雷区之间宽25英里的出口通道，贝蒂和瓦伦德决定兵分两路，各自率队向南北两个方向机动，远离多格尔沙洲的浅水区。[①] 于是，在当天11时，英德两军的舰队彼此相距100英里，正以40节的相对航速相向而行。不过有两个因素阻碍了它们的相遇，首先是天气和能见度的突然降低，其次是瓦伦德将军和贝蒂将军都不曾掌握的一个情况——德军的轻型巡洋舰和驱逐舰已于当天早上奉命返回公海舰队，此刻正在希佩尔舰队前方航行，距离希佩尔舰队主力60英里。

大约11点30分，多格尔沙洲海域的一场暴风雨使能见度突然降低，贝蒂不得不下令编队减速到18节。不久之后，位于贝蒂编队的前卫部队南翼的轻巡洋舰"南安普顿"号（HMS Southampton）——该舰也是古迪纳夫准将的旗舰——发现了几英里远处的几艘敌方舰只[②]，便径直向其冲去。

古迪纳夫开始向"施特拉尔松德"号轻巡洋舰开火射击，并向贝蒂打出信号"与敌

① 多格尔沙洲西南的浅水区深度足够大型舰船通过，但此处的沉船残骸众多，沉船的桅杆和上层建筑距离海面很近，会给经过的舰船带来危险。
② 它们是德国轻巡洋舰"施特拉尔松德"号和另外8艘驱逐舰，身后还跟着轻巡洋舰"斯特拉斯堡"号、"格芳登兹"号和更多的驱逐舰。

1914年12月16日，在对英格兰沿海的斯卡伯勒、哈特尔普尔和惠特比展开突袭行动期间，航行在波涛汹涌的海面上的德国战列巡洋舰"塞德利茨"号、"毛奇"号、"德弗林格尔"号和末尾的"冯·德·坦恩"号。在突袭完毕返回基地的途中，德国舰队有惊无险地避开了与英国海军瓦伦德中将和贝蒂少将率领的主力舰队的战斗。

巡洋舰交战"，结果德舰却突然消失了。接到报告的贝蒂确信古迪纳夫已经与希佩尔舰队的前卫部队遭遇，他担心掩护自己的巡洋舰都已离队前去与敌巡洋舰交战，一旦稍后与敌主力接近，他的战列巡洋舰编队就会由于缺乏侦察力量而暴露。于是贝蒂让他的信号官拉尔夫·西摩尔（Ralph Seymour）马上下令让一艘轻巡洋舰回到原来的护航位置上。由于不确定具体要与哪艘舰联系，西摩尔在编制命令时使用了"轻巡洋舰"这一通称，旗舰"狮"号上的探照灯直接对准一艘巡洋舰，打出了"轻巡洋舰返回原战位"的灯光信号，西摩尔确信只有这艘舰会执行命令。但实际上，有3艘巡洋舰都看到了信号，以为这是对整个轻巡洋舰分舰队的命令，并向已经与敌接触的"南安普敦"号也进行了转发。于是所有4艘轻巡洋舰又重新回到了贝蒂的战列巡洋舰编队的前卫位置，而德舰则向南驶去，消失在一片迷雾中。

不过幸运之神还没有完全抛弃皇家海军。就在不明就里的贝蒂被古迪纳夫与敌脱离接触的行动惊得目瞪口呆后不久，12时15分，瓦伦德中将的第二战列舰分舰队在向南行驶了15英里后，再次发现了德军轻巡洋舰。当德军轻巡洋舰"施特拉尔松德"号的舰长看到英军战列舰在雾气中若隐若现时，他聪明地用信号灯向英舰闪出了一个假的敌我识别信号，企图蒙混过关。但英国战列舰"俄里翁"号的舰长没有上当，而是下令将主炮指向敌舰，并向第二战列舰中队的指挥官、海军少将罗伯特·阿巴斯诺特爵士（Sir Robert Arbuthnot）请示允许开火。

阿巴斯诺特少将把发现敌舰的情况上报给了舰队总司令瓦伦德中将，并且拒绝批准下属向敌舰开炮的请求，除非得到上峰直接下达的命令，但命令却一直没来。很快，瓦伦德中将也看到了在暴雨中忽进忽出、时隐时现的敌舰身影，但他也始终没有下令开炮，而是命令帕肯汉少将带领麾下的4艘装甲巡洋舰前去追踪。无奈这几艘巡洋舰的航速实在太慢，只得眼睁睁地看着德舰消失在雨幕中，再也难觅其踪。

这时，尽管贝蒂和瓦伦德两位将军对德国舰队的位置一无所知，但二人都确信希佩尔的战列巡洋舰就在他们前方。在 11 时 30 分到 12 时 30 分这一个小时里，贝蒂少将茫然无措，不知道接下来该怎么办，于是舰队只得继续向水雷区缺口北面的边缘驶去，他相信希佩尔舰队会出现在那里。12 点 25 分，瓦伦德向贝蒂通报说他看到德国的轻巡洋舰正向贝蒂的方向驶去，15 分钟后又向贝蒂发出了另一份电报："敌正向东航行，尚未发现敌战列巡洋舰。"

12 时 30 分，贝蒂担心希佩尔的战列巡洋舰比瓦伦德的战列舰航速快，可能会在离他们不远的地方溜掉，于是做出了一个宿命般的决定：掉转航向，向东进发。贝蒂确信自己的战列巡洋舰航速够快，完全可以截住敌人。此时，希佩尔的战列巡洋舰编队就在贝蒂的前方，相距仅有 20 英里。贝蒂舰队朝东航行了 45 分钟，然后转向北。13 时 43 分，海军部发来的电报又为这场海战增加了新的不确定性。秘密情报机构"40 号房间"电告贝蒂，一份截获的德国密码电报于 12 时 15 分被破译出来，电报显示德军战列巡洋舰正在从各片雷场之间的空隙驶出布雷区，航向东南偏东，时速 23 节。如果贝蒂舰队的航向正确，航速合适，就能在多格尔沙洲的西南角截住敌人。而事实上贝蒂舰队刚刚从电报中所说的这一地点离开。既然那里什么都没有发生，这就意味着希佩尔舰队正在试图从更偏南的地方逃跑。基于这一理由，贝蒂指挥舰队在 13 时 55 分又一次转舵向东，然后又转向东南偏东，全速赶去切断希佩尔舰队从多格尔沙洲到赫尔戈兰湾的回港航线。

但瓦伦德将军的结论正相反，他认为德国人正在沿多格尔沙洲北面返航。因此，在 13 时 24 分转舵向北后，瓦伦德将军指挥第二战列舰分舰队向西北偏北方向前进，帕肯汉少将的装甲巡洋舰中队位于战列舰中队的左侧。此时此刻，由贝蒂、希佩尔和瓦伦德三位将领各自率领的舰队彼此之间相距还不到 25 英里。

11 时，已经驶离英国海岸 50 英里的希佩尔电告冯·英格诺尔，说自己的舰队已经完成了任务，正在返回基地。在英格诺尔的回电中，希佩尔才得知公海舰队主力没有西进与自己会合或至少在原定的会合点等待自己，而是自顾自地回家了，此刻早已跑到了自己当前位置以东 150 英里远的地方。面对着一团混沌的战场态势，希佩尔决定率队暂时向东航行，并在大约 11 时 20 分时下令转舵东南，与他的轻型舰艇会合。11 时 39 分，"施特拉尔松德"号轻巡洋舰又向希佩尔报告说它正在与古迪纳夫的轻巡洋舰发生接触。

通过对巡洋舰们报上来的发现英国军舰并与之接战的情况进行评估，希佩尔少将确信他面对的不是 6 艘而是 11 艘敌方战列舰。于是，希佩尔舰队于 12 时 45 分突然转向北方，以避免与英军可能的接触，然后在大约 13 时又转向了东北方向，以绕过多格尔沙洲。14 时 30 分左右，确信英军舰队此时已经被甩在南边足够远了，希佩尔又率队转舵向东，占据了下风头的位置，以利于在一旦发生战斗的时候进行瞄准。大约在 14 时 10 分左右，由于在恶劣的天气下受损严重，落在了战列巡洋舰编队后面的德军"柯尔堡"号轻巡洋舰其右舷方向观察到了烟囱排出的烟柱，它们可能来自走在瓦伦德的战列舰分舰队前面的英军第三巡洋舰分舰队的装甲巡洋舰。而随着英军第二战列舰中队在一条跑偏了的航线上渐行渐远，还在希佩尔舰队东南 30 英里远的贝蒂舰队现在成了截击希佩尔舰队的唯一希望。然而，海军部根据破译的德军密码分析汇总后提供给贝蒂的情报来得太迟了，已经毫无用处。因此贝蒂舰队仍然在希佩尔舰队的前方向东驶去，无法与敌人相遇。15 时 47 分，趁着天色逐渐变暗，希佩尔舰队终于逃之夭夭。瓦伦德中将电令贝蒂放弃追击，贝蒂无奈，只得依令行事。这时，希佩尔的战列巡洋舰已经在北面甩开了贝蒂舰队 50 英里远，已是追之莫及。①

从军事角度来看，德国海军对斯卡伯勒的突袭没有取得重大成果。虽然突袭行动有助于提高德国海军的士气，但却引起了英国公众舆论的强烈反应。德国人被指控在哈特尔普尔屠杀了 86 名无辜又无助的平民百姓，这一野蛮行径是对 1907 年《海牙公约》(Hague Convention)的践踏。因为这次突袭，大英帝国和它的人民的战斗决心再一次得到了加强。但对英国皇家海军来说，这是它继雅茅斯遭袭后，又一次未能为英国海岸提供有效保护。

然而，想要完全阻止这种突然袭击是不可能的，唯一现实的目标是不能将德国人毫发无损地放回家去。因此，12 月 20 日，贝蒂的战列巡洋舰从克罗默蒂基地南移了 100 英里，驻防在了罗赛斯基地。这样一旦敌人再次来袭，它们就可以更快地赶赴战场，切断敌人的退路。为了防备德国公海舰队主力突然加入战局，将较弱的英国舰队打一个措手不及甚至完全击溃，海军部下令今后大舰队必须采取整体行动，而不是拆成一支支单独的分舰队分散部署。

在作战纪律方面，贝蒂认定 12 月 16 日早上古迪纳夫准将与德军轻巡洋舰脱离接触是严重的失职行为，并对其感到极度失望。贝蒂建议解除古迪纳夫准将的指挥权，但杰利科上将驳回了这一要求，因为他了解到犯错的不是古迪纳夫的指挥，而是信号官西摩尔发出的那道含糊不清的战场指令。尽管如此，西摩尔还是保住了自己的职位，然后在多格尔沙洲之战和日德兰海战中一而再再而三地犯下同样的错误。

由于突袭行动的战果极为有限，特别是公海舰队主力过早地掉转船头回航而丢掉了重创英国皇家海军的大好良机，使德国海军饱受舆论的批评与责难。恶劣的天气和斯卡伯勒的岸防火力还给德军舰队造成了一定损失，共有 10 人阵亡，12 人受伤。另外，德国战列巡洋舰对岸上目标的射击能力也低于海战中经常展现出的水准，不过这是由于弹药选用不当、地形障碍对目标的部分遮挡，以及糟糕的能见度造成的。

多格尔沙洲之战

1915 年 1 月 23 日 17 时 45 分，德意志帝国海军少将希佩尔率领德国海军第一侦察分舰队的战列巡洋舰②缓缓离开了亚德湾锚地。而就在数小时前，英国皇家海军海军元帅阿瑟·威尔逊 (Arthur Wilson) 爵士与海军情报总监亨利·奥利弗 (Henry Oliver) 海军少将走进了丘吉尔的办公室，向海军大臣通报了一份刚刚被"40 号房间"破译的德军密码电报的情况。这是一份德国公海舰队总司令冯·英格诺尔上将下达给希佩尔少将的命令，授权其对多格尔沙洲海域进行一次武装侦察行动③，并要求希佩尔于 1 月 24 日晚间之前返回威廉港。这是英国海军情报部门的又一次成功，也让海军部有机会为希佩尔舰队布下一个陷阱，并可以为之前希佩尔袭击雅茅斯和斯卡伯勒给皇家海军带来的羞辱进行报复。因此，到 1 月 23 日下午早些时候，海军部已向贝蒂、杰利科和蒂里特等一众骁将发

1914 年 12 月 16 日，英国海军中将乔治·J. 斯科特·瓦伦德（1860—1917 年）率领第二战列舰分舰队，与贝蒂少将的第一战列巡洋舰分舰队一起部署在多格尔沙洲西南面。他们的意图是在德国舰队完成对斯卡伯勒的袭击后在其回航时予以截击。（图片来源：美国国会图书馆，《贝恩图片集》）

① 英国皇家海军此时还有最后一张牌可打，那就是凯斯准将的潜艇部队。海军部命令凯斯准将的潜艇部队从荷兰海岸出发，在 12 月 16 日下午之前抵达赫尔戈兰岛以西海域，并在那里设置一条伏击线。但凯斯准将此时手中只有 4 艘潜艇可供调遣。12 月 17 日早晨，E-11 号潜艇对正在返回亚德湾锚地的冯·英格诺尔的战列舰队进行了拦截，E-11 号向德国战列舰 "波森"号（SMS Posen）发射了 2 枚鱼雷，但均未命中。

② 德国海军第一侦察分舰队参加此次任务的有战列巡洋舰 "塞德利茨"号（旗舰）、"毛奇"号、"德弗林格尔"号，以及顶替正在维修不能出战的 "冯·德·坦恩"号的装甲巡洋舰 "布吕歇尔"号。

③ 这一旨在提升舰队官兵士气的行动也是希佩尔所提议的。行动的计划是由希佩尔舰队对多格尔沙洲海域进行一次武装侦察，消灭出现在那里的英国轻型舰艇，以及那些——按照德国人的说法——混迹于拖网渔船中在这一海域从事间谍活动的英国船只。

出命令，让他们各自率部前往德国舰队第二天上午将要到达的区域会合。

根据作战计划，贝蒂手下的 5 艘战列巡洋舰[①]和古迪纳夫的 4 艘轻巡洋舰将从苏格兰福斯湾锚地出发，于 1 月 24 日黎明时分与蒂里特舰队的 3 艘轻巡洋舰和 35 艘驱逐舰合兵一处。海军中将爱德华·布拉福德（Edward Bradford）爵士将指挥第三战列舰分舰队的 8 艘前无畏舰从罗赛斯基地赶来为其提供掩护，杰利科上将也将率领大舰队的 22 艘战列舰从斯卡帕湾前来助战。

希佩尔少将的第一侦察分舰队在 4 艘轻型巡洋舰和 19 艘驱逐舰的陪伴下从威廉港出航了。为了在 1 月 24 日凌晨准时抵达多格尔沙洲并开始"清除行动"，舰队在夜幕的笼罩下缓缓前行。4 艘主力战舰排成单列纵队，"塞德利茨"号战列巡洋舰打头，"毛奇"号、"德弗林格尔"号和"布吕歇尔"号依次跟随。2 艘轻巡洋舰和 11 艘驱逐舰前出几英里，以便对敌方船只实施拦截，另有一艘巡洋舰和 4 艘驱逐舰负责掩护主力纵队的两翼。

英国海军方面，从南边赶来的蒂里特舰队被分成两个编队：第一编队由"林仙"号巡洋舰（旗舰）和 7 艘驱逐舰组成。第二编队跟在第一编队之后，包括"曙光女神"号（HMS Aurora）巡洋舰和舰队中其余舰只，其中"曙光女神"号由于浓雾，出发有所延迟。1915 年 1 月 24 日早晨，多格尔沙洲附近海域的气象条件相当理想，天空晴朗，海面平静，微风轻拂，能见度极好。7 时 05 分，由于出发延迟而落后于大队的"曙光女神"号巡洋舰观察到一艘巡洋舰和 4 艘驱逐舰正在向东航行，认为这是蒂里特手下的第一编队所属舰只，于是便驶近对方，按标准规程向其发出询问信号。但实际上这是德国海军希佩尔舰队的右翼前卫部队，德舰随即向"曙光女神"号开火射击。7 时 20 分，"曙光女神"号发出电文"正在与公海舰队交战"，为其他英军舰只拉响了警报。很快，古迪纳夫准将也看到了敌人的身影，首先映入眼帘的是作为希佩尔舰队前卫的几艘轻巡洋舰，然后就是希佩尔的战列巡洋舰编队。

希佩尔少将在得知其前卫部队与"曙光女神"号接战的消息后，起初还颇为欣喜，因为他认为遭遇的正是他原本计划要拦截和摧毁的敌轻型舰艇部队。但巡洋舰部队随后的报告让他感到情况不妙：西南和西北方向同时发现了敌舰的踪迹。这使希佩尔怀疑自己可能中了英国海军的埋伏，虽然英国人的伏击方式和未来情况走势还不明了，但形势对自己相当凶险。希佩尔清楚自己无法指望得到公海舰队的支援（公海舰队根本未曾出海），于是他在 7 时 35 分命令全舰队中止作战行动，转向东南，以 20 节的速度返航。希佩尔确信，如果西北方向出现的敌舰是战列舰，这一航速足以使自己与敌舰保持安全距离，如果有必要，他还可以让全编队加速到 23 节。然而在 7 时 50 分，他意识到敌舰正在不断逼近。希佩尔由此判断对方是以 26 节左右疾驰而来的敌方战列巡洋舰。冯·英格诺尔上将得知这一新情况后，即刻下令公海舰队准备出击，然而公海舰队的战列舰预计要到 10 时 10 分才能做好出航准备。希佩尔不得不在接下来的几个小时里孤军奋战，自求多福了。

这时，古迪纳夫的巡洋舰正位于希佩尔舰队的左舷方向。7 时 47 分，他向贝蒂报告，德军舰队当前共有 4 艘战列巡洋舰，航速 24 节。3 分钟后，贝蒂在 14 英里外也看到了敌舰。贝蒂的战列巡洋舰取东南航向，朝着希佩尔舰队逐渐围拢过来，这样贝蒂就可以取得有利的风向，让他的战列巡洋舰在射击时可以不受炮口硝烟和烟囱排烟的影响。对希佩尔舰队的追击正式开始了。

[①] 贝蒂的战列巡洋舰兵力包括"狮"号（旗舰）、"虎"号、"皇家公主"号、"新西兰"号和"不挠"号。被认为是舰队中炮术水平最高的"玛丽女王"号战列巡洋舰此时驻扎在朴次茅斯港，不在福斯湾锚地。

蒂里特的驱逐舰试图靠近德军装甲巡洋舰"布吕歇尔"号以实施鱼雷攻击,但被"布吕歇尔"号精准的炮火击退。随后,贝蒂命令轻型舰艇退在一旁,好让他用战列巡洋舰的重炮解决敌人。为了迅速缩小与敌舰的距离,贝蒂命令战列巡洋舰编队加速接敌。"狮"号、"虎"号和"皇家公主"号三舰遵令加速到28节,逐渐冲到了航速无法超过26节的"新西兰"号和"不挠"号之前,英军战列巡洋舰编队中打头的"狮"号此时距离希佩尔舰队位置最靠后的"布吕歇尔"号只有20000码。8时52分,"狮"号的13.5英寸主炮打出了一发炮弹,落点偏近,随后两弹落点偏远。经过试射,贝蒂于9时整下令"接敌开火"。"狮"号、"虎"号和"皇家公主"号三舰此时已将敌舰纳入射程,立即遵令火力全开。航速较慢的"新西兰"号和"不挠"号正在速度更快的友舰身后苦苦追赶,尚未加入战斗。"狮"号战列巡洋舰在9时09分取得了对"布吕歇尔"号的第一次命中。6分钟后,当两舰相距17000码时,"布吕歇尔"号开始还击。9时28分,"布吕歇尔"号的一发210毫米炮弹击中了"狮"号"A"主炮塔的前装甲板,导致"狮"号"A"主炮塔的左炮由于震动而失灵。

到了9时35分,"新西兰"号终于赶了上来,该舰距离"布吕歇尔"号18000码远,随即也开炮射击。此时贝蒂与希佩尔是4艘舰对4艘舰,数量上势均力敌。于是贝蒂下令各舰"与对应敌舰交战",以便正确地分配火力。贝蒂将军认为他麾下所有的舰长们都应该理解命令的意思,因为"不挠"号此刻还没有进入射程,自然不包括在这个命令中。但"虎"号战列巡洋舰的舰长却相信"不挠"号已经在向"布吕歇尔"号开火了,就将德舰纵队中每一艘英军战舰所对应的敌舰都向前挪了一艘。因此,"虎"号开始全力射击"塞德利茨"号[①],而置原本与"虎"号对应的"毛奇"号免遭攻击。这并不是"虎"号在当天犯下的唯一错误,该舰那些训练不足的炮手不仅仅是没有击中"塞德利茨"号,还误把"狮"号的炮弹落点——不少都击中了目标——当成了自己的,因此没有进行射击修正。而在另一边,德军战列巡洋舰编队基本上在整场战斗中都在集中瞄准射击英军的"狮"号和"虎"号两舰,但战舰全速前进时烟囱里喷出的浓烟也对德舰的射击产生了很大干扰,因此射击起初也没有取得什么效果。

第一发击中希佩尔的旗舰"塞德利茨"号的炮弹就几乎要了这艘舰的命。9时43分,来自"狮"号战列巡洋舰的一发13.5英寸炮弹击中了"塞德利茨"号,击穿了该舰舰艉的"D"主炮塔,并在里面炸开,引燃了堆放在升降机上的部分发射药。烈火向上蔓延,将炮塔内的炮组成员烧成了灰烬,然后又向下窜向弹药库。"D"主炮塔弹药库的操作人员惊恐之下打开了相邻的"C"主炮塔弹药库的水密舱门逃跑。于是火焰跟在逃跑的舰员身后点燃了"C"主炮塔内的发射药,火焰与爆炸将"C"主炮塔摧毁,炮组成员几乎全部当场丧命。

"塞德利茨"号的损管人员冒死迅速打开了注水阀门向两座主炮塔的弹药库注水,从而阻止了可能毁灭全舰的弹药库殉爆。"塞德利茨"号上2座主炮塔丧失战斗能力,舰艉进水600吨,但动力系统基本无损。该舰保持着航速继续向东南方向驶去,并用剩下的3座280毫米主炮塔继续与英舰对射。9时55分,有些招架不住的希佩尔急电冯·英格诺尔请求支援。此时公海舰队的战列舰队终于起锚出港,赶来增援了。

另一边,被"皇家公主"号连续猛击的"布吕歇尔"号从9时30分开始又雪上加霜地遭到了"新西兰"号的打击。严重受创的"布吕歇尔"号航速下降,被迫于10时05

[①] 这是依据《大舰队作战条令》(Grand Fleet Battle Order)做出的决定。条令中规定,在英方舰只多于敌舰的情况下,队列居前的2艘英舰将集中火力攻击敌方的领舰。因此"虎"号的舰长自然而然地认为本舰应当与"狮"号一齐射击"塞德利茨"号。更重要的是他确信对方的"毛奇"号自有"皇家公主"号去应付。

分退出了战列。来自"新西兰"号的一枚 12 英寸炮弹打哑了该舰的舰艉 210 毫米主炮塔。10 时 30 分，又一枚 13.5 英寸炮弹击中了"布吕歇尔"号的艏部，击穿了用于向两座前部舷侧主炮塔输送弹药的中央通道旁的装甲甲板①。爆炸引燃了大约 40 包发射药，大火通过扬弹机蔓延到各炮塔内，使它们全部丧失了战斗能力。爆炸还在舰体艏部引发了一场大火，前锅炉舱被毁，包括穿行在同一条拥有防护的弹药输送通道内的一些重要管路也被切断，如操舵机构和机舱佯钟等。"布吕歇尔"号的航速下降到了 17 节，已经完全落在了整个编队的后面。

与此同时，德舰的炮火也有所斩获。10 时 01 分，"塞德利茨"号战列巡洋舰打出的一枚 11 英寸炮弹撕开了"狮"号左舷靠近水线部位的装甲。海水涌入主配电室，致使 2 台发电机短路，副炮供电中断。"狮"号舰体左倾，但航速仍能保持在 24 节。10 时 18 分，又有 2 枚大口径炮弹同时命中了该舰的水线以下部位。一枚炮弹击穿了舷侧装甲带，在舰体内部爆炸，造成更为严重的进水，多台锅炉受损，左侧蒸汽轮机停车。另一枚炮弹在舷侧装甲带上爆炸，但装甲带未被击穿，只是数块装甲板发生变形，使更多的海水涌入了舰体。从 10 时 35 分到 52 分，贝蒂的旗舰又被命中多弹，其中一弹在"A"主炮塔内引起了一场不大的火灾，幸运的是在引发类似"塞德利茨"号那样的灾难之前就被扑灭了。更多的炮弹击中了"狮"号的艏部和艉部，引发了冲天烈焰，以至于德舰"毛奇"号认为"狮"号已经完蛋了。到 11 时，"狮"号已进水 3000 吨。当最后一台直流发电机停止工作后，"狮"号全舰电力尽失，因此无法通过灯光信号或无线电设备与友舰进行通讯，航速也降到了 15 节。当"狮"号逐渐失去其领舰位置时，"虎"号就成了英军战列巡洋舰编队的领舰，于是"虎"号也就成了德军各舰的首选打击目标。

正在这时，英军舰队犯下了一系列的错误，造成了其队形的混乱。10 时 54 分，贝蒂确信他的右舷出现了潜艇潜望镜的尾迹，于是命令"狮"号转向左舷。其他的战列巡洋舰本已将重伤减速的"狮"号甩在身后几英里远，此时也一齐跟随旗舰向北转向，从

航行中的德国海军"塞德利茨"号战列巡洋舰，其后是"冯·德·坦恩"号。"塞德利茨"号在多格尔沙洲之战中险些沉没：一枚来自英军"狮"号战列巡洋舰的大口径炮弹命中并击穿了舰艉的 280 毫米主炮塔，这枚炮弹在炮塔内部爆炸，引燃了部分发射药，从而引发了一场彻底摧毁了 2 座后主炮塔的火灾，并杀死了几乎全部炮组人员。全凭着向弹药库迅速注水，"塞德利茨"号才捡回一条命。（图片来源：《奥基尼图片集》，A 少儿图书馆，M. 皮奥瓦诺）

---
① "布吕歇尔"号装甲巡洋舰安装了一套为舷侧主炮塔供弹的实验性系统。该系统由一组位于舰体中心线的滑轮机构组成，并有装甲甲板保护。

"狮"号战列巡洋舰，贝蒂少将在多格尔沙洲之战中的旗舰。"狮"号在此战中被德舰炮火多次命中，被迫撤离战场。撤离时已经进水3000吨，航速也降低到了15节。当舰上的最后一台发电机停止运转后，"狮"号全舰的电力供应彻底中断，无法与其他舰艇进行通信联络。（图片来源：《M. 布雷西亚图片集》）

而中断了对敌舰的追击。几分钟后，贝蒂意识到了自己的命令带来了怎样的后果，不愿看到猎物溜走的海军少将挂出了"航向东北"的旗语信号①，这样"虎"号、"皇家公主"号和"新西兰"号三舰就可以继续追击此时正转向东北试图帮助受伤的"布吕歇尔"号的希佩尔舰队主力了。贝蒂此番决心不让德国人再溜之大吉，于是在旗舰上紧接着挂出了"攻击敌人后尾"的旗语。

这两个信号本应按先后顺序分别读取，但两组信号旗挂出后却被一齐降下②，这使得"虎"号和另一艘战列巡洋舰把它理解成了一个命令，"攻击位于东北方的敌人后尾"，而那正是"布吕歇尔"当时所在的方向，于是领命后的英军战列巡洋舰纷纷转舵朝该舰杀来。见此情形，怒不可遏的贝蒂将军连忙发布了一条新命令，"继续靠近接敌"，但各舰均未注意到新的旗语信号。由于"狮"号已经落后本队太远，舰上的通讯设备因电力丧失也全部失效，贝蒂只得将指挥权转交给了"新西兰"号战列巡洋舰上的阿奇博尔德·穆尔（Archibald Moore）海军少将，"新西兰"号上升起了贝蒂少将的将旗。对贝蒂的指挥坚信不疑的穆尔忽略了编队向北急转的真正原因，于10时54分遵从了最后收到的贝蒂的命令信号，准备"攻击位于东北方的敌人后尾"。此时希佩尔舰队主力已经转舵南遁，"东北方的敌人后尾"只剩下了"布吕歇尔"号一艘残舰。11时10分，穆尔停止了对希佩尔的战列巡洋舰的射击，与"不倦"号战列巡洋舰一起加入了对这艘德国装甲巡洋舰最后的蹂躏。

就在贝蒂舰队经历指挥混乱之前，希佩尔正在考虑如何救援"布吕歇尔"号。由轻型舰艇展开鱼雷攻击可能是击退英国战列巡洋舰的一个办法。尽管此举存在给舰队带来重大损失的风险，但希佩尔还是决定以他的战列巡洋舰为支援来冒险一试。10时58分，希佩尔下令全体转向西南，开始接敌。11时再次发出信号，"驱逐舰编队准备攻击"。恰在此时，英军战列巡洋舰编队突然全体来了个向北转向。希佩尔想当然地认为这是贝蒂察觉到了自己的攻击企图后，为躲避威胁而做出的反应。见英舰早有防备，希佩尔只得取消了驱逐舰的攻击。贝蒂舰队歪打正着地得到了"想要"的结果。在对当前可能的选择和手下各舰的状况（战列巡洋舰的弹药已经不足）进行了评估后，希佩尔痛苦地决定放弃救援"布吕歇尔"号，任其自生自灭。10分钟后，"塞德利茨"号、"毛奇"号、"德弗林格尔"号三舰与其他护航舰艇一起，向基地返航。③

① 在全舰供电中断的情况下，"狮"号只能以旗语和友舰进行通信联络，而且由于只剩下两根信号索可用，因此旗语的发送受到了严重限制。此外，浓烟和不断拉开的距离也使得友舰难以识别信号。
② 根据英国海军的标准规程，当信号旗挂出时，意为提醒各舰注意司令官的意图；当信号旗被降下时，表示必须执行命令。
③ 15时30分，逃过一劫的希佩尔舰队与冯·英格诺尔派出接应的战列舰队会合，随后同行返航，于当日夜间抵达亚德湾锚地。其中"塞德利茨"号舰艇进水严重，在抽出了600吨海水，舰艇吃水有所减少后，才于1月25日下午蹒跚驶入了威廉港的船坞。

尽管舰体已经倾斜，航速也大为降低，6座210毫米主炮塔中更是有4座已经无法使用，"布吕歇尔"号装甲巡洋舰依然没有停止向围攻而来的英舰还击，并且还在11时05分时击退了古迪纳夫的轻巡洋舰发动的一波进攻。11时20分，蒂里特舰队的4艘驱逐舰向"布吕歇尔"号又展开了一轮进攻，但其中一艘驱逐舰当即吃了"布吕歇尔"号一发大口径炮弹，随后狼狈退出了战斗。其余3艘驱逐舰向德军巡洋舰发射了鱼雷，命中数枚。从11时30分开始，临时接替贝蒂指挥的穆尔少将率领4艘战列巡洋舰，以32门重炮在7000码的距离上猛击"布吕歇尔"号，将该舰彻底打成了一堆废铁。11时54分，"虎"号战列巡洋舰距离"布吕歇尔"号仅有5500码，穆尔命令战列巡洋舰编队停止射击，掉头回撤。12时07分，"布吕歇尔"号发生倾覆，但在沉没之前又在海面上漂浮了几分钟，为几百人跳海逃生争取了一点时间。"布吕歇尔"号装甲巡洋舰于12时13分沉没，大部分舰员也随舰遇难。①

"布吕歇尔"号被击沉后，由于没有接到进一步的命令，希佩尔舰队主力也已经远在15英里之外，穆尔少将忽然有些担心，因为司令官贝蒂少将现在音信全无，于是他决定带队转向西北，前往旗舰"狮"号已知最后出现的位置。而"狮"号在评估了本舰损伤，确定无法就地修复后，于11时30分转向西北，在蒂里特舰队大部的护送下，向基地驶去。但贝蒂不甘心就此放弃，正午12时后不久，他看到战列巡洋舰编队正朝自己的方向驶来，于是便发信号召唤驱逐舰"攻击"号（HMS Attack）靠近旗舰，随后登上了驱逐舰，命令该舰全速与其他战列巡洋舰会合。12时20分，贝蒂登上了"皇家公主"号战列巡洋舰，至此才得以了解到最新的战况。

当得知除了"布吕歇尔"号外，希佩尔舰队已经逃之夭夭后，暴跳如雷的贝蒂下令全体掉头继续追击。然而德国舰队此时已经跑远，根本追不上了。12时45分，愤怒且失望的贝蒂只得再次下令舰队掉头，前去与"狮"号会合。② 多格尔沙洲之战就此落下了帷幕。

多格尔沙洲之战是无畏舰之间的首次正面交锋。正如曾在福克兰群岛之战中见证过的那样，战列巡洋舰再一次显示出其对于装甲巡洋舰的明显优势，而作为装甲巡洋舰终

① "布吕歇尔"号上的遇难人数超过700人，包括全舰29名军官中的23人。英舰赶来救起了234名幸存者。

② 1月24日17时，"不挠"号开始对"狮"号实施拖曳。1月26日黎明时分，两舰抵达了苏格兰福斯湾锚地。由于"狮"号受创太重，罗赛斯基地的修理能力不足以应付，于是在简单修补了一下后，海军部将"狮"号送到了位于泰恩河上的纽卡斯尔市帕尔默斯船厂的船坞中进行修复。修复工作一直持续到3月28日。

在多格尔沙洲之战中被重创，正在沉没的德国"布吕歇尔"号。这艘装甲巡洋舰在12点13分左右倾覆沉没，700余人随舰同沉。在战斗的最后阶段，"布吕歇尔"号经受了大约70发大口径炮弹和数条鱼雷的攻击，但直到最后一刻，该舰仍然在进行顽强的抵抗。（图片来源：美国海军历史与遗迹档案馆）

极之作的"布吕歇尔"号正是串联这两类战舰之间发展演变关系的一条"纽带"，但在战斗中面对英军的战列巡洋舰，"布吕歇尔"号既无法逃脱，也无法在英舰的重炮下生存下来，显然与装甲巡洋舰相比，战列巡洋舰这一舰种在速度和火力上都更胜一筹。"布吕歇尔"号装甲巡洋舰在占据了压倒性优势的敌方追击者的猛烈攻击下，顽强抵抗了3个小时，并且几乎一直奋力还击到最后一刻。"布吕歇尔"号在沉没时，已经经受了大约70发大口径炮弹、7枚由蒂里特的轻型舰艇发射的鱼雷，以及数目不详的6英寸炮弹的惨烈洗礼，舰员伤亡惨重。

另一方面，战列巡洋舰"塞德利茨"号被英军战列巡洋舰的13.5英寸主炮命中3弹，造成159人阵亡，33人受伤。但相比之下，尽管舰艉两座主炮塔报销，并且为把全舰从灾难性的弹药库殉爆中挽救回来还曾向舱室内大量注水，"塞德利茨"号仍然能以全速航行，这证明了该舰出色的生存力。另外两艘德国战列巡洋舰也几乎毫发无损地得以逃脱："德弗林格尔"号被13.5英寸炮击中3弹，但未造成任何严重损伤，人员亦无伤亡；而"毛奇"号则根本未曾被击中一弹。反观英方，受创最重的当属旗舰"狮"号，而在其他战列巡洋舰中，"虎"号被命中6发大口径炮弹，其中一发击中了舯部"Q"主炮塔的顶部，导致该炮塔无法使用，其余几弹造成了该舰舰体内部受损，在舯部引发了一场大火，"布吕歇尔"号的一发210毫米炮弹还将"虎"号的后烟囱打了个对穿。但总的说来，"虎"号所受到的损伤终归有限，人员伤亡也很轻微，只有10死11伤。至3月8日，"虎"号战列巡洋舰便已修复一新，重返战斗序列。此外，"不挠"号也曾被"布吕歇尔"号命中一弹，"新西兰"号和"皇家公主"号两舰均未中弹。

如同在福克兰群岛海战中发生过的那样，多格尔沙洲之战中的弹药消耗量也相当可观。英军5艘战列巡洋舰总共发射了1150发炮弹，其中"狮"号243发，"虎"号355发，"皇家公主"号217发，"新西兰"号147发，"不挠"号134发。这一千余发炮弹中总共有70多发命中了目标，大部分都砸在了"布吕歇尔"号的身上，"塞德利茨"号、"毛奇"号和"德弗林格尔"号三舰总共才被命中7弹。德国海军方面，3艘战列巡洋舰总计发射了976发大口径炮弹："塞德利茨"号390发，"毛奇"号276发，"德弗林格尔"号310发。一共有22弹命中目标。英国皇家海军有福克兰群岛之战的经验在先，对战列巡洋舰主炮弹药的高消耗量早有心理准备，但对于初学乍练的德国海军来说，多格尔沙洲一战的弹药消耗情况着实令其吃惊不小，以至于"塞德利茨"号的舰长建议在后续建造的战舰上对弹药库进行扩容。

海战当日——1月24日的天气条件，尤其是极佳的能见度，使得英军战列巡洋舰得以发挥其火炮射程较远的优势。特别是英舰标配的13.5英寸Mk 5型主炮，在20°仰角下可对23700码外的目标射击。相比之下，德国海军"德弗林格尔"号战列巡洋舰的305毫米主炮在13.5°仰角时最大射程只有20550码。在吸取了多格尔沙洲之战的经验教训后，"德弗林格尔"号的主炮仰角增加到了16°，最大射程也相应地增至22500码。

德国人从"塞德利茨"号遭到重创的过程中还得到一个重要的教训，即舰艉"D"主炮塔扬弹机上堆放的发射药包轻易就被击穿炮塔的英军炮弹引燃，烈焰迅速蔓延到主炮塔内的其他发射药包上，然后通过打开的水密舱门窜入相邻的"C"主炮塔。这一事件使德国海军采取了严厉的措施，既要控制发射药包的暴露放置，又要控制其起火的风险，同时还要预防一旦药包起火后火势蔓延到附近其他发射药包的危险。于是德国人在军舰的主炮塔和弹药库之间安装了多道可自动关闭的防火门，从而可在扬弹机上的药包起火时将其隔离起来。不同主炮塔的弹药库之间的通道也被锁住，钥匙掌握在主炮塔指挥官手中，只有在弹药全部耗尽后他才能下令将通道打开。此外作为确保安全的一项深化措施，通常在实战中会提前运进炮塔备用的发射药包的数量也减少了。

英国皇家海军对其舰炮在战斗中的表现总体上感到满意，特别是战列巡洋舰上的13.5英寸主炮。但这场海战也体现出英国海军的炮术训练水平不佳，可怜的炮手们不得不在从未体验过的远距离上与敌舰交战。另一方面，在海战中受创的"狮"号和"虎"号两艘战列巡洋舰所反映出来的防护不足和弹药库殉爆的风险问题却并未引起皇家海军的充分重视。这两点教训只能在之后的日德兰海战中以一种惨痛的方式来吸取获得了。

多格尔沙洲之战也引发了交战双方内部的一系列军纪处分。德国公海舰队司令冯·英格诺尔上将后被认定应当对公海舰队未能为希佩尔舰队提供支援一事负责，故而被解除了指挥权，其职务由前海军参谋总长冯·波尔上将（Admiral von Pohl）接替。在英国这边，多格尔沙洲之战作为皇家海军的又一场胜仗被呈现于公众面前，但贝蒂少将对海战的结果极为失望。希佩尔舰队主力的逃脱，让贝蒂以为已经煮熟的鸭子最后还是飞了。于是曾接替贝蒂指挥的穆尔少将被作为替罪羊推了出来。尽管他在战斗中是严格遵照贝蒂的命令行事，但还是被指责为缺乏"足够的纳尔逊精神"，主动放弃了追击希佩尔主力的机会。穆尔少将最终被贬往加那利群岛（Canary Islands），去指挥一支巡洋舰分舰队。

最后，还应当回顾一下"40号房间"在这场海战中扮演的角色。"40号房间"对德国海军无线电通信的截获和破译，为皇家海军得以成功伏击德国海军第一侦察分舰队发挥了关键作用。然而希佩尔在面对又一次早已严阵以待的英国海军时的惊讶，仍不足以让德国人怀疑英国海军能够获取自己的无线电通讯。即使在多格尔沙洲海战之后，"40号房间"和它的工作仍然是一个不为人知的机密。德国人继续把保密重点放在防谍上，而不愿劳神费力地去提升他们的无线电通讯安全水平。

波罗的海上的战斗

与北海相比，波罗的海在第一次世界大战的海战史中扮演的是一个次要角色。在这一方向上，5艘前无畏舰和6艘老式装甲巡洋舰构成了俄国波罗的海舰队的核心力量。然而，尽管德国海军在北海方向保持着其大部分作战力量，但一旦形势需要，德国军舰可以通过基尔运河进行调动，从而迅速在波罗的海建立优势。在波罗的海方向，德国海军的任务是将俄国舰队封锁在其基地内，剥夺其行动自由，阻碍其支援俄国陆军的战斗。俄国海军在波罗的海方向主要采取守势，它的任务是守卫俄国海岸，防备德国可能实施的登陆行动，特别是在首都圣彼得堡周围。为了达成各自的战略目标，德俄双方都布设了水雷区，日常也多使用轻型水面舰艇和潜艇进行作战。不过德国海军于1915年8月和1917年10月在里加湾（Gulf of Riga）实施的两次较大的对岸支援行动是个例外。

1915年7月底至8月初，德国向波罗的海派遣了一支强大的舰队，舰队由已晋升为海军中将的弗兰茨·希佩尔和海军中将埃尔哈德·施密特（Ehrhard Schmidt）分别指挥的两支编队组成。希佩尔编队以第一侦察分舰队为骨干，辖"塞德利茨"号、"毛奇"号和"冯·德·坦恩"号3艘战列巡洋舰，以及8艘"拿骚"级与"赫尔戈兰"级战列舰、4艘轻巡洋舰和其他护航舰艇。该编队的任务是监视芬兰湾（Gulf of Finland）的入海口，如俄国舰队试图出击，即对其展开攻击。施密特中将指挥的第二支编队由 3 艘前无畏舰、6 艘巡洋舰、24 艘驱逐舰和鱼雷艇、14 艘扫雷舰和 1 艘布雷舰组成，任务是在里加湾南边的伊尔别（Irben）海峡布雷。

施密特编队的任务还包括炮击俄军岸防，清除俄国海军布设的雷区，并作为德军在东北战线的地面攻势的组成部分，从里加湾北端的穆恩（Moon）海峡突入湾内，协助陆军攻占里加城。

8 月 8 日，突入里加湾的第一次尝试宣告失败，2 艘德国鱼雷艇触雷沉没。8 天后，德国舰队在希佩尔编队的 2 艘战列舰支援下进行了第二次尝试。虽然损失了 2 艘小型舰艇，但还是清除了雷区，进入了里加湾，并重创了俄国海军的"光荣"号（Slava）战列舰。然而，8 月 19 日，正在达戈岛〔Dagoe，今爱沙尼亚的希乌马岛（Hiiumaa）〕以西航行的"毛奇"号战列巡洋舰遭到了英国海军 E-1 号潜艇的鱼雷攻击，导致德国海军在里加湾的行动被迫中断。这枚鱼雷被发现得太晚，"毛奇"号规避不及，前部鱼雷舱被击中，几枚鱼雷被毁，但所幸未被引爆。这次雷击导致"毛奇"号上 8 人阵亡，舰体进水 430 吨。由于这次遇袭以及来自协约国潜艇的威胁，加之德军地面攻势也已放缓，迫使德国海军在没有达成既定目标的情况下从波罗的海悻悻撤回。"毛奇"号战列巡洋舰回到北海后，于 8 月 23 日—9 月 20 日在汉堡的布洛姆 & 福斯船厂进坞修理。

1917 年 10 月，德国海军决定对里加湾进行第二次突袭。这次行动一方面是为了支援兴登堡（Paul von Hindenburg）元帅在东线发动的攻势，另一方面也是为了压制这一海域的俄海军舰艇的威胁，这些舰艇同时也能为俄军的地面部队提供支援。行动的具体目标是通过一次海—陆军的联合登陆行动，攻占位于里加湾和波罗的海之间的达戈岛和厄塞尔岛〔Ösel，今爱沙尼亚萨尔马岛（Saaremaa）〕。登陆部队主要由德国陆军第 42 步兵师组成，海军舰队由施密特海军中将指挥，其麾下拥有 10 艘现代化的"国王"级（König Class）和"皇帝"级（Kaiser Class）战列舰，9 艘轻巡洋舰，34 艘驱逐舰，2 支潜艇、布雷舰和扫雷舰编队，以及相当数量的辅助舰艇。另有 40 余艘运输舰负责运送登陆部队和为登陆部队供应所需的装备、燃煤、弹药、油料和淡水等物资。"毛奇"号战列巡洋舰

德国海军的"毛奇"号战列巡洋舰几乎是从多格尔沙洲之战中全身而退。1915 年 8 月，该舰进入波罗的海地区作战，为德国陆军在里加湾的登陆尝试提供对岸支援。但在 8 月 19 日，"毛奇"号被英军 E-1 号潜艇发射的鱼雷击中受伤，被迫放弃了支援行动。1917 年 10 月，德军终于在里加湾成功登陆，"毛奇"号在此战中充当了协调指挥德国陆海军联合行动的"海上联合指挥部"的角色。（图片来源：《奥基尼图片集》，A 少儿图书馆，M. 皮奥瓦诺）

担任施密特中将的旗舰，海军参谋人员也随舰前往，舰上最初还带上了登陆部队的参谋班子。因此，施密特中将可以在"毛奇"号上使用无线电来统一协调所有行动。

行动于 1917 年 10 月 12 日开始。"毛奇"号战列巡洋舰和其他舰只首先炮击了厄塞尔岛上的俄军炮台，岛上的俄军岸炮只来得及向"毛奇"号打出三轮齐射即被德舰火力完全压制。当天早晨，德军步兵开始登陆，于 10 月 15 日完全占领了厄塞尔岛。10 月 16 日，德军舰队越过厄塞尔岛南端和拉脱维亚海岸之间的伊尔别海峡，进入里加湾。10 月 17 日，俄国海军被迫将战列舰"光荣"号凿沉。第二天，德军占领达戈岛后，俄国海军完全撤离了这一地区。"毛奇"号战列巡洋舰在登陆战期间为登陆部队提供了有力的火力支援，并扮演了"海上联合指挥部"的重要角色，舰上的无线电通讯系统也在海军和陆军的联合作战行动中得到了广泛应用。

如果不提及由英国的费舍尔海军上将为皇家海军所拟定的，旨在支援协约国军队在德国北部海岸进行登陆的行动计划，那么关于战列巡洋舰在波罗的海地区的作战史将是不完整的。这一计划于 1905 年摩洛哥危机期间在费舍尔的脑海中开始构思。3 年后，在英国国王爱德华七世（King Edward VII）访俄期间，费舍尔向国王陛下详细阐述了他的原始计划，并设想由俄军而非英军承担登陆任务。事实上，德国北部的波美拉尼亚海岸拥有很长的沙质岸滩，适宜进行登陆作战，而德意志帝国的首都柏林距此仅有约 100 英里。此外，这些海滩上很难构筑起能够抵御重型舰炮猛烈而集中的对岸轰击的防御工事。

丘吉尔成为海军大臣后，对费舍尔的计划非常支持。1914 年 8 月，就在战争爆发后不久，丘吉尔与俄军西线总司令尼古拉·尼古拉耶维奇·罗曼诺夫大公（Grand Duke Nikolai Nikolaievic Romanov）就两国在波罗的海组织一次联合行动，由英国皇家海军将一支俄军部队运送至德国海岸实施登陆的作战计划进行了一番商议。行动成功的先决条件是皇家海军必须取得在波罗的海的制海权，英国海军将取道丹麦海峡，击破德国海军的拦阻，强行突入波罗的海，并封锁基尔运河，以阻止德国海军将其舰只从北海调往波罗的海增援。

这一作战行动若要取得成功，需要一支由 600 艘舰艇组成的海军特混舰队，其中包括登陆艇[①]、布雷舰、轻巡洋舰和驱逐舰、潜艇、浅水重炮舰，以及装有大口径火炮，甚至能在浅水区提供对岸重火力支援的"大舰"。这种"大舰"即"勇敢"号、"光荣"号和"暴怒"号 3 艘所谓的"大型轻巡洋舰"，三舰中除"暴怒"号装备 2 门 18 英寸主炮外，其余均配备 4 门 15 英寸口径主炮，并已被纳入了 1915 财年的海军造舰计划。

尽管由费舍尔倡导并有丘吉尔支持的"波罗的海计划"在纸面上看来似乎很有吸引力，但仍存在许多影响其可行性的妨碍因素，比如如何突破丹麦海峡，怎样避开和（或）清除雷区，怎样在远离英国基地的波罗的海保障一支庞大的舰队穿过遍布水雷和潜艇威胁的海域等。因此这一行动对皇家海军来说将是一项非常艰巨的挑战，而俄军步兵能否胜任登陆作战任务也是个未知数。

另外，还必须阻止德国公海舰队对登陆行动的干预。要达到这一目标有多种手段可供使用，如通过一场海战对其进行消耗削弱[②]、利用水雷区将其堵在北海的基地中，或封锁基尔运河令其无法迅速向波罗的海机动等。但所有这些手段的执行难度都很大，结局也难以预料。而此时协约国正在筹划在土耳其达达尼尔海峡采取一次类似的行动，故而放弃了进行波罗的海作战的计划。最终，"波罗的海计划"从英国 1914 年年末至 1915 年年初的战略选项中消失了。

① 皇家海军已于 1915 年 1 月订购了 200 艘被称为"X 型驳船（X-lights）"的登陆艇。
② 英国曾考虑以占领赫尔戈兰湾内某个德国岛屿的方式来引诱德国海军出动应战。

达达尼尔海峡与黑海

1914年8月16日，在逃脱了英国皇家海军地中海分舰队的围剿，又在土耳其政府的默许和庇护下通过了达达尼尔海峡之后，德国战列巡洋舰"戈本"号降下了德国海军旗，升起了土耳其海军的旗号，并更名为"严君塞利姆苏丹"号，正式加入了土耳其海军序列。而实际上，舰上的指挥班子（由已经拥有了土耳其海军司令新头衔的苏雄海军少将担纲领导）和舰员原封不动，仍由德国人担任。作为对"戈本"号成功逃脱的回应，协约国方面立即开始封锁达达尼尔海峡。封锁任务由萨克维尔·卡登（Sackville Carden）海军中将指挥的英法联合舰队负责，其作战力量包括"不倦"号和"不挠"号2艘英国战列巡洋舰、2艘法国旧式战列舰、12艘驱逐舰和6艘潜艇。9月27日，卡登中将的分舰队拦截并登检了一艘违反了中立原则，在舰上混编有德国和土耳其舰员的土耳其驱逐舰。事件发生后，土耳其关闭了海峡，但英法舰队没有做出反应。

更名"严君塞利姆苏丹"的"戈本"号战列巡洋舰在黑海迎来了它加入土耳其海军后的首战。1914年10月27日，该舰在"米迪利"号巡洋舰（即更名后的"布雷斯劳"号）、1艘土耳其巡洋舰和4艘土耳其驱逐舰的护卫下离开博斯普鲁斯海峡，去开展所谓的"训练"。然而一进入黑海，这支舰队便朝北面俄国海岸的方向驶去。10月29日，该舰队在既未事先警告，又未正式宣战的情况下，炮击了敖德萨、塞瓦斯托波尔和新罗西斯克等俄国港口。此举意在诱使俄国做出反击，然后便可水到渠成地将奥斯曼土耳其帝国拖入战争。

在这次行动中，苏雄舰队击沉了多艘俄国商船、1艘俄军炮艇，还烧毁了岸上的油罐。塞瓦斯托波尔港的一座俄军炮台以大口径岸炮还击，命中"严君塞利姆苏丹"号2弹，造成该舰14人阵亡和有限的损伤。这次行动结束后，英国向君士坦丁堡发出最后通牒，要求土耳其立即从"严君塞利姆苏丹"号和"米迪利"号两舰上撤下所有德方人员。土耳其政府拒绝了最后通牒，并于10月31日对英国宣战。

虽然伦敦直到11月5日才正式回应土耳其的宣战，但在此之前两天，即11月3日，英军的"不挠"号和"不倦"号2艘战列巡洋舰，在2艘法国战列舰的协同下，已经对土耳其的赛迪尔巴德尔〔Sedd el Badr，现名赛迪尔巴希尔（Seddülbahir）〕要塞和达达尼尔海峡入口处的库姆卡莱（Kum Kale）要塞进行了炮击。赛迪尔巴德尔要塞的弹药库被英军战舰击中爆炸，66名官兵阵亡。这一战果给了卡登将军一个鼓舞人心的错觉，使他相信只要通过长时间不间断的轰击，协约国方面的战舰就可以摧毁土耳其岸防要塞和炮台，而后进入马尔马拉海（Sea of Marmara），消灭土耳其舰队。

然而11月3日的炮击并没有后续行动，在随后的3个月里，达达尼尔海峡风平浪静，"不倦"号和"不挠"号

1914年10月29日，遭到土耳其海军轻巡洋舰"米迪利"号炮击的新罗西斯克港港口设施。当日，"严君塞利姆苏丹"号战列巡洋舰、"米迪利"号轻巡洋舰和其他土耳其军舰在事先未加警告，也未正式宣战的情况下炮击了俄国港口敖德萨、塞瓦斯托波尔和新罗西斯克，试图诱使俄国进行反击，从而将奥斯曼土耳其帝国拉入战争。（图片来源：《R. 斯坦吉里尼图片集》）

也返回了本土。从福克兰群岛返回的战列巡洋舰"不屈"号在直布罗陀停留维修后，于1915年1月24日接替"不倦"号和"不挠"号加入了达达尼尔海峡封锁舰队。

在黑海，"严君塞利姆苏丹"号战列巡洋舰和"米迪利"号巡洋舰于1914年11月18日在克里米亚半岛（Crimea）以南海面拦截了刚刚对土耳其城镇特拉布宗（Trabzon）实施完炮击，正在返航的俄军舰队，两军的第二次交锋随即展开。当天中午时分，双方舰队刚从一片浓雾中驶出，突然发现彼此已经近在咫尺。在随后的战斗中，俄军"叶夫斯塔菲"号（Evstafi）战列舰的一枚12英寸炮弹击中了"严君塞利姆苏丹"号，摧毁了一门150毫米副炮，并将其炮组悉数杀死。"严君塞利姆苏丹"号为避免更大的损失，不得不注水淹没了副炮弹药库。德军战列巡洋舰也四度命中俄国战列舰，俄舰上层建筑被摧毁，死伤大约50人。战斗持续了14分钟后，以双方舰只各自返回基地而告终。

1914年12月26日，"严君塞利姆苏丹"号在结束了为一支向高加索地区（Caucasus）运送部队的土耳其船队护航的任务后，于返回博斯普鲁斯海峡锚地时撞上了一枚水雷，水雷在右舷前主炮塔下方爆炸，在舰体上撕开了一个面积50平方米的大洞。祸不单行，2分钟后，该舰又撞上了另一枚水雷，在舰艉主炮塔下方新添了一个64平方米的洞。这艘倒霉的战列巡洋舰带着600吨进水蹒跚驶入了马尔马拉海，但由于土耳其缺乏合适的干船坞，只能用临时搭制的沉箱对舰体破口进行堵漏作业。"严君塞利姆苏丹"号不得不在港口待了大约3个月以完成修复工作。1915年4月初，该舰重返克里米亚海域，支援了一次对岸炮击行动，击沉了2艘俄国运输船，之后安然返回博斯普鲁斯海峡锚地。

与此同时，英国内阁正在评估如何通过突袭达达尼尔海峡而迫使土耳其退出战争，内阁的大员们相信仅凭皇家海军一己之力就足以突入海峡，迫使君士坦丁堡举手投降。由卡登中将起草的详细作战计划于1915年1月12日呈报伦敦。第二天，战时委员会对计划进行了讨论，经过丘吉尔和费舍尔漫长的讨论与争辩，该计划于1月28日获得了批准。2月19日，对赛迪尔巴德尔和库姆卡莱两座土耳其要塞的攻击重新开始，炮击任务由"不屈"号战列巡洋舰和英法海军的9艘旧式战列舰执行。至当天夜间，尽管英法战舰总共发射了139发12英寸炮弹，但土耳其要塞毫发无损。恶劣的气象条件使得再次炮击到2月25日才得以继续。多亏了战列舰"伊丽莎白女王"号上的15英寸口径主炮，才将土军赫勒斯（Helles）、赛迪尔巴德尔和库姆卡莱等几座要塞的火炮全部打哑。第二天，战列舰派出数支爆破队登陆，在土军已经弃守的要塞内炸毁了数十门火炮。

这一结果让人们对达达尼尔海峡行动的未来前景极为乐观。不幸的是，就在对恰纳卡莱和吉利德巴希尔（Kilid Bahr）两座内陆要塞进行决定性攻击的准备工作进行当中，水雷区，这个新出现的严重问题给协约国军队当头浇下了一盆凉水。英法两国海军曾不断尝试进行扫雷作业，但均因土军岸炮的阻挠而未果。在这种形势下，卡登中将背负着巨大的压力，又不幸身染重疾，于是由约翰·德·罗贝克（John de Robeck）海军少将接替了他的职务。1915年3月18日，罗贝克将军指挥协约国舰队重新开始了攻击：协约国的战舰在达达尼尔海峡内穿行，占领有利的炮击位置，要以新一轮大规模炮击让土军要塞的火炮彻底闭嘴——这也是成功清除雷区的先决条件。

战列舰"伊丽莎白女王"号被部署在联军舰队的最前面，靠近"阿伽门农"号（HMS Agamennon）、"纳尔逊勋爵"号（HMS Lord Nelson）战列舰和"不屈"号战列巡洋舰，"伊丽莎白女王"号于11时25分向土军恰纳卡莱要塞开火，而其他战列舰则向对岸的吉利

德巴希尔炮台展开攻击。不甘示弱的土耳其人开炮还击，数度击中多艘联军战舰。"不屈"号战列巡洋舰也被一枚150毫米炮弹正中前桅，爆炸后的弹片打进了火控指挥站，造成了站内火控指挥人员伤亡。不久，前桅又被一枚240毫米炮弹击中，导致舰桥起火，"不屈"号只得迎风疾驰，借助风势才得以将火扑灭。

搞定了舰桥火灾后，"不屈"号战列巡洋舰继续向土军炮台射击。然而，在16时11分，当该舰机动到海峡东岸亚洲海岸附近时，不幸触发了一枚水雷，将其右舰艏部位炸开了一个洞，涌入的海水淹没了部分隔舱，39人身亡。"不屈"号进水1600吨，为避免沉没，该舰只得在忒涅多斯岛（Tenedos，今波兹卡达岛）附近搁浅。经过临时抢修，"不屈"号于4月6日恢复了浮航能力，然后被拖曳到马耳他基地。"不屈"号在马耳他基地的干船坞中直到6月初才修复完毕。之后该舰回到英国，在本土加入了第三战列巡洋舰分舰队序列。

除了"不屈"号，土耳其海军布设的水雷还令2艘英国战列舰和3艘法国战列舰丧失了作战能力，其中法国海军的"布韦"号（Bouvet）、英国海军的"无阻"号（HMS Irresistible）和"海洋"号（HMS Ocean）三舰沉没，其余几艘均搁浅。土军的炮台也遭到了严重打击，尽管损毁可以修复，但其弹药储备已大为减少。如果联军舰队再次进攻海峡，土耳其人已经不能确定他们是否还能像之前那样将其击退了。

看来土耳其人此时只剩下了最后一个希望——战列巡洋舰"严君塞利姆苏丹"号。3月18日17时，"严君塞利姆苏丹"号驶过君士坦丁堡的金角湾（Golden Horn），向马尔马拉海的南端进发，去直面预想中第二天的敌舰进攻。但3月19日乃至随后几天，在达达尼尔海峡已经找不到联军舰队的踪迹了。这是由于此时英国内阁确信单凭海军的突击行动已无法取得成功，决定暂停所有在达达尼尔海峡的作战行动。待足够的地面部队抵达后，再在加里波利半岛（Gallipoli）进行一场大规模的登陆作战。

1915年4月27日，联军在加里波利半岛实施第一次登陆行动两天后，"严君塞利姆苏丹"号南下驰援，前去炮击联军的滩头阵地，但其行踪却被联军的侦察气球探知，英军"伊丽莎白女王"号战列舰随即赶来拦截并与之接战。"严君塞利姆苏丹"号自知不敌英军战列舰的强悍火力，被迫撤退到一个更安全的位置。4月30日，该舰再次被英军击退。眼见袭击加里波利登陆场无望，5月1日，"严君塞利姆苏丹"号驶往博斯普鲁斯，以报复俄国海军对海峡另一侧的土军要塞的袭击。一周后，该舰对俄国塞瓦斯托波尔进行了一次突袭，但因其280毫米主炮弹药不足而没有炮击港口。在返航途中，2艘俄国海军的前无畏舰截击了"严君塞利姆苏丹"号，并且两度命中了该舰。尽管受伤不重，"严君塞利姆苏丹"号还是与俄舰脱离了接触，回到了博斯普鲁斯。

1915年5月，2门150毫米炮和4门88毫米炮被从"严君塞利姆苏丹"号上拆除，

1914年8月，在德国海军"戈本"号战列巡洋舰和"布雷斯劳"号轻巡洋舰改旗易帜，加入土耳其海军之后，德国海军少将威廉·A.苏雄（右）被任命为土耳其海军司令，一直到1917年9月。照片左边是奥斯曼土耳其帝国聘请的德国军事顾问奥托·利曼·冯·桑德斯（Otto Liman von Sanders）将军，他也是在加里波利半岛抗击协约国登陆部队的土耳其第5军的指挥官。

严重倾斜的英国战列舰"无阻"号。1915 年 3 月 18 日，在炮击达达尼尔海峡岸上的土耳其要塞时，这艘老式前无畏舰撞上了一枚漂雷。被水雷炸伤后，失去动力的"无阻"号向海滩漂去，最终沉入了海底。（图片来源：美国国会图书馆）

土耳其战列巡洋舰"严君塞利姆苏丹"号在 1915 年 5 月 10 日塞瓦斯托波尔港附近的战斗中，被一艘俄国战列舰发射的一枚 12 英寸炮弹直接命中，其甲板上被砸出了一个大洞。（图片来源：澳大利亚战争纪念馆）

运往达达尼尔海峡前线充作岸炮，以加强在抗登陆作战中损失很大的土军炮兵力量，力保海峡入口不失。在 1915 年夏季和之后的日子里，"严君塞利姆苏丹"号战列巡洋舰还执行了多次护航任务。11 月 14 日，俄国海军的"海象"号（Morzh）潜艇向"严君塞利姆苏丹"号发射了 2 枚鱼雷，其中一枚险些命中。这一事件，加上 2 艘装备有 12 门 12 英寸主炮的"玛利亚皇后"级（Imperatritsa Mariya Class）新式战列舰入役俄国黑海舰队，使苏雄将军更加清晰地意识到在黑海地区继续行动的风险越来越大，从此土耳其海军的出动变得不那么频繁了。

1916 年 1 月 8 日，"严君塞利姆苏丹"号从土耳其北部海岸的宗古尔达克（Zonguldak）返回博斯普鲁斯时[1]，遭遇了俄国海军的新锐战列舰"叶卡捷琳娜大帝"号（Imperatritsa Ekaterina Velikaya）。俄军战列舰在 20550 码外先敌开火，饱受俄舰 12 英寸主炮近失弹弹片洗礼的土军战列巡洋舰还击了几炮，随即选择了脱离战场。然而由于舰底长时间未曾清理，主驱动轴也是带伤工作，影响了该舰的机动性和航速。7 月 3—6 日，"严君塞利姆苏丹"号又出海执行了一次任务，期间于 7 月 4 日炮击了俄国图阿普谢港（Tuapse）。

此后，直到 1917 年 12 月爆发革命后的苏维埃俄国与奥斯曼土耳其帝国签署停战协议，燃煤的短缺使得"严君塞利姆苏丹"号战列巡洋舰只能偶尔出动，其任务也仅限于支援正在高加索地区作战的土军，为其运送部队和物资。

黑海战事尘埃落定，焦点又转回到地中海。1918 年 1 月 20 日，由新任土耳其海军司令、德国海军中将胡博特·冯·勒伯尔-帕施维茨（Hubert von Rebeur-Paschwitz）指挥的"严君塞利姆苏丹"号战列巡洋舰和"米迪利"号轻巡洋舰[2]驶出达达尼尔海峡，企图突袭封锁海峡的英军舰艇，以侧面支援正在巴勒斯坦（Palestine）被联军舰队轰得焦头烂额的土耳其军队。两舰的意图是袭击联军在伊姆罗兹岛〔Imbros，现名格克切岛（Gökçeada）〕和穆德罗斯湾（Moudros）的锚地，攻击一切能够发现的敌警戒舰只。5 时 40 分，"严君塞利姆苏丹"号和"米迪利"号神不知鬼不觉地驶过加里波利半岛南端的赫勒斯角，进入爱琴海，先转向西南方向航行，以避开联军为阻塞海峡而布设的水雷区。

[1] 该舰刚刚执行完为一艘运煤船护航的任务。
[2] 帕施维茨中将于 4 个月前接替了回国的苏雄将军的职务。

俄国海军"叶卡捷琳娜大帝"号战列舰的艏部和艉部12英寸主炮。该舰于1915年10月服役，1917年1月8日参加了在土耳其北部海岸截击"严君塞利姆苏丹"号战列巡洋舰的战斗。"严君塞利姆苏丹"号在被数枚12英寸炮弹的弹片击伤后脱离了战场。

在向伊姆罗兹岛接近的过程中，"严君塞利姆苏丹"号战列巡洋舰触发了一枚水雷，但损伤并不算特别严重，该舰可以继续航行。发现帕洛斯岛（Paros）上的阿利基（Aliki）锚地空无一物后，2艘土耳其战舰转向东北，然后沿伊姆罗兹岛东岸北进，炮击了设在岛上凯法罗角（Kephalo）的英军无线电信号站。7时20分，正在伊姆罗兹岛东北巡逻的英军"蜥蜴"号（HMS Lizard）驱逐舰发现了领头的"米迪利"号轻巡洋舰和其后的"严君塞利姆苏丹"号战列巡洋舰。由于德国人有效地干扰了无线电通讯，"蜥蜴"号不得不使用灯光信号向锚泊在库苏湾（Kusu）内的2艘浅水重炮舰"拉葛兰"号（HMS Raglan）和M-28号[①]发出告警。

"拉葛兰"号炮舰立即做出反应，全舰火炮已准备就绪，但并没有立即开火，因为该舰的舰长认为敌人还没有发现自己。土军巡洋舰"米迪利"号首先将"蜥蜴"号和另一艘前来支援的英国驱逐舰击退，然后开始从10000码外向"拉葛兰"号开火。一枚150毫米炮弹击中了"拉葛兰"号的火控指挥站，于是该舰再也没法进行射击校正了。

在英军驱逐舰试图通过施放烟幕掩护遭袭的炮舰的努力失败后，"严君塞利姆苏丹"号战列巡洋舰也加入了"米迪利"号的攻击行列。一枚280毫米炮弹击穿了"拉葛兰"号的14英寸主炮炮塔，造成数人伤亡。8时15分，更猛烈的数轮齐射击沉了这艘炮舰，舰上127人殉难。此时，土耳其战舰又将炮口对准了M-28号炮舰。"米迪利"号打出的一枚150毫米炮弹击中了M-28号的9.2英寸炮炮塔，引发的火灾又蔓延到了舰上的弹药库，最终该舰于8时27分爆炸沉没，66名舰员中有9人遇难。随后，尝到了血腥味的2艘土军战舰又转舵向南，气势汹汹地朝穆德罗斯湾的英舰锚地扑去。但不料乐极生悲，在经过伊姆罗兹岛东南角后，两舰闯入了一片雷区，顷刻间"米迪利"号和"严君塞利姆苏丹"号便各触一雷，随后"米迪利"号又连触4枚水雷，彻底被炸成了一堆废铁。这艘前德意志帝国海军的轻巡洋舰最终于9时05分带着舰上大约330条生命沉没于爱琴海。

尽管两度触雷，伤势严重，"严君塞利姆苏丹"号还是在一些土耳其轻型舰艇的帮助下回到了达达尼尔海峡的入口处，这些轻型舰艇还与岸上的炮台一起，协力击退了2艘追赶而来的英国驱逐舰。由于受损严重和舰体内的大量进水，"严君塞利姆苏丹"号被迫

① "拉葛兰"号浅水重炮舰排水量6250吨，全长334英尺6英寸，装备一座双联装14英寸主炮塔，舰艉安装有一门6英寸单装炮，另外还有2门3英寸炮。M-28号只有540吨，长177英尺3英寸，配备1座9.2英寸口径单装炮塔、1门3英寸炮和1门2.5英寸防空炮。

由于在君士坦丁堡没有合适的船坞可供修理触雷负伤的"严君塞利姆苏丹"号,因此土耳其人在该舰的舰体水线两侧都安装了沉箱,以便对舰体受损处进行修复。图为正在君士坦丁堡制造的沉箱。(图片来源:澳大利亚战争纪念馆)

于纳加拉角附近搁浅。在那里该舰又遭到了英军飞机的攻击,但攻击没有取得成功。6天后,这艘重伤的战列巡洋舰从搁浅中摆脱出来,被土耳其战列舰"托尔古特统领"号(Turgut Reis)拖曳到了君士坦丁堡。经过短暂的修理,"严君塞利姆苏丹"号勉强恢复了自航能力。在此之后,该舰在黑海地区又执行了一些小任务,但它没有再参加任何战斗。对水雷造成的舰体损伤的进一步修复工作于1918年8月开始,"严君塞利姆苏丹"号此后一直在坞内维修,直到战争结束。

在达达尼尔海峡、黑海和爱琴海的战事中,战列巡洋舰所扮演的是一个次要角色。英国海军的战列巡洋舰唯一参与的战斗行动是对守卫海峡的土耳其岸防要塞炮台进行的炮击。而对方的"严君塞利姆苏丹"号也只是与俄国海军的战列舰和伊姆罗兹岛的英军浅水重炮舰偶尔交手。无论是英军的"不屈"号还是土军的"严君塞利姆苏丹"号,战斗中都不曾被敌方炮火所重创,水雷的战果反而相对要大得多,尤其对于"严君塞利姆苏丹"号来说。而土耳其国内缺乏一座合适的干船坞的窘境,直接影响了该舰的修理维护。但双方这两艘战列巡洋舰在面对水雷战的威胁时,都表现出了良好的生存能力,特别是那艘前德意志帝国海军的主力战舰。

日德兰海战中的战列巡洋舰

1916年3月26日,被肩上的重担压得精疲力竭,同时又饱受坐骨神经痛折磨的德意志帝国海军中将希佩尔不得不暂时离职,去休假疗养。5月16日,希佩尔休假归来,在新入役的战列巡洋舰"吕佐夫"号上升起了自己的将旗。在希佩尔养病期间,德国海军第一侦察分舰队的战列巡洋舰曾在弗里德里希·伯迪克(Friedrich Boedicker)海军少将的指挥下,于4月24—25日再次袭击了英国海岸,这次的目标是洛斯托夫特。

这次袭击,计划以"塞德利茨"号、"吕佐夫"号、"德弗林格尔"号、"毛奇"号和"冯·德·坦恩"号5艘战列巡洋舰,在第二侦察分舰队(由4艘轻型巡洋舰和2艘驱逐舰组成)的护航下,袭击英国水雷战舰艇使用的港口洛斯托夫特,以及拥有潜艇基地和一些工业目标的雅茅斯。该计划中还包括袭击舰队可能与出动干预但实力较弱的英军舰只交战的相关预案。4月24日12时，亚德湾锚地的德国舰队已做好出动准备。它们的目标是在8艘齐柏林（Zeppelin）飞艇的支援下，于次日黎明时分抵达英国海岸，对预定目标进行炮击，在此期间飞艇将为袭击舰队的行动提供侦察，完成任务后舰队返回威廉港。德国公海舰队也将在司令官舍尔海军中将的带领下，出海支援战列巡洋舰舰队。

4月24日15时38分，当伯迪克舰队正航行在距威廉港不远的德国海滨城镇诺德奈（Nordeney）东北海域时，"塞德利茨"号战列巡洋舰在一片前一天晚间已由德国扫雷舰清扫过，本应是非常安全的海区触发了一枚水雷。水雷在"塞德利茨"号的舰体外壳上炸开了一个15平方米的大洞，导致11人阵亡，舰体进水1400吨。负伤的"塞德利茨"号航速骤降至15节，已无法继续随队前进，于是在2艘驱逐舰的护送下返回了亚德湾。伯迪克少将只得换乘"吕佐夫"号，并由该舰暂时担任旗舰，全舰队继续沿荷兰海岸向英国海岸进发。

24日晚，英国海军部从一份截获的德军电报中得知，德国舰队已经出动，并且此次行动的目标是雅茅斯。午夜时分，海军部命令蒂里特准将麾下的哈里奇舰队——包括第五轻巡洋舰分舰队的3艘巡洋舰和18艘驱逐舰——出海拦截敌舰队。

刚刚从北海完成任务归来的皇家海军大舰队也早已进入了战备状态。4月24日19时05分，大舰队遵令离开斯卡帕湾锚地向南驶去。4月25日凌晨3时50分，此时已经靠近英国海岸的德国海军轻巡洋舰"罗斯托克"号（SMS Rostock）在西南偏西方向发现了英军哈里奇舰队的部分驱逐舰。几分钟后，哈里奇舰队指挥官蒂里特准将也发现了敌舰编队：数艘驱逐舰、6艘轻巡洋舰和4艘战列巡洋舰。鉴于自身实力太弱，无法单独发起进攻，蒂里特率队转舵向南，希望德军舰队能跟随前来。不过伯迪克将军不愿为了几条小鱼改变他的原定计划。凌晨4时10分，德国战列巡洋舰在14000码的距离上开始对洛斯托夫特小城进行炮击。德舰总共发射了60发大口径炮弹，致使包括多幢民宅在内的200座建筑物受损，15名平民伤亡，还摧毁了2座装备6英寸炮的岸防炮台。大约10分钟后，德军战舰转向北面，去炮击雅茅斯，但因能见度很低，德舰只草草打了几轮齐射，基本上没什么效果。

与此同时，蒂里特看到德舰没有尾随而来，便又折回北方，在凌晨4时30分与德军轻巡洋舰接上了火。德军巡洋舰同样也试图将蒂里特引向己方的战列巡洋舰炮口之下。10分钟后，得知己方的轻巡洋舰"埃尔宾"号（SMS Elbing）和"罗斯托克"号已经与敌舰接触，伯迪克少将决定暂停对岸炮击，转头向南支援轻巡洋舰部队。

4时45分，蒂里特的旗舰"征服"号（HMS Conquest）巡洋舰突然在13000码外发现了4艘德国战列巡洋舰的身影，并立即成为它们的攻击目标。"征服"号被一枚305毫米炮弹击中，23人阵亡，15人受伤，速度降至20节。"征服"号被迫转舵脱离，但伯迪克可能是因为担心遭伏而放弃了追击。于是德军第一侦察分舰队与其护航舰只一齐向东驶去，与在50英里外的泰尔斯海灵岛水域等待接应的舍尔舰队会合。就此，德国舰队踏上了归家之路。而杰利科和贝蒂各自率领的舰队由于距离太远，已经无法阻止对方返航，加之被恶劣海况所阻，也决定返回基地。

舍尔中将对这次实质上纯属失败的行动感到失望，而"塞德利茨"号的重伤更使他愤懑不已。他计划于5月17日再次对英国海岸发动突袭，这次的目标是雅茅斯以北约220英里、英国战列巡洋舰部队基地福斯湾以南仅100英里的桑德兰市（Sunderland）。

舍尔坚信面对这样的挑战，英国战列巡洋舰部队指挥官贝蒂一定会出击应战。一旦贝蒂的战列巡洋舰编队上钩，对全速撤退的德军战列巡洋舰展开追击，它将会首先进入德军潜艇的伏击圈，然后又将陷在英国海岸附近张网以待的德国公海舰队主力的炮火之下。多艘德军飞艇将承担侦察警戒任务，随时向舍尔通报英国皇家海军大舰队的动向，为舍尔舰队避免与英国海军大舰队发生正面交锋提供安全保障。但有几个因素迫使舍尔中将首先推迟了对桑德兰的突袭行动：恶劣的气象条件、部分战列舰的锅炉故障，以及"塞德利茨"号修复工作的延误（本应在5月中旬完成，但实际推迟到了5月29日）；后来又因为气象条件始终没有改善而干脆取消了行动。于是满心失望的舍尔又制定了另一个替代计划：在斯卡格拉克海峡（Skagerrak）攻击英国的航运船只。

1916年5月31日下午和夜间，英德两国海军在靠近丹麦的北海海域进行了一场正面交锋。在英国，此战被称为日德兰海战，德国则称之为斯卡格拉克海战（the battle of Skagerrak）。① 在这场海战之前，英国皇家海军情报部门曾侦知德国公海舰队即将展开一次大规模行动。根据这一情报，英军皇家海军主力于5月30日19时30分倾巢出动：由杰里科海军上将率领的皇家海军大舰队主力，包括16艘战列舰、3艘战列巡洋舰②、4艘装甲巡洋舰和一众轻型作战舰艇从斯卡帕湾锚地出发。由马丁·杰拉姆海军中将率领的第二战列舰分舰队从克罗默蒂基地出发，编有8艘战列舰、4艘装甲巡洋舰和11艘驱逐舰。最后是从福斯湾锚地出动的由贝蒂中将率领的战列巡洋舰分舰队，包括6艘战列巡洋舰③、

日德兰海战前行进在海上的英国战列巡洋舰编队。英军舰队在接到海军情报部门的告警后，于1916年5月30日起航。然而后来与德国舰队发生实际接触却只是一个偶然。（图片来源：特里·迪肯斯，世界海军舰艇论坛）

① 后文并非是对日德兰海战的完整叙述，只介绍与英德两军的战列巡洋舰相关的事件。
② 3艘战列巡洋舰分别是"无敌"号、"不屈"号和"不挠"号〔隶属霍勒斯·胡德（Horace Hood）海军少将率领的第三战列巡洋舰分舰队序列〕。三舰是为了提高自身那完全不合格的炮术水平而暂时离开贝蒂的战列巡洋舰本队，此时正在斯卡帕湾进行射击训练。
③ 分别为"狮"号（旗舰）、"皇家公主"号、"玛丽女王"号、"虎"号、"新西兰"号和"不倦"号。

4 艘战列舰[①]、12 艘轻巡洋舰、27 艘驱逐舰，以及携带有 3 架飞机的"恩加丹"号（HMS Engadine）水上飞机母舰。

根据英国海军的计划，第二战列舰分舰队与大舰队主力应于 5 月 31 日 14 时在挪威南端以南的北海中部合兵一处，然后整个舰队将从此处继续向东南方向行进。贝蒂中将的编队则沿一条更靠南的航线航行，先抵达合恩礁西北 100 英里、杰利科舰队东南 65 英里的地方，然后贝蒂编将转向北方，与大舰队主力取得联系。

德国舰队于 5 月 30 日晚在亚德湾锚地集结完毕。舍尔中将计划压上全部公海舰队主力，前出至斯卡格拉克海峡的入口处，对英国海军发动一场规模浩大的攻势。根据这一计划，公海舰队主力将于第二天下午 14 时 30 分在斯卡格拉克海峡入口处与由德国海军第一和第二侦察分舰队组成的前卫部队会合。前卫部队由希佩尔中将率领，包括 5 艘战列巡洋舰[②]、5 艘轻巡洋舰和 30 艘驱逐舰。舍尔率领的德国公海舰队主力由 22 艘战列舰（包括 6 艘前无畏舰）、6 艘轻巡洋舰和 31 艘驱逐舰组成。德国海军此番倾巢而出的目的是攻击英国在挪威西部的海上航运线，同时诱使英国海军派出部分兵力前来应战，从而令德军舰队得以在优势条件下与敌交锋并取胜。希佩尔率领的第一和第二侦察分舰队于 5 月 31 日凌晨 2 时起航，公海舰队主力及其数量众多的护卫舰只则跟随在希佩尔身后 50 英里远处。

直到 5 月 31 日下午早些时候，双方还都对对方舰队的存在一无所知。但一个偶发事件改变了这一情况。31 日 14 时，由贝蒂中将率领的战列巡洋舰部队正以两路纵队向东南方向疾进，配属的轻型舰艇在本队前方 8 英里远处负责警戒掩护，身后 5 英里外跟随着第五战列舰分舰队。此时在旗舰"狮"号战列巡洋舰上升起了信号旗，告示全编队准备转向西北，与杰利科的大舰队主力会合。5 分钟后，信号旗被降下，贝蒂将军的告示转为了正式命令。

英军轻巡洋舰"伽拉忒亚"号（HMS Galatea）位于警戒编队的左翼，位置偏远，很难看到"狮"号打出的信号，所以该舰没有立即转向，而是又沿原航线航行了几分钟。随后，"伽拉忒亚"号的瞭望哨突然望见舰艏右舷方向十英里远处出现了一缕烟雾，于是舰长决定上前去查看一番。14 时 20 分，抵近观察的"伽拉忒亚"号发现原来是一艘丹麦小型汽船停在海中。这时，2 艘德军驱逐舰——B-109 号和 B-110 号——突然出现在"伽拉忒亚"号的视野中。这两艘德国驱逐舰刚刚截停了丹麦汽船，正准备对其实施登临检查，而由于丹麦船的遮挡，英舰之前一直未能发现敌舰的身影。14 时 28 分，"伽拉忒亚"号轻巡洋舰向贝蒂发电报告了与敌舰接触的消息，并开始向敌舰射击。

这时贝蒂的战列巡洋舰和伊文-托马斯的战列舰都已完成了向北转向的动作。但收到"伽拉忒亚"号敌情通报的贝蒂有些反应过度。14 时 32 分，贝蒂下令"各舰进入战斗位置"，编队提速到 22 节，甚至在编队中的其他舰只还没弄明白其新意图之前，他就指挥"狮"号向东南扑去。好在其他的战列巡洋舰的舰长们都对贝蒂勇猛冲动的作战风格十分清楚，很快便纷纷跟上了旗舰的行动。与贝蒂的战列巡洋舰编队相反，伊文-托马斯少将的战列舰编队还保持着其向北的航线。仅仅 7 分钟后，贝蒂就意识到第五战列舰分舰队没有跟上来，于是用灯光信号向其重复了命令。当通知完毕后，4 艘战列舰已经被甩开了 10 英里之遥，而且由于战列舰的航速较慢，一时半会儿赶不上贝蒂的战列巡洋舰编队。这使得贝蒂在战斗初期无法得到第五战列舰分舰队总计 32 门 15 英寸重炮提供的决定性支援。

---

① 它们隶属第五战列舰分舰队，由休·伊文-托马斯（Hugh Evan-Thomas）海军少将指挥，包括快速战列舰"巴勒姆"号（HMS Barham）（旗舰）、"厌战"号（HMS Warspite）、"刚勇"号（HMS Valiant）和"马来亚"号（HMS Malaya）。4 艘战列舰被编入了贝蒂的战列巡洋舰部队，以临时顶替离队前往斯卡帕湾进行炮术训练的第三战列舰分舰队。

② 5 艘战列巡洋舰分别为"吕佐夫"号（旗舰）、"德弗林格尔"号、"塞德利茨"号、"毛奇"号和"冯·德·坦恩"号。

来自"伽拉忒亚"号巡洋舰的敌情通报也让杰利科将军警觉起来。杰利科当时正在贝蒂北面 65 英里率队前行，起初还以为自己面对的只是德国海军的轻型舰艇部队。[①] 但 14 时 39 分，"伽拉忒亚"号又来电称"发现大量浓烟，似为一支自东北偏东方向驶来的舰队"。几分钟后，"伽拉忒亚"号又确定观察到 7 艘大舰正在向北航行。接到报告的贝蒂做出了正确的推测：这正是已经出动的希佩尔的战列巡洋舰部队。

当 2 艘德军驱逐舰在被英军"伽拉忒亚"号轻巡洋舰发现并遭到攻击后，德国第二侦察舰队的轻巡洋舰"埃尔宾"号和另外两艘轻巡洋舰迅速赶来支援。这样一来，希佩尔舰队的左翼警戒分队就与贝蒂舰队的右翼警戒分队接上了火。希佩尔以为自己面对的仅仅是英军轻巡洋舰群，他可以不费吹灰之力地将其碾压，于是率领舰队转向西北偏西，准备加入战斗。而后，由于对"埃尔宾"号发出的信号产生了误读，希佩尔又相信自己的当面之敌乃是一大群英军战列舰，因此他又令全队转向西南偏南进行回避。直到 14 时 42 分，希佩尔才意识到自己的错误，于是重新回到了西北偏西的航线上。

在同一时间，14 点 47 分，于希佩尔舰队以西 30 英里处，正取东南偏南航线从德国舰队计划中的返航路线切过的贝蒂命令水上飞机母舰"恩加丹"号派出一架"肖特"式（Short）水上侦察机前去打探敌人的位置。至 15 时，还没有等来侦察机的消息[②]，于是贝蒂先是转向东面，13 分钟后又转向东北，前去支援他的轻巡洋舰们。

得益于午后西斜的阳光，德军战列巡洋舰编队在明亮的海平线上先敌发现了英舰的轮廓。在阳光映照下，英军的舰只很容易被观察到，而希佩尔的战舰在东方雾气朦胧的天空衬托下仍然模糊不清。发现英军舰队后，希佩尔于 15 时 30 分转向东南，而贝蒂舰队在转向同样的方向之前还继续进行了 15 分钟的接敌运动。

希佩尔和贝蒂，这两位杰出的海军将领现在都做好了迎接挑战的准备。贝蒂确信他已经独力逮住了希佩尔舰队，凭自己手中的 6 艘战列巡洋舰和 4 艘快速战列舰击败对方的 5 艘战列巡洋舰应当不在话下。而另一边，希佩尔相信贝蒂舰队只是一支孤军，因此他想引诱贝蒂南下追击自己，以便将英军舰队引入正以 40 节的相对航速向北迎头赶来的舍尔舰队的血盆大口之中。就这样，日德兰大海战的第一回合，即"向南狂奔"（the Run to the South）开始了。

向南狂奔

15 时 45 分，"狮"号位于英军战列巡洋舰编队的队首，其余各舰以 500 码间隔紧随其后。编队的前两艘舰——"狮"号和"皇家公主"号将共同射击德军舰队中打头的"吕佐夫"号，而其他的英军战列巡洋舰——"玛丽女王"号、"虎"号、"新西兰"号和"不倦"号将分别与对应的"德弗林格尔"号、"塞德利茨"号、"毛奇"号和"冯·德·坦恩"号交战。伊文-托马斯少将的 4 艘战列舰利用贝蒂的战列巡洋舰编队转向的机会缩小了与其的距离，现在只剩 7 英里远了，但仍未进入射程。

由于贝蒂没能发挥"狮"号上 13.5 英寸主炮射程更远的优势先敌开火，使希佩尔舰队得以不受阻碍地不断向贝蒂舰队靠近。15 时 48 分时，两军的距离已经缩小到了 16000 码，德舰开始开炮射击。几秒钟后，英军战列巡洋舰的主炮也开始怒吼，但多格尔沙洲之战时的一幕再次上演，英舰的火力分配从一开始就犯了错："狮"号和"皇家公主"号正确地与"吕佐夫"号展开了对射，但"玛丽女王"号却错把"塞德利茨"号认作了自己的

---

① 由于对情报部门所提供的情报信息做出了草率而错误的解读，英国海军部曾向杰利科通报，德国公海舰队一直驻泊在港内，没有出动。

② 这架水上侦察机于 15 时 20 分发现了德军轻巡洋舰部队，并多次向母舰"恩加丹"号发电报告敌舰的方位和航向信息。15 时 45 分，发动机故障迫使这架侦察机中断了任务。然而，它发出的敌情通报并未被及时传递给贝蒂。

目标，而不是它本应对付的"德弗林格尔"号，以至于"德弗林格尔"号在约 10 分钟的时间内未受到任何火力打击。"虎"号和"新西兰"号合力向"毛奇"号射击，而"不倦"号和"冯·德·坦恩"号这两艘同为各自阵营中年纪最大和吨位最小的战列巡洋舰则进行单独对决。

德舰依仗着更好的能见度和更强的测距能力，很快就对英舰实现了跨射并取得了命中。15 时 51 分，"吕佐夫"号两度命中"狮"号，"德弗林格尔"号和"毛奇"号也分别击中"虎"号和"皇家公主"号各 3 弹。而英舰经过数轮偏远的齐射，也逐步校正了他们的火力。15 时 55 分，当双方距离减至 13000 码时，"玛丽女王"号先后两次击中了"塞德利茨"号，使其舰艉 280 毫米主炮炮塔丧失了作战能力。

10 分钟后，德舰"吕佐夫"号打出的一发 305 毫米炮弹撕开了"狮"号舯部"Q"主炮塔的装甲，在炮塔内爆炸。炮弹炸飞了"Q"炮塔的前部装甲板和部分顶部装甲板，杀死或重伤了大部分炮组人员。身负重伤的"Q"炮塔指挥官、皇家海军陆战队少校弗朗西斯·J. W. 哈维（Francis J.W.Harvey）意识到了弹药库有殉爆的危险，在临死前下令关闭"Q"炮塔弹药库并向其内紧急注水。可能正是哈维少校在生命最后时刻的命令将"狮"号从死亡线上拉了回来。不久之后，爆炸产生的热量引燃了一些发射药包，烈焰直往下窜，导致舰体下部舱室内的人员全部遇难。①

与"狮"号相比，"不倦"号就没有那么走运了。在"狮"号死里逃生 4 分钟后，德舰"冯·德·坦恩"号的 2 枚 280 毫米炮弹击中了"不倦"号的舰艉上层建筑，紧接着艏楼和前舰桥又各被命中一弹，两枚炮弹似乎安装的都是瞬发引信，命中即炸。大约 30 秒钟后，一场巨大的爆炸②令"不倦"号猛烈摇晃起来，一片片烈焰和一团浓郁的黑烟将该舰完全吞没。"不倦"号的舰身迅速倾斜，然后倾覆沉没，舰上共有 1107 名官兵随舰同沉，一艘德国驱逐舰几小时后从海中只救起了两名幸存者。

"不倦"号战列巡洋舰的战沉并没有使战斗受到影响，英德双方的舰队继续沿着两条平行的战列线向南且战且行。16 时 10 分，伊文-托马斯少将的战列舰队终于赶到了战场，与苦战中的英军战列巡洋舰实现了会合。4 艘战列舰瞄准德军战列末尾的 2 艘战列巡洋舰开始猛烈射击："巴勒姆"号和"刚勇"号射击"毛奇"号，"厌战"号和"马来亚"号对付"冯·德·坦恩"号。为了躲避雨点般砸来的 15 英寸炮弹，这两艘德国战列巡洋舰开始取"之"字形航线曲折前进，这对它们自己的射击也带来了不利影响。

大难不死的"狮"号后来又被"吕佐夫"号连中数弹③，已是遍体鳞伤。为了暂时与"吕佐夫"号脱离接触，"狮"号曾向右转舵，以拉开双方的距离。16 时 12 分，缓过一口气的贝蒂指挥"狮"号又转回东南偏南航线以重新实施接敌运动，随即再次与"吕佐夫"号战在了一处。几分钟后，分别来自英军战列巡洋舰"新西兰"号和某艘战列舰的 2 枚炮弹击中了"冯·德·坦恩"号，使该舰的舰艉两座主炮塔全部失去了作战能力。

16 时 26 分，皇家海军的另一场灾难发生了。在"德弗林格尔"号和"塞德利茨"号的合力攻击下，"玛丽女王"号战列巡洋舰数度被德舰的 305 毫米和 280 毫米炮弹命中。接着该舰的舰体前部发生了爆炸，而后在舰体舯部又发生了更为猛烈的爆炸。爆炸之猛烈，使得整条战舰似乎都要被炸飞到空中。该舰的上层建筑在爆炸中轰然倒塌，主炮塔爆炸后的大量碎片漫天飞舞。眨眼之间，"玛丽女王"号便倾覆沉没，1226 名官兵随舰罹难。正以全速紧跟在"玛丽女王"号身后的"虎"号和"新西兰"号见势不妙，只得紧急转

---

① 哈维少校后来被追授英国武装力量的最高荣誉——维多利亚十字勋章（Victoria Cross）。
② 这场大爆炸可能是由舰艏"A"主炮塔内的炮弹被引爆所致。
③ 其中一弹报销了"狮"号的主无线电室。

舵避让，以免撞上沉没中的"玛丽女王"号的舰体。随后赶来救援的英军驱逐舰仅救起18名幸存者，德军驱逐舰后来又救起2人。

然而一切还远远未结束。很快，"皇家公主"号战列巡洋舰也被德舰炮火形成了跨射，然后消失在了一片高耸的水柱形成的海水幕墙中。旗舰"狮"号上的一名信号兵沮丧地望着贝蒂，报告说："长官！'皇家公主'号刚刚爆炸了！"贝蒂闻言，转向"狮"号的舰长，摇了摇头，说出了他的名言："我们这些该死的船今天好像出了点儿毛病。"（"There seems to be something wrong with our bloody ships today."）就在"玛丽女王"号发生大爆炸前不久，为缓解渐渐吃紧的战局，贝蒂命令第十三驱逐舰队对德军战列巡洋舰实施鱼雷攻击。而希佩尔则针锋相对，也派出了一支驱逐舰分队，在轻巡洋舰"雷根斯堡"号（SMS Regensburg）的率领下对英军展开了反击。

在随后的激战中，双方各损失了2艘驱逐舰。不过德舰发射的鱼雷均被贝蒂的战列巡洋舰规避掉了，而英舰发射的一枚鱼雷击中了"塞德利茨"号左舷靠近前主炮塔的位置，在舰体上炸开了一个40英尺×13英尺的大洞。数百吨海水涌入了"塞德利茨"号的舰体内部，但出色的隔舱化设计拯救了这艘战舰。尽管"塞德利茨"号的舰身已经左倾，但尚可保持航速，因此依然顽强地留在战列线中。

在"玛丽女王"号沉没后，贝蒂和希佩尔率领各自的编队同时进行了转向，以规避对方的鱼雷攻击，之后又都不约而同地回到了各自之前的航线上。此刻舍尔中将的战列舰就在海天线的那一边，希佩尔几乎已经成功地将他的对手引入了公海舰队的虎口之中。英军方面，首先发现德国主力舰队的是古迪纳夫准将的第二轻巡洋舰分舰队，在16时35分时，该分舰队是所有英军编队中最靠南的。轻巡洋舰"南安普敦"号的瞭望哨先是看到一片烟云，接着是林立的桅杆，然后16艘战列舰的舰影显现了出来，其后紧跟着它们的护航舰只。

16时38分，古迪纳夫准将急电贝蒂和杰利科，报告在东南方向发现了敌主力舰队。为了更准确地侦知敌舰的数量、航向和速度，英军轻巡洋舰部队沿原航线又前进了10分钟，以求能抵近德国舰队进行观察。16点48分，古迪纳夫再次急电主力舰队，通报最新敌情，然后转舵脱离，这样一来就将自己的侧影清晰地展示在了德军战列舰的面前。而德舰把古迪纳夫的4艘巡洋舰错认为友舰，故之前一直没有开炮。如梦方醒的德军战列舰连忙组织火力拦截，但为时已晚，英国巡洋舰侥幸逃过一劫。

贝蒂中将在收到古迪纳夫的第一份急电后，为了亲眼看到舍尔的战列舰舰队，他率队向西南方向航行了2分钟。16时41分，他下令全队掉头，仍以旗舰"狮"号为首，带

上图：英军"不倦"号战列巡洋舰在被德舰"冯·德·坦恩"号的炮火多次命中后，于5月31日16时09分左右沉没。（图片来源：H. T. 戴伊少校拍摄）

下图："玛丽女王"号战列巡洋舰被德舰"德弗林格尔"号和"塞德利茨"号的305毫米与280毫米主炮的多轮齐射命中。该舰于16时26分发生大爆炸并迅速沉没，1226名官兵随舰阵亡。

领着其余各舰转向东北方向。此刻的希佩尔中将对自己成功地完成了肩上的光荣使命，将英军战列巡洋舰部队和伊文-托马斯的战列舰编队引入了公海舰队的陷阱中，定然是志得意满。不久，希佩尔命令改变航向，朝东北驶去，以便将自己的舰队部署在主力舰队前卫的位置上。

现在的贝蒂编队面临着遭到舍尔的战列舰集火攻击的危险，但贝蒂深知这也正是他的机会。德军舰队还没有意识到皇家海军的大舰队主力正在逼近，如果能够成功地将渴望干掉自己的舍尔诱往北面，就会让德国人统统葬身在一个死亡陷阱之中。

日德兰海战中的"厌战"号和"马来亚"号。这两艘战列舰都是由休·伊文-托马斯海军少将率领的第五战列舰分舰队的成员。在日德兰海战中，当贝蒂的战列巡洋舰编队在旗舰"狮"号的带领下于14时32分转向东南，去支援已与德舰接战的"伽拉忒亚"号轻巡洋舰时，伊文-托马斯少将却没能率战列舰编队及时跟上，这使得贝蒂在战斗初期得不到32门15英寸巨炮的决定性支援。

向北狂奔

英德双方战列巡洋舰编队航线的改变，结束了"向南狂奔"的战斗阶段。但新的战斗在几分钟后又沿着相反的航线继续展开，被称为"向北狂奔"（the Run to the North）的战斗阶段开始了。最先进入战斗的是伊文-托马斯少将指挥的战列舰队，他没有注意到"狮"号命令转向的信号旗在16时41分被降下，因此第五战列舰分舰队还在继续全速向东南疾驰。直到16时48分，伊文-托马斯才发现自己正与航向东北、航速26节的战列巡洋舰编队擦肩相向而过。见此异状的贝蒂立即在"狮"号上重新升起了信号旗，向伊文-托马斯重复了命令，但信号旗直到16点54分才被拉下，而伊文-托马斯也缺乏主动行动的意识，因此他的战列舰编队在长达6分钟的时间里继续向德国公海舰队主力冲去。当第五战列舰分舰队最终掉头回航时，已经进入了位于舍尔舰队最前方的几艘"国王"级战列舰的射程之内。在德国战列舰主炮倾泻的弹雨下，"刚勇"号战列舰倒是运气不错，毫发无损地逃了出来，但"巴勒姆"号、"厌战"号和"马来亚"号却遭到了重击，尤以编队末尾的"马来亚"号中弹最多。

尽管贝蒂的战列巡洋舰编队已转舵北奔，但仍继续遭受着追赶而来的希佩尔舰队的火力打击，不断有舰只中弹。临近17时，贝蒂决定以24节航速转向西北，与希佩尔脱离接触，好让各舰喘一口气，抓紧时间组织舰员灭火，照顾伤患，清理舰上的一片狼藉。

这就使得伊文-托马斯不得不暂时独力同时对付希佩尔的战列巡洋舰和舍尔的战列舰中队中领头的 4 艘战列舰，火力被大大分散。而德军战列舰虽然全速向北追击，试图与伊文-托马斯保持接触，但无奈航速所限，很难追上英军战列舰。伊文-托马斯少将的第五战列舰分舰队表现出色，尽管被德舰数次击中，但在用 15 英寸主炮不停还击的同时，始终保持着与杰利科的主力舰队会合的正确航线。

在这一阶段的战斗中，德方的"吕佐夫"号和"塞德利茨"号战列巡洋舰也受伤不轻。"吕佐夫"号的无线电室中弹受损，使该舰与希佩尔舰队中其他舰只的通信被切断。而之前曾被鱼雷击中的"塞德利茨"号伤势最重。在 17 时 10 分至 17 时 20 分之间，至少有 2 发 15 英寸炮弹命中了"塞德利茨"号，其中一枚使其左舷舯部主炮塔丧失了战斗力，另一枚击中了舰艉背负式主炮塔，击毁了一门 280 毫米口径主炮。17 时 20 分，英舰"虎"号打出的一发炮弹击中了"冯·德·坦恩"号，炮弹卡住了该舰舰艏 280 毫米主炮塔的回旋机构，使其完全无法使用。3 分钟后，另一枚炮弹又击中了"冯·德·坦恩"的舰艉主炮塔，造成了类似的结果。

此时"冯·德·坦恩"号仅剩 2 座舯部 280 毫米主炮塔尚堪使用，但很快这 2 座炮塔内的主炮由于射击过快过多而发热严重，卡在了炮座滑轨中，无法复进回到发射位置，于是"冯·德·坦恩"号最后的主炮塔也失去了战斗力。尽管"冯·德·坦恩"号已经无法再进行战斗，但它还是坚守着自己在战列中的位置，以分散英舰火力，不让英舰从容地将火力集中到其他德国战舰身上。17 时 25 分，贝蒂向他的战列巡洋舰发出了"准备再战"的信号，5 分钟后，贝蒂舰队转向正北，再次缩小了与希佩尔之间的距离。

在这轮战斗中，希佩尔的各艘战列巡洋舰由于均有不同程度的损伤，加之能见度差，其火力也就变得不那么猛烈而精准了。西斜的太阳已经快落到西面海平线上，使迎着阳光的德舰上的测距仪成了瞎子。此外，战场上的浓烟也令距离测算和弹着点观测变得非常困难，从而无法进行火力校正。

不过舍尔中将仍然认为他的当面之敌仅仅是两支孤立的英国分舰队，并且相信其中一支已经被打得丢盔弃甲，正在狼狈败逃，因此对自己将赢得这场战斗的胜利信心满满。而贝蒂则清楚杰利科的大舰队就在眼前的海平线之外守株待兔，已经近在咫尺，因而丝毫不让已经牵住敌人鼻子的绳子有些许放松。与舍尔的如意算盘正好相反，贝蒂确信英国皇家海军已经胜券在握。17 时 43 分，为确保诱敌成功，贝蒂的战列巡洋舰再次向德国舰队开炮射击。几分钟后，"狮"号的一个瞭望哨在西北方向看到了位于杰利科舰队最右翼的英国装甲巡洋舰"黑王子"号（HMS Black Prince）的身影。

17 时 45 分过后，贝蒂舰队逐渐向东北转向，摆出一副要穿越敌编队前方，对希佩尔舰队形成"T"字横头威胁的架势。为避免陷入被动，希佩尔也随之向同一方向转舵。贝蒂知道此刻杰利科将军正率领着足足拥有 24 艘战列舰的大舰队主力从西北方向压过来，他的意图是将希佩尔引到这条新航线上来，以拖延希佩尔发现杰利科舰队的时间，这样就可以防止希佩尔向舍尔提前告警，让已经准备好收网的英国皇家海军扑空。

17 时 50 分，位于德国战列巡洋舰编队前方几英里远的德国第二侦察分舰队的轻巡洋舰"法兰克福"号（SMS Frankfurt）向希佩尔中将报告自己正在与一艘独立的敌巡洋舰交战。5 分钟后，"法兰克福"号又报告说，它遭到了来自东面的战列舰的攻击，而这些战列舰不可能属于伊文-托马斯的舰队。不久后，从南面赶来的"国王"号（SMS König）战列舰也意识到自己面对的是英国海军的大舰队主力。傍晚 18 时左右，贝蒂转向驶往东北方，希佩尔也随即转舵，结束了英德两军舰队这场向北的狂奔。

即使有可能取得更骄人的战绩，希佩尔还是选择了掉头逃遁。然而转舵开溜并不意味着德军战列巡洋舰编队磨难的结束。早在 16 时 05 分，距离战场尚远的杰利科就派出了由霍勒斯·胡德海军少将率领的第三战列巡洋舰分舰队前去支援贝蒂。这支分舰队中的"无敌"号、"不屈"号和"不挠"号 3 艘战列巡洋舰航速均可达到 25 节之高，因此能够更快地奔赴战场参加战斗。不过要在茫茫大洋上找到贝蒂舰队并不容易。在希佩尔掉头东撤之前的 17 时 30 分左右，胡德的第三战列巡洋舰分舰队已经到达了希佩尔舰队的东北方。不久，德国第二侦察分舰队开始与恰好位于英德双方战列巡洋舰编队之间的英国轻巡洋舰"切斯特"号（HMS Chester）交火。胡德少将在望远镜中看到了"切斯特"号与德舰的炮口闪光，立即率队转舵前往支援。"切斯特"号轻巡洋舰虽然不断被击中，但还是得以向东北方向逃脱。17 时 55 分，英国第三战列巡洋舰分舰队拍马赶到，暴风骤雨般的 12 英寸重炮火力令德军轻巡洋舰大吃一惊，转眼间德军一艘轻巡洋舰就被击伤，"威斯巴登"号也受了致命伤。

见势不妙的希佩尔立即派出"雷根斯堡"号（SMS Regensburg）轻巡洋舰和多达 31 艘的驱逐舰向英军"无敌"号发起攻击。战斗中，英军驱逐舰"鲨鱼"号（HMS Shark）被击沉，但德舰向胡德少将手下的战列巡洋舰发射的鱼雷却全部失的。而希佩尔根据"雷根斯堡"号轻巡洋舰发出的信号，以为他当面的对手是一支英军战列舰分舰队，因此没有派出他的战列巡洋舰前去支援，而是向西南方向退却，直到他看到公海舰队的前卫部队朝东北偏北方向驶去。希佩尔这时又调整了航线，占据了由海军少将保罗·贝恩克（Paul Behncke）率领的第三战列舰分舰队前方的位置。在这一阶段的战斗中，"塞德利茨"号被击中 6 弹，导致舰体进水增加，右倾加剧。

航行中的德国海军战列舰编队。德国海军的战列巡洋舰被编入了弗朗茨·冯·希佩尔海军少将指挥的第一侦察分舰队中。德国海军的战列巡洋舰中共有"吕佐夫"号（旗舰）、"德弗林格尔"号、"塞德利茨"号、"毛奇"号、"冯·德·坦恩"号 5 艘参加了日德兰海战。（图片来源：《R. 斯坦吉里尼图片集》）

与此同时，损失惨重的贝蒂舰队终于加入了大舰队主力的序列，并在 18 时 15 分向杰利科打出信号，但只向其通报了德国公海舰队的位置。杰利科闻讯立即指挥其麾下的战列舰向东南偏南方向展开一道战列线，准备战斗。训练有素的杰利科舰队只用了几分钟即完成了战术展开，所有 24 艘战列舰排成了一道绵延 6 英里的弧线，以使各舰都能将火炮指向敌舰队，充分发扬火力。

正当部署于全舰队右翼的贝蒂的战列巡洋舰向它们的德国同行开火时，英国海军少将罗伯特·阿巴斯诺特爵士带领着第一巡洋舰分舰队的"防御"号（HMS Defence）和"勇士"号（HMS Warrior）2 艘装甲巡洋舰突然出现在战场上。他所要对付的，是从胡德少将的战列巡洋舰炮火下死里逃生的德军轻巡洋舰。阿巴斯诺特认为他可以将已经瘫在海中冒着滚滚浓烟的德国轻巡洋舰"威斯巴登"号彻底送进海底，于是坐镇"防御"号巡洋舰直冲而去，不料却距离"狮"号的舰艏过近，迫使战列巡洋舰紧急转向以避免与"防御"号相撞。

阿巴斯诺特少将并不知道附近希佩尔舰队和舍尔舰队的存在，而德国战舰却突然间从几英里外的一团海雾中现身。"防御"号见状试图转向撤退，但为时已晚。德舰打来的 2 枚 305 毫米炮弹击中了"防御"号艉部的 9.2 英寸主炮塔旁，接着一轮齐射又砸在了前主炮塔后面的位置上，引发了 9.2 英寸主炮和 7.5 英寸副炮弹药库的爆炸。几秒钟后，"防御"号装甲巡洋舰便带着阿巴斯诺特少将和全部 900 名舰员沉入了海底。接下来，"勇士"号装甲巡洋舰成了德舰集火射击的焦点，但该舰却被恰好进入战场的伊文-托马斯少将的第五战列舰分舰队意外搭救。于是德国战舰将本已经瞄准"勇士"号的巨炮转向了"厌战"号战列舰，"厌战"号被 13 枚大口径炮弹击中，船舵受损，被迫向北撤退，最后一路蹒跚地回到了罗赛斯基地。

胡德少将此时正率领着第三战列巡洋舰分舰队的 3 艘战列巡洋舰西行，寻找贝蒂和他的战列巡洋舰。当看到"狮"号正全速向自己驶来，胡德少将意识到，如果他让自己的编队跟在贝蒂舰队后面，就会挡住杰利科的射击线。因此，18 时 21 分，胡德指挥自己的编队转向 180°，将 3 艘战列巡洋舰布置在贝蒂的前方。结果，7 艘英国战列巡洋舰的航线与右舷 9000 码外希佩尔舰队的 5 艘战列巡洋舰的航线平行。胡德指挥"无敌"号、"不屈"号和"不挠"号三舰集中火力射击"吕佐夫"号和"德弗林格尔"号，其余 3 艘德国战列巡洋舰留给贝蒂对付。

胡德少将的 3 艘战列巡洋舰刚刚在斯卡帕湾完成了炮术训练，状态正佳，加之此时的能见度条件也大为改善，因此三舰对希佩尔舰队的射击相当精准。"无敌"号只用了短短几分钟就向"吕佐夫"号倾泻了 50 发炮弹，其中 8 发命中。但德国人的反击同样猛烈。18 时 29 分，形势发生了逆转。在被"德弗林格尔"号实现跨射之后，"无敌"号被一轮齐射命中，一枚炮弹击穿了舯部"Q"主炮塔并导致舯部两座主炮塔的弹药库殉爆。巨大的爆炸让这艘战列巡洋舰断为两截，全舰 1026 名官兵随舰同沉，其中包括分舰队司令官胡德海军少将。

不过希佩尔这时根本无暇也无心品味他的第三个重大战果，因为他手下的 4 艘战列巡洋舰在长时间的鏖战中也都遭受了重创，个个遍体鳞伤。18 时 36 分，"无敌"号沉没几分钟后，杰利科舰队完成了对舍尔舰队的"T"字横头的抢占。面对不利的态势，立即撤退似乎是避免一场潜在灾难的唯一选择，于是舍尔命令所有舰只掉头，同时德军的战列巡洋舰编队取东南偏南航线，以远离双方的射击火线。而此时希佩尔的旗舰"吕佐夫"号战列巡洋舰几乎已经处于半沉没状态，该舰的前舱涌入了大量的海水，舰艏没入水中，极大地影响了航速，此外无线电室的被毁也让希佩尔无法有效地对他的舰队实施指挥。临近19时的时候，德军G-39号驱逐舰靠上了"吕佐夫"号，希佩尔跳上G-39号的甲板，命令驱逐舰送他去往另一艘战列巡洋舰。

希佩尔中将离开后，"吕佐夫"号缓缓南行，继续试图撤离战场。成了光杆司令的希佩尔中将搭乘着G-39号驱逐舰在战场上游荡，寻找另一艘可以作为旗舰的战列巡洋舰。他先找到了"德弗林格尔"号，但该舰受损严重，而且其无线电设备只能收报不能发报。希佩尔随后试图前往"塞德利茨"号，无奈"塞德利茨"号舰体内部已经进水数千吨，看上去情况更为糟糕。接着希佩尔想在"冯·德·坦恩"号上碰碰运气，然而该舰的所有大口径炮均已不敷使用，实际上已经丧失了作战价值。整个第一侦察分舰队现在仅剩"毛奇"号基本上还没怎么受伤，但希佩尔直到夜里22时后才登上该舰。

由于舍尔舰队的180°掉头机动，使英军舰队一度丢失了目标，也给战场带来了短暂的沉寂。这种沉寂于20分钟后被打破。18时55分，本应继续保持向南航行的舍尔突然改变了主意，下令全舰队又来了一个180°转弯，这次是向北。① 于是希佩尔的战列巡洋舰和公海舰队的前卫部队又一次被送入了杰利科舰队的猛烈炮火中，19时15分，贝蒂的战列巡洋舰分队也加入了炮击的大合唱。此时的气象和能见度条件对德国舰队很不利，德舰只能捕捉英舰的炮口闪光作为瞄准参考，还击效果很差。

眼看舰队再次陷入严重的麻烦中，19时12分，舍尔挂出令旗，命令全舰队准备进行第三次转向。6分钟后，信号旗降下，各舰开始遵令行事。为了减轻战列舰部队受到的压力，1分钟后，舍尔下达了"战列巡洋舰接敌！全力攻击！"的命令。军令如山，希佩尔舰队中4艘还能够航行——如果已经不能称之为"战斗"的话——的战列巡洋舰，在"德弗林格尔"号率领② 下，义无反顾地以20节航速冲向英国舰队的战列线，冲向血与火的地狱。这便是日德兰海战中著名的"死亡冲锋"(the Death Ride)。毫无意外，编队中领头的"德弗林格尔"号和紧随其后的"塞德利茨"号遭到了英舰火力的严重打击："德弗林格尔"号被命中14次，2枚15英寸的炮弹击穿并摧毁了后主炮塔组，杀死了所有的炮组人员；"塞德利茨"号那部分已经没入水中的舰艏也被击中；"冯·德·坦恩"号亦是如此。19时17分，舍尔终于允许战列巡洋舰编队向右转向，逐渐后撤。然后在19时21分，为了掩护公海舰队主力新的撤退部署，舍尔中将下令对英军舰队展开大规模的鱼雷攻击，这场攻击迫使杰利科率队向东南做出转向动作，以规避德军的雷击威胁。

这一招又一次挽救了舍尔。还有不到一小时就将迎来日落，并且在这一纬度，黎明将在凌晨2点到来，舍尔希望能抓住短暂的夜间，把舰队安全带到保护通往德国海军基地的航道的水雷区后面。

在整个夜间，英德两军的舰队在向南行进的过程中彼此先是渐行渐远，然后又逐渐靠近。舍尔舰队的航线最初略为偏西，而杰利科舰队取略偏东航线，打算切断对手的退路。在5月31日23时30分至6月1日1时45分之间，德国舰队平安无事地切过了英军舰队的航线，没有发生悲剧性的结果。6月1日黎明时分，舍尔舰队终于抵达了合恩礁和浅水区与布雷区之间的航道口处。然后整支舰队慢慢地驶往亚德湾锚地。

然而，德军战列巡洋舰在结束"死亡冲锋"后的撤退过程也并非轻松愉快。贝蒂在

---

① 对于这一出人意料的举动，即使是舍尔将军本人在战后也无法给出一个合理的解释。
② 希佩尔中将离开旗舰"吕佐夫"号后，第一侦察分舰队的指挥权交由"德弗林格尔"号战列巡洋舰的舰长哈尔托克(Hartog)海军上校临时代理。

20时率队转舵向西，去捕捉他的猎物。日落时分，他终于在10000码外看到了"德弗林格尔"号、"塞德利茨"号、"毛奇"号和"冯·德·坦恩"的身影。20时12分，贝蒂命令他的战列巡洋舰开炮。在接下来的20分钟里，所有的德军战列巡洋舰都吃到了贝蒂的炮弹，其中尤以"塞德利茨"号为甚。"皇家公主"号发射的一枚13.5英寸炮弹在该舰的舰桥上爆炸，炸死了舰桥上一半的人员，一些导航和驾驶设备也被炸毁。就在这紧要关头，弗朗茨·毛弗（Franz Mauve）海军少将指挥的德国海军第二战列舰分舰队的前无畏舰赶来支援，吸引了贝蒂舰队的火力，这一举动挽救了希佩尔的战列巡洋舰分队。20时19分，太阳落下了海平面；20时30分，希佩尔的战列巡洋舰分队在这一天的最后一场战斗终于结束了。

在那天晚上，"吕佐夫"号战列巡洋舰的生命走到了尽头。18时45分，该舰与舰队中其他战列巡洋舰分道扬镳，向东南方向驶去。"吕佐夫"号最初以15节速度前行，后来由于越来越多的海水涌入受损的舰艏，航速减至7节。6月1日0时30分，海浪已经打上了前主炮塔；1时30分，前锅炉舱也开始进水。在全舰电力尽失和进水量高达7500吨的情况下，"吕佐夫"号的舰艏不断下沉，最后连舰艉和螺旋桨都露出了水面。2时20分，舰长哈尔德尔担心本舰可能即将倾覆，于是急忙召唤4艘随行的驱逐舰靠上"吕佐夫"号，并命令幸存的舰员向驱逐舰转移。2时45分，哈尔德尔命令G-38号驱逐舰向"吕佐夫"号发射了2枚鱼雷，中雷后的战列巡洋舰翻了个身，接着便沉入了合恩礁西北方约37英里处的海底。全舰在战斗中伤亡惨重，共计115死50伤。

"塞德利茨"号只差一点儿就要蹈"吕佐夫"号的覆辙，但最终还是免于覆灭的命运。令人难以置信的是，"塞德利茨"号在6月1日凌晨0时45分至1时15分之间曾被英军战列舰"马来亚"号、"马尔博罗"号（HMS Marlborough）和"复仇"号（HMS Revenge）发现，却成功得以逃脱。凌晨1时40分，"塞德利茨"号到达了德军布雷区之间的通航航道口，由于舰体前部进水已达5000吨，该舰在航道入口的浅水区曾三度搁浅。6月1日下午，在2艘携带水泵的救援船稳定了舰体的进水情况后，"塞德利茨"号战列巡洋舰终于抵达了亚德湾。在亚德湾锚地停泊的3天中，"塞德利茨"号为了减重，还拆除了前主炮塔的两门280毫米主炮和大部分装甲板。最后，"塞德利茨"号驶入了威廉港，入坞进行维修。维修工作于1916年6月15日开始，至10月1日结束，"塞德利茨"号于当年11月重返战斗序列。随后该舰接替"吕佐夫"号成为德国海军第一侦察分舰队的旗舰。

"德弗林格尔"号战列巡洋舰在战斗中被不少于17发大口径和4发中口径炮弹命中，全舰157人战死，50人负伤。回到基地时，"德弗林格尔"号的舰体内已经进水3000吨，仅剩2门305毫米主炮尚可射击。该舰先是在威廉港开始维修工作，后转至基尔港继续进行，直到当年10月15日才修复完毕。

希佩尔中将的代旗舰"毛奇"号战列巡洋舰在夜间23时30分至0时20分之间也曾试图从英军舰队的空隙间悄悄溜走，但两次尝试均被英舰发现。不过希佩尔的第三次尝试获得了成功。6月1日凌晨1时，"毛奇"号在英军舰队前方以22节航速快速穿过，一路向南，最终平安到达了合恩礁。"毛奇"号是希佩尔舰队中唯一一艘受创相对较轻的战列巡洋舰，该舰总共被英舰的15英寸主炮命中4弹，战死16人，另有20人受伤。"毛奇"号的舰体内部也进水1000吨，不过这其中既有因战斗损伤导致的进水，也有为平衡舰体侧倾而主动进行的注水。"毛奇"号的维修工作在汉堡港的布洛姆&福斯船厂进行，于7月底修复完毕。

"冯·德·坦恩"号战列巡洋舰是带着600吨舰体进水踏上返航之旅的。6月1日凌晨3时37分,"冯·德·坦恩"号还曾侥幸躲过了英军驱逐舰"莫尔兹比"号(HMS Moresby)发射的鱼雷。该舰的各主炮塔在战斗中均被严重损毁,尽管在返航途中对部分炮塔行了紧急抢修,但2座交错布置的舯部主炮塔依旧宣告不治。"冯·德·坦恩"号上共有11人在战斗中阵亡,15人负伤。该舰的修复工作在威廉港进行,一直持续到当年8月2日。

英国皇家海军方面,遍体鳞伤的"狮"号于6月2日与战列巡洋舰分队幸存的其他各舰一起抵达了罗赛斯基地。"狮"号在战斗中一共被命中了14次,舰上人员99死51伤。该舰的修复工作随即展开,并且进度很快,7月19日即告完成。但"狮"号随后于9月6—23日在埃尔斯维克的阿姆斯特朗·惠特沃斯船厂进行改装期间,其舯部"Q"主炮塔被临时拆除并更换。"狮"号的姊妹舰"虎"号在战斗中被重创,舰上24人阵亡,46人受伤。"虎"号以最快速度得到了修复,并在7月2日临时担任皇家海军战列巡洋舰部队的旗舰,直到"狮"号重新归队。"皇家公主"号战列巡洋舰被击中9次,22人阵亡,81人受伤。在罗赛斯基地略做修补后,该舰移至普利茅斯港进行彻底的修复工作。到7月15日,"皇家公主"号已整饬一新,随后于7月21日返回罗赛斯基地归建。除上述各舰以外,英军的其他战列巡洋舰都只是受了些轻伤。

下表中列出了英德两军战列巡洋舰在日德兰海战中的大、中口径炮弹以及鱼雷的消耗情况。

日德兰海战中双方战列巡洋舰的弹药消耗与中弹情况统计表

舰名	弹药消耗量[1] 大口径	发射鱼雷数量 中口径	中弹数量[2]		最终结果	人员伤亡(亡—伤)
"吕佐夫"	380	400	2	24	被重创后自沉	115—30
"德弗林格尔"	385	235	1	17	被重创	157—26
"塞德利茨"	376	450	—	22	同上	98—55
"毛奇"	369	246	—	4	同上	16—20
"冯·德·坦恩"	170	78	—	4	受创	11—35
"狮"	326	n.a.	7	14	受创	99—51
"虎"	303	136	—	18	受创	24—46
"玛丽女王"	150	n.a.	—	7	沉没	阵亡 1226
"皇家公主"	230	n.a.	1	9	受创	22—81
"无敌"	110	n.a.	—	5	沉没	阵亡 1026
"不屈"	88	n.a.	—	—	—	—
"不挠"	175	n.a.	—	—	—	—
"不倦"	40	n.a.	—	5	沉没	—
"新西兰"	420	n.a.	—	1	—	—

注:
1. 表中沉舰的弹药消耗数字为估计值。n.a.= 无相关数据。
2. 表中中弹数量的统计只包含敌方战列舰和战列巡洋舰发射的大口径炮弹。

相对于英国皇家海军,德国海军的战列巡洋舰在海战中的射击更为精准,也更为有效,特别是在"向南狂奔"的战斗中。这一结果不仅来自德国海军在火炮、弹药和训练质量方面的略胜一筹,也得益于对德军战舰的测距和瞄准带来了很大帮助的能见度条件。德国海军装备的测距仪在视程方面并不比英国测距仪更优秀,但它们的立体感很强的测距方式在某些情况下测距效果更好，比如能见度较差和烟雾弥漫时，何况德国海军的测距手通常都接受过更好的训练。

关于英德双方战列巡洋舰主炮所使用的弹药，有两个主要的方面值得注意。英式穿甲弹在刚刚撞击到德舰装甲时往往会发生碎裂，而不是击穿装甲并在其内部爆炸，尤其当炮弹以远距离交战时常见的大入射角命中时更是如此。另外，英国海军装备的穿甲弹中填充的是莱德（Lyddite）烈性炸药（即英国自产的苦味酸炸药），这种炸药比较敏感，在受到冲击时容易被提前引爆，因此使炮弹原本设定的引信延时归于无效。而德国海军的穿甲弹则与之相反，使用的是性能更稳定的TNT炸药。基于这一点，加之德舰在舰体装甲质量上更胜一筹，就可以解释为什么英国海军第五战列舰分舰队的15英寸巨炮本应发挥出更大的杀伤威力，但德军战列巡洋舰分队却能够在其可怕的火力下死里逃生。希佩尔在战后的调查总结中也指出了这一点。

对这场海战中战列巡洋舰所遭受的损失和毁伤的分析同时得出了另一个结论，即英军战舰对火炮发射药的安全存放和安全使用方面的认识不足。以无烟火药为基料的英舰火炮发射药分装在一个个丝绸制的药包中，容易起火并引发剧烈燃烧，因此增加了火灾蔓延的风险。此外，为了提高战列巡洋舰火炮的射速，战斗中发射药包往往被贮存在炮塔内，沿着供弹通道堆放，而弹药库的门也保持常开，以便更快地向炮塔供应弹药。这毫无疑问是对安全规则的轻视，甚至是有意的无视。这样一来，一旦发射药起火，火势很容易四下蔓延，在某些情况下可能会蔓延到弹药库，从而造成灾难性的后果。

德国海军使用的火炮发射药包可燃性则相对较低，且主装药储存在更安全的黄铜药筒中，危险性大大降低。德国海军还从多格尔沙洲之战的损失中吸取了有用的教训，并提高了弹药装填操作流程上的安全性。而英国皇家海军在经受了日德兰海战中的惨重损失之后，才吸取了同样的教训。舯部"Q"主炮塔中弹的"狮"号，全靠冷静勇敢的炮塔指挥官下令向弹药库注水才逃过一劫；德军战列巡洋舰"德弗林格尔"号、"塞德利茨"号和"冯·德·坦恩"号在战斗中也受到了类似的损伤，它们的主炮塔或丧失战斗力，或干脆被摧毁，但都没有导致像英国海军的"不倦"号、"无敌"号和"玛丽女王"号那样的致命后果。

日德兰海战中，英军战列巡洋舰总共发射了约1800发主炮炮弹，德军战列巡洋舰主炮则发射了超过1650发炮弹。虽然大口径炮弹的消耗量相当高，但无论是在日德兰还是在整个第一次世界大战期间，战列巡洋舰都很少发射鱼雷。加上实战中鱼雷奇低的命中率，说明为主力舰配备的鱼雷发射管几乎毫无用处，尤其是对德国海军而言。

双方的无线电通信设备在海战中的表现都很好，但德国人对其的使用则贯穿了整场战斗的始终，效果也更好。[①] 从技术角度来看，无线电设备的冗余不足是一个大问题，英军的"狮"号和德方的"吕佐夫"号在战斗中均由于受创而导致无线电设备无法使用，使双方的指挥官贝蒂中将和希佩尔中将不得不恢复使用传统方式来进行通信联络，如信号旗和信号灯。而显然这些通信手段在雾气、浓烟和距离等因素带来的低能见度条件下，远不及无线电设备来得可靠和有效。这样一来就造成了严重的问题，特别是对英军战舰来说——这一方面是由于贝蒂手下的信号官的素质堪忧[②]，另一方面也是由于信号灯本身很脆弱，且灯语信号在夜间容易被敌发现和截获。

综合英德双方的战列巡洋舰在日德兰海战中所遭受的损失和受创情况，再次证实了

---

① 在日德兰海战的大部分时间里，英军总指挥杰利科将军对德军舰队的位置都是两眼一抹黑。唯一及时的敌情通报全部来自古迪纳夫准将的轻巡洋舰。

② 例如旗舰"狮"号上那位已经在多格尔沙洲之战中出过严重差错的信号官西摩尔，在"向南狂奔"阶段结束时，将给第五战列舰分舰队的执行转向命令的信号延误了好几分钟才发出。

德国战列巡洋舰的舰体结构更为坚固，装甲质量更好，舰体内部的隔舱化也更为有效。"塞德利茨"号曾被鱼雷击中，其舰体与"德弗林格尔"号一样，都受到了严重的损伤，进水达数千吨，但两舰最终均设法返回了基地，这正是归功于两舰合理的隔舱化设计，使得锅炉和轮机舱在舰体严重受损的情况下仍能保持完整和可操作性，从而让战舰得以继续航行和进行转向。

希佩尔手下的战列巡洋舰，特别是"德弗林格尔"号和"塞德利茨"号，在被大口径炮弹数度命中后尚能幸存，表明它们达到了其设计性能和作战使用要求：能够顶住与敌方主力舰的直接对垒，然后再与德国战列舰部队一起并肩作战。然而，英国战列巡洋舰那不太过硬的装甲防护水平并不是其在日德兰海战中蒙受惨重损失的直接原因，因为炸毁英舰弹药库的炮弹并非是击穿了它们的主装甲带，而是直接击中了主炮塔。

日德兰海战通常被认为是德意志帝国海军公海舰队的最后一次大规模出击，实则不然。日德兰海战结束后不到两个月，希佩尔和舍尔准备联袂出动，再对英国海岸发动一次袭击。这次行动的目的还在于提高德国海军的士气——尽管将士们在斯卡格拉克海峡取得了"胜利"，士气却很低落。[1] 舍尔的计划是重新执行原定于5月17日进行，但后来被取消的对英国桑德兰港的攻击行动。对岸炮击将由希佩尔的第一侦察分舰队目前尚能出动的2艘战列巡洋舰"毛奇"号和"冯·德·坦恩"号执行。2艘均配备305毫米主炮的战列舰"藩候"号（SMS Markgraf）和"大选帝侯"号（Grosser Kurfürst），以及新服役的装备8门380毫米主炮的"巴伐利亚"号战列舰，将临时配属给第一侦察分舰队作为加强力量。拥有15艘战列舰的公海舰队将会在攻击舰队身后一小时航程处保持跟随，准备趁机对英国海军的干预舰队实施打击。

为了避免在不利的条件下与敌交战，舍尔计划设置两道分别部署在炮击目标北面和南面的潜艇伏击线，同时由多艘齐柏林飞艇执行大范围的空中侦察。部分飞艇会在苏格兰和挪威之间的北海海域巡逻，以向舍尔通报皇家海军大舰队可能的出援行动。其他飞艇将在攻击舰队航路附近区域巡逻，并与其保持密切联系。

1916年8月18日21时，希佩尔的岸袭舰队和舍尔的主力舰队先后从亚德湾锚地起航。英国海军部的"40号房间"事先截获了德国的无线电通信，得知了敌方的计划。于是，新晋海军上将杰利科麾下拥有29艘战列舰的皇家海军大舰队、贝蒂中将率领的战列巡洋舰分队，以及由蒂里特准将率领的哈里奇分舰队（包括轻巡洋舰5艘、驱逐舰20艘）先于德国舰队5小时出发，赶赴作战海域。此外，已经部署在德军舰队可能经过的海域的英国潜艇也收到了预警。如同在日德兰海战时那样，贝蒂中将的6艘战列巡洋舰，在第五战列舰分舰队的5艘快速战列舰的加强下，在杰利科舰队的前卫位置破浪前进。

就在贝蒂和杰利科率队向南扑去，准备拦截德国舰队时，8月19日清晨5时05分，英军的E-35号潜艇发现了舍尔舰队，并发射鱼雷击伤了"威斯特法伦"号（SMS Westfalen）战列舰。舍尔命令受伤的战列舰返航，全舰队仍继续前进。早晨6时，部署在桑德兰北面伏击线上的德军U-52号潜艇向正在为贝蒂舰队护航的"诺丁汉"号（SMS Nottingham）轻巡洋舰发射了2枚鱼雷。6时25分，"诺丁汉"号被U-52号发射的第三枚鱼雷击中，于7时10分沉没。指挥第一轻巡洋舰分舰队的古迪纳夫准将将这一情况报告了杰利科上将，但他也不能确定"诺丁汉"号轻巡洋舰是遭遇了水雷还是鱼雷。出于对大舰队可能闯入了一片未知雷区的担心，杰利科命令舰队暂时转舵向北，避开危险地带，

---

[1] 虽然日德兰海战中德国海军的损失要小于对手，但官兵的信心却因为其战舰，特别是战列巡洋舰部队所遭受的严重损伤，以及他们意识到自己险些未能逃脱更严厉的惩罚而一蹶不振。

贝蒂舰队紧随其后。就在大舰队临时向北航行时，德国海军的 L-31 号齐柏林飞艇发现了其行踪并报告了舍尔。接报的舍尔判断敌舰队正在转向离去，因此指挥德国舰队继续向英国海岸前进。

上午 9 时刚过，古迪纳夫准将确认了"诺丁汉"号是被鱼雷击中的，大舰队和战列巡洋舰分队迅速掉头南下。此时杰利科上将认为他在当天下午便可以与敌舰队接战，但另一艘齐柏林飞艇的报告改变了事态。12 时后不久，德军 L-13 号飞艇在舍尔舰队东南方向 100 英里处发现了英军哈里奇分舰队，但将蒂里特准将的轻巡洋舰误判为战列舰。接到通报的舍尔立刻断定，这正是他长久以来划破铁桨无觅处的理想猎物——一支孤立的英国舰队，于是舍尔舰队在 12 时 15 分转向东南，准备对其实施拦截，吞掉这块嘴边的肥肉。

但齐柏林飞艇随后再未进一步提供任何情报，反而在 14 时，一艘潜艇电告说英国海军的大舰队在北面 65 英里处。眼看战机已经错失，14 时 35 分，舍尔决定放弃这场稀里糊涂的截击，返回基地。16 时，杰利科也收到了舍尔舰队已经撤退的报告，于是命令大舰队主力返回斯卡帕湾。贝蒂舰队还在继续搜寻着德军岸袭舰队的踪影，直到 16 时 52 分，他手下又有一艘轻巡洋舰"法尔茅斯"号（HMS Falmouth）号被德国 U-63 号潜艇发射的 2 枚鱼雷击中。[①] 如此一来，贝蒂也被搞得无心恋战，决定带队返航。哈里奇分舰队在 17 时 45 分的时候发现了舍尔舰队，但蒂里特准将认为他在日落前无法占据有利的攻击位置，于是放弃了追击。

舍尔将军对此次行动中飞艇部队空中侦察的效果感到非常失望，并且，在 1916 年 10 月初，德国政府决定恢复对敌方商船的无限制潜艇战，因此德国海军也无力再抽调 U 艇部队对皇家海军水面舰艇进行伏击和侦察行动。由于缺乏重要的战役侦察手段和力量，德国海军不得不宣布从此停止在北海进行重大行动。[②]

战争的结束与德国海军的谢幕

1916 年年末之后，由于德国决定将资源和兵力集中到打击协约国海上运输线的潜艇战上来，因此无论是公海舰队，还是第一侦察分舰队的战列巡洋舰，都再也没有执行任何较大的作战任务。

但在 1917 年 4 月，舍尔决定计划一场由快速水面战斗舰艇担纲的对往来于英国和挪威之间的船只的突然袭击。之所以使用水面舰艇担任此项任务，是因为这一海域的水文气象条件不适于德国 U 型潜艇遂行作战。10 月 17 日，2 艘装备有 150 毫米主炮的德国快速布雷巡洋舰在 2 艘驱逐舰的护卫下，向一支正驶往英国的由 12 艘货船组成的船队猛扑过去。在船队的护航舰艇做出反应之前，德舰已经用精准的炮火将它们悉数击沉。随后德舰不慌不忙地追上船队，将其中 9 艘送入了海底。

一个月后，英国人做出了回应。一支由特雷维安·内皮尔（Trevylyan Napier）海军中将率领的舰队领命前去攻击由 4 艘轻巡洋舰和 8 艘鱼雷艇保护的，正试图在英国海军布设在赫尔戈兰湾的水雷区中打开一个缺口的德国扫雷舰部队。这支英军舰队的主力是以战列巡洋舰"勇敢"号和"光荣"号为基干的第一巡洋分舰队，另有 8 艘轻巡洋舰和 10 艘驱逐舰，稍后战列巡洋舰"反击"号也加入其中，可谓实力不俗。11 月 17 日 7 时 37 分，两军在赫尔戈兰湾如期而遇。德军轻巡洋舰勇敢地向远比自身强大的英军舰队发起冲锋，掩护扫雷舰先行撤退，随即自己也迅速撤出战斗，以躲避英军第一巡洋分舰队和"反击"

---

① 受伤的"法尔茅斯"号在第二天被拖航至亨伯河口时，遭德军 U-66 号潜艇袭击沉没。

② 1916 年 11 月 5 日，"毛奇"号战列舰和德国海军第 3 战列舰分舰队参加了对搁浅在丹麦海岸附近的 U-20 号和 U-32 号潜艇的营救行动。然而行动中战列舰"王储"号（SMS Kronprinz）和"大选帝侯"号被英军 J-1 潜艇发射的鱼雷击中，营救行动不得不放弃。

号的炮火。战斗持续 2 小时后,德军战列舰"皇帝"号(SMS Kaiser)和"皇后"号(SMS Kaiserin)号赶来支援德军轻型舰艇部队,双方又混战了几个回合,随后便各自鸣金收兵。在这场战斗中,英德双方各有数艘巡洋舰受轻伤,而德军损失了一艘布雷舰。

12 月 12 日,舍尔决定袭击驶往挪威的一支由 5 艘商船和 2 艘护航驱逐舰组成的英国运输队。袭击任务由 4 艘驱逐舰执行,这 4 艘驱逐舰成功击沉了全部 5 艘商船和一艘英国驱逐舰。英国海军部闻讯后的反应是停止与挪威之间的日常航运,并将商船重新编组成规模更大的船队。船队每 4—5 天发出一支,并由数艘战列舰提供护航。这一新的海运方案为舍尔提供了进行一次更为大胆的尝试的机会。希佩尔的战列巡洋舰将攻击运输船队和船队身边的护卫舰艇,同时公海舰队主力将在不远处守株待兔,希望希佩尔能将一支孤立的英国战列舰分队引诱到德军无畏舰的炮口下聚而歼之。因此,1918 年 4 月,德国战列巡洋舰部队在离开近两年之后,终于重返北海。

1918 年 4 月 23 日清晨 5 时 30 分,德国海军第一侦察分舰队的 5 艘战列巡洋舰和它们的护航舰艇保持着无线电静默离开了基地,向北驶向挪威海岸。拥有 3 支战列舰分舰队、3 个轻巡洋舰舰群和 3 支驱逐舰编队的德国海军公海舰队主力紧随其后。4 月 24 日晨,希佩尔舰队的前卫已抵达挪威卑尔根(Bergen)外海,但在清晨 5 时 10 分,战列巡洋舰"毛奇"号的一具螺旋桨突然失效,并且在涡轮机停车之前,其转子发生断裂,损坏了一个冷凝器,轮机舱也进水严重。希佩尔见状便命令"毛奇"号向舍尔舰队主队的方向撤离,但"毛奇"号的情况非常糟糕,在 6 时 40 分的时候向希佩尔发信称其只能以 4 节的速度前进。于是战列舰"奥登堡"号(SMS Oldenburg)在 10 时 45 分开始对"毛奇"号实施拖曳。第一侦察分舰队的其余 4 艘战列巡洋舰——"兴登堡"号、"德弗林格尔"号、"塞德利茨"号和"冯·德·坦恩"号向北航行寻找运输船队直至 14 时 10 分,却一无所获。希佩尔舰队的扑空毫不意外,因为英国运输船队根本就没有按计划出航。

正在快速穿越主力舰战列线的德国驱逐舰。由于遭遇敌方雷击舰艇鱼雷攻击的危险不容轻视,主力舰编队在航行中通常都由一众轻巡洋舰和驱逐舰提供护卫。(图片来源:《R. 斯坦吉里尼图片集》)

"毛奇"号的麻烦迫使希佩尔打破了无线电静默，从而提醒了英国海军部德国舰队已经出航。在4月24日下午早些时候，闻讯而动的英国皇家海军大舰队组织了32艘战列舰、4艘战列巡洋舰以及众多的护航舰艇，浩浩荡荡地起航准备迎战德国舰队，但为时已晚，已经抓不到德国人了。18时45分，舍尔舰队抵达了德军在德国近海布设的防御雷区的安全通道入口处。但就在这本应安全的地方，英国潜艇E-42号瞄准正在被拖往威廉港的"毛奇"号战列巡洋舰发射了一枚鱼雷，命中目标的鱼雷又给已经足够倒霉的"毛奇"号带来了1800吨的进水。

1918年4月在挪威海域的突袭行动后来并没有再次上演，但已经足以使已参战的美国产生极大的警觉，当时美国已经承诺将大量的兵员及其装备运送到欧洲战场。华盛顿方面担心，由一艘或多艘德国战列巡洋舰对大西洋发动的突袭可能会对美国的运输行动造成重大损失。因此，在1918年夏，美国海军将3艘战列舰派往爱尔兰西南海岸的别列黑文（Berehaven），专事运输船队的护航。1918年10月，有情报显示，德国海军可能侵入大西洋进行袭击活动，协约国海军方面顿时如临大敌，进入了战备状态，但最终什么事情也没有发生。

在德国投降前夕，公海舰队曾计划最后再进行一次突围行动。至少在纸面上，1918年年末的德意志帝国海军仍然是一支强大的海上作战力量。然而，让这支"强大"的力量再执行一次出击任务的计划，其在政治、军事和军纪等方面的先决条件此时早已荡然无存。所谓的出击，倒不如说只是为了在战斗中给帝国海军寻找一个光荣的归宿而所作的最后尝试。

1918年10月22日，一名来自帝国海军参谋本部的军官来到威廉港基地，向已于8月12日接任德国海军总司令的希佩尔海军上将传达了舍尔的口头命令[①]。根据这一命令，帝国海军公海舰队将尽快开始对英国海军发起最后的攻击。在水面战开始之前，潜艇部队将对英国海军大舰队进行削弱性攻击。但无论U艇部队的伏击效果如何，公海舰队都将难逃与敌正面一战。此战的意图——或者更确切地说，期望——是对敌人造成严重的损失，以尽可能促成有利于德国的停战谈判。

希佩尔上将于10月24日向公海舰队下达了战术命令。根据作战计划，在公海舰队主力的支援下，轻型舰艇部队将对新近被德军弃守的弗兰德斯平原沿岸实施炮击；而在战列巡洋舰分队的支援下，7艘轻巡洋舰和5艘驱逐舰将攻击泰晤士河口。突袭结束后，所有的德国战舰将在荷兰海岸附近集结，希佩尔希望能在这里与英国皇家海军的大舰队来一场堂堂正正的会战。帝国海军的全部力量都将参加此次作战行动：包括18艘战列舰、5艘战列巡洋舰、12艘轻巡洋舰、72艘驱逐舰和鱼雷艇。另外还将有21艘潜艇在北海设置6道伏击线。

3天后，作战计划获得了舍尔的批准，行动定于10月30日开始。10月29日夜，公海舰队的水面舰艇开始在威廉港基地集结，次日破晓便将按计划踏上征途。然而，有一个关键的因素德国海军的将领和舰长们不曾考虑到。德国海军的水兵们拒绝在这场被认为仅仅是为了保证舰队死得有尊严——如果不是蓄意破坏和平谈判的话——的所谓"自杀任务"中白白送命。抗命行为首先发生在战列舰"图林根"号（SMS Thüringen）和"赫尔戈兰"号（SMS Helgoland）上，然后很快发展成了真正的哗变[②]，并蔓延到其他战舰上。希佩尔起初打算无视这些危险的信号，但他很快就被迫取消了整个作战行动。

[①] 舍尔出于安全保密方面的考虑认为不宜下达书面命令。
[②] 最初的迹象出现在10月27日的威廉港基地，有300名隶属于"德弗林格尔"号和"冯·德·坦恩"号的水兵开了小差，轻巡洋舰"斯特拉斯堡"号上也有45人当了逃兵。

1919年11月21日，前往斯卡帕湾锚地途中的"塞德利茨"号战列巡洋舰。停战协议签订后，所有5艘在战争中幸存的德国战列巡洋舰都被羁押在那里。（图片来源：美国海军历史与遗迹档案馆）

希佩尔上将命令将舰队分散开来，他相信这样一来就可避免各舰水兵相互串联，足以使局势得到控制。但事态的发展并未如其所愿。11月初，起义已经蔓延到德国所有主要港口和海军基地。11月9日，当协约国军队总司令福煦（Foch）元帅在法国贡比涅（Compiègne）向德国代表团宣读投降条件时，哗变的德国水兵们在"巴伐利亚"号战列舰上升起了一面象征革命的红旗，迫使希佩尔离开了他的旗舰。

11月11日，随着停战的到来，德国承诺将所有的潜艇和大部分水面舰艇引渡给协约国方面。然而协约国对德国舰队缴械后应去往何处却不能达成统一意见，将德国舰队羁押在中立国港口，等待和约缔结，由和约来确定其最终命运的计划也没能实现。11月12日，协约国方面批准了将德国舰队暂时集中羁押在斯卡帕湾的提议，同时警告德国人，如果在11月18日之前不乖乖地从基地出发前往斯卡帕湾，协约国军队将占领赫尔戈兰岛。

11月15日，德国海军少将胡戈·莫伊雷尔（Hugo Meurer）登上了贝蒂停泊在福斯湾的旗舰战列舰"伊丽莎白女王"号，商讨引渡行动的细节。在停战协议中被协约国指定引渡的德国军舰共有9艘战列舰、5艘战列巡洋舰、7艘轻巡洋舰和54艘驱逐舰。3天后，在德国海军少将冯·罗伊特（von Reuter）的指挥[①]下，实际可供引渡的74艘德国军舰中的70艘离开了德国军港。除一艘驱逐舰意外沉没外，包括尚未完工，但被协约国误列入引渡名单的"马肯森"号战列巡洋舰在内的3艘军舰因其他原因未能随行。

---

① 希佩尔上将本人拒绝率领舰队出港投降。

11月21日，被引渡的德国军舰驶入了英国皇家海军大舰队严密守卫的福斯湾。在接下来的几天里，又陆续有数队德国舰艇驶往斯卡帕湾，引渡至11月27日乃告结束。12月6日，由于机械故障耽误了行程的德国战列舰"国王"号和轻巡洋舰"德累斯顿"号，以及替换另一艘沉没了的驱逐舰的V-129号驱逐舰加入了被羁押的德国战舰队伍。1919年1月9日，战列舰"巴登"号替代未完工的"马肯森"号战列巡洋舰，最后一个驶进了斯卡帕湾这个大监牢。

羁押在斯卡帕湾的德国军舰全部被解除了武装，拆除了无线电通信设备，各舰只留下能够确保日常维护和满足低速航行需要的少量骨干舰员[①]。英国皇家海军一支战列舰分舰队对湾内德舰轮班值守，武装拖网渔船在锚地内来回巡逻。在大约7个月的时间里，德国降舰一直被羁押在斯卡帕湾，舰员仅限于在舰上活动，与外界没有任何联系。能得到的消息很少，而且得到时通常已是旧闻。

情况在1919年6月17日发生了变化，德国舰队指挥官冯·罗伊特少将了解到《凡尔赛和约》即将签署（原计划于6月21日签署），担心英国人会借此夺取全部德国军舰，于是他向麾下各舰的舰长们分发了一份关于自沉行动计划的详细备忘录。各舰的自沉准备工作随即展开，并将在收到旗舰发出的内容为"第11节。确认"（'Paragraph Eleven. Confirm'）的暗语信号时执行。

6月20日，冯·罗伊特少将读到一份6月17日的《泰晤士报》，得知协约国方面已向德国发出最后通牒，除非德国政府能在6月21日12时之前签署和约，否则将恢复对德国的敌对行动。冯·罗伊特确信，是时候执行自沉计划了，只有这样才能不让英国水兵夺走这些德意志帝国海军的精华与荣誉。实际上这篇6月17日关于最后通牒的新闻在他读到之前就已经过时了，因为协约国一方已经宽限了德国48小时来做决定，但冯·罗伊特将军并不清楚这一点。6月21日10时，将军下令打出旗语，通知各舰注意旗舰即将发

① 与公海舰队一同去往斯卡帕湾的20000名舰员中，一个月后就只剩下不到5000人，至1919年6月，仅余约1800人。

1919年6月21日被其舰员凿沉后，在斯卡帕湾锚地坐底的德国"兴登堡"号战列巡洋舰。该舰于1930年7月被重新打捞出水，1931—1932年间在罗赛斯港被拆解。（图片来源：《奥基尼图片集》，A少儿图书馆，M. 皮奥瓦诺）

出的信号。11时20分，作为临时旗舰的巡洋舰"埃姆登"号上挂出了"第11节。确认"的暗语信号。一声令下，斯卡帕湾中所有的德国军舰全部打开了通海阀、冷凝器进水口和水下鱼雷发射管的管口。海水汹涌而入，流过敞开的水密门和其他舰内通道。至正午12时，有几艘军舰已经开始倾斜下沉，这时所有德国军舰的桅杆上全都升起了德意志帝国海军旗，象征着德国海军最后的一丝荣誉。第一艘沉没的是"腓特烈大帝"号战列舰，最后一艘是战列巡洋舰"兴登堡"号。

尽管警报声立即响起，但此时停泊在锚地的寥寥几艘英军看押舰艇[①]却根本无能为力。最终，4艘德国轻巡洋舰和12艘驱逐舰搁浅，战列舰"巴伐利亚"号和其他4艘驱逐舰自沉未果，另外15艘无畏舰——包括战列巡洋舰"兴登堡"号、"德弗林格尔"号、"塞德利茨"号、"毛奇"号和"冯·德·坦恩"号连同4艘轻巡洋舰和32艘驱逐舰一起沉入了湾底。德意志帝国海军公海舰队自此在世间不复存在。

---

① 英国海军第一战列舰分舰队的5艘战列舰于6月20日晚离开了斯卡帕湾，出海进行炮术训练，锚地内只留下了2艘驱逐舰和几条小船负责看守德国军舰。

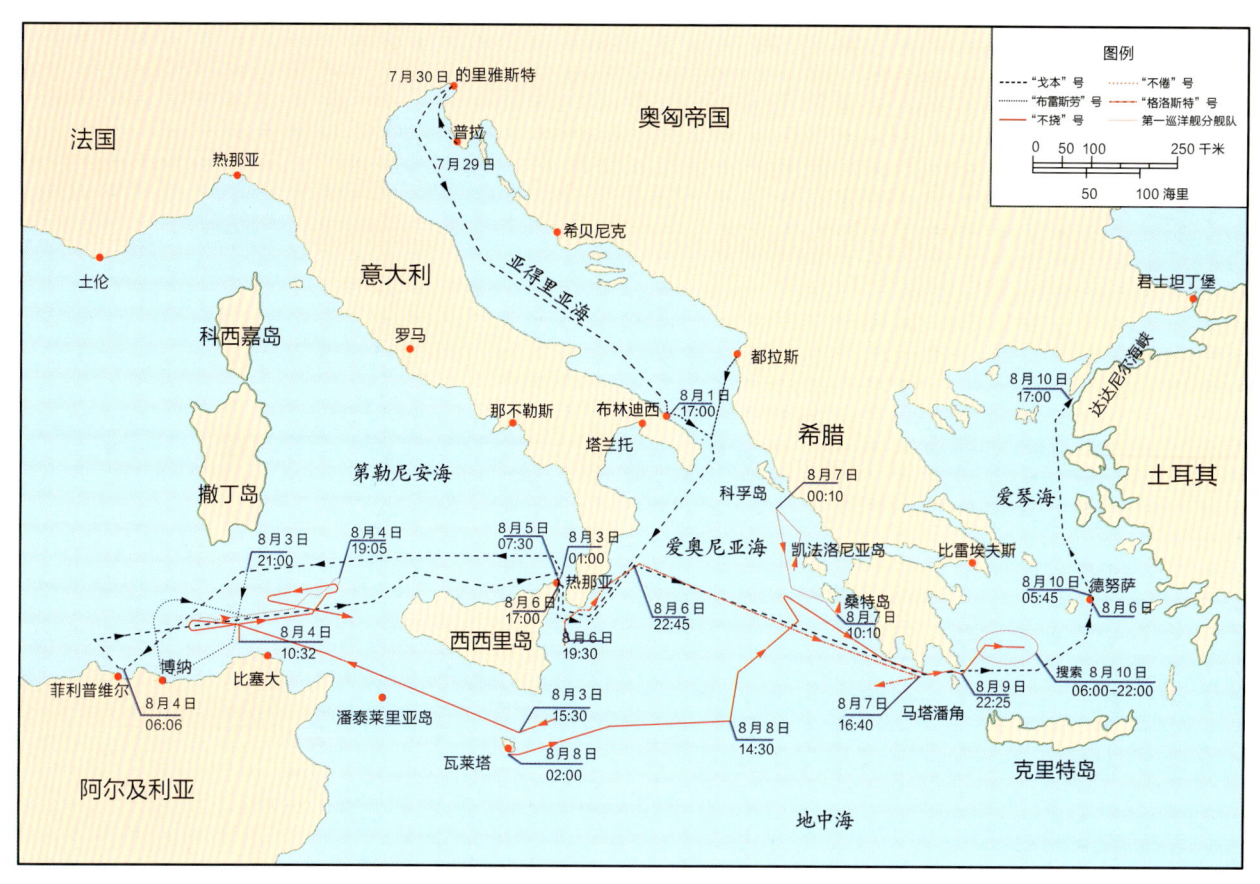

"戈本"号的逃亡，1914年7月30日—8月10日

1914年7月30日，德国战列巡洋舰"戈本"号自的里雅斯特港出航，在亚德里亚海上与轻巡洋舰"布雷斯劳"号会合后，首先停靠墨西拿港进行加煤作业。8月4日晨，两艘德国军舰炮击了阿尔及利亚海岸的菲利普维尔港和博纳港，随后向东离去。"戈本"号和"布雷斯劳"号两舰成功地摆脱了英国皇家海军地中海舰队的追击，最后于8月10日夜驶入了土耳其的达达尼尔海峡。

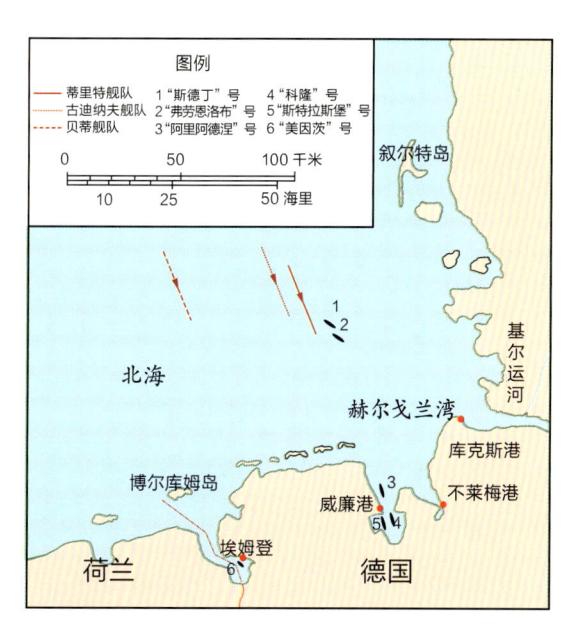

突袭赫尔戈兰湾，1914年8月27—28日（Ⅰ）

1914年8月28日晨，两支英国海军轻巡洋舰与驱逐舰编队突袭了德国赫尔戈兰湾，目的是通过攻击德国海军的近海巡逻舰只，吸引德国公海舰队主力出港增援，然后将其诱入英国潜艇的伏击圈。贝蒂海军少将率领的5艘战列巡洋舰作为担任突袭任务的轻型水面舰艇编队的支援兵力。

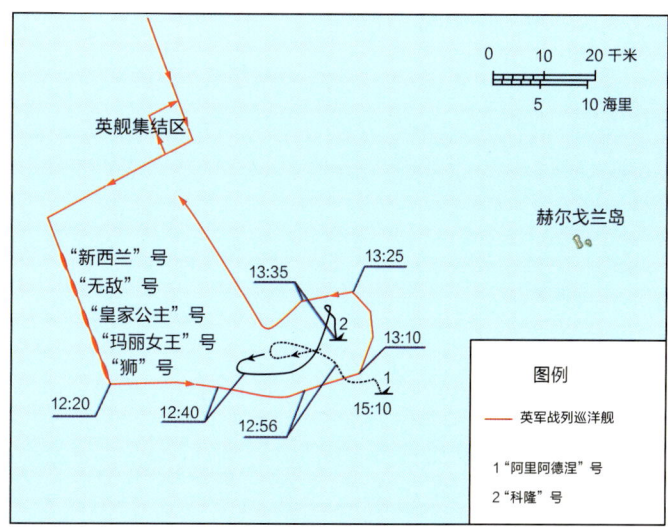

突袭赫尔戈兰湾，1914年8月27—28日（Ⅱ）

为了减轻英军轻巡洋舰和驱逐舰部队所面临的敌方压力，8月28日11时35分，贝蒂少将命令麾下的战列巡洋舰编队航向东南，全速前往支援正遭到德舰攻击的己方轻型舰艇编队。在随后进行的一场毫无悬念的战斗中，德国轻巡洋舰"阿里阿德涅"号和"科隆"号被贝蒂的战列巡洋舰送入了海底。

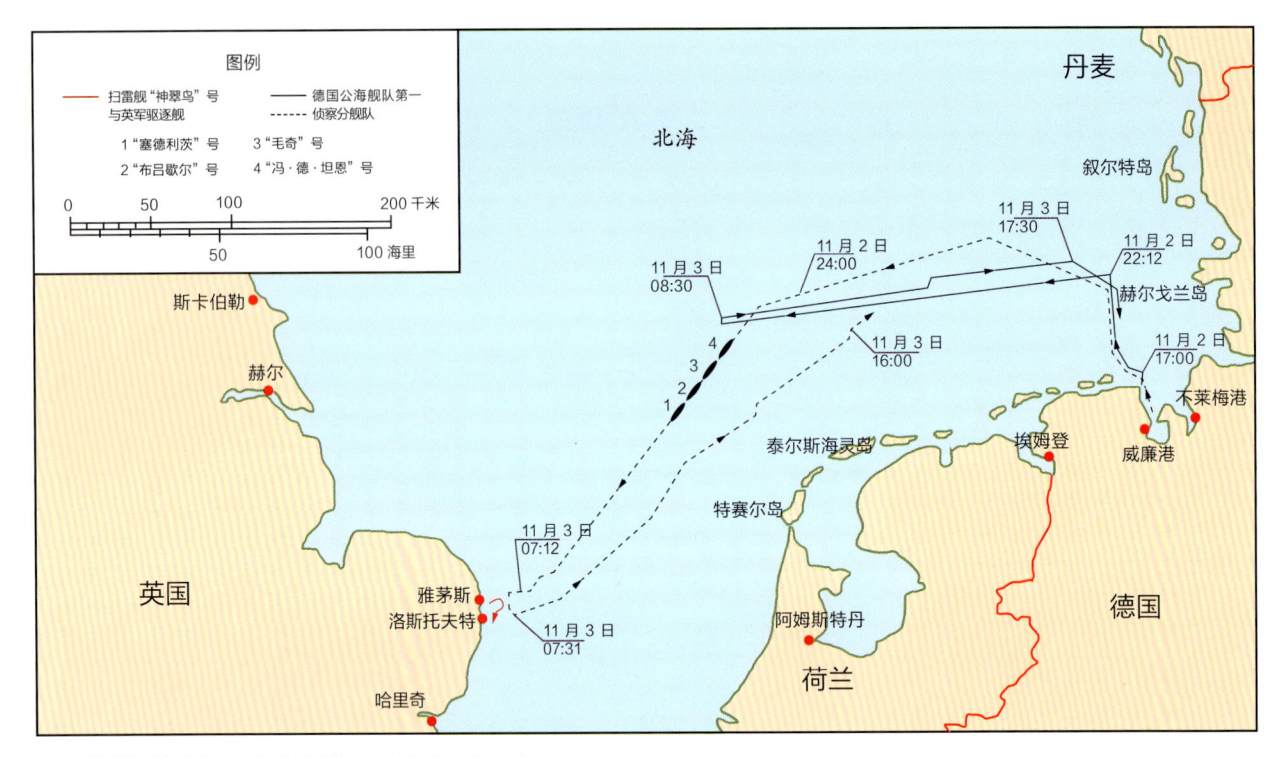

对雅茅斯与洛斯托夫特的突袭，1914 年 11 月 3 日

德国海军对英国沿岸目标的首次袭击行动发生在 1914 年 11 月 3 日，由德国海军少将希佩尔指挥的第一侦察分舰队对雅茅斯港进行了炮击，并在该港与洛斯托夫特之间的海域布设了一片水雷区。

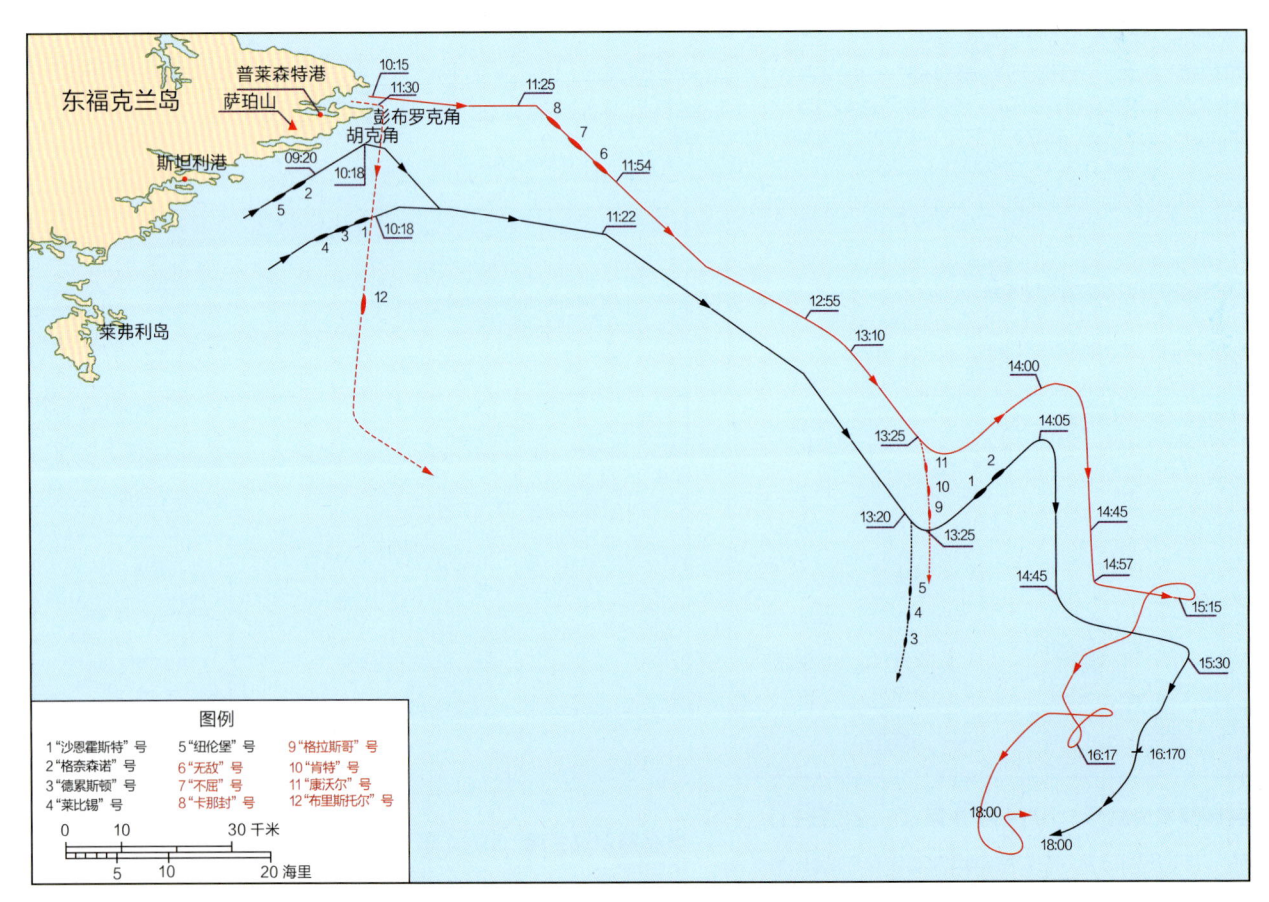

福克兰群岛之战，1914 年 12 月 8 日

一支由冯·斯佩中将率领的德国海军巡洋舰分舰队万里迢迢越过太平洋，前来炮击英属福克兰群岛的斯坦利港，但在其航程的终点，斯坦利港外海，遭到英国皇家海军斯特迪海军少将指挥的战列巡洋舰的截击。结果德国舰队几乎全军覆没，仅有"德累斯顿"号轻巡洋舰暂时逃脱。

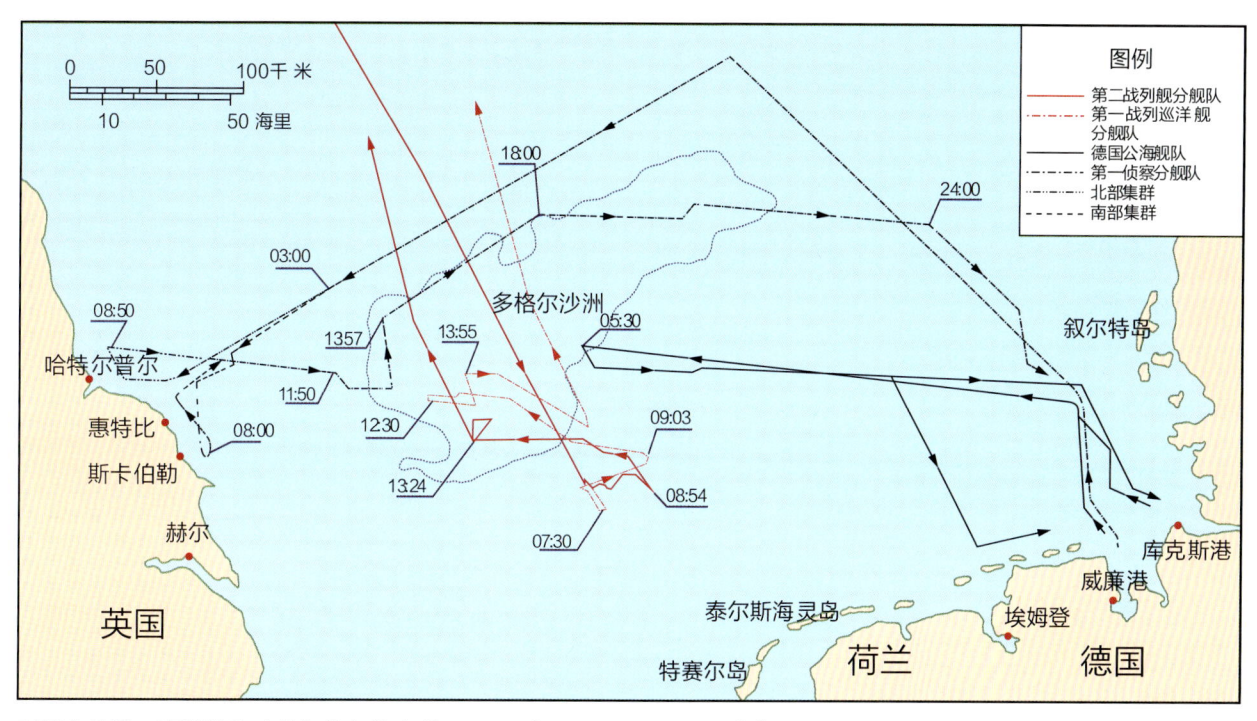

对斯卡伯勒、惠特比和哈特尔普尔的突袭，1914年12月15—16日（Ⅰ）

1914年12月15日，德国海军第一侦察分舰队从亚德湾出航，第二次对英国沿岸目标进行了袭击。英国海军部在接到皇家海军情报破译部门的预警后，迅速出动了强大的兵力前往战场，以期能够在多格尔沙洲东南海域对回航中的德军舰队实施拦截。

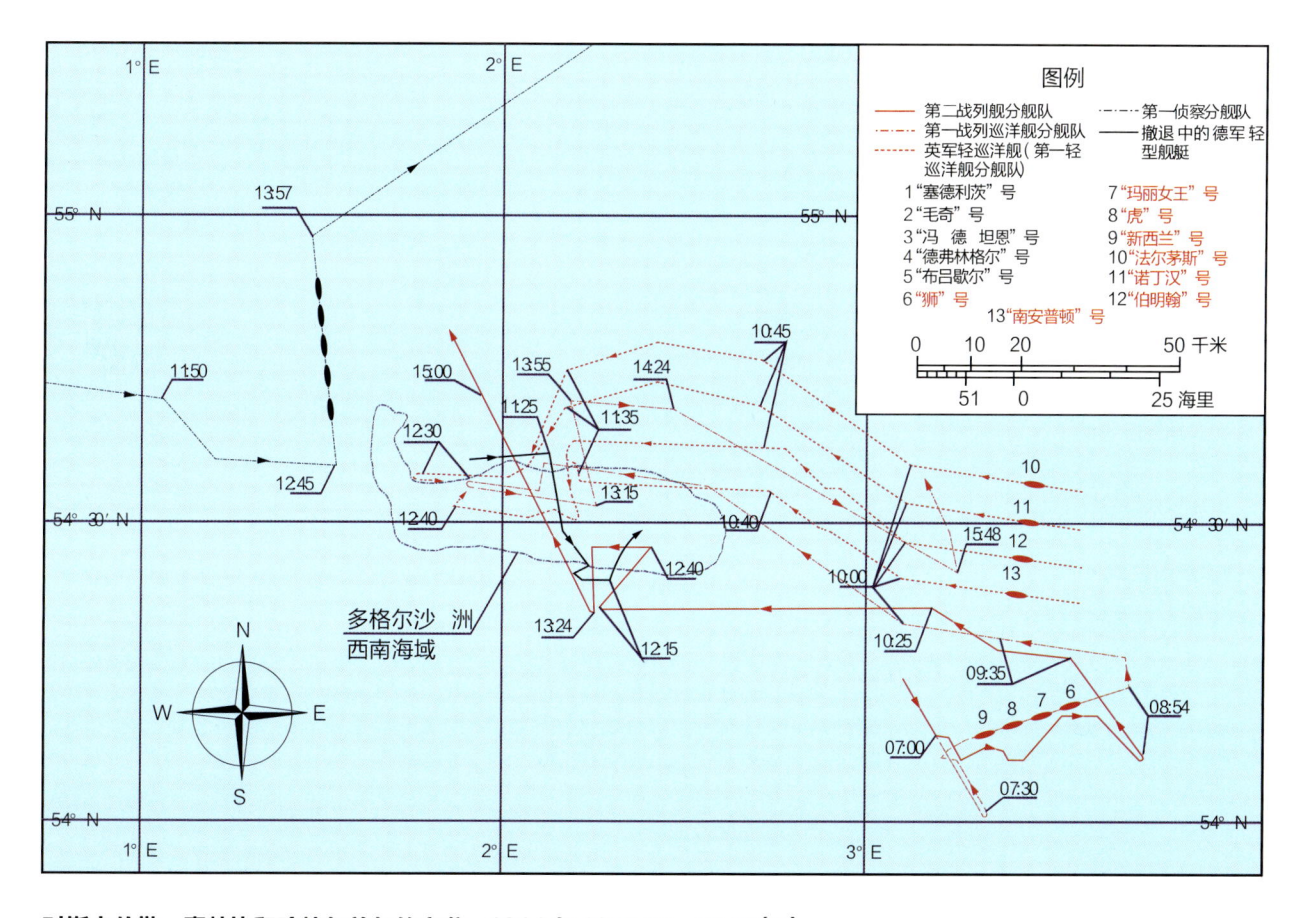

对斯卡伯勒、惠特比和哈特尔普尔的突袭，1914年12月15—16日（Ⅱ）

贝蒂中将的战列巡洋舰在瓦伦德海军少将的第二战列舰分舰队以及威廉·帕肯汉海军少将的第三巡洋分舰队的支援下，竭尽全力于12月16日上午和下午早些时候对回航中的德国希佩尔舰队进行了截击，但由于糟糕的天气、无线电通讯的延误、对战场情势的误判以及运气欠佳，拦截未获成功。

多格尔沙洲之战，
1915年1月24日（I）

得益于海军情报部门又一次成功地破译了德国海军的无线电密码通讯，英国海军部在希佩尔的第一侦察分舰队于1月23日下午早些时候从亚德湾锚地起航之前，就已经得知对手即将在北海有所行动。于是皇家海军为希佩尔舰队准备了一个死亡陷阱：由蒂里特准将指挥的轻型舰艇部队于1月24日清晨首先与德军舰队建立了接触，随后德国人就掉进了紧跟在蒂里特身后的古迪纳夫准将的轻巡洋舰舰队和贝蒂中将的战列巡洋舰舰队所张开的口袋阵里。希佩尔起初还为逮住了敌方轻型舰艇编队这一十分理想的目标而欣欣然，但很快就意识到是自己中了对方的埋伏。

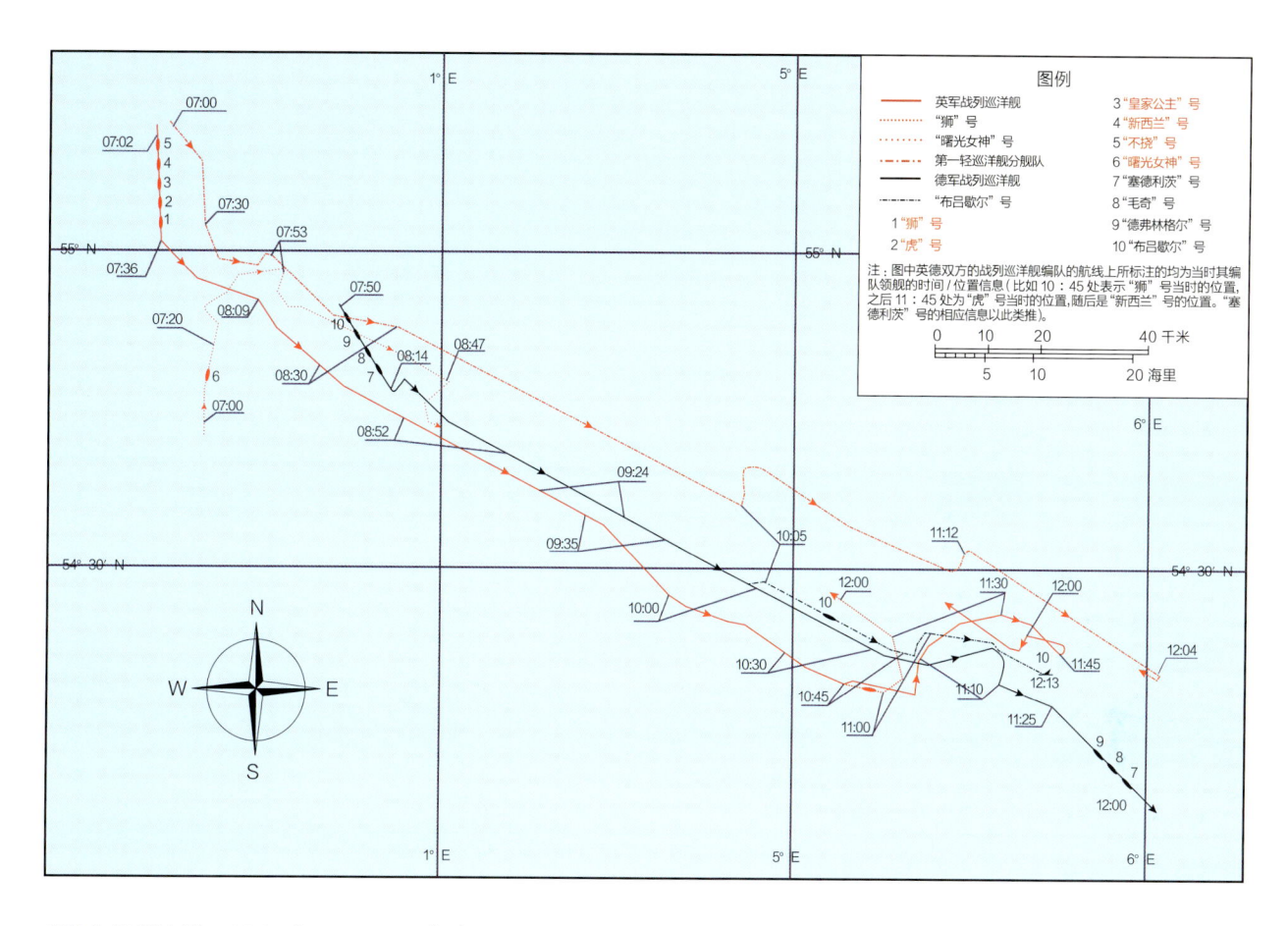

多格尔沙洲之战，1915 年 1 月 24 日（Ⅱ）

撤退中的德军舰队遭到了英军战列巡洋舰编队与轻巡洋舰编队的跟踪追击。德军以"布吕歇尔"号装甲巡洋舰战沉的代价，换来了希佩尔 3 艘战列巡洋舰的成功逃脱。

在多格尔沙洲之战中严重受创，正在下沉的德国"布吕歇尔"号装甲巡洋舰。威廉·怀利（William Wyllie）画作。（图片来源：国家海事博物馆，格林威治，伦敦）

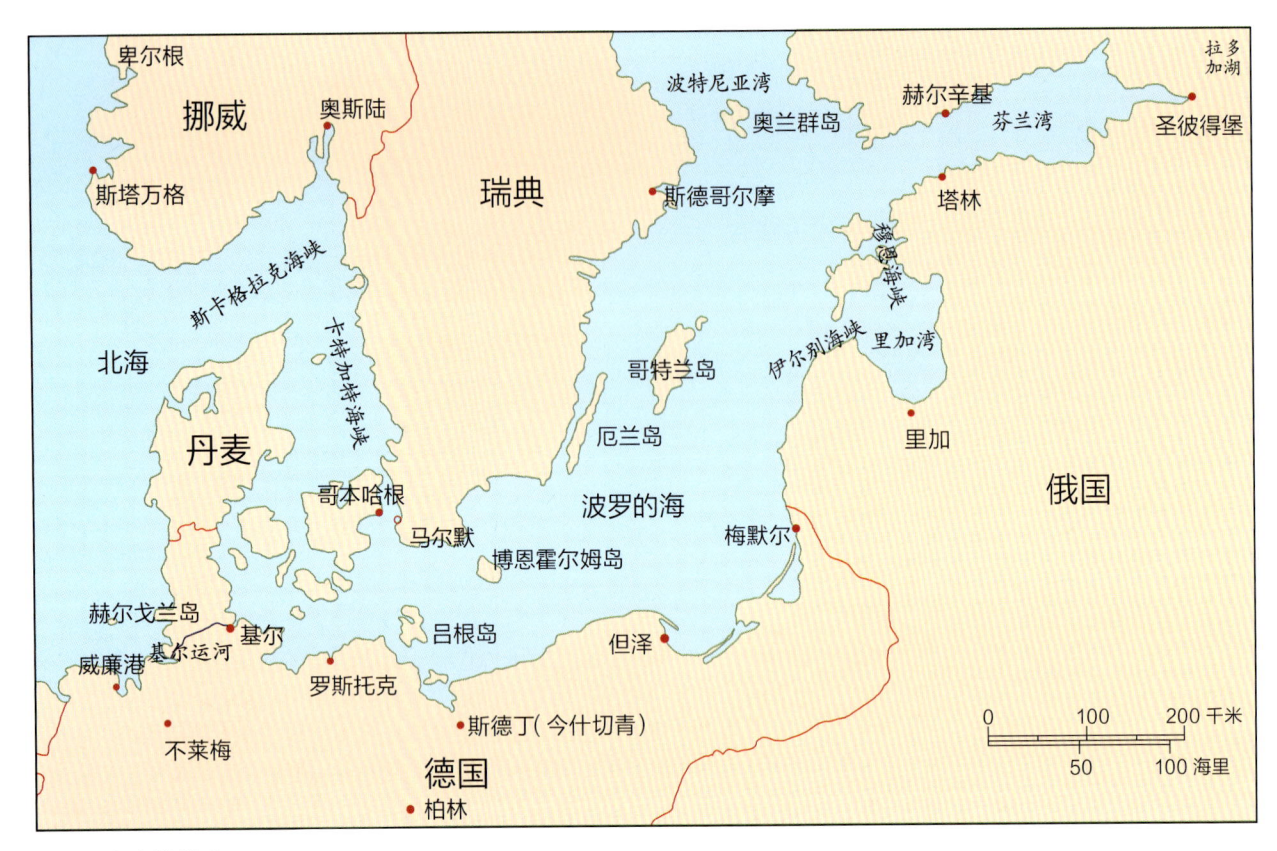

波罗的海上的战斗

在第一次世界大战中，波罗的海是一个次要战场，交战各方海军的轻型舰艇、潜艇是这一方向的海战主角，水雷战是这里的主要海战形式。不过在必要的情况下，借助基尔运河所提供的极大便利，德国海军的主力舰能够从北海沿岸的多个主要基地迅速调动至波罗的海。

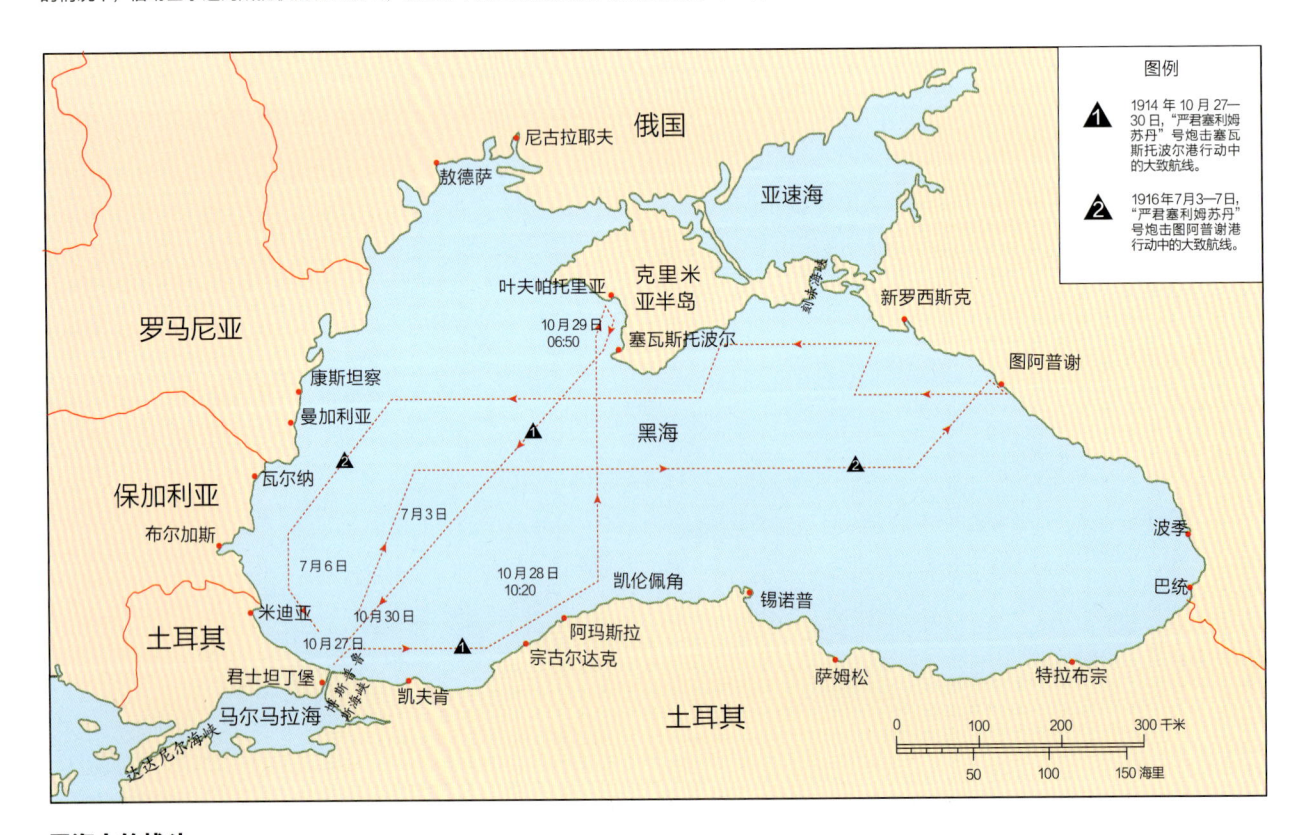

黑海上的战斗

在黑海这块不算广阔的战场上，得到了新编入的德国战列巡洋舰"戈本"号（后更名为"严君塞利姆苏丹"号）加强的土耳其舰队与俄国黑海舰队之间发生的战斗并不多。上图中还显示了1914年"严君塞利姆苏丹"号炮击塞瓦斯托波尔港，以及1916年炮击图阿普谢港时的行动路线。

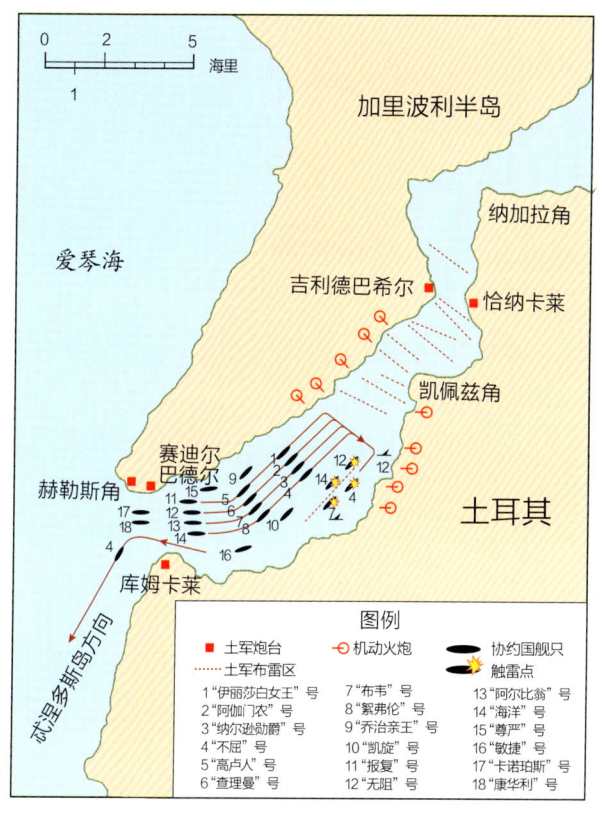

对达达尼尔海峡岸防要塞的攻击行动，1915年3月18日

1915年3月18日，"不屈"号战列巡洋舰参加了对达达尼尔海峡入口处的土耳其岸防要塞的火力压制行动。该舰在战斗中被岸上的土耳其炮火多次击中，最后还触发了一枚水雷，造成舰上39人阵亡，因此不得不狼狈撤退，搁浅在了忒涅多斯岛海岸。

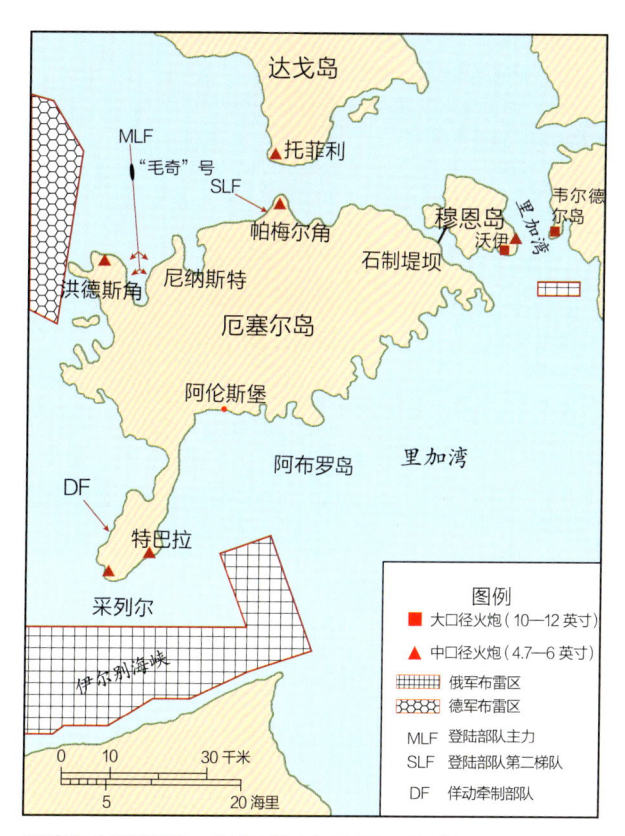

厄塞尔岛登陆战，1917年10月12—15日

为支援东线的陆上攻势，德军于1917年10月在里加湾进行了一场联合登陆行动。步兵部队于10月15日攻占了俄国厄塞尔岛，迫使俄国海军将其战列舰"光荣"号凿沉，并撤出了里加湾。

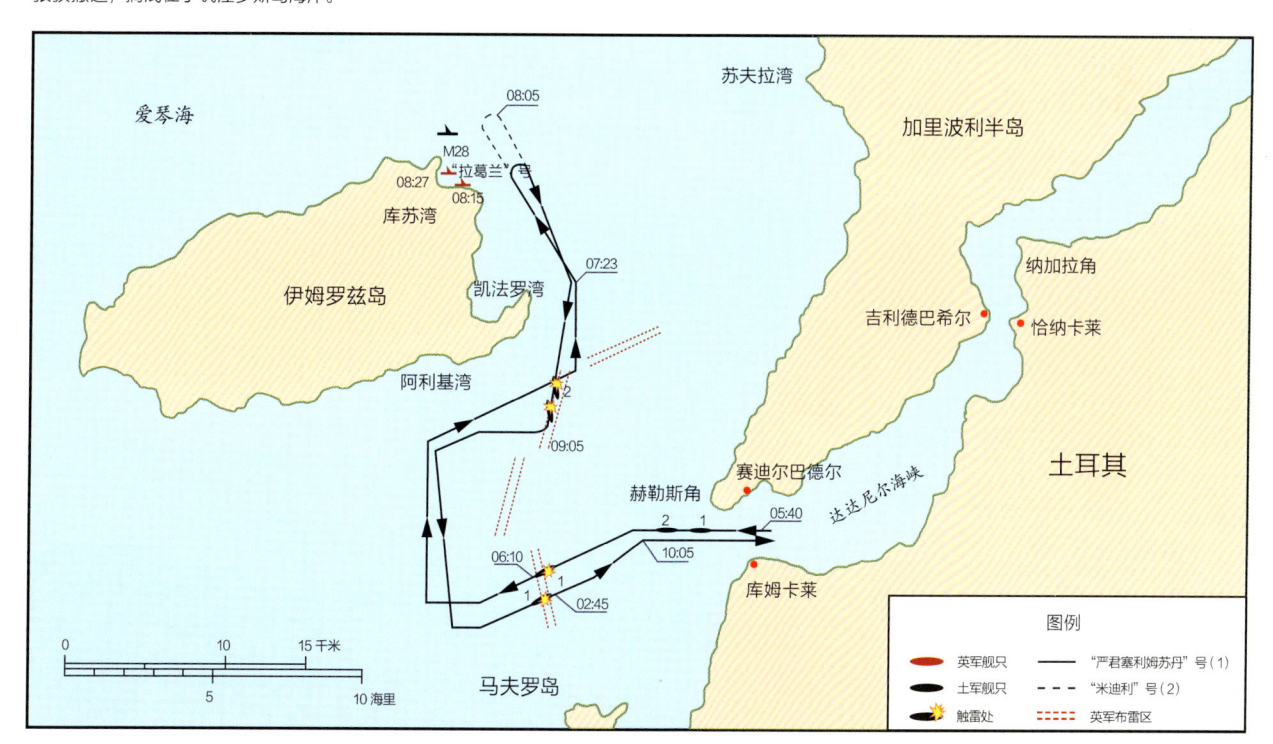

对伊姆罗兹岛锚地的协约国舰艇的袭击行动，1918年1月20日

1918年1月，原德国海军战列巡洋舰"戈本"号以土耳其海军"严君塞利姆苏丹"号的身份第一次也是最后一次回到了爱琴海，执行袭击伊姆罗兹岛的协约国舰艇锚地的作战任务，以牵制协约国方的海军力量，减轻其对正在巴勒斯坦地区作战的土耳其军队的压力。但由于"严君塞利姆苏丹"号在行动中数次触雷，受创严重，最终不得不放弃作战行动。

日德兰海战前停泊在福斯湾的英国海军第五战列舰分舰队。威廉·怀利画作。（图片来源：国家海事博物馆，格林威治，伦敦）

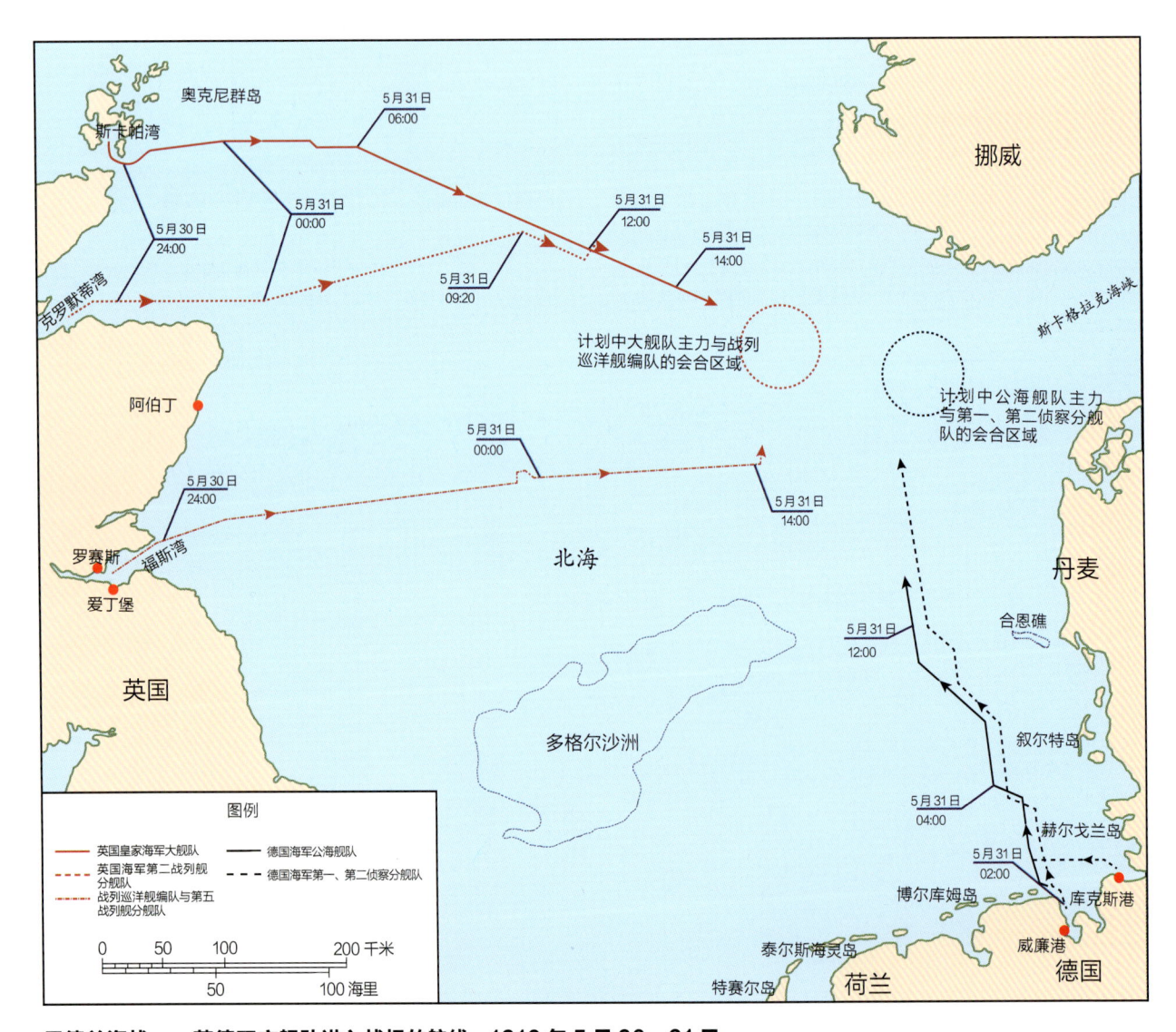

日德兰海战——英德双方舰队进入战场的航线，1916年5月30—31日

根据事先截获的关于德国公海舰队即将大举出动的情报，杰利科将军率领的英国皇家海军大舰队主力与贝蒂指挥的战列巡洋舰编队于1916年5月30日夜起锚出发。而德国海军主力舰队于5月31日凌晨自亚德湾锚地起航，之后全军向北进发，以期能够对英国在北海的海运线进行截击。但双方的舰队在5月31日下午不期而遇之前，都没有意识到对方的存在。

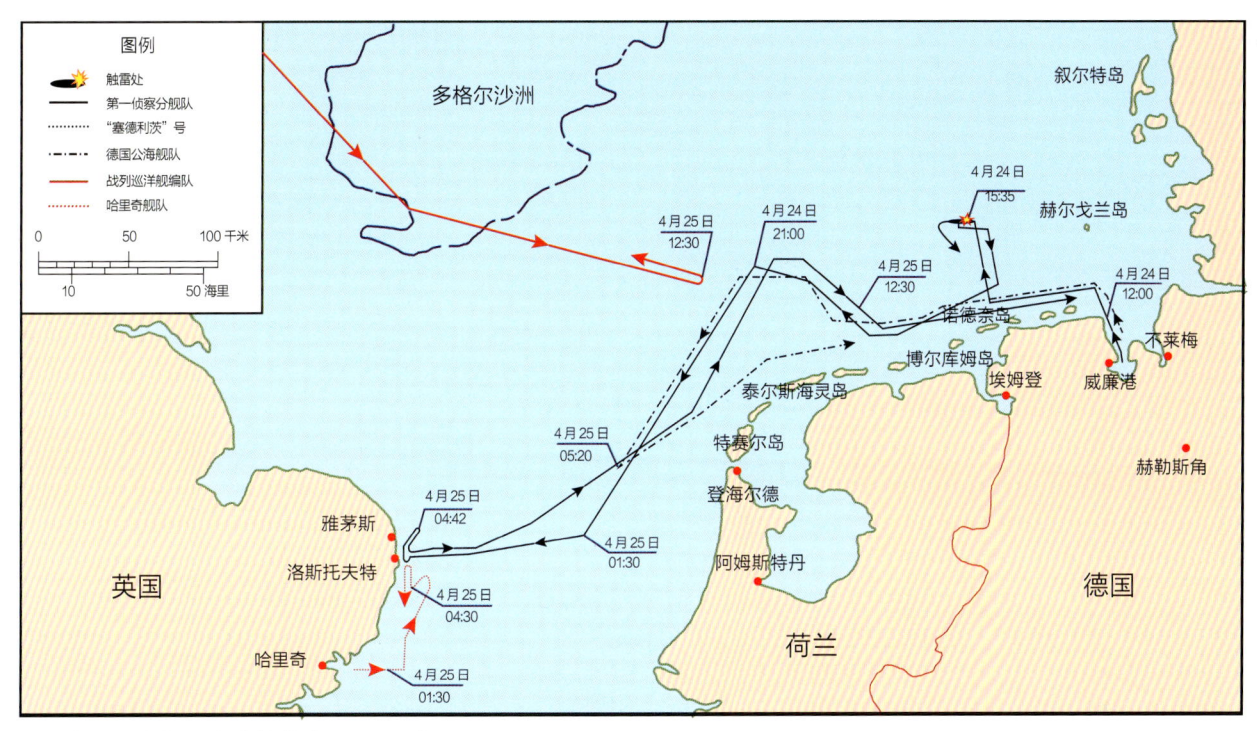

对雅茅斯和洛斯托夫特的袭击，1916年4月24—25日

在希佩尔中将病休期间代理指挥德国海军第一侦察分舰队的伯迪克海军少将计划率队于1916年4月25日在8艘齐柏林飞艇的支援下对英国海岸的港口和工业设施进行一次炮击行动。但在舰队向炮击目标进发的过程中，战列巡洋舰"塞德利茨"号触雷受伤，被迫返回了亚德湾，整个行动也被证明实际上完全是一场失败的行动。

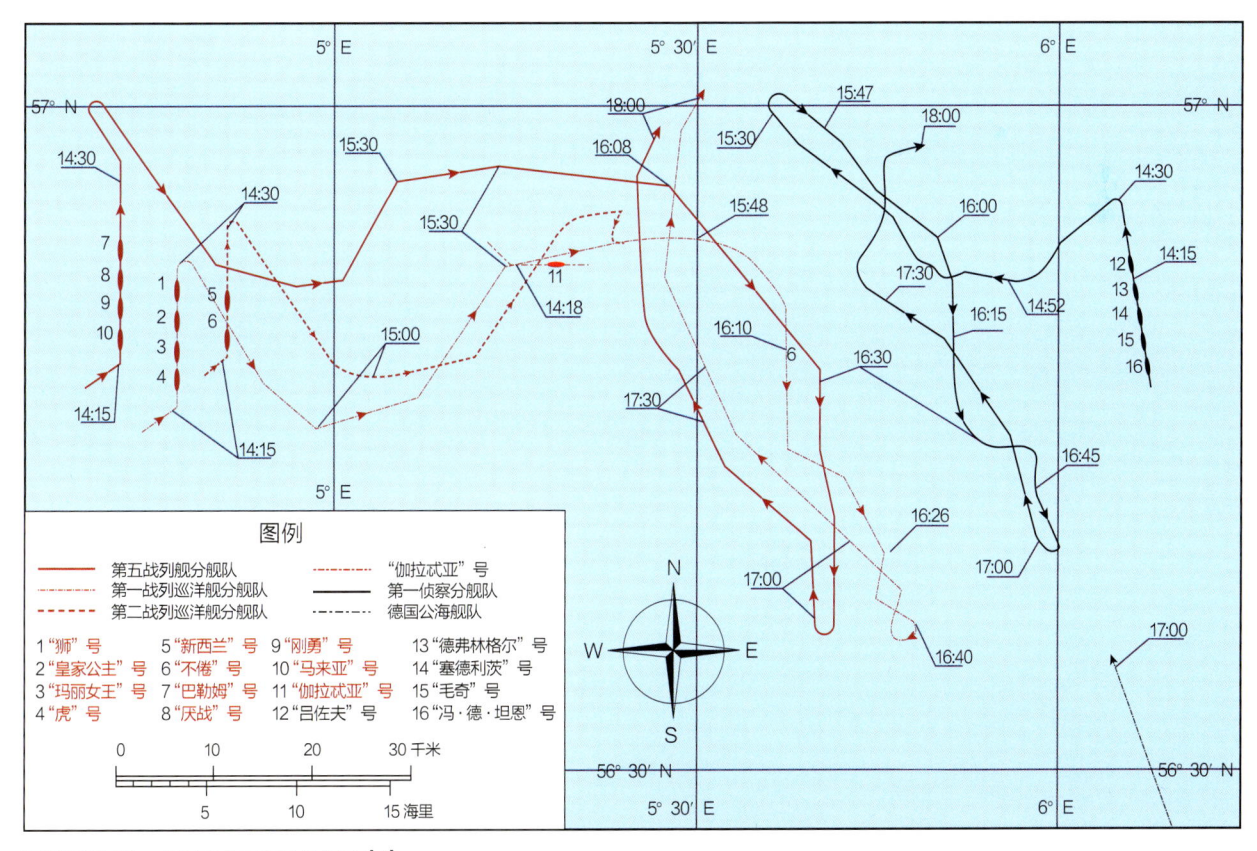

日德兰海战，1916年5月31日（I）

在5月31日下午早些时候，英军轻巡洋舰"伽拉忒亚"号发现德舰后，贝蒂的战列巡洋舰编队——由伊文-托马斯的快速战列舰提供支援——与希佩尔麾下的第一侦察分舰队在丹麦外海迎头相撞。被后世称为"向南狂奔"的日德兰海战第一阶段，从约15时48分始，至16时40分英舰发现德国舍尔舰队的战列舰编队后转舵北奔为止；随后海战进入了名为"向北狂奔"的第二阶段，至德军舰队与杰利科率领的大舰队主力遭遇为止。

日德兰海战，1916年5月31日（II）

在18时转舵向西后，希佩尔相信自己遇到了一支单独的英军战列舰分舰队，于是便向西南转向，直到他看到舍尔率领的公海舰队的前锋正在向东北偏北方向驶去。这时，德军战列巡洋舰编队再次转向，占据了贝恩克少将率领的英军战列舰分舰队前方的位置。与此同时，18时21分，胡德少将将其麾下的英军第三战列巡洋舰分舰队部署在贝蒂的战列巡洋舰编队之前，与希佩尔的战列巡洋舰编队激烈交战。"无敌"号、"不屈"号和"不挠"号三舰集中火力向德军"吕佐夫"号和"德弗林格尔"号展开了精准的射击，但在18时29分，英军的"无敌"号战列巡洋舰被"德弗林格尔"号跨射，随后被该舰的一轮齐射命中，其"Q"主炮塔被击穿，导致舯部弹药库被引爆，当即将这艘战列巡洋舰炸成了两截。"无敌"号顷刻之间便告沉没，包括胡德少将在内的全舰1026名官兵随舰同沉。

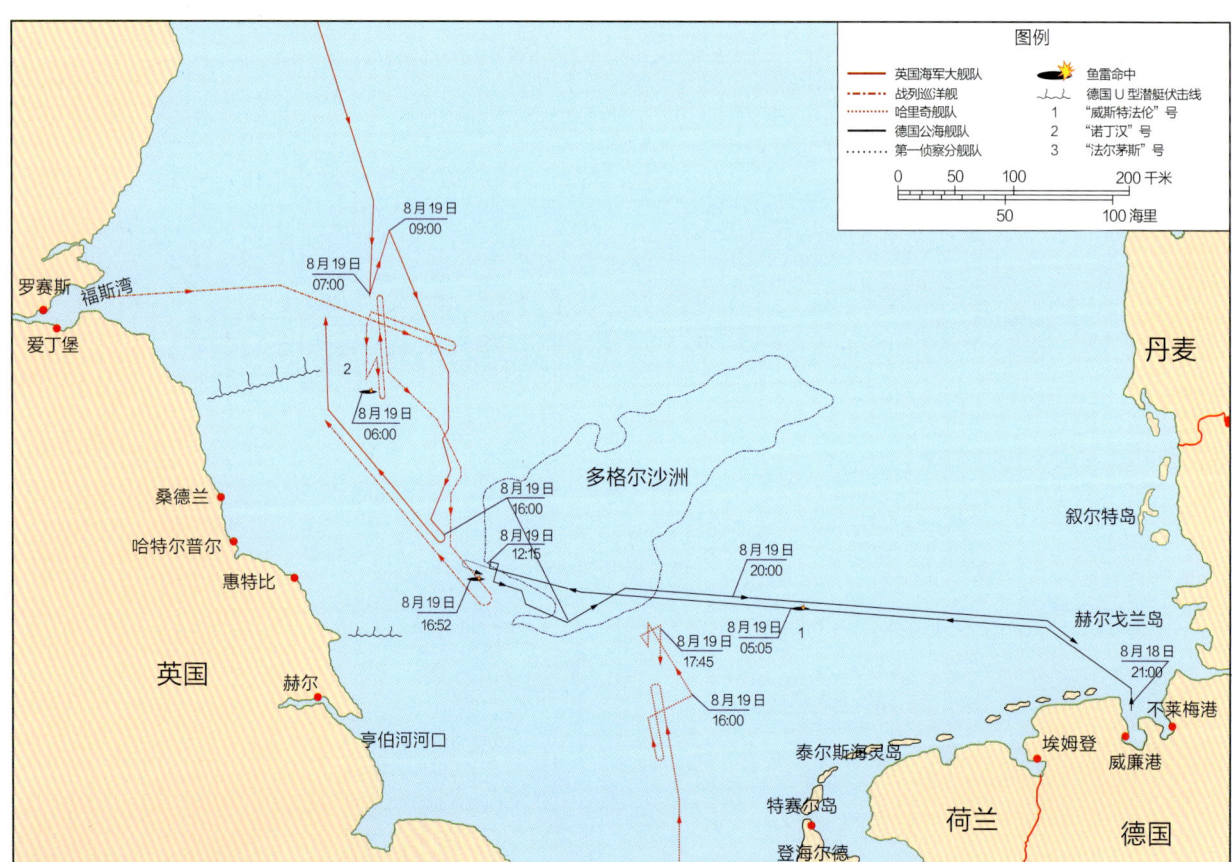

图例
- 英国海军大舰队
- 第五战列舰分舰队
- 第一、第二战列巡洋舰分舰队
- 第三战列巡洋舰分舰队
- 第一巡洋舰分舰队
- 第一侦察分舰队
- 德国海军公海舰队分舰队

1 "巴勒姆"号　7 "虎"号　　　13 "不倦"号
2 "厌战"号　　8 "新西兰"号　14 "吕佐夫"号
3 "刚勇"号　　9 "勇士"号　　15 "德弗林格尔"号
4 "马来亚"号　10 "防御"号　　16 "塞德利茨"号
5 "狮"号　　　11 "无敌"号　　17 "毛奇"号
6 "皇家公主"号 12 "不屈"号　　18 "冯·德·坦恩"号

桑德兰港袭击计划的流产，1916年8月18—19日

日德兰海战结束后还不到两个月，舍尔和希佩尔两位将军便再次领军出海，准备袭击英国沿岸目标。德国海军重新拾起了原定于1916年5月17日实施，但后来取消了的对英国桑德兰港的袭击计划，由"毛奇"号和"冯·德·坦恩"号这两艘此时尚能作战的战列巡洋舰，在3艘战列舰的支援下担纲对桑德兰的炮击，并出动多艘齐柏林飞艇负责大范围的空中侦察。

1916年5月31日约18时25分，鏖战在日德兰的"厌战"号和"勇士"号战列舰。威廉·怀利画作。（图片来源：国家海事博物馆，格林威治，伦敦）

挪威外海的作战行动，1918年4月23—24日

1918年4月23日，德国海军第一侦察分舰队的战列巡洋舰离港出动，准备截击挪威外海的协约国商船队。但行动开始的第二天，即4月24日清晨，"毛奇"号战列巡洋舰便遭遇了螺旋桨脱落和蒸汽轮机损坏的严重故障，指挥行动的舍尔上将被迫取消了作战。

英德战列巡洋舰的主炮射界对比

图中所示为英德双方部分战列巡洋舰的主炮射界对比情况。值得注意的是，大口径主炮炮塔全部沿舰体中线布置这一火力布局方式是由德国海军的"德弗林格尔"号战列巡洋舰最先采用的，而英国海军则自"狮"号战列巡洋舰起也开始采用这种主炮布局。这种布局方式使战舰主炮的射界范围明显得到了改善。

德国海军"冯·德·坦恩"号

德国海军"德弗林格尔"号

英国海军"不倦"号

英国海军"狮"号

英国海军"虎"号

德国舰队在斯卡帕湾的被囚与自沉，1918年11月—1919年6月21日

1918年11月27日，依据德国与协约国之间的停战协议条款，将德国海军残存的舰队拘押在苏格兰斯卡帕湾锚地的行动基本宣告完成。在斯卡帕湾的里萨岛、霍伊岛、梅恩兰岛和卡瓦岛之间的水域，停泊着德国海军被拘押的5艘战列巡洋舰和11艘战列舰。1919年6月21日，这些战舰全部被舰上的德国水兵自行凿沉。

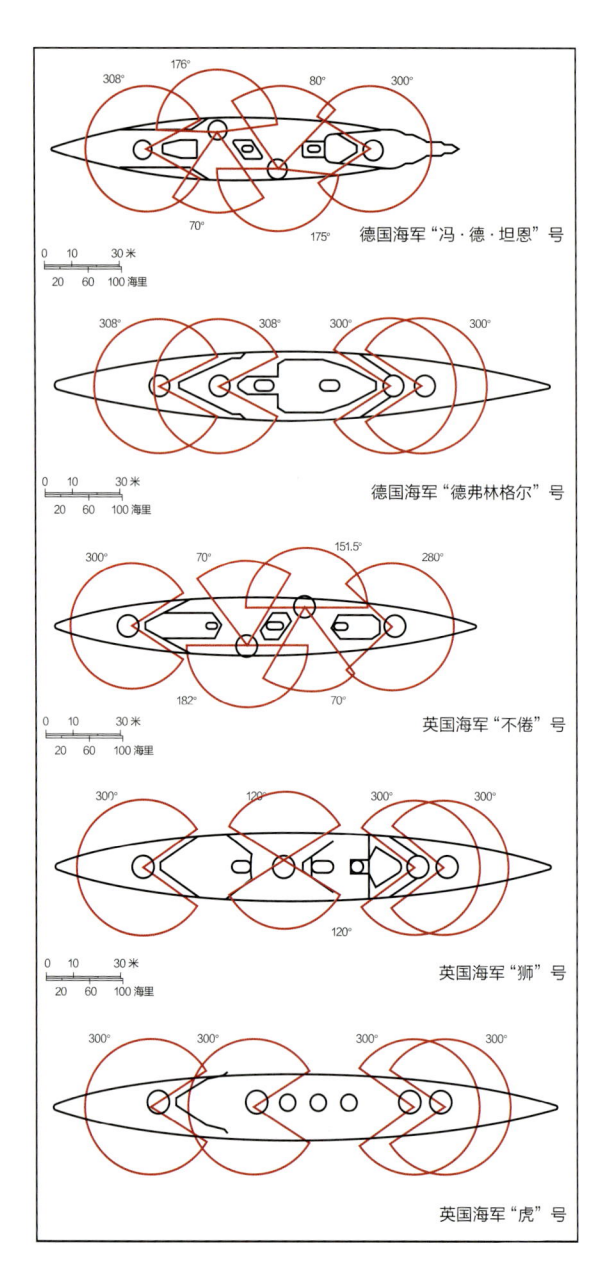

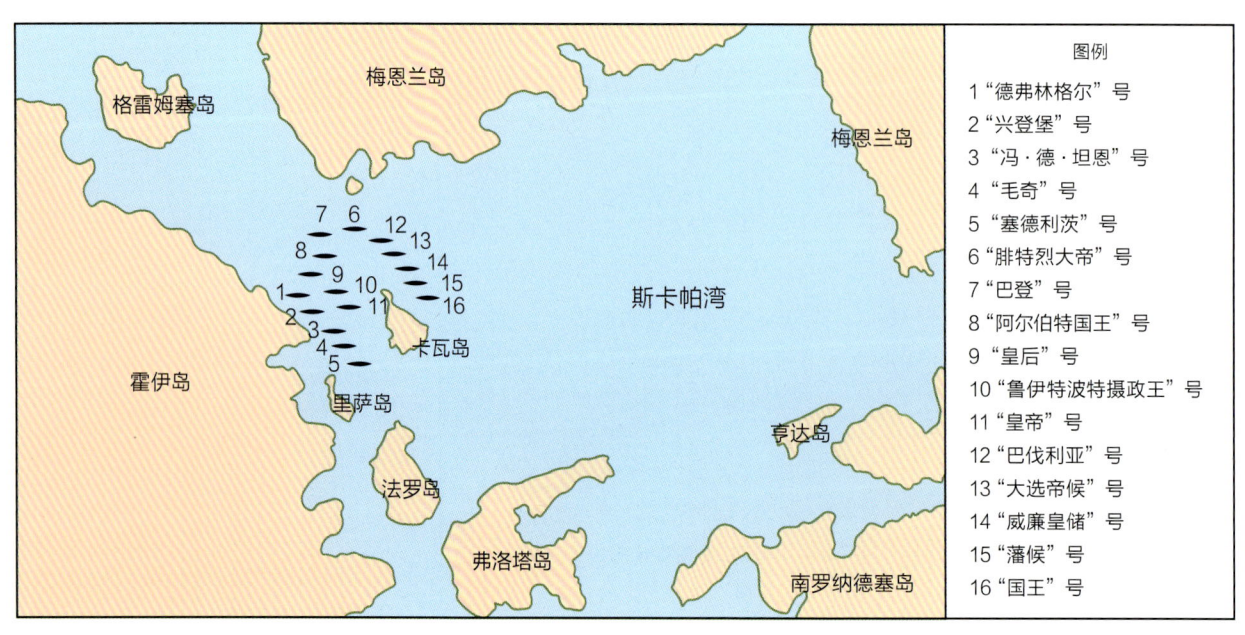

图例
1 "德弗林格尔"号
2 "兴登堡"号
3 "冯·德·坦恩"号
4 "毛奇"号
5 "塞德利茨"号
6 "腓特烈大帝"号
7 "巴登"号
8 "阿尔伯特国王"号
9 "皇后"号
10 "鲁伊特波特摄政王"号
11 "皇帝"号
12 "巴伐利亚"号
13 "大选帝候"号
14 "威廉皇储"号
15 "藩候"号
16 "国王"号

第六章
英德战列巡洋舰：技术与作战使用上的对比

在讨论了关于英德两国战列巡洋舰的整个发展过程，及其在第一次世界大战期间的作战使用情况之后，再从技术和作战运用角度对它们做一个横向的对比是很有意义的。这种对比将包括英德两国战列巡洋舰在设计、防护、主机、武备、决策过程、生产力和作战性能等方面各自的主要特点。本书第三章和第四章的图表中列出的双方战列巡洋舰的相关技术参数，以及在第五章中对其作战表现的描述将有助于进行这种比较。[①] 根据一般观点，一个有趣的现象是，德国战列巡洋舰的设计演进一直持续到1918年最后几个月，期间没有明显的断档，而英国战列巡洋舰的研发虽然早于德国，但在"虎"号的设计之后，其发展过程经历了一个持续数年的中断期。事实上，无论是1913—1914年还是1914—1915年的英国海军造舰计划中都没有包括战列巡洋舰。直到费舍尔勋爵重新主政英国海军部，加上福克兰群岛之战的胜利所带来的喜悦，才为"声望"级战列巡洋舰的重新设计铺平了道路，"勇敢"级和"胡德"号的设计工作也得以随之展开。

主要技术指标

不断提高主炮口径和航速，是英德两国战列巡洋舰发展的主要推动力。这两个因素也造成了两国战列巡洋舰尺寸吨位的节节攀升，但双方采取的方式各有不同。在德国战前的战列巡洋舰设计中，从"冯·德·坦恩"号到"德弗林格尔"级，设计排水量从29965吨增至31000吨，这主要来自火炮数量、口径和装甲防护的增加。

英国在一战前所设计的战列巡洋舰中，从"无敌"级到"不倦"级，其设计排水量增量相对较小（约800吨），但到了"狮"级问世时，增量就非常明显了（约7500吨），其次是"虎"号。英国战列巡洋舰排水量的增加有两个主要原因。一是主炮口径增大，从第一代战列巡洋舰的12英寸变为"狮"级和"虎"号的13.5英寸。而事实上装备12英寸主炮的"无敌"级战列巡洋舰在性能上已经戏剧性地被德国海军装备11英寸主炮，但装甲防护更好、航速更快的"冯·德·坦恩"号和"毛奇"级所超越了。[②] 第二个原因则来自主炮塔布局的调整，以及随之而来的主机空间和上层建筑布局的重新设计。这导致了舰体长度的增加，反过来又对全舰的功率、主机重量和航速产生了影响。

英国在第一次世界大战期间的战列巡洋舰设计很大程度上受到了战争优先的政策和相关费用开支的影响。"声望"级战列巡洋舰排水量的小幅下降是由于该级的主炮数量（6

[①] 德国海军所使用的度量衡均为公制单位。不过在本章中，为便于读者进行比较，所有单位均将换算为英制标准。参见本书第1页的公—英制单位换算表。

[②] 这种情况迫使皇家海军不得不紧跟德国海军的步伐，着手建造更强、更快的战列巡洋舰。但皇家海军最初并没能实现这一目的，"不倦"级战列巡洋舰的性能仍然不如德国的"毛奇"级。直到"狮"级和"虎"号的出现，情况才有所改观。

① 在"海军上将"级战列巡洋舰的设计过程中,英国海军获知了德国建造"马肯森"级战列巡洋舰的计划。

门)相比"虎"号(8门)有所减少,不过"声望"级的主炮口径从13.5英寸增加到15英寸,部分补偿了主炮在数量上的减少。同时,在这一阶段设计的英国战列巡洋舰在舰体长度和航速方面也有所提升,特别是对舷宽的有效限制改善了舰体在水中的航行性能。然而,后来"勇敢"级的设计却使得这一趋势发生了重大逆转。"勇敢"级由于政治原因被称作"大型轻巡洋舰",但其排水量略大于19000吨,仍然被公认为属于战列巡洋舰。最后,另一个重大的变化出现在英国最后一级战列巡洋舰——只建造了一艘"胡德"号的"海军上将"级的设计中。根据日德兰海战之前的原始设计①,"海军上将"级战列巡洋舰的估算设计排水量约30300吨,这大大超过了"虎"号和"声望"级的水平。对于该级来说,排水量的大幅增长主要源自4座双联装15英寸主炮塔的配备,但装甲防护方面的一些提升对此也有所推动,不过日德兰海战中的惨痛教训戏剧性地改变了一切。1920年年初,吸取了日德兰海战的经验教训后重新设计的"胡德"号在倾斜试验中达到了46600吨的满载排水量。此外,"胡德"号的舰体长度达到了860英尺,也是英国战列巡洋舰中的魁首。

停泊在新西兰利特尔顿港的英国海军"新西兰"号战列巡洋舰,照片中可见其4座主炮塔中的3座。对更强大的火力的追求,是英德两国战列巡洋舰发展的主要动力之一。[图片来源:亚历山大·特恩布尔图书馆(Courtesy Alexander Turnbull Library),新西兰]

就战列巡洋舰的航速而言,费舍尔勋爵在其担任第一海务大臣期间,近乎偏执地要在这一方面取得对德国战列巡洋舰更大的优势。于是英德两国的设计师们不约而同地试图在设计上将动力和舰形推向极致,以求不断提高军舰的航速。相比之下,英国的设计似乎更为有效,至少在海上航行试验中是这样,不过那些海试中的航速数据都是在设置好的试验条件下达到的,实战中很难再现。实际上英国战列巡洋舰的海试是在深水海域进行的,而德国人由于地理因素限制,战舰试航都是在一个水深要浅得多的封闭海域内进行的,这会使德国军舰的测试航速偏低1—1.5节。因此,如果要评估两国战列巡洋舰

的海试情况，就需要引入一个校正系数来对各级舰的纸面性能数据进行平衡。从"冯·德·坦恩"号的 27 节到"德弗林格尔"级的 28.5 节，德国战列巡洋舰的最高航速数据是与合理的海况、舰体和锅炉的整洁程度等客观条件息息相关的，并且海试中的主机功率输出值大大超出了其设计值。英国的战列巡洋舰中，只有"声望"号和"胡德"号的航速在全功率测试中达到了略高于 32 节的水平，而它们的前辈们的最高航速在 25—29 节之间。要确定德国战列巡洋舰在诸如多格尔沙洲和日德兰海战这样的实战中是否跑出了其最高航速并不容易。相反，英国战列巡洋舰却经常以全速前进。

德国战列巡洋舰在第一次世界大战前的技术发展趋势在战争期间德国实施的战列巡洋舰发展计划中得到了证实，尽管这些计划全都未能完成。"马肯森"级战列巡洋舰和"约克"级代舰的排水量都增加到了 37400 吨。虽然无法确定某一艘在"约克"级代舰设计完成之后开工或建成的德国战列巡洋舰的排水量将会超过 37400 吨，但完全有理由推测，德国新式战列巡洋舰的排水量有超过 39400 吨的趋势。战争结束前几个月，在德国海军部最后完成的"4 位数编号大型巡洋舰"（GK-xxxx）系列初始设计中，就有从设计排水量"仅有"29530 吨、航速 33 节到排水量 44290 吨不等的多个方案。

如前所述，主炮的配置也影响着英德两国战列巡洋舰的布局设计。英国和德国早期的战列巡洋舰，如"无敌"级、"不倦"级和"冯·德·坦恩"号，其设计上的一个共同特点是舰体舯部安装有一对舷侧双联装主炮塔。加上舰艏和舰艉的双联装主炮塔，德国战列巡洋舰可以同时以 8 门主炮的火力进行舷侧齐射；而英国的"无敌"级由于舯部两座舷侧主炮塔的位置不尽合理，只能实现 6 门主炮的舷侧齐射。德国随后设计建造的"毛奇"级和"塞德利茨"号则遵循了与"冯·德·坦恩"号相同的主炮塔布局模式，但由于"毛奇"级和"塞德利茨"号在舰艉配备的是 2 座以阶梯状上下设置的双联装主炮塔，可同时进行舷侧齐射的 11 英寸主炮数量达到了 10 门，在火力上比英舰更胜一筹。所有配备有舷侧主炮塔的战列巡洋舰都有一个共同的缺陷，即舷侧主炮塔向对面一侧进行跨甲板射击时，炮口爆风会对舱面和上层建筑的附属物造成严重的破坏，这一问题在"无敌"级和"不倦"级上尤为突出。而早期德国战列巡洋舰的舷侧主炮塔间的间距更大，两炮塔在纵向上还被一个较短的甲板室隔开，设计上更为合理。英国后来在设计"狮"级战列巡洋舰时只保留了一座舯部主炮塔，不过仍然能够达到 8 门主炮的舷侧齐射火力强度。

英国的"虎"号和德国的"德弗林格尔"级则摒弃了舷侧主炮塔组的设计，取而代之的是在舰艏舰艉各安装 2 座主炮塔的布局方式。虽然 2 座前主炮塔实际上是呈背负式设置，但由于要为舰体内的主机布置让出空间，2 座后主炮塔的纵向间距很大。这一主炮布局特点在"马肯森"级和"约克"级代舰上得到了延续，而德国最后的"4 位数编号大型巡洋舰"在设计时则包含了多种安装单个和背负式双联装主炮塔的主炮配置方案。英国的"声望"级战列巡洋舰配备的是一对背负式前主炮塔和单独的一座后主炮塔，但该级的主炮口径要大于其前辈战列巡洋舰。最终，皇家海军在末代战列巡洋舰"胡德"号上干脆配备了前后两对背负式主炮塔，这也反映出该舰的设计渊源，即最初由费舍尔勋爵所提出的所谓"设计融合"概念。[1]

在舰体结构上，从"无敌"级到"胡德"号的所有英国战列巡洋舰的一个共同点，就是拥有一个很长的艏楼甲板，其长度约占到了舰体全长的 80%。这种设计是为了保证足够的舰体强度，并避免上层甲板在高速航行时上浪。相较而言，德国战列巡洋舰走的

---

[1] "勇敢"级战列巡洋舰是在舰艏舰艉各安装一座 15 英寸主炮塔。

如照片中所见的那样，德国海军第一代战列巡洋舰较低的舰艉干舷造成后甲板上浪严重，尤其是在全速航行时。这一缺陷在"塞德利茨"号和后续各舰的设计中得到了部分弥补。（图片来源：《R. 斯坦吉里尼图片集》）

是另一条设计思路。"冯·德·坦恩"号的艏楼甲板要比和该舰同期的英国战列巡洋舰要短，但这一部位在德国一战前的后续战列巡洋舰设计中被加长了。与之相反，"马肯森"级和"约克"级代舰采用的都是平甲板设计，以补偿因装备了更大口径的主炮而带来的全舰增重。不过在原则上，英德两国所有的战列巡洋舰都因舰体长度和排水量的攀升而导致了舰体整体挠度的增加，所以都应当在设计上对舰体结构进行改进——只有英国的"勇敢"级是个例外。

为了获得更好的耐波性，英国战列巡洋舰的艏艉被设计为圆形，而德国战列巡洋舰的舰艉则被设计为"阶梯"状，以便在舰体中线位置上安装水下鱼雷发射管。①

对英德两国战列巡洋舰尺寸的对比可以从其最大舷宽和长宽比数据来考量。英国所拥有的船坞的大小，是影响英国战列巡洋舰和战列舰的尺寸的一个主要因素，同时也限制了英国海军主力舰的设计，以致其最大舷宽不能超过 90 英尺。而德国包括战列巡洋舰在内的主力舰舷宽可以达到近百英尺，这样就为战舰的装甲、武备、动力和横向稳性等关乎战斗力的方面提供了提升改进的余地②，并且较大的舷宽也有利于更好地划分与安排舰体内部空间。由于第一海务大臣费舍尔勋爵关注战舰的航速远甚于装甲防护，因此英国战列巡洋舰的长宽比更高，其数字从"无敌"级的 7.15 到"声望"级的 8.77 不等；③对手德国的战列巡洋舰的长宽比也从"冯·德·坦恩"号的 6.45 增加到了"约克"级代舰的 7.49。

另一个有意思的方面体现在正常载重条件下的英德两国的战列巡洋舰的干舷高度对比上，对舰船来说，这也是一个受到技战术运用需求影响的重要特征。英国战列巡洋舰的艏、舯、艉部干舷高度通常都比德国军舰的要高，这是因为德国军舰不像英国军舰那样被部署在世界各地，而主要是在海水浮力较小的北欧浅海海域活动。德国战列巡洋舰较低的舯部干舷使得副炮炮廓过于靠近水面，不利于副炮的操作；而英国战列巡洋舰的舰艏和舯部干舷高度通常分别为 30 英尺和 24 英尺，舰艉则降至 18—19 英尺。④德国战列巡洋舰的干舷高度要比英舰低大约 5—6 英尺，直到设计"马肯森"级和"约克"级代舰时，舰艏和舯部的干舷高度才略有增加。德国第一代战列巡洋舰艉部过低的干舷导致

① 尽管鱼雷作为一种高速海战兵器在战争中显示出了其技术潜力，但装备在大型军舰如战列巡洋舰和战列舰上的鱼雷武备却并没发挥出什么作用。
② 杰利科在 1910 年访问德国基尔港时，威廉二世曾告诉他，德国在船坞的建造上是"以坞配船"，而绝非为建造巨舰留有余地的"以船配坞"。
③ 这当中，长宽比达到 9.25 的"勇敢"级战列巡洋舰是一个明显的例外。另外"胡德"号的长宽比例为 8.64。
④ "胡德"号由于将副炮设置在了水线的正上方，其舯部干舷高度仅为 18.2 英尺。

舰艉甲板上浪比较严重，尤其是在全速航行时。后来，德国人为"塞德利茨"号设计了更高的舰艉干舷，这一问题才告解决。

在英德两国的战列巡洋舰上，桅杆的主要作用是安装火控、无线电通信和操舰设备，不过两国军舰的桅杆形制和结构却各不相同。几乎所有的英国战列巡洋舰都配备有三脚前桅和单柱式后桅，只有仅配备了三脚前桅的"虎"号是个例外。"狮"号在建成时，前烟囱后安装了一组前倾的三脚桅，但这种桅杆布局遭到了皇家海军军械专家们的严厉抨击，专家指出烟囱的高温和排烟会干扰到桅杆上观测台内的人员。于是，通过海试验证后，这种布局先后进行了两次调整：第一次是加装了一根单柱桅；随后又被改为三脚桅，以便也能安装射击火控指挥仪。① 与"狮"号同级的"皇家公主"号安装的也是三脚前桅，后来的"玛丽女王"号亦是如此。

英国设计师偏好采用三脚桅，可能是由于单柱式桅杆在军舰高速航行时会发生剧烈振动，妨碍火控指挥，以及需要在桅杆上安装比德国战列巡洋舰所用的同类设施更重的观测台。虽然德国人早在"布吕歇尔"号装甲巡洋舰上就使用了三脚桅，但德国战列巡洋舰最初采用的前后桅杆还都是单柱式。然而在日德兰海战之后，德国战列巡洋舰"德弗林格尔"号换装了一组支脚张开角度很大的沉重的三脚前桅。后来的"马肯森"级和"约克"级代舰在主桅设计上也都采用了三脚桅。

在发电能力方面，德国战列巡洋舰上配备的发电设备要比英舰的更丰富，因为德国战舰不像英舰那样许多设备仍使用蒸汽动力驱动，而是种类和数量都更多的电气设备，如涡轮泵、涡轮风扇、舱面机械等，需要战舰自行为其提供足够的电力。德国战列巡洋舰的发电功率从"冯·德·坦恩"号的1200千瓦稳步增加到了"马肯森"级的2320千瓦。此外，德国战列巡洋舰配备的是涡轮发电机和（或）柴油发电机，设备标准化程度较高，每台发电机的输出功率也相同；其电气主环路工作电压为220—225伏。与之相反，英国战列巡洋舰的发电机由往复式蒸汽机和蒸汽轮机驱动，只有"胡德"号配备了柴油发电机。总输出功率从"无敌"级的630千瓦到"声望"级的775千瓦不等，"胡德"号的输出功率最高，为1600千瓦；电气主环路工作电压最初为105伏，后来固定在了220伏的标准上。②

就稳性而言，下表列出了英德战列巡洋舰（舰级或单舰）在满载条件（通常是在实战中达到）下进行倾斜试验时确定的稳心高度。

稳心高度（英尺）

"无敌"级	4.22	6.94	"冯·德·坦恩"号
"不倦"级	4.8	9.9	"毛奇"级
"狮"级	5.7	10.2	"塞德利茨"号
"虎"号	6.1	8.55	"德弗林格尔"号
"声望"级	6.2	无数据	"马肯森"级
"勇敢"级	6.0	无数据	"约克"级代舰
"胡德"号	4.2		

从表中可知，德国战列巡洋舰的稳心高度要高于英舰。这就意味着德国战舰相对更为"僵硬"，在波涛汹涌的海面上晃动也相对会更为剧烈，其舰体结构将承受更大的压力。但高稳心有助于提高整舰的稳定性，这将给火炮射击带来积极影响。

① 两次改装的桅杆都安装在烟囱前方，以解决排烟和高温的问题。
② 西门子交流发电机最早由德国制造，后来包括英国在内的其他国家也开始大量生产。

装甲防护

一般说来，德国战列巡洋舰在装甲防护上优于英国战列巡洋舰这一事实早已不是什么鲜为人知的秘密，这主要是由英国皇家海军和德意志帝国海军不同的作战理念所导致的。由于德国战列巡洋舰在数量上少于英国，因此其在设计上要求能够被编入己方的主力舰战列线，与敌正规舰队作战。而费舍尔所设想的英国战列巡洋舰则是作为海上的快速反应部队使用，以能够轻易击败较小型的敌舰为目标，因此，英国战列巡洋舰在使用原则上不应该与敌主力舰正面交锋。但很难想象一位英国海军将领在指挥他的战列巡洋舰面对敌方战列舰时会不战而走，特别是要考虑到较之战列舰，战列巡洋舰在航速方面是具备潜在优势的。

关于战列巡洋舰的装甲防护方案，英德两国海军都遵循了一些基本原则来进行制定，目的是为诸如炮塔、弹药库、主机空间和司令塔等特定部位提供足够的防护，并在整体上实现合理适当的防护配置。[①] 防护方案在制定时主要考虑了三方面因素，即交战距离、敌弹重量和弹道特征。测试距离不断增加的射击试验表明，战列巡洋舰在垂直方向上的防护力要强于水平方向上的防护力，同时也强于由防鱼雷隔舱和（或）双层舰底提供的水下防护力。[②] 也许，德国战列巡洋舰在装甲防护上的一个弱点在于其沿舰体敷设的装甲分布并不均匀，特别是舷侧副炮炮廓之外的部分，这基本可以被确定为导致日德兰海战中"吕佐夫"号沉没、"塞德利茨"号险些沉没的原因。

德国战列巡洋舰舰体舯部的主装甲带普遍较厚，从"冯·德·坦恩"号的9.8英寸逐渐增加到"约克"级代舰的11.8英寸。而英国战列巡洋舰的舯部主装甲带厚度相对较薄，"无敌"级为6英寸，"胡德"号在日德兰海战之后被海军部认定为防护不足，经过重新设计才达到12英寸。英德两国战列巡洋舰的主装甲带向舰体两端延伸的部分厚度均逐渐下降，舰艏和舰艉部位平均只有4英寸厚。主装甲带前后两端由横向的装甲隔舱壁所封闭，英国战列巡洋舰的装甲隔舱壁厚度为4—6英寸，而德国战列巡洋舰是7—9英寸。因此，总体上来说，较厚的主装甲带和横向装甲隔舱壁结合在一起，使德国战列巡洋舰舰体装甲盒结构相比英国战列巡洋舰的更为坚固。不过在两国海军中，战舰的水平防护都不那么受关注，这可能是因为来自空中轰炸的威胁在此时还没有凸显出来，空中轰炸还没有对第一次世界大战中的海上战斗产生影响。水平防护主要由2—3层薄甲板（1—2英寸）和增加的下层甲板斜边两端的厚度来实现。由于另有若干较厚的水平装甲板为舵机舱提供保护，因此这种水平防护结构曾被认为足可以保证主机各舱室的安全。

对于主炮塔来说，火炮口径的增大就意味着炮塔装甲厚度和重量的相应增加。通常主炮塔的正面装甲要大于侧面和顶部的厚度，而相比之下，德国战列巡洋舰的主炮塔装甲明显比英国战列巡洋舰的要厚。英舰主炮塔另外的弱点是它们的外形和中弹后容易碎裂的特性。另外，德国战列巡洋舰主炮塔炮塔座装甲的厚度一般也要大于英舰，例如"冯·德·坦恩"号主炮塔座装甲的最大厚度为9英寸，而英国战列巡洋舰从"狮"级开始才达到这一水平。不过，英德两国战列巡洋舰在装甲防护上都有一个共同之处，即主炮塔座装甲被主装甲带遮蔽的部分的厚度急剧减少，因此一旦在战斗中此处被对手弹道特殊的炮弹命中，极易造成严重损伤。

司令塔的防护原则与主炮塔相同，均为正面装甲较厚，侧面和顶部较薄。作为双方的第一代战列巡洋舰，英国的"无敌"级和德国的"冯·德·坦恩"号的司令塔的防护水

[①] 由于英国"勇敢"级战列巡洋舰的设计，包括装甲防护方案皆是为"波罗的海突袭计划"量身打造的，不具有普遍性，因此该级舰不被纳入与德国战列巡洋舰的对比。

[②] "胡德"号装备的带有密封钢管的水下防鱼雷凸出部是个例外。

平几乎一致，但从"毛奇"级开始，德国战列巡洋舰上司令塔的防护就要强于英舰了。相比之下，"毛奇"级司令塔的装甲厚度达13.7英寸，而"胡德"号的司令塔在改装之后其装甲厚度也只有10英寸。同样的趋势也体现在两国战列巡洋舰的后部司令塔上。

对德国战列巡洋舰来说，影响整体防护力和生存能力的一个特殊因素是其舰体内部更致密的水密隔舱划分。这主要是通过设置比英国战列巡洋舰更多的纵向隔舱壁来实现的。然而通过日德兰海战的实战检验，德国战列巡洋舰在舰体隔舱划分和排水管控方面也暴露出了一些缺陷。战斗中"塞德利茨"号和"吕佐夫"号在中弹受创后，其舰上的通风管、通讯传声筒和其他系统，甚至隔舱壁上的水密门，都成了进水泛滥的通道。① 英国海军建造署的舰船建造工程师斯坦利·古道尔在对德国战列舰"巴登"号进行了全面研究之后曾在报告中写道：

……在靠近一侧船舷的水密舱的17个横向舱壁中，有10个都装有可供人员通行的门。此外，在前部两个存放15英寸主炮炮弹的弹药库之间也有一道门，后部弹药库的情况也与之类似；3间前部轮机舱的每一间都通过横向舱壁上的门与后部轮机舱直接相连，各锅炉舱之间的纵向隔舱壁也用类似方式打通。

日德兰海战结束后，英国海军"虎"号战列巡洋舰的"X"主炮塔顶部的状况。德国战列巡洋舰的炮塔装甲通常比英国战列巡洋舰要厚。

简而言之，当对比英德两国战列巡洋舰的舰体隔舱设计时，应当注意到，一些德国战列巡洋舰的特点——诸如锅炉舱之间的纵向隔舱壁——在英舰上甚至根本就没有配备。因此，也许德国战列巡洋舰的舰体水密安全性总体上并没有受到上述缺陷的过度影响，但与英国同行相比，德国海军在损管作业程序以及相关训练方面所做的工作显然更加细致和完善。

主机

在英德两国所有的战列巡洋舰中，主机空间（特别是锅炉舱）、主炮和弹药库三者之间在布局安排上的相互关系对上层建筑带来了很大的影响，尤其是烟囱的数量和位置。从"无敌"级到"虎"号的英国战列巡洋舰均安装有大小和间隔都不同的3座烟囱。早期英国战列巡洋舰的这3座烟囱的位置是根据舷侧主炮塔对两舷进行齐射时所需的射界要求来布置的。到了"勇敢"级，就只在舱面中央设置了一座大尺寸的烟囱，而"胡德"号是在舰体舯部设置了2座与"勇敢"级类似的烟囱。德国海军在战列巡洋舰的烟囱设置上采用了一种更为标准化的方法，从"冯·德·坦恩"号到"德弗林格尔"级，各舰采用的烟囱样式几乎相同。"塞德利茨"号及之前的德国战列巡洋舰，后烟囱都被安装在一个短小的甲板室之上，隔开了两座舷侧主炮塔，从而有助于减轻两座炮塔向同侧开炮射击时的炮口爆风对彼此的影响。"马肯森"级的后烟囱尺寸比前烟囱要小，而"约克"级代舰只配备了一座大型的中央烟囱。

英国和德国战列巡洋舰的舰用主机在设计开发方面很少有共同之处。尽管两国采用的都是4轴推进，由帕森斯式或柯蒂斯式蒸汽轮机驱动，其配备的锅炉类型也相似，但德国海军选择的是一型标准化了的小型水管锅炉（即英国最先开发出的舒尔茨-桑尼克罗

① 在"吕佐夫"号上，这些水密隔舱壁上的缺陷和排水系统的故障造成了该舰的沉没。而"塞德利茨"号和"德弗林格尔"号则发现安装于装甲甲板上方的排水设备效果不佳，因此海水通过弹孔大量涌入舰体；当舰体进一步下沉后，海水还从舷侧副炮炮廓的开口涌入，而位于舰体下层的排水泵根本就够不到这一高度的进水。

夫特式），事实证明，这型锅炉比英国的亚罗式锅炉和巴布科克＆威尔考克斯公司生产的大型水管锅炉效率更高。这就意味着英国战列巡洋舰通常要比德舰配备更多台数的锅炉，而且这个数字将随着军舰设计功率的增加而增长。比如最高航速同为28.5节的英国"虎"号与德国"兴登堡"号，相比之下，前者的锅炉舱总面积为11900平方英尺，而后者只有约9480平方英尺。"胡德"号是英国第一艘采用小型水管锅炉的战列巡洋舰。

然而，英德两国海军在舰用锅炉上的主要区别还在于燃料。英国皇家海军同时手握威尔士的优质煤矿和遍布大英帝国疆域的许多地区的油井，因此英国海军部在1904年决定，所有新造大型军舰将被设计成除了以煤炭为燃料外，还可以装载和使用石油燃料。最初，石油燃料并未取代燃煤，而是被喷洒在燃烧的煤炭上用以助燃，因此从"无敌"号到"玛丽女王"号，英国所有的战列巡洋舰都安装了带有燃油喷淋装置的燃煤锅炉。"虎"号虽然被设计成拥有使用燃煤和燃油两种燃料的能力，但主要还是使用燃煤。最终"声望"级成为英国皇家海军中第一级全燃油动力的战列巡洋舰。

德国海军在燃料方面主要还是依靠萨尔州的煤矿，德国的石油供应主要来自罗马尼亚的油田，运输不得不通过陆路，耗时耗力，因此早期的德国战列巡洋舰只设计了燃煤锅炉。这一设计方式在配备煤—油混烧锅炉的"德弗林格尔"级问世后乃告结束。除此以外，德国海军还在1916年为"德弗林格尔"级之前的各级战列巡洋舰上的锅炉统一加装了燃油喷淋装置。但对于战时的战列巡洋舰设计来说，德国煤炭低劣的质量意味着海军不得不同时使用燃煤和燃油锅炉，这一政策一直持续到战争结束。不过，对燃煤锅炉的依赖使得舰上的煤舱可以为主机舱室和弹药库提供某种形式的侧面附加防护，也算是一种意外收获。

主机测试过程中正在高速航行的英国"不屈"号战列巡洋舰，其3座烟囱都已全力工作。德国人为其战列巡洋舰选择并装备了小型水管锅炉，这种锅炉也以出色的表现证明其要比英国人选用的大型水管锅炉效率更高。（图片来源：苏格兰国家档案馆，档案号 UCS1/118/374/44）

第六章　英德战列巡洋舰：技术与作战使用上的对比　331

"冯·德·坦恩"号是德国海军第一艘用蒸汽轮机取代往复式蒸汽机的大型军舰，但其涡轮机的布局并不典型。其2根外侧主轴由前部高压涡轮机和中/低压涡轮机分别驱动，2根内侧主轴的涡轮机驱动设置则与之相反。而所有英国战列巡洋舰的外侧主轴均由高压涡轮驱动，内侧主轴由低压涡轮驱动。可能是由于"冯·德·坦恩"号的这种驱动方式在中速航行时存在推力不平衡的情况，于是从"毛奇"号开始，所有德国战列巡洋舰也采用了英舰的驱动设置方式。

英国海军在"勇敢"级战列巡洋舰上首先为涡轮机配备了一种齿轮减速器，从而使整个推进系统能够发挥出更大的效率，后来也安装在了"胡德"号上。所有德国战列巡洋舰安装的都是直驱式主轴，只有"约克"级代舰计划安装一台弗廷格尔式液压齿轮减速机。

一般来说，英国战列巡洋舰的主机重量和所占空间要比德舰大，但德舰的锅炉舱和轮机舱内部设备布置密集，按英国皇家海军的标准来说可谓拥挤不堪。另外也必须认识到，德国的新锐战列巡洋舰由于2座舰艉主炮塔之间较宽的空间，也对锅炉舱和轮机舱的布局产生了一定的影响，同样的情况也发生在英国的"狮"级和"虎"号战列巡洋舰上。

为给战列巡洋舰找到更轻便的舰用主机类型，尤其是在"德弗林格尔"级的设计过程中，德国海军曾考虑过采用柴油发动机作为动力。德国曼恩公司也在1910年进行过一系列旨在研发一款能在165转/分的转速下输出6000马力功率的柴油发动机的试验，但经过帝国海军部的内部讨论，发现要在一艘大型军舰上安装柴油动力机组，还要同时考虑到舰内可用空间和机组本身的脆弱性，是极其困难的。提尔皮茨元帅本人热衷于采用燃油主机，因为这样可以使战舰减少燃料消耗以获得更大的续航力，还能减轻舰用主机的重量，于是他极力推动在"兴登堡"号战列巡洋舰上装备柴油主机。然而提尔皮茨的意见却遭到了海军部建造部门的反对，他们认为现有的柴油机技术在为大型军舰提供动力方面还不够成熟。鉴于这一原因，加之德国海军委托柴油机厂商研发的舰用柴油机样机拖期，使得"兴登堡"号还是安装了传统的蒸汽轮机组，同级的"德弗林格尔"号和"吕佐夫"号亦是如此。

就转向性和操纵性而言，从初代的"无敌"级直到包括"虎"号在内的英国战列巡洋舰配备的都是两块半平衡舵板，每块舵板都直接安装在内侧螺旋桨的正后方。由于舰体长度的增加而采用的这种舵机布置形式有两个优势：一是减小了战舰的战术回转直径，二是提高了倒车时的机动性。而到了"声望"级、"勇敢"级和"胡德"号的时代，由于这三级战

"不屈"号战列巡洋舰的主轴和舵的特写照。"虎"号以及在其之前设计建造的英国战列巡洋舰都配备两具半平衡舵，每一具都直接安装在内侧螺旋桨后。这种舵机的设置方式提高了战舰倒车时的机动性。（图片来源：苏格兰国家档案馆，档案号UCS1/118/374/15）

列巡洋舰的舰艉较小，装不下两块舵板及其相关设备，于是又改回在内侧螺旋桨后方中心线上安装单块舵板的方式。然而，1941年12月10日"反击"号战列巡洋舰的舵机被日机投下的一枚航空鱼雷击中并卡死，证明了这种舵板布置方式是相当脆弱的。

德国战列巡洋舰在舵板的布置上采用了不同的方法。"冯·德·坦恩"号是在内侧螺旋桨后方安装双舵板，而"毛奇"号、"塞德利茨"号和"德弗林格尔"号的双舵板则是沿舰艉中心线串列安装。由于舵板彼此间距较大，因此提高了其生存能力。德国海军后来在"马肯森"级和"约克"级代舰上重新采用了平行双舵板的形式，可能是因为更大的舷宽带来了更多的舰体空间来安装2部舵机，而双舵机的配备也意味着全舰生存能力的提高。

在作战半径上，英德两国海军所设想的不同作战需求可能对各自战列巡洋舰的设计影响最大。英国战列巡洋舰的任务设定是在远离其自身的基地和加煤站的条件下进行全球范围的作战，而德国战列巡洋舰的主要作战地域是北海和波罗的海，在那里它们可以得到附近的岸上保障设施的支持。这些情况决定了两国战列巡洋舰的燃料携载方式和作战半径的设计。

在英德两国的战列巡洋舰中，燃料的携载也有着各自的倾向和方式。[①] 在英国战列巡洋舰的设计中，由于更多地依赖对煤炭进行燃油喷淋的方式，油料的携载量与燃煤的携载量是成比例增加的。而在"虎"号上，燃油的最大携载量为3480吨，多于燃煤的最大携载量3340吨，尽管在实际情况下，燃油和燃煤的总携载量一般也不超过4900吨。德国战列巡洋舰在设计上优先考虑的燃料是煤炭而不是石油燃料，"冯·德·坦恩"号、"毛奇"号和"塞德利茨"号都只携载197吨燃油。不过，从"德弗林格尔"级开始，这种倾向出现了一定程度的逆转，而"马肯森"级和"约克"级代舰均能携载3940吨燃煤和1968吨油料。

"澳大利亚"号战列巡洋舰加煤的情景。英国战列巡洋舰比德国战列巡洋舰更早采用全燃油式锅炉。"德弗林格尔"级是德国海军第一级在舰上同时配备了燃煤和燃油锅炉的战列巡洋舰。（图片来源：澳大利亚战争纪念馆）

[①] 这里的对比均按燃料的最大携载量考虑，即战舰在战时的通常状态。

在14节的巡航速度下，德国战列巡洋舰的平均续航力为4200海里，"马肯森"级的这一数据几乎翻了一番，达到了8000海里，然后"约克"级代舰的续航力又下降到5000海里。就续航力而言，第一代英国战列巡洋舰在14节巡航速度下相比德舰平均拥有500海里的优势，这一优势在"虎"号和更新锐的舰级中又有所增加："声望"级在18节高速下还能达到4000海里的续航力。一般来说，续航力的增加源于几个因素，比如燃油锅炉的采用，以及根据设计经验对舰体形制进行较大的改进等。

武器装备

在英德两国战列巡洋舰的设计中，双方在大口径主炮方面始终存在着明显的差异。战列巡洋舰主炮技术发展的基本目标是在更远的射程上取得更高的射击精度和更强的打击威力。从"无敌"级装备的12英寸主炮"暴怒"号上那从未在实战中使用过的18英寸主炮，英国皇家海军在战列巡洋舰大口径主炮方面走的是一条持续发展的道路，也使得英国海军在主炮水平上走在了德国海军的前面。德国人试图迎头赶上，但并没能达成同样的结果：德国战列巡洋舰的主炮发展以"冯·德·坦恩"号的11英寸主炮为起点，以没能完成的"约克"级代舰的15英寸主炮告终。不过德国战列巡洋舰主炮在口径上的劣势却通过质量更高的火炮和炮弹制造工艺，以及更好的弹药使用方式和火控水平得到了弥补。

世界上第一艘战列巡洋舰"无敌"号的横空出世，不仅让德国人感到惊讶，也使其相信英国皇家海军正在考虑怎样在比之前预想的更远的距离上与敌舰交战，而战列巡洋舰出众的航速将使英国海军取得战术上的优势。德国海军随即对北海海域的能见度水平进行了全面评估，并与自己的火炮射程进行了比较，结论是北海海域一年中只有寥寥几日的能见度条件可以实现在13500码的距离上进行交战；而德国战列巡洋舰上装备的40倍径11英寸主炮经过多次试射确认，其最大有效射程约为12200码。因为能够满足实际作战需要，德国海军对11英寸炮的性能基本上满意。尽管如此，德国海军还是采取了几项措施来增加主炮在远程射击时命中目标的概率，包括采用更长的火炮身管（可增加炮口初速，并使弹道更加平直）和精度更高的测距仪、减小对目标夹叉射击时的宽度以控制落弹散布，以及提升人员的火控指挥与训练水平等。所有这些措施逐渐被带到了德国战列巡洋舰上："冯·德·坦恩"号装备的是45倍径11英寸主炮，而"毛奇"级和"塞德利茨"号则装备的是50倍径的11英寸主炮；到了"德弗林格尔"级，主炮配置为8门45倍径12英寸炮，其威力要强于英舰的13.5英寸口径主炮；之后的"马肯森"级则计划安装45倍径的13.7英寸主炮，而"约克"级代舰则更是计划装备更大的45倍径15英寸主炮。

德国新建造的战列巡洋舰由于采用了更为合理的火力布局方式——如"德弗林格尔"级最终将所有主炮都沿舰体中线设置——其大口径主炮因此获得了更加优良的射界。英德两国部分战列巡洋舰的主炮射界情况参见第335页的示意图。双方的第一、第二代战列巡洋舰，如德国的"冯·德·坦恩"号、"毛奇"号和"塞德利茨"号，英国的"无敌"级、"不倦"级和"狮"级，都是在艏艉设置几座主炮塔，在舰体舯部再设置一座主炮塔，或像"狮"级那样设置两座相互错开的主炮塔。

艏艉主炮塔的射界较大，可达300°以上，但上层建筑影响了舷侧主炮塔火力的发挥。因此，舷侧主炮塔的射界被分为左舷和右舷两部分，其角度大小取决于炮塔的位置（距德国战列巡洋舰上的主炮正在射击，图中可能是"塞德利茨"号。英德两国的战列巡洋舰在发展的历程中，其舷侧齐射时的弹丸投射重量一直在稳步增加，只有英国海军的"勇敢"级是一个例外。（图片来源：《R. 斯坦吉里尼图片集》）

离船舷的远近）、甲板室和烟囱的布局，以及向对侧射击时的炮口爆风和超压对舱面所造成的潜在损害的限制需要。

以德国的"冯·德·坦恩"号与英国的"不倦"级为例，二者的主炮射界非常相似，但英舰的舷侧主炮塔射界通常较德舰略大，"不倦"级达到了181°—182°，而"冯·德·坦恩"号为175°—176°。相反，"不倦"级舰艏"A"主炮塔的水平旋转由于受到庞大的上层建筑影响，其射界只有限的280°。"狮"级的舯部主炮塔射界为240°（左右舷方向各120°），略低于"不倦"级舷侧主炮塔的射界水平（约250°）。

沿舰体中心线布置重型主炮塔的战列巡洋舰能够获得更大的主炮射界。例如德国"德弗林格尔"级的前主炮塔射界为300°，后主炮塔为308°，全舰主炮塔射界角度总和为1216°；而"冯·德·坦恩"号对应的主炮塔射界角度总和只有1109°。英国战列巡洋舰主炮塔射界提升的情况也与之类似，"不倦"级的这一数字为1083.5°，"狮"级增加到1140°，"虎"号更是达到了1200°。

德国战列巡洋舰主炮起初由于最大仰角的限制，其射程要比英舰主炮的射程短。在多格尔沙洲之战后，德国海军决定提高主炮的射击仰角，但付出了最大俯角因此减小的代价。至于英国战列巡洋舰主炮的最大射程，"无敌"级的12英寸炮可达18850码（13.5°仰角），"声望"级15英寸炮可达23730码（20°仰角）。[①]

下表列出了英德两国在第一次世界大战前设计的战列巡洋舰上所装备的大口径主炮的性能对比情况。

[①] 英国海军部认识到当代海战的交战距离已经大大增加，因此"胡德"号15英寸主炮塔的炮架被重新设计，其主炮的最大仰角增加到了30°。这使得"胡德"号主炮的最大射程达到了29000码。

	英国海军		德国海军	
主炮	12英寸/45倍径	13.5英寸/45倍径	11英寸/50倍径	12英寸/50倍径
射速（发/分）	1.5	1.5—2	3	2—3
射程	18850码/13.5°射角	17500码/12°射角 23740码/20°射角	20890码/16°射角（1915年后）	22310码/16°射角
穿甲弹弹重（磅）	850	1400	666	894
炮口初速（英尺/秒）	2725	2582	2887	2850

第六章 英德战列巡洋舰：技术与作战使用上的对比

下表列出了英德两国在第一次世界大战期间建造和设计的战列巡洋舰上装备的大口径主炮的性能对比情况。表中同时给出的英舰主炮单次舷侧齐射时的弹丸投射重量数据以"声望"级的6门15英寸主炮和"暴怒"号的2门18英寸主炮为参考依据。德国火炮的相应数据则分别参考"马肯森"级和"约克"级代舰所计划装备的350毫米（13.7英寸）与380毫米（15英寸）主炮得出。

	英国海军		德国海军	
主炮	15英寸/42倍径	18英寸/40倍径	13.7英寸/45倍径	15英寸/45倍径
射速（发/分）	2	1	2.5	2.5
射程	20000码/13.5°射角 23730码/20°射角	28900码/30°射角 25480码/20°射角	21870码/16°射角 25370码/20°射角	22310码/16°射角
穿甲弹弹重（磅）	1920	3320	1323	1650
炮口初速（英尺/秒）	2467	2270	2674	2625
侧舷齐射弹丸投射重量（磅）	11520	6640	10584	13200

最后一张表格显示了英德两国各级战列巡洋舰的舷侧齐射弹丸投射重量。表中列明了各级战列巡洋舰的主炮数量、口径以及每枚弹丸的重量。另外，表中对德国海军的"4位数编号大型巡洋舰"系列设计方案是按假设装备8门16.5英寸口径的主炮、每枚炮弹重2145磅来考虑的。该表还显示出英德战列巡洋舰的单次舷侧齐射弹丸投射重量的稳步增加，唯一的例外是假设装备2门18英寸主炮的"暴怒"号。从"不倦"级到"狮"级，英国战列巡洋舰的单次舷侧齐射弹丸投射重量增加得更为明显，而其他各级之间在这方面的提升则较为缓慢。可以肯定地说，英国战列巡洋舰的单次舷侧齐射弹丸投射重量要大于德舰，不过"无敌"级、"不倦"级、"冯·德·坦恩"号、"毛奇"号和"塞德利茨"号彼此之间的单次舷侧齐射弹丸投射重量却几乎相等。

英国海军	舷侧齐射弹丸投射重量（磅）		德国海军
"无敌"级（6×12英寸×850磅）①	5100	5328	"冯·德·坦恩"号（6×12英寸×850磅）
"不倦"级（8×12英寸×850磅）	6800	6660	"毛奇"级（10×11英寸×666磅）
"狮"级（8×13.5英寸×1400磅）	11200	6660	"塞德利茨"号（10×11英寸×666磅）
"虎"号（8×13.5英寸×1400磅）	11200	7152	"德弗林格尔"级（8×12英寸×894磅）
"声望"级（6×15英寸×1920磅）	11520	10584	"马肯森"级（8×13.7英寸×1323磅）
"胡德"号（8×15英寸×1920磅）	15360	13200	"约克"级代舰（8×15英寸×1650磅）
"暴怒"号（2×18英寸×3320磅）	6640	17160	"GK-XXXX"系列设计方案（8×16.5英寸×2145磅）

总而言之，德国战列巡洋舰的火炮相对英舰的火炮更为可靠，射程更远，炮口初速更高，使用寿命更长，而且能够发射更重的炮弹。但德国舰炮的造价通常比英国舰炮高30%，并且英国战列巡洋舰的火力投放总量要大于德舰。

① "无敌"级战列巡洋舰装备了8门12英寸主炮，但实际进行舷侧齐射时每次只使用6门主炮的火力，以防止某一座舷侧主炮塔向对侧进行跨甲板射击时的炮口爆风干扰对侧炮塔，并破坏舱面设施。但这并不排除实战中某座舷侧主炮塔以跨甲板射击的方式与对侧的主炮塔共同实施齐射的情况出现，就像在福克兰群岛海战中"无敌"号和"不屈"号所做的那样。

在弹药方面，英国战列巡洋舰主炮的发射药在稳定性上不如德国发射药，而且这种不稳定随着时间的推移还会加剧。另外，英舰的发射药包通常都是以丝绸包裹，而不像德国军舰那样是将药包封装在黄铜药筒中。正是英国战列巡洋舰上这些众所周知的技术缺陷，加之采用了不恰当且风险很高的弹药存放与使用方式，导致了"狮"号在多格尔沙洲之战中的严重受创，以及日德兰海战中"玛丽女王"号、"无敌"号和"不倦"号三舰的惨烈结局。英国战列巡洋舰主炮炮弹的另一个缺点是，当它们以一定的倾斜入射角击中德国战列舰和战列巡洋舰的厚重装甲时，其侵彻效果不佳。正如一些资料中所强调的那样，一枚命中目标的英国大口径舰炮炮弹要么是在撞击下发生碎裂，要么只是在某艘德国主力舰的坚甲表面砸出一个窟窿，而不是击穿德舰装甲后在其内部炸个人仰马翻。日德兰海战结束一段时间后，英国海军开始了对其主炮弹药的改进工作，但为时已晚，英国和德国的主力舰在日德兰之后再没有过过招的机会。

早期的英国战列巡洋舰在战时拥有比同期的德国战列巡洋舰更大的主炮备弹量（分别为880发和660发）。后来英德两国战列巡洋舰的主炮备弹量就几乎一样了，比如德国的"德弗林格尔"级与英国的"声望"级和"胡德"号相同，总数均为720发。

在实战中，各个舰级的战列巡洋舰的火炮射击效能在很大程度上取决于火力控制而非火炮性能。英德两国海军的火控技术一直处在不断的发展进步之中。舰炮火力试射技术的实际应用和测距仪更广泛地装备使海战的交战距离不断被拉大。德国海军在炮术训练中强调的是远距离射击时的精准度，而英国皇家海军认为自己装备的舰炮口径较大，在攻击力上拥有优势，因此其炮术训练的目的在于提高火炮的战斗射速。正如在本书第二章中提到的那样，英德海军的火控技术中最重要的方面仍然是两国在各自海军中对其进行技术发展和实施的方式或过程。在第一次世界大战之前和战争期间，战舰的火控方式完全依赖于对目标进行持续观察，以确定目标随时间推移而产生的位置变化，以及向其射击的炮弹的落点。因此这种火控方式对测距仪器的精度、操作人员的素质、相关设备的性能和火控部门的专业水平的依赖程度很高。

"新西兰"号战列巡洋舰上的"A"号12英寸主炮塔、前部上层建筑和前桅。前桅上的观测台内安装有多部火控设备。无论哪一个级别的战列巡洋舰，其火炮的射击效能在很大程度上取决于火控而非火炮本身的性能。（图片来源：加拿大国家档案馆）

英国战列巡洋舰在桅杆顶部，特别是主桅观测台上一般安装有9英尺基线测距仪，以求能够在约13000码这一较远的距离上对敌舰保持目视识别跟踪，13000码通常也是主力舰交战开始的距离。另外，英国海军还设想在战斗的初始阶段主要使用主桅观测台进行测距跟踪和火力控制，一旦缩短与敌舰的距离，即转由司令塔上的火控系统指挥射击。德国战列巡洋舰的桅顶没有安装大型测距仪，而是在司令塔顶部和主炮塔的后部安装了测距基线较长（20—26英尺）的测距仪。事实上，德国战列巡洋舰桅杆上较小的桅顶仅用于识别目标和用小型测距仪进行近距测距。直到第一次世界大战快结束时，英国战列巡洋舰才在低于桅顶的位置装备测距基线较长（30英尺）的测距仪。另外不应忘记的一点是，在配备带陀螺稳定的旋转支座之前，舰用测距仪对于操作人员来说在使用上颇有些困难。在进行实战测距时，由于战舰的舰体和上层建筑时刻处于规则或不规则的运动当中，如果要将目标保持在测距仪的视场内，就意味着测距仪必须随时被抬起、放低，并来回旋转以补偿战舰的侧倾、仰俯和偏航姿态，而战舰的运动姿态在桅顶或上层甲板室上反映得尤为

明显，这可能也是德国战列巡洋舰不在桅顶安装观测台的原因。

此外，测距仪操作人员还必须时刻对目标位置相对于本舰位置的任何变化保持警觉和关注，并且基本呈站姿进行测距操作的操作人员还得在狭促的观测台上保持着自己的平衡。可以想见，当战舰在进行剧烈机动时，在风雨交加、酷暑严寒的天气里，在海雾缭绕、硝烟煤烟弥漫的环境中，快速精准地测距是一项多么不容易完成的任务。

正如第五章所谈到过的，就进行火力控制的方式本身而言，英国皇家海军和德意志帝国海军之间存在着显著的差异。英国海军的火控方式的主要目的是避免在命中率

"虎"号战列巡洋舰桅杆上的星形平台和观测台。英国战列巡洋舰的观测台内安装的是9英尺基线测距仪，而德国战列巡洋舰则在司令塔顶部和主炮塔后方安装了基线更长的测距仪。（图片来源：苏格兰国家档案馆，档案号UCS1/118/418/139）

一张"反击"号战列巡洋舰的细部照片。照片中可见该舰配备的5座4英寸三联装副炮炮位中的两座。相比其英国对手，德国战列巡洋舰上通常配备的是更为重型的副炮。（图片来源：苏格兰国家档案馆，档案号UCS1/118/443/314）

必然极低的战斗初始阶段浪费过多的弹药。而德国海军的火控方式比英国的要更简单、更快捷、更有效，并且有助于部分抵消英国海军由于主力舰主炮口径较大和装备有相关的火控设备（如德雷尔计算台和阿尔戈计算钟）而拥有的技术优势。英德战列巡洋舰上对射击指挥控制系统的配备，使得一名枪炮官就能够同时指挥所有主炮的射击，并使炮口爆风、烟雾、震动和舰体摇摆等因素对射击造成的干扰减到最低。然而，英国战列巡洋舰所装备的射击指挥控制系统（1914年首先安装在正在进行改装作业的"无敌"号上，"虎"号随后配备，后来装备了英国所有战前和战争期间新建的战列巡洋舰）并没能对双方海军之间在炮术水平方面存在的差异产生过多的影响。这种差异至少持续到了日德兰海战之后，最终英国皇家海军决定放弃沿用已久的夹叉/跨射的火力试射程序，转而采用与德国海军类似的射击指挥控制方法。

在中口径舰炮方面，第一次世界大战期间的德国海军战术理论中也设想了中近距离交战的情况。因此，包括战列巡洋舰在内的德国主力舰普遍都配备了由火力强悍的5.9英寸炮组成的副炮组，由3.4英寸炮组成的反鱼雷艇炮组，以及若干具鱼雷发射管。① 由于早期鱼雷的有效射程小得可怜，一般仅有几千英尺，水面鱼雷的攻击威胁凭借小口径火炮便完全可以应付，因此这种中小口径舰炮的组合似乎是对或许本可用在增加主炮数量或提升航速上的吨位和空间的白白消耗。而当交战距离增加到几千码时，加大副炮的口径就成为一种必然，于是德国战列巡洋舰上装备了3.4英寸炮，英舰上则安装了4英寸炮。不过直到"暴怒"号和"胡德"号问世，英国人才为他们的战列巡洋舰配备了口径更大的副炮。②

作为对英德战列巡洋舰武器装备对比的收尾，值得注意的是，德国海军在战列巡洋舰和战列舰上搭载飞机的进度要比皇家海军慢得多。1915年，几艘德国战列巡洋舰进行了一些水上飞机上舰的基础试验，这些飞机被放置在舯部上层甲板上，通过吊臂将其放入水中或是从水面上回收。但可能是因为德国海军认为水上飞机放下与回收的过程实在是又慢又复杂，所以德国战列巡洋舰从未正儿八经地使用过飞机。与德国海军的保守相反，许多英国战列巡洋舰在一战后期都搭载飞机进行了坡道起飞试验，在主炮塔顶部安装了帆布机库，并正式装备使用了几种型号的飞机。

"狮"号战列巡洋舰正在补充13.5英寸主炮炮弹。注意舰员使用的用于搬运炮弹的手推车。每枚13.5英寸炮弹含战斗部装药重1250磅，其装药量从Mk IVa型穿甲弹的29.5磅到高爆弹的176.5磅不等。（图片来源：加拿大国家档案馆）

① 提尔皮茨上将本人就是一位鱼雷战专家。
② 由于发现"虎"号上安装的6英寸副炮在实际使用中可靠性很差，因此之后的各艘英国战列巡洋舰均未装备这种火炮。

工业水平与造舰能力

如果对英德两国在海军军备竞赛期间各自的造舰能力做一番比较，就可以很好地反映出两国在主力舰建造上所付出的巨大努力。这种比较包括对三个方面的评估：

1. 自1905年到第一次世界大战初期这段时间内英德双方所建造的战列舰和战列巡洋舰的绝对数量。英国在这方面的总数是51艘，德国是26艘。仅就战列巡洋舰而言，至1914年8月，包括改装工作已进入尾声的"虎"号和名义上隶属皇家澳大利亚海军的"澳大利亚"号在内，英国皇家海军共有10艘在役，而同期的德国海军仅有4艘，新锐的"德弗林格尔"号要到1914年9月才能服役。

2. 英德两国战列巡洋舰的建造速度。这方面将采用双方在1905—1914年间的月平均建造吨位数作为评估依据。对英国而言，评估期实际是从1906年4月"无敌"号开工建造到1914年10月"虎"号入役为止，共103个月；而对德国方面的评估期始于1908年3月"冯·德·坦恩"号服役，到1914年11月"德弗林格尔"号服役为止，共计80个月。① 在建造吨位统计上则以设计排水量为准，建造数量上英方计为3艘"无敌"级、3艘"不倦"级、3艘"狮"级和"虎"号一艘单舰。德方为"冯·德·坦恩"号、"塞德利茨"号和"德弗林格尔"号3艘单舰，外加2艘"毛奇"级。由此计算，英国在战列巡洋舰上的建造能力平均为2005吨/月，德国为1461吨/月。

	总设计排水量（吨）	周期（月）
英国	206540	103
德国	116920	80

值得注意的是，英国的造船业是在海军订购的战列舰和战列巡洋舰的建造工作于1905年全面铺开之后才达到了更高的效率。事实上，直到19世纪90年代，英国在军舰建造方面一直是冠绝全球，实力上远胜其各路对手。但在此之后，一些新兴的工业国家的造船企业，特别是德国的几座大型造船厂，极大地提升了造舰能力和效率。如此一来，那些外国—主要是德国—所设计建造的新型主力舰，就可能会严重削弱英国皇家海军在海上的霸权地位，以至于威胁到大英帝国的整体战略。

3. 英德两国造船企业之间的竞争力差异。这方面的对比情况可以从下表所列出的两国于第一次世界大战前所建造的部分战列巡洋舰的造价数据中窥得一斑。表中德国战列巡洋舰的造价数字已按当时帝国马克与英镑之间20.4∶1的汇率换算为英镑金额。此外英舰的设计排水量以"吨"为单位，德舰的则以"公吨"为单位。

舰名	造价（英镑）	设计排水量（吨）	每吨造价（英镑）
"无敌"	1625000	17250	94.2
"澳大利亚"	1685000	18750	89.86
"狮"	2068000	26350	78.48
		（公吨）	
"冯·德·坦恩"	1797000	19370	92.77
"塞德利茨"	2195000	24988	87.84
"德弗林格尔"	2840000	26600	106.76

① 评估期大致上是以第一次世界大战爆发为截止时间点。

从该表中的最后一列数据可以看出，对于同一类型的军舰，英国和德国在每吨造价上是相当一致的，这其中当然也考虑到了双方军舰在武备、航速和装甲防护等方面的差异之处。

接下来，再对英德双方的造船能力进行一个更深入的分析，分析的焦点就放在两国在第一次世界大战期间的战列巡洋舰建造上，这也是一个英国占尽优势的领域。这其中存在的变量因素是建造周期，即每艘战列巡洋舰从开工建造到全部完工所耗费的总时间。尽管也应当考虑到英国和德国战列巡洋舰存在越造越大的趋势，其排水量至少在1916年之前都在保持着稳步的增长，但建造周期仍然是反映双方造舰能力和效率的一个合理因素。

总体上，英国战列巡洋舰的建造周期是 27.3 个月，德国战列巡洋舰是 35.8 个月。这一统计数字里也包括了拖期较长的"胡德"号（1916 年 9 月开工，直至 1920 年才竣工）和"兴登堡"号（1913 年 6 月开工，1917 年 10 月竣工）。除"胡德"号外，每艘英国战列巡洋舰的建造周期平均为 26 个月；而在第一次世界大战爆发前，英国战列巡洋舰的平均建造速度是 29 个月一艘，德国是 33.1 个月。英国战列巡洋舰中建造速度最快的是由约翰 & 布朗船厂承建的"反击"号，仅用 19 个月即告完工；建造速度最慢的是同样由

正在约翰·布朗船厂进行舾装的"虎"号战列巡洋舰。图中可见其主桅几乎是"贴着"艉部烟囱安装的。（图片来源：苏格兰国家档案馆，档案号 UCS1/118/418/110）

约翰＆布朗船厂建造的"胡德"号，共耗时 40 个月[①]。德国方面，建造周期最长的战列巡洋舰是由威廉港的帝国国有船厂耗费了 52 个月建成的"兴登堡"号，不过该舰的拖期是由于其物料资材被在日德兰海战中受到重创的"德弗林格尔"号的维修工作挪用所致；汉堡布洛姆＆福斯船厂承建的"冯·德·坦恩"号和"塞德利茨"号两舰是建造周期最短的，均为 30 个月。

就军舰的建造周期而言，1910 年时在德国出现的一些"场外因素"也很值得一提。当德皇威廉二世得知英国船厂的造舰效率更高时，便回过头来敦促德国的各船厂加快战列舰和战列巡洋舰的建造与舾装工作进度。当时，德国造船厂新造一艘大型战舰通常需要花费 3 年时间，外加 1 年的海试期，但皇帝陛下认为 4 年的总建造周期太长，应该以只争朝夕的干劲将其压缩到 3 年，即 24 个月的建造期加 12 个月的海试期。然而，压缩德国海军的建设时间是一个很难实现的目标，因为参与海军建设的主要私营企业，尤其是克虏伯公司和迪林根公司，它们的火炮与舰用装甲板的制造工序和交付程序是无法压缩的。比如用以建造"德弗林格尔"号战列巡洋舰的装甲板总共用了 39 个月的时间才交付完毕。另一个拖了德国新式战列巡洋舰设计定型决策进程后腿的因素是帝国海军部的各主要部门之间经常存在的意见分歧。这种分歧导致了旷日持久且常常十分激烈的讨论过程，而这种讨论正反映出德意志帝国海军的官僚机构在诸如战列巡洋舰的使用原则、火炮口径、舰体尺寸和航速等问题上僵化的思维立场。

另外，财政上存在的问题也妨碍了德国主力舰建造周期的压缩。德国海军造舰所需的款项原计划是在 4 年内逐年拨付的，现在却突然需要在 3 年内使拨款全部到位，这就可能让海军初始预算的金额飙升 2500 万帝国马克，从而导致德国海军与财政部及国会之间产生不必要的矛盾摩擦。威廉二世对一艘新战舰从批准建造到实际开工之间漫长而拖沓的过程——例如"塞德利茨"号和"德弗林格尔"号两舰在批准建造后，足足用了 10—12 个月才正式开建——提出了批评。不过提尔皮茨却认为这种间隔期是合理的，因为造船厂在准备好建造一艘新舰之前，是需要一定的时间来完成各项烦琐复杂的筹备工作的。

在提尔皮茨看来，英国造船厂的战舰建造速度之所以更快，乃是英国在 3 年内就将一艘新舰的全部建造资金拨付到位的结果，特别是在效益最大化的驱使下，每家英国造船厂都会尽可能加快建造进度，尽快腾出船台，好为来自皇家海军和国外的新订单让路。而德国造船厂遵循的原则却正好与英国同行相反。由于《海军法》规定了严格的海军军备建设时间表，因此德国船厂就需要放慢新舰的建造速度，争取在建造时间上能够与新订单的到来无缝衔接，以保证船厂的生产任务饱满。此外，在英国，一艘大型军舰的建造有多达 3000 名工人参与其中，而德国的造船厂因为新舰的订单不足[②]，且各项成本较高，这一数字仅为 1000 人左右。

另一个阻碍德国海军加快造舰速度的情况，是帝国海军部建造部由于其设计师和工程师必须同时进行战列舰和战列巡洋舰的设计工作，已经不堪重负，处于超负荷的状态。此外，通常只有在英国议会对皇家海军新的建造计划予以披露后，德国海军才可能据此对自身的建设计划，乃至战舰的建造进度进行对应的调整。所有这些现实情况为提尔皮茨提供了足够的依据，来向皇帝陛下证明德国有限的造舰能力其实始终是处在低于英国私营和国有造船厂的水平上，无论是平时还是战时。

---

① 英国海军曾在 1916 年暂停了"胡德"号的建造工作，以便根据日德兰海战的经验教训对该舰的设计进行重大修改，并调整其武备布局。

② 在几部《海军法案》所严格规定的海军建设时间表的限制下，德国 6 家私营造船厂中只有 3 家在正常情况下可以每年承建一艘大型舰船。

正在约翰·布朗船厂进行舾装的"反击"号战列巡洋舰的舯部照片。该舰仅用 19 个月即告竣工，是所有战列巡洋舰中建造用时最短的一艘。总的来说，英德两国的战列巡洋舰的造价成本与其吨位尺寸成正比增长。（图片来源：苏格兰国家档案馆，档案号 UCS1/118/443/303）

1915 年，正在德国威廉港帝国造船厂建造中的"赫塔"号代舰。当时该舰被冠以"大型巡洋舰"的名头，随后成为"兴登堡"号战列巡洋舰。该舰也将是最后一艘入役德意志帝国海军的战列巡洋舰。（图片来源：tsushima.ru 网站）

造价

对英国和德国战列巡洋舰造价的对比如下表所示，其中所列出的均为实际服役的舰只（由于英国的"暴怒"号在舾装过程中进行了全面改造，故排除在该表之外）。如本书第三章所提及的，该表中几艘"不倦"级战列巡洋舰的造价数字是一个大致的估测值，但其实际造价似乎也并未超过这些数字。所有的造价数字中均已包含舰体、主机、装甲、火炮和其他设备设施。表中最右边一列表示的是德国战列巡洋舰的造价从帝国马克换算为英镑后的金额数字（按1英镑＝20.4帝国马克汇率计算），所有数字均精确到"千马克"和"千英镑"。另外为便于进行造价对比，表中两国建造时间大致相同的战列巡洋舰彼此横向对齐。不过1905—1914年的通货膨胀因素没有考虑在内。

"虎"号战列巡洋舰的情况稍显特殊，该舰属于英国开发的第一代和第三代战列巡洋舰之间的一个特例。该舰大致的各部分造价分配比例如下：舰体和各类设备设施32%、装甲19%、主机27%、武备22%。

一般来说，随着英德两国的战列巡洋舰的越造越大，其造价也相应地水涨船高。而其他带来造价增加的因素还包括主炮口径的增大、对更高的航速（也就是功率更大、更先进的主机）的追求，以及自1905年至一战爆发前夕的舰船技术发展。总的说来，英国在战列巡洋舰上所付出的财力物力远远超过德国，但考虑到英国皇家海军全球部署、全球作战的角色属性，相对于德意志帝国海军那局限性很大的任务需求，这种付出也是合情合理的。

英国	造价（英镑）	德国	造价（马克）	折合英镑
"无敌"号	1625000	—	—	—
"不挠"号	1618000	—	—	—
"不屈"号	1578000	"冯·德·坦恩"号	36660000	1797000
"不倦"号	1528000	"毛奇"号	44080000	2161000
"澳大利亚"号	1685000	"戈本"号	44125000	2163000
"新西兰"号	1685000	—	—	—
"狮"号	2069000	—	—	—
"皇家公主"号	2014000	"塞德利茨"号	44680000	2191000
"玛丽女王"号	2061000	—	—	—
"虎"号	2593000	"德弗林格尔"号	56000000	2745000
"声望"号	3117000	"吕佐夫"号	58000000	2843000
"反击"号	2829000	"兴登堡"号	59000000	2892000
"勇敢"号	2039000	—	—	—
"光荣"号	1967000	—	—	—
"胡德"号	6025000	—	—	—
总计	34433000	总计	342545000	16792000

通过对上表中两国战列巡洋舰的造价数据进行对比，可以看出除了1920年完工的"胡德"号以外，德国战列巡洋舰的平均造价比同期的英国战列巡洋舰要高，造成这一结果的一个原因可能是英国拥有比德国更大的规模经济。此外，英国的工业基础比德国更好，因而在工业制造领域能够带来更多竞争，从而使包括舰船在内的工业产品的造价下降。

仅就第一次世界大战这一时期内英德两国在战列巡洋舰上的耗资而言，下表中列出了双方在战争时期在役的全部战列巡洋舰的总造价和平均造价情况。所有在第一次世界大战中参与过任何形式作战行动的英国或德国战列巡洋舰，其造价都被计入了该表的总造价之中（因此"胡德"号的相关数据未被纳入该表中）。符合这一条件的战列巡洋舰数量为：英国 14 艘，德国 7 艘。

	英国	德国
战列巡洋舰入役数量（艘）	14	7
战列巡洋舰总造价（英镑）	28408000	17127250
单艘战列巡洋舰平均造价（英镑）	2029142	2446750

实战表现

对英德两国的战列巡洋舰在第一次世界大战中实战表现上的对比，主要集中在战争中双方几次规模较大的海战中，具体内容已在本书第五章中讲述。尽管英国的"无敌"级战列巡洋舰很幸运地在整个一战期间仅与德国海军的现代化主力舰对战过一次，但该级在战争中的表现还是可圈可点的。然而在福克兰群岛海战之后，其作战效能与威力却被严重高估了，即便是到了多格尔沙洲之战后，这种误判仍在继续。作为英国皇家海军的战列巡洋舰中的"前辈"，"无敌"级在实战中暴露出了许多弱点，特别是其对德舰装备的 12 英寸乃至更大口径的主炮以及水雷的防御力方面。而德国海军的"冯·德·坦恩"号战列巡洋舰由于在日德兰海战中取得了打爆"不倦"号的重大战果，被认为要比同时期的英国战列巡洋舰拥有更强的战斗力。"戈本"号在战争中几乎没有获得与同级别的敌方主力舰交战的机会，但却证明了该舰对水雷的强大防御力。"毛奇"号在多格尔沙洲海战和日德兰海战中曾与英国海军的"狮"号和"虎"号数度交手，表现出色，该舰也是日德兰海战结束时唯一一艘尚能继续作战的德国战列巡洋舰。英国海军的"狮"号战列巡洋舰在多格尔沙洲之战中受到重创，又在日德兰海战中险些沉没，说明该舰的装甲防护顶不

干船坞中的"塞德利茨"号。照片中显示的是日德兰海战中该舰舰体上被鱼雷炸出的破洞。在抗打击能力方面，德国战列巡洋舰的表现要优于英舰。（图片来源：美国海军历史与遗迹档案馆）

一部蔡司 8 米（26 英尺）基线测距仪被装在一辆拖斗卡车上，准备交付给德国海军。从"德弗林格尔"级开始，德国战列巡洋舰开始装备测距基线更长，因而测距效果也更好的测距仪。（图片来源：蔡司公司档案馆）

住德舰12英寸主炮的打击。虽然时常被打上"表现令人失望"的标签,但"虎"号在多格尔沙洲之战和日德兰海战中发挥良好,只有艏部的"Q"主炮塔严重受创。在多格尔沙洲之战中,德国海军的"塞德利茨"号与数艘英国战列舰和战列巡洋舰交锋,被英舰的13.5英寸和15英寸主炮总共命中了22次之多,最终该舰带着5300吨进水、舰艏46英尺、舰舯24英尺深的吃水,以及舰体8°的右倾,成功地回到了德国港口。"德弗林格尔"号在多格尔沙洲之战中以一敌三,与英国海军的"狮"号、"虎"号和"皇家公主"号战列巡洋舰都曾进行过交战;尽管该舰被英舰13.5英寸主炮多次命中,但损伤极轻微。"德弗林格尔"号作为日德兰海战中击沉"玛丽女王"号的罪魁之一,在战斗中被击中了21枚12英寸和15英寸的炮弹,较之"塞德利茨"号受伤稍轻。在日德兰海战中,"吕佐夫"号的射击准确度和效果可能是所有德国主力舰中最好的:该舰的主炮总共命中对手19次,大部分打在了英国战列巡洋舰分舰队旗舰"狮"号身上,并与友舰一起合力击沉了"无敌"号。然而"吕佐夫"号自己也被英国人的13.5英寸和15英寸主炮命中了24弹,被打得完全丧失了战斗力,最终不得不由德国的G-38号驱逐舰用2枚鱼雷结束了痛苦的挣扎。除上述几艘外,其他较新的英国战列巡洋舰在整个战争中都没有什么机会来展现它们的威力与不足。

对比结果与结论

总体上说,德国战列巡洋舰表现出了比它们的英国同类更好的作战能力。这种优势主要来自以下5个原因:1.舰体和主机的轻量化可以节省一定的吨位,以用于提升装甲防护水平;2.全舰的装甲分布更为合理;3.舰体内部的水密隔舱设计更优(特别是水线以下的部位);4.德舰火炮的发射药质量更好(炮塔或弹药库起火时不易被引燃);5.弹药储存、搬运和使用的相关条令规程与设备更为安全。不过,德国战列巡洋舰也并非完美无瑕,其在实战中的主要缺陷是舰体受创后进水容易集中于舰艏,这是德国战列巡洋舰较低的舰艏干舷,以及排水泵和排水设备不足所导致的,是难以克服的顽疾。与英国战列巡洋舰相比,德国战列巡洋舰上述的种种优势也可以被看作是英舰相应的劣势。另外,英舰主炮所使用的穿甲弹也很不给力,它们在撞击到德舰的装甲时常常碎裂,而不是击穿德舰装甲后在其舰体内部的要害处爆炸。

从绝对意义上讲,德国战列巡洋舰很可能会在与英国战列巡洋舰一对一的对决中表现得更为出色,不过相对而言,英国皇家海军在两个方面的"综合"因素的作用下,其所拥有的优势地位也是显而易见的。这两方面因素之一是英国海军从1908年("无敌"号入役的年份)至第一次世界大战结束这一期间内完成了多达14艘战列巡洋舰的设计规划、拨款建造、服役部署和实战运用等重要工作的能力。与之相反,德意志帝国海军在同样的时间内"仅"有7艘战列巡洋舰入役。其二是英国皇家海军拥有从惨烈的战斗中迅速恢复元气的能力。在日德兰海战中,英国海军3艘战列巡洋舰战沉,德国只损失了1艘,但仅仅两个月后,损失惨重的英国皇家海军战列巡洋舰部队就已恢复了战斗力,有7艘舰重新做好了战斗准备,而德国海军的战列巡洋舰中此时却只有1艘还能作战。

需要说明的是,上述对英德两国战列巡洋舰所做的所有对比,都应当在两国对战列巡洋舰这一新型舰种所各自制定的规划、设计和建造等工作步骤的框架内进行。许多研究者对英国海军的第一代战列巡洋舰"无敌"级多有诟病,认为该级在性能上只能说是"尚可",并希望在后续舰级中加以改进提升。但之后问世的"不倦"级只不过是"无敌"级的一个复制品,如果其性能相对"无敌"级还不算是倒退的话。德国海军的"冯·德·坦恩"号和"毛奇"级战列巡洋舰比英国海军的"无敌"号入役要晚,但却要早于和"无敌"同级的"不屈"号、"不挠"号及其复制品"不倦"级,这也反映出德国海军在新型战列巡洋舰的设计开发上所采取的是一种比较"稳健"的方式。

英国的"狮"级战列巡洋舰曾被认为是"不倦"级的升级改进版,用以对抗德国海军的"毛奇"级。但相对于其强大的火力,"狮"级的防护能力依旧薄弱。德国海军也曾获得了一些关于该级三号舰"玛丽女王"号性能方面的详细情报,但显然这并没有对德国海军当时正在进行的战列巡洋舰设计产生影响。另一方面,英国皇家海军也获得了德国"塞德利茨"号的一些设计细节,但即便如此,似乎也没有影响到英国战列巡洋舰的发展道路。对"塞德利茨"号来说,尽管为该舰装备 12 英寸口径主炮的设想没能实现,但该舰实际上就是火力升级版的"毛奇"级。总体上说,"塞德利茨"号比"玛丽女王"号的防护更好,但后者装备的 13.5 英寸主炮在一定程度上"平衡"了"塞德利茨"号的这一优势。"虎"号相比"狮"级有明显的性能提升,但不包括防护和主机重量方面。后续的"德弗林格尔"级相比"塞德利茨"号在设计上有了很大的改进,因此也被认为是 1918 年之前英德双方所有已建成的战列巡洋舰中性能最好的一级。英国方面,"声望"级战列巡洋舰与"虎"号相比在性能上并无提升,尤其是"声望"级的防护较之"虎"号更弱。据说这一问题在该级的改装过程中已经得到了解决,不过由于该级未经过第一次世界大战的战火洗礼,无法验证其效果。人们对"勇敢"级的看法倒是高度一致,认为该级只有在为其量身打造的专属任务——"波罗的海突袭行动"中也许还能有些作为,另外,还可利用其高航速和浅吃水的优势作为疑兵引开德国舰队,除此之外,该级是否还有其他用处颇值得怀疑。

英国海军"胡德"号战列巡洋舰的前部上层建筑和烟囱的近照。照片中可见该舰火控战位和设备的布置情况。(图片来源:亚历山大·特恩布尔图书馆,新西兰)

第一次世界大战结束后,尽管还有为数不多的几艘战列巡洋舰一直服役到了第二次世界大战,但事实上战列巡洋舰的时代在恢宏惨烈的日德兰海战落幕的时候就已经结束了。正如本书后面的附录中所详细描述的那样,1918 年之后,除了英国的"海军上将"级之外,只有美国、日本等国还保留了为数不多的战列巡洋舰建造计划。但是,日德兰海战中 3 艘英国战列巡洋舰转瞬之间的灰飞烟灭,对于欧洲和其他国家的海军界,乃至公众舆论都产生了深远的影响,而第一次世界大战给海军和海战所带来的经验教训则清晰地表明,潜艇和海军航空兵必将成为未来海战中的神兵利器。

在20世纪20年代早期，英国海军部基于以下三点制定了英国海军的主力舰政策：皇家海军在役的战列舰和战列巡洋舰的数量，"胡德"号战列巡洋舰的建造结果，以及最重要的一点，美国海军和日本海军的主力舰建造计划。美日两国早已趁欧洲海军列强自顾不暇的良机，制定了在一战期间大力加强自身海军力量的计划，而要达成这一计划，战列巡洋舰的建造就显得尤为重要。美国的战列巡洋舰建造规划中包括6艘"列克星敦"级（Lexington Class），日本则计划建造4艘"天城"级（Amagis Class）①。本书后文的附录中对此有详细介绍。

在一战后新型战列巡洋舰的选型上，经过一轮又一轮的设计和对6个初步设计方案（从方案"K"到方案"G"）的讨论，英国海军部最终选择了在1921年11月经过修改强化的"G3"方案。"G3"战列巡洋舰的设计排水量达到了46800吨，最高航速31.5节，配备3座三联装16英寸主炮塔。然而，1922年召开的华盛顿会议（Washington Conference）对海军列强们的主力舰发展规划给予了很大限制，于是英国的"G3"战列巡洋舰和美日两国的其他战列巡洋舰建造计划先是被暂停，然后被无情地取消了。尽管华盛顿会议给了英国新型战列巡洋舰的设计研发以致命的最后一击，但值得注意的是，一

① 日本海军已有4艘"金刚"级战列巡洋舰在役。

美国海军修造局局长戴维·W.泰勒海军少将（左一）与美国海军工程局局长约翰·K.罗宾逊海军少将（右一）正在介绍将一艘"宪法"/"列克星敦"级战列巡洋舰改建为航空母舰的相关情况。（图片来源：美国海军历史与遗迹档案馆）

些在役或建造中的战列巡洋舰已经为未来海军航空兵的发展悄然奠定了基础。

尽管不得不遵照华盛顿会议的决议裁减现有主力舰数量，并取消新型战列巡洋舰的建造，但事实上英、美、日三国的海军首脑们都不愿意将新型战列巡洋舰已建成的舰体废弃。他们认为这些舰体设计精良，尤其是形制上更容易实现高航速，可能在未来会大有用武之地，弃之实在可惜。因此，英国将已建成的"暴怒"号、"勇敢"号和"光荣"号3艘"大型轻巡洋舰"改造成了真正的航空母舰，随后美国也利用未完成的"列克星敦"级战列巡洋舰的舰体，建造了"列克星敦"号（Lexington）和"萨拉托加"号（Saratoga）两艘航空母舰，日本海军则利用"天城"级的舰体建造了航空母舰"赤城"号（Akagi）。

相比之下，德国海军在20世纪30年代的重整军备是以"袖珍战列舰"（或称"装甲舰"，德文：Panzerschiffe）这一独特的舰种作为起点的。这一舰种牺牲了防护能力，而加强了火力和续航力，航速也略有提升。后来，2艘"沙恩霍斯特"级（Scharnhorst Class）加入了纳粹德国海军，不过一些学者将该级的2艘舰——"沙恩霍斯特"号（Scharnhorst）和"格奈森诺"号（Gneisenau）归类为装甲巡洋舰而非战列巡洋舰。"沙恩霍斯特"级之后的"希佩尔海军上将"级（Admiral Hipper Class）则完全属于重巡洋舰。德国海军重新装备战列巡洋舰的唯一尝试是在20世纪30年代末，当时还曾拿出了代号为"O""P"和"Q"的几个设计方案，但都停留在了纸面上。

战列巡洋舰这一舰种由于在火力、速度和防护之间缺乏平衡，因而受到了激烈的批评，尤其是在英国。日德兰海战中，英国海军"无敌"号、"不倦"号和"玛丽女王"号3艘战列巡洋舰的沉没无疑是对英国费舍尔勋爵和德国提尔皮茨元帅心目中"完美战舰"构想的重大打击。尽管三舰的战沉是由于弹药管理不善所导致的弹药库爆炸，但造成其沉没的首要原因还是敌方炮火。德国海军"吕佐夫"号战列巡洋舰在日德兰海战中的沉没也是同样的原因，该舰在敌方火力的直接打击下损毁严重，不得不饮恨自沉。

但是，如果对战列巡洋舰在第一次世界大战中的整体战斗表现进行一个评估，就会发现这一舰种似乎还是满足了其战术角色设定和设计功能的要求。在日德兰海战乃至一战结束后，各国海军都试图在军舰的类型上选择那些它们最能负担得起的舰种。因此，战列巡洋舰似乎在某种程度上被"牺牲"了，更具威力的快速战列舰的概念此时已经成为超越所有其他类型主力舰的存在，而新生代的海军兵器，特别是飞机和潜艇，正在成为未来海军与海战的关键组成元素。

附录
其他国家的战列巡洋舰

英国和德国并非是仅有的两个设计和建造战列巡洋舰的国家，其他国家在第一次世界大战前和战争期间也有过类似的努力。日本是其中建造战列巡洋舰最多的国家，共有4艘在日本海军中服役，但这4艘战列巡洋舰并没有参加第一次世界大战。美国紧随日本之后，也设计了一级大型战列巡洋舰，但其中只有2艘建成，而且在1922年的《华盛顿条约》（Washington Treaty）缔结后被改造为航空母舰。沙皇俄国也曾在一战前和战争期间尝试装备一批战列巡洋舰，但其计划最终以失败告终。俄国战列巡洋舰计划失败的原因很多，其中就包括1917年革命的爆发。法国和奥匈帝国也在战列巡洋舰领域做了一些前期的设计工作，但均未付诸实施。

日本"金刚"级战列巡洋舰

从1904—1905年的日俄战争中获得的经验教训，以及无畏舰所带来的海军技术革命，加之伦敦和东京之间良好的双边关系，促使日本帝国海军（Imperial Japanese Navy，IJN）新构思出一项旨在提高日本的国家战略地位的造舰计划。1909年，日本帝国海军的技术部门展开了一型排水量为18650吨、配备12英寸口径主炮、最高航速可达26.5节的战列巡洋舰的前期设计工作。但日本设计师对这种新型军舰缺乏设计经验[1]，因此虽然日本国会批准了所谓的《海军紧急扩张法案》所需的资金预算（该法案授权日本海军设计和建造4艘战列巡洋舰与1艘战列舰），日本海军还是转而借助英国皇家海军的战列巡洋舰建造规划和英国发达的造船工业来实现自己的目标。这一目标包括三个方面的内容：为日本海军装备一艘现代化的战列巡洋舰；获得现代化的战列巡洋舰设计与建造方面必要的专业知识，以使该级舰的后续几艘能够由日本造船厂建造；使日本的造舰工业基础得到发展和提升。日本海军的技术部门为此准备了大约30个设计方案，这些方案的排水量为18000—19000吨，主炮口径为12英寸，采用双联或三联装主炮塔，最高航速26节左右。但最终日本海军舰政本部决定以英国的"狮"级战列巡洋舰为日本战列巡洋舰的建造模板。由于英日两国海军技术人员之间密切的工作联系，英国维克斯·阿姆斯特朗公司于1910年10月得到了一份合同，合同约定由该公司按日方特定的技术要求来设计和建造一艘战列巡洋舰。新的设计方案后来演变成了"金刚"级战列巡洋舰，而推动进行这一新设计的主要动力之一，就是为日本战列巡洋舰配备45倍径的14英寸口径主炮的决定。日本海军之所以做出这一决定，或许是预感到美国海军可能很快就会为其战列舰配备该口径的主炮的缘故。[2]

---

[1] 日本帝国海军此时正在建造两艘采用前无畏舰设计的装甲巡洋舰"伊吹"号（Ibuki）和"鞍马"号（Kurama）（之后两舰被归类为战列巡洋舰）。后来日本海军还搞出了一种舯部设置有两座交错排列的主炮塔的设计草案。

[2] 由于该型火炮在当时是全新设计，实际效能尚不得而知，因此日本海军向维克斯公司先订购了一门样炮，这门样炮于1911年3月在英国埃塞克斯郡（Essex）的舒伯里内斯（Shoeburyness）成功地进行了测试。

1914 年 6 月锚泊中的日本海军"金刚"号战列巡洋舰。该舰由英国维克斯—阿姆斯特朗公司的乔治·瑟斯顿爵士担纲设计。[丹尼斯·菲永（Dennis Fillon）供图]

"金刚"级战列巡洋舰的维克斯公司设计团队由乔治·瑟斯顿（George Thurston）爵士领衔担纲，此君负责过众多英国军舰的设计工作，是英国著名的造船大师。"金刚"级在设计上相比"狮"级做了一些改动[1]，最明显的改进是主炮的布局方式。"金刚"级前后各配备 2 座双联装主炮塔，但 2 座后主炮塔的间距很大。[2] 事实证明，这种布局能够使后部的"X"主炮塔获得更大的射界，这一点要优于"狮"级的主炮布局方式。另外，这种布局至少避免了舰艉炮塔组齐射时的炮口爆风给舱面设备设施带来的不利影响，而且便于将大部分勤务船艇存放在舯部甲板上。"金刚"级 3 座烟囱的间距要比"狮"级小，后三脚桅位于 3 号烟囱之前。该级的舰楼很长，一直延伸到最后部的"Y"主炮塔。其前部上层建筑，包括装甲司令塔在内，尺寸明显比"狮"级的要小。前部"B"主炮塔、前部上层建筑、3 座烟囱、部分探照灯平台、后部火控指挥塔（可能是用于鱼雷射击指挥）和后部"X"主炮塔均设置在遮蔽甲板之上。每组向后倾斜的三脚桅上都安装有一个观测台。"金刚"级配备了一个水下部分曲线柔和的飞剪型舰艏和一个圆形舰艉，并且因为日本海军一贯要求设计师要尽可能为其军舰提供最佳的适航性设计，为了满足这一点，该级的舰体外飘幅度要比英国主力舰的大。"金刚"级战列巡洋舰的舰体在垂直方向上分为 5 层甲板，分别为主甲板、中层甲板、下层甲板、平台甲板和货舱甲板，在水平方向上则被分隔为 16 个水密隔舱。与英国战列巡洋舰不同的是，"金刚"级的炮弹库设置在位于平台甲板的发射药库的上方，而储藏室则设置在发射药库和双层舰底之间。全舰的人员编制为官兵 1200 人。

---

[1] 关于"金刚"级和"虎"号之间在设计上的所谓关联，参见本书第三章相关内容。
[2] "A""B"两座前主炮塔的射界为 300°，"X"和"Y"两座后主炮塔的射界增加到 320°。正前向和正后向均可同时展开 4 门主炮的火力。

"金刚"号战列巡洋舰于1910年1月17日在英国巴罗因弗内斯的维克斯船厂开工，1912年5月18日下水，1913年8月16日竣工。该舰竣工时全长705.8英尺，舷宽92.2英尺，舰体高51英尺。全舰各部分的吨位分配为：舰体和舰上设施9449吨，装甲6343吨，主机4460吨，武备4332吨，各类设备941吨，载煤1100吨。[1]全舰排水量总计26625吨。当该舰的燃料携载量改为4200吨燃煤和1000吨燃油时，其正常排水量将增至约27400吨，对应的吃水深度为27英尺。

"金刚"号战列巡洋舰的主机由36台亚罗式大型水管锅炉组成，锅炉产生高压蒸汽时的工作压力为205磅/平方英寸。该舰的动力单元为两组改进型帕森斯式直驱蒸汽轮机，每组均包括一台高压涡轮机和一台低压涡轮机。高压涡轮机驱动两根外侧主轴，低压涡轮机驱动两根内侧主轴。锅炉分布在8间锅炉舱内[2]，锅炉舱被一道纵贯所有主机空间和轮机舱的中线隔舱壁纵向分隔开来。这种主机布局方式是为了确保左右舷的涡轮机都能有一定的独立工作能力。"金刚"号的设计最高航速为27.5节（主机输出功率70000轴马力时）。在英国克莱德河（Clyde）峡湾的航速测试中，"金刚"号在主轴转速300.6转/分、主机功率78275轴马力时，航速达到了27.54节。该舰排水量27580吨，续航力为8000英里/14节或10000英里/10节。该舰由4具3叶螺旋桨推进，舰舵采用双舵板形式，两块舵板的安装位置正好处于两具内侧螺旋桨搅起的水流中。"金刚"号的舰底舭龙骨较长，从"A"主炮塔一直延伸到艏楼甲板的尽头。在防御力方面，"金刚"舰的装甲分布反映出了英国战列巡洋舰在防护问题上所追求的理念和模式，即防护要为火力和航速让路，因此导致其垂直防护能力不足以抵挡大于自身主炮口径的炮弹的攻击。"金刚"号的垂直防护主要依靠一条8英寸厚的克虏伯渗碳钢主装甲带，这条装甲带宽12.5英尺，从最前部的"A"主炮塔座一直敷设到最后部的"Y"主炮塔座，但其在舰艏和舰艉的延伸段的厚度降至6英寸。一道5.5英寸厚的维克斯渗碳（VC）钢前隔舱壁和一道6—8英寸厚的维克斯渗碳钢后隔舱壁将主装甲带一前一后封闭起来，主装甲带上方还敷设有一条用以保护副炮的6英寸厚的装甲带，这条装甲带被两道6英寸厚的隔舱壁前后封闭。

由于"金刚"号战列巡洋舰恰好于日德兰海战前夕竣工，自然不可能根据从日德兰海战中获得的经验教训进行什么改进，其镍钢和高强度钢材质的水平装甲防护力薄弱，在从远距离上射来的近乎垂直下落的炮弹面前几乎不堪一击。"金刚"号的艏楼甲板和上层甲板厚度只有1.5英寸，主甲板厚度仅0.75英寸；主机舱和弹药库上方的下层甲板厚度同样是0.75英寸，舵机舱的水平防护装甲厚0.75—1英寸；锅炉舱烟道的装甲厚度为9英寸，这与甲板的防护厚度相比显得很不成比例；主炮塔炮塔座上部装甲厚度为10英寸，在上层甲板以下就降至3英寸；主炮塔正面装甲厚度为10英寸，侧面9英寸，顶部3英寸，不过似乎没有主炮塔背面的装甲厚度数据，尽管其厚度应该比正面和侧面要薄；短小的司令塔位于"B"主炮塔后方，据称其装甲厚度为9英寸，舰艉射击指挥塔的装甲厚度可能是2英寸，而司令塔和射击指挥塔中的通讯管道所敷设的装甲厚度可能是2—3英寸；"金刚"号的水下防护水平有限，主要依靠一道位于主机舱室和弹药库外侧的1.9英寸厚的装甲隔舱壁。另外，尽管舷侧悬挂的防鱼雷网已被英国皇家海军所摒弃，日本海军却将这一鸡肋装置在"金刚"号上保留了很长一段时间。

"金刚"号战列巡洋舰装备的主炮为8门45倍径14英寸舰炮。该型火炮的原始设计于1910年11月由维克斯·阿姆斯特朗公司提交给了日本海军。为了对其真正的口径保密，

---

[1] "金刚"号战列巡洋舰的设计中没有留出英国军舰那样的设计余量吨位。各部分的吨位分配比例为：舰体和舰上设施35%，装甲24%，主机17%，武备16%，各类设备4%，载煤4%。
[2] 最前面的两间锅炉舱内各安装6台锅炉，其余每间锅炉舱内各安装4台。

① "四十三"代表日本明治天皇纪年第四十三年，即1910年。
② 后来由日本工厂独立设计和制造的该型火炮被命名为"四十一年式1908型"。1917年，当日本海军转而采用公制单位时，所有该型火炮都被称为"三十六厘"（14.2英寸），但其实际口径仍保持14英寸（356毫米）不变。
③ 后来英国皇家海军也为其战列巡洋舰换装了6英寸副炮。
④ 尽管日本海军将该型高炮定名为"八厘"，但其实际的口径为76.2毫米。

维克斯公司的内部文件将该型火炮命名为"维克斯'J'型12英寸炮"（"J"指代日本），而日本海军则将其命名为"四十三年式十二寸炮"①。后来，维克斯制造的这款火炮被称为"维克斯'A'型14英寸炮"，而日本海军的对应名称为"明治四十三年式十四寸炮"②。该型火炮的战斗射速为2发/分，每座双联装炮塔重达654吨。该炮的仰俯角原为-5°—+25°，在最大仰角发射重1485磅的穿甲弹时的射程可达28200码。备弹量为每门炮90发。

关于"金刚"号的副炮，由于英国皇家海军的战列巡洋舰上配备的4英寸副炮被认为在实战中对付不了敌驱逐舰，日本海军决定在"金刚"舰上安装6英寸副炮③，于是"金刚"号上最终安装了16门维克斯"M式"50倍径6英寸单装炮作为副炮。16门6英寸副炮每门重约32吨，全部安装在舯楼内的炮廓中，左右两舷各8门。日本海军最初将该型火炮命名为"四十一年式"50倍径15毫米炮，其战斗射速为5发/分，仰俯角为-5°—+30°，在最大仰角发射重100磅的"四式"通常弹时射程为21300码。

"金刚"舰上的防空武器配置也反映出当时的主力舰在对空防御装备方面的趋势。因此，"金刚"号安装了10门"三年式"45倍径3英寸高射炮④，该型高炮为全人工操作的单装式火炮，其中的8门以两门一组的方式安装在所有主炮塔的顶部，另两门分别安装在舯楼上和1号烟囱旁。"三年式"高炮在45°仰角时的射程为11800码。"金刚"号战列巡洋舰还在舰体前部、中部和后部安装了共计8具21英寸（533毫米）水下鱼雷发射管，配备"四四式"2号鱼雷。

1915年12月停泊在佐世保军港的"比叡"号战列巡洋舰。两座后倾的桅杆和不同高度的烟囱是其鲜明特征。（图片来源：丹尼斯·菲永）

正在日本神户川崎造船所进行舾装的"榛名"号战列巡洋舰。照片中可见一门维克斯14英寸炮正在安装。"榛名"号于1912年3月开工建造，是第二艘由日本国内船厂建造的"金刚"级战列巡洋舰。（图片来源：吴港海事博物馆）

"金刚"号战列巡洋舰在火控设备上师从英国海军。根据现有的照片资料，可以确定"金刚"号在司令塔、舰艉射击指挥塔中和桅顶观测台上总共至少安装有 4 部 9 英尺基线的测距仪。司令塔和舰艉射击指挥塔各自分别与无线电发报室和舰上指挥室相连。"金刚"号上配备有 8 部口径可能为 36 英寸的探照灯，其中前部上层建筑上安装 2 部，前、后桅杆上突出的小平台上各安装 2 部，还有 2 部安装在 1 号烟囱两旁的平台上。

"金刚"级战列巡洋舰除首舰"金刚"号外，其余 3 艘为日本自建。三舰分别为："比叡"号（Hiei），1911 年 4 月 4 日于横须贺海军工厂开工建造，1914 年 8 月 4 日竣工；"榛名"号（Haruna），1912 年 3 月 16 日于神户川崎造船所开工建造，1915 年 4 月 19 日竣工；"雾岛"号（Kirishima），1912 年 3 月 17 日于三菱长崎[①]造船所开工建造，1915 年 4 月 19 日竣工。考虑到日本在此之前从未有过现代化战列巡洋舰的设计建造经验，因此其能够在 4 年内建成 4 艘像"金刚"级这样复杂而先进的主力舰，的确是一个了不起的成就。

"金刚"号和其同级姊妹舰之间还存在一些差异。比如"比叡"号的 1 号烟囱高度比"金刚"号要高一些，并且 1、2 两座烟囱的间距也相对更大。"金刚"号和"比叡"号的舰用蒸汽轮机均由英国维克斯公司制造，而"雾岛"号的蒸汽轮机则由日本三菱重工长崎造船提供。"榛名"号上配备的布朗-柯蒂斯式蒸汽轮机和"比叡"号上的舰本式锅炉均由横须贺海军工厂制造。

在第一次世界大战期间，日本海军将"金刚"级战列巡洋舰部署在太平洋地区，负责防备由冯·斯佩将军率领的德国远东舰队。英国曾请求日本将该级舰调往欧洲海域，以加强协约国的海上力量，但日本方面没有同意。在一战结束之前，"金刚"级战列巡洋舰在火控装备和防空武器方面有一些变化，而在两次世界大战之间的岁月里，该级舰分两个阶段进行了全面的现代化改装。在 20 世纪 20 年代中期，"金刚"级的主炮最大仰角被提升到了 33°，其最大射程也相应得到了增加。20 年代晚期，日本海军又对"金刚"级的

① 译注：雾岛号的建造地为长崎（Nagasaki），原文误作 Kawasaki。

在神户湾下锚的"榛名"号战列巡洋舰。这张照片拍摄于 1915 年 4 月 24 日，两周后"榛名"号正式入役日本帝国海军。（图片来源：吴港海事博物馆）

前部上层建筑进行了重建，使之更为现代化，同时升级了火控指挥设备，并加装了舷侧防鱼雷凸出部。在其他方面，特别是在30年代进行的改装还包括将舰上的锅炉更换为日本国产型号、拆除一座烟囱、提升装甲防护水平、增加燃煤和油料的携载量，以及在舰上安装水上飞机弹射器等。完成了现代化改装后，"金刚"级战列巡洋舰被日本海军重新归类为战列舰，并参加了第二次世界大战。"比叡"号在1942年11月13日于南太平洋萨沃岛（Savo）海域被击沉；"雾岛"号于两天后在瓜达尔卡纳尔岛（Guadalcanal）海域被击沉。"金刚"级的首舰"金刚"号在结束了惊心动魄的萨马岛海战（Battle of Samar）之后，于1944年11月21日被美军潜艇"海狮"号（USS Sealion，SS-315）在台湾海峡用鱼雷击沉。① 只有"榛名"号没有客死他乡，于1945年7月28日在美机的轰炸下坐沉于日本吴港。

俄国"博罗季诺"级战列巡洋舰

在第一次世界大战爆发前几年，沙皇俄国与英法两国已经建立了"三国协约"，彼此互为盟国，而德国则被视为是对这一协约联盟的主要威胁，因此沙俄海军试图重建其陈旧而破败的海军作战舰队。在与国外造船厂就新式军舰的订购意向进行商议之后，俄国海军决定还是在本国建造它们，但俄国海军的战略计划中包含有一些不切实际的过高目标。根据俄国人的设想，在1909—1930年期间，俄国将在波罗的海部署一支包括24艘战列舰与战列巡洋舰，外加12艘装甲巡洋舰在内的强大舰队。这一造舰计划是当时俄国海军的两个分别被称为"大方案"和"小方案"的海军规划案的一部分。最终俄国海军向俄国议会下院即国家杜马（Duma）提交了"大方案"，并要求拨款15亿卢布，用以建造规划案中第一批12艘战列舰和4艘战列巡洋舰。这一提案中所要求的拨款金额过于巨大，因此遭到了国家杜马的反对，但其反对意见被俄国议会上院所否决。1912年7月，俄国议会上院批准了所谓的"小方案"，根据这一方案，俄国海军将获得5.02亿卢布的拨款，先期建造4艘战列巡洋舰②、4艘装甲巡洋舰、若干艘其他类型的水面舰艇以及潜艇。

欧洲各国在海军建设上的快速发展迫使俄国海军集中力量对其波罗的海舰队和黑海舰队予以加强。事实上，"小方案"中所计划建造的4艘战列巡洋舰将被部署在波罗的海方向作战，它们的设计工作在议会上院批准该造舰方案时就已开始。俄国海军战列巡洋舰的设计可能是由当时著名的造船大师亚历山大·克雷洛夫（Aleksander Krylov）所领导的俄国造船委员会（Russian Shipbuilding Committee）在"甘古特"级（Gangut Class）战列舰的基础上开发而来的。俄国海军将这4艘战列巡洋舰分别命名为"博罗季诺"号（Borodino）、"伊兹梅尔"号（Izmail）、"金布恩"号（Kinburn）和"纳瓦林"号（Navarin），并对该级舰提出了初步的技术要求，即装备12英寸口径主炮，最高航速28节。虽然有一些私营造船厂提交了初步的投标方案，但该级战列巡洋舰的造价看起来还是太高，最终使得俄国海军重新考虑了对该级舰的技术要求。在做出了一些设计方案，并受到了从德国传递出来的关于德国海军主力舰性能的情报影响后，俄国海军决定将该级战列巡洋舰的主炮口径增加到14英寸，因此将导致航速的降低和装甲防护方案的一些改变也在所不惜。另外，最初在该级舰上配备背负式主炮塔的想法在发现可能会对推进系统的安装位置带来不利影响后就放弃了，因此俄国海军新型战列巡洋舰在主炮塔的布局上还是采用了一种更为传统的方式。

---

① 译注：关于"金刚"号的归宿，原文作"Kongo was sunk during the Battle of Samar on 21 November 1944"，与史实不符，此处更正。
② "博罗季诺"级早先在正式场合被称为装甲巡洋舰，1915年7月26日俄国海军部签发命令，将该级归入了战列巡洋舰。

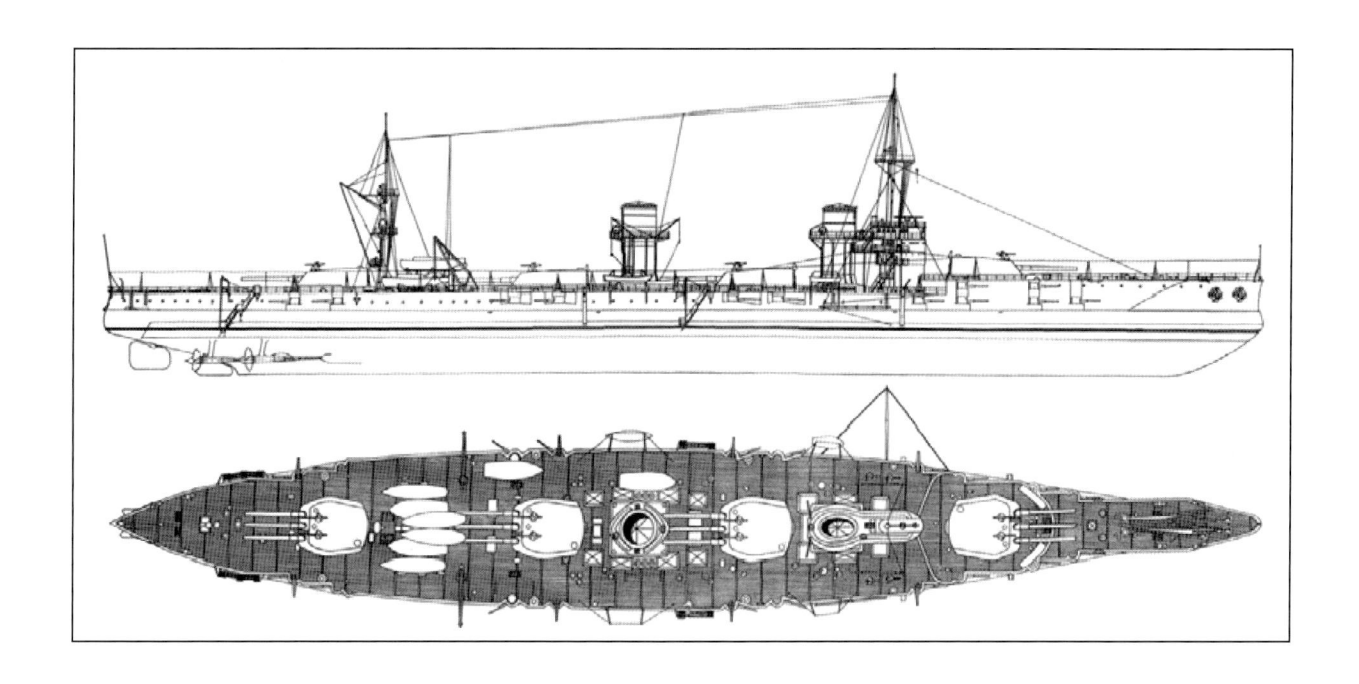

经过多次修改，终版设计方案终于得到了俄国海军部的批准，"伊兹梅尔"号和"博罗季诺"号的建造合同被授予了俄国的新海军部造船厂（New Adiralty Shipyard），"纳瓦林"号和"金布恩"号则由波罗的海船厂承建，这两家船厂都位于圣彼得堡。国家杜马已经为每艘舰的建造拨款4550万卢布，但是由于主炮口径的改变和其他设计变更，每艘舰的估算造价又增加了700万卢布。

原则上，俄国战列巡洋舰在设计上更多的是效仿德国而非英国，因为它们的装甲防护并没有由于追求高航速而被忽视。事实上，俄国海军的"博罗季诺"级战列巡洋舰更符合战列舰的特征定义。然而，在主炮和副炮方面所采用的一些技术方案与技术措施将会为这些火炮的操作带来困难。

"博罗季诺"级战列巡洋舰的设计排水量为32500吨，满载排水量则增加到38000吨，舰体总长度和舷宽分别为750英尺和100英尺，在满载排水量状态下的设计吃水深度为33.5英尺。该级的舰艏形状有些类似于冲角艏，舰艉为圆形，两条舷边沿舰体前部逐渐靠拢，在舰艏处会合，但两条舷边有一小段是彼此平行的。"博罗季诺"级之所以要采用这一不寻常的舰体结构设计，可能是为了增加舰体的水线面积和稳性。"博罗季诺"级的前部干舷高度为29英尺2英寸，但艉部干舷高度急剧下降到20英尺6英寸。该级的主火力配置为4座位于甲板中心线的三联装主炮塔，其中两座主炮塔位于舯部，被一座烟囱隔开，其舰体的总布局也在很大程度上受到了这种主炮布局形式的影响。"博罗季诺"级的主炮布局形式使该舰实现全部12门主炮的舷侧齐射，而由于甲板结构强度不足，两座舯部主炮塔的旋转速率被降低了。前主炮塔（"A"炮塔）和后主炮塔（"Y"炮塔）均拥有310°的良好射界，而舯部两座主炮塔的射界则降至280°。不过，由于舯部主炮塔的旋转动作受到了烟囱和其他舱面设施的妨碍，"博罗季诺"级在正前向和正后向都各仅有一座主炮塔可以进行射击，火力强度不够。该级舰上大部分的勤务艇都放置在舯部"P"炮塔和后部"Y"炮塔之间，由2部起重吊臂来进行吊放。

"博罗季诺"级在舰体前段的主甲板和上层甲板安装了两层共计10门5.1英寸炮廓式单装副炮，其余的5.1英寸副炮则安装在主甲板上沿两舷布置的炮廓内，但两舷主甲板

俄国海军"伊兹梅尔"号战列巡洋舰的侧视和俯视图。该舰的设计方案可能是由亚历山大·克雷洛夫领衔的俄国造船委员会在甘古特级战列舰的基础上开发而来的。（图片来源：tsushima.ru 网站）

上的副炮炮廓由于干舷高度原因经常进水，并且在恶劣的气象条件下副炮很难操作。副炮炮位采用这种布局可能是为了让主炮和副炮的弹药库彼此离得近一些。"博罗季诺"级的艉楼长度很短，只延伸到同样较小的上层建筑的位置。上层建筑通过两个短平台与前烟囱相连，同时支撑着单柱式前桅，后桅也是单柱式，安装在"Y"主炮塔后方。

"博罗季诺"级战列巡洋舰的舰体共有6层甲板，一层高4英尺2.2英寸的双层舰底纵贯整个舰体。大大小小总共25道隔舱壁不仅将舰体进行了水平方向的分隔，也为舰体提供了合理而良好的水密隔舱分区。"博罗季诺"级舯部靠后的"Q"主炮塔的弹药库被布置在两间锅炉舱之间，这正反映出该级的主炮布局对舰体内部的舱室设置产生了怎样的影响。根据设计方案，"博罗季诺"级将在7间锅炉舱内总共安装25台亚罗式大型水管锅炉，锅炉的工作压力为242磅/平方英寸。仅前部3间锅炉舱内安装了燃油锅炉，其余锅炉舱内安装的都是燃煤锅炉。位于"P"主炮塔和"Y"主炮塔之间的两间轮机舱内安装有4部帕森斯式蒸汽轮机，每部驱动一具主轴。① 一道纵向隔舱壁将轮机舱分隔成4个独立空间。高压涡轮机驱动外侧主轴，内侧主轴由低压涡轮机驱动。该级舰的最大设计功率为68000轴马力，对应航速为26.5节；其燃料携载量约为3800吨，燃煤和燃油的携载量几乎相同。"博罗季诺"级战列巡洋舰的续航半径为2280英里/26.5节，这一数据被认为足以应付波罗的海海域范围内的战事。全舰所需的电力由6台涡轮发电机和2台柴油发电机提供，每台发电机的额定功率都是320千瓦，因此"博罗季诺"级全舰总发电功率为2560千瓦。这些发电机都安装在平台甲板上的4间隔舱内，2间在主机舱前面，另2间位于主机舱后方。包括直流和交流工作段在内的舰上电网保证了对所有用电设备的可靠的电力分配。"博罗季诺"级舰艉串列安装了2块舵板，舰体两侧还各配备3个弗拉姆式减摇压水舱。

"博罗季诺"级战列巡洋舰在装甲防护上采用的是克虏伯渗碳钢装甲板，防护设计上借鉴了从"切什梅"号（Chesma）② 战列舰身上取得的试验成果。"博罗季诺"级的垂直防护装甲包括两条装甲带，一条是主装甲带，另一条是上层装甲带。其中主装甲带厚度为9.35英寸，自"A"主炮塔炮塔座一直延伸到"Y"主炮塔炮塔座，几乎纵贯整个舰体。主装甲带背面还覆有一层3英寸厚的木板，用以实现主装甲带和舰体结构之间的柔性连接，起到缓冲作用。主装甲带在水线之上的垂直高度为16英尺5.4英寸，水线之下为5英尺5英寸。主装甲带与一道3英寸厚的前隔舱壁和一道11.8英寸厚的后隔舱壁一起，形成了一个完整的舰体装甲盒结构。不过后隔舱壁的厚度在下层甲板处降至4英寸，主装甲带的厚度在"A"主炮塔炮塔座前方和"Y"主炮塔炮塔座后方处降至4.9英寸，木质缓冲背板的厚度也降到了2英寸。上层装甲带沿主甲板延伸，厚度为3.9英寸，宽9英尺6英寸，两端由两道4英寸厚的隔舱壁封闭。在垂直装甲后方，主甲板和下层甲板之间，还有一道2英寸厚的纵向防弹隔板。这道隔板有一个向下的倾角，其与主装甲带的下缘相接的地方厚度增加到3英寸。舵机所属各舱室和舰体尾端的防护装甲板厚度从1英寸到4英寸不等，舰体前端的装甲厚度为4.4英寸。

"博罗季诺"级的水平防护还算适度。"A"主炮塔前方的艏楼甲板厚度只有0.35英寸，在"A"主炮塔周围其厚度增加到1.4英寸。主甲板大部分部位厚1.47英寸，只在主炮塔炮塔座周围有一些加强。较低的平台甲板厚度约0.75英寸。舰体水下部分的防护措施仅限于两道位于舷壳后，从双层舰底向上延伸的隔舱壁，各厚0.39英寸。烟囱的烟道也敷有2英寸厚的装甲。

---

① 位于俄国首都圣彼得堡的"法—俄联合造船厂"将为正在海军船厂中建造的"伊兹梅尔"号和"博罗季诺"号战列巡洋舰制造蒸汽轮机；"纳瓦林"号和"金布恩"号的蒸汽轮机将由其建造厂——波罗的海造船厂自行制造。不过，沙皇俄国受其工业水平所限，还不具备制造舰用主机的关键零部件的能力，因此只得向国外渠道求购。俄国海军向德国伏尔铿船厂订购了"纳瓦林"号的蒸汽轮机，但在第一次世界大战爆发时，俄国海军所订购的蒸汽轮机组被德国海军没收后装到了德国军舰上。
② "切什梅"号是俄国海军的一艘前无畏型战列舰，该舰曾被作为靶舰，用以测试准备安装在"甘古特"级战列舰上的装甲的效能。

主炮塔炮塔座上部装甲厚 11.8 英寸，下部装甲厚度减至 5.8 英寸，因此截面呈锥形，从而使其防护作用有所降低。主炮塔的正面、侧面和背面装甲厚度均为 11.8 英寸，顶部厚 5.9 英寸。主炮塔内部有两道 1 英寸厚的隔板将 3 门主炮相互隔开。司令塔上部装甲厚 15.7 英寸，下部厚 11.8 英寸，顶部厚 10 英寸。

"博罗季诺"级战列巡洋舰将配备 12 门 1913 年定型的 52 倍径 14 英寸（356 毫米）舰炮，分别安装在 4 座电动三联装炮塔中。每座主炮塔重 1368 吨。这种舰炮的设计工作始于 1910 年，最初由俄国的奥布霍夫斯基钢铁厂（Obukhovski Steel Plant）和英国维克斯公司[①]联合制造，用于装备"玛利亚皇后"级战列舰。但奥布霍夫斯基钢铁厂产能不足，该型 14 英寸火炮的交付进度赶不上已经计划好的战列舰建造进度，因此俄国海军转而决定将该型 14 英寸火炮用于"博罗季诺"级战列巡洋舰。最终，奥布霍夫斯基钢铁厂只造出了一门 14 英寸炮，而尽管英国维克斯公司于 1917 年 5 月向俄国交付了 10 门该型火炮，但它们却从未被安装在"博罗季诺"级上。该型火炮在 -5—+15° 的射击仰俯角下战斗射速为 3 发/分。其最大仰角为 25°，在最大仰角下发射 1586 磅重的穿甲弹时，最大射程 25420 码，但此时的射速会有所降低。"博罗季诺"级战列巡洋舰的主炮备弹量为每门 80 发。

"博罗季诺"级的副炮布局充分反映出俄国海军在雷击舰艇防御战术上的观点，即敌雷击舰艇主要是从本舰的前方发起攻击，于是"博罗季诺"级在舰体前部"A"主炮塔两侧集中设置了 10 门 1913 年型 55 倍径 5.1 英寸（130 毫米）炮廓式单装副炮[②]，上层建筑两侧也各安装有两门单装炮廓炮，另外在舯部"Q"主炮塔和"P"主炮塔两侧也各安装了 4 门。舰艉的 4 门炮廓式副炮安装在"Y"主炮塔的两侧。这款由英国维克斯公司设计的火炮的英国型号为"Mk A 型 5.1 英寸炮"，由于奥布霍夫斯基钢铁厂同时也为俄国海军的其他战舰提供该型火炮，"博罗季诺"级战列巡洋舰所需的 5.1 英寸炮的制造任务就一直没能完成。该炮的设计射速为 5—8 发/分，最大射击仰角为 30°，在这一射角使用穿甲弹或高爆弹时，其对应的最大射程可达 20000 码，每门炮的设计备弹量为 245 发。"博罗季诺"级每座主炮塔顶部都配备了 2 门用于炮术训练的 3 英寸（75 毫米）炮，对空防御火力则由位于上层甲板，且与上层建筑并排的 4 门 38 倍径 2.5 英寸单装高射炮提供。"博罗季诺"级设计有 6 具 1912 年型 18 英寸（450 毫米）鱼雷发射管，备雷 18 条。鱼雷发射管 2 具一组，成对地设置在司令塔、"Q"主炮塔和"Y"主炮塔旁的 3 间舱室内。

"博罗季诺"级装备的火控设备包括英国、德国和俄国本国制造的产品，是个大杂烩。"A"主炮塔和"Y"主炮塔各配备一部 6 英尺基线的蔡司测距仪，另有一部 5 英尺基线的蔡司测距仪安装在司令塔顶部；前桅上的观测台也可能配有一部测距仪。测距仪采到的目标距离信息被传递给位于平台甲板上的一座信号传输站，由传输站内的 NK 盖斯勒式（Geisler）机电式火控计算机进行射击诸元解算。盖斯勒火控

① 维克斯公司赋予该炮的型号为"Mk VI 型 50 倍径 14 英寸（356 毫米）炮"。
② 两对副炮直接被安装在另两对副炮的炮廓之上。

准备下水的"伊兹梅尔"号。这张照片拍摄于圣彼得堡的海军部造船厂，拍摄时间可能是 1915 年 6 月。俄国海军原计划建造的 4 艘战列巡洋舰实际上均未建成。（图片来源：tsushima.ru 网站）

另一艘"博罗季诺"级战列巡洋舰正在圣彼得堡的波罗的海造船厂下水。(图片来源：tsushima.ru 网站)

计算系统由一个俄国自行设计的埃里克森式（Eriksen）射程钟和一个用于修正因炮膛磨损而带来的射击精度变化的装置组成。[1]"博罗季诺"级上共配备7部探照灯，靠近"A"主炮塔前方安装有一部36英寸探照灯，两部43英寸探照灯安装在一个部分包围着前烟囱的平台上，同样的两部探照灯位于后烟囱一个相似的平台，最后两部探照灯安装在后桅上的一个较矮的平台上。"博罗季诺"级战列巡洋舰的舰员编制数量为官兵1250人。

4艘"博罗季诺"级战列巡洋舰于1913年12月12日同时开工建造，但之后由于对该级的装甲防护设计方案进行了修改，以及一些关键部件（如主炮塔）在制造上的拖期，使得该级舰的建造工作进展十分缓慢。该级四舰中，"伊兹梅尔"号于1915年6月22日最先下水，"博罗季诺"号紧随其后，于7月31日下水。"金布恩"号于当年10月30日下水，紧接着11月9日"纳瓦林"号下水。但沙皇俄国在政治上的动荡飘摇严重影响了其造船业中各个方面的工作，其中也包括"博罗季诺"级下水后的舾装工作。在1917年俄国十月革命爆发时，下水最早的"伊兹梅尔"号的整体完工度已经达到了大约60%，但其主炮塔在1919年之前都安装不了。1917年年底，新生的俄国苏维埃政权决定叫停"博罗季诺"级战列巡洋舰的建造工作。而在第一次世界大战结束后，几艘"博罗季诺"级未完工的舰体在船厂被弃置一旁达数年之久。

但俄罗斯的新主人并未忘记这几艘巨舰的存在。苏俄政权制定了至少将2—3艘"博罗季诺"级战列巡洋舰继续建成的计划，计划中还包括对该级的主炮、发电机组和配电系统进行一些改动的内容。然而，残酷的内战和苏维埃俄国此时濒临崩溃的经济情况阻碍了所有现实和后续的造舰计划的实施。内战结束后，"博罗季诺"号、"金伯恩"号和"纳瓦林"号三舰的舰壳被德国购去，于1923年分别在不莱梅、基尔和汉堡港作为废船拆毁。1925年5月，尚处于起步阶段的苏联红海军考虑将仅存的"伊兹梅尔"号改装为一艘排水量22000吨，可载50架作战飞机的航空母舰。这项提议最初得到了苏联政府的批准，但因当时在苏联军事力量中占据主导地位的陆军反对为此项目拨款，这一改装计划随后便无疾而终了。[2]

[1] 俄国海军在一战前曾购买了坡伦·阿尔戈火控系统并配备给了"甘古特"级战列舰。俄国海军有可能是想在"博罗季诺"级战列巡洋舰上用阿尔戈系统替换埃里克森火控系统。
[2] "伊兹梅尔"号最终于1931年在列宁格勒（Leningrad）被拆解。

俄国海军的"博罗季诺"级战列巡洋舰在尺寸吨位、装甲防护和航速水平上均可与英德两国同时期所设计的战列巡洋舰相媲美，并且其 14 英寸口径的主炮较之英德两国的同类舰还稍占优势。然而，包括主炮布局在内的一些严重的设计缺陷，加上沙皇俄国在工业制造方面的固有短板，以及一系列血腥惨烈、动荡不安的政治风云，使得"博罗季诺"级战列巡洋舰最终没能驰骋于大洋之上。

美国"列克星敦"级战列巡洋舰

关于美国海军战列巡洋舰建造计划的来龙去脉，需要从美国国内两家参与研究确定海军未来技术需求的机构之间的交流说起。这两家机构分别是设立于 1900 年、作为美国海军部长的智囊机构的海军联合委员会（The General Board），以及 1884 年成立的旨在培养美国海军军官的高等学府海军战争学院（Naval War College）。20 世纪的头几年，欧洲的海军列强在海军技术和海战理论方面所取得的发展，包括英德两国多级战列巡洋舰的设计和建造，对大西洋彼岸的这两家研究机构在关于未来美国海军究竟需要什么样的军舰这一课题上的观点和态度产生了很大的影响。在此之前，美国海军在主力舰方面的发展重心一直是放在战列舰和装甲巡洋舰的建造上的。[①] 虽然当时美国海军对于战列巡洋舰在自己手中应当扮演什么角色、发挥怎样的作用还没有达成统一的意见，但在 1910 年，海军联合委员会还是要求海军建造与修理局（The Bureau of Construction & Repair，即海军修造局）[②] 对美国海军未来的战列巡洋舰进行一些前期研究。在美国海军的设想中，其所装备的战列巡洋舰应有 25.5 节的航速，排水量从 24000 吨到 26000 吨不等，武备则包括 6—10 门 12 英寸火炮。然而这些研究全都是蜻蜓点水，浅尝辄止，既不具体也不彻底。直到两年后，对战列巡洋舰的研究论证工作才重起炉灶，这一次，海军修造局拿出了几份航速水平、装甲防护和续航力各不相同的设计草案。在这些设计草案中，主炮的配置均为 8 门 14 英寸火炮，其中外形尺寸最大的一个设计方案的排水量达到了 79000 吨，这一方案被认为太大，成本也太高，以至于根本不用考虑其实际建造的问题。而随后关于航速问题的内部争论使得专门建造像战列巡洋舰这样的大型高速战舰的必要性受到了挑战，导致海军联合委员会强烈反对将战列巡洋舰纳入 1912 财年的造舰计划中。然而，同时期日本决定推进"金刚"级战列巡洋舰的建造，以及在远东地区发生战事的可能性，为美国海军对战列巡洋舰的需求增加了沉重的砝码，使得海军联合委员会于 1913 年收回了自己的反对意见。另一番关于美国战列巡洋舰的角色和任务定位的讨论则明确了其在航速和主炮射程方面必须得到提升，并取得对假想敌的优势，这使高速侦察能力和强大火力的融合成为美国海军对主力舰的典型技术需求。此外，第一次世界大战的爆发、英德两国海军建设的进展，以及在海军战争学院进行的兵棋推演的结果，都极大地影响了美国海军对战列巡洋舰的研发思路。

1914 年 12 月，在英德福克兰群岛海战之后，联合委员会建议美国海军效仿英国海军，建造战列巡洋舰作为战列舰的伴随作战力量。尽管提出了这样的建议，联合委员会仍然认为在为战列巡洋舰的建造拨付款项，调配人力物力之前，还是应当审慎稳健地首先建成足够数量的战列舰。而在福克兰群岛海战之后发生的多格尔沙洲海战则为美国海军中战列巡洋舰的拥护者们提供了推动建造这种新型主力舰的新机会。1915 年秋，海军联合委员会准备正式考虑在次年的造舰计划中安插进一定数量的战列巡洋舰，并重新开

---

① 大致从 1900 年开始，美国海军陆续建造了"田纳西"（Tennessee）和"宾夕法尼亚"（Pennsylvania）两级共 10 艘装甲巡洋舰。
② 该局负责监督美国海军各类舰艇和其他船舶的设计、建造、改装、采购与维修保养等工作，同时还负责国内造船厂、修船设施、试验场和海岸场站等的管理工作。

始了前期设计工作。基于海军内部已经达成的一个共识——美国海军的每一艘新造战舰都应该优于外国海军同类舰只，1915年年底获得批准的第一批造舰计划中就包括建造一艘32000吨级、装备10门14英寸主炮的战列巡洋舰。此外，海军战争学院的兵棋推演也对明确战列巡洋舰的角色定位助了一臂之力。最终，美国海军将战列巡洋舰的主要任务和功能集中确定在两个方面：凭借自身力量与敌方同类舰艇进行交战；在双方战列舰编队接火前为己方主力舰队提供有效的侦察。美国国会也参与了这场重要的研讨，并且在1916年的海军拨款案中批准建造6艘战列巡洋舰，拨款总额为1650万美元（不含装甲和武备所需的费用）。

关于新建战列巡洋舰的主炮口径问题，美国海军内部也进行了深入研讨，特别是由于英德两国的新建主力舰将配备15英寸口径的主炮将使美国战列巡洋舰在设计之初所拥有的质量优势受到削弱。但海军修造局争辩说，将主炮口径从14英寸升至16英寸将带来全舰排水量的飙升，因而使其无法达到设计要求的35节最高航速。另一个解决的办法是将16英寸主炮的数量从10门减少到6门，但是海军联合委员会不能接受这样少的主炮数量，于是决定维持主炮较小的口径不变，以增加战舰数量的方式补偿主炮威力的不足。在经历了长时间大量的讨论和设计草案的数易其稿之后，1917年11月，海军联合委员会正式批准将战列巡洋舰的武备确定为8门16英寸主炮和16门6英寸副炮。这一变化将增加全舰的排水量并降低最高航速，但区区几节航速的损失不再被认为是一个至关重要的问题，而且还以一个合理的造价获得了更令人满意的火力配备。与此同时，美利坚合众国正式对德国宣战，于是1916财年的主力舰建造计划被暂时搁置在了一旁，以集中力量遏制德国海军U型潜艇的猖狂进攻，这也是当时美国海军更为紧迫的需求。

到1918年年初，美国海军建造战列巡洋舰的计划似乎已经是板上钉钉，但先前被暂停的1916财年的建造计划不得不留待战争结束后再重启。而在战争的最后几个月里，在美英两国国内，对于刚刚经过战争检验的战列巡洋舰的诸多方面又刮起了一股争论之风，其中也包括高昂的造价。这场争论使得战列巡洋舰这一新兴舰种的未来变得模糊而充满了不确定性。美国海军的一些军官提议在战列巡洋舰的设计上效仿英国的"胡德"号，并支持建造一型快速战列舰，而非战列巡洋舰。幸亏海军联合委员会及时出手，毅然决定战列舰和战列巡洋舰的建造工作要遵照美国国会在1916年批准通过的计划进行，同抓并举，不可偏废一方，才结束了这场激烈的争论。这一决定的背后有一个政治原因，即日本正在规划一项大规模的海军战后建设计划，而美国海军中的许多人都坚定地认为，决不能让东京在海军作战力量方面获得对美国的重大优势。此时，美国海军修造局已经对战列巡洋舰的设计方案进行了最终的修改完善，确定了将其排水量追加到43000吨以上的水平，最高航速也限定在33节。这样一来，该型战列巡洋舰在造价上就变得可以接受了。1918年，美国国会批准将每艘战列巡洋舰除装甲和武备以外的建造费用增加到1980万美元，而这一数字在1919年8月更是涨到了2300万美元。[1]

虽然事实证明美国公众不愿意在战争结束后还要为宏大的海军建设项目所需的巨额资金买单，但美国海军还是被准许签订6艘战列巡洋舰的建造合同。这6艘战列巡洋舰分别被命名为"列克星敦"号（USS Lexington）、"星座"号（USS Constellation）、"萨拉托加"号（USS Saratoga）、"突击者"号（USS Ranger）、"宪法"号（USS Constitution）和"合众国"号（USS United States）。6艘舰的舷号从"CC-1"排至"CC-6"，从"CC"

---

[1] 1919年6月，美国海军联合委员会通过了代号为"B3"的战列巡洋舰的定案设计。

这一前缀便可以确定它们已被分类为战列巡洋舰。①

如技术讨论所确定的那样，"列克星敦"级战列巡洋舰的设计方案是源于美国海军当时已有的14000吨级巡洋舰，并在进行了多项修改后于1919年确定的。凭借着43500吨的设计排水量，"列克星敦"级成了当时世界上最重最大的战列巡洋舰。其各部分所占吨位为：舰体24060吨，装甲防护6160吨，主机6240吨，武备3600吨，燃油2000吨，各类设备1440吨。② 该级在吨位上没有留出设计余量。在设计排水量状态下，"列克星敦"级的吃水深度为31英尺，稳心高度4.38英尺。其满载排水量根据计算可达44638吨，此时的稳心高度将相应增加到4.86英尺。该级的舰体全长为874英尺，最大舷宽105.5英尺，其线性尺寸使得"列克星敦"级在舰形上可与当时世界上最优秀的英国"胡德"号战列巡洋舰相媲美。不过"列克星敦"级的方形系数为0.572，因此其舰体外形相比"胡德"号要稍显丰满一些。

① 美国海军于1920年7月17日发布《第541号令》，正式实施这一舰艇编号分类规则。由此美国海军建立起了舰艇命名的标准方法。
② 对应的各部分所占吨位比例为：舰体55.3%，装甲防护14.1%，主机14.3%，武备8.3%，燃油4.6%，各类设备3.4%。

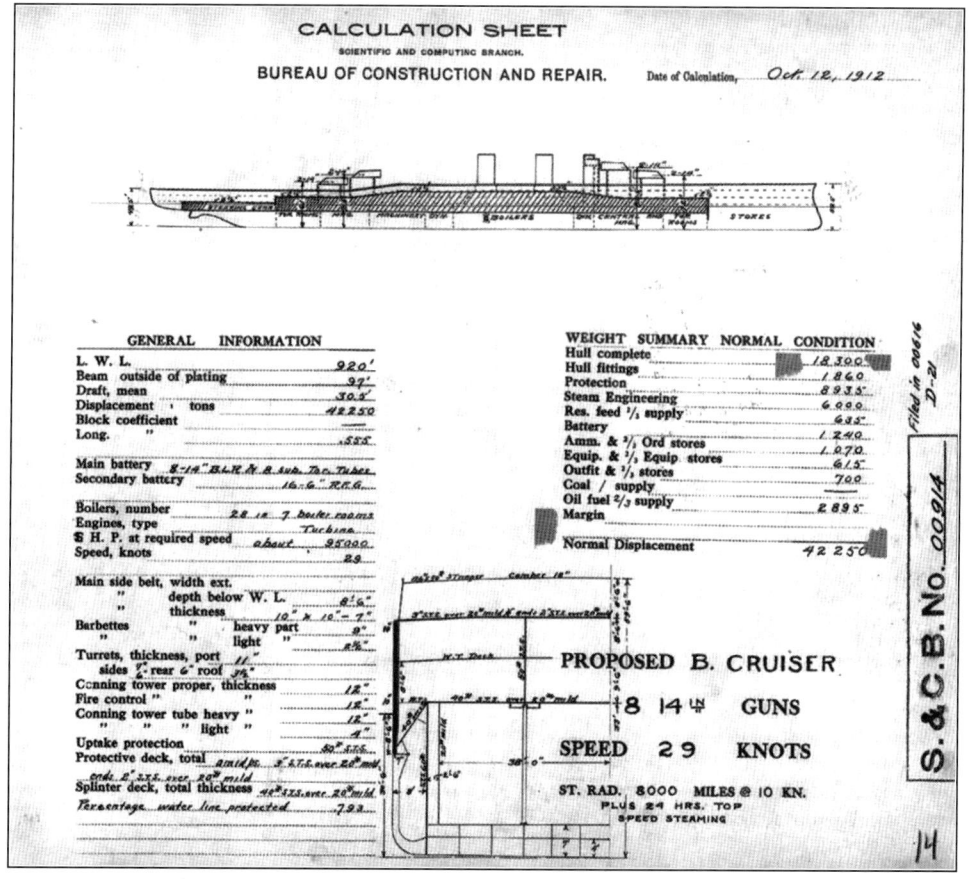

1912年10月由美国海军修造局出具的一份详细说明一款名为"B型巡洋舰"的初始设计方案的档案文件。该方案的主要武备包括4座双联装14英寸主炮塔，设计航速可达29节。（图片来源：美国海军）

画家路易斯·拉尼德1922年的一幅绘画作品的照片。画作描绘出了未建成的美国海军"列克星敦"级战列巡洋舰的最终设计形态。（图片来源：美国海军历史与遗迹档案馆）

① 在美国海军看来，这种推进系统所拥有的技术优势压倒了其固有的一些不足，于是决定在同期建造的战列舰上也采用这种推进系统。
② 当时在舰艇动力技术方面取得的进步使得军舰上安装的锅炉数量相比早期的设计要少。
③ "列克星敦"号配备的是亚罗式锅炉，"突击者"号和"星座"号计划配备威斯汀豪斯公司（Westinghouse，即西屋公司）制造的涡轮发电机。

"列克星敦"级战列巡洋舰的总体尺寸是由主炮的布局和推进系统的配置所决定的。该级的主炮布局为前后各安装两座背负式双联 16 英寸主炮塔，两舷则各配备有 7 门 6 英寸单装副炮。舰艇采用适航性更好的飞剪艏，其平直的舰艏在水线上的部分有一个约 90° 的弯折。"列克星敦"级的舰体在水平方向上分为 6 层甲板和一个双层舰底，而在垂直方向上被分隔成 20 个水密隔舱。长长的艏楼甲板——在海军修造局的设计图中被称为上层甲板——从舰艏一直延伸到舰艉的"Y"主炮塔。一层遮蔽甲板支撑着相对较为短小的上层建筑和巨大的烟囱，在上层建筑的顶部安装有一座笼式桅，另一座笼式桅安装于 2 号烟囱之后。

"列克星敦"级战列巡洋舰的推进系统采用的是涡轮—电机联合驱动，这种新型的舰船驱动方式被认为比传统的涡轮直驱或带有减速齿轮的涡轮机组驱动更有优势。① 涡轮—电机联合驱动的工作方式是首先由美国通用电气公司（General Eletric）制造的涡轮机驱动发电机组，再由发电机组驱动 8 台直流电动机，这些直流电动机与 4 具螺旋桨直接相联，不需通过减速齿轮来调整螺旋桨转速。"列克星敦"级舰艉的舵板为单块式。8 台直流电动机被安装在 3 间单独的舱室内，每两台电动机驱动一根主轴。最靠舰艉的一间电动机舱内安装的两组共 4 台电动机驱动两根外侧主轴，另外两间电动机舱位于舰艉弹药库的两侧，每间内部安装有 2 台驱动外主轴的电动机，并且有两道厚 0.5 英寸的纵向隔舱壁将这两间电动机舱和弹药库隔开。由于这种新颖的涡轮—电机联合驱动方式，涡轮机可以不再直接与主推进轴相联接，因此能够使舰体内部空间实现更为完全彻底的分区化。"列克星敦"级配备 16 台巴布科克式锅炉，其工作压力为 295 磅/平方英寸，这些锅炉每两台一组，被安装在 8 间舷侧锅炉舱内。② 这些锅炉舱由两道 0.5 英寸厚的纵向隔舱壁再分出两块空间，每块空间内都装有 3 台通用电气公司制造的涡轮发电机组③，然后再由一道 0.5 英寸的横向水密隔舱壁将涡轮发电机组单独隔离。主机控制室和辅助机舱都位于后部主机舱室与前部电动机舱之间，彼此被 0.5 英寸厚的纵向隔舱壁隔开。

"列克星敦"级的设计输出功率为 180000 轴马力，对应的最高航速可达 32.5 节，但两艘建成的"列克星敦"级却从未以战列巡洋舰的身份进行过航速测试。根据设计指标，"列克星敦"级的续航力为 10000 英里/10 节，非常适合在大西洋上作战。全舰定员约为官兵 1300 人。

画家 F. 穆勒（F Muller）1916 年左右的一幅画作，画中描绘出了美国海军计划建造的"宪法"级战列巡洋舰的原始设计方案。（图片来源：美国国会图书馆）

"列克星敦"级战列巡洋舰在装甲防护方面做得相当细致到位，这也反映出美国海军的确是充分吸取了英德两国海军在第一次世界大战中用鲜血换来的经验教训。该级从"A"主炮塔到舯楼甲板末端敷设有一条带有11.5°倾角的主装甲带。主装甲带宽16英尺7英寸，在水线上下皆有分布，其上部厚度为7英寸，下部厚5英寸。在主装甲带的上方还敷设有一道1.5英寸厚的副装甲带。两道7英寸厚的装甲隔舱壁一前一后封闭了舰体中央装甲盒，舰体内还有一个装甲盒为舵机舱提供保护。垂直防护则依靠多层甲板结构。上层甲板中部厚2.25英寸，两边厚0.75英寸。主甲板和第二甲板中部厚度为0.25英寸，两侧则增加到1.25英寸。第三甲板起着保护主机舱室和锅炉舱的作用，其中部厚2英寸，两侧厚0.75英寸。主机各舱室和锅炉舱之间的纵向隔舱壁从双层舰底垂直延伸到上层甲板。在水下防护方面，"列克星敦"级在舰体下层装甲带下方设置了一层0.5英寸厚的中空防鱼雷凸出部，其长度正好可以为弹药库和各主机舱室提供保护。防鱼雷凸出部内部隔板的每一节和舰体外层的每一道装甲隔舱壁之间的空间又被两道厚度为0.5—0.75英寸的纵向隔舱壁分隔为3个部分，其中2个注满重油，最内一层空间为中空。舰上所需的淡水储备于双层舰底。主炮塔炮塔座上部的装甲厚度为9英寸，下部减至5英寸。主炮塔正面装甲厚11英寸，侧面装甲厚2英寸，背面为6英寸，顶部8英寸。司令塔位于上部结构的前端，其两侧装甲厚12英寸，顶部装甲厚6英寸。通讯管道也敷设有8英寸厚的装甲，并将司令塔与下层平台甲板上的火控计算室联接起来。"列克星敦"级战列巡洋舰没有设置后指挥塔。

为"列克星敦"级战列巡洋舰量身设计的50倍径16英寸Mk2型主炮的样炮由华盛顿海军船厂（Washington Navy Yard）制造，并于1918年4月进行测试，测试结束后很快便投入量产。该型火炮的射速为2发/分，仰俯角为-4°— +40°；在最大仰角发射2100磅重的穿甲弹时其射程不少于40000码。每座主炮塔的水平方向射界为150°，每门主炮备弹120发。

"列克星敦"级的副炮采取了一种与英德两国的战列巡洋舰皆不相同的罕见的配置方式。舯楼甲板末端的一个开放式炮位上安装有一组两门6英寸炮，而在遮蔽甲板上，烟囱和上层建筑旁的炮廓内，还安装有另外3组6英寸副炮。其余的3组副炮安装在遮蔽甲板上的开放式炮位中，在之前各组的上方。副炮的型号为53倍径6英寸Mk13型，该炮的炮廓型全重51.8吨，而安装在开放式炮位中的型号全重仅有约17吨。Mk13型6英

画家F. 穆勒大约在1919年创作的一幅画作，画中显示出了美国海军计划建造的"宪法"级战列巡洋舰双烟囱配置的最终设计方案。（图片来源：美国国会图书馆）

左：正在费城海军造船厂建造中的"宪法"号战列巡洋舰（USS CC-1），摄于1921年7月。照片显示了该舰舰体肿部在布局上沿舰体中线设置了两个很长的主机舱。（图片来源：美国海军历史与遗迹档案馆）

右：从战列巡洋舰"萨拉托加"号3号主炮塔炮塔座位置向舰艉方向看到的该舰尚未完工的舰体。这张照片摄于1922年3月初，拍摄地为新泽西州纽约造船公司的船厂。在照片拍摄前，"萨拉托加"号作为战列巡洋舰的建造工作已经停止，正在等待被改建为一艘航空母舰。

寸炮的射速为6发/分，仰俯角为 -10°— +20°，发射105磅重的穿甲弹时最大射程23300码。"列克星敦"级的炮廓式副炮的水平射界为140°，而开放式副炮的水平射界可高达约315°。除此之外，"列克星敦"级上还装备了4门3英寸口径的高射炮。

"列克星敦"级战列巡洋舰拥有强大的鱼雷武备，包括8具21英寸鱼雷发射管。8具鱼雷发射管中有4具为水下发射管，安装在"A"主炮塔弹药库前面的下层平台甲板，另外4具发射管位于艏楼甲板后方的上层甲板处。

"列克星敦"级安装有两座巨大的笼式桅柱，桅柱上可设置多个大且坚固的观测台，以便在其中安装基线较长的测距仪。美国海军还曾计划在呈阶梯状布置的前后主炮塔组上设置简易机库以收纳侦察机。

"列克星敦"级中的"星座"号于1920年8月18日在纽波特纽斯（Newport News）造船厂正式开工，其他各舰则在不同的船厂建造："宪法"号和"合众国"号于1920年9月25日在费城海军造船厂（Philadelphia Naval Shipyard）开工，"萨拉托加"号也于同日在纽约造船厂（New York Shipbuilding）开工，"列克星敦"号于1921年1月8日在昆西（Quincy）的霍河造船厂（Fore River Shipyard）动工建造，"突击者"号紧随其后，于1921年6月23日开工，也由纽波特纽斯（Newport News）造船厂承建。当"列克星敦"级的建造工程开始的时候，所有人都很自然地认为该级的6艘舰都将顺利完工。但事与愿违，"列克星敦"级的建造工作进展非常缓慢，而且当1922年11月关于海军军备限制的国际会议在华盛顿召开之时，该级的建造工作几乎已经停止了。在华盛顿会议上，海军列强们经过几个月的争吵与尔虞我诈，终于在1923年2月共同签署了限制各国海军军备发展的《华盛顿条约》。这一条约迫使美国海军不得不放弃了完成战争中暂停的1916财年海军建设计划的打算，于是原本在计划内的战列巡洋舰的建造也一并流产了。不过条约还是对"列克星敦"级网开了一面，允许美国海军将该级6艘战列巡洋舰的其中两艘改装为航空母舰。结果，"列克星敦"号和"萨拉托加"号两舰最终以航空母舰的身份走下了船台，并在此后的戎马生涯中，以自身强大的战斗力和优异的表现向世人证明，这次改装所投入的每一块美元都物有所值。[①]

[①] "列克星敦"号和"萨拉托加"号在整个20世纪30年代对美国海军航空力量的发展和壮大起到了巨大的推动作用，随后两舰携手参加了第二次世界大战。"列克星敦"号航空母舰于1942年5月8日在珊瑚海（Coral Sea）海战中战沉；"萨拉托加"号航母则在二战中得以幸存，之后于1946年在比基尼环礁（Bikini Atoll）进行的核试验中作为效应舰被核武器击沉。

法国

在 20 世纪的第一个十年中，法国曾试图效法大不列颠和德意志这两个强大的邻国，制定一个推动其海军作战力量迈向现代化的计划。而此时的法国海军（法语：Marine Nationale）在经历了长期的、以政治丑闻和高层战略政策的一片混沌为鲜明特征的衰落之后，也正在尝试着东山再起，重振雄风。在英吉利海峡对岸的英国首创了全重炮主力舰——无畏舰之后，各海军列强都争先恐后地展开了无畏舰竞赛，而法国在这场关乎国运的竞赛中可谓是后知后觉。直到 1909 年，法国所有可用的造船厂还都被用来建造 6 艘"丹东"级（Danton Class）前无畏型战列舰。不过这种后知后觉另一方面也给了法国海军时间，来对英德两国正在建造的新型战列舰和战列巡洋舰的设计进行充分评估，以求随后可以拿出自己的设计方案。

根据 1912 年 3 月 30 日颁布的《海军法案》，法国海军计划在 1920 年之前装备 24 艘主力舰，其中就可能含有若干艘战列巡洋舰。法国海军技术局随即提出了一些战列巡洋舰的性能指标要求，包括 28000 吨级的排水量、27 节的航速、8 门 340 毫米（13.4 英寸）主炮，以及 1200 名官兵的全舰定员等。技术局后来收到了几份设计方案，其中就有正在布列斯特（Brest）船厂监造"弗兰德斯"号（Flandre）战列舰的海军工程师 P. 吉勒（P Gille）和法国海军学院学员乔治·迪朗-维尔（Georges Durand-Viel）[1] 海军上尉提出的方案。

在 1911 年赴英参观了英国的造船厂之后，吉勒对法国战列巡洋舰[2]的性能有了一个初步的设想：最高航速为 28—29 节，火力水平要超越战列舰上通常配备的主炮的威力，装甲方面要与战列舰接近，或至少要对舰上的关键部位提供有效防护。吉勒对战列巡洋舰的前期设计[3] 于 1913 年开始，原始设计方案的排水量为比较正常的 28347 吨，舰长 205 米（约 672 英尺），舷宽 27 米（88 英尺），平均吃水深度 9.03 米（29 英尺 8 英寸）。舰体配备有一个球鼻型舰艏和一个圆形的舰艉，这种舰形在设计过程中所进行的模型拖曳测试中被证明航行效率非常高。此外，由于前后多座主炮塔巨大的重量，要求舰体结构必须得到加强，以承受主炮塔带来的沉重压力。原始设计方案的舰体稳心高度为 1.03 米（3 英尺 5 英寸），与英国海军的"狮"级战列巡洋舰相当。

[1] 迪朗-维尔后来官拜法国海军总参谋长。
[2] 法国官方对战列巡洋舰的称谓为"战斗巡洋舰"（法语：croiser de combat）。
[3] 该初步设计方案受到了英国海军"狮"号战列巡洋舰的启发。

"吉勒战列巡洋舰方案"的初始设计草图的侧视图和俯视图，该方案计划装备四联装主炮塔。但实际上法国海军这个舰级的战列巡洋舰最终连方案设计都没有完成。（图片来源：莫里齐奥·布雷西亚）

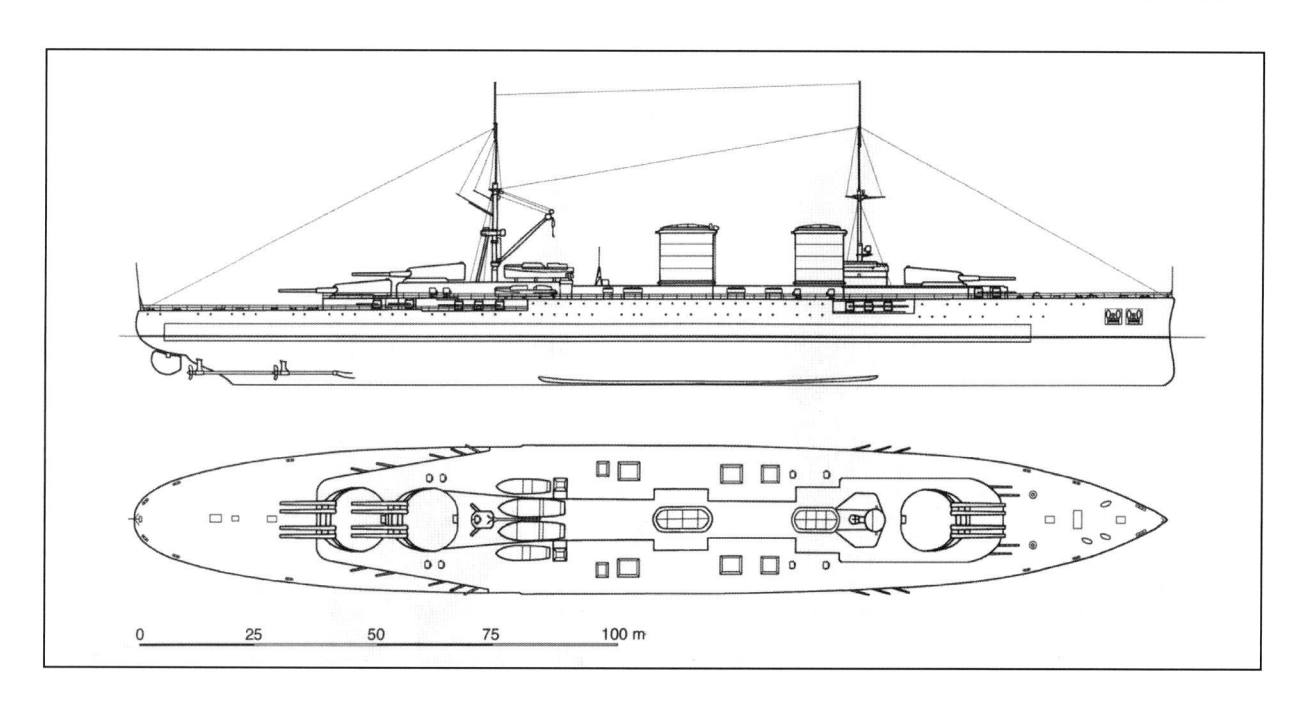

吉勒的战列巡洋舰设计方案的主武备将由 12 门 340 毫米（13.4 英寸）主炮构成。12 门主炮分别安装在沿甲板中线布置的 3 座四联装炮塔内，其中 2 座后主炮塔呈阶梯状。这种炮塔布局方式由"A"主炮塔提供前向火力，"X"和"Y"主炮塔提供后向火力，并使法国战列巡洋舰可以集中全部 12 门主炮进行舷侧齐射。副炮配置为安装在舷侧炮廓内的 24 门 138 毫米（5.5 英寸）炮。该方案的舰体干舷较高，前部为 7.15 米（23 英尺 5 英寸），后部 4.65 米（15 英尺 4 英寸），因此即使在恶劣天气下，副炮也能够正常操作。

吉勒的战列巡洋舰设计方案的特点是拥有一个很长的艏楼，后部"Y"主炮塔也在其范围内，另外还有一层从"A"主炮塔延伸到"Y"主炮塔的长长的遮蔽甲板。遮蔽甲板支撑着体积较小的上层建筑，一根杆式桅、两座烟囱、勤务艇和装有起重吊臂的后三脚桅也位于该层甲板上。每座主炮塔的水平方向射界约为 310°，不过"A"主炮塔射击时产生的炮口爆风会妨碍前甲板的副炮组操作，"X"主炮塔 4 门主炮齐射时也会对最靠近舰艉的"Y"主炮塔带来一定影响。

吉勒的设计方案在垂直防护方面主要依靠一条主体厚度为 270 毫米（10.6 英寸）、从"A"主炮塔一直敷设到"Y"主炮塔的装甲带。这条装甲带的厚度在其前部和后部降至 178 毫米（7 英寸），并且在其上方还另敷设有一条 7 英寸厚的装甲带，用以保护安装于艏楼甲板上的炮廓式副炮。水平防护以 20 毫米（0.78 英寸）厚的下层甲板为主，下层甲板两边带有斜度，厚度增加到 50 毫米（2 英寸）。副炮炮廓装甲厚 180 毫米（7.1 英寸）。舰体水下部分的防护则比较薄弱，只有一道沿各主机舱室设置的 20 毫米（0.78 英寸）厚的装甲隔舱壁。

动力系统由 52 台工作压力为 250 磅 / 平方英寸的贝尔维尔式（Belleville）燃煤专烧锅炉组成。不过，吉勒曾设想将锅炉的工作压力提高到 320 磅 / 平方英寸，从而能使航速提高 1.5 节，尽管这一改进需要更换更大更重的锅炉。主机为 4 部蒸汽轮机，每部驱动一根主轴。每部蒸汽轮机由一台带减速齿轮的高压涡轮机、一台带减速齿轮的中压涡轮机和一台直驱低压涡轮机组成，同时还包括几个用于倒车操作的工作级。虽然现在已经没有了关于吉勒方案的准确资料，但其推进输出设计可能采取的是由高压和中压涡轮机驱动外侧主轴、低压涡轮驱动内侧主轴的方式。轮机舱室被数道厚度为 20 毫米（0.78 英寸）的纵向隔舱壁分隔成 4 个独立的空间，分别用于容纳锅炉、涡轮机和其他辅助机械设备。吉勒方案的主机设计输出功率为 80000 轴马力，对应的最高航速为 28 节。其燃料携带能力为 2833 吨燃煤和 630 吨重油，估算续航力半径为 1660 英里 /28 节、4300 英里 /20 节或 6300 英里 /15 节。

吉勒方案计划装备的主炮为 M1912 型 45 倍径 340 毫米（13.4 英寸）火炮。在法国海军心目中，这是一款性能优良的火炮，但实际上安装在其他战舰上的该型火炮拜其糟糕的火控所赐而表现很差[①]，并且方案中每座约重 350 吨的主炮塔能提供给该炮的最大仰角偏小，因此其射程也将偏短。

吉勒设计的战列巡洋舰人员编制为 41 名军官和 1258 名士兵，这一数量不符合法国海军对该型战舰在人员定额上的要求。

同样在 1913 年，乔治·迪朗 - 维尔也拿出了两套设计方案，并分别冠以"A 方案"和"B 方案"的名称。[②] 两者之间的主要区别在于火力配置："A 方案"配备的是 2 座四联装主炮塔，

---

① 法国海军当时共有"布列塔尼"号（Bretagne）、"洛林"号（Lorraine）和"普罗旺斯"号（Provence）3 艘战列舰装备了该型主炮，它们均为 1912—1916 年间建造的新舰。
② 迪朗 - 维尔还提出了两款不同类型的战列舰的设计方案。

共安装8门340毫米（13.4英寸）主炮，而"B方案"则是在4座双联装主炮塔上安装8门370毫米（14.6英寸）主炮。然而，法国从未制造过370毫米口径的火炮。"A方案"在外观上以长艏楼为特征，其艏楼一直延伸到"Y"主炮塔的后方。"A"主炮塔、包围着1号烟囱的前部上层建筑以及后部上层建筑均位于遮蔽甲板之上。该方案中还设计有另外两座烟囱和一根较高的杆式桅，另一根较短的杆式桅位于舰桥的顶部。"B方案"的火力配置方式则与"A方案"完全不同，可能是在前后各配备一对背负式主炮塔。在排水量方面，"A""B"两个方案的设计排水量同为27065吨。"A方案"的水线长度为209米（689英尺），"B方案"与之相差无几，为207米（682英尺）；两个设计方案的舷宽相同，均为27米（88英尺7英寸）。

乔治·迪朗-维尔的两套设计方案在动力系统方面与吉勒的设计有所不同，这也反映出当时法国在舰用主机方面取得的一些技术进步。"A方案"将配备21台贝尔维尔式锅炉，燃煤专烧型和燃油专烧型均有。4组直驱式蒸汽轮机的输出功率将提高到74000轴马力，使战舰能达到27节的最高航速。其在携载1810吨燃煤和1050吨重油时，续航半径为3600英里/16节。"B方案"配备的是18台贝尔维尔式锅炉，其中10台为燃煤型，8台为燃油型。该方案也配备4组蒸汽涡轮机，传动方式上或安装减速齿轮，或采用直驱方式。前者的输出功率为63000轴马力，航速可达26节，后者的输出功率更是能够提升到80000轴马力，跑出27节的航速。"B方案"的续航半径与"A方案"相同。两套方案在装甲防护的布局方式上则类似于从未建成的"诺曼底"级（Normandie Class）战列舰，但主装甲带厚度不及"诺曼底"级，为280毫米（11英寸）。

两套设计方案的副炮配置均为24门138.6毫米（5.5英寸）炮廓炮，且都计划配备4具450毫米（17.7英寸）水下鱼雷发射管。

奥匈帝国

与英德等海军强国不同，奥匈帝国一向对海上霸权和海军建设兴趣有限，该国直到1915年之后才开始对战列巡洋舰这一海军新锐舰种表现出一定的关注。在1915年12月—1917年12月的两年中，奥匈帝国海军共计完成了9个带有研究性质的战列巡洋舰初步设计方案。这些设计方案被冠以从Ⅰ到Ⅶ的编号，其中仅Ⅰ号系列方案就有6个设计变型。

1915年9月，奥匈帝国海军的技术部门启动了战列巡洋舰的设计工作，设计代号为"系列1—方案A"。奥匈海军在刚刚起步的战列巡洋舰设计上参考借鉴了该国的另一款战列舰，该型战列舰被规划为"特格霍夫"级战列舰（Tegetthoff Class）〔亦称"联合力量"级（Viribus Unitis Class）〕的"升级版"，与设计中的战列巡洋舰配备同型号的45倍径350毫米（14.8英寸）主炮，但拥有3座三联装主炮塔。奥匈帝国海军刚刚下达了该级战列舰的订单，但尚未动工建造。此外，德国海军已经在役或正在设计中的战列巡洋舰对奥匈海军技术部门在舰体形制的设计方面也颇有启发。在奥匈海军的战列巡洋舰方案中，前后甲板将各配备一座主炮塔，舯部也配备一座；两组后倾的三脚桅和一直延伸到后甲板"Y"主炮塔前端的艏楼甲板是该方案的显著特点。舰体被分为6层甲板，其内部的主机空间和弹药库沿着双层舰底布置。副炮配置为18门150毫米（5.9英寸）单装炮廓炮，两舷各安装9门。另外还配备有18门安装在炮座上的90毫米（3.5英寸）单装速射炮，同样是两舷各9门，部分可作为高炮进行对空防御。① 其他武备还将包括6具533毫米

---

① 不过各种舱面设施和上层建筑对高炮对空射击的射角有所限制。

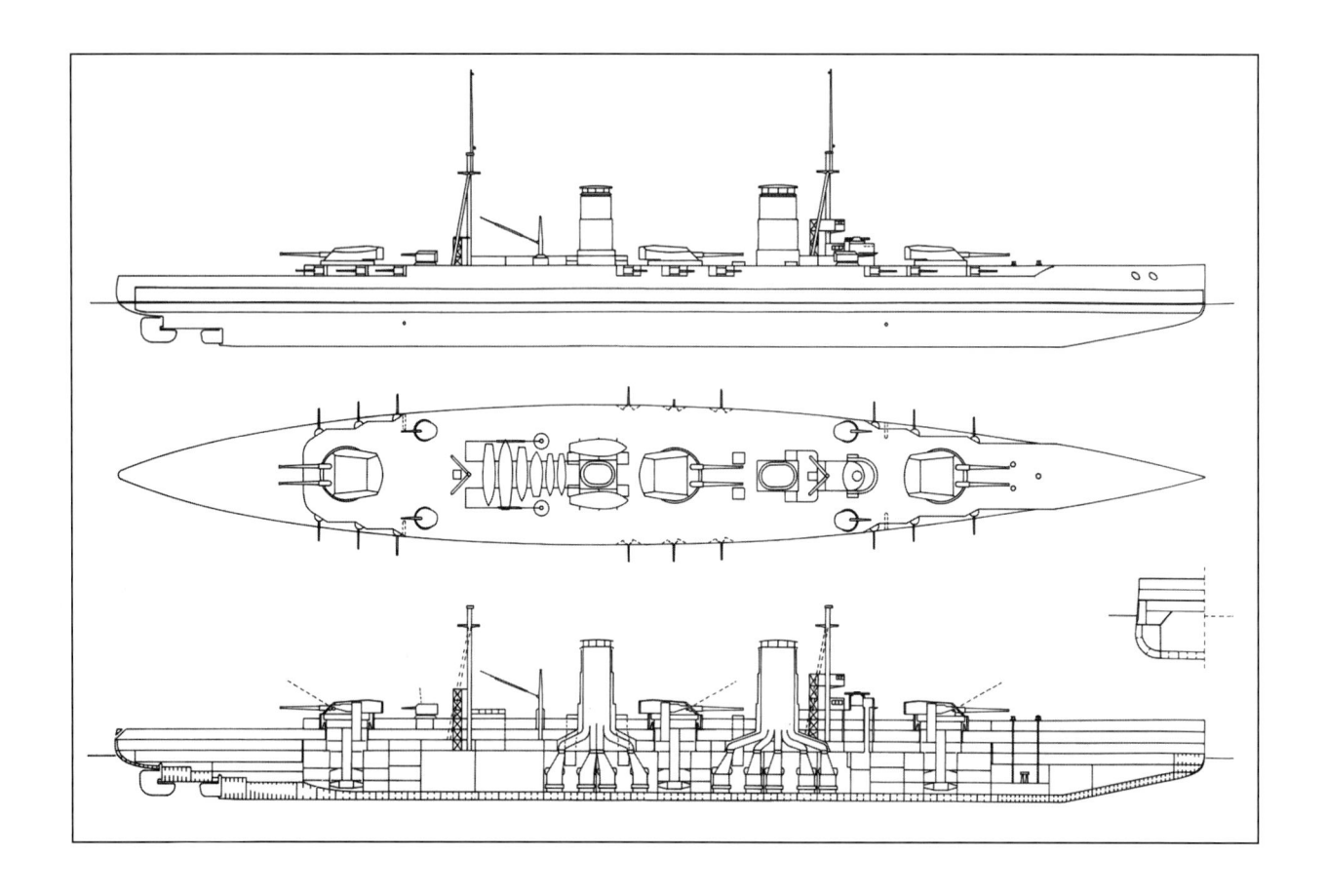

名为"IV号方案"的战列巡洋舰初始设计草图。这是奥匈帝国海军在1915年12月—1917年12月这一时期内众多的战列巡洋舰设计草案之一。"IV号方案"的计划排水量为33000吨，主武备为3座双联装380毫米主炮塔。[图片来源：埃尔温·西舍（Erwin Sieche）]

（21英寸）水下鱼雷发射管。奥匈战列巡洋舰的设计方案显示，其满载排水量为34000吨，水线长220米（721.8英尺），舷宽29米（95英尺），吃水深度为8.6米（28.8英尺）。其装甲防护将主要由8.9英寸厚的主装甲带、0.8英寸厚的甲板、10.2英寸厚的炮塔装甲和10.6英寸厚的司令塔装甲构成，双层舰底和舰体两侧的纵向隔舱壁将为全舰提供某种形式的水下防护。推进系统则包括4部带减速齿轮的蒸汽轮机，设计输出功率为100000轴马力，最高航速30节。这种级别的动力水平意味着可能要在舰上安装大约30台小型水管锅炉。其续航半径为8000英里/15节或2700英里/30节，后者被认为已经足以满足在狭窄逼仄的亚得里亚海地区的作战需求。舰舵为串列双舵板形式。

1915年12月，由于斯柯达（Skoda）兵工厂在火炮产能上的困难，迫使奥匈帝国海军重起炉灶，搞出了一款配备双联装主炮塔的战列巡洋舰的全新前期设计方案。该方案有两个变型，被称为"系列1—方案B"和"系列1—方案C"，两套方案采用不同的舯部交错式或前后背负式主炮布局方式。而另一个变型方案——"系列1—方案D"将配备两座背负式双联装前主炮塔，另有一座双联装舯部主炮塔和一座双联装后主炮塔。接下来的一个变型方案——"系列1—方案E"则反"方案D"而行之，将两座背负式双联装主炮塔置于后甲板。考虑到舯部交错式主炮塔组被证明难以实现水平方向的火力交叉，因此以前后甲板各配备两座背负式双联装主炮塔为特点的"系列1—方案F"将能够最有效地集中主炮火力进行舷侧齐射。除主炮布局外，"方案F"的舰体尺寸和航速等指标均与"系列1"的其他设计方案相类似。

然而，在日德兰海战结束后，一批奥匈帝国的海军军官赴德国对这场海战的战斗报告进行了认真研究，一俟访德结束，奥匈海军便暂停了所有关于战列巡洋舰的前期设计

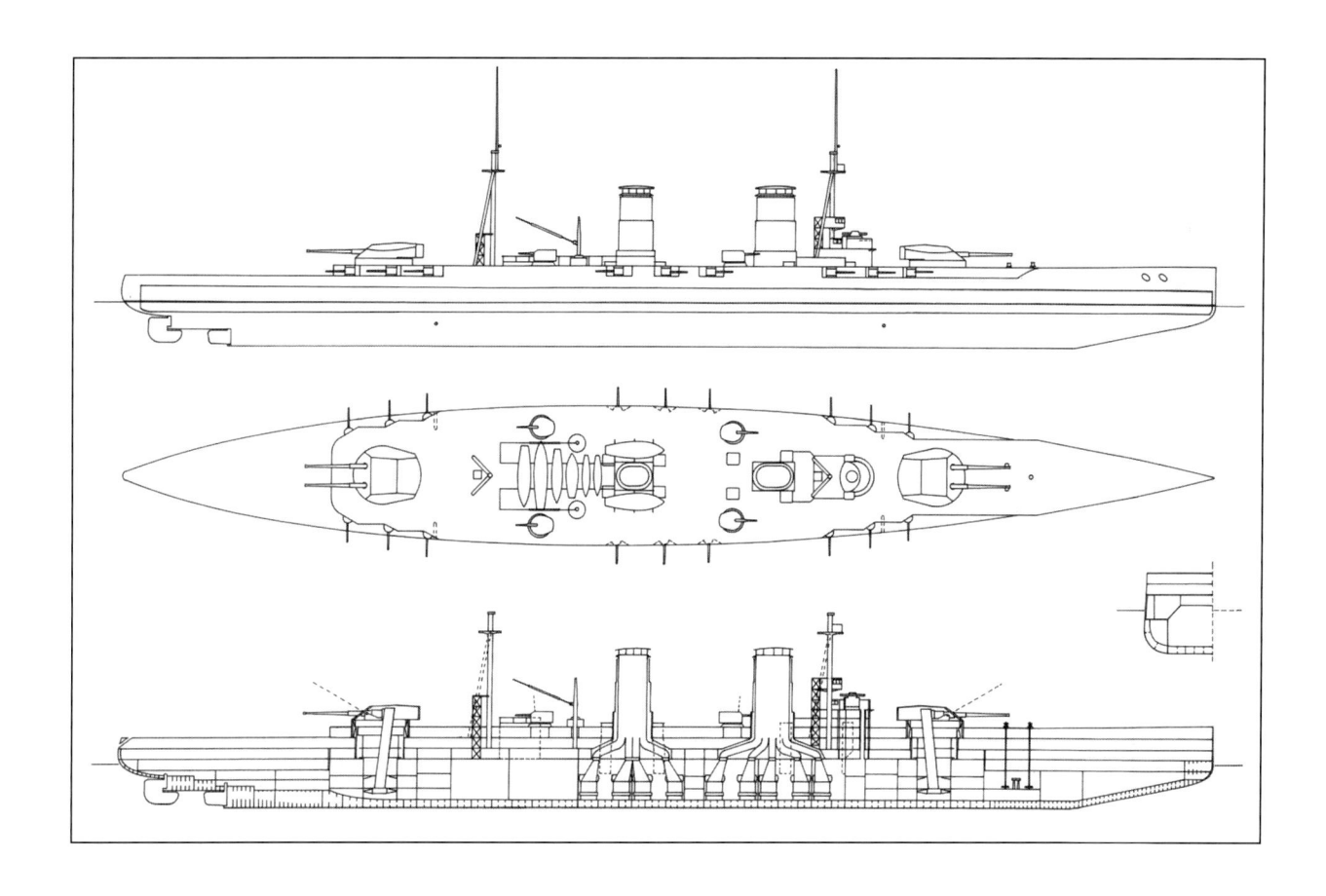

工作。1917年3月，奥匈海军参考德国盟友的作战使用经验，更改了对战列巡洋舰的航速和主炮口径的技术要求，但排水量依然被限制在36000吨，这就为设计上配置与新的技术要求相适应的主机和新型主炮带来了问题。尽管如此，技术部门还是搞出了若干个被统称为"系列2—6"的战列舰和战列巡洋舰的前期设计方案，不过这些方案的尺寸和排水量增幅过大，已经超出了奥匈海军所有港坞基础设施的勤务能力。因此，帝国海军的设计师们只得竭尽全力在36000吨的排水量红线之内尽可能将武备和主机塞进空间有限的舰体内。殚思竭虑的设计师们推出了不少设计方案，其中一个名为"系列6"的战列巡洋舰初步设计方案将配备4门45倍径420毫米（16.5英寸）主炮，分别安装在两座双联装炮塔内，同时在水平方向上设置有6层甲板（包括上层甲板），特点相当鲜明。该方案的水线长230米（754.6英尺）；装甲防护与早期的战列巡洋舰设计方案相同；武备方面还包括4门用于防御敌方雷击舰艇的150毫米（5.9英寸）单装副炮，这些150毫米副炮拥有85°的高仰角。动力单元将由15台燃油锅炉和12台燃煤锅炉构成，所有锅炉将被安装在4间舱室内，蒸汽轮机组将分别安装在两个舱室里，并且将提供高达112000轴马力的总输出功率，战舰的航速也将达到30节。"系列6"设计方案对航速和火力的偏重大大超过了防护，正是由于这一特点，该系列实际上非常类似于英国海军的"勇敢"级战列巡洋舰和当时正在前期设计中的德国海军GK系列"大型巡洋舰"。然而遗憾的是，这一系列的战列巡洋舰和战列舰的前期设计方案，仅仅是供奥匈帝国海军进行长期研究的课题而已。由于建造这些战舰需要在造船厂和港坞基础设施上大量投资，因此在第一次世界大战结束之前，奥匈帝国海军对这些方案中的战舰甚至连订单都不曾下过。

名为"Ⅵ号方案"的战列巡洋舰初始设计草图。这一方案的主火力配置为2座双联装420毫米主炮塔，最高航速30节。奥匈帝国海军的战列巡洋舰在设计上借鉴了德国海军中比较成功的"毛奇"级战列巡洋舰。（图片来源：埃尔温·西舍）

参考资料

主要参考文献

英国海军部文件

- 档案号 1/8397/365：《战列舰设计，1914—1922 年》（Warship Design, 1914-1922）
- 档案号 1/8586/70：《战后问题委员会的最终报告，1920 年》（Final Report of the Post-War Questions Committee, 1920）
- 档案号 116/3381.f.4.，《1913 年海军演习》（Naval Manoeuvres, 1913）；报告人：演习红方舰队参谋长、巴思骑士大十字勋章与维多利亚骑士十字勋章获得者、海军中将 J.R. 杰利科爵士。无日期。

舰船档案（国家海事博物馆，格林威治）

- 《"无敌"级》（Invincible class），档案号 138/284&285
- 《"不倦"级》（Indefatigable class），档案号 138/250&251
- 《"狮"号与"皇家公主"号》（Lion and Princess Royal），档案号 138/348&349
- 《"玛丽女王"号》（Queen Mary），档案号 138/378
- 《"声望"号、"反击"号与"抗击"号（1914—1915 年战列舰计划）》（Renown, Repulse and Resistance（battleships 1914-5 programme）），档案号 138/416
- 《"声望"号与"反击"号（战列巡洋舰）》，档案号 138/463&464 [①]
- 《"勇敢"级》（Courageous class），档案号 138/453&454
- 《"胡德"级》（Hood class），档案号 138/449-452

---

① 译注：原文档案号作 "1387463 and 464"，根据其他档案编号写法，此处疑有误。

其他参考文献

书籍

- E.L. 阿特伍德著，《现代战舰》（*The Modern Warship*）（剑桥，1913 年版）
- 约阿希姆·贝克（Beckh, Johacim）著，《闪电与锚》（*Blitz & Anker*），第一卷（北德意志，诺德施泰特）
- 杰弗里·本内特（Bennet, Geoffrey）著，《第一次世界大战中的海战》（*Naval Battles of the First World War*）（伦敦，2001 年版）
- 齐格弗里德·布赖尔（Breyer, Siegfried）著，《苏联军舰发展史，第一卷：1917—1937 年》（*Soviet Warship Development, Volume I: 1917-1937*）（伦敦，1992 年版）
- 齐格弗里德·布赖尔著，《战列舰与战列巡洋舰，1905—1970 年》（*Schlachtschiffe und Schlachtkreuzer, 1905-1970*）（慕尼黑，1970 年版）
- 戴维·K. 布朗著，《从"勇士"到"无畏"，1860—1905 年的军舰设计与发展史》（*Warrior to Dreadnought. Warship Design and Development 1860-1905*）（巴恩斯利，2010 年版）
- 戴维·K. 布朗著，《大舰队，1906—1922 年的军舰设计与发展史》（*The Grand Fleet. Warship Design and Development 1906-1922*）（巴恩斯利，2010 年版）
- 戴维·K. 布朗著，《前装甲舰时代，1815—1860 年的军舰设计与发展史》（*Before the Ironclad. Warship Design and Development 1815-1860*）（巴恩斯利，2015 年版）
- R.A. 伯特著，《第一次世界大战中的英国战列舰》（巴恩斯利，2013 年版）
- R.A. 伯特著，《1914—1945 年的英国战列舰》（*British Battleships 1919-1945*）（巴恩斯利，2012 年版）
- 伊恩·巴克斯顿（Buxton, Ian）著，《重炮铁甲舰，设计、建造与作战史，1914—1945 年》（*Big Gun Monitors. Design, Construction and Operations, 1914-1945*）（安纳波利斯，2008 年版）
- 约翰·坎贝尔（Campbell, John）著，《日德兰海战的战斗解析》（*Jutland. An Analysis of the Fighting*）（伦敦，1986 年版）
- 约翰·坎贝尔著，《特殊战舰 1：战列巡洋舰》（*Battlecruisers. Warship Special 1*）（格林威治，1978 年版）
- 杰拉尔德·法因斯（iennes, Gerald）著，《海上力量与自由》（*Sea Power and Freedom*）（纽约，1918 年版）
- 弗里德里希·福斯特迈尔（Forstmeyer, Friedrich）& 齐格弗里德·布赖尔（Breyer, Siegfried）著，《德国大型战舰，1915—1918 年》（*Siegfried, Deutsche Grosskampfschiffe 1915-1918*）（慕尼黑，1970 年版）
- 诺曼·弗里德曼（Friedman, Norman）著，《海上火力—无畏舰时代的战列舰火炮与炮术》（*Naval Firepower - Battleship Guns and Gunnery in the Dreadnought Era*）（巴恩斯利，2008 年版）
- 亚力克斯·格里斯默尔（Griessmer, Alex）著，《德意志帝国海军的大型巡洋舰，1906—1918》（*Grosse Kreuzer der Kaiserliche Marine 1906-1918*）（波恩，1996 年版）
- 埃里克·格罗纳（Gröner, Erich）著，《1815—1945 年的德国战舰，第一卷：主要水面舰艇》（*German Warships 1815-1945, Volume One: Major Surface Vessels*）（伦敦，1990 年）
- 约翰·R. 杰利科（斯卡帕的杰利科子爵）著，《大舰队的创建、发展与勤务，1914—1916 年》（*The Grand Fleet 1914-1916. Its Creation, Development and Work*）（哈佛大学，1919 年版）
- 伊恩·约翰斯顿著，《克莱德班克的战列巡洋舰：来自约翰·布朗船厂的尘封影像》（巴恩斯利，2011 年版）
- 伊恩·约翰斯顿 & 伊恩·巴克斯顿著，《战列舰建造者—建造与武装英国主力舰》（*The Battleship Builders – Constructing and Arming British Capital Ships*）（巴恩斯利，2013 年版）
- 帕特里克·凯利（Kelly, Patrick）著，《提尔皮茨和德国皇帝的海军》（*Tirpitz and the Imperial German Navy*）（布鲁明顿，2011 年版）
- 皮特·K. 坎普（Kemp, Peter K）著，《海军上将约翰·费舍尔文件》第一、二卷（*The Papers of Admiral Sir John Fisher, Volumes 1 and 2*）（伦敦，1960—1964 年版）
- 保罗·肯尼迪（Kennedy, Paul）著，《英—德对抗的兴起，1860—1914 年》（*The Rise of the Anglo-German Antagonism, 1860-1914*）（伦敦，1980 年版）
- 保罗·肯尼迪著，《强权的兴衰》（*The Rise and Fall of the Great Powers*）（伦敦，1987 年版）
- 尼古拉斯·兰伯特（Lambert, Nicholas）著，《约翰·费舍尔爵士的海军革命》（*Sir John Fisher's Naval Revolution*）（哥伦比亚大学，1999 年版）
- 罗伯特·马西（Massie, Robert）著，《无畏舰—英国、德国与一战的来临》（*Dreadnought - Britain, Germany and the Coming of the Great War*）（伦敦，2004 年版）
- 罗伯特·马西著，《钢铁城堡—英国、德国与一战中的海战胜利》（*Castles of Steel - Britain, Germany and the Winning of the Great War at Sea*）（伦敦，2015 年版）
- 斯蒂芬·麦克劳林（McLaughlin, Stephen）著，《俄国和苏联战列舰》（*Russian & Soviet Battleships*）（安纳波利斯，2003 年版）
- 威廉·马利根（Mulligan, William）著，《第一次世界大战的起源》（*The Origins of the First World War*）（纽约，2010 年）
- L.A. 里奇（Ritchie, LA）编，《造船史—工业生产记录指南》（*The Shipbuilding History - A Guide to Industrial Records*）（曼彻斯特，1992 年版）
- 约翰·罗伯茨著，《战列舰》（*Battlecruisers*）（伦敦，1997 年版）
- 约翰·罗伯茨著，《"胡德"号战列巡洋舰详析》（*The Battlecruiser Hood. Anatomy of the Ship*）（格林威治，1982 年版）
- 保罗·施马伦巴赫（Schmalenbach, Paul）著，《德国海军舰炮发展史》（*Die Geschichte der deutschen Schiffsartillerie*）（黑尔福德，1968 年版）
- 加里·斯塔夫（Staff, Gary）著，《第一次世界大战中的德国战列巡洋舰的设计、建造与作战》（*German Battlecruisers of World War One. Their Design, Construction and Operations*）（巴恩斯利，2013 年版）
- 乔纳森·斯坦伯格（Steinberg, Jonathan）著，《昔日的威慑力量—提尔皮茨与德国海军战斗舰队的诞生》（*Yesterdays' Deterrent - Tirpitz and the Birth of the German Battle Fleet*）（伦敦，1965 年版）
- 琼·T. 角田（Sumida, Jon T）著，《捍卫海上霸权—1880—1914 年的英国财政、技术与海军政策》（*In Defence of Naval Supremacy - Finance, Technology, and British Naval Policy 1889-1914*）（波士顿，1989 年版）
- 菲尔森·杨（Young, Filson）著，《与战列巡洋舰同行》（*With the Battlecruisers*）（伦敦，1921 年版）

年鉴

- 《简氏战舰年鉴，1914 年版》（Jane, Fred, Fighting Ships 1914）（伦敦，1914 年版）
- 格奥尔格·诺伊德克（Neudeck, Georg）& 海因里希·施罗德（Schröder, Heinrich）编，《海军简明手册》（Das kleine Buch von der Marine）（基尔，1902 年版）
- 《战斗舰队手册，1914 年版》（Taschenbuch der Kriegsflotten 1914）（慕尼黑，1968 年重印）

专题文章与学术论文

- 莫里齐奥·布雷西亚，《英国皇家海军的战列巡洋舰》（Gli incrociatori da battaglia della Royal Navy），《军事历史》（Storia Militare）第 059 期（1998 年 8 月号）
- 约翰·布鲁克斯（Brooks, John），《桅杆与烟囱问题》（The Mast and Funnel Question），《战舰》（Warship）（1995 年）
- 伊丽莎白·玛丽·布鲁顿，《超越马可尼：英国海军部、邮政局和电气工程师学会在 1908 年之前的无线通信技术发明与发展中的作用》（eyond Marconi: the roles of the Admiralty, the Post Office, and the Institution of Electrical Engineers in the invention and development of wireless communication up to 1908），利兹大学（University of Leeds）博士论文（2012 年）
- J.R. 库珀（Cooper, J. R.），《英国战列巡洋舰（I）和（II）》（Gli incrociatori da battaglia inglesi（I）e（II）），《航空与航海》（Interconair Aviazione & Marina）（1970 年）
- 特伦特·霍恩（Hone, Trent），《纯粹的高速战舰：美国海军"列克星敦"级战列巡洋舰的设计》（High-speed thoroughbreds: the US Navy Lexington class Battle Cruisers Designs），《战舰》（2011 年）
- 伊恩·约翰斯顿；布莱恩·纽曼（Newman, Brian）& 伊恩·巴克斯顿，《缔造大舰队：1906—1916 年》（Building the Grand Fleet: 1906-1916），《战舰》（2011 年）
- 汉斯·莱恩格尔（Lengerer, Hans），《"金刚"级战列巡洋舰》（The Battlecruisers of the Kongo Class），《战舰》（2012 年）
- 斯科特·A. 基弗（Keefer, Scott A），《英—德海军竞赛的再评价》（Reassessing the Anglo-German Naval Race），特伦托大学国际学校（University of Trento, School of International Studies）的研究文章（2006 年 3 月）
- 千早正隆（Masataka Chihaya），《日本帝国海军"金刚"号战列舰，1912—1944 年》（IJN Kongo/Battleship 1912-1944），《战舰概要 12》（Warship Profile 12）（1971 年）
- 基斯·麦克布莱德（McBride Keith），《后"无畏舰"时代》（After the Dreadnought）；《战舰》（1992 年）
- 基斯·麦克布莱德，《怪异的姊妹舰》（The Weird Sisters）；《战舰》（1991 年）
- 斯蒂芬·麦克劳林，《战舰设计的另一面，抽排水技术的早期历史，第二部分：无畏舰的时代》（The Underside of Warship Design. A preliminary History of Pumping and Drainage. Part II: The Dreadnought Era），《战舰》（2006 年）
- 约翰·罗伯茨，《"虎"号战列巡洋舰的设计与建造》（The Design and Construction of the Battlecruiser Tiger）；《战舰》第 5、6 期（2004 年）
- 约翰·罗伯茨，《"无敌"级战列巡洋舰》（Invincible Class），《战舰专著第一辑》（Warship Monographs One）（1972 年）
- R. G. 罗伯特森（Robertson, R. G），《英国皇家海军"胡德"号战列巡洋舰，1916—1941 年》（HMS Hood, Battle-Cruiser 1916-1941），《战舰概要 19》（Warship Profile 19）（1972 年）
- F. 鲁格（Ruge, F），《德意志帝国海军"塞德利茨"号大型巡洋舰，1913—1919 年》（SMS Seydlitz/Grosse Kreuzer 1913-1919），《战舰概要 14》（Warship Profile 14）（1972 年）
- 马修·塞林曼（Selingman, Matthew），《多格尔沙洲之战中的"狮"号与"虎"号战列巡洋舰：军医官们的视角》（The Battle Cruisers Lion and Tiger at Dogger Bank: The View of The Ships），《战舰》（2013 年）
- 米夏埃尔·西内西（Sinesi, Michael），《美国海军的轻骑兵》（The US Navy Light Cavalry），乔治·华盛顿大学（George Washington University）（1998 年）
- 埃尔温·施特罗布施（Strohbush, Erwin），《"冯·德·坦恩"号战列巡洋舰》（Schachtkreuzer Von der Tann），《海军评论》（Marine Rundschau）（1975 年第 9 期）
- 埃尔温·施特罗布施，《"德弗林格尔"号战列巡洋舰》（Schachtkreuzer Derfflinger），《海军评论》（1976 年第 7 期）
- 埃尔温·施特罗布施，《"马肯森"号战列巡洋舰》（Schachtkreuzer Mackensen），《海军评论》（1977 年第 2 期）
- 埃尔温·施特罗布施，《战列巡洋舰"约克"号代舰》（Schachtkreuzer Ersatz Yorck），《海军评论》（1977 年第 2 期）

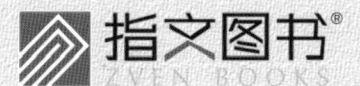

海洋文库

世界舰艇、海战研究名家名著

"谁控制了海洋，谁就控制了世界。"
——古罗马哲学家西塞罗

英、美、日、俄、德、法等国海战史及
舰艇设计、发展史研究前沿

（扫码获取更多新书书目）

英国皇家海军战舰设计发展史
（共五卷）

——（英）大卫·K.布朗（David K.Brown）著——

英国皇家海军战舰副总建造师——大卫·K.布朗所著，囊括了大量原始资料及矢量设计图。

大卫·K.布朗是一位杰出的海军舰船建造师，发表了大量军舰设计方面的文章，为英国皇家海军舰艇的设计、发展倾注了毕生心血。

这套《英国皇家海军战舰设计发展史》有五卷，分别是《铁甲舰之前，战舰设计与演变，1815—1860年》《从"勇士"级到"无畏"级，战舰设计与演变，1860—1905年》《大舰队，战舰设计与演变，1906—1922年》《从"纳尔逊"级到"前卫"级，战舰设计与演变，1923—1945年》《重建皇家海军，战舰设计，1945年后》。该系列从1815年的风帆战舰说起，囊括了皇家海军历史上有代表性的舰船设计，并附有大量数据图表和设计图纸，是研究舰船发展史不可错过的经典。